TECHNISCH-GEWERBLICHE BÜCHER

BAND 2

DIE PRAXIS DES KÜRSCHNERS

EIN HANDBUCH

VON

ALEXANDER TUMA JUN.

MIT 152 ABBILDUNGEN IM TEXT

WIEN · VERLAG VON JULIUS SPRINGER · 1928

Softcover reprint of the hardcover 1st editon 1928

ISBN 978-3-7091-3187-9 ISBN 978-3-7091-3223-4 (eBook)

DOI 10.1007/978-3-7091-3223-4

Vorwort

Der Kürschner hat im Vergleiche zu früheren Dezennien ein bedeutend erweitertes Arbeitsgebiet vor sich. Es sind nicht allein viele neue Fellsorten der Verarbeitung zugeführt worden, auch die Arbeitsmethode hat sich geändert.

Fast alles hat fundamentale Änderungen erfahren: Arbeitete man vor Jahren Felle wie Nerze und Naturbisam breit, so sehen wir heute das Bestreben des Kürschners, durch das In-die-Länge-Arbeiten der Felle die Schlankwirkung zu verstärken, eines Modeideales, das nie zuvor so bedeutende Anforderung an den Modellschöpfer und Verarbeiter stellte.

Wir stehen aber auch vor ganz neuen Begriffen und anderen Auffassungsmöglichkeiten über die eigentliche Bestimmung des Pelzes. War der Pelz ehedem vor allem Wärmespender, so ist er heute mehr Schmuck geworden. Auf dieser Tatsache aufbauend, kam es schließlich sogar zur Kreierung der „Sommerpelzmode".

Eine solche Entwicklung bedingte selbstverständlich eine vollständige Umwälzung, die mit heutigem Tage noch nicht endgültig abgeschlossen erscheint. Es ist daher auch leicht begreiflich, daß die Arbeitsmethode des Kürschners zu keiner Zeit eine so vielfache war als gerade jetzt. Fellneuheiten, geänderte Linienführungen, stets erneutes Versuchen, rationeller zu schaffen, um Arbeitszeit und Material zu sparen, haben es notwendig gemacht, mit manch alter, bisher fest eingewurzelter Norm zu brechen und ein Schaffen zu ermöglichen, das dem einzigen Ziele zustrebt: der Schönheitswirkung.

Selbverständlich steht über all den heute eingebürgerten Methoden, trotz vieler Freiheiten, ein starres Gesetz, über das wir niemals hinausgehen werden, das Gesetz der Farbe und der Haarstruktur. So vielfach der Kürschner heute auch schafft, so weit die einzelnen Verarbeitungsmethoden auseinandergeben, immer ist auf Farbe und Haar Rücksicht zu nehmen. Innerhalb dieser festumgrenzten Linie gibt es für den Kürschner heute keine Norm, und wir haben bei den verschiedenartigsten Anlässen erfahren, wie einzelne Fellsorten von verschiedenen prominenten Kürschnern auf drei- und vierfache Weise behandelt werden, immer mit dem Bestreben, das Stück zu höchster Wirkung zu bringen. Oftmals führt da der Kürschner ganz genial sein Messer, fast verblüffend sind die Methoden.

Es war daher unsere Aufgabe, durch diese Vielheit einen Weg zu bahnen, Altes mit Neuem zu verschmelzen, neue Ideen zu geben, ja selbst verschiedene Methoden vergleichsweise einander gegenüberzustellen. Gerade das regt den Schaffenden immer wieder an.

Aber es ist nicht allein die Technik, die das Kürschnerhandwerk zu einem so eigenartigen und schwierigen macht, es ist nicht allein die individuelle Fellbehandlung, die bei jedem einzelnen Fell der gleichen Sorte andere Schnitte und Verarbeitungsmöglichkeiten bedingt oder zuläßt, es ist die moderne Einstellung des Kürschners zu seinem Kunden überhaupt, die außer der komplizierten Fachtechnik auch ein anderes, vielfach paralleles Wissen und Können fordert.

So muß der Kürschner, der heute seine Hauptbetätigung in der Pelzmantelerzeugung sieht, seinen Mantelschnitt nach dem selbst abgenommenen Maß herzustellen in der Lage sein, er muß anderseits auch gewisse Gerb- und Färb- bzw. Nachfärbetechnik verstehen, um da und dort wirksam nachhelfen zu können.

Die Kunden wollen vielfach auch wissen, wie das Tier im Naturzustande aussieht, wo es lebt und unter welchen Verhältnissen es erlegt und gehandelt wird, um sich gleichzeitig die Überzeugung zu verschaffen, daß der Fachmann aus seiner Kenntnis heraus für die Echtheit des zu liefernden Stückes auch eintreten kann. Mit Recht würden die Kunden sagen, daß man einem Kürschner, der über das natürliche Aussehen und Herkommen seiner Felle nicht Bescheid weiß, auch nicht glauben kann, daß die Felle tatsächlich echt sind.

Mag der Kürschner, ohne die Ware zu sehen, durch einfaches Überstreichen mit der flachen Hand, Sealbisam von Sealkanin unterscheiden, dem Kunden wird er andere Unterscheidungsmerkmale vor Augen führen müssen als das bloß kürschnermäßige Empfinden.

Wir haben also dem zoologischen Teil einen entsprechenden Raum gewährt und beachtenswerte Handelsusancen- und Auktionsergebnisse beigefügt, die den Gesichtskreis des modernen Kürschners erweitern sollen.

Der kaufmännischen Kalkulation, die eine unbedingte Notwendigkeit für den Handwerker ist, wurde ein besonderer Abschnitt gewidmet.

Notwendig war auch ein kleiner historischer Überblick über Kürschnerei und Rauhwarenhandel.

So soll dieses Buch Fertigkeiten und Kenntnisse vermitteln, damit der Kürschner das werde, was die neue Zeit von ihm verlangt:

Handwerker und Kaufmann

Wien, im Oktober 1928

Alexander Tuma

Inhaltsverzeichnis

I. Einleitung

1. Begriff und Abgrenzung der Kürschnerei

Das Kürschnerhandwerk stellt einen fest umgrenzten Begriff dar. Man spricht oft von verwandten Gewerben und faßt dabei Merkmale ins Auge, die einzelnen Handwerken gemeinsam zukommen, etwa dieselben Rohprodukte oder gleiche technische Hilfsmittel und analoge Verarbeitungsmethoden, wenn auch zur Schaffung verschiedenartiger Erzeugnisse.

In der Kürschnerei trifft diese Analogie nirgends zu. Zu sehr sind Rohmaterial, technische Hilfsmittel und Arbeitsmethode von denen anderer Gewerbe verschieden.

Kürschnerkunst ist heute die handwerksmäßig erlernte Fähigkeit, aus schon gegerbten und zum Teil auch veredelten Fellen Pelzgarnituren, Pelzmäntel und Jacken sowie alle anderen Pelzgegenstände, die sowohl der Bekleidung wie dem Schutz gegen Kälte als auch dem Bedürfnis nach Schmuck entsprechen, anzufertigen.

Diese Definition des Begriffes Kürschnerkunst geht aus der Entwicklung des Handwerkes hervor. Man arbeitete nicht zu allen Zeiten in gleicher Art, mit denselben Hilfsmitteln und auf Grund gleichmäßig vorliegenden Materials. Das Kürschnerhandwerk machte gleich anderen Gewerben seine Wandlungen durch, wenn es auch dabei seinen wesentlichen Methoden treu bleiben mußte.

Vormals war der Kürschner nicht nur Verfertiger von Pelzgegenständen aus bereits gegerbten und zum Teil gefärbten Fellen, er gerbte und färbte sich seine Felle eben selbst; war also auch Gerber und Färber.

Mit der fortschreitenden Entwicklung, dem ansteigenden Bedarfe und dem verfeinerten Geschmack trat die notwendige Spezialisierung von selbst ein.

Es war nicht möglich, allen drei Handwerksarten gleichzeitig die gleiche Sorgfalt zuzuwenden. Die Entwicklung ging da und dort zu rasch vor sich, sie erforderte die gesamte Konzentration auf eine einzige Sache. Nur so konnte es zu Fortschritten kommen.

Aus einem Handwerk bildeten sich nun drei heraus, deren jedes der ganzen Aufmerksamkeit und Schaffenskraft des einzelnen bedurfte. Heute begreifen wir diese Tatsache um so eher, als wir die drei Handwerke in einer Entwicklungsphase sehen, die es als ausgeschlossen erscheinen läßt, alle drei Schaffensformen voll zu beherrschen.

Man ist heute entweder Gerber, Färber oder Kürschner.

Wir sehen in den Betrieben wohl die Gerberei vielfach mit der Färberei verbunden, aber nur als Zusammenfassung zweier Methoden zu einer Auswirkung, da es z. B. notwendig ist, einer gewissen Farbe eine bestimmte Gerbemethode zugrunde zu legen; doch arbeiten innerhalb des Gesamtbetriebes Gerber und Färber räumlich vollständig getrennt und nehmen nur so weit Kontakt, als eben der Gerber dem Färber die richtige Grundlage zu liefern hat.

So steht nun der moderne Kürschner vor einer ungeheuren Fülle von sich darbietendem Material; jedes Jahr, ja jeder Monat, bringt neue Felle, die früher nicht der Verarbeitung zugeführt wurden. Die Veredlungsindustrie, wie man mit einem Kollektivnamen Gerbereien und Färbereien zusammenfaßt, schafft neue Farben, neue Nuancen, neue Schureffekte, sprunghaft entwickelt sich die Verarbeitungsmethode des Kürschners weiter.

Ja, wir sind sogar heute so weit, daß wir auch schon von einer Spezialisierung innerhalb der Kürschnerei sprechen können. Wir finden sowohl unter den Werkstättenarbeitern als auch unter den Meistern, die in ihren eigenen Heimwerkstätten für Engrosbetriebe tätig sind, sogenannte „Spezialisten", so für Mäntel, Jacken, Garnituren, Stolen, Muffe, Kappen, Hüte, Pelzfutter und Teppiche, dann wieder für einzelne Fellsorten. Wir sprechen von sogenannten: Bisam-, Persianer-, Murmel-, Kaninspezialisten usw.

Es ist leicht erklärlich, daß sich der eine Kürschner auf Grund größeren Interesses, handwerklicher Fähigkeit oder geforderten Bedarfes diesem oder jenem Genre mehr zuwendet als einem anderen.

Wesentlich für die Spezialisierung waren für die Veredlungsindustrie vor allem die durch die großen Anforderungen bedingten maschinellen Einrichtungen. Es wäre undenkbar, daß der einzelne Kürschner für seinen Betrieb riesige Läutertonnen oder kolossale Schermaschinen, die ein Vermögen für Investitionen beanspruchen, o. dgl. anschafft und in Betrieb hält, sondern er muß trachten, seinen Kunden ein wohlsortiertes Lager in bestens verarbeiteten und den modernen Anforderungen entsprechenden Pelzgegenständen zu bieten.

So ist also das Kürschnerhandwerk tatsächlich die handwerksmäßig erlernte Fähigkeit, aus schon gegerbten und zum Teil auch veredelten Fellen Pelzgegenstände aller Art herzustellen.

Wenn wir sagen „zum Teil" auch veredelten Fellen, so heißt das, daß es eben viele Felle gibt, die ohne nachträgliche Farbbehandlung der Verarbeitung zugeführt werden, ja sogar durch die Farbe, die andere Felle im Werte steigert, hier entwertet würden. Dies sind besonders unsere Edelfelle, wie Zobel, Marder, Hermeline, Nerze, Silber-, Blau- und Kreuzfüchse, Skunks und andere Sorten. Hier darf nach heutigen Begriffen — vielleicht wird es einmal auch anders sein — nur das Naturfell verwendet werden. Jeder künstliche Farbton entwertet.

Wie wir aber später sehen werden, muß der Kürschner dem Gerb- und Färbeverfahren trotzdem großes Interesse zuwenden, da es manchmal notwendig wird, ergänzend einzugreifen und nachzuhelfen. Speziell der kleinere Kürschner in Provinzorten wird manchen Fuchs und viele Kaninchen selbst gerben und auch färben müssen. Es wird deshalb Aufgabe dieses Werkes sein, auch da die notwendigen Fertigkeiten zu vermitteln.

Die Kürschnerei ist ein Handwerk auch dann, wenn sie sich heute ganz außergewöhnlicher Maschinen bedient.

Die Kürschnerei ist ein handwerksmäßiges Gewerbe zum Unterschiede von freien und konzessionierten Gewerben, die einen Befähigungsnachweis durch Lehrzeit, Fachschule, Gesellenstück und Meisterprüfung nicht verlangen.

2. Entstehung und Entwicklung des Kürschnerhandwerks

Die Tatsache, daß der Urmensch in unseren Gegenden zum Schutze gegen Kälte und Unwetter gezwungen war, die Haut des erlegten Tieres als Kleidung zu verwerten, stellt uns wohl die erste Möglichkeit der Fellverwendung und primitivsten Verarbeitung dar.

Das abgehäutete Fell konnte jedoch in seinem rohen, mit Aas behafteten Zustande keine verwendbare Hülle darstellen. Getrocknet, hart, steif und brüchig, mußte es durch verschiedene Maßnahmen weicher und geschmeidiger gemacht werden. Man schabte die Fleisch- und Fettreste mittels Steinen vom Leder, nahm vielleicht auch Sand und Wasser zu Hilfe und versuchte wohl auch vorsichtig mittels Wärme das am Leder haftende Aas und Fett zu entfernen. Das war natürlich keine ideale Arbeit. Wir wissen ja, welches Unheil Hitze auf feuchtem und auch getrocknetem Leder anrichtet.

Man beobachtete die Einwirkung der Asche auf das rohe Leder und als man es verstand, aus Asche Lauge zu bereiten, hatte man auch schon die notwendige beizende Flüssigkeit entdeckt, die einen entsprechenden Behelf zur Konservierung des Leders bot.

Zu diesen Zeiten gab es noch keine gesonderten Handwerke. Der Hausvater schuf für den Bedarf seiner Familie und war also sowohl Töpfer wie auch Zimmermann und Kürschner.

So erfahren wir von verschiedenen Geschichtsschreibern, daß sich die alten Kulturvölker des Pelzkleides sowohl als Schutz gegen Kälte als auch als Schmuck bedienten.

Die alten Chinesen kleideten sich teils in Felle, teils trugen sie Kleider aus Federn und Haaren.

Ägyptische Ausgrabungen oder freigelegte Fresken geben davon Zeugnis, daß dieses alte Volk des Niltales die Methode des Fellgerbens schon beherrschte.

Die Römer kannten das Pelzkleid unter dem Namen reno, verschmähten die Pelzkleidung wohl selbst, die sie als eine Hülle der Barbaren, worunter sie die Germanen verstanden, bezeichneten.

Der römische Geschichtsschreiber Cornelius Tacitus schreibt, daß die Germanen Tierfelle trugen, in der Nähe des Rheins ohne besondere Auswahl, mehr im Innern des Landes schon mehr ausgesuchte Stücke. Kein Handelsverkehr liefere ihnen einen anderen Schmuck(!). Sie wählen verschiedene Tierarten aus und schmücken deren Felle noch mit gefleckten Pelzen einzelner Tiere, die vom nördlichen Meere und anderen unbekannten Küsten kamen.

Die Pelzkleidung wird hier ausdrücklich als Schmuck bezeichnet und gleichzeitig wird eine zweite, und zwar gefleckte Fellsorte als schmückender Besatz erwähnt. Da diese Felle aus den nordischen Gewässern stammten, handelte es sich wahrscheinlich um Robben.

Julius Cäsar, ein vorzüglicher Kenner germanischer Gepflogenheiten schreibt: „Sie leben von Milch und Fleisch und kleiden sich in Felle.“ Und an anderer Stelle: „Sie gebrauchen nur Felle und Pelzkleider.“

Im Heere Valentinians II. werden „bepelzte Goten“ ausdrücklich hervorgehoben.

Bildliche Überlieferungen haben uns die nur der Jagd und dem Kampfe lebenden Germanen nicht hinterlassen, aber auf einem römischen Siegesdenkmal, das noch heute im Vatikan zu sehen ist, tritt uns ein germanischer Gefangener in Fellkleidung plastisch vor Augen. Die Arme sind bloß, die Felle fallen in reichen Falten vorne und rückwärts längs des Körpers herab, der Kopf ragt aus einem kreisrunden Ausschnitt aus der einfachen Fellkleidung heraus. Das Fell stellt einen Schafpelz dar.

Die griechischen Mythen besingen die Götter und Helden in Felle gekleidet oder mit denselben geschmückt. βαίτη (baitä) nannten die alten Griechen das Fellkleid, während die Römer für den Ausdruck „mit Fell bekleidet“ das Wort pellitus hatten. Pellis nannten sie die Tierhaut, den Pelz, das Fell oder Pelzwerk und mit pellio bezeichneten sie den Kürschner.

Das Mittelalter, das viele lateinische Ausdrücke kannte, nannte in unseren Landen den Kürschner nicht mehr pellio, sondern pellifex, das so viel wie Pelzmacher bedeutete.

Der römische Ausdruck für Gerber war coriarius, während wir erst spät das Wort gerwer von garmachen im Deutschen vorfinden. Wenn wir dann später hören, daß der Kürschner die Pelze aus den gargemachten Fellen arbeitete, gibt uns dies den Beweis, daß Gerber und Kürschner durch Spezialisierung schon frühzeitig zwei eigene Handwerke darstellen. Die Scheidung dürfte schon vor dem 14. Jahrhundert stattgefunden haben.

In unseren Landen spezialisierte sich der Kürschner gleich anderen Handwerken mit der Entstehung der Fronhöfe. Die Entwicklung der im 10. Jahrhundert entstehenden Städte, die verfeinerte Lebensführung, Verkehr mit anderen Völkern, Austausch von Waren und Rohprodukten, sie förderten das nun spezialisierte Kürschnerhandwerk und führten dem „Korsener“, auch „Kürsenaere“, genügend Aufträge zu.

Interessant ist die Entdeckung, daß wir im Mittelalter als Pelzträger fast ausschließlich den Mann, selten oder fast gar nicht die Frau vorfinden. Gab es zu dieser Zeit ja direkte „Mannsmuffen“.

Ein getreues Spiegelbild mittelalterlicher Pelzbekleidung geben uns die Werke bildender Künstler, etwa eines Hans Holbein, Albrecht Dürer, Memling und anderer, deren Porträts ja die Stelle unserer heutigen Photographie vertraten. Hier sehen wir die Pelzkragen und Pelzverbrämungen der Herrscher, der Adeligen, des Klerus, wie des

Bürgerstandes und wir nehmen wahr, daß man mit der Kostbarkeit des Felles nicht sparte. Hermelin und Zobel treten uns in staunenswerter Fülle entgegen, und zwar in reichster Verwendung.

Aber auch der Fehkragen und die Fehwammenfütterung waren sehr beliebt, wie uns Hans Mülich im 15. Jahrhundert in einem Porträt zeigt.

In der Manneseschen Liederhandschrift zu Heidelberg, die uns die deutschen Minnesänger in Wort und Bild überliefert, finden wir die dargestellten Personen fast durchwegs im mit Fehwammen gefütterten Mantel gezeichnet.

All diese Felle kamen auf den Handelswegen meist aus dem Norden, was nicht zu verwundern ist, da Rang, Vermögen und Geschmack nur auf das Tragen bester Sorten abzielten, die gerade aus dem Norden in besten Qualitäten bezogen werden konnten. Der heimische Tierbestand lieferte nicht Edelfelle solcher Art, wie sie damals dem Bedürfnisse von Adel und Patriziergeschlechtern genügen mochten. Das gemeinere, heimische Pelzwerk vertrat damals die Stelle unserer heutigen Imitationen.

Ein interessanter Holzschnitt aus dem 16. Jahrhundert zeigt uns eine Kürschnerwerkstätte mit anschließendem Verkaufsraum. Wir sehen da am Werktisch drei Gesellen sitzen: einer näht ein Fell, der zweite schneidet gerade mit einem Messer das Fell auseinander, während der dritte auf einem kleinen Brett, das auf seinem Schoße liegt, ein Fell streckt. Zwei Lehrjungen sitzen auf der Erde und beschäftigen sich mit einem großen Fell, scheinbar einem Wolf, der ihnen tüchtig zu schaffen gibt. Rückwärts sieht man durch eine geöffnete Tür ins Freie, wo gerade drei Gesellen eine große Pelzdecke klopfen. Aus der verschiedenartigen Anordnung der Klopfstöcke kann man entnehmen, daß schon damals mit einem gewissen Rhythmus geklopft wurde. An der Wand hängen ein Pelzfutter, ein Paket Fuchsschweife und Streckeisen. Auf einem Brette liegen pelzverbrämte Kappen in verschiedenen Größen. Auf dem Werktisch liegen Messer, Schere, Ahle und Zwirn.

Der anschließende Verkaufsraum zeigt uns zwei Kunden: eine eben einen mit Pelz besetzten Rock probierende Dame und ihren ebenfalls in Pelz gekleideten begutachtenden Gatten. Der Meister hält noch ein Pelzstück unter dem Arm. An der Wand hängen Felle und Schweife.

Dies alles sind getreue Wiedergaben von Erscheinungen vergangener Jahrhunderte, die uns deutlich und unleugbar interessante Details überliefern.

Mit diesen Schilderungen befinden wir uns auch schon inmitten jener Zeit, welche die Blüte des Handwerks überhaupt darstellt. Wohlstand und Freude an schöner, reicher Kleidung, das Erstarken des Zunftwesens, Handwerksstolz und anwachsendes Können, gepaart mit gutem Geschmack, boten dem Kürschnerhandwerk die Möglichkeit zu reichster Entfaltung.

Bei dieser Gelegenheit wollen wir auch erwähnen, daß die Kürschner zeitweise den Namen „Bundtmacher“ und „Bundtfutter“ führten, was gewiß Zeugnis dafür ablegt, daß verschiedenfarbige Pelzsorten miteinander verarbeitet wurden.

In Wien nannten sie sich auch „Wildwerker"; ihre Werkstätten und Verkaufsläden befanden sich gemäß einer damaligen zunftmäßigen Einrichtung alle in einer Straße, der „Wildwerkerstraße", der heutigen Wipplingerstraße. In Wien besitzen wir bereits im Jahre 1272 eine eigene Zunft der Wildwerker, während wir vergleichsweise erst im 14. Jahrhundert von einer Zunft der „Gewandschneider" hören.

Eine ganz eigenartige Verwendung des Felles finden wir in den sogenannten „Eisenhütchen", die uns ein heraldisches Pelzwerk mit eisenhutförmiger Musterung auf Schilden und Wappen zeigen. Das hier zugrunde liegende Fell ist Feh oder Hermelin; größere Sorten konnten in den knappen Rahmen einer heraldischen Darstellung nicht eingefügt werden.

Eine reiche Fülle von Verwendungsarten zeigt uns die große Beliebtheit des Pelzes, doch so sehr man den Kürschner achtete und seine Arbeit schätzte, galt das Färben der Felle als „unehrlich", da hiedurch etwas anderes vorgestellt wurde, als das Naturfell an sich darstellen sollte. Das gefärbte Fell galt nicht mehr als echt, sondern als gefälscht, weshalb das Färben eine unehrliche Handlung darstellte. Das sollte man heute unserer großen Veredlungsindustrie sagen, die ihre Existenz und damit auch die der gesamten Branche auf den „Schein" einstellt.

Mit der Entdeckung Amerikas und der Erschließung Sibiriens, ändert sich die Lage des Pelzhandels vom Grunde auf. Neue Fellsorten eröffnen ganz andere Möglichkeiten; leider reißt der im 16. Jahrhundert einsetzende Verfall des Handwerks auch hier gewaltige Lücken, die erst eine geraume Zeit später durch den Begriff „Pelzmode" wieder ausgefüllt werden sollten.

Die Pelzmode ist heute jene Kraft, die einen ganz neuen Begriff schuf, den des Kunstkürschners. Ist die Kürschnerei auch nicht dem strengen Wortgebrauche nach ein „Kunsthandwerk", so ist die Betätigung des Kürschners heute eine solche, daß sie ein großes Können voraussetzt. Nirgends ist die individuelle Materialbehandlung solch eine Notwendigkeit wie gerade bei der Verarbeitung des Pelzes. Jede dieser vielen Fellsorten erfordert eine andere Bearbeitungsart, und wie mannigfach ist wieder die Form des anzufertigenden Gegenstandes! Vom einfachsten Kragen bis zum kompliziertesten Pelzmantel haben wir eine ungeheure Materialbeherrschung vor uns.

Diese ernste Betätigung, dieses notwendige gänzliche Aufgehen in seiner Arbeit schafft dem Kürschnerhandwerk wieder neue Anerkennung. Ist auch allerorten der Fabriksbetrieb das hervorstechende Merkmal moderner Erzeugungsform, die Kürschnerei kann die Individualität nicht missen, sie verträgt keine Schablonenarbeit. Schuhe, Kleider, Hüte und andere Gegenstände können fabriksmäßig hergestellt werden; die Pelzverarbeitung muß auch im Großbetrieb die Einzelleistung an erste Stelle setzen.

Und nun noch eine kurze Betrachtung über die Entstehung des Wortes „Kürschner", das heute gar keinen Zusammenhang mit den Ausdrücken „Pelz", „Fell", „Leder", „Haut", „Haar" oder „Tier" zu haben scheint.

Wir haben oben gesehen, daß im Mittelalter die Kürschner „Korsener" und „Kürsenaere" genannt wurden. Die lateinischen Ausdrücke kommen hier für unsere Betrachtung nicht in Frage.

Das Wort Kürschner stammt von dem mittelhochdeutschen Wort „kürsenaere", das ich schon oben erwähnte, ab. Aus dem „s" entwickelte sich später das „sch" wie in den Worten birschen oder Hirsch. Das Wort „kürsenaere" ist nun eine Ableitung von dem mittelhochdeutschen Wort „kürsen", althochdeutsch „kursina", womit damals der Pelzrock bezeichnet wurde. So leitet also der Kürschner seinen Namen von seiner ursprünglichen Beschäftigung, der Erzeugung der kursina, des Pelzrockes, ab.

Im Angelsächsischen wurde der Ausdruck „crusne" für Pelzrock gebraucht, während das Mittellatein im 10. Jahrhundert die Ausdrücke crusna, crusina und crusinna dafür prägt. Interessant ist aber auch, daß sich im Altslawischen das Wort kruzno für die Bezeichnung Pelz vorfindet.

3. Wer kann Kürschner werden?

Die heutige Einstellung der Pelzmode, die komplizierte Technik, der kapriziöse Anspruch der Kunden wie die Tatsache, Schritt halten zu müssen in der raschen Aufeinanderfolge der Neuerscheinungen auf dem Fellmarkte wie der Veredlungsindustrie, setzen einen Handwerker mit offenem Kopf, Geschmack und eigener Schöpfungsfähigkeit voraus. Der Kürschner ist heute nicht Nachahmer, sondern selbst Modellentwerfer und diese Fähigkeit läßt sich nicht leicht erlernen, sondern setzt angeborene Fähigkeiten voraus.

Der beste Kopf, der täglich voll neuer Ideen an die Ausführung schreitet, würde jedoch wenig nützen, könnten sich die geistigen Fähigkeiten nicht auf eine gesunde und kräftige Körperkonstitution berufen. Vor allem müssen Kehlkopf, Lunge, Herz und Augen intakt sein, um den großen Ansprüchen zu genügen.

Die Felle, die aus den Gerbereien und Färbereien kommen, sind nicht immer ganz rein. Staub, Sägespäne, Farbteilchen lösen sich aus den frischen Fellen los und dringen in die Atmungsorgane.

Die Felle werden geschnitten, da fliegen wieder Tausende dieser allerfeinsten Grundhärchen umher, werden eingeatmet und können eine schwache Konstitution dauernd schädigen. Der Kürschner muß die fertiggestellten Gegenstände rein zur Ablieferung bringen. Diese Reinigung durch das Klopfen löst wieder Staub, Farbteilchen und Haare los, die in Kehlkopf und Lunge dringen.

Die Arbeit selbst, sowohl Schneiden, Zwecken, Handnaht sowie Maschinennaht, besonders aber das unentbehrliche Klopfen, beanspruchen ein gesundes Herz.

Schließlich ist ein vorzügliches Auge nötig, um sowohl bei Tages- als auch bei Lampenlicht die zartesten Farbunterschiede wahrzunehmen, um richtig sortieren, auslassen, aufsetzen oder verwerfen zu können.

Es ist daher zu begrüßen, daß die Lehrlinge vor Antritt ihrer Lehrzeit ärztlich untersucht werden, damit ihre Tauglichkeit für diesen Beruf erwiesen werden kann.

II. Warenkunde

1. Das Fell

Das grundlegende Betätigungsmaterial der Kürschner ist das Fell, und zwar streng genommen, das bereits zugerichtete oder gegerbte Fell. Mag man handelsüblich, wie wir später noch sehen werden, feinere Unterscheidungsmerkmale anführen und den Begriff Fell von Rauchware scheiden, wir wollen uns hier einmal mit dem Grundmaterial selbst beschäftigen, um es seiner inneren und äußeren Beschaffenheit nach zu untersuchen. Zu diesem Zwecke ist uns der Name „Fell" geläufiger, zumal wir auch in die Lage kommen werden, bei unseren Untersuchungen das Fell als solches sowohl im rohen, also ungegerbten, wie auch im zugerichteten, das heißt gegerbten, Zustande zu betrachten.

Wir verstehen unter dem Ausdruck „Fell" die tierische Körperdecke, die im rohen, also ungegerbten Zustand aus der Haut mit den Haaren besteht. Das Haar ist gerade das Wesentliche am Fell, durch dasselbe wird es eben erst das vom Kürschner als Grundmaterial benötigte Rauhwerk.

Die tierische Körperdecke jedoch, die durch ein eigenes Gerbverfahren, die sogenannte Sämischgerberei, von den Haaren befreit wird und für die weitere Verarbeitung nur das bloße Leder darstellt, wird „Haut" genannt. So spricht man z. B. wohl von Fuchsfellen, Bisamfellen oder Kaninfellen, die das dem Kürschner zur Verarbeitung dienende Material darstellen, während man anderseits von Rinds- und Pferdehäuten spricht, die erst nach der Entfernung der Haare vom Leder ihrer weiteren Bestimmung zugeführt werden.

Auch die Praxis zeigt uns den Unterschied zwischen beiden Ausdrücken. Wir sprechen von Ziegenfell oder Rehfell, wenn das Leder die Haare noch trägt. Der Kürschner verarbeitet das Ziegenfell für Mäntel und Jacken heute als Pelzfell, anderseits verfertigt er aus Rehfellen Vorleger. Ganz anders das enthaarte Leder: Es findet als Ziegenhaut beim Taschner oder in der Schuherzeugung Verwendung. Hören wir vom Rehleder oder der Rehhaut, dann denken wir unwillkürlich an die Rehlederhose oder das „Rehhäutel", dessen sich die Hausfrau beim Reinigen der Fenster bedient.

Fell und Haut sind daher vollkommen verschiedene Begriffe. Für den Kürschner kommt dermalen bloß das Fell in Betracht, nur in Ausnahmefällen, die durch die jeweilige Mode bedingt sind, auch Häute (z. B. Mäntel aus Schlangenhaut).

Die von den Haaren befreiten Häute nennt man auch Blößen. Wie wir aber später noch sehen werden, gilt dem Kürschner das Wort

„Blöße“ als Fachausdruck für jene Stellen seines zu bearbeitenden Felles, die durch irgendeine unrichtige Behandlung des noch rohen Felles die Haare verloren haben. Dies sind dann Blößen inmitten eines Felles.

Wir wollen aber auch gleichzeitig die Begriffe Fell und Haut von dem Ausdruck „Leder“ streng geschieden wissen. Wohl unterscheiden wir beim Fell selbst auch ein Leder, das der Träger der Haare ist. Wir werden in der Folge oft vom Leder des Felles zu reden haben. Das Leder aber, wie es aus der Haut etwa des Rindes oder der Ziege bereitet wird, um sowohl der Schuherzeugung als auch der Herstellung von Taschen oder Koffern zu dienen, ist im Vergleiche zur Haut eine veredelte Art, wie wir etwa auch von veredelten Fellen reden können.

Der Kürschner versteht unter Leder die Innenseite seines Felles, die dem Haar entgegengesetzte Seite.

Welche Bedeutung aber hat nun das Wort „Rauhware“, wie man in Österreich, auch „Rauchware“, wie man in Deutschland Felle bezeichnet?

Wenn wir es oben unternommen haben, den Begriff „Fell“ von dem der Haut oder des Leders zu scheiden, um jenes Produkt allein betrachten zu können, das für die Pelzverarbeitung in Betracht kommt, dann müssen wir in der Kürschnerei wieder eine weitere Einteilung dieses Materials vornehmen, und zwar handelt es sich nun darum, das rohe, ungegerbte Fell von dem bereits zugerichteten oder gegerbten Fell deutlicher, dem Sprachgebrauche nach, zu unterscheiden.

Wir nennen somit die abgezogene Körperdecke im rohen Zustande Fell oder Balg, das gegerbte Stück nach dem üblichen Sprachgebrauche aber Rauhware.

Wir lesen fast täglich in Preislisten oder Inseraten die Ankündigung „Felle und Rauhwaren“, womit gesagt werden soll, daß die genannte Firma sowohl rohe wie auch gegerbte Felle zum Kaufe anbietet. Allerdings handelt es sich hier um einen Unterscheidungsgrund, der im praktischen Leben des Kürschners wenig oder gar nicht angewendet wird. Der Kürschner spricht doch immer nur von Fellen, die er kauft, bearbeitet oder verkauft. Es war nur notwendig, die handelsüblichen Bezeichnungen klarzulegen.

Man wird vielleicht den Einwand erheben wollen, daß die Bezeichnung Rauh- oder Rauchware für gegerbte Felle weniger passend ist als für rohe. Man meint, in dem Ausdruck rauh oder rauch eine Ableitung von „roh“ zu entdecken. Dem ist aber nicht so. Das Wort Rauchware ist aus dem Sprachgebrauch entstanden und ist eher von der Rauheit des Felles, dem rauhen Haare her abzuleiten als von dem Wörtchen roh. Wir haben hier einen technischen Ausdruck vor uns und solche weichen oft von einer vielleicht näherliegenden Bedeutung ab.

Wir haben oben bereits erwähnt, daß wir uns hier sowohl zur Bezeichnung des rohen wie auch zugerichteten Materials des Ausdruckes „Fell“ bedienen wollen. Wir sagen in unseren Werkstätten ja auch nicht, wir verarbeiten Rauhware, sondern Felle. Wir sind diesen Ausdruck sowohl beim Einkaufe wie auch beim Verkaufe im Verkehr mit unseren Kunden gewohnt. Dem Kürschner ist also alles Fell, ob es jetzt roh oder gegerbt und gefärbt ist.

Kommen wir nun zu einer näheren Betrachtung des Felles, dann haben wir außer der wesentlichen Zweiteilung zwischen Leder und Haar noch verschiedene sehr wichtige Einteilungsmomente zu beachten, die sich vornehmlich auf die Haarseite des Felles beziehen.

Hier haben wir vor allem den Kopf und an demselben Schnauze, Unterkiefer und Ohren. Die nächste Einteilung reicht von den Ohren bis zu den Vorderbeinen, und wir nennen den oberen Teil Nacken, den unteren Kehle. Die Fortsetzung des Nackens bildet der Rücken, während wir die Bauchseite des Felles mit dem fachlichen Ausdruck „Seite" bezeichnen, dies jedoch nur bei einem aufgeschnittenen Fell. Das Fellende vom Rücken bis zum Schwanz wird „Pumpf" genannt. Der Schwanz des Tieres heißt für den Kürschner immer nur „Schweif", auch dann, wenn es sich um die Bearbeitung von Fellen handelt, bei welchen andere Bezeichnungen, wie etwa „Rute" und dergleichen, bekannt sind.

In der Werkstätte des Kürschners gibt es aber gewöhnlich nur eine Dreiteilung des Felles, und zwar in Kopf, Pumpf und Seiten.

Zeichnet der Kürschner durch einen senkrechten Strich vom Kopf bis zum Pumpf des Felles die Mitte desselben an, dann wird diese Linie der „Grotzen" genannt. Diese Bezeichnung wird jedoch auch angewendet, wenn von der Haarwirkung eines Felles in der Mitte gesprochen wird. Die meisten Felle weisen dort eine markantere dunklere Färbung auf. Wir sprechen dann, wie z. B. bei Nerz, Bisam oder Marder, von einem dunklen „Grotzen". Zum Unterschied jenes Rückenteiles, den wir mit dem Ausdruck Grotzen bezeichnen, sprechen wir von der Bauchseite einzelner Fellsorten auch von Wammen.

Die Beine, die oft ganz fehlen, meist aber nur ganz schwach angedeutet sind, werden mit dem Fachausdruck „Klauen" benannt.

Jene wirbeligen und ganz dünnhaarigen Stellen zwischen den Klauen führen bei Rauhfellen die Bezeichnung „Dieche", bei flachhaarigen oder wollhaarigen Fellen den Namen „Blößen".

Wir haben also für den Ausdruck Blöße jetzt schon eine dreifache Bedeutung: erstens die von den Haaren befreite bloße Haut; dann jene Stellen, die inmitten eines gegerbten Felles auftreten, wenn das Fell durch unrichtige Behandlung nach dem Abziehen, Trocknen oder während des Gerbens an dieser Stelle die Haare verloren hat, und schließlich auch die naturkahlen Stellen zwischen den Klauen der einzelnen Felle.

Wenden wir uns nun der speziellen Betrachtung des Haares zu; dabei konstatieren wir vor allem dessen Festsitzen im Haarboden, im Leder oder in der Haut. Das Haar wurzelt in der Haut. Es besteht aus der Wurzel und dem Schaft, welcher in eine Spitze endet. Betrachten wir das Haar mikroskopisch, so gleicht es einem zarten, durchsichtigen Horngebilde, das aus drei Teilen besteht: dem Oberhäutchen, der Rinden- und der Marksubstanz.

Das Oberhäutchen präsentiert sich uns als eine äußerst dünne, dachziegelartig aneinandergereihte Schichte, die über der Rindensubstanz lagert und ein hornartiges Aussehen hat.

Die darunterliegende Rindensubstanz stellt uns den Hauptbestandteil des Haares dar. Wir finden hier eine faserartige Anordnung. Die in der Rindensubstanz enthaltenen feinen Zellen weisen den Farbstoff des Haares auf. Zu innerst entdecken wir die Marksubstanz, die jedoch bei feineren Haaren, wie Wollhaaren, gänzlich fehlt; in der Haarspitze ist die Marksubstanz fast durchwegs nicht vorhanden.

Die Wurzel des Haares ruht im Haarbalg, welcher in der Haut des Felles eingebuchtet ist.

Die mikroskopische Betrachtung des Haares ist für uns schon deshalb von Vorteil, weil dann später im Kapitel „Färberei" davon die Rede sein wird, daß bei dem zu färbenden Fell die Farbe das Oberhäutchen zu durchdringen hat, um die Rindensubstanz, die eigentliche Pigmentschicht, zu färben. Hier muß sich der Farbstoff festsetzen, um dem Haare die gewünschte Farbnuance zu verleihen, und da ist es wieder Aufgabe der Farbtechnik, das Haar derart zu präparieren, daß der Farbstoff die erste Schicht zu durchdringen in der Lage ist. Darin besteht ja die Kunst des Färbens: im Durchdringen und Festhaften des Farbstoffes. Es setzt eine genaue Kenntnis des Haares voraus; nicht jedes Fell nimmt die Farbe in gleicher Weise auf.

Wird handelsgemäß das Haar in Wollhaare, Seidenhaare, Tasthaare, Borsten- und Stachelhaare gesondert, so braucht der Kürschner für seine Zwecke einen anderen Unterscheidungsgrund.

Wir interessieren uns vor allem dafür, ob das Fell langhaarig oder kurzhaarig ist. Sowohl langhaarige wie kurzhaarige Sorten können grobhaarig oder seidenhaarig sein. Wir haben dann wollhaarige Sorten, wie etwa Lammfelle, samtartige, wie Maulwürfe, gelockte Felle, wie Persianer, flachhaarige, wie Kid, moiréartige, wie Breitschwanz, spießhaarige, wie etwa Gazellen, und dergleichen mehr.

Ferner können die Haare dicht oder dünn stehen, dadurch wird ja vielfach der Wert des Felles ausgeprägt. Das dichte Fell rangiert im Wert immer vor dem dünnerbehaarten, das etwa von einem unausgewachsenen Tiere stammt oder von einem Sommerfell herrührt.

Ein weiterer Beurteilungsgrund ist der nach der Beschaffenheit der Spitzen oder Grannen usw. des Oberhaares, die aus dem Unterhaar oder der Unterwolle hervorragen. Auch dies ist für den Wert des Felles bestimmend. Ein Fuchs ohne Grannenhaare ist wertlos. Die Wolle ist durch das Tragen rasch durchgerieben und das Fell wird unansehnlich. Die Grannenhaare, weil fester in ihrer Beschaffenheit, setzen der Abnützung einen bedeutend größeren Widerstand entgegen.

In je nördlicheren Gegenden das Tier lebt, desto fester und dichter ist seine Unterwolle. Sie hat ja den Zweck, das Tier vor Kälte zu schützen. Dem Süden zu verringert sich die Unterwolle, während ein Zunehmen und Längerwerden der Grannenhaare zu bemerken ist, wie etwa bei Affen.

Daß vielen Fellen die Grannenhaare „ausgerupft“ werden, um das Fell handelsfähiger und verarbeitungsfähiger zu machen, wie bei den Seehunden, Bibern, Ottern, Bisams usw., wird später unter Gerberei und Färberei ausführlicher behandelt werden.

Wir haben schon erwähnt, daß die Behaarung des Felles sowohl von dem Alter des Tieres wie vornehmlich aber von dem Klima und der Jahreszeit abhängt. Das Fell ist die Bekleidung des Tieres und richtet sich nach Breite und Jahreszeit. Wenn der Frühling kommt, dann verlieren die Tiere das dichte, volle Haar. Das Fell büßt dadurch seinen handelsmäßigen Wert ein. So unterscheiden wir Sommer- und Winterfelle oder frühzeitige, ausgewachsene oder nachgefallene Felle.

Das Sommerfell wird mit dem Kürschnernamen „Schwarte“ bezeichnet.

Es ist ganz eigenartig, daß die Sommerfelle bei dünnerer Behaarung oft ein stärkeres Leder aufweisen als die Winterfelle. Ganz besonders ist diese Eigenschaft bei Rehen und Gazellen zu bemerken. Ein Pelzstück, etwa eine Jacke aus Sommergazellen, ist ungemein schwer, da ein äußerst starkes Leder vorhanden ist. Das Haar jedoch ist besonders dünn, und da Gazelle an sich schon kein dauerhaftes Pelzwerk bedeutet, nimmt eine Jacke aus Sommerfellen ein katastrophales Ende. Man hat jedoch die Bemerkung gemacht, daß Wintergazellen, die ein außergewöhnlich zartes Leder aufweisen, im Haare immerhin bedeutend haltbarer sind als die dickledrigen und schweren Sommerfelle. Sommerfelle haben aber auch den großen Nachteil, daß bei abgezogenen Fellen die Haare auf der Lederseite vorerst wie schwarze Pünktchen durchscheinen, um im weiteren Gerbverfahren dann auf der Lederseite immer länger durchzutreten, ja schließlich so wenig Halt mehr im Leder besitzen, daß das Fell ständig „haart“, also Haare läßt.

Auch die Farbe des Leders bei rohen Fellen ist im Winter und Sommer nicht dieselbe. Nehmen wir das Maulwurffell. Schon im Leder erkennt der Fachmann, ob er ein vollwertiges Winter- oder halbwertiges Sommerfell vor sich hat. Das Winterfell weist ein gleichmäßig lichtes Leder auf, während das Sommerfell ein vollkommen schwarzes oder zumindest schwarzgeflecktes Leder hat.

Auch in der Übergangszeit vom Winter zum Sommer macht das Fell Wandlungen durch, die es nicht mehr als vollwertig erscheinen lassen. Das Frühjahr ist die Zeit der Begattung. Die damit verbundenen Aufregungszustände beeinflussen sehr die Entwicklung des Haares. Wir bemerken aber auch vielfach kahle oder abgerupfte Stellen in der Nackengegend, wie etwa bei den Kaninchen, die einen Teil des Felles entwerten.

Wir sehen ferner große Fellunterschiede, die der Herkunft des Tieres entsprechen. Der Fuchs des Flach- oder Tieflandes sowie der ungarischen ebenen Gegenden ist flach im Haar und kleiner von Gestalt. Je mehr dem Gebirge zu, desto schöner wird das Fell. Die bosnischen Füchse haben seit jeher einen besonderen Ruf von Güte und Schönheit. Auch weiter dem Norden zu wird ihr Fell immer schöner. Wo aber Breite und Klima das ihre dazu beitragen, wie etwa im Dorado der Pelzgewinnung, in Kanada oder Sibirien, werden auch die schönsten und wertvollsten Füchse gewonnen.

Einen besonderen Unterschied aber sehen wir geradezu bei gleichartigen Fellen, wie etwa dem Zobelfell, das wir nach seinem Herkommen in russischen und amerikanischen Zobel einteilen. Hier offenbaren sich uns ganz bedeutende Qualitätsunterschiede. Der russische Zobel ist bei weitem kostbarer als sein amerikanischer Bruder. Doch davon wird noch genauer bei der zoologischen Beschreibung der Tiere die Rede sein.

Einen besonderen Einfluß auf die Entwicklung des Felles nimmt die Nahrung des Tieres. Wir sehen ja auch an den Haustieren eine Entwicklung gemäß der Pflege, die man dem Tiere angedeihen läßt. Ein Tier, das seinen Hunger nicht stillen kann, wird auch kein brauchbares Pelzwerk liefern. In dieser Hinsicht haben wir gerade jetzt sehr viele praktische Erfahrungen in den großen Tierzuchten gesammelt, die dem Kapitel „Futter" ein ganz besonderes Augenmerk zuwenden. Die richtige Nahrung und das dem Tiere zusagende, gewohnte Klima, bei richtiger Behandlung, schaffen erst den für den Kürschner in Betracht kommenden kostbaren Pelz.

Die Behaarung an einem und demselben Felle weist aber auch große Unterschiede auf. Nehmen wir zu unserer Betrachtung wieder das bekannte Fuchsfell zu Hilfe. Die Schnauze ist immer ganz flach behaart. Der Kopf weist wohl etwas mehr Haare auf, ist jedoch immer zarter behaart als der übrige Teil des Felles. Vom Kopf abwärts wird die Behaarung wieder reicher, um im Nacken, beim Fuchs dem sogenannten „Kreuz", wieder ganz markant zurückzutreten. Diese Erscheinung ist derart auffällig, daß es dem Kürschner im Verkehr mit seinen Kunden oftmals passiert, daß die Frage gestellt wird, ob denn das Fell auch gut sei, da es beim Hals so flach und eingedrückt erscheine. Dies ist vielmehr eine ganz wesentliche Erscheinung beim Fuchs, und es ist gut, die Kunden entsprechend aufklären zu können. Der nun folgende Rücken des Felles ist vollhaarig und dicht. Hier offenbart sich die volle Schönheit des Haares. Das Fell endigt schließlich in einen buschigen Schweif. Der Bauch, die „Seiten", sind flaumiger behaart und weisen ein besonders weiches, geschmeidiges Haar auf. Die Klauen sind flachhaarig, oft spießig und werden von mehr oder weniger großen Blößen abgegrenzt, die bei den einzelnen Pelzsorten auch „Diechen" genannt werden. In dem Kapitel der speziellen Fellbeschreibung werden die markanten Unterscheidungsmerkmale noch ganz besonders hervorgehoben.

Von ganz besonderem Interesse aber ist es zu hören, daß z. B. das Skunksfell am Bauche manchmal nahezu gänzlich kahl ist, während andere Fellsorten, wie etwa Füchse, gerade an der Bauchseite ein viel längeres Haar aufweisen.

Auch der Schweif ist bei den verschiedenen Fellsorten oft gänzlich anders ausgebildet. Einmal hat derselbe einen ziemlich hohen Handelswert, dann wieder ist er für die Fellverarbeitung respektive Konfektionierung geradezu unverwendbar. Zobel- und Marderschweife sind wundervoll weich und herrlich in ihrer Haarwirkung. Sie haben auch einen ganz bedeutenden Wert. Ein Fuchsfell oder eine aus Fuchs gearbeitete Stola ist ohne den prachtvoll wirkenden Schweif gar nicht denkbar. Hingegen zeigt uns der Skunksschweif einen kurzen, struppig behaarten Stummel, der bei der Bearbeitung dieses Felles keine Verwendung findet.

Der Haarlauf des Felles wird fachlich mit „Haarstrich" oder „Haarschlag" bezeichnet. Wie wir dann später sehen werden, kann ein Fell „nach dem Strich" oder „gegen den Strich" verarbeitet werden, je nachdem der Haarstrich zur Verarbeitungslinie läuft.

Die Farbe des ungefärbten Naturfelles nimmt an den verschiedenen Stellen auch wieder verschiedene Nuancen an. Wir werden, abgesehen von verschiedenen Ausnahmen, die ja um so natürlicher erscheinen, als die ungeheure Variation der Sorten eine völlig einheitliche Betrachtung nicht zuläßt, bemerken, daß die Schnauze, die Klauen und der Grotzen der meisten, und zwar helleren Sorten eine dunklere Färbung aufweisen. Gerade der Grotzen weist ungemein interessante Dessindetails auf. Oft tritt ein markant dunkler Streifen ganz besonders hervor. Bei der späteren einzelnen Beschreibung der verschiedenen Fellsorten wird auch davon noch detaillierter die Rede sein.

Die schöne natürliche Farbe des Felles ist aber nicht von allzu langer Dauer. Die Nuance blaßt allmählich aus. Der schöne dunkle Marder wird nach längerem Gebrauche heller und rötlichgelb, der Skunk, anfangs fast tiefschwarz, wird im Laufe der Jahre immer rotbrauner, und so ändern die verschiedenen Sorten einmal rascher, dann wieder langsamer den Naturton ihrer Schattierung, woran der geübte Fachmann auch das Alter des Stückes abschätzen kann.

Man kann wohl verblaßte Farbtöne durch Blenden oder Färben wieder auffrischen, meist aber leidet der Wert des Felles darunter, das nur in seiner natürlichen Farbe geschätzt wird. Ein gefärbter Skunk büßt sofort an Wert ein und ein geblendeter Marder mag noch so sehr die vergangene ehemalige Schönheit vortäuschen, das Fell hat seinen Wert ganz bedeutend eingebüßt.

Bei gefärbten Fellen kann von einer Entwertung durch nochmalige Nachfärbung, zum Zwecke der Auffrischung, wohl nicht gesprochen werden, doch ergeben sich wieder andere Nachteile. Ein schon einmal gefärbtes Fell wird beim zweitmaligen Färben entweder im Leder zugrunde gehen oder die Farbe nicht wieder gleichmäßig aufnehmen. Einzelne Fellsorten aber vertragen ein zweites Färben nach Ablauf mehrerer Jahre überhaupt nicht. Davon soll im Kapitel über Färberei noch genauer die Rede sein.

Interessant ist nun auch noch die Untersuchung des Haares betreffs seiner Haltbarkeit. Wir kennen Sorten von schier unbegrenzter Haltbarkeit, wie etwa Otter, Biber oder Waschbär. Dann kennen wir wieder zahlreiche Sorten, und dies sind gerade die am allgemeinsten verwendeten, wie Kanin, Gazelle oder Kid, die eine nur ganz kurze Benützungsdauer aufweisen.

Die Beschaffenheit des Haares ist also demgemäß sehr verschieden. Das elastische Haar, das den Bewegungen mehr nachgibt, also weniger Widerstand entgegensetzt, wird im Gebrauche auch länger geschont werden. Ist das Haar jedoch derart beschaffen wie etwa bei der Gazelle, dann bedarf es gar keiner besonderen Abnützung, um bald die kahlen Lederstellen hervortreten zu lassen: das Haar bricht.

Man hat es vor Jahren unternommen, durch eigene Abnützungsversuche die Grade der Haltbarkeit der meisten Fellsorten festzustellen. Dabei wurde die Annahme, daß Waschbär das dauerhafteste Fell sei, über Bord geworfen, da die Versuche ergaben, daß Otter ein noch viel dauerhafteres Fell darstellt. Viele derartige Versuche und Ergebnisse müssen anderseits wieder skeptischer aufgenommen werden. Der praktische Kürschner hat in seinem Berufe gerade bezüglich der Haltbarkeit große Erfahrungen gesammelt. Es kommt nicht immer auf den Grad der Abnützung selbst an, als vielmehr auf die Beschaffenheit des Felles. Ein vollwertiges Winterfell eines gänzlich ausgewachsenen Tieres wird sich immer dauerhafter darstellen als ein weniger entwickeltes Fell derselben Sorte. Es wird sich auch darum handeln, wie das Fell gegerbt ist, ob es naturfärbig ist oder künstlich gefärbt. Manche Farben, besonders wenn sie schlecht angewendet werden, beeinträchtigen das Haar derart, daß von einer Dauerhaftigkeit schon aus diesem Grunde keine Rede sein kann. Es spielen da sehr viele Momente mit, die beim richtigen Abziehen des Felles, beim sachgemäßen Trocknen, beim Gerben und Färben noch näher besprochen werden. Die richtige Behandlung des Felles spielt eine große Rolle in betreff der Haltbarkeit eines Felles.

Von großer Bedeutung für den Fachmann ist die Erkennung des Wertes eines Felles. Freilich läßt sich dies nicht aus Büchern lernen, sondern nur durch lange Praxis.

Welch bedeutende Unterschiede zeigen uns der sibirische und der amerikanische Zobel, welche Farb- und Qualitätsunterschiede weisen der nord- und der südamerikanische Skunk auf! Ja sogar der kleine Maulwurf unterscheidet sich nach seinem Herkommen in Qualität und Wert. Der holländische wie der einheimische Maulwurf sind, im Grunde genommen, ein und dasselbe Tier, aber um wieviel wertvoller und schöner, ja auch größer stellt sich uns der holländische gegen den deutschen Maulwurf dar!

Gegend, Klima und Nahrungsverhältnisse spielen eine ungeheure Rolle in der Entwicklung des Tieres und bestimmen daher auch den Wert seines Felles. Eine große Rolle aber fällt auch der Jahreszeit zu, wie wir bereits oben gesehen haben, denn das Tier, das jeder sonstigen Bekleidung entbehrt, paßt sich der wärmeren oder kälteren Jahreszeit durch das dünner oder dichter werdende Haar an. Die Praxis ist da bei Beurteilung der Qualität der beste Lehrmeister.

Liegen Sommer- und Winterfell nebeneinander, wird auch der Laie keine Schwierigkeiten in der Klassifikation des Wertes und der Unterscheidungsmerkmale haben, einzeln betrachtet, ist es für den Ungeübten schon schwieriger, den Wert des Felles zu erkennen. Der geübte Fachmann aber erkennt schon am Griff das vollwertige Fell, denn ein kurzes Blasen in den Haargrund, ein kleiner Zug im Leder und sein Urteil ist gebildet.

2. Das Leder des Felles

Wir wollen uns nun der besonderen Betrachtung des Felleders zuwenden, da dessen Beschaffenheit für die Bearbeitung von ganz besonderem Wert ist. Wir müssen ja das Leder schneiden, nähen, dehnen und strecken, und da nur ein gutes, einwandfreies Leder den Anforderungen, die der Fachmann an seine Beschaffenheit stellt, entspricht, muß eben der Qualitätsunterschied des Leders Gegenstand unserer besonderen Betrachtung werden.

Vor allem: Wie muß das gute, für den Kürschner verarbeitungsfähige Leder des Felles aussehen und wie muß es seiner inneren Struktur nach beschaffen sein?

Die Hauptvorteile des guten Leders sind: Weichheit, Geschmeidigkeit und Zugfähigkeit.

Das Leder muß weich sein, nicht nur um dem Schaffenden die Arbeit zu erleichtern, es muß auch deshalb weich sein, um nach der Fertigstellung einen Gegenstand darstellen zu können, dessen Besitz wirklich Freude und Vergnügen schafft. Ein hartes, steifes Pelzstück wird sich nicht um den Nacken der Trägerin schmiegen, ein solches Fell wird sich auch zu keinem Mantel verarbeiten lassen. Neben der Weichheit spielt auch die Geschmeidigkeit des Felles eine große Rolle. Weichheit und Geschmeidigkeit sind nicht dasselbe. Der Begriff der Geschmeidigkeit liegt in der Mitte zwischen „Weichheit“ und „Zugfähigkeit“. Gerade das weiche und geschmeidige Leder wird sich bei der Verarbeitung auch entsprechend dehnen lassen. Diese Dehnbarkeit ist eine wesentliche Voraussetzung des guten Leders. Das Fell wird ja nicht im natürlichen Zustande der Verarbeitung zugeführt. Zahlreiche Schnitte und Nähte bieten sich uns dar, die wir vorerst anwenden mußten, um teils Mängel im Haar oder Leder, die durch Gerbung oder Färbung entstanden sind, die durch natürliche Blößen oder schlechte Behandlung auftraten, zu entfernen. Mit dem bloßen Ausschneiden und Vernähen dieser Mängel ist es aber noch lange nicht getan. Die Nähte zeigen sowohl in der Leder- wie in der Haarseite Falten, die das Aussehen des Stückes, somit seine Wirkung, sehr beeinträchtigen. Das Fell muß nun befeuchtet und ausgespannt werden. In diesem Falle spielt die Dehnbarkeit des Leders eine große Rolle. Nur das geschmeidige und leicht dehnbare Leder wird so verarbeitet werden können, daß sämtliche Nähte voll ausgeglichen und in der Haarseite nicht mehr wahrgenommen werden können.

Die Ursachen eines harten, spröden und schwer oder gar nicht dehnbaren Leders liegen meist in der Zurichtung, das heißt in der unrichtigen Gerbung. Die Rauhwarenzurichterei ist darauf eingestellt, den Fellen durch die entsprechende Bearbeitung den richtigen „Zug“

zu verleihen. Mit dem fachtechnischen Ausdruck „Zug“ bezeichnet der Kürschner die Dehnbarkeit des Leders. Es läßt sich dehnen oder „ziehen“ (auseinanderziehen). Das Fell hat einen „guten Zug“. Es kommt aber vor, daß Felle von Gerbern gegerbt werden, die auf eine andere Art der Gerbung oder Zurichtung eingestellt sind, etwa roher Schaffelle, Reh- und Ziegenhäute u. dgl. Diese Gerber unterscheiden sich schon durch die nähere Bezeichnung „Weißgerber“ sehr von den richtigen Rauhwarenzurichtern. Die von Weißgerbern zugerichteten Felle sind meist hart, spröde und wenig oder gar nicht dehnbar im Leder. Das stark zur Verwendung kommende Alaun beeinträchtigt die richtige Beschaffenheit des Leders. Solche Felle werden auch dem Färber besondere Schwierigkeiten machen und müssen stets „nachgegerbt“ werden, was wohl das Übel etwas mildert, doch niemals mehr ein vollwertiges weiches und geschmeidiges Fell bietet.

Mängel im Leder können aber auch durch das Färben auftreten. Eine nicht richtig angewendete Farbe, eine unrichtige Abstimmung der Temperatur schadet sowohl dem Leder wie auch dem Haar. Sowohl beim Gerben wie auch beim Färben erhalten wir durch unrichtige Behandlung verbrannte Leder, die natürlich jede weitere Bearbeitung, je nach dem Grad ihrer Beschaffenheit, beeinträchtigen oder ganz unmöglich machen. Viele der im Handel befindlichen ganz billigen Fellsorten zeigen uns das verbrannte Leder, das weder eine richtige Naht annimmt noch gedehnt werden kann, da es beim geringsten Zug zerreißt.

Wir sehen also, wie sehr der Kürschner bedacht sein muß, nur wirklich bestes Material der Verarbeitung zuzuführen.

Haar und Leder entsprechen einander nicht immer in ihrer Qualität. So zeigt uns einmal ein Fell ein herrliches Haar, aber im Leder weist es einen der oben beschriebenen bedeutenden Mängel auf. Es kann aber auch umgekehrt vorkommen, daß das Fell wunderbar gegerbt erscheint, im Haar jedoch wenig Wirkung aufweist, da es entweder von einem Sommerbalg oder von einem zu jungen Tiere herrührt. Die Betrachtung der Haar- und Lederqualität hat deshalb immer gesondert zu erfolgen. Man darf von dem herrlichen Aussehen des Haares nicht auf das gute Leder schließen und umgekehrt. Haar sowohl wie Leder müssen daher genau auf ihre Beschaffenheit untersucht werden, bevor das Stück angekauft oder verarbeitet wird.

Das Leder kann aber auch während der Verarbeitung Schaden erleiden und weist dann entsprechende Mängel auf. Wie oft kommt es vor, daß Schneider, die mit der Verarbeitung des Felles nicht vertraut sind, einen Herrenstadtpelz, der im Stoff verdrückt ist, ausbügeln wollen! Kaum setzen sie jedoch das heiße Eisen an den Stoff, läuft auch schon das Leder des Pelzfutters zusammen, wie etwa ein Stück gedehnten Kautschuks. Schon ist das Leder verbrannt und nichts kann mehr unternommen werden, seine ehemalige Geschmeidigkeit wiederherzustellen. Solch unsachgemäße Behandlung des Felles hat schon viel Unheil angerichtet, und wir wollen daraus die Lehre ziehen, Felle nie zu heiß zu behandeln, da sie dadurch unbedingt der Vernichtung anheimfallen. Der praktische und geübte Kürschner wird ohne weiteres in der Lage sein, Felle zu bügeln. Wir wollen da nur auf das sogenannte „Nutriabügeln" verweisen, eine Spezialarbeit, die dem Nutriafell erst die richtige Schönheit verleiht. Auch die Lammfelle werden heute gebügelt, um die natürlichen Lockenwellen zu entfernen und die Wolle glatt zu erhalten. Solche Arbeiten setzen aber große Erfahrungen voraus. Wer je in die Lage kommt, Felle bügeln zu müssen, wird vorerst das Eisen auf Fellabfällen gut ausprobieren, ehe er an das eigentliche Stück herantritt.

Sowohl Sonne wie Feuer sind in keiner Weise dem Leder zuträglich. Der Kürschner wird aber weder die Sonnenstrahlen noch das Feuer entbehren können. Er wird seine gespannten Felle oder Mantelteile oft rascher trocknen müssen, als es der natürliche Prozeß darbietet. Dann muß eben mit großer Vorsicht zu Werke gegangen werden. Viele Felle sind schon bei zu heißem Ofen verbrannt. Das gespannte Fell darf deshalb nur in entsprechende Entfernung vom Ofen gebracht werden und auch die Wirkung der Sonnenstrahlen soll bei dieser Art des Trocknens durch Vorspannen von Papier oder Leinen etwas abgeschwächt werden.

Das verbrannte Leder ist nun derart empfindlich, daß beim Nähen entweder schon die Nadel das Leder durchreißt oder der nachfolgende Zwirn. Man sagt dann mit einem fachtechnischen Ausdruck, das Leder „hält keinen Stich". Es ist dann eben jede weitere Verarbeitung ausgeschlossen. Ein ungenähtes Fell kann nicht verwendet werden und es würde auch beim Spannen sofort wieder weiter zerreißen.

Durch Bügeln verbrannte Felle müssen unbedingt wieder aus dem Pelze herausgeschnitten und durch neue Felle ersetzt werden.

Wenn wir nun gesehen haben, daß der gute Zug des Felles eine Hauptbedingung für die Verarbeitung ist, dann müssen wir auch eine Eigenschaft dieses „Zuges" erwähnen. Das Felleder zieht sich nämlich am besten in die Breite. Hier weisen manche Sorten eine geradezu staunenswerte Dehnbarkeit auf. Der Länge nach ist das Fell weniger dehnbar. Diesem Umstande muß nun auch bei der Verarbeitung der Felle Rechnung getragen werden. Der Kürschner weiß, daß sich das Fell der Breite nach bedeutend dehnt und kann gemäß seiner Erfahrung die verarbeiteten Teile eines Mantels schon entsprechend schmäler schneiden, da er durch das Spannen in der Breite ohnehin gewinnt.

Das Leder weist aber auch noch andere Mängel als die jetzt beschriebenen auf. Da haben wir vor allem oft zahlreiche Schußlöcher, die, wenn es sich um eine volle Ladung handelt, ebenfalls ein Fell sehr entwerten können. Anderseits weist ein in der Falle gefangenes Tier auch entsprechende Risse im Leder auf. Weitere Risse entstehen durch schlechtes „Abziehen" des Felles oder durch Gerbrisse, die beim Abschaben des Aases auftreten.

Oft weist das Leder Flecken auf, deren Entstehen nicht immer mit voller Sicherheit erklärt werden kann. Der Fleck allein schmälert den Wert des Felles nicht, sobald er den Zug des Felles nicht beeinträchtigt.

Das erlegte Tier wird abgezogen, das heißt, das Fell wird an der richtigen Stelle aufgeschnitten und vom Fleisch abgezogen. Schon hier ist für den Wert des Felles die richtige Behandlung maßgebend. Das abgezogene Fell muß nun richtig getrocknet werden. Dies geschieht am besten durch das Ausspannen. Jede Falte im Leder verhindert das vollständige und gleichmäßige Trocknen. In solchen Falten tritt Fäulnis des fleischfeuchten und mit Aas und Fett behafteten Felles ein. Man sagt dann, das Fell „verstinkt" an solchen Stellen. Tatsächlich strömt solchen Fellen, die nicht richtig getrocknet werden, ein penetranter Gestank aus. Zieht man an solchen verstunkenen Stellen an den Haaren, dann lassen sich diese ohne Mühe von dem Leder trennen. Durch die eingetretene Fäulnis ist die Verbindung zwischen Haar und Leder gelockert, das Haar besitzt keinen Halt mehr und läßt sich büschelweise abnehmen.

Solche schlecht ausgespannte Felle gehen wohl nicht ganz zugrunde, sondern nur an jenen Stellen, die dem richtigen Trocknen entzogen wurden. Dort ergeben sich dann beim Gerben kahle Flecke, sogenannte Blößen. Natürlich leidet dadurch der Wert des Felles. Felle, die etwa nach dem Abziehen zur Seite gelegt oder gar eingepackt werden, können sogar, besonders an warmen Tagen, vollständig verstinken.

Das abgezogene Fell muß in der Luft getrocknet werden. Es darf ja nicht den Sonnenstrahlen oder gar der Ofenhitze ausgesetzt werden. Geschieht dies dennoch, haben wir wieder ein verbranntes Leder vor uns, das den nachfolgenden Arbeiten, wie Gerben und Kürschnerarbeit, kein brauchbares Produkt bietet.

Entdeckt man ein schlecht getrocknetes Fell noch rechtzeitig und bestreut man es mit Salz und Alaun, dann kann man noch etwas retten, wenn auch keine Vollwertigkeit mehr erzielt werden kann. Rohe, im Leder etwas verbrannte Felle können auch noch durch Bestreichen mit Seifenbrühe verwendbar gemacht werden.

Einer der größten Feinde des Leders im rohen Zustande ist die sogenannte Aas- und Fleischfliege. Wir werden diesem Fellparasiten bei der Behandlung des rohen Felles einige Beachtung schenken.

Wir wollen nun noch sagen, daß dem Anfänger gerade hier viele Unannehmlichkeiten zustoßen werden. Wir müssen deshalb den Rat erteilen, der Fellbehandlung immer das größte Augenmerk zuzuwenden. Nicht eher an die Arbeit gehen, als bis alle Möglichkeiten genau erwogen sind! Dieses Buch wird in solchen Fällen gewiß immer den richtigen Wink geben können. Wo aber der Arbeitende auf Versuche angewiesen ist, möge er sich nie eines vollwertigen Stückes bedienen, sondern immer bei Abfällen beginnen, um die Wirkung studieren zu können. Nicht jedes Leder ist gleichmäßig stark und bearbeitungsfähig. Das zarte Maulwurffell wird bei weitem nicht das aushalten können, was ein Schaffell erträgt.

Bei einigen wenigen Fellsorten machen wir die eigenartige Wahrnehmung, daß dem Leder fetzenartige Substanzen anhaften, die sich durch Ziehen geradezu abschälen lassen. Wir finden dies hauptsächlich bei den gefärbten russischen Hasen. Es handelt sich hier um das während des Gerbens nicht vollständig entfernte Aas. Diese Hasen weisen ein Leder auf, das einem Papier gleicht. Oft raschelt es auch bei der Berührung wie ein Blatt Zeitungspapier. Die Tatsache, daß dieses Fell so überaus zart und dünn ist, ist die Ursache, daß von einem vollständigen Abschaben des Aases respektive der Fleischreste nicht die Rede sein kann. Diese Fleischfasern bilden nun jene oben beschriebenen Merkmale. Es ist ganz eigenartig, daß solche Felle trotzdem eine jahrelange Haltbarkeit aufweisen. Die Erfahrung hat gelehrt, daß z. B. schwarzgefärbte Hasenkolliers, wie sie vor vielen Jahren in den Bauerngegenden stark gekauft wurden, heute noch zu den Kürschnern getragen werden, um eine Modernisierung vornehmen zu lassen. Das Stück wurde vom Besitzer sehr geschont und soll nun noch weitere Dienste leisten. Äußerlich sieht man oft solchen Pelzen noch wenige Mängel an. Ab und zu ist wohl ein kleiner Riß bemerkbar. In dem Augenblick aber, wo man das Stück auftrennt, wird man erst gewahr, daß nun das Leder doch schon derart morsch geworden ist, daß eine weitere Verarbeitung unmöglich erscheint. Das Leder hält keinen Stich mehr und könnte auch nicht mehr gespannt werden. Solange der Pelz noch im Ganzen war, durch Watte und Futter den nötigen Halt besaß, hielt alles noch ziemlich zusammen. Dieses Beispiel soll dartun, daß Felle, die beim Gerben auch nicht völlig vom Fleische befreit werden konnten, weil das dünne Leder geschont werden mußte, dennoch eine ziemliche Haltbarkeit aufweisen. Dies wurde eben durch die beim Gerben verwendeten chemischen Substanzen erreicht.

Auf ein wesentliches Merkmal muß noch hingewiesen werden. Der Kürschner wird oft bemerken, daß manche Felle auf der Lederseite zahlreiche Haare zeigen, und zwar, wie wenn dieselben durchgezogen worden wären. Wir haben es hier mit Fellen zu tun, deren Bälge entweder zu lange im Fleische lagen, was vorkommen kann, wenn ein angeschossenes Tier dem Blicke des Jägers entschwindet und erst in irgendeinem Dickicht verendet, wo es gegebenenfalls erst nach Tagen oder Wochen gefunden wird. Das zu lange „Im-Fleische-Liegen“ kann entweder das Fell gänzlich vernichten oder es zeigt nach dem Gerben den Nachteil der durchtretenden Haare. Das Haar hat dann nicht mehr den vollen Halt, solche Felle werden immer teils mehr, teils weniger „haaren“, das heißt Haare lassen.

Wir nennen solche Felle „mildhaarig“; natürlich ist deren Wert bedeutend verringert. Der Kürschner wird eine solche Ware auch nicht verarbeiten, da die Käufer beim Tragen stets voll Haare sein werden.

Aus dem Gesagten ersehen wir, welch genaue Kenntnis der Fellbeschaffenheit notwendig ist, um nicht nur gute Felle einzukaufen, sondern auch bei der Arbeit tadellose Resultate erzielen zu können. Die Warenkunde ist daher eines der wichtigsten Kapitel und wird durch die nachfolgenden, wichtigen Darlegungen noch weiter ergänzt.

3. Das richtige Abziehen des Felles

Der Kürschner wird oft in die Lage kommen, Felle von einem ihm übergebenen erlegten Tier abzuziehen. Zahlreiche Kaninchen und Hasen, dann wieder Marder, Iltisse, Maulwürfe und Füchse werden da jahraus, jahrein abgeliefert. Das richtige Abziehen und Trocknen des Felles bedingt, wie wir oben gesehen haben, auch eine Güte und darum soll davon jetzt genauer die Rede sein.

Das „Abziehen" des Felles kann auf zweierlei Weise erfolgen, erstens auf offene, zweitens auf runde Art.

Führen wir von dem After des Tieres über den Bauch bis zur Kehle einen senkrechten Schnitt herab, so nennen wir dieses Abziehen die „offene" Art. Wir werden vorerst das Tier mit den Hinterbeinen auf zwei Haken befestigen, wobei wir die Beine fest auseinanderspannen. Nun führen wir vorsichtig den oben beschriebenen geraden Schnitt aus. Ungleich aufgeschnittene Felle verursachen bei der späteren Verarbeitung manche Unannehmlichkeit, ja es ist vorgekommen, daß Laien das Fell im Rücken, dem schönsten Teil, aufschnitten und dadurch einen nicht wieder gutzumachenden Mißgriff ausführten. Also genau in der Mitte des Bauches schneiden und gerade.

Vorsichtig wird sodann das Fell vom Fleische losgelöst. Muß man mit dem Messer nachhelfen, dann hüte man sich, in das Fell zu schneiden. Ganz leichtes Nachhelfen genügt vollständig. Jedes Übereilen ist zwecklos und kann dem Felle schaden. Gerade beim Abziehen sind Ruhe und Überlegung nötig. Auch zu arges Ziehen an schwächeren Stellen des Leders, wie etwa auf der Bauchseite oder bei den Klauen, ist zu unterlassen, um das Leder nicht zu zerreißen.

Vor allem trachte man den Kopf und die Klauen rein herauszubekommen. Der Kopf soll ja meist naturalisiert werden, das heißt bei einem Kollier bei der späteren Verarbeitung des Felles durch künstliche Unterlagen und Beigaben, wie Glasaugen usw., ein natürliches Aussehen erhalten. Wird aber der Kopf beschädigt, dann läßt er sich meist nicht wieder so in Ordnung bringen, daß man die Mängel nicht mehr wahrnehmen kann. Die Schnauze wird vielfach schlecht oder gar nicht abgezogen. Dadurch wird ja das Fell immer wieder entwertet. Eine künstliche Schnauze wirkt nie gut. Dies gilt hauptsächlich von solchen Tieren, deren Kopf nachträglich naturalisiert werden soll, wie bei Mardern, Iltissen und Füchsen. Bei Hasen und Kaninchen hingegen kann der Kopf ruhig abgeschnitten werden. Es wird auch niemandem einfallen, einen Maulwurf so abzuziehen, daß die Schnauze und die Klauen unverletzt erhalten bleiben; dies wäre vergebliche Mühe.

Bei den zu naturalisierenden Köpfen achte man ferner auf das richtige Abziehen der Ohren. Füchse und Marder sollen hier besonders vorsichtig behandelt werden. Künstliche Ohren entwerten das Fell. Dasselbe gilt von den Klauen dieser Tiere. Die meisten Füchse, die im Handel sind, weisen entweder gar keine Krallen an den Klauen auf oder nur teilweise. Dies ist ein großer Nachteil.

Ein besonderes Augenmerk ist dem Schwanze zuzuwenden. Fast durchwegs läßt der Laie den Knochen im Schweife. Nach dem Trocknen ist das Bein oft nicht mehr auszulösen und meist geht beim Gerben ein solcher Schweif „bloß", das heißt er verliert die Haare. Was das bei einem Fuchs oder Marder zu sagen hat, kann man wohl ermessen. Gerade der Fuchs- und der Marderschweif stellen einen ganz ansehnlichen Wert dar.

Auf all das ist beim Abziehen des Felles genau zu achten. Nichts überstürzen! Jedes Versehen bringt Schaden.

Die zweite Art des Abziehens, das „runde Abziehen", wird derart vorgenommen, daß von dem After quer zu den Hinterklauen ein Schnitt geführt wird und dann das Fell unaufgeschnitten über Rücken und Kopf des Tieres abgezogen wird.

Alle Vorsichtsmaßregeln, die oben beim offenen Abziehen in Betracht kamen, müssen auch hier aufs genaueste befolgt werden, um ein gutes, brauchbares und wertvolles Fell zu erhalten.

Man wendet nun diese beiden Arten des Abziehens nicht etwa willkürlich an, sondern legt sie den einzelnen Fellsorten zugrunde. Größere Tiere, wie etwa Schafe, Persianer, Biber, Opossum, Waschbären usw., werden offen abgezogen, andere Sorten wieder, wie Marder, Füchse, Iltisse, Bisam, Hasen, Feh und andere, werden rund ausgezogen.

Nach dem Abziehen muß das noch feuchte Fell tüchtig getrocknet werden. Das Trocknen muß je nach der Art des Abziehens erfolgen. Offen abgezogene Felle werden am besten leicht auf ein Brett gespannt, wobei jede Falte vollständig auszugleichen ist, um ein Faulen solcher gefalteter Stellen, wo die Luft nicht genügend Zutritt hat, zu verhindern. Es wird empfohlen, das Leder bei diesem Ausspannen nicht übermäßig zu dehnen. Das Fell soll nur glatt und faltenlos, mit der feuchten Lederseite nach oben, aufgespannt werden. Es ist am besten, das Fell mit Nägeln an das Brett zu nageln.

Rund abgezogene Felle werden über ein Brett gespannt, wobei wieder zu beachten ist, daß alle Falten ausgeglichen erscheinen. Natürlich muß darauf geachtet werden, daß das in den Balg eingeführte Brett die Haare nicht beschädigt. Es ist deshalb auch nicht gut, das Fell mit Stroh auszufüllen, wie dies leider auf dem Lande häufig geschieht. Der Bauer zieht den kostbaren Marder ab und stopft dann mit Gewalt so viel Stroh in den Balg, bis das Fell straff ausgespannt erscheint. Durch diese Gewalt beschädigt aber das scharfe Stroh das zarte Haar.

Die moderne Technik hat zu dem Zwecke des richtigen Ausspannens des abgezogenen Felles sogenannte „Drahtfellspanner" geschaffen, die an Stelle des gewöhnlichen Brettchens ganz vorzügliche Dienste leisten.

Durch schlechtes Abziehen gehen hunderttausende Felle jährlich zugrunde oder verlieren einen Großteil ihres Wertes. Bedenkt man nun, daß wir ohnehin an einem Fellmangel zu leiden haben, dann müssen wir uns eingestehen, daß die falsche, unsachgemäße Behandlung beiträgt zur Verminderung und Verteuerung der Ware. Ein schlecht abgezogenes und unrichtig getrocknetes Fell wird höchstens noch als sogenannte

„Schneideware" Verwendung finden, das heißt die Haare werden vom Leder entfernt und allein verwertet. Dies geschieht hauptsächlich in der Hutfabrikation bei der Herstellung des Filzes. Solche Felle werden aber bedeutend niedriger im Preise gehalten als ein vollwertiges „Kürschnerfell".

Immer und überall lernen wir bei den Fellarten ganz ungewöhnlich große Qualitätsunterschiede kennen, die noch augenfälliger beim zugerichteten Fell hervortreten. Das rohe Fell, meist rund, zeigt nicht die volle Qualität, und zwar deshalb, weil wir nie wissen können, wie alt der getrocknete Balg ist. Da kommen, um nur ein sehr interessantes und lehrreiches Beispiel anzuführen, unter anderen Fellen tausende und tausende rohe Iltisse von den Eignern, das heißt den Jägern, Bauern oder anderen Fängern, zum Einzelverkauf. Der Eigner kommt damit entweder in die Stadt zum Kürschner oder Rauhwarenhändler oder diese suchen ihn draußen in der Provinz auf. Da gibt es nun allerlei Felle, solche, die erst ganz frisch abgezogen sind und von Fett triefen, und solche, die vielleicht schon ein Jahr lang irgendwo in einem Winkel lagen, um auf höhere Marktpreise zu warten. Was macht nun das schlaue Bäuerlein, um dem Iltis ein Aussehen zu geben, als wäre er erst frisch abgezogen? Er schmiert das Leder mit Fett, noch besser mit Eiern ein. Jetzt glänzt es wieder, als wäre der Iltis erst vor drei Stunden abgezogen worden.

Das kann aber Felle betreffen, die vielleicht nicht gut gespannt und ausgetrocknet waren. Felle, die im rohen Zustande vor dem Trocknen Falten bildeten, halten an diesen Stellen im Trocknen zurück, der Teil geht in Verwesung über, das Fell „verstinkt", wie der Fachmann sagt. Natürlich gehen an solchen Stellen auch die Haare aus. Wurde ein solches Fell vielleicht nachträglich ausgeglichen und mit Ei bestrichen, so kann der weniger gewandte Käufer die Schadhaftigkeit des Felles oft nicht feststellen und kommt beim Ankauf zu Schaden. Kommt ein solches Fell zum Gerben, treten die Mängel erst hervor: entweder es gehen die Haare aus oder das Leder wird hart und steif.

Wir werden also erst beim zugerichteten Fell die Qualität richtig beurteilen und den Wert desselben feststellen können. Deshalb sind auch die Preisunterschiede zwischen Rohfell und zugerichteter Ware oft sehr groß. Es gehen bei einer Partie Rohfelle viele Felle zugrunde, die nun als „Schwund" in die Ware eingerechnet werden müssen.

Diese Darlegungen dienen auch zur Erklärung der Preisunterschiede, die zwischen roher und zugerichteter Ware in unserer Tierbeschreibung angeführt sind.

Das abgezogene Fell muß „luftgetrocknet" werden. Es soll möglichst an einen zugigen Ort gebracht werden. Der Luftzug wird dann auf natürliche Weise das Leder trocknen. Sonne und Ofenhitze sind unbedingt fernzuhalten, wie wir schon oben ausführlich erwähnt haben.

Vor dem Trocknen wird das etwa blutige Haar in reinem Wasser ausgewaschen.

Ein grimmiger Feind des rohen Felles ist die Aas- und Fleischfliege. Diese Fliege legt in die rohen, meist noch feuchten Leder ihre Eier. Schon nach kurzer Zeit entwickeln sich große, dicke, fette Maden, die das Leder auffressen. Natürlich wird auch dadurch das Fell entweder gänzlich vernichtet oder zumindest sehr entwertet.

Rohe Felle zeigen eine sehr lange Haltbarkeit. Es kommt vor, daß Sorten jahrelang in rohem, getrocknetem Zustande aufbewahrt werden, um dann erst dem Gerbverfahren zugeführt zu werden. Die Hauptsache ist, das Leder auf die oben bezeichnete Art gut und faltenlos zu trocknen. Wird es dann an einem kühlen, luftigen Orte aufbewahrt, und zwar derart, daß die einzelnen Felle nicht dicht aneinanderliegen, dann kann die lange Haltbarkeit erreicht werden.

Die Trapper, die Jäger und Fallensteller im nördlichen Amerika gehen oft monatelang ihrem Berufe nach. Sie sammeln die Felle, die sie den erlegten Tieren abgezogen haben, trocknen sie sachgemäß und bewahren sie gut auf. Nach Monaten kommen erst die Händler, welche ihnen den Vorrat abnehmen. Es kommt aber auch vor, daß der Trapper, welcher von den Händlern durch Zirkulare über den jeweiligen Marktpreis der Felle genauest unterrichtet wird, mit dem Teurerwerden einzelner Sorten spekuliert und dieselben nicht verkauft. Er will einen höheren Preis erzielen und hält die Ware zurück.

Der Trapper versteht die Felle stets gut zu behandeln, um ihren Handelswert zu erhalten und zu erhöhen. Es gibt aber Indianerstämme, die leider weniger achtsam beim Konservieren der rohen Häute sind. Dem Verfasser kommen häufig südamerikanische Felle zu Gesicht, die durch schlechte Konservierung bedeutend an Wert verlieren.

Wir wollen dieses Kapitel nicht abschließen, ohne eines sehr gefährlichen Feindes der Fellgewinnung und Fellverarbeitung zu gedenken, des Milzbrandes. Dieser ist eine der fürchterlichsten Infektionen, die wir kennen, und zwar besonders deshalb, weil der Erreger dieser Krankheit außerordentlich widerstandsfähige Sporen (Dauerformen) bildet. Diese Sporen können bei Fellen in eingetrocknetem Zustand mit dem entstehenden Staube eingeatmet werden und zu einer schweren Erkrankung, dem Lungenmilzbrand, führen. Auch die Hände der Arbeiter sind beim Verarbeiten milzbrandiger Felle und Häute durch diesen Erreger gefährdet, weil auch auf der Haut des Menschen eine Infektion, der Milzbrandkarbunkel, entstehen kann.

Die Sanitätsgesetzgebung hat daher ganz besonders strenge Vorschriften für die Unschädlichmachung der Kadaver solcher an Milzbrand verendeter Tiere vorgesehen, auch eine besonders sorgfältige Desinfektion aller mit milzbrandkranken Tieren oder Menschen in Berührung stehenden Gegenstände. Auch die Felle und Häute müssen mittels eines ganz bestimmten Verfahrens, einer Salzsäure-Kochsalz-Pickelbeize, desinfiziert werden, um mit Sicherheit eine Abtötung der Sporen zu bewirken und so ihr Wiederauskeimen zu verhindern.

Wir wollen nun noch der Selbstentzündung von Fellen einige Worte widmen.

Es ist bekannt, daß sich z. B. lagernde Kohlen infolge des großen Druckes der aufgehäuften Menge von selbst entzünden. Dieselbe Wahrnehmung wurde nun auch schon bei Fellen, und zwar hauptsächlich bei gefärbten Fellen, wie Kaninchen, gemacht. Liegen große Posten dieser Ware zu lange Zeit in großen Ballen übereinander, so kann die unterste Schichte nicht ausdunsten. Es entsteht Selbstentzündung, die leicht große Warenmengen vernichten kann. Es ist daher notwendig, eingelagerte Ware, die durch Eigengewicht unter großem Druck steht, von Zeit zu Zeit durchzusehen und umzulegen, wie große Kohlenlager ständig umgeschaufelt werden müssen.

Der Vollständigkeit halber mußten wir auch diese wichtige Angelegenheit mit erwähnen.

4. Die Klassifikation der Felle, das Fellsortiment

Die ungeheuren Mengen der alljährlich auf den Markt gebrachten Felle stellen natürlich keine einheitliche Materie dar. Die gesammelten und zur Auktion wandernden Felle stammen nicht nur aus den verschiedensten Distrikten und Ländern, ja sogar Weltteilen, sie kommen aus Ländern verschiedener Klimate, sie stammen von jungen, mittelentwickelten oder alten, ganz ausgewachsenen Tieren, es sind Felle, die in den verschiedenen Jahreszeiten gesammelt wurden, also Sommer- und Winterfelle, Schwarten und reife Felle.

Das alles muß genau erkannt und sortiert werden. Aber nicht nur darum handelt es sich. Es gibt Fellsorten, die auch im Haare ganz bedeutende Unterschiede aufweisen, die die Qualität und dadurch den Wert bestimmen.

Da ist vor allem eines der herrlichsten und kostbarsten unserer heutigen Pelztiere, der unübertreffliche Silberfuchs. Dieser tritt nun in einer ganz verschiedenen Haarnuancenentwicklung auf. Der Wert dieses Felles wird von seinem Silbergehalt bestimmt. Silbergehalt ist hier der Ausdruck für die Silberspitzen der Grannenhaare. Derart betrachtet, hat der Silberfuchs heute eine sechsfache Klassifikation:

1. ganz schwarz,
2. ein Achtel Silber,
3. ein Viertel Silber,
4. halb Silber,
5. drei Viertel Silber,
6. ganz Silber.

Der Name für dieses Tier lautet Silber- oder Schwarzfuchs, je nachdem er mehr oder weniger Silberspitzen aufweist.

Der vollkommene Schwarzfuchs ist ohne das geringste Silberhärchen. Die zweite Klasse zeigt vom Pumpf aufwärts in etwa dem achten Teile des Felles silberhaarige Grannen. Dann steigt mit der Klassifizierung der Silberreichtum, bis wir bei der Bezeichnung der sechsten Klasse tatsächlich die silberne Behaarung bis zum Nacken wahrnehmen und auch der Kopf eine derartige Nuancierung erkennen läßt.

Diese Einteilung stuft auch den Wert des Felles ab und es ist für den Kürschner von großer Bedeutung, die Klassifikation des Silberfuchses zu kennen. Gibt es doch Felle in der Preislage von S 500,— bis 2000,—, ja noch darüber. Da ist die richtige Kenntnis des Einteilungsgrades wohl von besonderem Werte. Daß außer dieser Klassifikation auch die Größe des Felles und dessen Haardichte eine Rolle spielen, braucht wohl nicht weiter erörtert zu werden.

Einen ähnlichen Fall bietet uns das bekannte Skunksfell. Der Naturskunk ist ein ganz eigenartig gezeichnetes Tier. Das braunschwarze Haar wird meist durch zwei gelblichweiße, vom Kopf gegen den Pumpf auseinanderlaufende Streifen belebt. Je nach dem Auftreten dieser Streifen, die mit dem Fachausdrucke „Gabel" bezeichnet werden, wird der Wert des Felles bestimmt. Nur gerade entgegengesetzt wie beim Silberfuchs. Galt der Silberreichtum oben als Zeichen des Wertes, weist hier der Skunk mit dem Größer- und Breiterwerden der Gabel einen immer geringeren Wert auf.

Wir teilen den Skunk am besten in sechs Klassen. Die erste zeigt uns das dunkle, schöne Fell ganz ohne Gabel, nur der Kopf weist meist einen kleinen weißen Fleck auf. Die zweite Klasse zeigt uns schon eine zarte Gabel, die vom Kopfe bis etwa drei Viertel des Felles herabreicht. Die dritte Art zeigt uns die auch noch zarte Gabel, die diesmal aber schon bis in den Schwanzstummel reicht. Die vierte Sorte läßt uns schon zwei ziemlich breite Gabelstreifen schauen, die ebenfalls ihre Fortsetzung in dem struppigen Schwanz finden. Die fünfte Klasse führt uns die zwei Gabeln vor Augen, die fast schon gänzlich ineinander aufgehen, während die letzte Sorte ein fast gänzlich gelblichweißes Fell hat.

Hier ist die erste Klasse, die noch keine Gabeln aufweist, die wertvollste.

Bei der Beschreibung der einzelnen Tierarten werden wir auf andere wesentliche Unterschiede noch genauer eingehen können. Hier handelt es sich nur um ganz markante Beispiele, die beweisen sollen, wie gründlich der Kürschner die Warenkunde beherrschen muß.

Diese Verschiedenheit der Felle erschwert eben die Arbeit. Der Kürschner hat hier nicht ein Stück Tuch vor sich, das vom ersten Zentimeter bis zum letzten die gleiche Beschaffenheit und Farbe aufweist.

Aber der Wert des Felles wird nicht immer in gleicher Weise durch eine feststehende Norm, wie etwa oben ausgeführt, bestimmt. Die Moderichtung spielt da eine äußerst wichtige Rolle. Vor Jahren hat man z. B. noch dem Viertel-Silberfuchs den Vorrang gegeben, heute werden die mit der Klassifikation halb und dreiviertel Silber vorgezogen.

Bei dem Skunk ist es dermalen nicht viel anders. Die große Skunksmode, die etwa vor dem Jahre 1914 herrschte, ist zur Zeit des Erscheinens dieses Buches fast vollständig vergessen. Andere, hellere und lebhaftere Sorten haben den Skunk abgelöst. Aber die helleren Sorten wie auch die Sucht nach Originalität haben es bewirkt, daß man heute den Skunk mit den weißen Gabeln verarbeitet, was früher nie der Fall war. Da mußten dieselben ausgeschnitten werden. Dies geschieht bei Verarbeitung von Garnituren und Besätzen wohl auch heute noch, aber für Halstierchen oder einzelne Besätze wird der Skunk mit den weißen Gabeln mit Vorliebe verarbeitet. Die sogenannte „Schwarz-weiße Mode“ fördert diese Tatsache. Deshalb ist auch heute der Gabelskunk, der die zartere Zeichnung aufweist, sehr gesucht. Freilich ist der Skunk ohne Gabel immer noch der teurere. Aber die zweiten und dritten Sorten wetteifern mit der ersten Klasse heute sehr.

Solche Veränderungen werden natürlich immer stattfinden. Für die Klassifikation nach Farben und Nuancen gibt es daher keine feststehende Norm.

Immer wird für die Bewertung des Felles sein volles oder dünnes, sein langes oder kurzes Haar wie auch die Haardichte maßgebend sein. Die entsprechende Ledergüte wird als selbstverständlich vorausgesetzt.

Nach dieser Art teilen wir die Felle in Prima- oder ausgereifte Felle und Sekunda- oder unreife Felle ein.

Das Prima-Fell muß nicht nur ein volles und dichtes Haar aufweisen, es soll auch frei von Mängeln, wie Rissen und Löchern, sein, soll eine entsprechende Größe aufweisen und im Leder gesund, das heißt nicht hart und verbrannt, sondern leicht dehnbar sein.

Die Sekunda-Felle werden wieder in verschiedene Unterklassen geteilt. Da gibt es Felle, die im September oder noch früher dem zu dieser Zeit erlegten Tiere abgezogen wurden. Da ist der Fellwert natürlich noch ziemlich gering. Mit ansteigender Kälte verbessert sich die Qualität des Haares. Dann spielt das Alter des erlegten Tieres eine große Rolle. Zu jung erlegte Tiere weisen nicht nur ein kleines, sondern auch ein nicht vollentwickeltes Fell auf. Tiere, die in der Nachsaison erlegt wurden, zeigen meist ein gutes Fell, doch ist das Leder weniger gut. Solche Felle stammen aus den Ergebnissen etwa der März-, April- und Maifänge. Natürlich ändert sich das nach Gegend und Klima. Ein nordischer Fuchs, der im März erlegt wurde, wird ein anderes Haar aufweisen als ein Fuchs, der im Mai in der ungarischen Tiefebene gefangen wurde.

Man sollte meinen, es wäre besser, in der Vor- oder Nachsaison überhaupt keine Tiere zu erlegen. Theoretisch mag diese Forderung berechtigt sein. Aber wenn z. B. der Marder in den Hühnerhof einbricht und dort großen Schaden anrichtet, dann wird der Besitzer eben seine Fallen aufstellen, gleichgültig, welche Jahreszeit gerade ist. Und der nordamerikanische Fallensteller, der es gerade auf ein bestimmtes Wild, das gerade in dieser Jahreszeit am günstigsten zu verwerten wäre, abgesehen hat, kann wirklich nichts dafür, wenn sich in derselben Falle nun ein anderes, weniger wertvolles Tier fängt. Da spielen eben oft Zufälle mit, die nicht vorausgesehen werden. Der richtige Jäger wird nie ohne Grund ein Tier erlegen, dessen Fell derzeit keinen Wert aufweist.

Aber nicht nur Größe, Haardichte und Fülle geben den Ausschlag, auch die Farbe spielt bei der richtigen Klassifikation eine große Rolle. Bei der einzelnen Tierbeschreibung werden wir gerade diesen Umstand besonders berücksichtigen und jene Merkmale hervorkehren, die den Wert des Felles ausmachen. Die Farbe vieler Edelsorten, wie etwa der Zobel, Marder, Nerze, Iltisse und vieler anderer, fällt bei der Qualitätsbestimmung sehr ins Gewicht. Der helle Nerz wird nie den Wert besitzen wie der wundervoll dunkelbraune. So ist es auch bei Zobel und Marder. Auch der dunkle Iltis hat vor dem hellgelben einen bedeutend höheren Wert.

Sehr augenfällig ist dies bei dem australischen Opossum, das einmal ganz hellgrau erscheint und dann höchstens zu Futter oder zu einem billigen Besatz verwendet wird. Welche Schönheit bietet uns aber das blaugraue Opossum!

Eine äußerst wichtige Einteilung der Fellwerte erfolgt auch durch das sogenannte „Fellsortiment".

Am augenfälligsten wird diese Einteilung bei den verschiedenen Kaninsorten. Man sortiert nicht nur die Qualitäten, sondern auch die Fellgrößen und bezeichnet diese durch eine Aufeinanderfolge des Buchstabens „X".

Das zu einem Dutzend gebündelte kleine Fell erhält die Bezeichnung „X". Der Kürschner gebraucht hiefür den Ausdruck „Einixer", die nächstgrößere Sorte wird mit der Bezeichnung „XX" versehen und gibt uns den „Zweiixer". Dann treten „XXX" auf. Obwohl diese Bezeichnung nach hinauf heute schon ziemlich weit fortgesetzt wird,vielfach auch um eine Größe vorzutäuschen, die nicht existiert, wollen wir uns vor allem mit dem natürlichen Sortiment der Bezeichnung X, XX und XXX befassen. Handelsüblich wird die Ware nur „im Sortiment" verkauft, das heißt wer Kanine kauft, die als Sortimentsware gelten, muß immer eine Zahl kaufen, die durch vier Dutzende teilbar ist. Je vier Dutzend bilden immer „ein Sortiment". Da wir es aber nur mit einer dreifachen „X"-Bezeichnung zu tun haben, wird folgende Einteilung gemacht. Zu einem Sortiment gehören:

1	Dutzend	Felle	X,
2	„	„	XX und
1	„	„	XXX.

Der Fellpreis ist im Sortiment der gleiche, sowohl für das große XXX-Fell wie auch für die kleineren mit XX und X bezeichneten Sorten. Wer z. B. fünf Sortimente Kanin kauft (240 Stück Felle), der erhält:

5	Dutzend	Felle	X
10	„	„	XX
5	„	„	XXX.

Die Mittelgröße von XX ist die preisentsprechende, die X-Sorte ist weniger, die XXX-Sorte mehr wert. Die detaillierte Bewertung der Fellpreise fällt im Einzelverkauf nun dem Kürschner zu. Bei Verarbeitung eines Kaninmantels wird ein Sortiment verwendet und kann somit bei der Kalkulation des Verkaufspreises auch der Sortimentspreis als Grundlage dienen.

Wir haben oben erwähnt, daß es auch vorkommt, daß die Bezeichnung durch X nach obenhin weiter fortgesetzt wird. So kommen auch 6 X und 8 X vor. Die Einteilung betrifft die Färberei oder die Rauhwarenhändler. Gewiß handelt es sich vielfach auch um außergewöhnlich große Sorten, wie sie unter anderen Chapal in Montreuil liefert. Hier ist die Bezeichnung mit XXXXXX berechtigt. Man macht aber auch die Wahrnehmung, daß einzelne Häuser eine Sorte mit XXXX bezeichnen, die anderswo nur mit XXX klassifiziert wird. Je teurer die Ware wird, desto kleiner werden die unter XXX bezeichneten Felle. Der geübte Fachmann wird daher sein Hauptaugenmerk nicht auf den aufgeklebten Zettel mit der „X-Bezeichnung" lenken, sondern die Fellgröße selbst in Augenschein nehmen müssen. Heute dient die Bezeichnung nach X mehr zur Erleichterung im Handel, die ursprüngliche Bedeutung verblaßt immer mehr.

Es darf natürlich nicht angenommen werden, daß ein Dutzend zusammengebündelte Felle alle genau die gleiche Größe aufweisen. Man unterscheidet in jedem Paket wieder die sogenannten „Deckelfelle", die etwas größer sind. Je tiefer es in den Fellbund hineingeht, desto kleiner werden die Felle. Dies trifft aber nicht nur bei Kaninen zu, sondern bei allen Sorten. Füchse, die zu 10 Stück gebündelt sind und Zehnlinge genannt werden, Skunks und Hermeline, die original in Bündeln zu 40 Fellen gebündelt werden und mit dem Ausdruck „ein Zimmer Hermelin" usw. belegt werden, weisen genau so Größenunterschiede auf wie die Kanine.

Deshalb kann auch ein Bund oder Bündel Felle nicht ohne genaues Sortieren verarbeitet werden, wie wir dann später noch sehen werden. Das Fell ist daher stets, unabhängig von jeder Handelsbezeichnung, an sich zu begutachten und zu bewerten. Nur dann bleibt der Grundpreis als Richtschnur, wenn wir wieder das ungeöffnete Bündel als solches weiterverkaufen.

Also Fellgröße, Haardichte und -fülle, die Reinheit des Leders und die Farbe des Haares spielen eine bedeutende Rolle bei der Klassifikation der Felle. Diese läßt sich nicht in kurzer Zeit erlernen, sondern erfordert viel Erfahrung, die nur mit der Zeit gesammelt werden kann.

Der Kürschner, der das Bestreben besitzt, nur das Beste an Fellen zu verarbeiten, hat ein ungemein geübtes Auge für die großen Unterschiede der Qualitäten. Ein Blick, ein Blasen in den Grund des Haares, ein leichtes Streichen nach dem Haar und dann wieder gegen das Haar, ein aufmerksames Ziehen im Leder, und sein Urteil ist gebildet.

Wenn wir nun von einem der wichtigsten Kapitel Abschied nehmen, dann haben wir, wie wir dies öfter erwähnten, die Qualitätsunterschiede der Felle noch lange nicht erschöpfend behandelt. Der Rahmen der Warenkunde ließ dies nicht zu. Sowohl während des technischen Teiles, wo die Bearbeitung der einzelnen Fellsorten erläutert werden wird, wie im zoologischen Teile wird immer wieder die Rede von den Qualitätsunterschieden und deren Unterscheidungsmerkmalen sein.

Der Kürschner, speziell aber der junge Kürschner, der noch nicht die nötige Erfahrung besitzt, benütze die Gelegenheit, um sich die notwendigen Kenntnisse gerade in der Warenkunde anzueignen. Jedes

Fell, das in die Hand genommen wird, soll Gegenstand eifrigster Betrachtung sein. Das soll natürlich nicht heißen, daß man die Arbeit ruhen läßt, um sich in die Betrachtung des Felles zu vertiefen. Die besonderen Merkmale treten ohne weiteres auch während der Arbeit vor Augen, wenn man nur die Absicht hat, richtig sehen zu wollen.

Wie ungeheuer wichtig das richtige und rasche Erkennen des Fellwertes ist, werden wir bei der Beschreibung der Rohwarenauktionen sehen. Dort entscheidet nur die große Warenkenntnis und die angewendete Raschheit. Sehen, erkennen, urteilen und entschließen, das sind die Voraussetzungen für den Besuch einer Auktion. Wer in diesen Punkten nicht fest ist, wage sich nicht in den Auktionssaal.

III. Die Technik des Kürschners

1. Das Schneiden der Felle

Bevor wir das Fell der Verarbeitung zuführen, um daraus einen Kragen, einen Muff oder, durch Zusammenarbeiten mehrerer Felle einen Pelzmantel zu schaffen, müssen wir es von den Grundfehlern befreien, die fast ohne Ausnahme an jedem, auch dem besten und schönsten Fell haften. Die Entfernung solcher Mängel, die in Österreich als „Bestechen", in Deutschland als „Anbraken" bezeichnet wird, setzt aber verschiedene Fertigkeiten voraus, die zuerst Gegenstand unserer Betrachtung sein müssen. Etwa vorkommende Fehler im Haar oder Leder des zu verarbeitenden Felles müssen ausgeschnitten werden. Der Erzeuger eines Stoffanzuges weicht einem Tuchfehler aus, der Kürschner aber kann dies nicht, denn die Felle sind nicht so groß, daß er aus einem Fell den ganzen Teil etwa eines Pelzmantels schneiden könnte. Im Gegenteil, er wird viele Felle aneinanderfügen müssen, um diesen Zweck zu erreichen. Er kann also bei Auftreten eines Fehlers diesem nicht ausweichen und mit dem restlichen Teil des Felles sein Auskommen finden, er muß den Fehler entfernen. Dies geschieht mit dem sogenannten „Kürschnermesser".

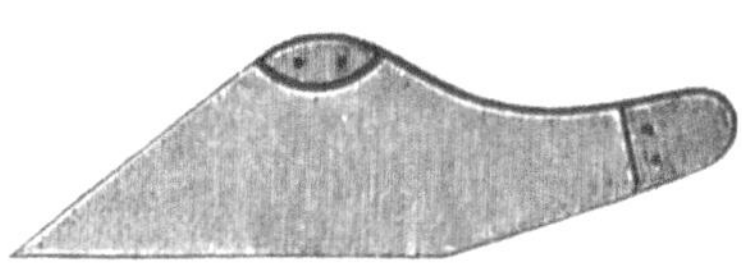

Abb. 1. Kürschnermesser

Das Aussehen dieses Messers ist von dem anderer Messer grundverschieden. Die Gestalt des Kürschnermessers ist durch seinen Gebrauch vorgeschrieben und für die leichtere Handhabung eingerichtet. Die Bestimmung der Schneide des Messers braucht nicht erörtert zu werden. Auffallend ist vor allem der hochgebogene Rücken und der schmale Auslauf, der meist mit einem Messingfortsatz versehen ist. Wesentlich ist auch eine vorzügliche Spitze.

Das Kürschnermesser muß aus bestem Stahlblech hergestellt sein.

Das Messer muß nun gut in der Hand liegen. Wer dasselbe schlecht hält, wird keinen guten Schnitt führen. Wer die Feder schlecht hält, wird auch nicht gut und schön schreiben. Es ist notwendig, schon dem werdenden Kürschner das Messer richtig in die Hand zu geben. Eine einmal angenommene schlechte Haltung desselben ist rasch angewöhnt und erschwert das Arbeiten.

Wir nehmen das Messer so zur Hand, daß die Schneide nach abwärts gerichtet ist (Abb. 2). Die Spitze zeigt nach vorne; der erhöhte Rücken ruht fest im Ballen der Hand. Links liegt der Daumen am Messer, rechts der gekrümmte Mittelfinger. Vorne über den Rücken des Messers bis zur Nähe der Spitze laufend, liegt der Zeigefinger. Gestützt wird die Hand durch den auf dem zu schneidenden Fell aufliegenden kleinen Finger. Während der Schnittführung geht die ganze Hand mit; der oben auf der Messerkante ruhende Zeigefinger drückt je nach der Fellstärke und dem sich dadurch bietenden Widerstand auf das Messer. Während die rechte Hand das Messer führt, hält die linke das Fell.

Wird der Schnitt vom Rande des Felles geführt, dann setzt das Messer etwa im vorderen Viertel der Schneide zum Schnitt an, wird jedoch inmitten des Felles geschnitten, muß die Spitze des Messers zuerst in das Fell eindringen. Dann rückt die Schneide bis ungefähr zur Hälfte ihrer Länge nach, wird dann aus dem Schnitt, wenn derselbe noch nicht zu Ende ist, wieder herausgezogen, neu angesetzt und weitergeschnitten. Bei einem kurzen Schnitt kann die Hand fester auf dem Fell ruhen, je mehr aber der Schnitt in der Länge zunimmt, desto beweglicher muß die Hand sein, um dem Schnitt folgen zu können.

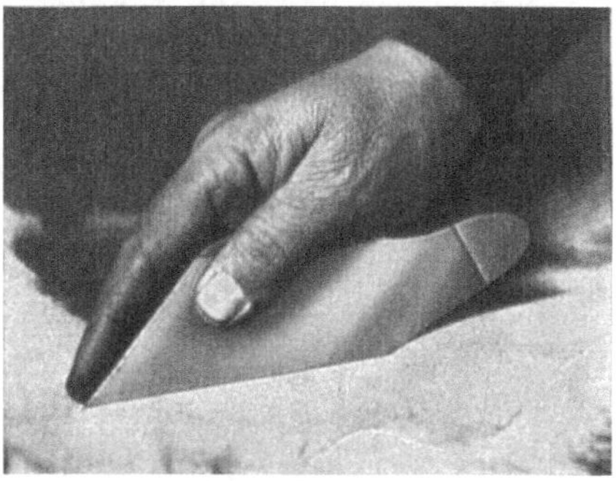

Abb. 2
Richtige Messerhaltung

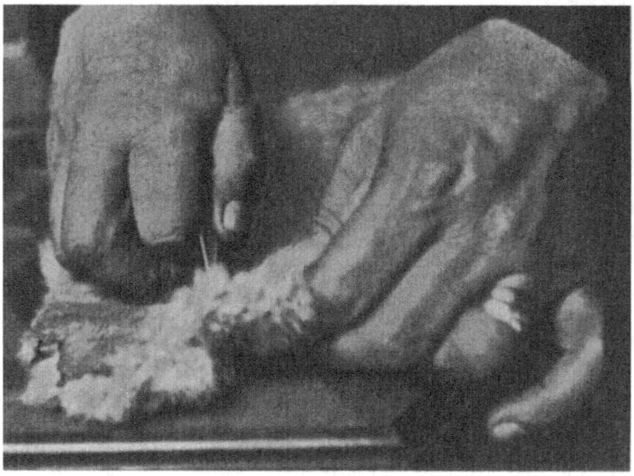

Abb. 3. Das Schneiden des Felles

Das Fell liegt beim Schneiden nicht fest an den Tisch gedrückt, sondern leicht gehoben (Abb. 3). Würde das Fell beim Schneiden fest gegen seine Unterlage gedrückt werden, könnte das Haar mit abgeschnitten werden. Ein Schnitt mit der Schere würde mit dem Leder auch die Haare schneiden. Das Messer aber durchtrennt nur das Leder und beschädigt das Haar nicht.

Das Schneiden wird dem Anfänger nicht beim ersten Male gelingen; es muß eben auch erlernt werden. Wird das Messer gleich anfangs richtig zur Hand genommen und entsprechend geführt, dann ergeben sich wohl keine weiteren Schwierigkeiten.

Die Größe des Kürschnermessers ist verschieden und richtet sich sowohl nach Größe der Hand, wie auch nach der Gewohnheit des Arbeitenden. Vorschrift gibt es da keine. Das Messer stellt ein wichtiges Werkzeug dar und muß handlich sein.

Man wähle weder ein zu hartes noch ein zu weiches Messer. Der harte Stahl ist spröde, und es springen beim Arbeiten leicht Scharten aus oder es bricht die Spitze; das zu weiche Messer wird wieder rasch stumpf. Das gute Messer ist lange haltbar, wird ab und zu neu geschliffen und sonst während der Arbeit öfter über den Stein abgezogen.

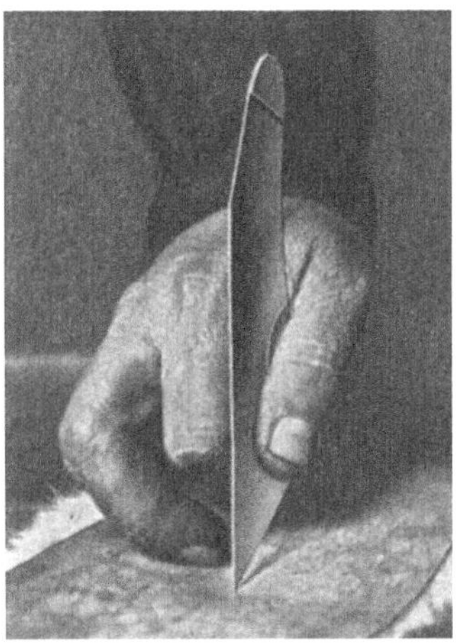

Abb. 4
Der Schnitt nach aufwärts

Der geübte Arbeiter läßt sein Messer auch derart schleifen, daß die Spitze nicht nur der Schneide zu, sondern auch etwas den Messerrücken hinauf zu scharf erscheint. Dadurch kann der Schnitt sowohl zu sich, wie auch von sich geführt werden, ohne das Messer zu drehen. Dem Anfänger sei diese Art nicht empfohlen. Muß man einen Schnitt dem Haare aufwärts anbringen, drehe man das Messer so, daß die Schneide nach oben zeigt, setze die Spitze an und fahre nun in entgegengesetzter Richtung (Abb. 4). Bei dem Ausschneiden kleiner Fehler oder dem Entfernen der Blößen und Diechen wird dieser Schnitt vorzüglich angewandt. Doch existiert auch da keine Norm. Die Praxis entscheidet in all diesen Fällen.

2. Das Bestechen der Felle

Wenn nun im folgenden vom Fell gesprochen wird, so ist immer nur das bereits gegerbte, also das vom Aas befreite Fell gemeint. Wir treten ja jetzt schrittweise in die Arbeitsmethode ein, wir werden sehen, wie das gegerbte Fell behandelt, geschnitten, genäht und gespannt wird. Das rohe Fell kann nicht verarbeitet werden, nicht nur deshalb, weil es zu steif ist und sich in die gewünschte Lage nicht einfügen würde, es hat auch nicht den gewünschten Zug, um es dehnen zu können, und wird auch zufolge des noch anhaftenden Aases leicht von Schmarotzern heimgesucht, die das Leder zerfressen. Da also nur das gegerbte Fell für die eigentliche Arbeit des Kürschners in Betracht kommt, ist im folgenden auch immer nur dieses das Grundmaterial unserer Betrachtungen und Untersuchungen. Wo es sich um rohe, noch nicht zugerichtete oder gegerbte Felle handeln sollte, wird dies immer separat angeführt werden.

Wenn das Fell aus der Zurichterei kommt, oder wenn wir es gebündelt vom Rauhwarenhändler kaufen, ist es direkt noch nicht verarbeitungsfähig. Wir werden sowohl im Haar, wie auch im Leder mehr oder weniger zahlreiche Mängel entdecken, die nicht nur Schönheitsfehler darstellen, sondern der fachtechnischen Behandlung verschiedene Schwierigkeiten in den Weg legen würden.

Wenn wir das noch unbearbeitete, wenn auch schon gegerbte Fell zur Hand nehmen, sehen wir vor allem im Haar sowohl natürliche, wie auch während des Gerbprozesses entstandene Blößen. Das sind, wie wir schon früher gehört haben, kahle Stellen. Es fehlt hier das Haar gänzlich oder teilweise. Die Blößen müssen nun verschwinden, denn wir können unseren Kunden nicht zutrauen, Pelzstücke einzukaufen, die zahlreiche kahle Stellen aufweisen.

Es kommt aber auch vor, daß verschiedene Haarstellen abgerieben sind. Die Spitzen der Haare, die Grannen, sind abgestoßen; das Fell repräsentiert sich nicht in voller Schönheit. Anderseits gibt es sogenannte „unterwachsene" Stellen im Haar. Ein solches Fell sieht dann aus, wie wenn Löcher in das Haar eingegraben wären, das Oberhaar fehlt gänzlich oder ist etwas verkümmert. Gerade die Natur-Walabyfelle weisen solche unterwachsene Stellen oft in Menge auf. Das Haar kann aber auch verfilzt sein; es klebt an einzelnen Stellen zusammen.

Von der Betrachtung der Haarfehler kommen wir dann zur Untersuchung des Leders. Da finden wir vor allem mehrere Schußlöcher, Gerbrisse, oder wenn das Fell irgendwo unbeaufsichtigt liegen geblieben war, wo Mäuse Zutritt hatten, auch von Mäusen angefressene Stellen.

Die Entfernung, respektive Unkenntlichmachung dieser Mängel wird „Bestechen" genannt. Dies ist eine ziemlich komplizierte Arbeit, wenn man bedenkt, daß nicht nur jede Art des Fehlers eine andere Methode der Unkenntlichmachung beansprucht, sondern gleichartige Mängel zufolge ihrer verschiedenen Stellung im Fell oder ihrer Größe wieder anders behandelt werden müssen.

Bevor wir an das Entfernen dieser Fehler herantreten, nehmen wir das zu bestechende Fell in die Hand, Haar oben und kämmen es mit dem „Kürschnerkamm", der praktischerweise aus Messing bestehen soll und keine scharfen Spitzen aufweisen darf, vorsichtig durch. Wir egalisieren das Haar. Wir werden da die Bemerkung machen, daß der Kamm plötzlich steckenbleibt. Wir untersuchen die Ursache dieses Widerstandes und entdecken, daß das Haar zusammenklebt; es ist „verfilzt". Dieser Zustand kann verschiedene Grade aufweisen. Leichtes Verfilzen ist durch sehr vorsichtiges Auskämmen in Ordnung zu bringen. Wird zu scharf gekämmt, wird ein Haarbüschel ausgerissen

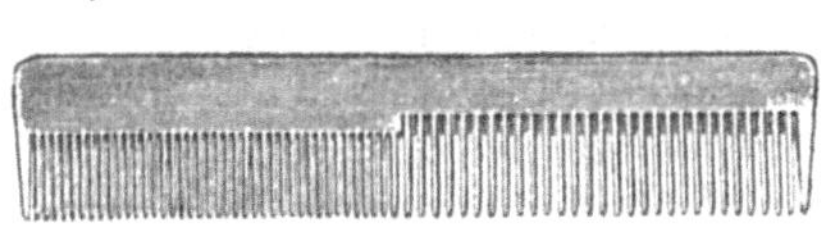

Abb. 5. Kürschnerkamm

und es entsteht eine Blöße. Da der Kamm zur Hälfte aus entfernter auseinanderstehenden Zähnen besteht, während die zweite Hälfte eine engere Bezahnung aufweist, werden wir vorerst mit den weiter auseinanderstehenden Kammzähnen die verfilzte Stelle rein zu bringen suchen. Ist dies nicht möglich, dann wird ein Teil des verfilzten Haarbüschels fest zwischen vier Finger der linken Hand genommen, und zwar so tief im Haargrund als möglich. Wir halten das Haar deshalb fest, um nun eventuell den Kamm stärker anwenden zu können. Da wir das Haarbüschel, das wir kämmen sollen, halten, kann es durch das Kämmen nicht vom Leder losgerissen werden. Wir werden aber auch nicht die ganze Stelle mit einem einzigen Kammruck zu entfernen trachten. Wir müssen vielmehr ganz langsam und vorsichtig, etwa mit einzelnen Spitzen des Kammes, in die verfilzte Haarstelle eindringen, um die Verbindung, durch welche die Haare zusammengehalten werden, zu entfernen. Wir werden immer tiefer und tiefer eindringen und schließlich das Haar so weit frei bekommen, daß wir jetzt auch schon mit den engen Kammzähnen die Arbeit versuchen dürfen.

Kann das Haar durch das bloße Auskämmen allein nicht rein gebracht werden, dann muß „geläutert“ werden. Dies geschieht auf folgende Weise.

Man verwendet hiezu entweder heißen Sand oder heiße Sägespäne. Sand ist schon deshalb vorzuziehen, weil er schwerer ist und nicht selbst so leicht klebrig wird wie die Sägespäne. Die verfilzte Stelle wird nun mit dem heißen Sand bestreut, dann wird mit der Hand der Sand ganz leicht verrieben. Das Gefühl muß uns dabei sagen, wie weit unsere Kraft angewendet werden darf, um das Haar nicht zu beschädigen. Dieser heiße Sand entfernt nun das Fett oder die sonstigen Substanzen, die das Verfilzen der Haare herbeiführten. Nach dem Läutern wird das Fell gut ausgeklopft, wobei die Kraftanwendung wieder nach der Fell- oder Lederstärke bemessen werden muß.

Man hat auch Gips oder Ton zum Läutern verwendet, hat aber die Erfahrung gemacht, daß diese Substanzen das Haar ungünstig beeinflußten. Die Haare wurden gebleicht, und man hatte nur ein Übel entfernt, um ein anderes dafür einzutauschen.

Da die Beschaffenheit der Felle sowohl dem Haar, wie auch dem Leder nach verschieden ist, wird es sich empfehlen, die Läutersubstanz dieser Beschaffenheit anzupassen. Wir werden also z. B. den zarten kleinen Maulwurf, wenn es überhaupt notwendig sein sollte, besser mit den weicheren Sägespänen läutern als mit dem etwas schärferen Sand. Wir können anderseits einen Murmel, der ein festeres und widerstandsfähigeres Haar besitzt, ruhig mit Sand läutern. Also auch hier wird die Fellbeschaffenheit die Anwendung des Hilfsmittels vorschreiben.

Vom Waschen des Felles sehe man ab, denn mit bloßem Wasser würden wir die verfilzten Stellen nicht herausbringen und jede Zugabe von Chemikalien kann, wenn wir deren Wirkung nicht genau kennen, dem Haar wie auch dem Leder schaden. Bleiben wir also bei dem alten und erprobten Hausmittel des Läuterns mit Sand oder Sägespänen.

Ist die verfilzte Stelle jedoch derart hartnäckig, daß alle die besprochenen Anwendungsmethoden nichts nützen, dann muß zum Messer gegriffen werden, um die widerspenstige Stelle zu entfernen.

Diese verfilzten Stellen, die ausgeschnitten werden müssen, werden in gleicher Weise entfernt, wie die sogenannten „unterwachsenen" Stellen.

Nun wollen wir das Fell weiter gründlich auf seine Fehler im Haar untersuchen. Wir nehmen das Fell, Pumpf nach oben, zur Hand und beginnen es von links nach rechts, dann wieder zurück, durchzublasen. Dieses Durchblasen hat den Zweck, das Haar entsprechend zu teilen, um einen Einblick bis auf den Grund desselben zu gewinnen. Diese Methode wird uns nun kleinere oder größere Stellen (Blößen) erkennen lassen, die wir uns sofort bei der Entdeckung mit der Spitze des Messers einzeichnen. Das Messer sticht je nach der Größe des „Bloßes" mehr oder weniger in das Leder ein. Ist das ganze Fell durchgeblasen, dann erst gehen wir an die Entfernung der kahlen Stellen. Im Leder sehen wir leicht die zarten Schnittzeichen. Das „Bloß" wird nun ausgeschnitten. Dabei ist zu achten, daß nur das Allernotwendigste entfernt wird. Jedes Zuviel ist nutzlose Verschwendung des Materials und erschwert anderseits wieder die Unkenntlichmachung des Fehlers.

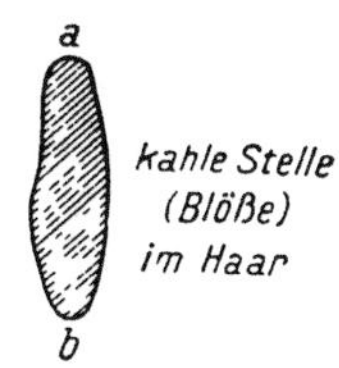

Abb. 6
Blöße

Ist die Blöße nicht groß, vielleicht also ungefähr einen halben Zentimeter breit und drei Zentimeter lang (Abb. 6), dann wird durch einen zwickelförmigen Ausschnitt über und unter der Blöße die Möglichkeit vorhanden sein, den Fehler durch nachträgliches Vernähen dieses Zwickels und Anspannen des Felles unkenntlich zu machen. Ein Beispiel soll uns dies veranschaulichen (Abb. 7).

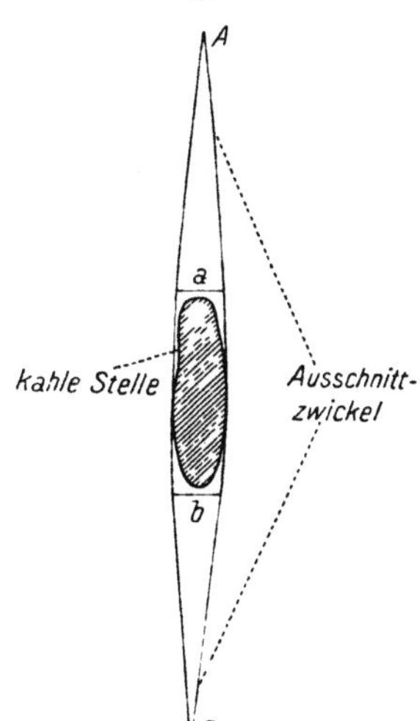

Abb. 7
Der Bestechkeil

Die beiden Spitzen dieses Ausschnittes sollen ziemlich steil laufen, also eine scharfe Endigung besitzen, und zwar aus folgendem Grunde:

Wenn wir ohne diesen Ausschnitt die Blöße zusammennähen würden, würden sich bei *a* und *b* derartige Falten ergeben, daß sie auch durch nachträgliches Dehnen und Spannen nicht entfernt werden könnten. Durch die steilen Zwickel wird aber erreicht, daß sich die Öffnung des Ausschnittes an diesen Enden wieder in natürlicher Weise zum Felle zusammenschließt. Wird dann dieser Zwickel zusammengenäht, wellt sich das Leder nur schwach in der Mitte, während die Enden des Schnittes vollständig in das Fell verlaufen. Durch nachträgliches Spannen wird die schwache Falte gänzlich ausgeglichen und der Fehler ist unkenntlich gemacht.

Ist die Blöße jedoch größer, dann muß eine „Zunge gerückt“ werden. Was dies bedeutet und wie dies gemacht wird, wird genau bei der Entfernung von größeren Löchern erklärt. Dort ist auch das „Zungenrücken“ durch Zeichnungen entsprechend erläutert. Die große Blöße wird also genau so wie ein großes Loch unkenntlich gemacht.

Da nun beim „Bestechen“ einer großen Anzahl Felle das ständige Blasen in das Fell für die Lunge sehr anstrengend ist, anderseits der aus dem Felle herausgeblasene Staub beim Atmen in die Lunge eindringen kann, hat man verschiedene Apparate erdacht, die nicht nur dieses Blasen besorgen, sondern zugleich auch den Staub aufsaugen. Es gibt da einfachere und kompliziertere Apparate, je nachdem man hiefür Geld auslegen will. Da ist der einfache, von einem Kürschner erfundene Apparat, der in Form eines Radiohörers auf den Kopf gesetzt wird. Der Kopf hält den Apparat, da die Hände zur Arbeit frei sein müssen. Ein Rohr, das in eine Düse endigt und durch den beschriebenen Kopfträger gehalten wird, ist in Brusthöhe angebracht. Mit den Füßen wird, nach Art einer Nähmaschine, ein Blasebalg getreten, der durch einen Gummischlauch mit der Düse verbunden ist. Der durch den Blasbalg erzeugte Luftstrom tritt durch die Düse aus und teilt das Haar des vorgehaltenen Felles bis auf den Grund und ersetzt das Blasen des Kürschners.

Ein komplizierterer Apparat wieder ist an einem Tischchen wie eine Nähmaschine befestigt. Das Trittbrett setzt den Blasebalg in Bewegung. Auf dem Tischbrett endigt aber nicht nur die den Luftstrom ausführende Düse, es ist auch eine Schneidevorrichtung angebracht, die es ermöglicht, bei Konstatierung eines Fehlers sofort den anzeichnenden Schnitt machen zu können. Eine weitere Vorrichtung saugt den etwa aus dem Fell entweichenden Staub auf. Also eine höchst hygienische und recht praktische Einrichtung, die dem Kürschner eine größere Leistungsfähigkeit ermöglicht.

Wir kehren zum Ausschneiden des Fehlers zurück.

Wir wenden entweder einen Haar- oder einen Lederschnitt an. Der erstere wird von der Haarseite aus geführt und ist schwieriger als der von der Lederseite. Der Anfänger wird daher mit der der Messerspitze entgegengesetzten Seite, die eine etwas geschärfte Messingfassung aufweist, die verfilzte oder unterwachsene Stelle derart durchdrücken, daß auf der Lederseite der Druck genau die Stelle kennzeichnet, wo auf der Haarseite der Fehler auftritt. Zur Unterstützung dieses Durchdrückens ist es vorteilhaft, das Fell vorerst mit der Lederseite auf ein Brett zu legen, etwa das Zweckbrett. Das Messer wird mit der Spitze nach oben, Messerrücken zur Hand, mit Daumen und Zeigefinger gefaßt, der Mittelfinger stützt. Nun drückt man von der Fellseite her die fehlerhafte Stelle ringsherum durch, man zeichnet den Fehler an. Wenden wir das Fell, so sehen wir die angezeichnete Stelle, etwa in Ovalform, leicht durchgedrückt und führen nun von der Lederseite den Schnitt. Das Anzeichnen der Fehler kann aber auch mit dem „Grotzenstecher", einem der Ahle ähnlichen Werkzeug, erfolgen.

Abb. 8. Grotzenstecher

Die Spitze des Messers wird angesetzt und das Leder, wie angezeichnet, vorsichtig ausgeschnitten. Nach dem Ausschneiden versichere man sich durch Umdrehen des Felles, ob der Fehler auch gänzlich erfaßt wurde. War dies nicht der Fall, dann heißt es mit besonderer Vorsicht nachschneiden. Die Schnittflächen sollen nicht rissig erscheinen, sondern glatt, um dem späteren Zusammennähen des Schnittes nicht hinderlich zu sein.

Über die Richtung des Schnittes werden wir dann im allgemeinen sprechen, wenn wir auch die Entfernung der anderen Mängel vorgenommen haben.

Wir wenden uns nun den Fehlern zu, die im Leder erscheinen. Handelt es sich um ganz kleine Löcher, etwa von leichtestem Schrot, dann werden wir vorläufig dieses Loch unberücksichtigt lassen; das

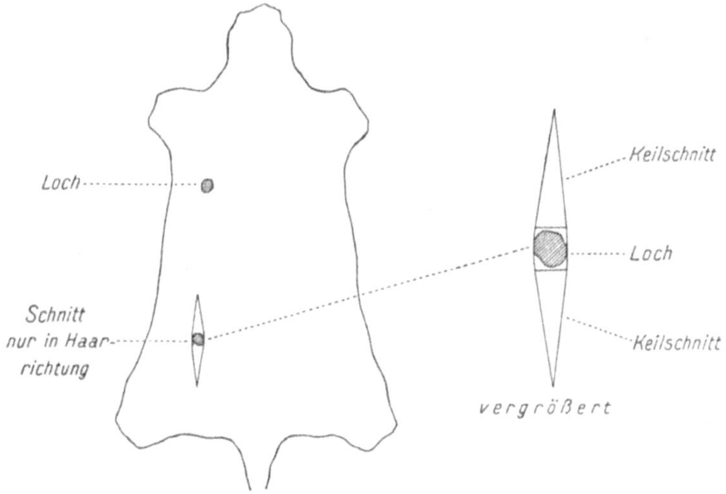

Abb. 9. Das Ausschneiden eines kleinen Loches

kleine Loch kann später vernäht werden. Größere Löcher und Risse verlangen je nach der Größe, Richtung und Lage eine eigene Behandlung. Haben wir ein rundes Loch im Leder vor uns, so würde ein bloßes Zusammennähen desselben nicht genügen. Die Falte wäre zu groß und könnte auch durch das nachträgliche „Zwecken" (Spannen) nicht ausgeglichen werden. Wir schneiden also über das Loch hinaus einen Keil, der eine möglichst scharfe Spitze aufweisen soll. Ebenso schneiden wir vom Loch abwärts einen Keil (Abb. 9).

Dieser nun in zwei scharfe Spitzen auslaufende Schlitz wird dann später zusammengenäht und die dadurch entstehende Längsfalte ist durch das Zwecken leicht auszugleichen. Natürlich darf dieser Zwickel nur dann geschnitten werden, wenn es sich um ein kleineres Loch handelt.

Diese Schnitte dürfen nur in der Längsrichtung, also in der Haarrichtung, geführt werden. Quer- oder Schrägschnitte sind unangebracht und würden im Haar nicht unkenntlich bleiben.

Dies gilt auch für den Ausschnitt, den wir oben bei der Entfernung der verfilzten oder unterwachsenen Stelle empfohlen haben.

Es wird aber oft der Fall eintreten, daß das Loch so groß ist, daß der einfache Keilschnitt nicht mehr angewandt werden kann. Ein Loch, das einen Durchmesser von 2 cm besitzt, würde, zufolge seines Umfanges beim Zusammennähen eine derartige Falte bilden, daß auch das Zwecken dieselbe nicht ausgleichen könnte.

In einem solchen Falle muß eine sogenannte „Zunge gerückt" werden.

Es kann sich aber auch nicht allein um ein großes, sondern um mehrere eng nebeneinanderliegende Schußlöcher handeln. Nehmen dieselben eine größere Breite ein, kann ebenfalls nur das „Zungenrücken" helfen. Ebenso muß, wenn die verfilzte, blößige oder unterwachsene Stelle zu groß ist, die Zunge gerückt werden.

Das runde oder unförmige Loch (Abb. 10a) wird vorerst zu einem Viereck geschnitten. Dabei ist sehr zu beachten, daß jene zwei Seiten des Viereckes, die mit der Haarrichtung laufen, gerade sein müssen (Abb. 10b). Die obere oder untere Seite dieses viereckigen Ausschnittes kann, wenn etwa die Lochrichtung entsprechend schräg emporgezogen war, auch schräg geführt werden, nur muß dann der gegenüberliegende Schnitt parallellaufen (Abb. 10c).

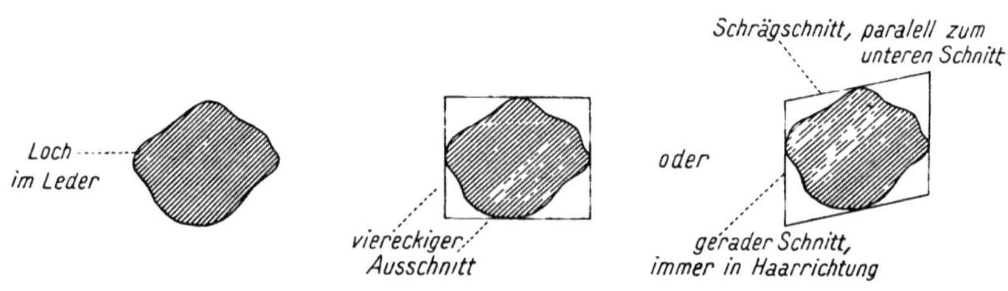

Abb. 10. Die Grundlage des Zungenrückens

Die Verwendung des Gerade- oder Schrägschnittes wird nicht nur von der Form des Loches abhängen, sondern auch davon, ob durch diese Anwendung Material gespart werden kann.

Ist das Viereck geschnitten, müssen wir nun einen wesentlichen Schritt weitertun. Das Rechteck allein würde uns nur noch größere Verlegenheit bereiten als das frühere Loch, da die Öffnung ja jetzt noch größer wurde, als sie bisher war.

Wir schneiden nun die „Zungen", welche nichts anderes sind als die bereits bekannten spitzen Schnitte, die Zwickel, oder, wie sie auch genannt werden, die „Triangel". Je breiter der viereckige Ausschnitt des Fehlers ist, desto länger muß der Triangel geführt werden. Haben wir aber früher bei der Entfernung der Blöße oder des Loches zwei Keile „geschnitten", einen oberhalb des Loches und einen unterhalb desselben, dann schneiden wir jetzt nur ein Triangel. Dieser Ausschnitt kann entweder nach oben oder nach unten erfolgen (Abb. 11). Ist das Loch näher dem Kopfe zu, dann wird naturgemäß der Schnitt nach abwärts laufen müssen, da nach oben kein Raum dazu vorhanden wäre. Umgekehrt wird es sein, wenn der Fehler dem Pumpfe zu näher liegt. Es ist Regel, daß der Schnitt nicht seitwärts gemacht werden soll. In wenigen Ausnahmefällen kann auch der Querschnitt geführt werden. Aber nur wenige Fellsorten lassen ihn zu. Hier ist die Erfahrung der große Meister.

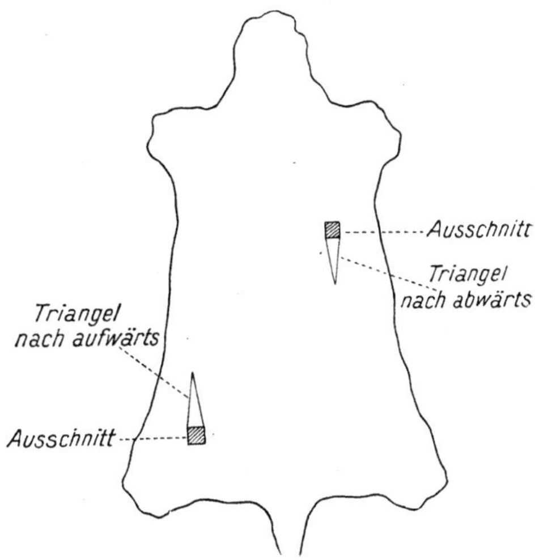

Abb. 11
Die Zunge nach auf- oder abwärts

Das Prinzip des „Zungenrückens" besteht nun darin, daß wir den herausgeschnittenen Triangel an die Stelle des ausgeschnittenen Viereckes rücken und die in der Spitze frei werdende Stelle schlank vernähen. Die Zeichnung kann uns dies genauer darlegen.

Im Bilde (Abb. 12) werden wir nun das alles viel besser erfassen. Wir sehen den schraffierten viereckigen Ausschnitt und darüber den spitzen Ausschnitt nach oben oder unten. Die separate Zeichnung zeigt uns vergrößert den Ausschnitt a, b, c, d und den Triangel mit der Spitze e und der Basis c, d. Die Basis c, d kommt nun an die Stelle a, b, während sich die Spitze e nun auch um dieses abwärts gerückte Stück tiefer befindet.

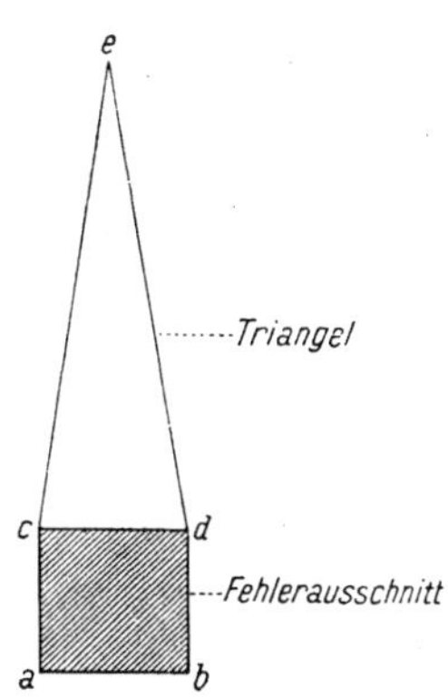

Abb. 12

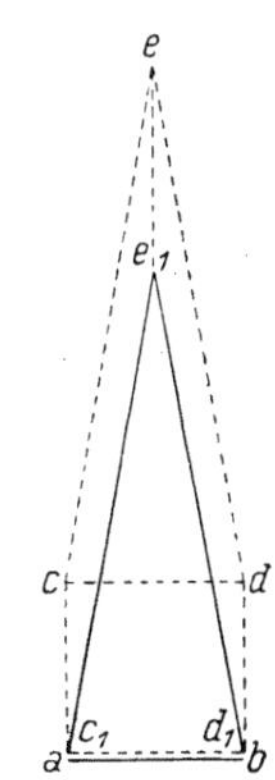

Abb. 13

Schema des Zungenrückens

Die nächste Zeichnung (Abb. 13) zeigt uns diese Stellung genauer. Die früheren Stellungen sind nun punktiert, der herabgerückte Keil ist stark gezeichnet. Nun wird der Triangel c^1, d^1 auf die Linie a, b

genäht. Nähen wir nun auch die Linien e^1 und a, dann e^1 und b zusammen, dann bleibt uns nur noch der Raum vom Fell e bis zur Triangelspitze e^1 offen. Auch dort wird zusammengenäht, worauf die entstandene Falte durch das Spannen wieder vollständig glatt gebracht wird.

Wir haben also einen zungenförmigen Ausschnitt gerückt, und deshalb der Fachausdruck „Zungenrücken".

Theoretisch ist dieser Schnitt sehr einfach. Praktisch aber gibt es zahlreiche Hindernisse zu überwinden, ja es kann vorkommen, daß das Rücken einer Zunge nicht möglich ist. Das Haar ist nicht an jeder Stelle gleich rauh, gleich langhaarig und gleichfarbig. Es wäre z. B. nicht möglich, in einem Fuchs eine Zunge aus dem Rücken in den Nacken des Tieres zu rücken. Der Nacken ist flacher behaart, der Rücken ist vollhaarig. Außerdem ist auch die Zeichnung des Nackens, das markante Kreuz, derart, daß es durch das Einrücken des Rückenstückes leiden würde. In einem solchen Falle wird man sich nur so helfen können, daß man Stücke, die von anderen verarbeiteten Fellen derselben Art abfielen, einarbeitet. Natürlich müssen sie genau passen. Deshalb trägt der Kürschner auch Sorge, jedes nur halbwegs verwendbare Abfallstück zu sammeln und aufzubewahren. Es kann bald die Zeit kommen, wo man alles verwenden kann.

Würde das Rücken einer einseitigen Zunge von dieser Seite zuviel Fell nehmen, das gerade aus irgendeinem Grunde nicht entbehrt werden kann, dann kann auch eine Doppelzunge gerückt werden. Beide Zungen müssen sich dann in der Mitte des viereckigen Ausschnittes treffen. Voraussetzung ist aber wieder, daß die Basis des herabgerückten Stückes mit der Basis des heraufgerückten Stückes in Haarfarbe und Haardichte übereinstimmt.

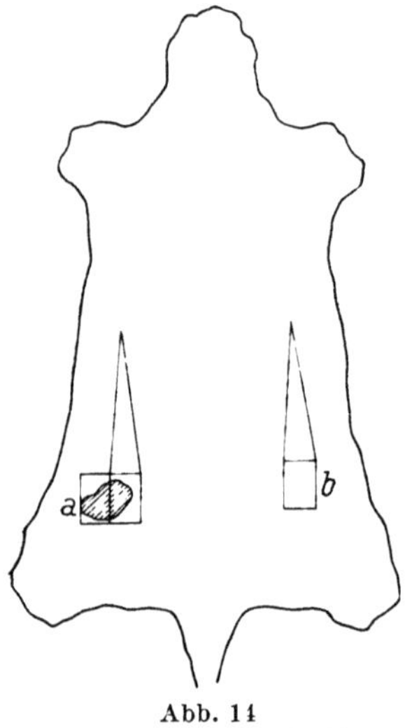

Abb. 14
Bestechen größerer Fehler

Man wird also vor dem Rücken der Zunge das Fell genau in Augenschein zu nehmen haben. Die Haar- und Farbunterschiede müssen genau geprüft werden, man muß sich genau errechnen, wohin die einzelnen Stellen durch das Rücken kommen werden und ob sie gut passen. Auch ist darauf zu achten, daß für die Zungen mindest der drei- bis vierfache Raum der Höhe nach vorhanden sein muß, als der viereckige Ausschnitt groß ist, um ein gutes Verlaufen der Naht zu ermöglichen.

Nun kann es aber vorkommen, daß das Loch so groß ist, daß beim Rücken einer Zunge jene Seite des Felles schmäler werden würde als die gegenüberliegende, fehlerfreie Seite des Felles. In solchen Fällen wird man, wenn es die Haarfarbe, der Haarstrich und die Haardichte zuläßt, von der gegenüberliegenden fehlerfreien Seite ein Stück ausborgen (Abb. 14).

Obige Zeichnung klärt uns dieses Prinzip leicht auf. Bei *a* sehen wir den großen Fehler, der entweder von einer Blöße, einer abgeriebenen oder unterwachsenen Stelle oder von einem Loch herrühren kann. Wir machen nun vorerst den viereckigen Ausschnitt und nehmen von der Gegenseite, natürlich immer vorausgesetzt, daß die Beschaffenheit des Haares dies zuläßt, ein Stück in der halben Größe unseres Fehlers heraus, um die Hälfte desselben damit auszufüllen. Die noch offene zweite Hälfte wird durch die Zunge ausgebessert. Das viereckig ausgeschnittene Loch *b* auf der Gegenseite, wo wir das Stück für *a* entlehnt haben, wird nun ebenfalls durch die Zunge ausgebessert und das Fell bleibt symmetrisch. Im anderen Falle wäre durch den zu breiten Ausschnitt *a* das Fell auf der linken Seite gegen die rechte zu schmal geworden.

Dies sieht wieder ganz einfach aus. Aber wenn wir bis jetzt aufmerksam alle Darlegungen verfolgt haben, werden wir uns sagen, daß es nicht gut möglich sein kann, das Stück *b*, das die Fellseite rechts hat, auf die linke Fellseite zu übertragen, wo der Seitenteil nun mehr dem Rücken zu gearbeitet ist. In solchen Fällen heißt es, das von der linken Seite ausgeschnittene Stückchen „versetzen".

Wir schneiden nun, wie bildlich dargestellt, das ausgeschnittene Viereck *b* (Abb. 15), je nach Größe, etwa in fünf gleichbreite und -lange Streifchen und nähen sie in umgekehrter Anordnung wieder aneinander. Benannten wir z. B. die Streifchen in dem ausgeschnittenen Stück mit 1, 2, 3, 4, 5, so müssen dieselben nun in umgekehrter Reihenfolge, also 5, 4, 3, 2, 1, wieder zusammenkommen. War früher das Rückenstück links, wird es sich nun rechts befinden und auch in das auszubessernde Loch der Haarart genau hineinpassen (Abb. 16).

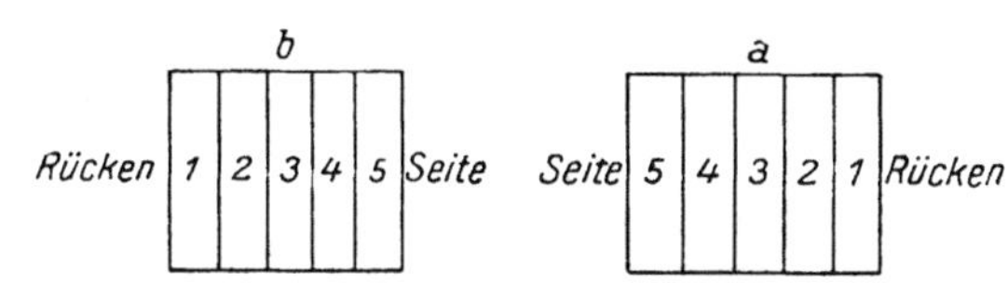

Abb. 15 Abb. 16
Versetzen des Gegenstückes

An Stelle einer einzigen Zunge, die ein großes Loch unkenntlich machen soll, können auch kleinere nebeneinanderliegende Zungen gerückt werden. Hier entscheidet die Erfahrung, die nach dem Material beurteilen muß, welche Art der Verarbeitung günstiger sein wird. Je kleiner das Fell ist, desto zarter müssen auch diese Methoden angewendet werden.

Es wird nun auch Felle geben, die derart große Schäden aufweisen, daß ein Ausbessern durch die eben beschriebenen Arten nicht möglich sein wird. Solche Felle, die ab und zu in einem Bündel vorkommen, werden dann aufbewahrt, um bei anderen auszubessernden Fellen eingeschnitten zu werden. Man kann dann die brauchbaren Stellen eines solchen nicht weiter verarbeitungsfähigen Felles in ein anderes Fell, wenn passend, „einschneiden", das heißt dieses damit ausbessern oder „ausstückeln". Aus mehreren solchen stark schadhaften Fellen kann man wieder durch das Zusammenfügen der guten Stellen neue Felle schaffen. Haben wir z. B. zwei schadhafte Felle, die zusammenpassen, und ist bei dem einen der Kopf total vernichtet, bei dem anderen der

Pumpf, so stellen wir eben nach dem Ausschneiden der schadhaften Teile die verwendbaren Teile zusammen und wir haben wenigstens wieder ein vollkommenes Fell. Ebenso kann man zwei Felle, die an den gegenüberliegenden Seiten große Mängel aufweisen, durch Aneinanderfügen der beiden guterhaltenen Hälften zu einem neuen brauchbaren Fell machen.

Für das „Einstückeln" wäre noch als wesentlich zu erwähnen, daß das von einem anderen Fell oder einem Abfallstück hinzukommende Fellstück um einen Gedanken größer sein soll als der Ausschnitt des fehlerhaften Teiles. Es muß nämlich damit gerechnet werden, daß die Naht etwas vom Fell aufnimmt. Daher soll das Stückchen um die Stärke der Naht, die gerade angewendet wird, größer geschnitten werden.

3. Der Diechenausschnitt

Wir kommen nun zum Ausschnitt der „Diechen" oder „Diegen". Es handelt sich hier um eine ziemlich heikle Arbeit, der noch heute verschiedene Meinungen bezüglich der Ausführung zugrunde gelegt werden.

Vorerst wollen wir uns mit dem Begriff Dieche beschäftigen. Jene Stelle an den Beinen des Tieres, die beim Gehen oder Laufen gegen den Körper reibt, wird Dieche genannt. Hier kann sich das Haar nicht ruhig entwickeln, die stete Bewegung und Reibung setzt Hindernisse entgegen. Die Dieche wird aber, je nach der Behaarung und der Größe des Tieres, verschieden aussehen. Die Stelle ist entweder mehr oder weniger kahl, zumindest tritt die Behaarung spärlicher als sonst auf dem Körper auf. Oft bildet das Haar hier Wirbel.

Anderseits aber ist oft das Haar um die Dieche der Hinterpfoten wieder von besonderer Schönheit. In der Farbe meist heller und flaumig entwickelt, stellt es einen prachtvollen Kontrast dar. Gerade aber weil manchmal der Übergang von der kahlen Dieche zu dem umliegenden Flaumhaar so stark ist, stehen der Entfernung oder Unkenntlichmachung der kahlen Stellen größere Schwierigkeiten entgegen.

Die mehr oder weniger kahle Stelle kann im zu verarbeitenden Stück nicht bleiben. Sie muß nun durch Anwendung kunstgerechter Schnitte entfernt werden.

Wir haben in der Warenkunde gehört, daß es offene und runde Felle gibt, je nachdem das gegerbte Fell aufgeschnitten oder unaufgeschnitten in den Handel kommt. An vielen offenen Fellen ist von den Diechen nichts mehr zu bemerken; sie werden schon während des Gerbprozesses entfernt. An Kaninen werden wir keine Diechen mehr finden. Anders ist es aber bei runder Wildware, wie etwa Marder, Iltissen oder Füchsen.

Bei den wolligen Sorten, wie Lammfellen, tritt die Dieche ziemlich kahl und, soweit Haare vorhanden sind, wirblig auf. Hier wird die Dieche einfach ausgeschnitten und die Klaue, soweit sie verwendbar ist und mit dem Fellhaar übereinstimmt, wieder an das Fell angenäht.

Vor dem Ausschneiden ist die Stelle der Dieche mit der Klaue fest in die Breite zu ziehen. Man bekommt dann die Dieche rein heraus. Man darf natürlich nicht zu wenig abschneiden, da sonst die Klaue nicht an das Fell passen würde und der kleinste Teil der noch verbleibenden Dieche einen äußerst störenden und unschönen Eindruck machen würde. Man hüte sich aber auch, zu viel wegzunehmen, gemäß unserem Grundsatz, mit dem Material so ökonomisch als möglich umzugehen. Maßgebend wird immer sein, daß die Klaue nach dem Diechenausschnitt auf das Fell paßt.

Bei runder Wildware wird man nun ganz anders zu Werke gehen müssen, um die Schönheit des Felles nicht zu beeinträchtigen. Sehen wir uns nur einmal den prachtvollen Fuchs an. Gerade die Dieche zeigt diesen schon oben genannten hellen Flaum, der an diesem Tiere so wundervoll wirkt. Da wird man doch die Dieche nicht herausschneiden. Man läuft Gefahr, den natürlichen Übergang zwischen Fell und Klaue zu stören. Es wird daher eine andere Methode Platz greifen müssen.

. Ist die Dieche im Haar sehr dünn, dann werden parallellaufende Nähte angewandt, welche das Haar dichter machen sollen. Wir nennen diese Nähte demzufolge „Verdichtungsnähte". Dieselben kommen, je nach der Dichte des Haarwuchses, weiter auseinander oder enger aneinander. Der vollhaarige Fuchs aber wird diese Arbeit entbehrlich erscheinen lassen. Es wird dann genügen, beim „Auslassen" des Tieres, über welches später noch genauer die Rede sein wird, auf die Dieche Bedacht zu nehmen. Bei dem vollhaarigen Fuchs wird die Dieche durch das „Auslassen" noch schöner und flaumiger zur Geltung kommen. Hier gibt es keine starre Norm. Das Fell erfordert eben eine individuelle Behandlung. Vorsichtiges Probieren und etwas Übung geben rasch den richtigen Weg an. Gesetz sei uns, nichts vom Fell wegzunehmen, wenn es durch andere Hilfsmittel verschönert werden kann und selbst wieder beiträgt zur Vervollkommnung des Ganzen.

Etwa an den Vorderbeinen vorhandene Diechen sind zu entfernen, das heißt auszuschneiden.

Bei der Beschreibung über die Verarbeitung der einzelnen Fellsorten wird sich reichlich Gelegenheit bieten, auf die Diechenverarbeitung noch näher einzugehen.

4. Befeuchten und Strecken der Felle

Ist das Fell bestochen, dann müssen wir es befeuchten und strecken. Dieses Strecken oder Dehnen hat den Zweck, die durch das Bestechen momentan entstandenen Unebenheiten vorläufig etwas auszugleichen. Wir strecken die Felle aber auch, um dem nachfolgenden Sortieren entgegenzukommen. Die Felle sind beim Gerben etwas im Leder eingegangen, das heißt das Leder scheint sich in sich zusammengezogen zu haben; das Fell ist nach dem Gerben auch kleiner, als es im rohen Zustande sich darstellte.

Würden wir das Fell im trockenen Zustande dehnen, ginge das Leder nach Aussetzen unserer Kraftanwendung wieder in seine ursprüngliche Lage zurück. Wenn wir jedoch das Leder befeuchten, werden wir sofort gewahr werden, daß es sich unverhältnismäßig leichter dehnt und auch nicht mehr zurückgeht. Nur ganz wenige Felle lassen sich auch im trockenen Zustande ordentlich strecken. Vorzuziehen ist immer das wenig Umstände machende und mit keinerlei Kosten verbundene richtige Anfeuchten der Felle.

Das „richtige" Anfeuchten der Felle! Es ist nämlich nicht einerlei, womit und wie stark das Fell befeuchtet oder gar „angewaschelt" wird. Man nimmt entweder reines, auch etwas aufgewärmtes Wasser oder Seifenwasser. Alte Kürschner haben es ganz besonders einfach gemacht: Sie legten die zum Strecken bestimmten Felle an einen feuchten Ort, was aber weder praktisch, noch hygienisch sein mag. Besonders bei kostbareren Fellen sei diese Methode nicht angewandt. Wasser und Seife sind doch immer vorhanden.

Mit einem zusammengelegten Tuchlappen, der in diesem Wasser angefeuchtet wird, werden die Felle im Leder bestrichen. Dabei ist sehr zu achten, von welcher Beschaffenheit das Haar des zu befeuchtenden Felles ist. Füchse, Marder, Iltisse, Skunks usw. werden hier keine Schwierigkeiten bieten. Man wird diese Felle je nach der Stärke des Leders mehr oder weniger einfeuchten. Handelt es sich aber um Felle, die durch ein besonderes Verfahren im Haar wesentlich geändert wurden, dann darf das Haar ja nicht mitbefeuchtet werden. So z. B. bei ausgekämmten Tibets oder gebügelten Lammfellen. Diese Felle waren ursprünglich gelockt. Durch das Auskämmen oder Bügeln wurden die Locken vollständig geglättet, um das Fell einer besonderen Verarbeitung unterziehen zu können. Diese Felle sollen gerade in diesem glatten Zustand ihres Haares oder ihrer Wolle ein anderes Fell imitieren.

Wird nun dieses künstlich geglättete Haar feucht, dann wird es vorkommen, daß es sich wieder zu kräuseln beginnt. Dies darf also nicht Zweck des Befeuchtens sein. Wir sollen ja auch nur das Leder befeuchten. Also Vorsicht auf alle Fälle; das Haar soll nicht naß werden.

Nach dem Befeuchten legen wir die Felle zusammen, und zwar immer je zwei Felle mit der Lederseite. Wir lassen diese Felle nun etwas liegen, um dem Wasser Gelegenheit zu geben, in die Poren des Leders einzudringen. Bei weniger heiklen Fellen, wie etwa Kanin, und speziell dann, wenn nicht genügend Zeit bleibt, auf das langsame Eindringen der Feuchtigkeit in die Poren des Leders zu warten, werden die Felle zusammengedreht, um durch diese Kraftanwendung das Wasser in die Poren des Felles einzupressen. Ideal ist dieses Vorgehen natürlich nicht, weshalb es, wie schon oben erwähnt, nur bei wenig heiklen Sorten stattfindet und da meist auch nur wieder bei der Engrosherstellung gewisser Stapelartikel, die billig und in großen Mengen abgesetzt werden.

Ist die Feuchtigkeit in das Leder eingedrungen (die Übung sagt uns rasch, wann dies der Fall ist), dann beginnen wir mit dem Strecken der Felle. Zu diesem Zwecke nehmen wir sie einzeln vor und legen sie vor uns auf den Tisch. Zum Strecken bedienen wir uns des „Streckholzes“, eines mehrere Millimeter starken Stahles, der in einen Holzgriff eingefügt ist. Die Kante, welche über das Leder streichen soll, ist leicht abgerundet und darf nicht scharf sein, um das Leder nicht zu zerreißen.

Wir halten nun das zu streckende Fell, wenn es kleiner ist, mit der linken Hand, während mit der rechten das Streckholz geführt wird. Größere Felle aber klemmen wir mit der einen Seite zwischen Tisch und den sich darauflegenden Körper des Arbeitenden, und wir haben nun beide Hände zum Strecken frei.

Bevor wir das Streckholz oder Streckeisen (dieser Ausdruck ist sogar besser) anwenden, dehnen wir das Fell mit den Händen. Liegt es dann schon flach vor uns, nehmen wir das Streckeisen zur Hand und dehnen damit das Fell vorerst in die Länge. Wir zwängen den Kopf des Felles zuerst zwischen Tischkante und Körper und streichen mit dem Streckeisen gegen den Pumpf des Felles, dann drehen wir das Fell, zwängen auf die oben beschriebene Art nun den Pumpf zwischen Tisch und unseren Körper und strecken von der Mitte aus gegen den Kopf zu. Wir strecken das Fell somit in die Länge. Hierauf arbeiten wir in gleicher Weise das Fell in die Seiten aus. Wir werden bemerken, daß das Fell sich seitwärts leichter dehnen läßt als in die Länge. Dehnt sich das Fell überhaupt leicht, dann sagen wir, es hat einen „guten Zug“. Gute Felle sollen einen guten Zug besitzen.

Das Strecken des Felles soll nun mehr in die Länge gehen, da es dadurch im Haar dichter erscheinen wird. Strecken wir hingegen zu sehr in die Breite, wird das Haar dünner aussehen. Maßgebend freilich für die Art des Streckens in die Länge oder Breite wird in erster Linie der Umstand sein, wie das Fell nachträglich verarbeitet wird. Arbeiten wir z. B. einen Fuchs auf ein Tier oder einen Marder und Iltis auf ein Halstierchen, dann strecken wir nur in die Länge. Anders wird es sein, wenn wir z. B. aus einem Fuchs einen Muff zu arbeiten haben. Wir brauchen das Fell dann recht breit und werden dieser Forderung schon beim Strecken entsprechend Rechnung tragen.

Trotzdem muß das Fell im Detail gestreckt werden, das heißt: Geht das Streckprinzip auch in die Länge, so dürfen wir die Ausarbeitung des Felles der Breite nach insofern nicht außer acht lassen, als wir durch dieses Strecken das Fell ja entsprechend ausarbeiten und rein bringen sollen. Speziell die Kanten des Felles, die nach dem Gerben etwas eingebogen erscheinen, sind durch das Strecken glatt zu machen.

Sehr wichtig ist die richtige Anwendung des Druckes. Die Felle haben nicht nur in den verschiedenen Sorten ungleich starkes Leder, sondern bieten auch bei ganz gleichen Fellsorten mannigfache Lederunterschiede, je nachdem das Fell von einem Sommer- oder Winterfell, von einem alten oder jungen Tiere herrührt. Die Beschaffenheit des Leders hängt aber auch vom richtigen Gerben ab. Schlechtes Gerben, etwa die Behandlung durch Weißgerber, die kein weiches zartes und dehnbares Leder herausbringen, wird ein Leder bieten, bei dem eine größere Kraftanstrengung notwendig sein wird, wenn es sich überhaupt noch dehnen läßt. Es kann aber wieder vorkommen, daß das Leder verbrannt ist. Dann heißt es ganz besonders vorsichtig zu Werke zu gehen. Schon eine geringe Kraftanwendung wird es zerreißen.

Man wird auch darauf Bedacht nehmen müssen, ob das Fell natürlich oder gefärbt zum Strecken kommt. Das ungefärbte Fell ist weicher und dehnbarer. Wenn dies bei dem heutigen Stande der Veredlungstechnik auch von den meisten gefärbten Sorten gesagt werden kann, ist dennoch bei gefärbten Fellen eine größere Vorsicht anzuwenden. Die Kraft richtet sich also nach der Stärke und Güte des Leders.

Weiße Felle wird man besonders behutsam zu behandeln haben. Das zarte Hermelin wird ganz reines Wasser und eine ebensolche Unterlage beanspruchen, um nicht beschmutzt zu werden. Auch der Einstreichlappen wird diesem Umstande Rechnung tragen müssen.

Man wird ja gewöhnlich gleichartige Felle bearbeiten und demgemäß auch befeuchten und strecken. Kommt es aber vor, daß wir dunkle oder sogar gefärbte Felle in Arbeit haben und gleich darauf zu hellen Sorten greifen, da dieselben als Ornamentierung der vorigen Felle im konfektionierten Zustande dienen sollen, dann ist wieder sowohl Unterlage, Wasser wie auch Tuch zu wechseln, um die hellen Felle rein zu erhalten.

Man streckt größere und mittlere Felle auch über die Tischkante. Man nimmt zu diesem Zwecke das Fell mit einer Hand beim Kopf, während die andere das Pumpfstück erfaßt. Nun wird mit dem Leder auf die Tischkante aufgelegt und vorsichtig mit gelinder oder stärkerer Druckanwendung (je nach der Stärke des Leders) über die Kante gezogen. Die nach abwärts führende Hand zieht stärker. Nach dem Abziehen in die Länge werden die Hände die beiden Seitenteile erfassen und das Fell in die Breite über die Kante dehnen.

Nach dem Strecken lege man das Fell wieder gerade auf den Tisch und glätte mit der Hand wieder die feineren Details aus.

Sehr zu beachten sind während des Streckens die Nähte im Fell. Da ist z. B. ein schwarzer gefärbter Fuchs. Schon vor dem Bestechen weist das Fell Nähte auf, die nach dem Gerben und vor dem Färben angewendet wurden, um etwaige Gerbrisse zu vernähen. Sei es, daß die Maschine das Leder nicht gut faßte und die Naht nicht „fest“ ist, sei es, daß die Farbe den Zwirn beeinträchtigte, wir werden beim Strecken Bedacht auf diese Nähte nehmen müssen. Der vorsichtige Kürschner untersucht diese Nähte schon beim Bestechen und näht da und dort, wenn notwendig, nach. Die Naht muß fest sein, sonst entspricht sie ihrem Zwecke, das Fell zusammenzuhalten, nicht. Solche Nähte können nun beim Strecken leicht platzen. Läuft die Naht in der Haarrichtung, dann wird sie beim Strecken in die Länge wohl weniger hinderlich sein, strecken wir jedoch in die Breite, dann muß auf die Naht Bedacht genommen werden. Umgekehrt ist es wieder, wenn wir das Fell in die Länge dehnen und querlaufende Nähte vorhanden sind. Wieder heißt es, die Naht zu berücksichtigen.

Auch alle Nähte, die vom Bestechen herrühren, sind in gleicher Weise zu beachten.

Das Leder des Felles ist in der Mitte immer am stärksten; nach den Seiten zu wird es dünner. Dieser Umstand weist uns beim Strecken wieder die richtige Handhabe zu. Einzelne Sorten, wie Hasen, vertragen kein weiteres Dehnen. Das Leder ist wie Papier. Konnte ja selbst beim Gerben nicht alles Aas vollständig entfernt werden. Hasen zerreißen besonders leicht. Gutes Leder zeigen die Schaffelle.

Es handelt sich also beim Strecken darum, das Fell sowohl seiner Art nach, seiner natürlichen Struktur, wie auch seiner Vorbehandlung nach entsprechend zu strecken.

Bei solchen Fellen, die Klauen aufweisen, die auch verarbeitet werden, wie Füchse, Marder usw., sind diese besonders gut zu strecken.

Runde Felle, das sind, wie wir schon früher hörten, solche, die unaufgeschnitten gegerbt werden, müssen natürlich schon vor dem Bestechen aufgeschnitten werden. Und nur im aufgeschnittenen Zustande werden sie sich gut und gründlich strecken lassen.

Wird das Fell nicht sofort weiter verarbeitet, dann muß es getrocknet werden, und zwar — dies ist Grundprinzip — in natürlicher Weise. Das Fell darf nicht zum geheizten Ofen. Ein solches Unternehmen würde die ganze Arbeit des Streckens wertlos machen. Das Fell würde nicht nur wieder zusammenlaufen, sondern könnte auch sonst Schaden nehmen. Sowohl Haar wie Leder können durch die Ofenhitze leiden.

Feuchte Felle dürfen nicht lange Zeit aufeinander liegen bleiben. Es würde sich Schimmel bilden, der Haar und Leder beschädigt. Das Leder wird morsch, das Haar bleicht. Die Felle trocknen am besten, wenn sie mit dem Leder nach oben über eine Stange gehängt werden.

Wird das Fell sofort der weiteren Verarbeitung zugeführt, dann kann es auch im feuchten Zustande sortiert werden.

Es wird nun Sorten geben, wie etwa Nutria, die am Fellrande kleine Löcher aufweisen. Diese rühren von dem Spannen der rohen Häute her. Wir werden diese Löcher ganz besonders vorsichtig abschneiden. Es soll kein Millimeter von dem kostbaren Fell verlorengehen. Man schneide daher so knapp als möglich.

Bei offenen Fellen, die etwa noch Schweife und Klauen enthalten, die nicht verwendet werden, wie bei Kaninen oder Katzen, werden auch diese weggeschnitten. Wildware, von welcher auch Schweife und Klauen verarbeitet werden, wird mit diesen der weiteren Behandlung zugeführt. Der Fuchsschweif kann nur dann entfernt werden, wenn die aus dem Fell anzufertigende Fasson denselben entbehren kann, wie etwa ein runder Muff oder ein Mantelkragen. Sonst bleibt der Schweif am Fell.

Wir sehen, daß die scheinbar einfachste Arbeit nicht nur gründliche Sachkenntnis, sondern auch größte Umsicht erfordert, um das Fell so rationell wie möglich zu behandeln. Man gewöhne sich die tüchtige Ausarbeitung schon beim einfachsten und billigsten Fell an. Handgriffe werden zur Gewohnheit. Schleudert man beim billigen Fell, dann kann es vorkommen, daß man auch bei kostbarerem Material weniger Rücksicht nimmt. Das zu verarbeitende Fell stellt immer wieder das Vermögen des Kürschners dar. Diese Tatsache, wie auch der Umstand, daß aus diesen Fellen ein entsprechend schöner und verwendbarer Gegenstand gestaltet werden soll, müssen immer dazu anspornen, gute und gediegene Arbeit zu leisten.

5. Das Sortieren

Mit dem Sortieren der Felle können wir einen zweifachen Zweck verfolgen. Haben wir die Absicht, die Felle ohne weitere Bearbeitung zu verkaufen, und zwar nicht einzeln, sondern in Bündeln, dann werden wir dieselben handelsublich sortieren.

Handelt es sich uns aber als Kürschner darum, Felle für eine Garnitur, einen Mantelkragen oder gar für einen ganzen Pelzmantel zusammenzusortieren, dann werden wir wieder ganz anders zu Werke gehen müssen.

Beschäftigen wir uns zuerst mit der ersten Art des Sortierens, denn der heutige moderne Kürschner kommt oft in die Lage, eine Partie Rohfelle einzukaufen, die er gerben läßt, und nun muß er sie, da Rohware im Durchschnitt läuft, also nicht sortiert ist, entsprechend gleich zu gleich zusammenfügen. Dies nennen wir ja „sortieren“.

Der Kürschner kauft heute nicht nur rohe Füchse, Marder, Iltisse, Wiesel, Eichhörnchen, Maulwürfe, Kanine und Katzen, er zieht es ab und zu vor, einen Versuch mit rohen Skunks, amerikanischen oder australischen Opossums und anderen zu machen. Silber-, Kreuz-, Polar-, Blau- und Alaskafüchse kommen ebenso oft im rohen Zustande zum Kürschner wie obgenannte heimische Sorten.

Bei den Auktionen werden die Rohfelle in Partien feilgeboten, und wir haben schon erwähnt, daß es sich da nicht um ganz gleichwertige Ware handelt. Das rohe Fell weist die vom Kürschner gewünschten Qualitätsunterschiede nicht ohne weiteres auf. Erst nach dem Gerben kann man das Fell entsprechend beurteilen und für den Einzelverkauf bewerten.

Nehmen wir eine Partie von 500 Skunksfellen, die bei einer Rohwarenauktion erworben wurde. Die Ware kommt vom Gerber und bietet sich uns nun in verschiedenen Qualitäten dar. Da gibt es herrliche Primafelle, dann wieder Sekunda- und Tertiafelle, ja fünf bis zehn Felle sind ganz wertlos, weil sie nach dem Gerben mehr oder weniger die Mängel aufzeigen, die im rohen und getrockneten Zustande nicht wahrgenommen werden konnten.

Die Ware ist nun bestochen und gestreckt, sie liegt vor uns und muß sortiert werden. Wir haben in der Warenkunde gehört, welche Einteilungsmomente beim Skunk gegeben sind. Das alles ist hier zu beachten.

Wir nehmen vor allem beispielsweise eine fünffache Einteilung vor, wobei wir die gänzlich unbrauchbaren Stücke sofort beim Durchsehen ausscheiden. Da haben wir nun Skunks ohne Gabel, dann wieder solche mit größeren und kleineren Gabeln. Aber nicht nur das Aufleuchten der Gabel wird uns die Unterscheidungsmerkmale liefern, wir müssen das Fell auch sonst noch auf seine Struktur und seine Größe behandeln. Der Übersicht halber werden wir die Partie mehreremal sortieren müssen. Zuerst werden wir die Ware etwa nach dem Vorhandensein oder der Größe der Gabeln sortieren, dann sehen wir uns innerhalb der geschaffenen Pakete die weitere Qualität an bezüglich Rauhe und Haardichte, um schließlich nach der Größe unsere Einteilung zu treffen.

Die Partie von 500 Skunksfellen wird uns nun etwa in acht bis zehn verschieden sortierten Paketen vorliegen.

Damit ist aber erst der manuelle Teil unserer Arbeit getan. Schwieriger ist nun die Behandlung der kommerziellen Seite. Wir haben die 500 Felle alle zum gleichen Durchschnittspreis eingekauft, hier aber haben wir plötzlich etwa zehn Sorten vor uns liegen, die teils größere, teils kleinere Qualitätsunterschiede aufweisen. Demzufolge muß auch die Ware im Preise unterschieden werden. Der vollhaarige Skunk ohne Gabel wird sich entschieden wertvoller gestalten als der flachere, mit Gabeln durchzogene Skunk. Da nun alle diese Sorten zum gleichen Preise eingekauft werden, muß zur richtigen Bewertung der Ware der praktische Schlüssel gefunden werden.

Gewöhnlich liegt der Auktionspreis der mittleren Fellsorte zugrunde. Haben wir also neun Sorten aus unserer „Originalware" ausgewählt, dann wird das mittlere, fünfte Paket, vorausgesetzt, daß wir es mit regulärer Ware zu tun haben, die nicht zuviel Ausschußfelle enthält, dem Auktionspreis entsprechen. Die anderen Sorten müssen nun der Primasorte zu im Preise höher gestellt werden als die Ware eingekauft wurde, die Pakete 6, 7, 8 und 9 aber werden uns abfallende Preise geben.

Diese Preisbestimmung kann nun nicht willkürlich erfolgen, sondern muß auf dem Gesamtwerte der Ware basieren, das heißt, daß auch die neue einzelne Preisfestsetzung aller Felle zusammen wieder den ursprünglichen Gesamteinkaufspreis der Ware ergeben muß. Da heißt es freilich etwas probieren und kalkulieren. Nun zeigt sich, daß der Kürschner auch Kaufmann sein muß, will er mit seiner Zeit Schritt halten und Erfolge aufweisen.

Wir wollen uns einmal theoretisch ein solches Sortieren und die entsprechende Preisbestimmung in allen Phasen ansehen:

Rechnen wir, daß uns die 500 Skunksfelle inklusive Zufuhrspesen, auf 15 sh (englische Schilling) per Stück gekommen sind. Dies wäre per Fell S 25,50. Die 500 Skunks haben uns somit bis Wien zusammen S 12750,— in rohem, ungegerbtem Zustande gekostet. Nehmen wir den Gerblohn mit rund S 1000,— an, so käme uns nunmehr die zugerichtete Partie auf insgesamt S 13750 oder per gegerbtes Fell auf S 27,50.

Beim Sortieren haben sich nun zehn verschiedene Sorten ergeben, und zwar weist beispielsweise die sortierte Partie in den einzelnen Paketen folgende Stückanzahl auf:

Sorte	I	42	Stück	allerbeste Ware
,,	II	75	,,	
,,	III	92	,,	
,,	IV	86	,,	
,,	V	83	,,	
,,	VI	55	,,	
,,	VII	22	,,	
,,	VIII	23	,,	
,,	IX	12	,,	
,,	X	10	,,	ganz wertlos
Zusammen		500	Stück.	

Die zehn wertlosen Stücke müssen in die verwendbare Ware einkalkuliert werden.

Da uns die Felle durchschnittlich S 27,50 pro Stück kosteten, nehmen wir die Partie Sorte V mit 83 Stück zu diesem Mittelpreis an, rechnen nun die Sorten bis zu I hinauf mit ansteigenden Preisen, abwärts von Sorte V bis Sorte IX zu langsam abfallenden Preisen.

Nach mehrmaligem Probieren, das vielleicht auch ein Umsortieren notwendig machte, sind wir zu folgendem Resultat gekommen:

Sorte	I	42	Stück	à	S	35,—,	zusammen	S	1470,—
,,	II	75	,,	,,	,,	32,—	,,	,,	2400,—
,,	III	92	,,	,,	,,	30,—	,,	,,	2760,—
,,	IV	86	,,	,,	,,	28,50	,,	,,	2451,—
,,	V	83	,,	,,	,,	27,50	,,	,,	2282,50
,,	VI	55	,,	,,	,,	25,—	,,	,,	1375,—
,,	VII	22	,,	,,	,,	22,—	,,	,,	484,—
,,	VIII	23	,,	,,	,,	19,—	,,	,,	437,—
,,	IX	12	,,	,,	,,	15,—	,,	,,	180,—
,,	X	10	,,	,,	,,	0	,,	,,	0
							Summe	S	13.839,50

Mit dieser Summe sind wir nun annähernd unserem Einkaufspreise entgegengekommen. Jetzt wird es leicht sein, da und dort noch eine Kleinigkeit umzustellen, wenn man ganz genau die Summe erreichen will. Dies ist jedoch nicht notwendig. Es ist sogar gut, wenn man einen nur etwas höheren Betrag durch das Sortieren erreicht, um den nötigen Spielraum zu haben.

Jetzt, nachdem die Ware sortiert und bewertet ist, können wir erst sehen, ob wir günstig oder zu teuer eingekauft haben. Jetzt ist es auch erklärlich, warum es schwierig ist, bei Auktionen einzukaufen, und welche ungeheure Warenkenntnis notwendig ist, um bei den sich etwa rasch steigernden Angeboten während der Auktion das richtige Empfinden für den Kauf zu haben.

Je nachdem nun die Ware sortiert ist, kann man von einem reinen oder einem gemischten Sortiment sprechen. Der Kürschner wird ein Interesse daran haben, die Ware, die er zum Verkaufen oder gar zum Verarbeiten sortiert, so rein als möglich zusammenzustellen. Die Sortimente der Händler sind, wie wir schon unter Warenkunde gesehen haben, anders sortiert. Man muß hier mit gemischten Sortimenten rechnen, denn je tiefer in das Fellbündel hinein, desto kleiner werden die Felle und auch die Qualitäten der Innenfelle lassen oft sehr zu wünschen übrig.

Ähnlich wie bei den Skunksen gestaltet sich das Sortieren bei anderen Fellen.

Haben wir eine Partie von 50 Füchsen zu sortieren, dann werden wir außer Größe des Felles und Rauheit desselben auch auf die Farbe Rücksicht nehmen müssen.

Füchse werden beim Sortieren, speziell in kleineren Partien, keine zehn Pakete ergeben. Gerade bei Skunks war dies notwendig, weil wir nicht nur auf die Struktur des Haares Bedacht nehmen mußten, sondern auch auf die Ausbreitung der Gabel. Bei Füchsen ist das Sortieren weit einfacher, wir werden uns schon mit einem dreifachen Sortiment begnügen können.

Bisame können schon wieder größere Unterschiede aufweisen. Auch Marder und Iltisse werden uns mehr Unterscheidungsmerkmale bieten.

Ware, die wir auktionsweise erwerben, ist bereits aus einem ursprünglichen Rohsortieren hervorgegangen. Die Rohware wird schon in verschiedenen Sorten angeboten. Kaufen wir aber, wie es dermalen bei heimischer Rohware der Fall ist, bei Jägern, Bauern, Züchtern und sonstigen Felleignern rohe Felle, dann wird mehr zusammenkommen als sich sonst in schon sortierter Rohware vorfindet. Manche Marderschwarte wird da mitgekauft werden müssen, weil der Jäger die übrigen Bälge nur dann verkauft, wenn die Schwarte eben mitgeht.

Wir werden da auch schon vor dem Gerben sortieren müssen und manches Stück zurückstellen, das nach unserem Dafürhalten auch das Gerben nicht mehr aushalten würde. Nach dem Gerben müssen wir dann je nach dem Zustand der Ware das Sortieren vornehmen. Da kann es vorkommen, daß wir einmal 3 Sorten Marder herauswählen, ein anderesmal mußten wir alles mitkaufen und wir erhalten jetzt 6 bis 7 Sorten.

Die Qualität der Ware schreibt das Sortieren von selbst vor. Ist die Partie unübersichtlich, dann sortieren wir aus der großen Partie drei Hauptsorten, die wir dann einzeln nochmals durchgehen und wieder je nach ihren feineren Merkmalen sortieren. Wir erleichtern uns dadurch die Übersichtlichkeit und können für das Sortieren auch jederzeit einstehen. Schon hier kann der Kaufmann gewinnen oder verlieren. Erfahrung und ein geübtes Auge sind notwendig.

Jedes Fell muß einzeln in die Hand genommen werden. Die eine Hand faßt das Fell beim Kopf, die andere beim Pumpf, und zwar so, daß der Kopf zum Sortierer reicht. Der Pumpf wird leicht gehoben, dadurch fällt das Haar zurück und man blickt leichter in die Haarfülle und kann sich auch rascher und gründlicher sein Urteil bilden. Ein kurzes Schütteln des Felles, ein leichtes Streichen über das Haar, ein Blasen bis auf den Grund, und schon geht das richtig erfaßte Fell seinem Sortimentsbündel zu.

Nicht immer ist die Größe des Felles für seine Einteilung maßgebend. Das erste augenfällige Moment ist die Qualität, also die Rauheit und Dichte des Felles, die Schönheit und Egalität seines Haarwuchses, der tiefe, satte Ton; dann erst kommt die Größe zum Wort. Auch das Leder ist auf seinen Zustand zu untersuchen. Ein verbranntes Fell, ein hartes, steifes Leder können nicht Qualitätsware darstellen.

Es wird sich aber nicht nur empfehlen, roh gekaufte und selbst zum Zurichten gegebene Ware gründlich zu sortieren. Auch die Ware, welche wir schon gegerbt und sortiert vom Rauhwarenhändler kaufen, soll entsprechend sortiert werden. Wir haben ja oben erwähnt, daß die Fellbündel große Unterschiede in der Fellgröße und auch in der Qualität aufweisen. Es wäre nun weder richtig, noch kaufmännisch, diese eingekauften Originalbündel mit den zehn verschiedenen Fellen auf das Lager zu hängen und zu warten, bis ein Kunde kommt, der gerade ein Stück davon benötigt. Sagen wir dem Kunden bei der Vorlage des ganzen Warenpaketes den Durchschnittspreis, dann wird der Käufer selbstverständlich nach dem schöneren und größeren Fell des Bündels greifen. Nun wird es schwer sein zu sagen, daß dieses Fell mehr koste als das andere. Nein. Die Ware ist schon beim Einkauf nach Qualität und Größe zu sortieren und kann dann dem Kunden in dieser Aufmachung mit den verschiedenen Preisen vorgelegt werden. Die Preisbewertung wird so vorgenommen werden müssen, wie wir dies beim Skunks praktisch anführten.

Genau so geht es mit den Kaninfellen. Kaufen wir z. B. ein Sortiment Sealkaninfelle, dann erhalten wir, wie wir in der Warenkunde darlegten, 4 Dutzend Felle, und zwar 1 Dutzend kleine, 2 Dutzend mittlere und 1 Dutzend große Felle. Wir werden diese Felle nicht gleichmäßig mit dem Verkaufspreis numerieren, da wir sonst wieder zuerst die großen Felle verkaufen würden, sondern wir numerieren die Mittelsorte mit dem Originalpreis, setzen den Preis für die kleinere Sorte etwas herab und schlagen dieses Minus wieder der größeren Sorte zu. Jetzt haben wir jede der drei Sorten entsprechend bewertet und werden beim Verkaufe auch nicht zu Schaden kommen.

Z. B.:	Sorte	X	12	Stück	S 8,—	pro	Fell,
	,,	XX	24	,,	,, 10,—	,,	,,
	,,	XXX	12	,,	,, 12,—	,,	,,

Der Durchschnittspreis war in diesem Falle S 10,— pro Fell. Es wird aber auch Sortimente geben, wo wir die Sorten mit größeren Differenzen bewerten können.

Sorte	X	12	Stück	S 7,—	pro	Fell,
,,	XX	24	,,	,, 10,—	,,	,,
,,	XXX	12	,,	,, 13,—	,,	,,

Man sieht klar und deutlich, wie individuell immer die Behandlung der Felle vorsichzugehen hat. Nirgends kann bisher von einer bestimmten Norm gesprochen werden, immer wieder ist die Art, die Struktur, die Größe, die Lederbeschaffenheit maßgebend für das Sortiment und die Bewertung der Ware. Das Sortieren und Bewerten der Ware sind Hauptmomente und sollen schon vom Anfänger besonders beachtet werden.

Das Sortieren soll mit größtem Bedacht vorgenommen werden. Lieber mehrere Pakete sortieren, als in weniger Paketen verschiedenartige Sorten zusammenmischen. Rein muß vor allem das Sortiment sein. Da aber die verschiedenen Felle nicht die gleiche Entwicklung aufweisen können und Unterscheidungsmerkmale enthalten müssen, ist es selbstverständlich, daß dem Sortiment eine gewisse Grenze gesetzt werden muß. Innerhalb derselben aber haben wir rein zu sortieren. Sind wir einmal unentschieden, ob das Fell etwa zur Sorte 3 oder 4 gehört, dann sortieren wir ruhig weiter und werden vielleicht über kurz wieder ein Fell vorfinden, das ähnliche Merkmale enthält. Trifft dies öfter zu, dann können wir ein neues Paket bilden, im anderen Falle werden wir uns je nach der Beschaffenheit für die bessere oder minder bessere Sorte zu entscheiden haben.

Der Kürschner, der nur einzelne Felle kauft, wird mit dem Sortieren nicht viel Zeit verlieren. Das Ideal des Einkaufes ist jedoch, stets über eine genügende Anzahl von Fellen zu verfügen. Wenn wir z. B. für einen großen Petschanikimantel 80 Felle benötigen, kann es uns niemals genügen, bloß 80 Felle einzukaufen. Desgleichen werden wir aus zwei Bund (20 Stück) Persianer keinen Mantel schaffen können. Wir benötigen mehr Ware zum Sortieren, wie wir dann später sehen werden. Die Originalbündel sind nun einmal nicht so ideal sortiert, daß wir alles entsprechend vorfinden. Es wird oft notwendig sein, aus dem drei- und vierfachen Fellquantum das Brauchbare auswählen zu müssen.

Mit Konstatierung dieser Tatsache kommen wir zur zweiten Art des Sortierens, welche die Grundlage der Verarbeitung darstellt.

Einzelne kleine Gegenstände werden oft ein Sortieren nicht notwendig machen, höchstens eine Auswahl der Felle. Will ich ein Halstier aus Marder anfertigen und brauche dazu nur ein Fell, dann erübrigt sich das Sortieren. Ich werde bloß das aus dem Bündel für diesen Zweck geeignetste Fell auswählen, wenn dies nicht schon von seiten des Kunden geschehen ist.

Verarbeite ich aber eine Stola aus sechs Marderfellen, dann muß ich mit ganz besonderer Vorsicht sortieren. Diese Art der Auswahl und des Sortierens ist ganz anders als die handelsübliche. Wenn wir bloß die Qualitäten der Felle zusammensortieren, können kleine Differenzen entstehen, wo es sich aber darum handelt, aus sechs Fellen ein Stück anzufertigen, werden wir in die feinsten Details eingehen müssen.

Die sechsfellige Marderstola soll derart gearbeitet werden, daß immer zwei Felle nebeneinander zu liegen kommen. Je drei Fellpaare ergeben die Länge der Stola.

Das wichtigste Moment des Sortierens wird die Nuance sein, das heißt die Farbschattierung. Die Felle müssen derart gleichmäßig im Tone sein, daß sie verarbeitet wie ein Fell erscheinen. Der mit einem guten Auge versehene Arbeiter wird, vorausgesetzt daß ihm genügend Felle zur Verfügung stehen, leicht die Farbunterschiede wahrnehmen.

Haben wir nun etwa zwölf Felle zusammengefunden, welche die gleiche Farbe aufweisen, dann werden wir uns der Haarstruktur zuwenden. Auch diese muß gleichmäßig sein. Und mit Recht. Was würde es uns nützen, wirklich sechs gleichfarbige Felle zusammensortiert zu haben, wenn die Länge und Dichte des Haares verschieden wäre. Verarbeiten wir derart ungleiche Felle, dann würden sich Stufen bilden, je nachdem das eine Fell raucher und länger im Haar war als das nächstfolgende. Ein solches Pelzstück wäre natürlich unmöglich und würde weder der Trägerin Freude bereiten, noch einen entsprechenden Wert darstellen. Wo kleine Unebenheiten vorkommen, wird eine Arbeitsmethode angewendet werden müssen, die wir dann später beim „Versetzen" kennenlernen werden. Ideale Grundlage ist aber immer das richtige Sortieren. Je besser die Felle vom Grund auf zusammenpassen, desto weniger Mühe wird die Arbeit verursachen.

Die zwei parallelliegenden Felle müssen den ganz gleichen Ton aufweisen. Auch Haarunterschiede sollen hier nicht vorkommen. Sind die nächstfolgenden Felle vielleicht nur ganz schwach variiert, und treten bei dem dritten Paar weitere schwache Unterschiede auf, dann kann eventuell der Pelzkragen noch zusammen sortiert werden.

Die Unterschiede des dritten Fellpaares werden nicht so scharf erscheinen, wenn das Mittelpaar diese Unterschiede dadurch aufhebt, daß es beiden Teilen, dem vorderen und dem nachfolgenden Paar, gerecht wird. Ein solches Sortiment wird dann notwendig sein, wenn uns etwa ein Kunde für eine sechsfellige Stola nur sechs Felle überbringt und wir eben nicht sortieren können. Dann müssen wir aus dem vorhandenen Material das Stück anfertigen, die gleichmäßigen Felle so aneinanderfügen, daß die schwächeren Unterscheidungsmomente ineinander aufgehen und die krasseren Unterschiede weit voneinander abstehen. So wird das erste Fellpaar dann von dem dritten Paar sich etwas unterscheiden können, während das mittlere Paar auch wieder die Qualitätsmitte darstellt und die Unterschiede verschwinden läßt.

Viel Ärger bereitet oft das Sortieren von australischen Opossumfellen. Haben wir z. B. einen Herrenschalkragen aus zwei Fellen anzufertigen, dann kann es vorkommen, daß wir aus einem Fellbund sehr schwer zwei Felle herausfinden, welche einen Kragen ergeben. Noch unangenehmer wird es, wenn die Felle kleiner sind und wir drei bis vier Felle für einen Schalkragen benötigen. Opossum ist ein Naturfell, es ist nicht gefärbt. Die Entwicklung der Haarfarbe geht bei jedem Tier anders vor sich und die Fellbündel weisen nicht immer reine Sortimente auf. Da heißt es gut zusehen, daß das Werk gelinge.

Arbeiten wir den Kragen derart, daß wir die beiden Felle mit den Pümpfen rückwärts zusammensetzen, dann werden wir sehen, daß der eine Pumpf eine grauere Nuance aufweist, der andere wieder etwas rotbraun erscheint. Oder der eine Pumpf ist vollwollig, der andere berieben. Letztere Eigenschaft zeichnet die Opossumfelle oft sehr zu ihrem Nachteile aus. Da heißt es gut sortieren. Auch die Köpfe der Opossums weisen, wenn auch das Fell im Grotzen eine Ähnlichkeit mit dem Partner aufweist, verschiedene Unterschiede auf. Der eine Kopf ist heller oder brauner als der andere. Der Kopf soll nun aber den Kragenspitz geben. Vorne an der Brust des Trägers kommen beide Spitzen zusammen zu liegen. Sie müssen daher gleichartig erscheinen, um nicht ein unschönes Bild zu bieten. Das gute Sortieren des Opossums setzt viel, ja alles voraus. Wer da schon nachlässig ist, wird nie einen guten Kragen zustande bringen.

Arbeite ich eine sechsfellige Skunksstola in Tierform, dann werde ich wieder genau auf die Haarbildung und die Farbe zu achten haben. Aber auch die Größe der Gabel ist maßgebend. Ich kann Felle, die sehr große Gabeln aufweisen, nicht mit solchen verarbeiten, die nur zarte Gabelansätze oder gar keine Gabeln besitzen. Dies deshalb, weil ich, um das Stück egal ausarbeiten zu können, die Gabeln ausschneiden muß. Hat das eine Fell eine sehr große Gabel, dann wird es nach dem Ausschneiden derselben viel kleiner sein als das Fell ohne Gabel oder das, wo nur wenig zu entfernen war. Sind aber die Felle, die nebeneinander zu liegen kommen, ungleich groß, habe ich Schwierigkeiten bei der Arbeit. Gewiß weiß der Kürschner auch hier einen Ausweg, wie wir dann später sehen werden, aber nehmen wir doch wieder den Fall an, daß uns genügend Felle zur Verfügung stehen, dann werden wir auch in erster Linie dem reinen Sortiment unser Hauptaugenmerk zuwenden. Kommt es vor, daß uns wohl sechs gleichfarbige, aber nicht gleichlanghaarige Skunksfelle zur Verfügung stehen, dann müssen wir die Felle paarweise so sortieren, daß das erste Fellpaar die flachere Behaarung aufweist. Dieses wird dem Kopf der Tierstola zunächst sein. Das zweite Fellpaar, das an dieses angeschlossen wird, kann schon etwas raucher sein. Der Kopf ist ohnehin flacher und der Pumpf raucher, so daß sich die Übergänge leichter vollziehen lassen, wenn auch die folgenden Fellpaare ein volleres Haar aufzeigen. Das dritte Fellpaar kann dann wieder etwas volleres Haar zeigen. Auf diese Weise kann man für eine sechsfellige Skunksstola die Felle zusammensortieren, auch wenn sie nicht gerade vollkommen egal in der Haarräuche sind.

Die Verarbeitung von zwei gefärbten Kreuzfüchsen auf eine zweifellige Stola wird nur dann gelingen, wenn diese Felle die gleichen Farb- und Qualitätsmerkmale aufzeigen.

Ein vierfelliger Iltismuff würde, wenn die Felle quer laufen sollen, einen ungleichen Eindruck machen, falls die Qualität der Felle verschieden ist. Die Felle, welche ein niedriges Haar besitzen, würden auf dieser Seite den Muff eingedrückt erscheinen lassen, während die rauchen Felle eine Ausbuchtung bilden würden.

Eine Maulwurfstola aus 120 Fellen läßt sich schon leichter sortieren. Ideal wäre freilich immer wieder das vollkommen gleiche Fellsortiment.

Bei 120 Maulwürfen kann es aber vorkommen, daß einige Fellchen nicht so gut passen, wie es wünschenswert wäre. Da heißt es dann eben immer wieder, die Übergänge gut maskieren. Wo so viele Felle verwendet werden, ist dies leichter möglich. Zuerst kommen die gleichartigen Felle zusammen, dann wird langsam auf die zarten Unterschiede umsortiert. Man schattiert die Nuance dadurch ab und die Übergänge werden unmerklich.

Der Kürschner, der nicht immer seine eigenen Felle verkauft und verarbeitet, sondern auch Material verarbeiten muß, das ihm schlecht sortiert vom Kunden übermittelt wird, hat darauf Rücksicht zu nehmen, durch das richtige Sortieren die Übergänge der einzelnen Fellunterschiede unkenntlich zu machen.

Sehr heikel ist das Sortieren eines Pelzmantels aus hellen Sorten. Es liegen z. B. sechs hellblonde Fohlenfelle vor, die zu einem Mantel zusammengestellt werden sollen. Die Ware ist in der Naturfarbe, also ungefärbt, jedes der Felle etwas anders geartet. Da gibt es zarte Farbunterschiede, hier wieder ist ein stärkerer oder dunklerer Rückenstreifen, mehr oder weniger gewellt.

Man lege nun die Felle vor sich hin und wähle das schönste Fell, das auch den mittleren Farbton aufweisen muß, aus. Dieses ist für den Rückenteil des Mantels bestimmt, dann füge man die zwei zunächst passenden Felle für die beiden Seitenteile an. Die Ärmel werden wieder zu den beiden Seitenteilen zu passen haben. Die Fellaufsätze nach oben zu müssen wieder zu den drei Grundfellen des Rückens und der beiden Seiten passen. Zumeist ergibt der sechsfellige oder achtfellige Fellbund die Möglichkeit, durch das Sortieren den Mantel herstellen zu können. Bei der Konfektionierung des Mantels respektive bei der Verarbeitung des Fohlenmantels wird ja noch genauer von alldem die Rede sein.

Persianer scheint so einfach zu verarbeiten zu sein, zumindest hört man dies immer wieder von Laien. Und doch wird es nicht möglich sein, aus zwei Fellbündeln ohne weiteres den Mantel zusammenzustellen. Ist man jedoch dazu gezwungen, dann werden wir wieder genauest sortieren müssen. Die schönsten Felle nehmen wir wieder für den Rücken des Mantels. Dort bietet sich ja das Stück in seiner ganzen Fülle dar. Überall wird die Linie des Mantels mehr unterbrochen, nur der Rücken ist ein Stück, das volle Aufmerksamkeit verdient. Die Vorderteile sind schmäler, das eine deckt das andere. Die Revers decken ebenfalls einen Teil der Vorderteile ab. Seitwärts gleiten die Ärmel nieder, nur der Rücken wird nicht unterbrochen. Hier haben wir also zu sehen, daß die Felle am reinsten und besten sortiert werden. Übergänge in andere Lockenzeichnungen werden nun dadurch ermöglicht, daß ja der Persianer im Fell nicht überall die gleiche Locke aufweist. Der Kopf ist offener in der Locke, die Seiten weisen in der Mitte oft kleinere Löckchen auf, den Klauen zu wieder größere. Man muß nun die Felle so sortieren, daß die Unterschiede hier zart übergreifen. Über das Versetzen an anderer Stelle.

Ein Petschanikimantel, der je nach Größe aus 65 bis 80 Fellen hergestellt wird, erfordert ebenfalls große Umsicht beim Sortieren. Aber die zahlreich verteilten Felle erleichtern anderseits das Sortieren in der oben beschriebenen Art, als dadurch die Übergänge ebenfalls leichter abgedeckt werden können.

Schwieriger ist das Sortieren eines Naturbisammantels oder gar eines Nerzmantels. Je höher das Stück im Werte steht, desto reiner muß auch das Sortiment sein.

Die Farbe der Bisamfelle weist eine große Variation auf. Die Farbe spielt von der braungrauen Schattierung bis ins Rotbraune. Aber das einzelne Fell weist selbst wieder Farbunterschiede auf. Der Pumpf ist grauer als der Kopf. Dies sagt uns schon, daß wir die Felle, wenn sie nicht ganz egal sind, so sortieren müssen, daß dem Farbunterschiede des Kopfes und Pumpfes dadurch Rechnung getragen wird, daß wir immer wieder dem Tone des Kopfes durch Aufsetzen des Pumpfes gerecht werden müssen. So laufen dann die Nuancen vom Kopf auf den folgenden Pumpf nach aufwärts ineinander und lassen die Unterscheidung nicht so stark hervortreten. Der Übergang vollzieht sich langsam und harmonisch.

Gemusterte Felle, wie etwa Cyperkatzen, erfordern mehr Umsicht. Wir haben hier nicht bloß die Farbe und Qualität, sondern auch die Zeichnung zu berücksichtigen. Je egaler die Ware uns vorliegt, desto idealer stellt sich die Arbeit dar. Wenn wir aber aus einer geringeren Anzahl von Fellen zusammensortieren sollen, dann haben wir wieder unsere Zuflucht zu der richtigen Aufteilung und Abstimmung der Übergänge zu nehmen. Ein schlecht sortierter Katzenmantel ist abscheulich. Die beste technische Verarbeitung kann Mängel des Sortierens nicht beheben, anderseits aber sieht man öfter Katzenmäntel, die weniger gut gearbeitet, als prachtvoll sortiert sind. Der egale Ton überstrahlt dann die technischen Mängel eher, als dies umgekehrt der Fall wäre.

Unsere Schilderung geht hier nur auf das Sortieren und nicht auf das weitere Verarbeiten des zu konfektionierenden Stückes. Bei der Besprechung über die Verarbeitung der einzelnen Fellsorten wird dann genau in die Details eingegangen werden.

Weniger Schwierigkeiten macht die Zusammenstellung des Pelzfutters, obwohl damit nicht gesagt sein soll, daß wir weniger genau sortieren dürfen. Das Futterfell wird nicht immer dieselbe Qualität aufweisen müssen wie das Fell für die Außenseite des Mantels. Diese Tatsache wird durch die wirtschaftlichen Verhältnisse unserer Zeit bestimmt. Ehemals fütterte man mit australischem Opossum die billigen Herrensakkos. Das Fell kam in ungeheuren Posten auf den Markt, es war, und das ist ja heute das Wesentliche für die Preisgestaltung der Fellsorten, kein Günstling der Pelzmode. Auch Bisam und Feh wurden fast ausschließlich zur Fütterung von Pelzen verwendet. Waschbär, heute ein äußerst kostbares Fell, und das samtartige Nutriafell, sie alle waren einst fast nur Futterartikel.

Die Pelzmantelmode hat diesen herrlichen Fellen einen anderen Platz angewiesen und dadurch auch ihren Wert gesteigert. Trotzdem wird man auch die feinsten Felle noch zum Füttern von Stadtpelzen oder Damenmänteln verwenden, wenn der Auftrag hiezu vorliegt.

Für die Zusammenstellung der Felle zu einem Pelzfutter gelten im allgemeinen die schon dargelegten Methoden des Sortierens. Besonders wäre noch zu bemerken, daß wir, da wir die Felle in sogenannten „Stößen" aufsetzen, darauf Bedacht zu nehmen haben, daß die größten und dichtesten Felle von unten nach oben sortiert werden. Stoß nennen wir die einzelnen Fellbänder.

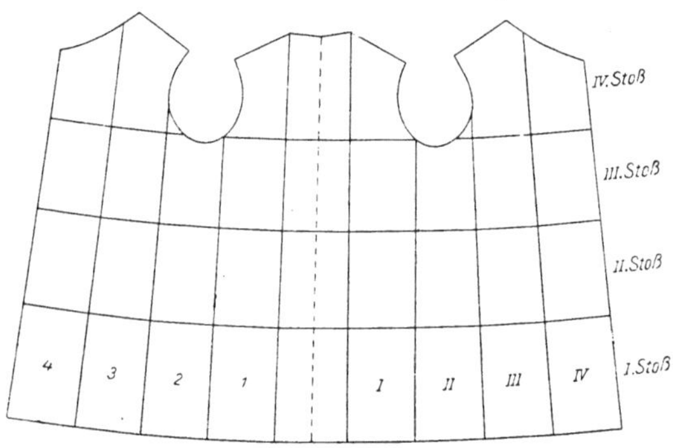

Abb. 17
Die Fellanordnung im Pelzfutter oder Mantel

Wir sehen in unserer Zeichnung (Abb. 17) unten den ersten „Stoß" aus längeren und breiteren Fellen bestehen. Nach oben zu werden die Felle kleiner und schmäler. Da sich auch das Futter nach aufwärts zu verjüngt, ist diese Fellanordnung um so natürlicher. Mit der Größe und Rauche der Felle kann auch die Farbnuance entsprechend abgestuft werden, und zwar, wie wir schon oben erwähnten, in leicht übergreifender Art, welche die Merkmale verschwinden läßt.

Die schwächsten und am wenigsten wertvollen Felle wird man ganz hinauf sortieren.

Um die Zusammenstellung des Mantels recht egal zu erreichen, das heißt die gegenüberliegenden Seiten der Mantel- oder Futterteile korrespondierend zu erhalten, wird man die Felle beim Sortieren je zwei und zwei passend aufeinanderlegen. Ich lege also z. B. Fell 1 mit I, 2 mit II usw. zusammen. Dadurch erreiche ich die richtige Abtönung nicht nur nach oben zu, sondern auch nach der Seite, und das fertige Futter wird einen netten, gleichförmigen, harmonischen Eindruck machen. Schönheit ist ja beim Modestück alles. Das richtige Sortieren unterstützt diese Wirkung aufs beste.

Über die Art der Zusammenstellung einzelner Pelzfutter wird im technischen Teil noch genauer die Rede sein. Dann wird auch nochmals das Sortieren erwähnt werden müssen. Arbeiten wir z. B. ein Nutriafutter derart, daß der erste Fellstoß unten die Fellanordnung: Pumpf unten, Kopf oben, aufweist, und setzen wir den zweiten Stoß mit verkehrt liegenden Fellen auf, also nicht Pumpf auf Kopf, sondern Kopf auf Kopf und dann wieder Pumpf auf Pumpf, dann müssen wir auch beim Sortieren schon dieser Verarbeitungsart Rechnung tragen.

Je kleiner die Felle sind, desto besser wird das Sortieren respektive die Aufteilung der Felle erfolgen müssen. Ein Fehfutter, das nicht gut sortierte Felle aufweist, wird wie ein Schachbrett wirken und einen sehr unschönen Eindruck erwecken. Dazu ist Feh heute ein sehr teures Fell, das schon eine gute Verarbeitung beanspruchen kann. Je mehr Felle wir verwenden, desto leichter ist die Komposition derselben. Ein dunkles Fell wird nicht zwischen zwei lichten Fellen stehen können. Vielleicht wird auch einmal der Expressionismus hier Platz greifen, dann werden solche Extreme eventuell gestattet sein; derzeit aber wollen wir der alten symmetrischen Arbeitsmethode treu bleiben.

Wenn wir für eine größere Garnitur, wo wir mehrere Felle benötigen, oder für einen Pelzmantel und ein Pelzfutter sortieren, dann müssen wir auch die nun sortierten und etwa aufgelegten Felle derart bezeichnen, daß eine Verwechslung nicht mehr möglich ist. Es gibt da verschiedene Arten der Bezeichnung. Entweder werden die Felle der Reihe nach, von Nr. 1 angefangen, numeriert, und zwar in der Reihenfolge der Zusammengehörigkeit. Man bezeichnet aber auch jene Stellen, die zusammengenäht werden, mit gleichen ineinandergreifenden Zeichen von Fell zu Fell. Wir werden dies später noch gründlicher behandeln. Vorläufig sortieren wir ja erst unsere Felle, sie sind noch nicht geschnitten, um der Näharbeit zugeführt zu werden.

Bevor wir nun zu dem eigentlichen Zuschneiden der Felle übergehen, welches die Grundlage für die weitere Bearbeitung darstellt, weil durch dasselbe die Felle richtig vorgerichtet und aneinandergefügt werden, wollen wir uns dem „Nähen“ zuwenden.

6. Das Nähen

a) Allgemeines

Um mehrere Felle aneinanderzufügen oder um ausgeschnittene Fehler, Blößen, Löcher und andere Mängel zu entfernen, Zungen zu rücken oder Auslaßschnitte anzubringen, bedienen wir uns einer Naht.

Abgesehen davon, daß wir es hier vielfach mit einer ganz anderen Naht zu tun haben als etwa beim Nähen eines Tuches, haben wir auch im wesentlichen zwei Arten der Naht zu unterscheiden, nämlich die Handnaht und die Maschinnaht.

Es ist noch nicht so lange her, da gab es keine Pelznähmaschine, die in geradezu staunenswerter Weise gründlich und auch rasch das Nähen der Felle besorgt. Wir können uns heute die Kürschnerei ohne Pelznähmaschine nicht mehr vorstellen. Ihre Erfindung ging mit der Entwicklung der Pelzmode den gleichen Schritt. Wir könnten ohne sie heute nicht viel leisten. Denken wir uns nur die mühevolle Kleinarbeit bei Herstellung eines Naturbisammantels, der aus etwa 80 kleinen Fellen besteht, von denen wieder jedes einzeln infolge der Auslaßarbeit ganz zerschnitten werden und wieder zusammengenäht werden muß. Selbst mit Hilfe der Maschine stellt sich diese Arbeit kompliziert und langwierig dar, wie wäre es erst, wenn dies alles in der Hand gearbeitet werden müßte.

Wie lange wäre der Verfertiger von jeder anderen Arbeit abgehalten und wie hoch müßte der Arbeitslohn für ein solches Stück berechnet werden!

Unsere Vorfahren kannten ja noch nicht die Anforderungen der Jetztzeit, und ich erinnere mich selbst, von meinem Großvater, der auch Kürschner war, die Worte vernommen zu haben: „Alles wird man erfinden, aber eine Maschine, die Pelze näht, wird man nie erfinden.“ So arbeiteten unsere Väter und Großväter mühsam jedes Stück mit der Hand, und berücksichtigen wir dazu noch die Abendbeleuchtung mittels Petroleumlampe, oder noch früher, mittels Kerze oder Kienspans, dann müssen wir eine besondere Achtung vor den damaligen Leistungen haben.

Heute noch kommt es vor, daß wir ein altes Stück zur Umarbeitung oder Reparatur in die Hand bekommen. Beim Auftrennen schütteln wir verwundert den Kopf, wir bemerken die zahlreichen Handnähte, die eine ungemeine Präzision der damaligen Verarbeitung zeigen.

Bietet uns nicht selbst die erst in diesem Jahrzehnt erfundene Pikier- oder Blindstichmaschine eine große Überraschung? Dies um so mehr, als diese Maschine infolge ihres hohen Kostenpreises noch nicht allgemein eingeführt ist.

Ist der Fortschritt der Technik auch in unserem schönen Gewerbe ein ungeheurer und kann es heute keinen Kürschner mehr geben, der ohne Pelznähmaschine sein Auskommen finden kann, so ist doch eine der ersten Bedingungen des werdenden jungen Kürschners die Erlernung der Handnaht.

Wie der moderne Kaufmann, der im Besitze einer Schreibmaschine ist, die Handschrift nie ganz wird entbehren können und die Kinder in der Schule immer noch das Schreiben mit der Hand erlernen müssen, so geht es auch in der Kürschnerei. Der Kürschner muß trotz der Maschine die Handnaht vollkommen zu beherrschen verstehen. Immer wieder gibt es Nähte, die mit der Maschine nicht ausgeführt werden können. Es kann aber auch vorkommen, daß die Beschaffenheit des Leders derart ist, daß die Maschinennaht nicht angewendet werden kann. Es gibt auch bei sonst guten Fellen manchmal Stellen im Leder, die eine Handnaht verlangen. Oft läßt die Maschine Stiche aus, sie greift nicht an; da muß wieder die Handnaht angewendet werden. Besonders aber beim Ausfertigen eines Pelzgegenstandes wird meist alles in der Hand genäht werden müssen. Wir können also die Handnaht nicht entbehren und deshalb muß ihr sogar ein ganz besonderes Augenmerk zugewendet werden.

Wir werden zuerst die Handnaht und dann die Maschinnaht betrachten. Das meiste, was wir jetzt der Handnaht zusprechen, wird auch von der Maschine geleistet werden müssen, wir haben aber mit der Erlernung der Handnaht uns die Grundbedingungen des Nähens überhaupt anzueignen.

b) Die Handnaht

Haben wir aus dem Fell Fehler ausgeschnitten, rückten wir eine Zunge oder setzten wir mehrere Felle aneinander, dann bedienen wir uns als Bindemittel der aneinanderzufügenden Teile oder Flächen der Naht.

Das Fell stellt sich uns aber nicht als einheitliches Material dar, wie etwa das Tuch. Letzteres ist, wohl abgesehen von der richtigen Strichseite, auf beiden Seiten von gleicher Struktur. Beim Fell unterscheiden wir jedoch die Haar- und die Lederseite.

Schon daraus ergibt sich eine zweifache Naht, diejenige von der Haarseite und eine solche von der Lederseite. Erstere wird wohl weniger angewendet. Meist wird nur auf der Lederseite genäht, und wir wollen uns demgemäß zuerst mit der

c) Ledernaht

beschäftigen. Zur Vornahme des Nähens benötigen wir sowohl Nadel wie auch des durch die Nadel in das Fell eingeführten Bindematerials, des Zwirnes; als Schutz für den Mittelfinger, der je nach der Stärke des Leders die Nadel mehr oder weniger kräftig nachdrückt, verwenden wir den „Fingerhut".

Zartere, dünnledrige Felle werden wir mit einer gewöhnlichen runden Nadel nähen. Ihre Stärke richtet sich nach der Lederstärke. Starke Felle werden wir besser mit einer Nadel nähen, die dreikantig erscheint und den Namen „Kürschnernadel" führt. Diese dreikantige Nadel hat das Aussehen eines dreischneidigen Dolches. Die Kanten enden in eine scharfe Spitze. Da auch die Kanten etwas geschärft sind, dringt diese Nadel leichter in das starke Leder ein, da nicht nur die Spitze, sondern auch die Kanten die Lochöffnung erleichtern.

Den Zwirn nehmen wir meist einfach, nur bei ganz starken und wenig heiklen Fellen, wie etwa Schaffellen, nehmen wir den Faden doppelt. Das Ende des Fadens wird mit einem Knopf versehen, um das Ausschlüpfen desselben und das eventuelle Aufgehen der Naht zu verhindern.

Je nach der Art ihrer Anwendung und Wirkung zählen wir verschiedene Nähte auf. Jede hat ihre Bestimmung, versieht ihren besonderen Dienst und hat ihren besonderen Namen.

Die Grundnaht, die wir zuerst betrachten wollen, ist die

d) glatte, überwindliche Naht

Sie muß so angewendet werden, daß die beiden zusammengenähten Fellteile fest zusammenhalten und durch Dehnen nicht auseinandergetrieben werden können. Im letzteren Falle würde das Haar durchtreten und die Naht auch nicht fest zusammenschließen.

Die Naht muß aber auch so angewendet werden, daß sich das Fell der Länge nach dehnen läßt. Sie muß also beim Dehnen des Felles mitgedehnt werden können und darf nicht reißen und aufgehen. Man spanne daher den Faden weder zu straff, noch führe man ihn zu locker.

Der Kürschner näht von rechts nach links, und zwar wird die Nadel von vorne eingeführt, das heißt von jener Seite, die uns beim Nähen entgegensieht. Wir stecken also die Nadel von uns weg in das Fell ein und nicht, wie man oft bemerken kann, von außen zu uns.

Das Fell muß jedoch beim Nähen einen festen Halt haben. Wir wenden immerhin einen gewissen Druck an, um das Leder zu durchstechen. So werden wir das zu nähende Fell zwischen die Knie klemmen oder zwischen Knie und Tischkante. Die rechte Hand führt die Nadel, die linke jedoch hält das Fell etwas erhöht empor. Nun liegt die zu nähende Fellkante, respektive es liegen die beiden aneinanderzunähenden Fellkanten nach aufwärts gerichtet eng und in gleicher Höhe nebeneinander. Es werden aber noch die Haare des Felles über die Nähkanten stehen. Diese dürfen nicht mit der Naht von außen mitgenäht werden, sondern sind zu entfernen. Unter Entfernen verstehen wir aber nicht etwa das Wegschneiden dieser Haare. Dies wäre ein unverzeihlicher Fehler, da ja die Haare an der Fell- oder Haarseite fehlen würden. Wir streichen vielmehr die hervorstehenden Haare zuerst mit dem Finger und dann mit der Nadel in die innen befindliche Haarseite zurück, so daß nichts mehr hervorsieht und unsere Naht rein geführt werden kann.

Wir beginnen, wie bereits erwähnt, am rechten Ende des zu nähenden Teiles und arbeiten nach links. Wir führen von uns aus die Nadel in das Leder des Felles ein, durchstechen beide zusammengehaltenen Teile und ziehen den Zwirn ganz durch, so daß der Knopf des Zwirnes fest an die erste Einstichöffnung zu liegen kommt. Der Zwirn muß entsprechend in seiner Länge sein. Ist der Faden zu lang, dann reicht unser Arm nicht, um ihn ganz auszuziehen, anderseits bilden sich an zu langen Fäden Knoten, die beim Nähen sehr hinderlich werden.

Haben wir nun beide Fellteile, die miteinander verbunden werden sollen, durchstochen und den Zwirn straffer angezogen, dann nehmen wir die Nadel wieder in die erste Stellung zurück und führen etwas knapper wieder einen Stich von uns in gleicher Richtung wie früher. So wird nun das Durchstechen und Ausziehen des Fadens fortgesetzt. Wie weit die einzelnen Stiche voneinander abzustehen haben, sagt uns die Stärke des Leders. Nach etwa je drei bis vier Stichen werden wir die Naht etwas mehr zusammenziehen, und zwar derart, daß wir die Nadel mit dem Zwirn mehr nach links ziehen, also in entgegengesetzter Seite von der Naht. Dadurch wird die Naht fester.

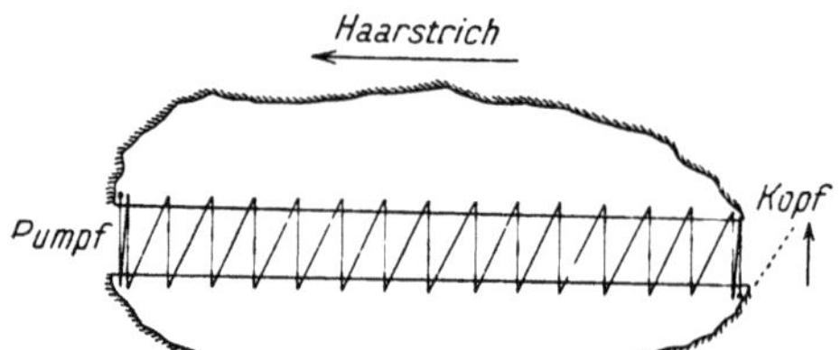

Abb. 18
Die glatte, überwindliche Naht

Wir haben auch zu beachten, daß wir immer „nach dem Strich" und nicht „gegen den Strich" nähen. Das Haar des Felles soll also in der Richtung der Naht laufen. Wir folgen während des Nähens dem Haarstrich. Dadurch wird uns das Haar auch weniger Widerstand entgegensetzen.

Rechts ruht die Kopfseite des Felles, links der Pumpf. Das dünne Leder wird einen dünnen Zwirn beanspruchen, wir werden aber auch die Nähte enger aneinander führen. Wir dürfen aber auch bei dünnledrigen Fellen den Stich nicht zu tief ansetzen. Die Naht muß möglichst flach gemacht werden.

Ist das Leder jedoch dicker und stärker, dann müssen wir schon tiefer fassen, sonst geht uns die Naht beim Spannen wieder auseinander. Wird zu „wenig in die Naht genommen", das heißt stechen wir knapp unterhalb der geschnittenen und zu vereinigenden Kante, dann kann der Zwirn entweder schon beim Nähen, bestimmt aber dann beim Spannen ausreißen. Das Leder hält den Faden nicht. Hier macht auch wieder nur die Übung den Meister. Am Ende der Naht wird wieder ein Knopf gemacht, um ein Aufgehen der Naht zu verhindern. Dieser Knopf wird erzielt, indem wir die noch eingefädelte Nadel durch eine Schlinge des eigenen Zwirnes führen und den durch das Zusammenziehen dieser Schlinge entstehenden Knopf auf das Ende der Naht dirigieren. Der Knopf muß fest auf dem Fell sitzen, um die Naht gut zu schließen.

Man wird aber oft auch Nähte machen müssen, welche zwei Schnittflächen verbinden, die wagrecht oder schräg durch den Fellstrich laufen. Wir legen dann das zu nähende Fell so zum Nähen, daß der Kopf auf der uns zugewendeten Seite liegt. Entgegengesetzt kommt das Pumpfstück zu liegen. Das Haar läuft jetzt von uns weg, wird nicht nur leichter eingestrichen werden können, sondern auch beim Nähen weniger Widerstand bieten.

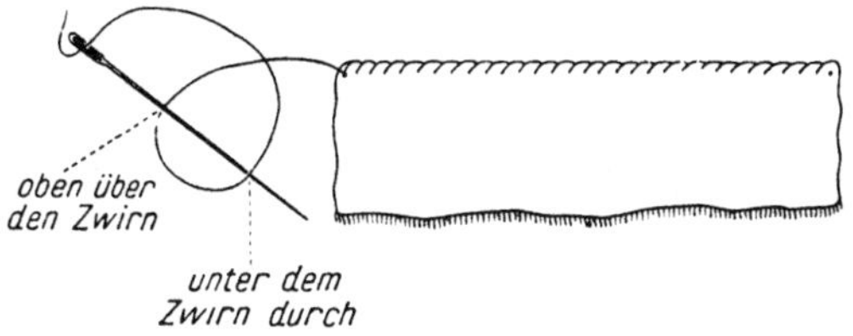

Abb. 19
Abschluß der überwindlichen Naht

Den Vorteil beim Arbeiten herauszufinden, ist einer der wichtigsten Erfolge. Er setzt den Arbeitenden in den Stand, rascher und müheloser als ein anderer, der nicht so gut Bescheid weiß, sein Werk zu meistern.

e) Die polnische Naht

Wir kommen nun häufig in die Lage, zwei Felle zusammenzunähen, wobei der Strich an der Schnittfläche an beiden Fellen auseinanderläuft. Dies ist der Fall, wenn wir zwei Felle mit den Kopfstücken zusammennähen sollen. Da das Fell meist am Kopf flacher im Haar und auch dünner ist, so daß das Leder leichter durchscheint, muß verhütet werden, daß nach dem Nähen durch die Teilung des Haares die Naht sichtbar bleibt. Zu diesem Zwecke wenden wir die sogenannte „polnische Naht" an, welche durch die Anwendung eines Mittelstiches, der etwas tiefer faßt, das Fell noch mehr zusammenzieht, so daß die Naht von der Haarseite aus nicht sichtbar wird.

Wir wenden die polnische Naht auch dann an, wenn Wirbel im Fell auftreten, wie etwa bei dem amerikanischen Opossum, die in der Wirbelbildung geradezu fürchterlich wirken können.

Wir schieben zwischen die gewöhnlichen überwindlichen Stiche zwei Nähte ein, die nicht an der Fellkante ruhen, sondern mit dieser parallel laufen, und zwar in der Höhe des Einstiches der überwindlichen Naht.

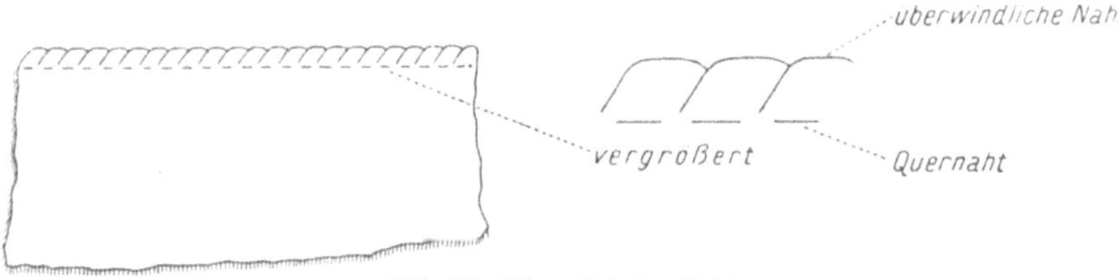

Abb. 20. Die polnische Naht

Diese Quernaht wird auf beiden Seiten gemacht. Da sie nun in der Höhe des Einstiches der überwindlichen Naht liegt, zieht sie das Leder derart zusammen, daß auf der Haarseite die Naht nicht durchscheinen kann, weil sie von der Quernaht überlagert wird.

f) Die Verstärkung der polnischen Naht durch Tuchstreifen

Das Haar zweier aneinanderzunähender Fellköpfe kann derart dünn sein, daß die einfache polnische Naht nicht die richtige Wirkung erzielt.

Wir werden dann durch einen Tuchstreifen verstärken. Vorerst nähen wir die beiden Stellen durch eine einfache überwindliche Naht zusammen. Hierauf nehmen wir einen ungefähr 2 cm breiten Tuchstreifen und legen ihn derart auf die überwindliche Naht, daß zu beiden Seiten 1 cm das Tuch abdeckt. Diesen Tuchstreifen nähen wir nun mittels einer polnischen Naht über jene Stelle, die bereits durch eine überwindliche Naht zusammenhält.

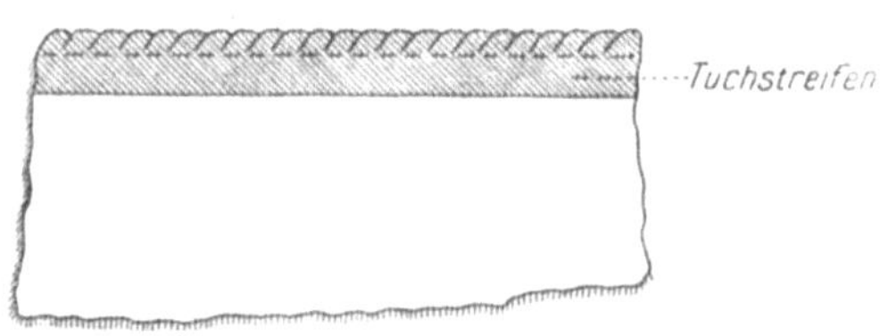

Abb. 21
Verstärkte polnische Naht

Jetzt wird die Haarwirkung eine gute sein. Solche Nähte, wie auch reine polnische Nähte, kann man bei dünnen Stellen auch anwenden, ohne das Fell einzuschneiden, also bloß sogenannte Verdichtungsnähte.

g) Verdichtungsnähte

Dünnhaarige Stellen, noch dazu solche, wo das Haar auseinanderläuft und den Grund frei legt, wie beim Zusammennähen von zwei Köpfen, können wir auch dadurch verdichten, daß wir parallel zur ersten Naht rechts und links in 2 bis 3 mm Entfernung voneinander, ohne das

Fell einzuschneiden, überwindliche Ledernähte machen. Dadurch verengt sich das Leder, das Haar tritt mehr aneinander und verdichtet sich dadurch.

Solche Verdichtungsnähte werden wir speziell auch bei Diechen anwenden, die nicht ausgeschnitten werden. Dadurch, daß wir, ohne das Leder einzuschneiden, eine Naht knapp an der anderen machen, nehmen wir, ohne Haarverlust, Leder weg, wodurch das Haar mehr zusammenrückt und dichter wird. Je enger die Verdichtungsnähte nebeneinander zu liegen kommen, desto dichter wird das früher schüttere Haar erscheinen.

h) Das Auftreten

Die Naht kann aber auch noch einen anderen Zweck erfüllen, als bloß zwei Felle aneinanderzufügen oder Schnitte im Fell unkenntlich machen.

Kommen wir z. B. in die Lage, zwei Felle zusammennähen zu müssen, die nicht von gleicher Haardichte sind, so müssen wir durch eine eigene Methode verhindern, daß die Übergänge vom niederhaarigen Fell auf das längerbehaarte zu stark sichtbar werden. Soll nun das niederhaarige Fell an das langhaarige angenäht werden, müssen wir die Naht nicht an den Kanten der beiden Felle vornehmen, sondern wir haben das niederhaarige Fell auf das langhaarige aufzulegen und so weit vorzuschieben, bis die Haarspitzen des niederhaarigen Felles mit denen des langhaarigen egal laufen. Da wir in diesem Falle auch mit der Lederkante des niederhaarigen Felles etwas einrücken, kommen die beiden Kanten des Leders nicht knapp aufeinander zu liegen. Vielmehr wird die Kante des langhaarigen Felles auf der Lederseite etwas vortreten und muß nun an das Leder des niederhaarigen Felles, dessen Kante etwas eingerückt wurde, angenäht werden.

Um die Naht nun praktisch durchzuführen, stürzen wir die beiden Felle, die wir an der Haarseite egalisiert haben, vorsichtig um, und zwar derart, daß wir den Zeigefinger der linken Hand an die Haarstelle drücken, die „aufgetreten" wurde, und nun, ohne die Lage der beiden Felle zu verschieben, die Lederseite bearbeiten können. Das niederhaarige Fell ist somit zuerst über den Zeigefinger gebogen, während das andere Fell die Kante ersichtlich läßt, die nun an das Leder des umgeschlagenen Felles angenäht wird. Die Kante des rückwärtsliegenden Felles wird also an das über den Finger geschlagene Leder des niederhaarigen Felles, das gebogen erscheint, genäht, und zwar mit überwindlicher Naht. Diese Methode nennen wir offenkantiges Auftreten.

Nun wird aber auf der Haarseite durch das „Auftreten" des niederhaarigen Felles etwas Leder auf das Haar des langhaarigen Felles zu liegen kommen. Wir müssen Sorge tragen, daß dies nicht sichtbar wird. Haben wir nur ganz schwach aufgetreten, dann wird man vom Leder nichts bemerken. Wir müssen aber immer in Betracht ziehen, daß das Pelzstück nicht so ruhig liegen bleibt, als es etwa bei der Untersuchung vor uns liegt. Das getragene Pelzstück ist in ständiger Bewegung, es wird gebogen und gekrümmt, und da wird es dann vorkommen, daß, wenn der Pelz gerade an der aufgetretenen Stelle eingebogen wird, das aufgetretene Stück deutlich sichtbar wird. Es kann das Leder hervorsehen und der Eindruck wird nicht günstig sein.

Wir werden daher die Schnittfläche des aufgetretenen Lederstückes, die immer heller ist als das übrige Leder, etwas einfärben. Besonders bei gefärbten Fellen von etwa brauner Farbe wird das mitgefärbte Leder sich braun darstellen. Die Schnittfläche kann aber, speziell bei einem stärkeren Leder, wenn die Farbe nicht gut durchgedrungen ist, sehr hell abstechen. Außerdem werden wir das auf dem Fell vorstehende Leder des Aufsatzes mit dünner Seide vorsichtig niedernähen, um ein Aufstülpen oder Sichtbarwerden dieses Aufsatzes zu verhindern.

Bei Längsnähten wird dies um so eher notwendig sein, da das aufgetretene Stück nie so gut decken wird als bei Quernähten, wo das Haar länger überhängt. Wir können die aufgetretene Kante, besonders bei zartledrigen Fellen, auch etwas einschlagen und werden so die bloße Kantenwirkung verhindern.

Wir können aber auch die Wahrnehmung machen, daß das langhaarige Fell, auf welches das niederhaarige aufgesetzt wird, durch seine Haardichte das Auftreten deshalb beeinträchtigt, weil eben diese Haardichte und das noch darauf aufgetretene zweite Fell an dieser Stelle, wo zwei Felle aufeinander zu liegen kommen, zu dick wirken wird. Da müssen wir nun die Grundwolle des zu unterst liegenden langhaarigen Felles vorsichtig mit der Nadel ausrupfen, das Haar flacher machen, um ohne Plumpwirkung den Auftritt des zweiten Felles vollziehen zu können. Genügt dieses Ausrupfen nicht, dann wird es sich empfehlen, auf das Leder des niederhaarigen Felles einen Tuchstreifen zu nähen, welcher diesem Fell dann auch mehr Konsistenz verleiht und den Übergang nicht so merkbar erscheinen läßt.

Das Auftreten der Felle erfordert eine besonders präzise Arbeit, denn die Methode verfolgt ja den Zweck, einen Übergang zwischen zwei ungleichartigen Fellen zu schaffen, der unkenntlich sein soll. Würden wir die beiden Felle bloß gewöhnlich an den Schnittkanten, ohne aufzutreten, überwindlich näben, dann wäre das Haar des oberen niederhaarigeren Felles zu kurz, er würde beim Ansatz nicht mit den Haarspitzen des unteren langhaarigen Felles egal laufen, sondern etwas vom Grund des letzteren Felles sichtbar werden lassen. Dies würde bei Fellen, wie etwa Naturbisam, die braune Grannenhaare und einen blaugrauen Grundton besitzen, häßlich wirken. Auch bei allen anderen Fellsorten, die im Grund heller oder dunkler sind als an den Haarspitzen, und dies ist ja fast durchwegs der Fall, wird die Grenze zu scharf hervorleuchten und den egalen Eindruck stören.

Man nähe den Auftritt nicht sogleich fest, sondern prüfe, unter Beachtung aller Möglichkeiten, die Übergänge gründlich aus, trenne einen nicht passenden Aufsatz lieber nochmals auf, als daß man durch das Auftreten vielleicht auch nicht mehr erreicht, als dies durch eine gewöhnliche überwindliche Naht ebenfalls vollzogen worden wäre.

i) Die Haarnaht

Wir haben oben gesagt, daß es vorkommen kann, daß wir nicht nur von der Lederseite, sondern auch von der Haarseite aus Nähte ausführen können, je nachdem sich die Notwendigkeit zu einer solchen Art des Nähens ergibt. Die Haarnaht, dies setzen wir gleich voraus, ist keine ideale Sache. Man tut gut, sie möglichst zu vermeiden oder zu umgehen. Wo dies aber nicht möglich ist, wende man sie im äußersten Falle an.

Das Haar ist uns bei dieser Naht hinderlich und muß durch Zurückschlagen mit den Fingern oder durch ständiges Blasen zurückgehalten werden.

Diese Naht kann in verschiedenen Fällen angewandt werden. Meist dann, wenn wir nicht Gelegenheit und Zeit haben, von der Lederseite die Naht machen zu können.

Da kommt z. B. ein Kunde mit einem zweifelligen Kragen, welcher auf einem Tuchmantel aufgenäht ist. Die beiden Kragenfelle laufen von der Mitte auseinander. Trotz polnischer Naht im Leder ist der Grund des Felles stark sichtbar. Vielleicht ist die Naht aufgegangen oder sie wurde durch längeres Tragen zu flach und ließ die Mängel auftreten. Der Kunde hat nicht Zeit, die Arbeit soll möglichst sofort vorgenommen werden. Da haben wir sofort eine Haarnaht vor uns, die nicht ideal genannt werden kann. Wir tun da nichts anderes, als die Querstiche der polnischen Naht, die sonst mit der überwindlichen Naht im Leder gemacht werden, zu wiederholen, und zwar von der Haarseite. Wir streichen das Haar so gut als möglich mit Zeigefinger und Daumen der linken Hand auseinander und beginnen die Naht von rechts nach links. Wir stechen durch die uns entgegengesetzte Seite, machen einen kurzen netten Querstrich, Faden auf der Lederseite laufend, ziehen dann durch und kommen auf die uns zuliegende Seite, stechen genau entgegengesetzt von der Stelle, wo vis-à-vis der Faden austrat, ein und führen denselben Stich, immer nach links laufend. Nach zwei bis drei Stichen ziehen wir vorsichtig zusammen, und die Naht schließt sich.

Wir werden weiters die Haarnaht anwenden können, wenn wir von der Haarseite, bei einem fertigen Gegenstand, ein Loch oder eine Blöße zu vernähen haben. Vorausgesetzt wird, daß der Fehler nicht so groß ist, daß durch das Zusammenziehen der Naht eine merkliche Falte entsteht. Nach dem Nähen werden wir etwa eingezogene Haare vorsichtig mit der Nadel ausziehen, dann leicht überkämmen, um das Haar zu egalisieren.

Die Haarnaht soll vom Anfänger nicht durchgeführt werden. Die setzt schon eine gründliche Materialkenntnis voraus, muß überdies mit größter Umsicht und Genauigkeit, nett und zart geführt werden, sonst wird der gewünschte Zweck nicht erreicht. Regelmäßige und gleichlange Stiche sind Voraussetzung einer guten Haarnaht.

Große Vorsicht ist beim Schlußknopf anzuwenden. Man mache eher zwei Knöpfe, um zu verhindern, daß der eine kleine Knopf durch das Leder schlüpft und die Naht sich öffnet. Man streiche das Haar besonders gut zurück und blase tüchtig, damit die Knopfschlinge keine Haare mitzieht. Die Naht wirkt sonst unrein.

Der Knopf muß fest am Leder sitzen, also tief im Haargrund. Wird der übriggebliebene Faden abgeschnitten, dann soll dies nur mit dem Kürschnermesser geschehen. Wir blasen zu diesem Zwecke tief in das Haar, ziehen den Faden straff an und schneiden knapp über dem Knopf ab. Liegt der Knopf nicht fest am Leder, kann sich durch das Nachgeben der Naht diese öffnen. Schneiden wir wieder nicht knapp am Knopf den Faden ab, kann speziell bei niederhaarigen Sorten der Fadenrest aus dem Haar herausschauen, was unschön und schlampig wirkt.

j) Das Verziehen

Schon bei der Haarnaht haben wir eine Art der Naht kennengelernt, die eigentlich erst jetzt genauer gelehrt werden soll. Nähen wir z. B. Fell und Tuch oder Fell und Futterseide aneinander, dann werden wir nicht überwindlich nähen, wir haben dazu auch keine polnische Naht nötig, weil alle Voraussetzungen dazu fehlen, wir werden vielmehr Fell und Stoff durch Wechselquerstiche „verziehen".

Haben wir früher, bei der überwindlichen Naht, die Kanten zweier Felle aneinandergehalten, um sie zusammenzunähen, dann haben wir jetzt zwei voneinander verschiedene Materialien zu verbinden. Wir nehmen den Stoff oder die Seide uns zugekehrt, gegenüberliegend das Fell. Wir werden jedoch das Fell nicht offenkantig an das Tuch nähen, sondern wir biegen die Kante etwas ein. Ebenso liegt die Tuchkante nicht steif nach oben. Auch die wird eingeschlagen. Wir stechen nun durch das Tuch, und zwar von der Innenseite des Einschlages, stechen dann vis-à-vis durch das Fell, machen einen kurzen Querstich, Faden innen laufend, treten mit der Nadel aus und stechen genau gegenüber dem Fadenaustritt in die Tuchseite ein, machen wieder einen Querstich, Faden innen und wechseln nun so regelmäßig, Querstich Tuch, Querstich Leder, wieder Tuch und wieder Leder, von rechts nach links. Nach fünf bis sechs Stichen halten wir an, fassen mit dem Zeigefinger und Daumen der linken Hand die bisher genähten und noch etwas offen stehenden runden Kanten von Fell und Tuch, drücken zusammen und ziehen den Faden nach links weg aus, um die Naht zusammenzuziehen. Die Naht schließt sich und ist fest. Dann machen wir die Stiche wieder in gleicher Weise weiter. Die Hauptsache ist, daß man darauf achtet, daß der Stich auf der gegenüberliegenden Seite genau dort eintritt, wo er auf der anderen Seite ausgetreten ist. Stechen wir etwa aus dem Leder heraus und nicht genau gegenüber im Tuch ein, sondern etwas mehr rechts zurück, dann wird die Naht ziehen. Wir ziehen ja dann das Fell etwas zurück. Umgekehrt dürfen wir den gegenüberliegenden Stich nicht etwas zu links einsetzen, da sonst die Naht an dieser Stelle nicht fest schließt und offen bleibt. Also genau die Stiche gegenüber machen, um eine gute und feste Naht zu erhalten.

Bei Fellen, die etwas schütter im Haar sind, wird beim Umschlagen der Kante der Haarboden, das Leder, zu stark hervortreten. Dies sehen wir häufig bei amerikanischen Opossums, die wir an die Tuchmanschetten eines Damenmantels annähen. Besonders in den Seiten sind diese Felle äußerst schütter, und da das Haar ohnehin etwas spießig ist, wird das Grundleder zu sehr durchsehen, wenn wir die Kante umschlagen, um sie anzunähen. Wir werden nun die Kante im Leder mit einem schmalen Tuchstreifen unterlegen, der verursacht, daß sich die Kante nicht zu scharf biegt. Wir erhalten eine runde Kante, und das Haar wird sich nicht so scharf brechen, vielmehr mitrunden und das Leder nicht so durchscheinen lassen. Statt Tuch wird oft auch Watte genommen. Die Wirkung ist die gleiche, die Kante ist nicht mehr scharf, sondern rund.

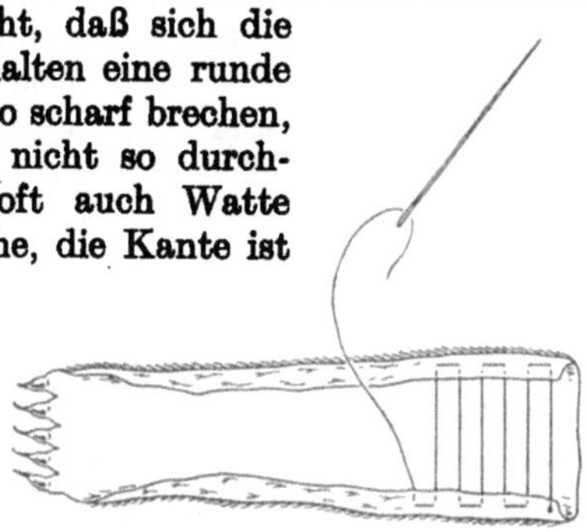

Abb. 22
Das Verziehen der Klaue

Wir verziehen aber nicht nur dann, wenn Fell und Tuch zusammengearbeitet werden. Es gibt auch beim Zusammenarbeiten von Fell mit Fell Möglichkeiten zum Verziehen. Wenn wir z. B. die Klauen eines Fuchses zusammennähen sollen, dann können wir nicht überwindlich nähen, da wir sonst gezwungen wären, die sich nun innerhalb der röhrenähnlichen Form befindliche Haarseite umzuwenden. Wir können die Klauen nur verziehen und tun dies wieder dem Haarstrich nach. Wir legen die offene Klaue auf unser Knie, fassen die gegenüberliegende Seite am Anfange, biegen etwas ein, stechen erst einmal durch, machen den Querstich, Faden auf der Haarseite, stechen dann genau gegenüber ein, führen wieder den engen Querstich nach links und so fort, um dann nach vier bis fünf Stichen die Naht mit Zeigefinger und Daumen der linken Hand festzuhalten und durch Ausziehen des Fadens nach links die Naht fest zusammenzuziehen.

k) Das Vernähen

Wir werden aber nicht überall verziehen, wenn es sich um die Zusammenarbeit von Fell und Tuch handelt. Speziell bei Sakko- und Pelzfütterungen werden wir am unteren Rande des Pelzstückes das Fell nicht mit dem Tuchbesatz verziehen, sondern besser „vernähen".

Unten am Pelzrand schlägt das vom Fell ablaufende Haar über die Tuchkante. Es steht über das Tuch hinaus. Dort wird man schneller mit dem „Vernähen" sein Werk beschließen.

Wir nehmen das Tuch zu uns gekehrt, das Fell gegenüberliegend. Das Haar wird gut zurückgestrichen und nun stechen wir zuerst durch das Tuch und fassen mit demselben Stich gleichzeitig genau gegenüber das Leder. Wir ziehen den Faden aus dem Leder, kommen zurück und stechen wieder von der Tuchseite durch Tuch und Leder. So führen wir gleichmäßig knapp einen Stich neben dem anderen, wieder von rechts nach links. Das Leder wird durch diese Naht auf den Stoff herübergezogen und liegt fest auf.

l) Die Kappnaht

Felle mit starkem Leder und langem, auch spießigem Haar werden durch die sogenannte „Kappnaht“ aneinandergefügt.

Wir nähen vorerst die beiden Schnittflächen mit einer überwindlichen Naht, die sehr dicht und fest sein soll, zusammen, dann nähen wir mit Vorderstichen, die ganz kurz sein sollen und eng aneinanderliegen, die Stelle nochmals ab. Die Vorderstiche sind enge Querstiche, die „vor“ der überwindlichen Naht angebracht werden.

m) Das Einhalten beim Nähen

Die Form des anzufertigenden Stückes kann es manchmal erfordern, daß wir beim Nähen die eine Seite von zwei zusammenkommenden Fellstücken etwas einhalten müssen. Dies kann vorkommen, wenn wir einen Kragen auf einen Mantel nähen, oder beim Einnähen eines Ärmels. Wir müssen uns zu diesem Zwecke die einzuhaltende Stelle gut anzeichnen und werden innerhalb dieser Stelle, gleichmäßig verteilt, während des Nähens den zu verkürzenden Teil einhalten. Nicht auf einmal darf also der Verlust entstehen, sondern nach und nach und gleichmäßig auf die ganze Stelle aufgeteilt.

n) Die Heftnaht

Um Watte und Wattelin auf das Leder eines Pelzstückes zu heften oder das zur Einfütterung bestimmte Seidenfutter fest und richtig liegen zu haben, verwenden wir sogenannte „Heftstiche“.

Es sind dies lange, flache Stiche, womit wir durch Watte oder Seide einstechen, dann mit der Nadel das Leder fassen, um das Material daran fest zu bekommen. Wir lassen die Nadel etwas durch das Fell laufen, und zwar durch einen kurzen Stich, dann treten wir wieder entgegengesetzt aus dem Leder, um Watte oder Seide zu fassen. Der Faden, der auf letzterer sichtbar wird, zeigt uns einen langen Stich.

Wir bringen diese Stiche je nach der Fasson des Pelzgegenstandes nebeneinander, nacheinander oder kreuz und quer an.

Im übrigen gleicht diese Naht dem Pikierstich, den wir im folgenden behandeln und in verschiedenen Arten auch bildlich darstellen.

o) Das Pikieren

Eine ganz eigene Art des Nähens lernen wir beim Pikieren kennen. Wir führen den sogenannten „Blindstich“ durch. Wir nähen hier nicht zwei Flächen zusammen, sondern wir verstärken durch das Aufnähen von dünnem Leinen oder einem extra präparierten Pikierstoff schwaches, dünnes, morsches Leder, um ein frühzeitiges Reißen desselben zu verhindern. Das durch das Pikieren auf das Leder genähte Leinen hält das Leder zusammen, wenn auch verschiedene Momente diesem Zusammenhalten entgegenwirken sollten.

Wir werden aber auch Leder pikieren, das aus kleineren Stücken zusammengesetzt ist, wie etwa bei Persianerklauen. Ein ganzer Mantel, der aus diesen kleinen Klauen des Persianers zusammengenäht ist, würde nicht genügend strapazfähig sein. Die Nähte würden bei starken Bewegungen platzen. Hält aber der Pikierstoff, der an das Leder genäht ist und der eine größere Widerstandsfähigkeit besitzt als dieses schwache Leder, die Einzelteilchen zusammen, dann wird dem Stück eine um so größere Dauerhaftigkeit verliehen werden.

Die Pikiernaht ist von den bisher kennengelernten Nähten ganz verschieden. Keine überwindliche und polnische Naht kann hier angewendet werden, auch mit dem Verziehen geht es nicht. Leder und Pikierstoff sollen aufeinander zu liegen kommen.

Die Notwendigkeit, das Leder zu stärken, verlangt nun, daß der Pikierstoff mit möglichst kleinen, engen Stichen an das Leder genäht wird. Je mehr diese Stiche aneinanderkommen, desto mehr wird dem Stücke Halt gewährt, desto weniger kann irgendeine von außen kommende Bewegung den Zusammenhalt zwischen Stoff und Leder trennen.

Die Art der Pikiernaht, die sowohl für ganze Mantel- oder Jackenteile, wie auch für einzelne kleinere morsche Stellen im Leder angewendet werden kann, wird durch nachstehende Skizzen erläutert werden.

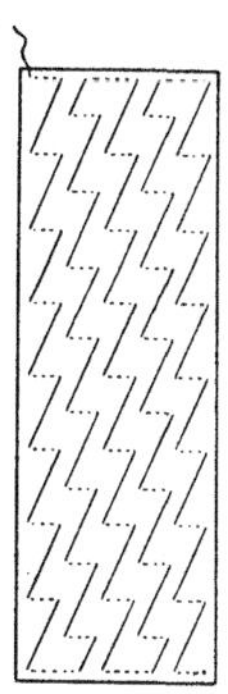
Abb. 23
Erste einfache Art

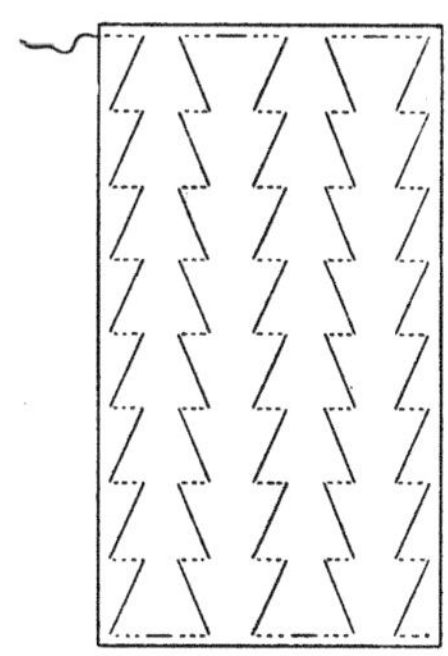
Abb. 24
Die zweite Art des Pikierens

Wir beginnen rechts unten mit der Arbeit. Das Fell respektive der Mantelteil liegt auf einem Brett mit dem Haar nach unten. Auf das Leder wird nun der Pikierstoff gelegt. Wir stechen rechts unten durch Pikierstoff und Leder, gehen mit der Nadel auf der Haarseite nach links und stechen dann wieder durch Leder und Stoff heraus. Dieser erste Stich ist in unserer Skizze (Abb. 23) punktiert gezeichnet. Wir sehen diese Naht im Pikierstoff nicht, da sie ja auf der entgegengesetzten Seite durch das Haar läuft. Nun führen wir den Faden dadurch quer über den Stoff, daß wir über dem ersten Einstich wieder durch Stoff und Leder stechen. Die zweite punktierte Linie, die über der untersten parallel liegt, zeigt uns, wie wir wieder mit der Nadel heraustreten, um diese Art des Nähens bis hinauf fortzusetzen. Nun drehen wir das zu pikierende Material um und nähen die zweite Reihe dieser Pikierstiche, somit wieder von unten hinauf. Dabei werden wir im Interesse einer möglichst dichten Benähung darauf zu achten haben, daß jetzt die Stiche ungefähr in der Mitte zwischen den Stichen der ersten Reihe durch das Material gehen.

Auf diese Weise nähen wir von rechts nach links durch stetes Wenden, wenn eine Reihe pikiert ist, das ganze Stück durch. Auf diese Weise halten wir das Fell mit dem Pikierstoff fest zusammen und gewähren den notwendigen Halt.

Wir können nun auch die Stiche nach der zweiten Skizze führen, wobei wir, da die zweite Reihe der Stiche der ersten entgegengesetzt läuft, das Material nicht stets zu wenden haben, wenn eine Reihe vollständig abgenäht ist (Abb. 24).

Man sieht auch oft ein ganz gewöhnliches Abpikieren, wie wir es in folgender Skizze vor Augen führen. Da dies aber nicht weniger Arbeit gibt als die ersten Arten, wird der Kürschner stets eine der früher erwähnten vorziehen. Es handelt sich ja dem Erzeuger eines Pelzstückes nicht nur darum, ein gut haltbares Stück zu liefern, sondern die Arbeit soll auch einen netten Eindruck machen. Je gleichmäßiger und symmetrischer nun die Nähte geführt werden, desto besser wird der Eindruck sein, den die Arbeit macht. Die Kunden sehen gewiß die Pikiernaht nicht. Aber der Meister sieht an der Durchführung dieser Naht, ob er einen netten oder gleichgültigen und nachlässigen Arbeiter vor sich hat, anderseits legt der Kürschner Wert darauf, daß derjenige Fachkollege, der nach Jahren das Stück einmal zur Hand bekommt, um eine Änderung oder Reparatur vorzunehmen, kein abfälliges Urteil über die früher geleistete Arbeit abgibt (Abb. 25).

Abb. 25
Die einfache Art des Pikierens

Es wird einleuchten, daß das Pikieren eine äußerst langwierige Arbeit ist, zumal man ja kleine Stiche anwenden soll. Lange Stiche werden die Arbeit wohl früher beenden, aber das Stück nicht dauerhaft erscheinen lassen, da innerhalb der langen Stiche zu viel Raum bleibt, der keine genügende Festigkeit aufweist.

So kam die fortschreitende Technik auf den Gedanken, eine äußerst komplizierte Maschine zu konstruieren, die diese Tätigkeit in der achtmal kürzeren Zeit bewirkt. Die Pikiermaschine macht in der Minute 2000 Stiche und entlastet den Kürschner ungemein. Es wird davon im nächsten Kapitel noch genauer die Rede sein.

p) Die Zackennaht und andere

Wir wollen an dieser Stelle auch andere Möglichkeiten betrachten, bei der die nun kennengelernten Nähte angewendet werden können. Bisher beschäftigten wir uns immer mit dem Zusammennähen gerader Schnittflächen. Es kann aber der Fall eintreten, daß wir beim Zusammenarbeiten mehrerer Felle einer anderen Linie zu folgen haben als einer genau wagrechten, senkrechten oder schrägen.

Beim Bestechen der Felle, beim Zungenrücken, Versetzen, Aus- und Einlassen, beim Zusammenarbeiten der Köpfe oder Pümpfe werden wir uns der geraden oder manchmal schwach geschweiften Naht bedienen, wenn wir aber Mäntel, Jacken und einzelne Futter arbeiten und zahlreiche Felle aneinanderzufügen haben, werden wir bei den Quernähten — wohlgemerkt, nur bei den Quernähten — von der geradlinigen Naht abweichen müssen. Die Felle können beim Aufeinandernähen von Kopf und Pumpf nie so genau passen, daß nicht doch ein stärkeres oder schwächeres Unterscheidungsmerkmal zutage tritt. Kopf und Pumpf, die da zusammenkommen, sind weder in der Fellräuche, noch in der Farbe so gleich, daß die Übergänge nicht doch etwas zum Vorschein kommen. Mag der Schnitt noch so nett geführt sein, mag der Aufsatz noch so vorsichtig gemacht sein, man wird auch im Haar die gerade Linie der Naht, die sich durch den ganzen Mantelteil zieht, bemerken.

Da ist man nun darauf gekommen, diese Naht, wenn sie schon nicht vollständig unkenntlich zu machen ist, durch eine einfache, aber zweckmäßige Ornamentierung dem Auge wohlgefälliger zu machen. Man wird daher diese Quernähte nicht in einförmiger, langweiliger Art gerade hinziehen, sondern sich je nach der Art des Felles verschiedener Zacken oder Wellen bedienen (Abb. 26 u. 27).

Abb. 26
Schema der Zackennaht

Abb. 27
Schema der Wellennaht

Diese Zacken werden aber nicht willkürlich angebracht, sondern richten sich vorerst nach der Länge und Dichte des Haares. Je zarter das Fell, desto kleiner die Zacken. Bei flachhaarigen Fellen, speziell aber solchen, die eine etwas gewellte oder moirierte Haarzeichnung aufweisen, wie Breitschwanz, Fohlen, Kalb (Telettas), Buenos, Agneau rasé und anderen, wird die Wellennaht besser angebracht erscheinen, da sie zugleich so eingerichtet werden kann, daß sie einer natürlichen Haarwelle folgt und der Übergang von einem Fell zum anderen besser verwischt erscheint. Die Wellennaht kann zum Unterschied von der Zackennaht auch senkrecht angewendet werden.

Wir werden nun die Zacken nicht nach Gutdünken mit freiem Auge oder der freien Hand gleich mit dem Kürschnermesser aus dem Felle herausschneiden. Die Zacken müssen an beiden Schnitten vollständig gleich sein, da sie sonst nicht ineinander passen.

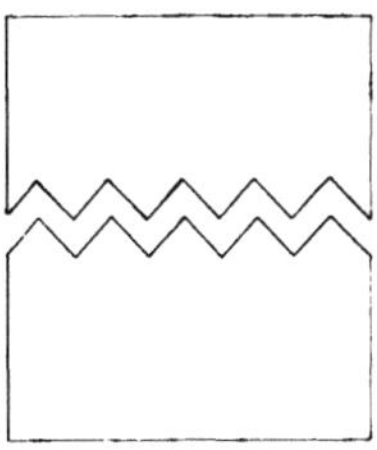

Abb. 28
Zackennaht

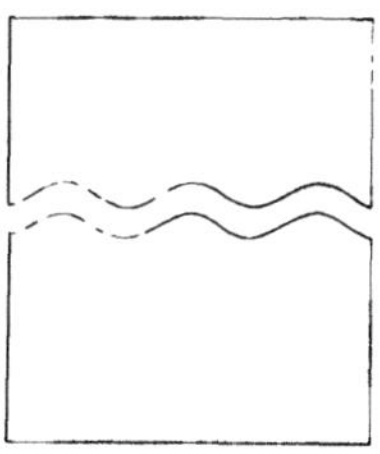

Abb. 29
Wellennaht

Zum Zwecke der Gleichmäßigkeit dieser Zacken werden wir uns eine Schablone anfertigen (man erhält dieselben auch bereits käuflich) und die darauf enthaltenen gleichmäßigen Zacken tragen wir dann auf die Felle auf. Hat das Fell helles Leder, geschieht dieses Auftragen mit dem Bleistift, bei dunkelgefärbtem Leder verwendet man Kreide oder ein Leinensäckchen mit Kreidestaub, welches man derart auf die Schablone, welche auf dem

Fell aufliegt, aufschlägt, daß der daraus entweichende Kreidestaub die Zacken markiert, die dann vorsichtig mit dem Messer ausgeschnitten werden.

Je reiner diese Zacken geschnitten werden, je gleichmäßiger sie gearbeitet sind, desto leichter wird sich das Nähen derselben vollziehen und desto gleichmäßiger und netter wird auch die Naht aussehen. Umgekehrt aber werden wir bei ungleichmäßigem Anzeichnen der Zacken und unachtsamem Ausschneiden beim Nähen Unzukömmlichkeiten haben und außerdem keine hübsche Wirkung im Haar erzielen.

Während die Zackennaht nur bei Querschnitten angewendet wird, kann die Wellennaht auch bei Schnittflächen, die mit dem Haarstrich laufen, angewendet werden, und zwar dort, wo die Beschaffenheit des Haares oder der Wolle diese Linie auf natürliche Weise begünstigt.

Breitschwanzfelle, Fohlen, Kalb und die verschiedenen modernen geschorenen Lammsorten werden durch die herablaufende Wellennaht wunderbar zusammengefügt. Auch Persianer werden durch Wellennähte zusammengenäht. Diese Art der Wellennaht aber ist nicht mehr die regelmäßige wie oben, sondern richtet sich nach der natürlichen Haarzeichnung.

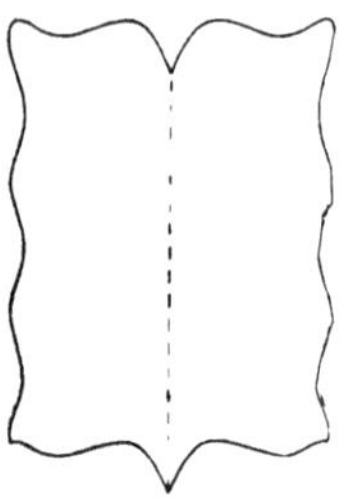

Abb. 30
Wellenschnitt

Man wird diese Arbeit so vornehmen, daß man bei dem am schönsten gezeichneten Fell als Grundlage beginnt, nach der Zeichnung dieses Felles die Wellenschnitte anfertigt und dann diese Schnitte ganz genau und gleichmäßig auf das an diese Stellen anzunähende Fell überträgt. Solch ein zugeschnittenes Persianer- oder Breitschwanzfell wird dann nebenstehende Form im Leder zeigen (Abb. 30).

Da man aber auch ganz flache Felle verarbeitet, wie Kalbfelle ohne Zeichnung, bei welchen die geraden Nähte nicht schön wirken würden, für Wellen oft wegen des vollständigen Fehlens einer entsprechenden Haarwirkung keine Möglichkeit besteht, kann man zu anderen Zeichnungen seine Zuflucht nehmen. Man wird z. B. jenes große Fell, das von der Taille abwärts fällt, mit sehr großen, breiteren Spitzen mit dem oberen Fell zusammennähen. Man sieht eben die Naht, und um den Eindruck des „Gestückelten" abzuschwächen und ein dem Auge wohlgefälligeres Bild zu schaffen, wirken diese großen Spitzen (Zacken) wie eine untermalende Zeichnung, wie ein Ornament, das schmückenden Charakter besitzt. Immer wird natürlich diese Art nicht möglich sein. Meist werden zarte Wellennähte angewandt, die aber bei ganz flachen Fellen oder bei Haarzeichnung gleichmäßig sein müssen.

Die Pelzmode, die immer neue Sorten in ihren Bereich zieht, verlangt ein stetes Nachgehen der Technik. Niemals kann diese als starre Norm gewertet werden, immer muß sie genügend Anpassungsfähigkeit besitzen.

War man früher immer nur darauf bedacht, jede Naht so zu behandeln, daß man möglichst nichts davon auf der Haarseite merkte, so müssen wir heute bei vielen neuen Sorten, die man früher nicht kannte — für die Pelzverarbeitung nicht kannte —, Sorge tragen, daß man die Nähte, die nicht zu verwischen sind, so darstellt, daß dem Auge ein ästhetisches Bild geboten wird.

Wir können die Art der Nähte an dieser Stelle nicht so erschöpfend behandeln, werden aber bei der individuellen Fellbehandlung immer wieder auf die dem einen oder anderen Fell zuträglichen Arten der Bearbeitung genauer und detaillierter zurückkommen.

All diese Nähte können natürlich sowohl mit der Hand, wie mit der Maschine gemacht werden, soweit das Fell die nötige Grundlage dazu bietet. Vor allem kann die Handnaht immer angewendet werden, wo die Maschine wegen der Lederbeschaffenheit des Felles nicht mitkann.

q) Die Kürschner- und die Pikiermaschine

Mit der Entwicklung der Pelzmode hat der Fortschritt der Technik gleichen Schritt gehalten. Es wäre nicht zu ermessen, wie wir ohne diesen Parallellauf von Mode und Technik den Forderungen der ersten nachgekommen wären.

Die Kürschnermaschine, ein Kind unserer Zeit, fehlt heute in der kleinsten Werkstätte nicht mehr. Gerade dort ist der Stückmeister mit der Herstellung des Stapelartikels beschäftigt. Will er die notwendige Anzahl von Stücken wöchentlich fertigstellen, muß er sich der Maschine bedienen. Vorerst von manchen gefürchtet, die da dachten, die Pelzmaschine mit ihrer großen Arbeitsleistung werde eine gewaltige Arbeitslosigkeit schaffen, ist sie heute zum Segen der ganzen Branche geworden.

Die Kürschnermaschine unterscheidet sich schon äußerlich sehr von den bekannten Systemen der Singer-Maschinen, bei welchen die Nadel senkrecht geführt wird. Die Nadel der Pelzmaschine läuft wagrecht und sticht in das Fell, das zwischen zwei Triller geklemmt und an der Nadel von rechts nach links vorbeigeführt wird.

Die Naht kann auf verschiedene Stiche reguliert werden, so daß die neuesten Maschinen für feinste und grobe Felle verwendet werden können. Die Naht ist überwindlich und fest und hat den Vorteil, ohne knüpfen zu müssen, zu halten und nicht aufzugehen.

Die Bedienung der Maschine ist sehr einfach und wird von jungen Leuten in ganz kurzer Zeit gemeistert. Der Antrieb erfolgt wie bei allen Nähmaschinen durch den Fuß des Arbeitenden oder durch Motor.

Ein Wunder der modernen Technik ist neben der eben schon überall eingeführten Kürschnermaschine die Pikier- oder Blindstichmaschine.

Wir haben schon beim Pikieren diese Maschine erwähnt und müssen nun bei ihrer Beschreibung hinzufügen, daß sie nicht nur zum Pikieren verwendet werden kann, sondern auch zum Durchnähen von Fellen, um Imitationen von faszinierender Ähnlichkeit zu schaffen. So werden z. B. die weißen zarten chinesischen Kaninfelle durch das Durchnähen mit dieser Maschine die Wirkung des echten Hermelins erreichen. Dabei bewirkt die Maschine eine doppelte Leistung: Sie näht das Haar so nieder, daß dadurch die Wirkung aneinandergesetzter Hermelinfelle erzielt wird, und pikiert zugleich. Genau so werden die Squirrelkanine (Fehkanine) durchnäht und zugleich pikiert.

Mit obigen Arbeiten sind die Ungleichheiten dieser Maschine noch nicht erschöpft. Sie bringt auch die Nahtbänder bei den Mänteln an und die Verstärkungsstreifen. Sie faßt auch die Kanten des Pelzes ein.

Die Maschine, die wie andere mit den Füßen oder mittels Motor in Betrieb gesetzt wird, hat einen weiten Arm wie die Singer-Maschinen, um genügend Platz für den zu benähenden Mantelteil zu schaffen; die Nähkonstruktion liegt nicht auf dem Maschinenbrett auf, sondern auf einer etwas erhöhten Stütze. Die Nadel wird wagrecht geführt und ist leicht gekrümmt. Das ist nun das Wesentliche an der ganzen Maschine. Durch diese Krümmung der Nadel erfaßt diese den parallelliegenden Pelz nebst Pikierleinen nicht in der vollen Nadellänge, sondern nur so weit, als dies zur Schaffung des kurzen Stiches, den wir beim Pikieren mit der Hand kennengelernt haben, notwendig ist.

Diese wunderbare Maschine hat vor der Handnaht den Vorteil der ungeheuren Schnelligkeit (zirka 2000 Stiche in der Minute) sowie der Gleichmäßigkeit und Intensität der Naht.

Alle modernen großen Betriebe besitzen heute eine oder mehrere dieser Maschinen, deren gewiß hoher Anschaffungspreis bei der Engrosherstellung bald amortisiert ist. Erfreulicherweise findet die Maschine auch in die Kürschnerbetriebe immer mehr Eingang, besonders jetzt, wo die Langarmmaschine die frühere kurzarmige, die weniger praktisch war, abgelöst hat. Der kurze Arm behinderte die Arbeit großer Stücke. Nun hat die fortschreitende Technik auch diesen Nachteil bezwungen, und es bliebe nur mehr der eine Wunsch, die Maschine bald so verbilligen zu können, daß sie allgemein eingeführt werden könnte.

7. Das Zuschneiden des Felles

Nach dem bis jetzt Gehörten wollen wir uns dem Zuschneiden zuwenden, einer Technik, die schon ein bedeutendes Können voraussetzt. Der beste Arbeiter einer Werkstätte wird das Zuschneiden besorgen. Er schafft dadurch die richtigen Grundlagen für alle nachfolgende Arbeit.

Hier unterscheidet sich der Kürschner wieder wesentlich von scheinbar verwandten Gewerben. Wir haben ja schon öfter betont, welche Unterschiede nicht nur zwischen den Fellen der einzelnen Pelztiergattungen, sondern auch innerhalb derselben Art bestehen. Zwei Bisamfelle, genau miteinander verglichen, werden uns zahlreiche Unterschiede in Haardichte und -länge, Haarfarbe und -zeichnung, Größe und Struktur des Leders, aufzeigen. Wenn nun zirka 80 solcher Fellchen zu einem ganzen Pelzstück vereinigt werden sollen, kann sich auch der Laie einen beiläufigen Begriff von der Umsicht und Materialkenntnis, den technischen Fähigkeiten und der anzuwendenden Praxis des Kürschners machen.

Die Individualität des Felles kommt hier besonders zum Ausdruck, sie leitet die Hand des Kürschners in bestimmten Grenzen und nach gewissen Grundgesetzen, um die Verschiedenartigkeiten der Felleinzelwirkungen zu einem einheitlichen Ganzen zu verbinden, das dem Schönheitsideal der Moderichtung und dem Geschmack des Kunden entspricht. Daß der Schaffende in sich selbst ein Schönheitsideal und einen besonderen Geschmack besitzen muß, ist selbstverständlich. Der Geschmack des Kürschners ist die Grundlage, die wohl angeboren sein muß, die zu erlernende Technik die notwendige Ergänzung dieser Gabe.

Die Art des Zuschneidens der Felle hängt von ihrer Bestimmung ab, das heißt es wird darauf ankommen, was aus den Fellen anzufertigen ist. Das einfache Halstier, das nur aus einem Felle besteht, wird oft mit größeren Schwierigkeiten geschnitten werden können als ein Mantel, der aus 45 Fellen genäht wird.

Das einfellige Marderhalstier verlangt von dem Fell eine ganz andere Fasson, als es ursprünglich besitzt. Zu diesem Zwecke muß das Fell zugeschnitten werden, es müssen Aus- und Einlaßschnitte und andere angebracht werden, die das Fell länger und schmäler machen, und dies alles unter Bedachtnahme auf die verschiedenen Haarnuancen und Haardichten.

Fertigen wir hingegen wieder einen Mantel aus 45 Sealelektrikfellen an, da werden wir wohl durch die Menge der Felle entsprechende Arbeit vorfinden, aber die einzelne Fellbehandlung ist viel einfacher als die des Marders.

Bei der Bearbeitung des Einzelfelles für ein Pelzstück, das nur aus einem einzigen Fell hergestellt wird, wie bei obigem Beispiel, oder bei Anfertigung einer Fuchs- oder Wolfstola fällt das zeitraubende Sortieren der Felle weg.

Bei der Zusammenarbeit mehrerer oder vieler Felle zu einem Pelzstück haben wir nach dem genauen Sortieren, das wir bereits oben ausführlich besprochen haben, die Felle nunmehr je nach ihrer Verwendung zu strecken.

Der Marder, Zobel, Nerz, Fuchs, Wolf oder Skunk, der einfellig zu einer Tierstola gearbeitet werden soll, wird nur fest in die Länge gestreckt. Bei Verwendung mehrerer Felle wird die Fasson des anzufertigenden Stückes, sowie die Stellung der einzelnen Felle in der Fasson maßgebend für das Strecken sein. Dies haben wir im Kapitel „Strecken" ebenfalls ausführlicher dargelegt; bei der individuellen Fellbehandlung werden wir weiter darauf zurückkommen.

Sollen wir aber einen Mantel zuschneiden, dann gehen wir etwas anders zu Werke.

Vor uns liegen die bereits sortierten Felle; nehmen wir für unser Beispiel Petschaniki (Sandmurmel). Da wir nicht genau wissen, wie viele Felle wir für den Mantel benötigen, werden wir mehr als die mutmaßlich benötigte Anzahl von Fellen vorher der Haarfarbe und -dichte nach sortiert haben.

Für einen Petschanikimantel strecken wir die Felle nur in die Länge, da heute das Schlankheitsideal nur durch die Längswirkung der Felle unterstützt werden kann und wir demgemäß die Felle so lang als möglich herausbringen wollen.

Wir haben gehört, daß wir die Felle in Stößen aufsetzen und unten mit einer Reihe der größten Felle beginnen.

Auch die Art der Aufteilung der Felle haben wir schon besprochen. Mit jeder höheren Fellreihe (Stoß) werden wir die Felle etwas kleiner und schmäler nehmen können, dies hat auch schon den Vorteil, daß wir ziemlich alle Felle der gekauften Originalbündel dadurch verwerten können.

Gewöhnlich haben wir uns den Teil des Mantelschnittes, den wir gerade bearbeiten, auf das Brett aufgezeichnet. Nehmen wir vor allem den Rückenteil des Mantels in Arbeit. Dieser soll ja am schönsten und reinsten wirken, da er voll dem Anblick ausgesetzt ist.

Wir werden uns vor allem den unteren Umfang des Schnittes abmessen und demgemäß die Verteilung der Felle vornehmen. Bei einem Mantel der Größe II im Gesamtumfange von 160 cm wird das Rückenteil unten zirka 60 cm weit sein. Auf diese 60 cm haben wir nun die entsprechende Anzahl von Fellen zu arbeiten. Rechnen wir unsere Felle mit einer Ausgiebigkeit von 12 cm Fellbreite, dann werden wir fünf Felle nebeneinanderlegen, um die Weite auszufüllen. Dabei ist zu berücksichtigen, daß die Naht ungefähr $\frac{1}{4}$ cm wegnehmen wird, durch das Dehnen jedoch diese Differenz zur Genüge hereingebracht wird. Wir werden beim Ziehen des Petschanikifelles bemerken, daß wir einige Zentimeter in der Breite gewinnen könnten, aber dadurch wird das Fell im Haar zu schütter, wir dürfen es nicht „ausmartern", wir wollen ja auch in die Länge arbeiten und eine Längswirkung erzielen. Das Dehnen in die Länge wird aber auch das Haar dichter machen.

Die fünf Felle des unteren Rückenstoßes werden nun auf das Maß von 12 cm Breite egalisiert. Ist ein Fell etwas breiter, muß mehr weggeschnitten werden als von einem schmäleren. Man sieht hier schon, wie notwendig das richtige Sortieren ist, das für diese Zusammenstellarbeit schon von grundlegender Bedeutung wird. Je besser wir sortiert haben, vorausgesetzt, daß uns genügend Felle zur Verfügung standen, desto egaler werden wir schon die Felle vorfinden.

Ergibt ein Fell kaum die gewünschte Breite, werden wir etwas mehr in die Breite zu strecken haben.

Als Fellänge nehmen wir 30 cm an, das heißt als verwertungsmögliche Fellänge ohne Kopf und Pumpf.

Wir egalisieren also unsere fünf Felle im gleichen Ausmaße 12 : 30 cm. Die Seiten sind so weit wegzuschlagen (wegzuschneiden), wie das Maß es verlangt. Wir haben aber auch dafür Sorge zu tragen, daß die hellen Stellen, die bei vielen Sorten auftreten, wegfallen und anderseits die egalisierte Seite des einen Felles wieder mit der Seite des anzufügenden Felles zusammenpaßt. Wir werden also immer wieder das Fell auf die Fellseite wenden, an das Nachbarfell anlegen und probieren.

Um die Seiten regelmäßig respektive gleichmäßig abschlagen zu können, müssen wir von der Mitte des Felles aus messen. Zu diesem Zwecke zeichnen wir uns vorerst im Fell den Grotzen (die Fellmitte) an, von welchem wir dann gleichmäßig nach jeder Seite 6 cm nehmen, um das Fell einheitlich schneiden zu können.

Den Pumpf, den wir beim Strecken gut ausgedehnt haben, schneiden wir beim letzten Stoß gerade ab. Der Kopf wird nicht gerade, sondern flachrund geschnitten, und zwar mit der Rundungskante nach aufwärts. Dadurch wollen wir vor allem besser in den dann aufzusetzenden oberen Stoß hineinarbeiten; wir wollen aber auch, da sich die Nähte doch im Fell etwas markieren, jene notwendige Ornamentik schaffen, die wir bei Besprechung der Zacken- und Wellennaht erwähnten. Diese gleichmäßigen Rundschnitte markieren sich im Haar recht hübsch. Dieser unterste Stoß wird nun so aussehen (Abb. 31).

Den nächsten Stoß arbeiten wir in gleicher Weise, nur mit dem einen Unterschied, daß wir jetzt die Pümpfe auch rund abschlagen müssen, um die Parallele für die Köpfe des untersten Stoßes zu haben. Waren diese Köpfe derart rund geschnitten, daß die Rundungskante nach aufwärts ging, so muß nun im Pumpf des Felles für den zweiten Stoß die Rundung egal in den Pumpf eingeschnitten werden, um auf den Kopf zu passen. Zu bemerken wäre nun auch noch, daß die Länge der Felle des zweiten Stoßes etwas geringer sein wird, etwa nur 29 cm, da wir ja beim Sortieren die immer kleiner werdenden Felle der Originalpakete nach aufwärts dirigieren. Der zweite Stoß wird folgendermaßen aussehen (Abb. 32).

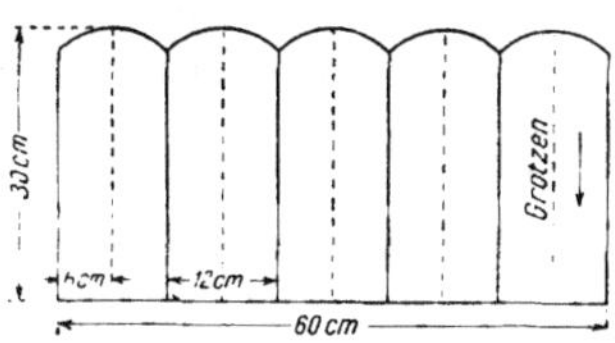

Abb. 31
Fellstoß an der Mantelbasis

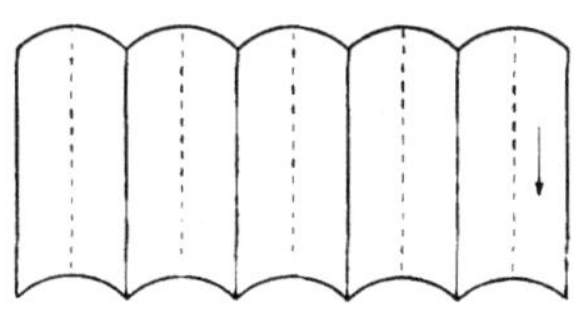
Abb. 32
Mittlerer Fellstoß

Auf diese Weise wird nun Stoß an Stoß gesetzt, bis die vorgeschriebene Mantellänge erreicht ist. Es kann vorkommen, daß der letzte und oberste Stoß nicht mehr aus ganzen Fellen besteht, weil die Fellängen nicht im genauen Verhältnis zur Mantellänge stehen. Man wird wohl beim Sortieren Sorge tragen, die Felle so auszuwählen, daß auch der letzte Stoß ganze Felle beinhaltet, immer aber wird dies nicht möglich sein. Die Felle jedoch auf das Gesamtlängenmaß des Mantels abzugleichen, auch dann, wenn sie in ihren natürlichen Aufsätzen über die Mantellänge hinausragen würden, wäre Materialverschwendung, die in unserer Zeit mit ihren unreellen Konkurrenzkämpfen nicht am Platze wäre. Haben wir etwa beim letzten obersten Stoß halbe Felle (Kopfseite) verwendet, dann können wir die abgeschlagenen Teile gut anderweitig verwenden, wie wir später sehen werden.

Warum wird nun der Mantel von unten an nach oben gearbeitet? Die Arbeit muß immer ein gewisses Prinzip beherrschen. Man könnte wohl den Mantel von oben beginnen, aber die Arbeit wäre nicht systematisch aufzubauen, nicht rein herauszubringen. Und wie häßlich würde es wirken, wenn wir oben mit den Stößen beginnen würden und nun unten plötzlich mit einem halben Stoß abschließen müßten. Dies würde den ganzen Eindruck stören. Der Mantel wäre unsymmetrisch und unschön. Oben verdeckt der Kragen den halben Stoß, der vielleicht übrigblieb, unten würde er sich in seiner ganzen Form unschön entfalten.

Nach Fertigstellung des Rückenteiles gehen wir zu den Seitenteilen über, wobei wir vor allem zu bemerken haben, daß die Länge der Fellstöße genau mit den Rückenstößen korrespondieren muß, da ja der fertige Mantel aus der Zusammensetzung und Aneinanderpassung der Seitenteile mit dem Rückenteil besteht.

Eine andere Frage ist jetzt die Einteilung der Breite nach. Wir haben absichtlich das Beispiel mit einem 160 cm-Umfang des Mantels gewählt, um zu sagen, wie nun die Felle eingeteilt werden sollen, wenn die Seitenteile ein anderes Verhältnis aufweisen als der Rücken.

Die beiden Seitenmantelteile haben je 50 cm unteren Umfang. Nehmen wir die Fellbreite mit je 12 cm, bekommen wir nur 48 cm, also um 2 cm weniger als wir benötigen. Diese kleine Differenz macht nichts aus, denn sie läßt sich, auf vier Felle verteilt, leicht aufteilen. Wir strecken nur etwas mehr in die Breite, oder aber wir haben die Felle derart sortiert, daß für die Seitenteile, respektive Vorderteile die etwas breiteren Felle Verwendung finden können. Nun arbeiten wir in gleicher Weise die Stöße nach aufwärts. Bei dem Ärmelausschnitt sowohl des Rückenteiles als auch der beiden Vorderteile werden wir nicht die volle Fellänge benötigen, hier können wir nun sehr gut die halben Felle des halbierten obersten Stoßes verwenden, vorausgesetzt natürlich, daß gerade die Fellhälfte mit dem Kopfstück in Betracht kommt. Handelt es sich aber beim Ärmelausschnitt gerade um jenen Platz, den die Pumpfhälfte des Felles einnimmt, dann allerdings können wir die obere Fellhälfte nicht verwenden.

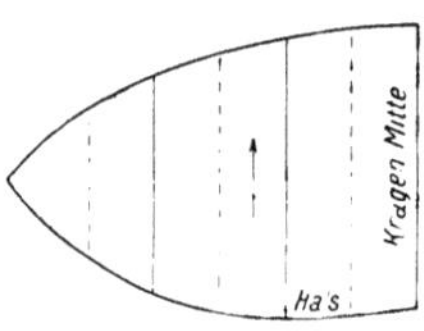

Abb. 33
Kragenschnitt

Ein Stück, das wieder nur schöne tadellose Felle verlangt, ist der Mantelkragen. Er ist ja die Krone des Mantels. Die heutige Kragenfasson, die sich dem Revers zu verjüngt, gibt die Möglichkeit, verschieden große Felle zu sortieren (Abb. 33).

Die Skizze sagt uns schon alles. Nach den Seiten zu wird der Kragen immer schmäler, deshalb können auch die Felle kleiner sein. Das letzte kleinste und vielleicht auch schmalste Fell kommt schon ganz in die Falte. Natürlich beginnen wir in der Mitte des Kragens und arbeiten dann symmetrisch nach beiden Seiten.

Die Ärmel werden wir wieder entsprechend unserem Grundsatz bearbeiten und die Felle von unten nach aufwärts aufbauen, natürlich läuft der Haarstrich herab. Da die Ärmelnaht zu innerst kommt und mit der Seitennaht des Mantels gleichläuft, wird die Felleinteilung wieder von der Mitte des Ärmels aus genommen. Hier sortiert man eben entsprechend, um nur solche Felle verwenden zu müssen, die schon natürlicherweise das richtige Maß ergeben. Ist dies zufolge knappen Fellmaterials nicht möglich, wird man den Unterärmel mit den weniger schönen Fellen versehen. Wir warnen aber davor, diese Methode zu verallgemeinern. Die Kunden wissen heute ziemlich Bescheid, und sie sehen gerne, wie der Ärmel auf der Innenseite aussieht. Außerdem müssen wir in Betracht ziehen, daß gerade der Innenärmel einer stärkeren Abnützung ausgesetzt ist, da er durch die Bewegung beim Gehen ständig die Felle des Ärmels gegen die Mantelseite reibt. Schlechte Felle sind hier rasch abgerieben, und der erste Anstand mit den Kunden ist gegeben. Dies schädigt das Vertrauen des Kunden und muß daher verhindert werden (Abb. 34).

Die Reverse sind schmaler als ganze Felle, und da wir sie auf Petschaniki, der jetzigen Forderung der Mode entsprechend, quer laufen lassen, können wir hier eventuell jene Fellhälften verwenden, die uns beim obersten Stoß abfielen. Die rationelle Fellverwertung darf niemals aus dem Auge gelassen werden. Beim Zuschneiden kann der Kürschner viel verdienen und seine Konkurrenzfähigkeit wahren (Abb. 35).

Wir haben mit Absicht einen glatten Mantel als Beispiel genommen, denn es handelte sich darum, die Grundelemente des Zuschneidens zu erörtern. Daß auch andere Fragen dabei betont wurden, wie das Mantelarbeiten überhaupt, ist selbstverständlich. Die dabei entstehende kleine Wiederholung fördert jedoch das Verständnis, und das ist der Zweck unserer Darlegung.

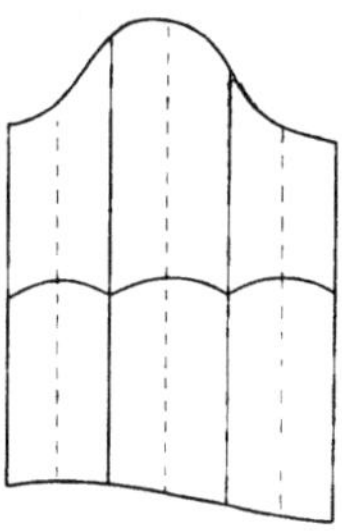
Abb. 34
Ärmel

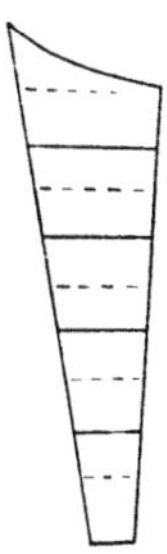
Abb. 35
Revers

Warum arbeiten wir den Mantel nicht möglichst gleich in einem, sondern Rücken- und Vorderteile separat?

Dann wäre aber ein so großes Zweckbrett zum Aufspannen nötig, daß hiefür der Raum der Werkstätte meistens nicht ausreichen könnte. In großen Werkstätten aber ist diese Art des Zweckens üblich und sind auch entsprechend große Zweckbretter vorhanden. Dann natürlich ist die Art des Zusammensetzens und Zuschneidens derart vorzunehmen, daß auf die vollständig aufgezeichneten Mantelteile, die schon zusammenschließen, die Felle aufgelegt und entsprechend zugeschnitten werden. Der unterste Fellstoß wird dann eben nicht dreiteilig gearbeitet werden, sondern in einem 160 cm ergeben.

Diese Methode ist natürlich vorzuziehen, und wir raten allen Kürschnern, wenn es der Raum gestattet, eine derartige Einrichtung der Werkstätte zu treffen.

Wenn wir den Mantel im ganzen arbeiten, dann wird eine andere Berechnung der Felleinteilung Platz greifen müssen. In unserem Falle tritt wohl keine große Differenz auf. Wenn die Mantelbasis unten 160 cm beträgt, so werden wir, das Fell mit einer verwendbaren Breite von 12 cm gerechnet, $13^4/_{12}$ oder $13\,{}^1\!/_3$ Felle benötigen. Diese Summe meinen wir natürlich nur theoretisch und nicht praktisch; es wäre auch ganz unrichtig, auf dem Breitenmaß von 12 cm pro Fell zu beharren, um dann irgendwo ein Drittel Fell einflicken zu müssen. Zu einer solchen Arbeit muß man nicht gelernter Kürschner sein. Nein. Wir werden also anders rechnen müssen. Mehr Seite von den einzelnen Fellen wegzuschlagen, um eventuell 14 zu verwenden, wäre unökonomisch und dies schon aus dem Grunde, als wir mit vier Stößen werden rechnen müssen und daher um vier Felle mehr benötigen würden als bei unserer früheren Rechnung. Wir werden daher trachten müssen, mit 13 Fellen auszukommen, zumal uns dies bei der früheren Berechnung der dreiteiligen Anfertigung auch leicht gelungen ist. Jetzt soll es ja noch leichter möglich sein. Ein Drittel Fell bei dreizehn Fellen einzubringen wird wohl nicht schwer sein. Wir schneiden die Felle nur ganz wenig breiter, wenn wir nicht schon beim Sortieren entsprechend breite Felle zusammengefunden haben, und wir erhalten ein gleichmäßiges Bild der Fellverteilung. Nichts wäre häßlicher, als breitere und schmälere Felle nebeneinander verarbeitet zu sehen.

Wir sehen also, wie sehr das richtige Einteilen und Zuschneiden auf die Gesamtheit der Fellkomposition einwirkt.

Wir müssen nun auch noch die Grotzenwirkung betonen. Bei Fellen, wie Petschaniki, die in einzelnen Nuancen einen mehr hervortretenden Grotzen (Rückenstreifen) aufweisen, muß beim Zusammenstellen, Zuschneiden und Nähen ganz besonders darauf geachtet werden, daß die Grotzen der aufeinandergesetzten Felle eine senkrechte Linie von oben bis unten bilden. Es wäre nicht nur unschön, sondern auch vollkommen unfachmännisch, würde der Grotzen eines Felles der obersten Reihe um 2 bis 3 cm weiter links stehen als der Grotzen des anschließenden Felles der zweiten Reihe. Auf die richtige Grotzenführung muß beim Zuschneiden sehr geachtet werden. Es genügt eben nicht, ein Fell genau von seiner Mitte ab nach rechts und links auszumessen. Das mag vielleicht geometrisch richtig sein, aber nicht fachtechnisch. Wir dürfen nicht vergessen, daß die Felle ursprünglich alle rund sind. Wird nun ein Fell ungleichmäßig aufgeschnitten, befindet sich der Grotzen nicht genau in der Mitte. Er wird je nach dem Schnitt weiter links oder rechts liegen. Wir haben daher beim Zuschneiden des Felles genau darauf zu achten, ob der Grotzen wirklich in der Mitte liegt.

Als Basis unseres Messens nach links oder rechts haben wir immer den Grotzen und nicht die geometrische Fellmitte zu beachten. Es kann aber auch vorkommen, daß bei gefärbten Fellen der Grotzen unrichtig eingefärbt wurde. Da in der Farbe auch verschieden starke und breite Grotzen entstehen, wird auf diese Tatsache schon beim Sortieren Rücksicht genommen werden müssen.

Die Einhaltung und Fortsetzung der Grotzenlinie respektive der richtige Übergang von einem Fell ins andere trifft nicht nur für die Mantelbearbeitung zu, sondern bei jeder anderen Verarbeitung. Bei Fellen, wo der gefärbte Grotzen nicht markant hervortritt, wird er doch wieder durch die Haarstruktur kenntlich sein. Der Rücken ist ja dichter behaart. Kommt er also nicht in die Mitte des Felles zu liegen, wird dasselbe einen einseitigen Eindruck machen.

Wir haben vorläufig bei diesem Beispiel auch nur eine Methode angewendet, die ein voll zu verarbeitendes Fell verwertet. Über das Auslassen und die entsprechenden Schnitte werden wir teils beim „Auslassen" und weiter bei der individuellen Fellbehandlung mehr erfahren.

Ähnlich werden wir bei der Zusammenstellung eines Pelzfutters zu verfahren haben. Man darf nicht meinen, daß das Futter, weil es an der Innenseite des Kleidungsstückes angebracht ist, weniger nett ausgeführt werden kann. Der Kürschner muß immer ganze Arbeit leisten, auch dann, wenn der Gegenstand nicht voll dem Anblick ausgesetzt ist. Unser Beruf verlangt präzises Arbeiten. Wer diesem Prinzip nicht treu bleiben kann, werde nicht Kürschner.

Wagendecken werden wir in ähnlicher Weise zusammenstellen. Die gleichmäßige Grotzenwirkung wird hier meist Haupterfordernis sein. Sie bringt das Stück zu ganz besonderer Wirkung.

Nun wollen wir uns einmal das Zuschneiden eines Muffes ansehen. Zu der Zeit, da dieses Buch geschrieben wird, ist der Muff nicht modern. Wie lange dieser Zustand andauert, wissen wir nicht, wir können aber auch darauf nicht Bedacht nehmen. Das Arbeiten eines Muffes gehört unbedingt zur Technik der Kürschnerei. Es wird heute auch in der Fachschule gelehrt und mit Recht. Über Nacht kann sich die Mode ändern und Gegenstände in den Vordergrund des Interesses bringen, die jahrelang vernachlässigt waren.

Nehmen wir als Beispiel die Anfertigung eines dreifelligen Mardermuffes von runder Tonnenfasson. Das Fell soll seiner Länge nach um den Muff herumlaufen.

Sind die drei Felle vollständig gleichwertig, dann ist es gleich, wie wir sie der Reihe nach legen. Ist eines von den dreien etwas voller im Haar, dann legen wir dieses in die Mitte. Stehen uns nur drei Felle zur Verfügung, die nicht so genau passen, dann müssen sie versetzt werden. Da wir diese Methode erst in einem der folgenden Abschnitte kennenlernen, sehen wir von einem solchen Beispiel ab und bleiben bei drei ziemlich gleichartigen Marderfellen. Wir haben die drei Felle vorerst zu einem geraden „Muffblatt" zu vereinigen, das ist ein rechteckiger Streifen im Ausmaße von ungefähr 56 cm Länge und 30 cm Breite. Diese Breite sagt uns schon, wie breit die Felle anzunehmen sind. Wir strecken daher die Felle vorerst entsprechend mehr in die Länge, da ja die Breite vorhanden ist.

Da Marder entweder eine gelbe Kehle (Edel- oder Baummarder) oder eine weiße Kehle (Steinmarder) aufweisen, die aber bei einem runden Muff nicht vorhanden sein soll, werden wir zuerst die Kehle ausschneiden. Wie dies gemacht wird, siehe unter Verarbeitung des Marders. Auch etwaige Auslaßschnitte werden wir erst später kennen lernen.

Wir haben das Beispiel des dreifelligen Mardermuffes auch deshalb gewählt, weil wir dazu meist keine Auslaßschnitte vornehmen müssen, die wir noch nicht kennengelernt haben.

Wir nähen nun die drei Felle nebeneinander. Sind die drei Felle nicht gleich lang, setze man das längste Fell in die Mitte und die etwas kürzeren auf die beiden Seiten, vorausgesetzt, daß die Haarfarbe dies zuläßt.

Das so angefertigte Muffblatt bedarf aber noch einer weiteren Bearbeitung. Da die Fasson tonnenförmig werden soll, müssen wir an den Seiten Einschnitte machen, welche die Fasson etwas ziehen. Diese müssen natürlich sehr symmetrisch geführt sein, um die Gestalt des Muffes nicht zu verunstalten. Bei der angenommenen Größe unseres Muffblattes von 30 zu 56 cm werden wir uns ungefähr folgendes Prinzip zurechtlegen (Abb. 36).

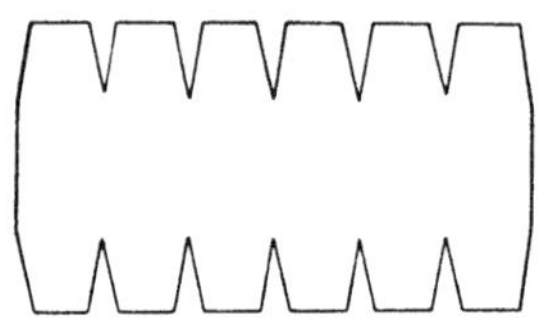
Abb. 36
Muffblatt

Das Einschneiden dieser Zwickel richtet sich nach der jeweiligen Muffmode. Trägt man Muffe, die flacher auslaufen, wird man die Keile schlanker und tiefer einschneiden müssen. Die kurzen Muffe, die seitwärts eine jähe Einbuchtung verlangten, wurden so im Muffblatt präpariert, daß man die Keilschnitte kürzer machte.

Bei Marder wird es sich überhaupt empfehlen, statt der auszuschneidenden Zwickel zarte Falten im Muffblatt zu legen, bei anderen Sorten werden Einschnitte vorgezogen.

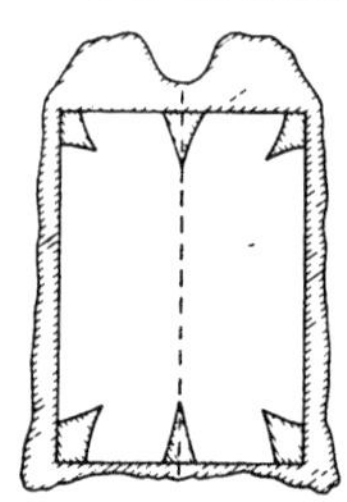
Abb. 37
Kappenkopf

Ganz anders wieder ist das Zuschneiden einer Pelzkappe aus Sealelektrik.

Nehmen wir die einfache Herrenkappe mit doppeltem Rand, so sortieren wir die Felle für den Kopfteil und den Rand. Das Fell für den Kopf muß groß und breit sein (Abb. 37).

Da die Kappe über einen Holzstock gespannt wird und das Leder meist leicht dehnbar ist, werden wir das Kopfblatt aus dem großen Fell ungefähr wie folgt vorrichten.

Durch das Zusammennähen der Zwickel erhalten wir eine „Haube“, die schon die Grundlage für das Spannen auf der Holzform gibt. Durch das Befeuchten wird das Leder noch elastischer, es dehnt sich in der gewünschten Weise, so daß wir es fest um die Holzform bringen können. Nach dem Trocknen haben wir die Kopfform vorgerichtet vor uns.

Der aufzusetzende Doppelrand wird aus dem zweiten Fell geschnitten, indem dieses in der Mitte gespalten wird.

Auch die Kappenverarbeitung wird noch detaillierter erläutert werden, bis alle übrigen Arbeitsmethoden, die noch in Betracht kommen, fest sitzen.

Wir wählten ausdrücklich hier einige einfache Beispiele, um das Grundprinzip des Zuschneidens verständlich machen zu können. Die folgenden Kapitel über das schwierige Aus- und Einlassen der Felle sowie über das Vorsetzen werden erst einen richtigen Begriff von der eigentlichen komplizierten Technik des Kürschners bieten, eine Tatsache, die durch die oft schwierige Bearbeitung einzelner Fellsorten noch unterstrichen wird.

8. Das Aus- und Einlassen der Felle

a) Allgemeines

In vielen Fällen werden wir heute die Felle nicht in der sich natürlich darbietenden Größe und Breite verarbeiten. Die Fasson des anzufertigenden Stückes, die Einreihung einzelner Felle in die Gesamtordnung erfordert sehr oft eine entsprechende Veränderung der Form des Felles nach Länge oder Breite. Bis zu einem gewissen Grade dehnt sich jedes Fell, das ein gutgegerbtes Leder besitzt. Darüber hinaus aber nützt uns alles Dehnen nichts mehr. Wir haben aber auch gehört, daß wir das Fell nicht allzusehr, speziell nicht zu sehr in die Breite, dehnen sollen, um die Haardichte nicht ungünstig zu beeinflussen. Das zu breit gedehnte Fell wird im Haar schütter werden, da es sich auf den nun breiter gewordenen Haarboden verteilen muß. In die Länge dehnt sich das Fell wieder nicht so gut wie in die Breite. Wir müssen daher, um ein Fell auf eine bestimmte Größe zu verlängern oder auf eine bestimmte Weite zu verbreitern, Kunstschnitte anwenden, die, soll das Fell dadurch verlängert werden, den Namen Auslaßschnitte, beim Verbreitern den Namen Einlaßschnitte führen.

Wir können das einzelne Fell im Verhältnis zu sich selbst aus- oder einlassen, je nachdem wir es länger oder breiter brauchen, wir können aber auch einzelne Felle in einer Gesamtheit von anderen auf die parallele Größe oder Breite dieser anderen schon größeren oder breiteren Felle bringen, um die nötige Symmetrie bei ungleich großen Fellen herzustellen.

Betrachten wir vor allem die Möglichkeit des Auslassens eines Einzelfelles zur Alleinverarbeitung. Hier gibt uns der Fuchs ein ideales Beispiel.

Der aufgeschnittene Fuchs ist in unserem Falle 20 cm breit (Durchschnittsbreite) und von der Schnauze bis zum Pumpf 80 cm lang; also ein Größenverhältnis das wir mit 20 : 80 bezeichnen. Aus diesem Fuchs soll eine Tierstola angefertigt werden, die 100 cm lang und nur 15 cm breit ist 15 : 100.

Der Fuchs läßt sich natürlich nicht um 20 cm in die Länge dehnen, obwohl dies viele unserer Kunden meinen. Wir machen ja oft die Wahrnehmung, daß uns Kunden Füchse zum Arbeiten bringen und ersuchen, wir sollen das Tier ausdehnen. Sie denken dabei wirklich an das bloße Dehnen ohne Kunstschnitte.

Bisamfelle im Verhältnis 20 : 30 sollen für einen Mantel im Verhältnis 10 : 50 gearbeitet werden.

Ein Marder, der z. B. 15 : 50 groß ist, soll 65 cm lang werden.

Das alles ist mit bloßem Dehnen nicht zu erreichen.

Stellen wir ein Muffblatt aus Fuchs her, das die Form 30 : 58 annehmen soll, dann haben wir das umgekehrte Verfahren anzuwenden; wir müssen das Fell in die Breite arbeiten. Wohl dehnt sich das Fell gut in die Breite, aber um 50% können wir es auf keinen Fall dehnen, weder der Struktur nach, noch nach dem Prinzip, daß wir nicht zuviel dehnen dürfen, um die Dichte des Haares nicht zu beeinträchtigen.

Wir werden also wieder Kunstschnitte anwenden, um das lange schmale Tier kürzer und breiter zu machen. Diese Methode nennen wir „Einlassen".

Wir wollen uns nun diese Verarbeitungsart im Prinzip genauer ansehen.

b) Das Auslassen

Das Auslassen, also Längerarbeiten der Felle, wird heute am meisten angewendet. Die Pelzmode verlangt nicht nur äußerlich die schlanke Linie, sondern sucht diese Wirkung auch dadurch zu unterstreichen, daß schon die Felle das Prinzip der Längenverarbeitung aufweisen, um die Schlankwirkung noch mehr zu betonen.

Wir werden hier vorerst nur das Prinzip des Auslassens kennenlernen, dabei natürlich auch verschiedene Möglichkeiten streifen. Ganz gründlich können wir erst bei der individuellen Fellbehandlung darauf eingehen. Jede Fellart bietet eine andere Größe, Haarfarbe und Zeichnung. All dem muß beim Auslassen Rechnung getragen werden. Die einzelnen Fellarten werden auch verschieden angewendet. Man fertigt z. B. heute aus Füchsen keine Mäntel an, wir arbeiten also hier wieder anders als dort, wo etwa 80 Bisamfelle zu einem Mantel zu verarbeiten sind. Aber im Stück selbst nimmt das Fell oft ganz verschiedene Formen an. Das alles soll einer späteren Betrachtung vorbehalten bleiben. Hier wollen wir uns nur mit dem Auslassen überhaupt beschäftigen und die Grundlagen desselben erörtern.

Das Prinzip des Auslassens wird uns veranlassen, vorerst nur den einfachen Auslaßschnitt zu erläutern. Es handelt sich uns jetzt nicht darum, auf die Verschiedenartigkeit der Haarfarbe und Dichte hinzuweisen, auf welche beim Auslassen Rücksicht zu nehmen ist, sondern wir nehmen als Grundlage ein Idealfell, das eben gleichmäßig im Farbton ist, um nur die Grundlage des Auslassens darzulegen.

Wir wollen dieses Fell (Abb. 38) nun um ein Stückchen verlängern. Vorerst zeichnen wir uns den Grotzen *K*, *P* an, dann führen wir von der Stelle *a* bis zum Punkte *b* der Mitte, rechts und links ober den Klauen, einen Keilschnitt, den wir uns vorher anzeichneten, damit er auch gleichmäßig und gerade ist. Den ausgeschnittenen Keil (auch Triangel genannt) rücken wir nun um 2 cm herab und nähen das Triangel derart wieder ein, daß wir die Stelle des oberen Ausschnittes (Abb. 39) b^1, *c* gerade vernähen und die Spitze des Triangels *b* an jene Stelle setzen, wo die beiden *d*-Teile des Oberstückes *A* zusammenfallen. Die Stelle *d* kommt nun naturgemäß durch dieses Herabschieben auf die Stelle, wo früher

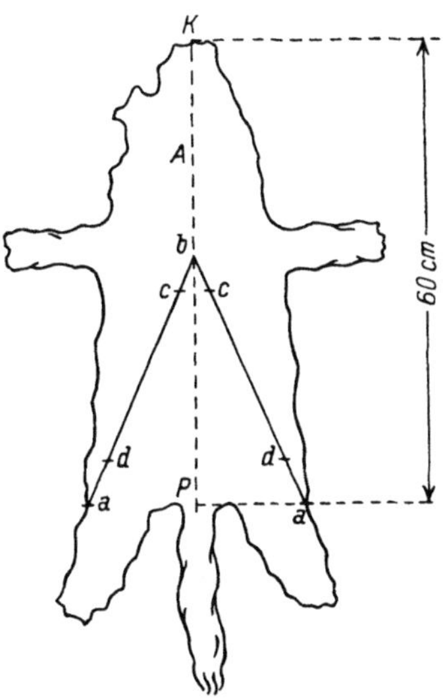

Abb. 38
Fell mit eingezeichneten Auslaßschnitten

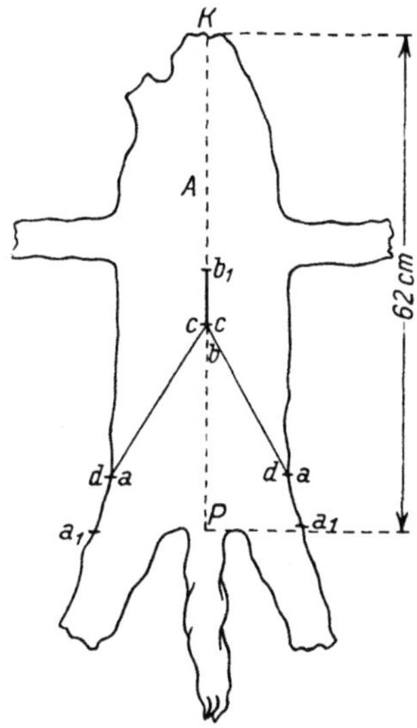

Abb. 39
Das Auslassen durchgeführt

der Punkt *a* hielt, und *a* ist um den Ruck von 2 cm abwärts gekommen; wir bezeichnen hier diese Stelle mit a^1.

War das Fell früher 60 cm vom Kopf bis zum Pumpf, dann ist es jetzt 62 cm lang. Es ist aber auch, wie wir bei dem Punkte *d*, *a* sehen, etwas schmäler geworden, da die Seite des Felles an die engere Triangelstelle einrückte.

Führen wir nun im Abstand von ungefähr 1 cm mehrere solche Schnitte parallel zum ersten, und zwar immer wieder mit dem Rucke von 2 cm, so verlängern wir das Fell so oft um 2 cm, als wir Auslaßschnitte anwenden. Bei fünf Schnitten wird das Fell schon um 10 cm länger und entsprechend schmäler geworden sein.

Nachfolgende Skizzen (Abb. 40 und 41) können uns dies genau zeigen.

Grundbedingung ist, daß die Schnitte möglichst steil zu führen sind. Dadurch kommen wir mehr in die Haarrichtung, und der Schnitt wird unkenntlich sein.

Bei feinhaarigen Fellen aber wird dieser Grundschnitt nicht zu verwerten sein, auch dann nicht, wenn das Haar verschiedene Farben,

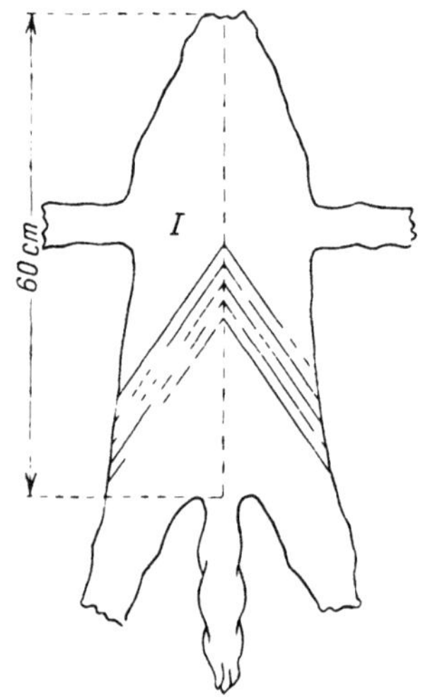

Abb. 40. Der mehrfache Auslaßschnitt

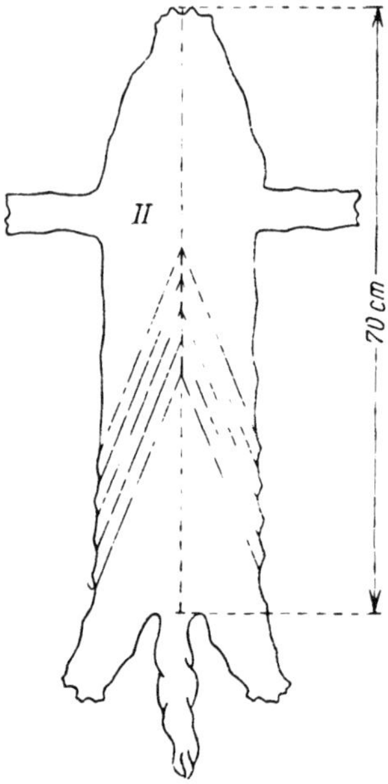

Abb. 41. Die Durchführung

Zeichnungen und Dichten aufweist. Wir wissen, daß der Grotzen die vollhaarigste Stelle darstellt, die Seiten können aber wieder dünn behaart sein. Würden wir in einem solchen Falle den obigen Schnitt anwenden, kämen wir mit einem raucheren Stück in die flache Seite, und der Schnitt würde sich stark „markieren“. Man würde den Schnitt sehen und dies wäre unschön.

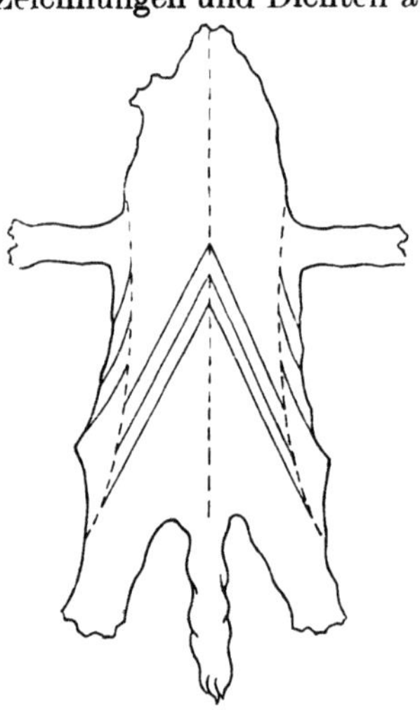

Abb. 42
Separate Seitenbehandlung

In solch einem Falle wird man daran gehen, die Seite und den Rücken separat auszulassen (Abb. 42).

Die Auslaßschnitte der Seiten werden steiler sein müssen als die des Rückens und auch weniger zahlreich, da sich die Seite leichter in die Länge dehnt. Haben wir im Rücken fünf Schnitte, genügen in den Seiten je drei Auslaßschnitte.

Je zarter das Fell nun im Haar ist und je vielfacher die Farbunterschiede auftreten, desto sorgsamer muß ausgelassen werden. Wir kommen dann mit dem einfachen Auslaßschnitt, den wir oben nur bei dem Auslassen im Prinzip gelehrt haben, nicht mehr aus. Der einfache

Schnitt wird auch nie steil genug geführt werden können, speziell dann nicht, wenn das Fell im Verhältnis zur Länge zu breit ist. Bei einem Bisam im Verhältnis 20 : 30 können wir zufolge der Breite des Felles keine Steilschnitte im Einzelfell anwenden. Wir haben deshalb je nach der Beschaffenheit des Felles, seiner Größe und der Haarschattierung, die Schnitte zu vervielfachen. Je nachdem die Schnitte geführt werden, nennen wir sie dem Aussehen nach M- oder W-Schnitte; ihre Form gleicht nämlich den großen Lateinbuchstaben M oder W.

Der vervielfältigte Auslaßschnitt kann nun zwei- oder dreifach sein und wird sich immer innerhalb der gleichen Haarfärbung und der gleichen Räuche zu bewegen haben.

Im Prinzip sehen diese Schnitte wie folgt aus:

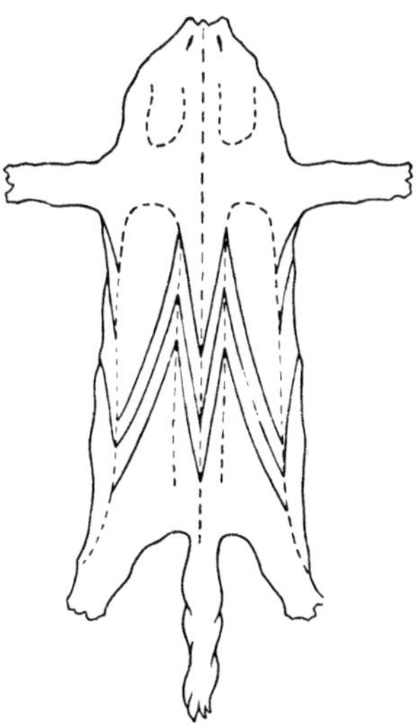

Abb. 43
Zweifacher Auslaßschnitt

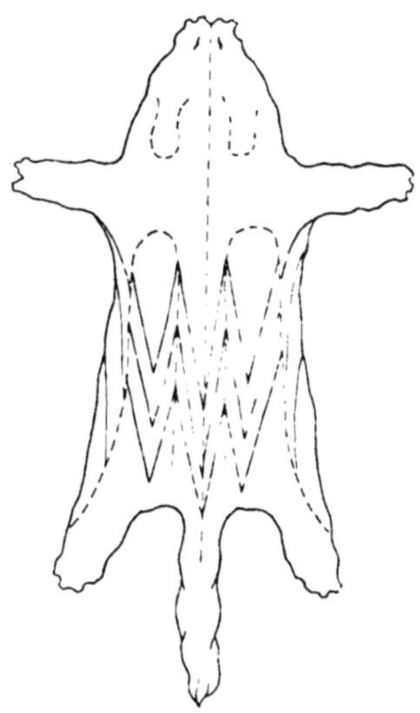

Abb. 44
Dreifacher Auslaßschnitt

Abb. 43, Schnitt I, zeigt uns den zweifachen, Abb. 44, Schnitt II, den dreifachen Auslaßschnitt, während in jedem Falle die beiden Seiten mit einem einfachen Schnitt dreimal ausgelassen erscheinen. Wir bemerken auch noch, daß obige Skizzen die noch ungerückten und bloß angezeichneten Schnitte darstellen.

Die strichlierten Zeichnungen deuten die Haar- und Farbunterschiede an, die mittels Grotzenstecher markiert werden und innerhalb welcher die Auslaßschnitte vorgenommen werden.

Wir haben bei den bisher angewendeten Schnitten nur den Rücken des Felles und die Seiten behandelt. Schon die separate Seitenbehandlung bewies uns, wie sehr wir allen Haar- und Farbdifferenzen Rechnung tragen müssen. Von diesen Schnitten abgesondert, werden nun auch die Nacken- und Kopfauslaßschnitte durchgeführt werden müssen, wenn solche nötig werden. Der Nacken eines Tieres ist meist flacher behaart, er hat oft auch eine eigene Zeichnung, wie etwa das Kreuz bei Füchsen. Da ist es nun notwendig, die Auslaßschnitte streng innerhalb der Haar- und Farbgrenzen vorzunehmen, um beim Auslassen nicht etwas vom Nacken in den Rücken zu überschneiden und umgekehrt, sonst käme niederes Haar mit vollem Haar zusammen und die Übergänge würden sich häßlich markieren. Es würde aber auch die Zeichnung des Kreuzes zerstört werden und dies wäre bei Tieren, die gerade eine herrliche Kreuzwirkung entfalten, ein großer Nachteil.

Wo solche Haar- und Farbunterschiede stark hervortreten, werden wir uns mittels des Grotzenstechers, eines ahleförmigen Werkzeuges, jene Stellen, wo die Farb- und Haarübergänge stattfinden, im Leder durch vorsichtiges Durchstechen anzeichnen, um dann im Leder die Auslaßschnitte entsprechend führen zu können. Das Anzeichnen der betreffenden Stellen muß mit besonderer Vorsicht vorgenommen werden. Wer da gleich einfach durch das Haar stechen würde, gäbe sich vergebliche Mühe, die Auslaßschnitte richtig anzubringen. Das Haar muß bis auf den Grund durchgeblasen werden, und genau dort, wo sich die Farbtöne scheiden, ist der Durchstich anzubringen.

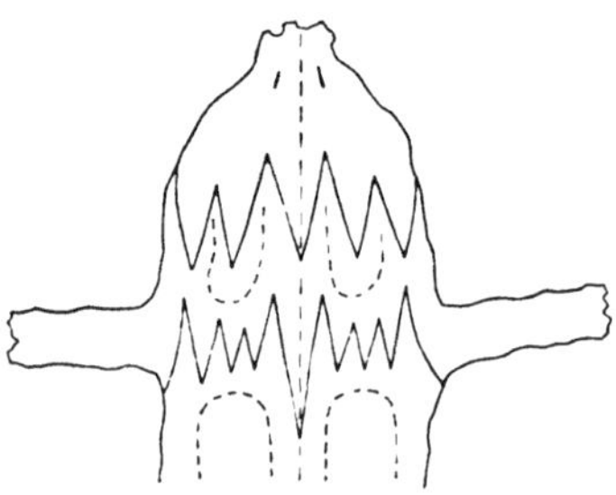

Abb. 45
Nackenauslaßschnitt

In nachfolgender Skizze bringen wir das separate Auslassen des Nackens eines Fuchses. Die strichlierte Linie zeigt die Anzeichnung des Kreuzes, innerhalb welchem dann die Schnitte geführt werden müssen. Wir bringen zu diesem Zwecke nur den entsprechenden Ausschnitt aus dem ganzen Tier (Abb. 45).

Wir haben das Kreuz strichliert. So muß also im Leder mit dem Grotzenstecher das Kreuz, das sich im Haar stark markiert, angezeichnet werden. Freilich nicht mit so engen Durchstichen, als es unsere strichlierte Linie zeigt. Nun sehen wir, wie innerhalb des Kreuzes sogar vierfache Auslaßschnitte angewendet werden. Dies geschieht deshalb, weil die zu bearbeitende Fläche im Verhältnis zur Höhe viel zu breit ist. Durch die Vielheit der Schnitte können sie entsprechend steil geführt werden. Muß der Kopf oben auch ausgelassen werden, weil seine Breite, die für das anzufertigende Tier nicht benötigt wird, dies zuläßt, dann muß wieder Rücksicht auf die Kreuzzeichnung genommen werden, und wir sehen an der Skizze, wie wunderbar man die Schnitte um die angezeichnete Grenze herumführen kann.

Bei einzelnen Sorten, wie Zobel, Marder, Iltis oder Fuchs, können wir vorerst den Grotzen mit dem Schweif herunterrücken. Dadurch erreichen wir schon, daß das sonst unten breite Tier sich etwas verschmälert und unserer Absicht, ein Halstierchen daraus anzufertigen, schon mehr entgegenkommt.

Dieser Schnitt streckt das Tier schon etwas, eine Hauptbedingung bei den Halstieren. Auf diesen Grundschnitt können sich dann alle anderen Schnitte aufbauen (Abb. 47).

Wir nehmen vorerst beim Pumpf das sogenannte „Wilde“ weg, kurze, oft spießige, dann wieder gekrauste, von der sonstigen Haarfarbe abweichende Haare, die um die Geschlechtsteile des Tieres liegen. Wir haben in der Skizze die Stelle schraffiert. Ist der Pumpf auf diese Weise gereinigt, wird ein steiler Schnitt den Grotzen mit dem Schweife herabrücken.

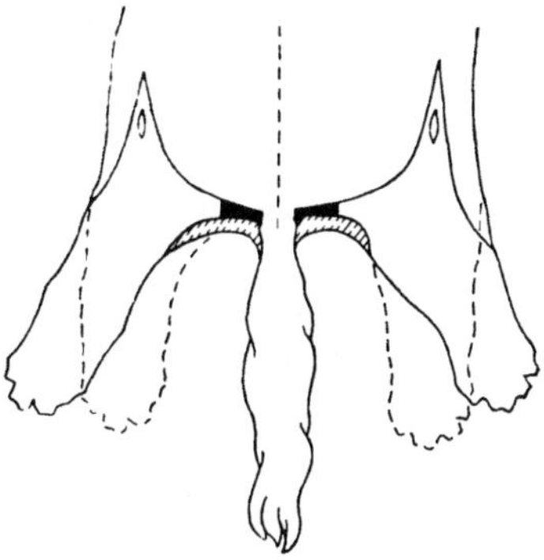

Abb. 46
Der Drehschnitt

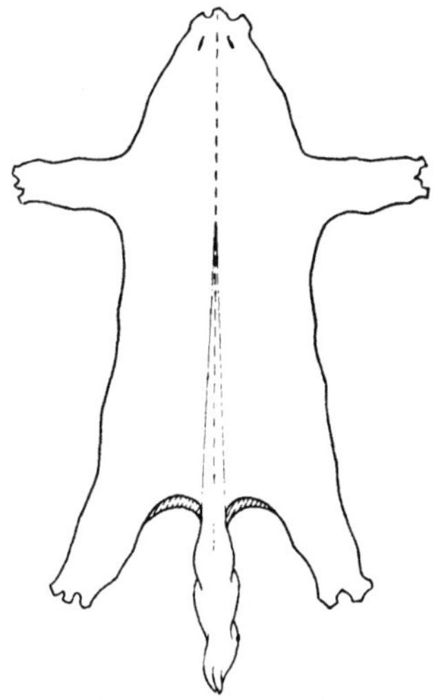

Abb. 47
Herunterrücken des Schweifes

Bei jenen Fellen, die zur Tierfasson gearbeitet werden sollen, wird uns der Pumpf zu breit scheinen, anderseits stehen die Klauen links und rechts zu weit ab. Wir müssen nun einen Schnitt anwenden, der den Pumpf verengt, zugleich aber die Klauen herabzieht und parallel zum Schweife stellt. Hat man früher und vielleicht teilweise auch heute noch den Pumpf eingezweckt, so erzielte man damit keinen Idealzustand; der Pumpf lief auf, wurde im Haare noch dicker, und der Zweck wurde nicht voll erreicht. Man hat Zwickel herausgenommen und damit wieder kostbares Material verwüstet. Wir wenden am besten den auch durch Fachlehrer Nowak an der Wiener Kürschnerfachschule gelehrten „Drehschnitt“ an, der heute zur allgemeinen Norm geworden ist, da er am zweckmäßigsten angewendet werden kann, praktisch ist und mit dem Material gespart wird.

Die Skizze (Abb. 46) soll uns diesen heiklen Schnitt vorführen.

Die schraffierte Stelle am Pumpf ist das „Wilde“, das wir, wenn es nicht zum Felle paßt, wegnehmen. Dann führen wir von der Wamme, oberhalb der Dieche, die elliptisch angezeichnet ist, einen Schnitt, der mit der Klaue ausläuft, dann den Drehschnitt, der von der Wamme bis zur Schweifwurzel reicht. Um nun aber die Klaue parallel zum Schweife drehen zu können, wie dies durch die beiden punktierten Klauen angezeichnet ist, müssen wir an der Schweifwurzel etwas Platz schaffen. Wir werden daher, soweit als dies tunlich erscheint und die Klaue herübergezogen wird, etwas vom Felle wegnehmen. Diese Stelle haben wir schwarz angezeichnet. Unter den zahlreichen Methoden, die bisher angewendet wurden, ist dieser Schnitt der beste, da er rasch und ohne Materialverlust durchgeführt werden kann.

Der Kürschner wird sich im Laufe der Jahre gewiß jene Praxis aneignen, die ihm hilfreich zur Seite stehen wird. Die Fachtechnik hat sich an Hand des verschiedenartig auftretenden Materials langsam herangebildet, und wir sind noch lange nicht am Ende. Jedes Jahr bringt uns neue Sorten, die wir früher nicht verarbeiteten, und demzufolge richtet sich die Technik auch fortschreitend ein. Trotzdem aber gibt es keine starre Norm, das müssen wir vor allem hervorheben. Sagen wir es offen, daß die Hauptwirkung in dem gefälligen Äußeren des Stückes liegt. Wie es gearbeitet ist, ob dieser oder jener Schnitt angewendet wurde, ist für den Käufer gleichgültig. Schön muß das Stück sein.

Die Kürschner setzen nun ihren besonderen Ehrgeiz darein, immer wieder neue Arbeitsmöglichkeiten zu ergründen. In jeder Werkstätte wird fast anders gearbeitet.

Sehen wir uns einmal eine andere Art der Klauenstreckung an, die gewiß weniger gut ist als die durch den Drehschnitt, da die flache Klaue zu sehr in den rauchen Pumpf hineinkommen kann (Abb. 48, 49 und 50).

Und gerade diese letzte Art wird heute noch vielfach angewendet.

Um den Pumpf enger zu bekommen, hat man auch das Ausschneiden von Zwickel versucht. Dabei ging aber doch wieder Material verloren.

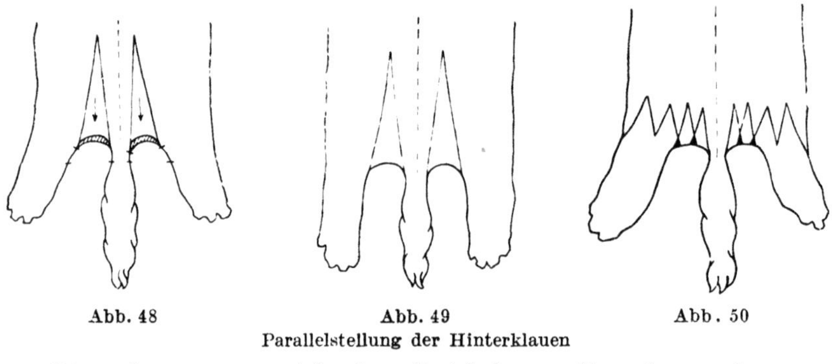

Abb. 48 Abb. 49 Abb. 50

Parallelstellung der Hinterklauen

Die schwarz angezeichneten Zwickel am Pumpfe werden ausgeschnitten, und durch Zusammenrücken der frei gewordenen Stellen wird der Pumpf enger, die Klauen laufen parallel zum Schweife.

Bei vielen Fellen werden wir den Pumpf zu egalisieren haben, das heißt wir lassen von der Schweifwurzel ein Stück, das noch besonders schön ist, stehen, da es schade wäre, ein verwendbares Stück zu entfernen. Da dieses Stück jedoch vorsteht, müssen wir es mit dem Pumpf in eine gerade Linie bringen, um das Fell dann voll verarbeiten zu können. Die Skizzen (Abb. 51 und 52) sollen uns dies näher erläutern:

Durch diesen Schnitt bekommen wir die beiden Triangel des Pumpfes *P* auf gleiche Höhe mit der Schweifwurzel *S*. Wir haben also das kleine, vorstehende Stückchen mitverwertet und es ging nicht verloren.

Welche Methode bei all diesen Schnitten immer die richtige ist, ergibt die Praxis rasch. Die Felle selbst bilden keine Schablone wie etwa ein gleichmäßiges Stück Tuch. Die Individualität des Felles ist die Grundlage zu seiner Bearbeitung. Wer auf die Sonderlichkeiten und den großen Wechsel im Aussehen und der Beschaffenheit nicht Rücksicht nimmt, wird nie ein tadelloses Stück herstellen können.

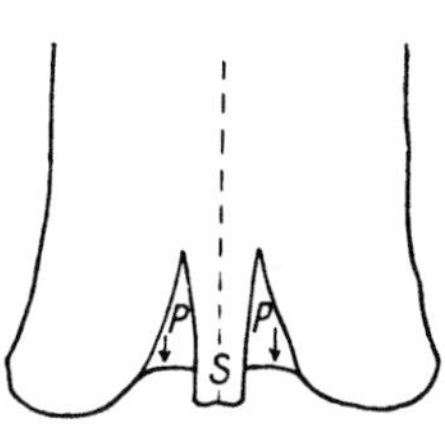

Abb. 51

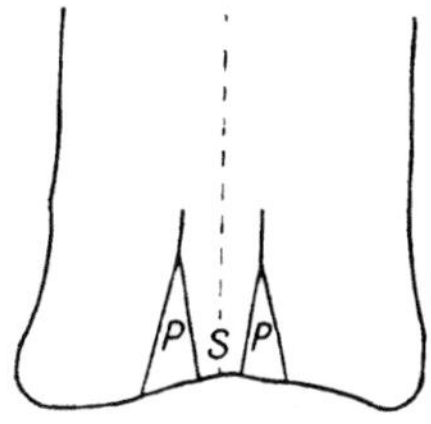

Abb. 52

Egalisierung des Pumpfes

Bevor wir die Schnitte einzeichnen und das Messer ansetzen, haben wir das Fell genau in der Haarseite zu beobachten. Je länger das Haar eines Felles ist, das verschiedene Farbschattierung aufweist, desto gründlicher muß die Anzeichnung der Farbgrenzen erfolgen. Die langen Haare tragen den Farbton bis weit über die Haarwurzel hinaus, weshalb man nur durch Blasen bis auf den Grund die Grenzen festzustellen vermag.

Das Auslassen der Felle soll nicht ohne entsprechende Einzeichnung der Schnitte erfolgen. Der ganz geübte Kürschner wird selbstverständlich anders zu Werke gehen können; der Anfänger schaffe sich stets erst die richtigen Grundlagen.

Sehr empfehlenswert ist die Einteilung eines Felles in möglichst gleiche Felder, die einem bestimmten Maß entsprechen. Dadurch liegen die gegenüberliegenden Stellen genau angezeichnet vor uns, und wir können mit den Auslaßschnitten, die auf beiden Seiten gleichmäßig geführt werden sollen, haargenau auf jeder Seite im selben Punkt einsetzen (Abb. 53).

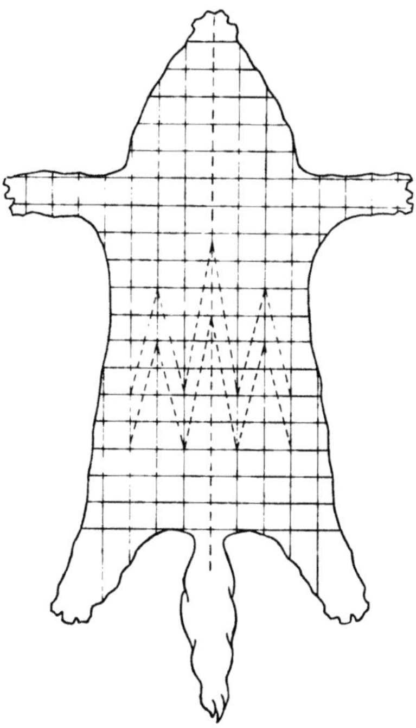

Abb. 53
Die Einteilung des Felles

Haben wir das ganze Fell gleichmäßig eingeteilt, werden wir auch mit besonderer Präzision die Schnitte führen können. Jeder Schnitt wird links genau so geführt werden können wie rechts und dies ist für die Verarbeitung von ganz besonderem Vorteil.

Wir wollen nun einige Merkmale beachten:

Durch das Auslassen des Felles und das hiedurch verursachte Schmälerwerden wird der Grotzen dunkler erscheinen. Besonders auffällig ist dies beim Bisam, bei dem der Grotzen nach dem Auslassen viel dunkler erscheint als bei dem Fell in seiner natürlichen Größe. Auf diese Grotzenwirkung ist es auch beim Arbeiten vielfach abgesehen. Der schöne, dunkle Grotzen hebt das ganze Fell und macht es dem Auge wohlgefälliger.

Beim Separatauslassen der Seite einzelner Sorten werden wir bemerken, daß dieselbe sich leichter dehnt als der volle Rücken. Schon deshalb müssen wir die Seite nicht so oft auslassen als den Rücken. Wir dehnen daher die Seite so viel als möglich vorerst in die Länge und führen erst dann die notwendigen Auslaßschnitte durch. Vorher haben wir das Rückenstück vollständig ausgelassen und sehen nun, wie weit wir die Seite zu behandeln haben, um sie wieder passend an das Rückenteil anschließen zu können.

Eine Hauptbedingung für die Auslaßarbeit, ja eine Stütze für dieselbe, sind die richtigen Nähte. Der Schnitt soll auf der Haarseite nicht bemerkt werden. Dazu genügt es nicht nur, den Schnitt innerhalb der gleichen Farbtönung und derselben Räuche zu führen, sondern die gute Naht muß den Schnitt unterstützen und die Wirkung verstärken. Der beste Schnitt kann verdorben werden, wenn eine plumpe Naht alle Bemühungen wieder zerstört.

Die Naht sei, dem Charakter des Felles entsprechend, möglichst zart und werde dann vorsichtig und gut ausgekämmt. In die Naht eingezogene Haare sind ebenfalls Ursache einer unreinen Bearbeitung. Man wird in solchen Fällen ebenfalls den Schnitt bemerken. Also reine, gute Nähte, der Beschaffenheit des Felles entsprechend, und dann kann das Werk erst als gelungen betrachtet werden.

Wir dürfen die Auslaßarbeit auch nicht ohne Berechnung vornehmen. Das Fell soll ja eine bestimmte Länge und Breite erreichen. Dazu muß eben das Fell vorerst selbst die nötigen Grundlagen liefern. Ein Fuchs, der nur 65 cm lang ist und 16 cm breit, wird für eine Stola, die einen Meter lang sein muß, nicht verwendet werden können. Auslassen könnten wir das Tier schon auf einen Meter, aber wir würden keine Stola, sondern ein schlangenartiges Ding erhalten. Wenn wir die Länge von 65 cm auf 100 cm auslassen, geht die Breite von 16 cm auf 10 cm ein. Wir müssen daher schon im voraus überlegen, daß wir mit einem solchen Fell die gewünschte Länge und Breite nicht erreichen können. Jede Mühe wäre also zwecklos.

Haben wir aber einen 80 cm langen und 20 cm breiten Fuchs, dann werden wir bei einer Länge von 100 cm immer noch eine Breite von 15 bis 16 cm erübrigen, was für eine Stola genügt.

Das Verhältnis der Vergrößerung von 80 auf 100 cm sagt uns nun auch, daß wir 20 cm durch die Auslaßschnitte schaffen müssen. Da können wir nun fünf Schnitte zu je 4 cm auslassen oder vier Schnitte zu je 5 cm. Dies natürlich nur im Rücken. Wir können etwas weniger Schnitte machen, wenn wir Kreuz und Nacken auch auslassen können. Viele Kürschner lassen einen Fuchs nur mit zwei ganz langen und äußerst schlanken Schnitten aus. Warum nicht, wenn es der Fuchs verträgt und die Schnitte sich auf der Haarseite nicht markieren? Die Proportion der Breite zur Länge des Felles wird vielfach auch maßgebend sein, wieviele Schnitte angewendet werden können. Wir sehen wieder, wie die Individualität hervortritt und unser Handeln bestimmt.

Nehmen wir bei der Arbeit nur oft die Geometrie zu Hilfe, das wird nicht schaden. Wie errechnen wir das Verhältnis der Länge zur Breite? Ganz einfach aus dem Produkte von Länge und Breite.

War unser Fuchs 20 cm breit und 80 cm lang, also im Verhältnis 20 : 80, so ergibt die Fläche 20mal 80, also 1600 cm^2. Soll dieser Fuchs nun 100 cm lang werden, errechnen wir uns aus obiger Flächenzahl die Breite. 100 sind in 1600 16mal enthalten, also wird die Breite des Fuchses bei 100 cm Länge 16 cm betragen.

Dieses Beispiel ist natürlich rein geometrisch. Wir müssen in Betracht ziehen, daß wir die mittlere Breite des Fuchses gemessen haben, daß sich der Fuchs nach dem Pumpfe zu bedeutend verbreitert, nach oben wieder verschmälert. Der Fuchs im Verhältnis 20 : 80 wird vielleicht nicht genau 1600 cm^2 ausmachen. Das schadet nicht. Wir müssen nur das beiläufige Verhältnis kennen, um die Schnitte in der notwendigen Anzahl einteilen zu können. Es wäre nicht gut, wenn wir alle Schnitte schon gemacht hätten und nun entdecken, daß wir immer noch um 5 cm zu kurz gearbeitet haben. Gewiß kann man immer noch ein bis zwei Schnitte machen, aber sie liegen nicht mehr in der richtigen Einteilung. Vorher wäre es möglich gewesen, diese zwei nachzuholenden Schnitte schon mit den anderen ins richtige Verhältnis zu bringen.

Man sieht, wie wichtig die Berechnung des Verhältnisses ist, um gleich vom Beginne an vollständig symmetrisch und richtig einteilen und arbeiten zu können.

Nicht immer wird der M- oder W-Schnitt gemacht. Bei Skunk, Bisam, Opossum, ja auch Nerz und anderen werden wir besser mit dem ganz einfachen V-Schnitt auskommen. Diese Felle sind nicht so breit, um ein Nebeneinander der Schnitte notwendig zu machen. Sie sind aber auch nicht immer in der Haarfarbe so verschieden, daß man durch die Mehrteilung der Schnitte irgendwelche einheitliche Arbeit verfolgen könnte.

Der Triangel wird sich auch nicht immer nach aufwärts richten, seine Spitze kann auch nach abwärts führen und so gerade gegen den Haarlauf gehen, respektive ihn durchkreuzen.

Der einfache V-Schnitt wird aber auch eine bedeutende Zeitersparnis bedeuten. Freilich dürfen wir nur dann daran denken, Zeit zu sparen, wenn dies, ohne das Material zu schädigen, geschehen kann. In folgenden

Fällen sind die V-Schnitte allen anderen vorzuziehen. Wir werden sie praktischer anwenden und dabei Zeit ersparen (Abb. 54, 55).

Wir sehen hier ein ganz anderes Bild als bei den früheren Beispielen. Bei der individuellen Fellbehandlung werden wir ja bei jeder Sorte sehen, wie die Schnitte am besten angewendet werden können. Hier handelt es sich ja nur um das Prinzip des Auslassens überhaupt.

Manchmal wird auch versucht, den Nacken eines Felles, wie etwa beim Fuchstier, zu verkürzen und die aus dem Nacken herausgenommene Stelle in den Rücken unter dem Kreuz einzusetzen. Da wir es aber hier eigentlich mit keiner Verlängerung des Tieres zu tun haben, wollen wir dieses Prinzip beim Versetzen näher kennenlernen.

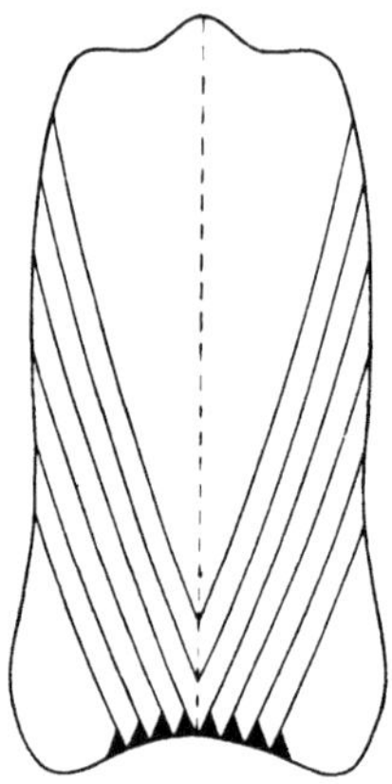

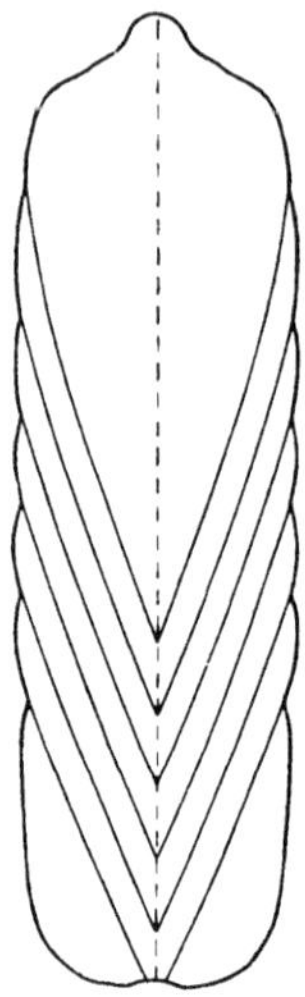

Abb. 54 Abb. 55

Der einfache V-Schnitt

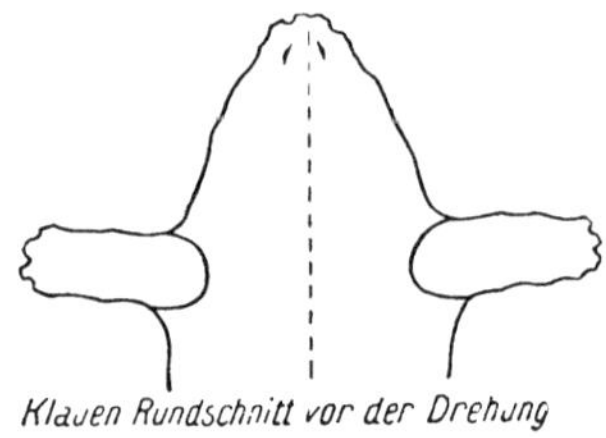

Abb. 56

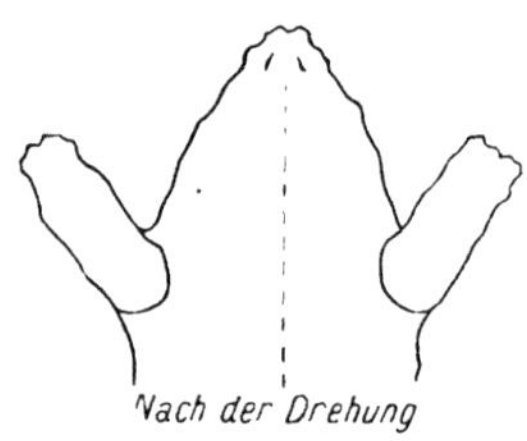

Abb. 57

Einen kleinen Schnitt wollen wir uns noch ansehen, und zwar den „Klauenrundschnitt". Es kann z. B. vorkommen, daß wir die Klauen, wie wir sie bei der Tierstola parallel zum Schweife benötigten, nun parallel zum Kopfe brauchen. Da versuche man einmal die Klaue rund herauszuschneiden und in die gewünschte Drehung zu bringen. Der Klauenausschnitt muß aber derartig vorsichtig vorgenommen werden, daß trotz der Drehung und der dadurch zustande kommenden Verschiebung immer die nun veränderten Stellen aneinanderpassen. Wir können den Schnitt hier nur theoretisch vorführen. Wie und wann er praktisch anzuwenden ist, muß eben die Praxis selbst ergeben (Abb. 56, 57).

c) Das Einlassen der Felle

Wenn wir das Auslassen richtig erfaßt haben und praktisch anwenden, wird uns das Einlassen keine Schwierigkeiten mehr machen. Die Schnitte sind ja fast die gleichen, nur daß wir den Triangel anders bewegen. Mußten wir früher das Fell verlängern, so werden wir es mit dem Einlaßschnitt verbreitern und dadurch auch verkürzen.

Mußten wir beim Auslassen jenen frei werdenden Teil des abgerückten Triangels zusammennähen, so werden wir jetzt beim Einlassen über dem Zwickel einen Einschnitt machen müssen, um den Triangel hineinzuschieben und dann festnähen zu können. Dadurch wird eben das Fell kürzer und zugleich breiter.

Wir wollen uns diesen Schnitt theoretisch näher ansehen (Abb. 58, 59).

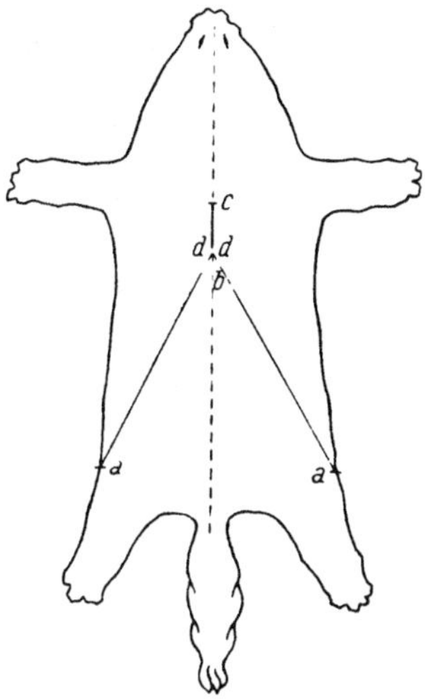

Abb. 58

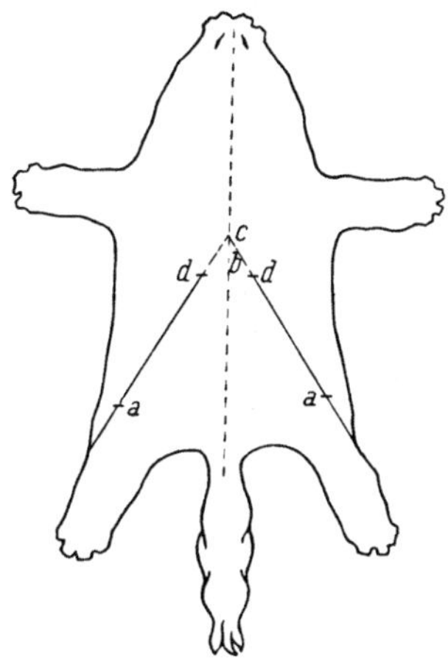

Abb. 59

Das Einlassen

Wir schneiden also wieder den Triangel *a*, *a*, *b*, rücken aber diesen nicht herunter wie beim Auslassen, um das Fell zu verlängern, sondern führen von der Stelle *b* nach *c* einen Schnitt durch den Grotzen und schieben den Triangel in diesen Schnitt ein. Dadurch kürzen wir das Fell um den Abstand zwischen *b* und *c*, während die Seiten sich ausweiten, um die Basis *a*, *a* aufnehmen zu können.

Wir sehen die überaus einfache Methode, die mit einem einfachen Schnitt so viel erreicht. Je mehr solche Schnitte wir nun anwenden, desto breiter und kürzer wird das Fell.

Alles, was bezüglich Behandlung des Felles für seine Haarfarbe und Dichte gilt, wird auch hier beachtet werden müssen. Wir können den Rücken nicht in das Kreuz schieben, wenn Haar- und Farbunterschiede vorhanden sind. Wir müssen also auch hier wieder alle Grundlagen schaffen, die Unterschiede im Leder mit dem Grotzenstecher anzeichnen und dürfen uns nur innerhalb der gleichen Haarfarbe und -fülle bewegen.

Wer das Auslassen richtig erfaßt hat, wird hier keinen Schwierigkeiten mehr begegnen, wenn alle Momente beachtet werden.

Wie wir hier theoretisch den einfachen Schnitt vorführten, wird auch der M- und W-Schnitt angewendet werden können, immer auf der Grundlage des Einlassens, also Einschneidens des Felles und Nachrückens des Triangels.

Das Einlassen ist heute nicht so populär wie das Auslassen. Die Mode verlangt mehr gestreckte Fassons, und da wir, wenigstens derzeit, wenig Muffe machen, kommt der Einlaßschnitt weniger vor. Über Nacht aber kann ihn eine neue Moderichtung wiederbeleben, ja ganz neue Grundlagen für ihn schaffen.

Die Egalisierung des Pumpfes, die wir beim Auslassen durch den einfachen Schnitt von der Schweifwurzel aufwärts und zur Klaue kennengelernt haben, wird hier durch einen ganz einfachen Einlasser hervorgerufen werden können (Abb. 60, 61).

Abb. 60

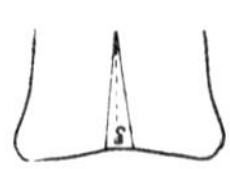

Abb. 61

Wir machen bei *E* den kleinen Einschnitt in derselben Länge, in der das Schweifstückchen hinaufgerückt werden soll, und ziehen dann das Stück herauf: Der Pumpf ist egal.

Da wir beim Auslassen gehört haben, daß diese Methode den Grotzen verdichtet und dadurch verdunkelt, so haben wir beim Einlassen dafür Sorge zu tragen, daß der Grotzen nicht leidet. Wir müssen daher die Schnitte beim Grotzen so dicht als möglich machen, also ziemlich steile Schnitte anwenden, um der Nuance nicht zu schaden.

Mit der Beherrschung der Aus- und Einlaßschnitte sind wir ein bedeutendes Stück vorwärts gekommen. Reine, umsichtige Arbeit soll die Grundbedingung sein, die hier Anwendung finden muß. Der Anfänger hüte sich, ohne Berechnung in das kostbare Fell zu schneiden. Man muß schon vorher berechnen, wohin der Schnitt führen wird und wie nun die Teile ineinandergreifen werden. Dieses richtige Vorempfinden ist der halbe Erfolg. Man muß voraussehen, wie der Schnitt sitzen wird. Wer mit Freude an die Arbeit geht, wird nach kurzer Praxis schon das Richtige treffen. Niemals werde der Arbeitende mutlos. Anfängliche Schwierigkeiten werden ihm später gar nicht mehr verständlich sein.

9. Das Versetzen der Felle

Der Kürschner kommt oft in die Lage, Felle verwenden zu müssen, die nicht ganz genau in der Farbe zusammenpassen. Da aber nicht mehr Felle zur Verfügung stehen und mit dem vorhandenen Material das Stück schön und fachgemäß gearbeitet werden soll, muß wieder zu einer Methode gegriffen werden, die eine möglichst vollständige Egalisierung zweier oder mehrerer Felle herbeiführt.

Wir wollen mit dem Versetzen zweier Felle beginnen, da wir hier die Theorie des Versetzens richtig erläutern können. Liegt der Grundbegriff fest, dann machen auch kompliziertere Arbeiten keine Schwierigkeiten.

Wir sollen zwei australische Opossumfelle, die nicht ganz genau in der Farbe zusammenpassen, miteinander verarbeiten, und doch sollen die Unterschiede verschwinden. Zur Anfertigung kommt ein gerader, zweifelliger Damenkragen für einen Tuchmantel.

Zu diesem Zwecke würden wir, wenn die Felle passen, beide mit dem Pumpf zusammenarbeiten. Da ein Fell etwas lichter, das andere aber dunkler ist, würden diese Farbunterschiede zu markant hervortreten.

Wir müssen daher die Fellhälften so miteinander tauschen, daß zwei gleichmäßige Felle daraus entstehen.

Zuerst zeichnen wir in beiden Fellen (Abb. 62) den Grotzen an und schneiden die Felle dann in der Mitte genau auseinander. Nennen wir das eine Fell I, das andere II. Jede der beiden Seiten nennen wir a und b. Wir haben also bei Fell I die linke Seite mit der Bezeichnung I a, die rechte I b, Fell II hat die Bezeichnung links II a, rechts II b. Nun setzen wir I a mit II b und II a mit I b zusammen. Da der Grotzen bei beiden Fellen dunkel ist, werden die weiteren Nuanceunterschiede nicht so stark hervortreten. Die Grotzen werden zusammenpassen und wir haben nun zwei symmetrisch passende Felle geschaffen.

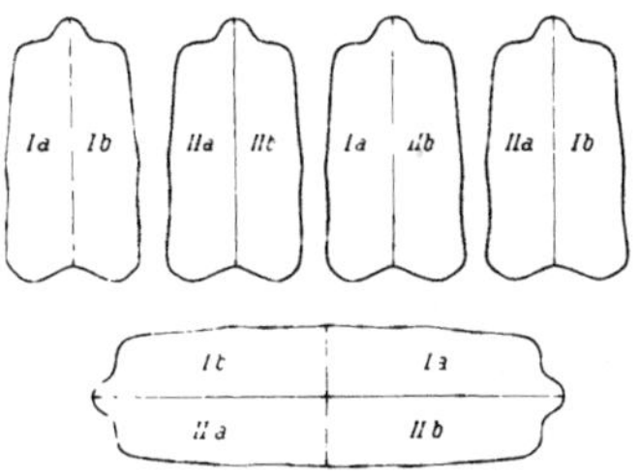

Abb. 62
Das Versetzen bei verschiedenen Nuancen

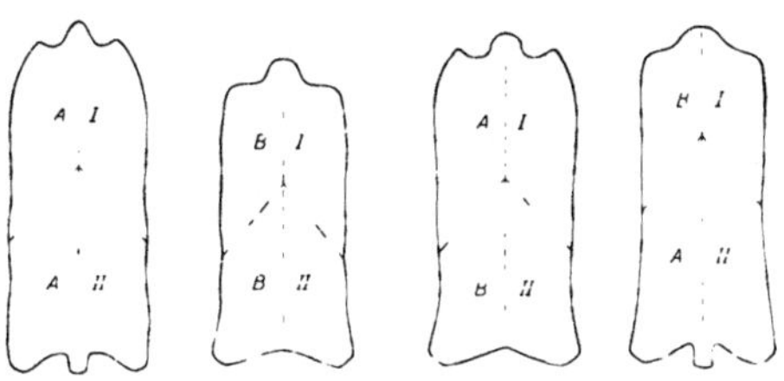

Abb. 63
Das Versetzen ungleich großer Felle

Arbeiten wir nur die beiden schon versetzten Felle mit dem Pumpf zusammen, um die grundlegende Kragenfasson zu bekommen, dann sehen wir wieder, wie die Hälften der beiden Felle in gleicher Höhe zueinander liegen und somit die gewünschte Symmetrie ergeben. Das Fell I läuft wieder ineinander und Fell II ebenso. Mit den ziemlich gleichfarbigen Grotzen stoßen die beiden fremden Felle zusammen und ergänzen sich wieder.

Natürlich ist bei dieser Art des Versetzens Voraussetzung, daß die Felle nicht grundverschieden voneinander sind. Ein ganz dunkles und ein sehr helles Fell werden wir auch durch Versetzen nicht zusammenpassen können. Da aber die Opossumfelle, die ja in der Naturfarbe sind, ihrem Herkommen und ihrer Entwicklung nach stets kleine Unterschiede untereinander aufweisen, wird meist versetzt, um die notwendige Egalisierung herzustellen.

In ähnlicher Weise werde ich zwei Felle versetzen können, die ungleich groß sind, aber zu einem egalen Stück symmetrisch verarbeitet werden sollen. Voraussetzung ist hier aber zum Unterschied von obigem Beispiel, daß dieselben nun ganz genau in Farbe und Haardichte zueinander passen müssen (Abb. 63).

Wir werden die Felle dort, wo sie am besten zueinander passen, quer durchschneiden und die Hälften miteinander vertauschen.

Das große Fell A trägt die Bezeichnung für die obere Hälfte A I, während die untere Hälfte mit A II gekennzeichnet wird. Das zweite Fell, das etwas kleiner ist, benennen wir mit B I und B II. Setzen wir nun A I auf B II und B I auf A II, so erhalten wir zwei gleich große Felle, die nun leicht miteinander verarbeitet werden können.

Eine andere Art des Versetzens in ein und demselben Fell haben wir beim „Bestechen" kennengelernt, wo wir aus der einen Seite des Felles ein Stück entnahmen, um die schadhafte Stelle des gegenüberliegenden Fellteiles zu ergänzen (siehe S. 43).

Schon etwas komplizierter wird sich nachstehendes Beispiel erweisen (Abb. 64, 65). Wir können heute oft in die Lage kommen, aus einem großen rauhen Fell zwei Manschetten schneiden zu müssen. Würden wir das Fell bloß halbieren, dann zerschneiden wir den schönsten Teil desselben, den Grotzen, der dann seitwärts an die Manschettenkante genäht würde und alle Wirkung verlieren würde. Die Technik des Versetzens aber wird uns in den Stand setzen, aus einem Fell zwei Manschetten herstellen zu können, von welchen beide den Grotzen des Felles in der Mitte laufen lassen.

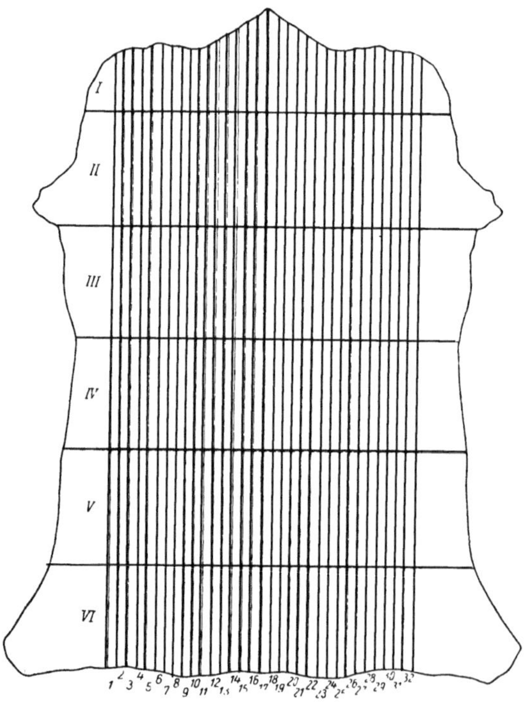

Abb. 64. Versetzen oder Verwerfen

Wir strecken das Fell gut in die Länge, zeichnen dann sehr markant den Grotzen ein und teilen durch vier bis fünf Querstriche das Fell in mehrere gleich große Teile. Hierauf untersuchen wir die Haarseite, um uns über die Reichweite des Grotzens zu orientieren. Je nachdem nun der Grotzen breiter oder schmäler ist, führen wir proportioniert ungefähr $1/2$ bis $3/4$ cm breit, rechts und links von der angezeichneten Grotzenlinie, parallele Striche vom Kopf bis zum Pumpf. Die äußersten Seiten, soweit dieselben bei der Verarbeitung wegfallen, können unberücksichtigt bleiben.

Das angezeichnete Fell wird nun derart aussehen (Abb. 64).

Die durch die senkrechten Striche entstehenden Reihen werden je nach der Größe, respektive Breite des Felles einmal mehr, dann wieder weniger ausmachen. In unserem Falle haben wir 32 Reihen erzielt. Zwei schmalere Mittelreihen um den Grotzen herum und je 15 links und rechts.

Nun schneiden wir diese Reihen, die wir uns selbstverständlich zur Erleichterung der Arbeit auch numeriert haben, sehr vorsichtig aus. Dann beginnen wir die Streifen zu versetzen, um aus dem einen Fell zwei solche zu bekommen.

Wir nehmen den linken Grotzenstreifen Nr. 16 und setzen links daran Nr. 14, rechts Nr. 18. So gehen wir weiter, indem wir nach links alle Streifen mit den geraden Zahlen von 16 abwärts, rechts alle Streifen mit geraden Zahlen von Nr. 16 aufwärts zusammennähen. Die Querstreifen I—V geben uns jetzt die Möglichkeit, die Längsstreifen genau zusammennähen zu können, da die Querstreifen wieder zusammenlaufen müssen.

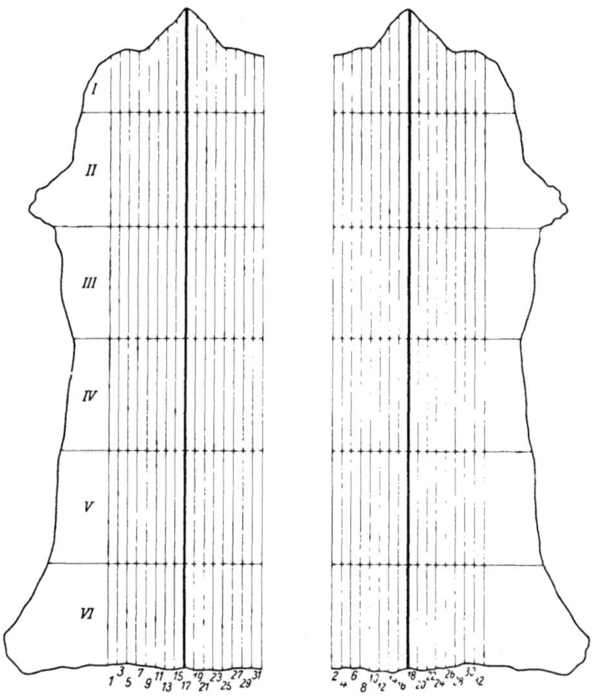

Abb. 65. Das Ergebnis des Verwerfens

Haben wir nun alle gerade numerierten Streifen zusammengenäht, nehmen wir die verbliebenen ungeraden Streifen, die wir ebenfalls laufend 1, 3, 5, 7, 9 usw. bis 31 nebeneinandernähen.

Dadurch haben wir nun zwei Felle geschaffen, die beide in der Mitte den Grotzen haben und nach den Seiten zu abfallen.

Die Skizze der verarbeiteten Felle wird uns dies am besten demonstrieren (Abb. 65).

Wir sehen deutlich, wie sich rechts und links vom stärker markierten Grotzen die Seiten verteilen. Wir haben also nun zwei ganz gleichartige Streifen, die wir für die benötigten Manschetten verarbeiten können.

Auf diese Weise werden besonders Murmel und Petschaniki verworfen, deren Grotzen nachträglich mit Grotzenfarbe noch etwas nachgedunkelt werden, um eine bessere Wirkung zu erzielen.

In ähnlicher Weise verfahren wir, um Felle durch Querstreifen zu versetzen. Wir sind z. B. in der Lage, aus drei Skunksfellen vier Felle zu machen, um eine Tierstola herzustellen, die durch das Nebeneinanderlaufen von zwei Grotzen die Wirkung einer vierfelligen Stola erzielen soll, oder zur Ausarbeitung eines Muffes, der in der Zusammenstellung aus vier Fellen egaler wirken wird (Abb. 66, 67).

Drei große, ganz genau zueinanderpassende Skunks werden, nachdem sie ausgegabelt, bestochen und gut gestreckt sind, vorerst durch einige Längsstriche in gleichmäßige Felder geteilt, die beim Zusammensetzen der Schnitte wieder die Richtung angeben können, wie bei obigem Beispiel die Querstriche I bis V.

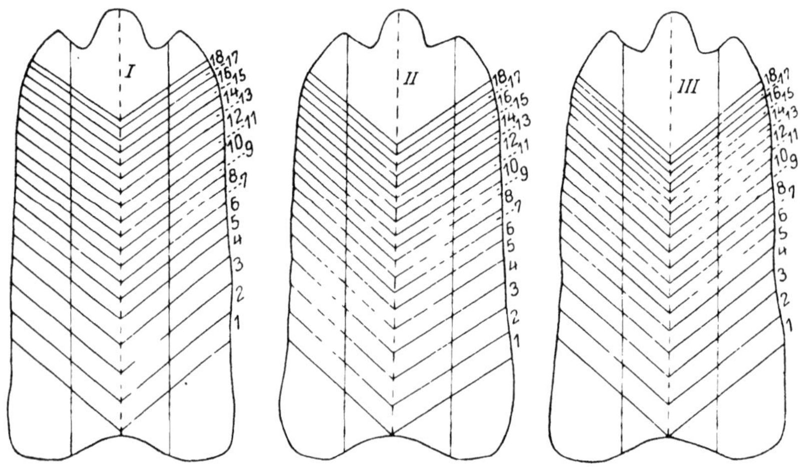

Abb. 66. Verwerfen von drei Skunksfellen, um daraus ein viertes zu schaffen

Dann zeichnen wir in ungefähr 1 cm Breite vom Pumpf an Keilstriche bis zum Kopf in alle drei Felle ein und numerieren dieselben von unten beginnend nach aufwärts, wie wir dies in beifolgender Skizze vor Augen führen (Abb. 66).

Das Prinzip dieser Art des Versetzens besteht nun darin, von jedem der drei Felle immer laufend ein Streifchen herauszunehmen, um daraus das vierte Fell zu bilden.

Sehen wir uns einmal die Zurichtung der drei Felle an und gehen wir dann zur Schaffung des vierten.

Haben wir beispielsweise jeden Skunk in 18 Teile geteilt, so ergibt die Summe dieser dreimal 18 Streifen 54. Da diese 54 Streifen aus drei

Fellen nun auf vier Felle aufgeteilt werden sollen, kommt der vierte Teil, also zweimal 13 und zweimal 14 Streifen, auf ein neues Fell gerechnet. Wie man nun versetzt, hängt ganz von der Beschaffenheit des Haares ab. Wir können hier nur ein Beispiel bringen und müssen es der Praxis überlassen, je nach Beschaffenheit des Felles die Einteilung zu treffen, denn es kann vorkommen, daß jedes Fell auch in 30 Streifen geteilt werden soll.

Aus dem Prinzip unserer Verteilung kann man dann immer wieder die praktische Ableitung für jede Größe und Fellbeschaffenheit übertragen.

Aus nachfolgender Skizze, welche das aus den drei Fellen hergestellte vierte Fell veranschaulicht, sehen wir, wie die einzelnen Streifen den drei Fellen entnommen wurden, um das vierte zu bilden.

Wir nehmen von Fell I Streifen 1, von Fell II Streifen 3, von Fell III Streifen 5, dann kommen wir wieder zu Fell I und nehmen etwa Streifen 5 und so laufend, wie aus Skizze 67 ersichtlich. Aus 13 Streifen, die wir abwechselnd den drei Fellen entnahmen, haben wir das vierte Fell geschaffen. Die Lücken werden durch Zusammennähen wieder ausgefüllt.

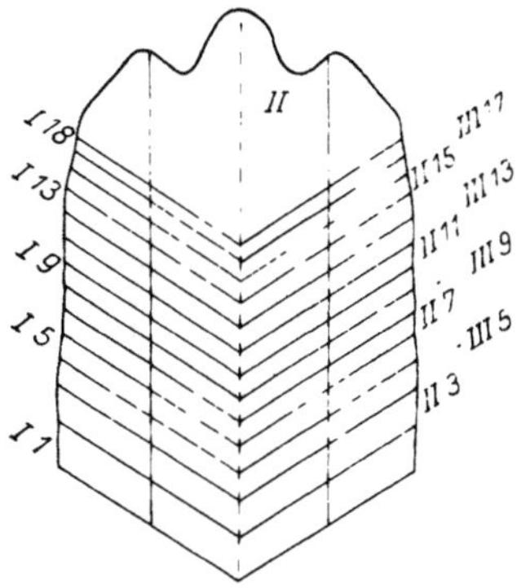

Abb. 67
Das vierte Skunksfell

Es ist klar, daß wir nicht alle Streifen auseinanderzuschneiden brauchen, wenn nur jeder vierte oder fünfte entnommen wird. Deshalb zeichne man gut vor, entwerfe den richtigen Aufteilungsschlüssel und schneide erst dann die benötigten Streifchen heraus.

Warum haben wir, als wir aus Fell III Streifen 5 entnahmen, bei Fell I, das nun wieder an die Reihe kommen mußte, Streifen 5 und nicht auch wieder erst den zweitfolgenden, also Streifen 7, entlehnt? Ganz einfach deshalb, weil wir dann nur 9 Streifen bekommen hätten und doch 13 benötigen, um gleich große Felle zu erhalten. Hätten wir aus den drei Fellen zusammen nur 9 Streifen für das vierte Fell entnommen, dann wären die ersten drei Felle 15 respektive 18 Streifen lang geblieben und das Verhältnis wäre für die weitere Arbeit nicht symmetrisch. Man beachte auf den Skizzen 66 die vom Pumpf gegen den Kopf immer schmäler werdenden Streifen, eine Anordnung, die durch den rauhen Pumpf und den flachen Kopf bedingt wird.

Wenn wir das Prinzip des Versetzens oder, wie es auch genannt wird, des „Verwerfens“ richtig erfaßt haben, also theoretisch beherrschen, dann wird uns das Material die feinen Details von selbst vorschreiben, wenn wir nur richtig zusehen und alle Merkmale ins Auge fassen.

Eine andere Art des Versetzens, die wieder eine entsprechende Grundform des anzufertigenden Stückes voraussetzt, ist folgende.

Wir können in die Lage kommen, einen zweifelligen Skunkskragen herstellen zu müssen. Nun zeigt uns das Skunksfell sowohl im Kopf als auch im Pumpf sehr wesentliche Haarunterschiede: der Pumpf ist rauch, der Kopf flacher. Setzen wir diese beiden Felle so zusammen, daß Pumpf auf Kopf gearbeitet wird, dann wird der Übergang von einem Fell zum anderen auf der Haarseite kenntlich sein. Vom dichten, vollen Pumpf wird das Haar plötzlich zu jäh zum Kopf des nächsten Felles abfallen. Die Wirkung ist häßlich, die Arbeit wäre nicht fachgemäß. Wir müssen es nun durch das Versetzen dahin bringen, beide Felle mit dem Pumpf zusammenzuarbeiten, dennoch aber soll der Haarstrich in einem laufen und nicht in der Mitte der Krawatte zusammenlaufen, wie dies der Fall wäre, wenn wir die Felle in gewöhnlicher Art mit den beiden Pümpfen zusammenstoßen.

Zum Zwecke des Versetzens bedienen wir uns nur des einen Felles während das zweite in seiner natürlichen Beschaffenheit verbleibt.

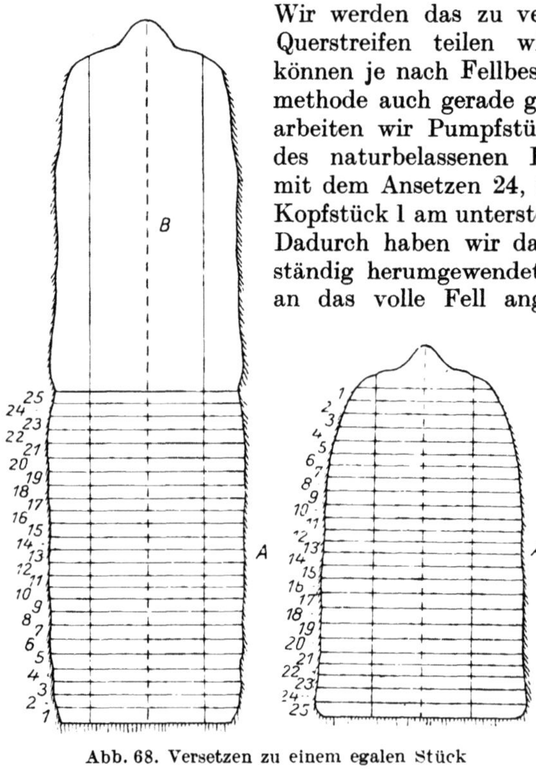

Abb. 68. Versetzen zu einem egalen Stück

Wir werden das zu versetzende Fell wieder in Querstreifen teilen wie bei Abb. 68. Diese können je nach Fellbeschaffenheit oder Arbeitsmethode auch gerade geschnitten werden. Dann arbeiten wir Pumpfstück Nr. 25 an den Pumpf des naturbelassenen Felles und setzen dann mit dem Ansetzen 24, 23, 22, 21 usw. fort, bis Kopfstück 1 am untersten Ende zu liegen kommt. Dadurch haben wir das zerschnittene Fell vollständig herumgewendet, mit der gleichen Seite an das volle Fell angearbeitet und die fortlaufende Haarrichtung gesichert. Dies geschieht auf folgende Weise:

Fell B blieb unberührt, während in Fell A die Streifchen umgesetzt wurden. So arbeitet man Skunks, Füchse, speziell Seefüchse, gefärbte Feh, wie Zobelfeh und andere.

Beim Versetzen von rauhen Fellen, wie Skunks, kann man, wenn es die unterschiedliche Räuche des Felles zuläßt, die Schnitte auch abgestuft anwenden. Wo der Pumpf am rauchsten ist, dort werden auch die Streifen etwas breiter sein können. Dem Kopf zu werden wir, da hier das Haar flacher wird, die Streifen immer enger schneiden.

Die Schnitte müssen nicht gerade laufen, ja manchmal wird der Keilschnitt, wie ihn unsere Abbildung 66 darstellt, mehr zu empfehlen sein.

Wird ein Stück beide Arbeiten aufweisen müssen, Auslassen und Versetzen, dann wird selbstverständlich zuerst versetzt, die Felle werden wie gewünscht zusammengenäht und dann erst werden wir, wenn nötig, mit der Auslaßarbeit beginnen.

Bei Anfertigung eines Mantels können wir noch eine andere Art des Versetzens durchführen, die wir bei den entsprechenden Fellen noch weiter behandeln werden.

Oft werden wir nämlich in die Lage kommen, die Felle nicht im ganzen, natürlichen Zustand aneinanderzureihen, sondern wir werden, teils um egal zu arbeiten, teils um irgendeine Ornamentik herbeizuführen, die Felle spalten, das heißt im Grotzen auseinanderschneiden und dann etwa Rücken an Seite, Rücken an Seite usw. zusammensetzen. Dadurch können wir bei Petschaniki das Dessin abschattieren. Der Rücken ist dunkel und wird gleich immer an die viel hellere Seite des nächsten Felles angesetzt. Dadurch entsteht die gewünschte Wechselwirkung im Dessin.

Persianer werden heute ebenfalls auf ähnliche Weise verworfen, hier aber nicht, um eine Farbschattierung zu erreichen, sondern um eine Egalisierung der Locke und eine entsprechende Fellverteilung über den ganzen Mantel zu sichern. Wir werden davon bei der Verarbeitung des Persianers noch mehr hören.

Wir sehen, wie kompliziert die Technik des Kürschners ist und wie hingebungsvoll die Arbeit zu leisten sein wird, soll damit Anspruch auf wirkliches Gelingen erhoben werden.

Die Theorie ist hier die wichtigste Grundlage. Damit ist es aber nicht abgetan. Papier ist geduldig und fügt sich dem Stift des Zeichners. Praktisch werden immer alle Momente gründlich zu beachten sein, wie Haardichte und -länge, Farbe, Farbkontraste und auch die Lederbeschaffenheit. Jedes Fell wird da andere Grundlagen bieten und entsprechend individuell zu behandeln sein.

Daß all diese Arbeiten peinlichst genau und rein ausgeführt werden müssen, ist selbstverständlich. Nur dann erhalten wir ein schönes und fachgemäß hergestelltes Stück, wenn wir genau gearbeitet haben. Jedes Überhasten schadet und ist unbedingt zu vermeiden.

Ein sehr interessantes Versetzen werden wir bei Skunks wieder in einer anderen Art auch dann anzuwenden haben, wenn es sich darum handeln wird, aus vier oder sechs Skunksfellen eine tierförmige Stola zu erarbeiten.

Wir haben ja schon gesagt, daß sich gerade das Skunksfell seiner Haarbeschaffenheit nach sehr verschieden darstellt. Da haben wir den flachen Kopf und dann eine immer mehr zunehmende Haardichte und -fülle gegen den Pumpf. In der Mitte des Felles, ungefähr zwischen den Gabeln, liegt der schönste Teil des Skunks, das sogenannte „Medaillon“.

Haben wir nun aus vier Fellen eine Stola zu machen, geht es nicht an, den rauhen Pumpf an den flachen Kopf zu setzen. Wir würden hier direkte Stufen im Haar schaffen und der Gesamteindruck des Stückes würde sehr darunter leiden.

Da heißt es nun die vier Felle so miteinander versetzen, daß alle gleichartigen Haarstellen zusammengearbeitet werden; also Köpfe zu Köpfen, Rücken zu Rücken und Pumpf zu Pumpf. Aber auch Kopf und Pumpf sind nicht überall gleich dicht. Es würde also eine Dreiteilung des Felles nicht genügen, da sich innerhalb derselben wieder Abstufungen ergeben.

Wir werden also die vier Felle wieder in mehrere Streifen zerlegen, und zwar wie Abb. 66 oder 68, am besten keilförmig und auch derart, daß vom Pumpf breiter begonnen wird, um gegen den Kopf zu in schmaleren Streifen zu enden. Haben wir, je nach Fellgröße und -beschaffenheit, jedes der vier Felle etwa in zehn Streifen geschnitten, die wir vom Kopf beginnend mit 1 bis 10 numerierten, dann werden wir immer von je zwei Fellen Streifen Nr. 1, dann 2, 3, 4, 5, 6, 7, 8, 9, 10 aneinander fügen, so daß zwei Felle durch die Aneinanderreihung von 1, 1, dann 2 und 2, 3 und 3 und so weiter ein einziges, nun doppelt so großes Fell ergeben. Dies haben wir in gleicher Weise auch mit dem anderen Fellpaar gemacht, das für die Tierform parallel an das erste Fellpaar zu liegen kommt.

Die Länge von zwei Fellen ergibt uns aber noch nicht die Länge der Tierstola. Wir werden also jetzt auslassen, und zwar entweder jeden der beiden Fellstreifen einzeln durch schlanke V-Schnitte, wie in Abb. 54, oder wie es die Bisamverarbeitung in Abb. 84 zeigt, oder aber wir nähen die beiden aus zwei Fellen bestehenden Streifen seitwärts aneinander und lassen dann in einem durch W-Schnitte aus, die sich aber immer parallel innerhalb einer Fellbreite bewegen müssen, damit die Felle über die Seiten, die in der Mitte des zusammengesetzten Streifens laufen, nicht überschnitten werden.

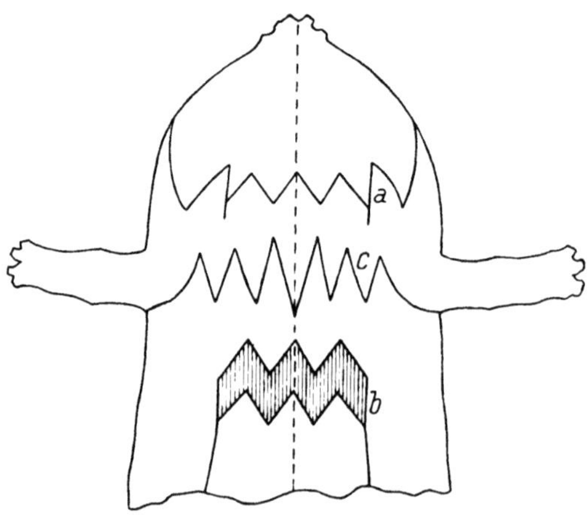

Abb. 69. Versetzen vom Nacken in den Rücken

Wir haben beim „Auslassen“ erwähnt, daß es vorkommt, daß man bei einem Fuchs, bei welchem man den langen Nacken nicht benötigt, die Nackenstelle an die passende Rückenstelle anfügt. Dies ist jedoch eine sehr heikle Arbeit und soll möglichst vermieden werden. Außerdem muß darauf Bedacht genommen werden, daß die Nackenstelle wirklich tadellos und sauber in den Rücken paßt. Nicht bei allen Füchsen wird dies zutreffen; am ehesten noch bei gleichmäßig gefärbter Ware (Abb. 69).

Der schraffiert angezeichnete Einsatz *b* im Rücken war früher oben im Nacken, und die nun zusammengeschobene Stelle ist bei *a* erkenntlich. Die Auslaßschnitte *c* sind die Kreuzauslaßschnitte, die wir schon beim Auslassen kennengelernt haben.

10. Das Bandeln oder Galonieren

Es gibt manche Felle, die ein ungemein dichtes und langes Haar besitzen, aber zu klein sind, um als ein Fell die gewünschte Fasson zu ergeben.

Nehmen wir unseren herrlichen Polarfuchs in Weiß, in Sleat- oder Beigefarbe. Das wundervolle Tier soll eine Stola geben, ist aber nur 60 cm lang. Das Auslassen bis 100 cm Länge würde zuviel von der Breite des Felles nehmen, dennoch soll die Tierstola aus einem Felle gearbeitet werden.

Nun ist das Fell im Haare so dicht, daß wir das Fell im Leder in schmale Streifen schneiden und zwischen je ein Fellstreifchen, ein gewebtes Band oder ein Lederbändchen einnähen können, ohne daß dieses von der Haarseite aus gesehen wird. Das lange Haar deckt die Übergänge derart, daß man nichts merken wird.

Diese Methode, durch welche wir ein entsprechendes Fell bedeutend in die Länge arbeiten können, nennen wir Bandeln oder Galonieren. In Österreich sagen wir „Bandeln", da wir ein Band in das Felleder nähen. In anderen Ländern wird diese Methode „Galonieren" genannt, vom Ausdruck Galon, die Borte oder Litze.

Wir können aber rauhe Felle nicht nur in die Länge arbeiten, wir können sie durch die Galons auch verbreitern.

Haben wir aus einem schönen Fuchs, der beim Kopfe besonders dicht und langhaarig ist, einen flachen Muff zu machen, so können wir es mit dem Galonieren versuchen. Die eingesetzten Bänder werden dann in die Länge laufen, um das Fell in die Breite zu bringen (Abb. 70).

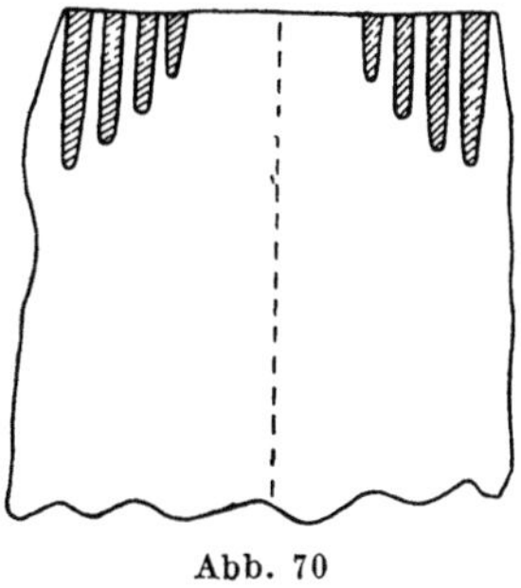

Abb. 70
Galonieren des Kopfes

Wir sehen, wie die Galons der Haardichte nachgehen und nur nach dieser Möglichkeit geführt werden. Wie breit die Bänder sind, die da eingenäht werden, hängt ganz von der Dichte und Länge des Haares ab. Man versuche zuerst, bevor man festnäht.

Wir bemerken auch, daß die schraffiert gezeichneten Galons nur oben im Nacken angewendet wurden. Sie hatten hier eben den Zweck, nur den schmäleren Kopf mit der übrigen Fellbreite gleich zu bringen.

Es kann aber auch vorkommen, daß das Fell durchwegs vom Kopf bis zum Pumpf mit sehr zarten Galons durchzogen wird, um das Fell zu verbreitern.

Heute wird die Längsgalonierung wohl wenig mehr angewendet, aber es kann vorkommen, daß wir ab und zu alte Fuchsgarnituren zur Umarbeitung bekommen und beim Auftrennen Längsgalonierung sehen, die uns nach dem heutigen Stande der Kürschnertechnik zwecklos scheint.

Immer muß, besonders bei dem Längsgalon, beachtet werden, daß sich das Fell beim Zwecken besser in die Breite dehnen läßt und die Galonierung durch zu starkes Dehnen stark sichtbar werden kann. Deshalb muß der Galon schon so vorbereitet werden, daß das nachfolgende Dehnen mit einkalkuliert wird.

Hauptsächlich galonieren wir, um ein Stück in die Länge zu arbeiten. Der Polarfuchs bietet hiezu das ideale Material und soll auch unserem Beispiel zugrunde gelegt werden.

Wir galonieren den Fuchs auf zweifache Art. Die erste, einfachere, soll uns das Prinzip des Galonierens erläutern, dann erst wollen wir uns der zweiten Art zuwenden.

Der Fuchs wird gründlich bestochen. Dies ist um so eher notwendig, als sich unter dem dichten Haar respektive der festen Grundwolle ein Fehler leicht verbirgt, der später aber dem Kunden vor Augen treten und das Vertrauen zum Erzeuger erschüttern kann. Da aber die Polarfüchse rund in den Handel kommen, haben wir ihn erst vorsichtig genau in der Wammenmitte aufzuschneiden.

Wir strecken das Fell tüchtig in die Länge, schlagen die Seiten ab, die der Galonierung nicht unterzogen werden, und richten zum „Bandeln" vor.

Wir beginnen vom Kreuz abwärts das Fell keilförmig einzuschneiden, Keilspitze nach oben, Basis nach unten. Das Haar ist, wie schon erwähnt, ungemein dicht, die Grundwolle dicht verwachsen. Diese Grundwolle und auch das Deckhaar dürfen nun nicht auseinandergerissen werden. Es soll zusammenhalten. Wir wollen nur im Leder ausweiten. Das Haar soll zusammenhalten und wird durch das Dehnen nur an Fülle gewinnen, da es sich stellen muß.

Nun nähen wir, indem wir das auseinandergeschnittene Leder ungefähr 1 cm abwärts rücken, an die freigewordene Stelle ein ebenso breites Band, welches die gleiche Farbe des Haares haben muß, ein. Wir haben nun den Fuchs um 1 cm verlängert. Je mehr solche Galons angebracht werden, desto länger wird das Tier. So arbeiten wir bis zum Pumpfe. Da die Seiten nun zu kurz sein werden, lassen wir sie mit einfachen Schnitten aus, arbeiten die Hinterpfoten durch einen Drehschnitt parallel zum Schweif und nähen diese mit den Seiten an den galonierten Rückenteil an.

Es wird von der Größe und der Proportion des ganzen Felles abhängen, ob auch der Nacken gebandelt werden soll. Muß dies geschehen, dann arbeite man die Galonkeile diesmal nach aufwärts, da die Kreuzstruktur des Haares dies so verlangt. Wir weichen dadurch dem sich entfaltenden Kreuz aus und erfassen es bloß in der Wurzel, was genügt. Die Kehle lasse man, wie die Seite, mit einfachen Schnitten aus, um die Länge der galonierten Kehle zu erreichen (Abb. 71).

Man sieht manchmal auch gerade Galons und nicht keilförmige. Die keilförmigen sind jedoch vorzuziehen, da sie mehr dem Haarstrich zulaufen und leichter abgedeckt werden.

Auf diese Weise ist es möglich, den verhältnismäßig kleinen Polarfuchs und andere Edelfüchse seiner Art von 60 und 65 cm auf 90 bis 100 cm ohne Auslaßschnitte zu bringen.

Nachdem wir auf diese Weise das Prinzip des Galonierens kennengelernt haben, wollen wir zu bedenken geben, daß Füchse meist im Rücken etwas einfallen, also im Haare gedrückt aussehen. Dieser Nachteil des Fuchses kann hier etwas gemildert werden. Durch das Galonieren könnte es eventuell vorkommen, daß man gerade im Grotzen etwas bemerkt. Nun wollen wir versuchen, den Polarfuchs derart zu galonieren, daß wir den Grotzen ausschneiden, auf die gewünschte Länge auslassen und dann nur die beiden Rückenteile, welche zwischen Grotzen und Seiten liegen, galonieren. Durch das separate Auslassen des eingefallenen Grotzens erreichen wir ein Dichterwerden desselben, und wir bieten dem Übel die Spitze. Der Grotzen wird dichter, die anschließenden

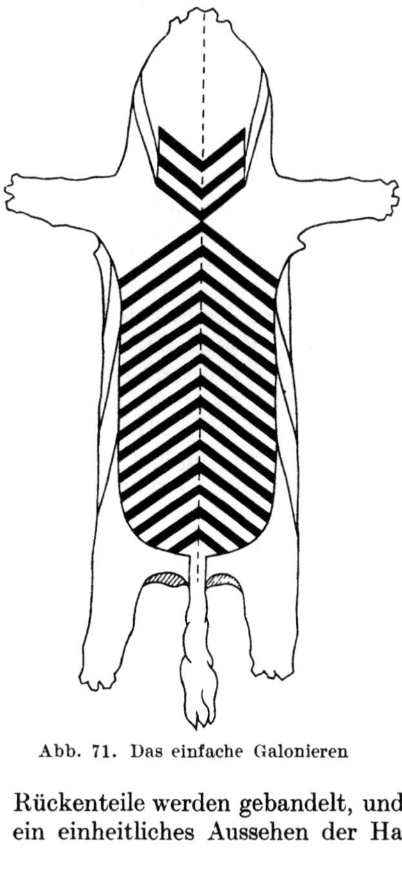

Abb. 71. Das einfache Galonieren

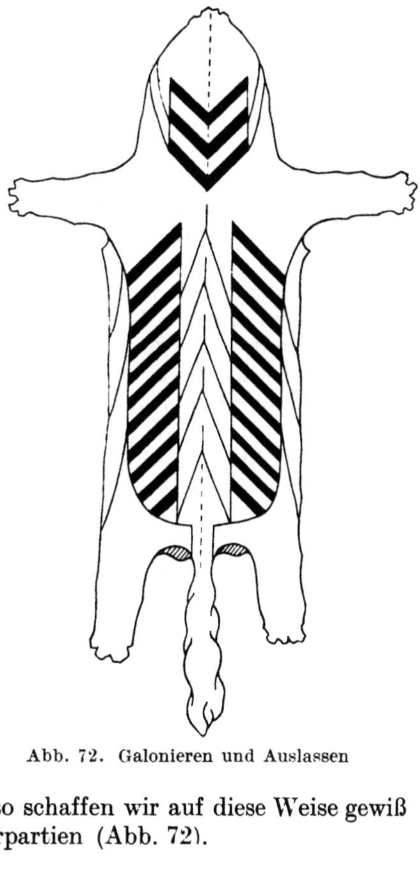

Abb. 72. Galonieren und Auslassen

Rückenteile werden gebandelt, und so schaffen wir auf diese Weise gewiß ein einheitliches Aussehen der Haarpartien (Abb. 72).

Den Nacken können wir auf die vorher kennengelernte Weise galonieren.

Wir sehen an der Skizze deutlich den separat ausgelassenen Grotzen, dazwischen links und rechts die gebandelten Rückenpartien, während die Seiten wieder mit schlanken Schnitten ausgelassen wurden.

Dieser Parallellauf von Auslassen und Galons ist sehr interessant und lehrreich. Man sieht dadurch wieder, daß es nirgends eine Norm gibt, die für alle Felle gleichmäßig Anwendung findet, ja es wird vorkommen können, daß die eine Methode mit Erfolg angewendet werden kann, wo die andere versagt oder zumindest nicht nötig ist.

Bei der speziellen Fuchsverarbeitung werden wir noch andere technische Möglichkeiten der Verarbeitung kennenlernen, um dem Stücke die gewünschte Schönheit verleihen zu können.

Eine andere Art des Galonierens hat mit dem Pikieren eine gewisse Ähnlichkeit. Wir nähen dann nicht jedes einzelne Band zwischen die ausgeschnittenen Stellen, sondern unterlegen den Fuchs, nachdem wir ihn mit den zu galonierenden Schnitten versehen und gedehnt haben, ohne die dichten Haare zu scheiden, mit einem Stoff in der Farbe des Haares. Nun werden die ausgeschnittenen Fellstreifchen mit dem aufgelegten Stoff fein abpikiert, und der Fuchs ist galoniert.

Bei gefärbten, also weniger heiklen Füchsen kann man noch rascher die Arbeit leisten. Man verwendet dazu den bekannten, im Handel erhältlichen Kautschukpikierstoff. Dieser wird, nachdem wir den Fuchs in Streifen geschnitten und, ohne die Streifchen im Haar auseinanderzuziehen, auf die gewünschte Größe gedehnt haben, mit dem Kautschuk belegt, auf welchem wir dann wieder einen Pikierstoff auftragen. Nun nehmen wir ein entsprechend warmes Bügeleisen, dessen Temperatur gerade genügt, den Kautschuk aufzulösen, und arbeiten vorsichtig über den Pikierstoff, der den Kautschuk deckt. Der Kautschuk löst sich und verbindet als Zwischenschichte Fell und Pikierstoff. Auf diese Weise haben wir etwas sehr rasch pikiert, was natürlich noch kein Beweis für die Güte der Arbeit ist. Es ist zu bezweifeln, ob diese Methode die Möglichkeit bietet, daß der Pikierstoff dauernd die Fellstückchen fest zusammenhält. Das Nähen scheint doch mehr zu empfehlen zu sein. Es sollte nur der Vollständigkeit halber diese Art erwähnt werden. Zu empfehlen aber ist nur die solide reine Arbeit, die in erster Linie durch sorgfältiges Nähen erreicht wird. Dabei verziehen wir das Fell nicht und laufen auch nicht Gefahr, das kostbare Material zu verbrennen.

Das Galonieren eines Edelfuchses erfordert genaueste Arbeit. Alle Schnitte sind gleichmäßig zu machen. Die Weite derselben hängt von der Dichte und Länge des Haares ab. Flache Füchse können nicht galoniert werden, da sich das Haar durch die Einsätze abstufen würde. Es würde bei dem Galon einbrechen und den Einsatz markieren.

Das Zwecken eines galonierten Edelfuchses erfolgt durch Stecknadeln.

Wir können oft in die Lage kommen, Schweife verarbeiten zu müssen, wenn wir sie nämlich zu Besätzen oder für Garnituren zurichten sollen.

Der Schweif, sorgfältig auf der Bauchseite aufgeschnitten, zeigt sich uns in spitz zulaufender Fasson und kann, da wir nur gleich breite Materialien aneinandernähen können, in dieser Gestalt nicht gut verarbeitet werden, es sei denn, die Form des anzufertigenden Stückes wäre so rund, daß die zusammengenähten Schweifkeile die Fasson von selbst ergeben.

Zobel- oder Marderschweife werden zufolge ihrer Haardichte gut galoniert werden können. Natürlich arbeiten wir die Galons in der Länge und nicht in der Breite ein. Die keilförmige Gestalt des Schweifes aber schreibt uns die Form der Galons vor (Abb. 73).

Wir strecken den abgeschnittenen Schweif gut in die Breite, speziell der Spitze zu, um möglichst viel zu gewinnen.

Die Spitze schlagen wir ab, auch das Wilde um die Schweifbasis, die für unsere Zwecke zu breit wäre.

Nun teilen wir den Schweif in vier Teile. Der Mittelschnitt wird aber nur ungefähr bis in ein Drittel des Schweifes geführt.

Das Mittelstück mit dem Einschnitt nehmen wir vorerst heraus und setzen in den Schnitt einen spitzen Galon, Basis nach unten (Abb. 74).

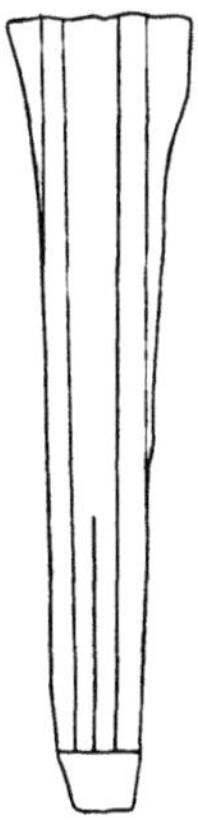

Abb. 73

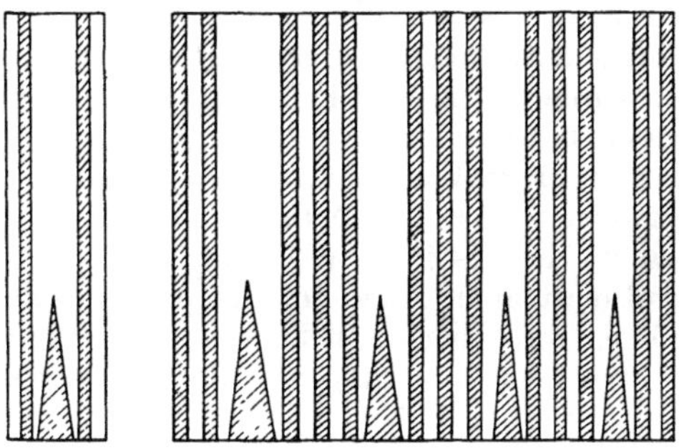

Abb. 74

Galonieren des Schweifes

Dadurch weiten wir den Schweifkeil viereckig aus. Die beiden Schweifseiten II und III verbinden wir nun durch einen dazwischenliegenden Galon mit dem Hauptstück I, und wir erhalten so den geraden Streifen, der uns die Grundlage für die weitere Zusammenarbeit gibt. Wird dieser galonierte Schweif an den nächsten Schweif angenäht, kommt dazwischen wieder ein Galon, so daß etwa vier aneinandergenähte und galonierte Schweife wie oben aussehen werden. Zuerst führen wir die Ausarbeitung einer Galonierung vor und schließen daran die Skizze von vier zusammengenähten galonierten Schweifen.

Je nachdem nun die Fasson des Kragens oder Muffes gewünscht wird, muß der Galon entsprechend ausgeweitet werden.

Heute wird diese Arbeit wohl nur mehr selten angewendet werden. Es kann aber vorkommen, daß der Kürschner im Laufe eines Winters viele Schweife einer Sorte sammelt, und daraus könnte er dann über die stillere Zeit, dem Frühjahre zu, manches hübsche Stück zusammenstellen, wenn er obige Methode sich aneignet.

Als Galons verwendet man ein gutes Band oder ein Stückchen Leder, das man durch Abscheren des Haares aus Fellstücken gewonnen hat. Das gewebte Band dehnt sich beim Zwecken nicht mit, hingegen wird sich das Lederstreifchen mitdehnen, da es dieselbe Beschaffenheit hat wie das Felleder. Dies kann einmal ein Vorteil, dann wieder ein Nachteil sein. Auf alle Fälle muß bei Verwendung von Ledergalons darauf geachtet werden, daß sich dieser Galon mitdehnt, damit man schon entsprechend einteilt und durch das Dehnen des Lederstreifchens der Galon nicht zu breit wird. Dadurch würde sich der Einsatz zu stark markieren.

Das Galonieren ist eine mühsame Arbeit, die aber im Interesse der zu schaffenden Gestalt des Stückes vorgenommen werden muß.

11. Das Einschneiden

Es kann in der Praxis des Kürschners der Fall eintreten, daß mit einem Felle für eine bestimmte Fasson und Größe das Auslangen nicht gefunden wird. Zwei Felle wären wieder zuviel. Da haben wir nun einmal beim Sortieren Felle erübrigt, die wir nicht verwerten konnten, und nun würde ein solches Fell gerade zu einem jetzt zur Verarbeitung gelangenden passen.

Wie aber dieses Fell, das doch wieder als ein Ganzes gewertet werden muß, verwenden? Es hat genau so Nacken, Rücken, Pumpf und Seiten wie jenes, zu dem es jetzt in Verbindung treten soll. Es ist dazu noch kleiner; also ist auch keine entsprechende Symmetrie vorhanden. Und doch müssen diese beiden Felle zu einem zusammengearbeitet werden.

Die erste Voraussetzung ist, daß das zweite Fell, das in das erste eingearbeitet werden soll, mit diesem in der Farbe, der Farbschattierung und der Haardichte und -länge vollkommen übereinstimmt.

Wo soll nun das Fell in das andere eingesetzt werden? Pumpf an Pumpf oder Kopf an Kopf können wir nicht setzen, da erstens das Haar nicht nach einer Richtung laufen würde, dann aber hätten wir ein großes und kleines Fell zusammengenäht und eine unsymmetrische Fasson geschaffen.

Da heißt es, das zum „Einschneiden" bestimmte Fell in seine wesentlichen Bestandteile zu zerlegen und diese dann den korrespondierenden Teilen des großen Felles beizugeben.

Die wesentlichen Teile sind Kopf, Rücken, Pumpf, Seiten usw. Es muß also wieder Kopf zu Kopf, Rücken zu Rücken, Pumpf zu Pumpf kommen. Nach genauestem Probieren, wo wir einsetzen können, schneiden wir beide Felle auf, und zwar am besten mit dem schon bekannten Keilschnitt. Nun arbeiten wir diese wesentlichen Teile der beiden Felle zusammen, unter stetem Nachsehen, ob die Übergänge auch gut zueinander passen und sich nicht markieren.

Nach dem Einschneiden lasse man nun die beiden ineinandergearbeiteten Felle zusammen aus. Dadurch vermengen sich die einzelnen Stellen noch besser miteinander, und das Haar wird egal erscheinen.

Nachfolgende Skizze zeigt uns das große Fell, in welches das kleine partienweise eingesetzt wurde. Das eingeschnittene kleine Fell ist schraffiert. Dann werden die Auslaßschnitte gemacht. Dadurch kommt das Haar gut ineinander, und die Übergänge verschwinden (Abb. 75).

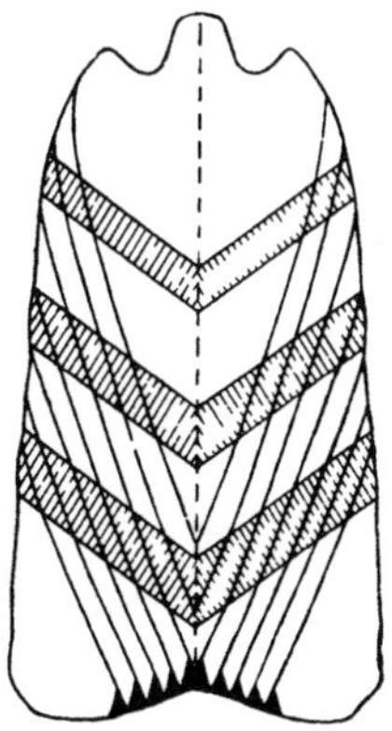

Abb. 75
Das Einschneiden

Das Einschneiden stellt sich als eine äußerst heikle Arbeit dar. Größte Präzision muß uns dabei zur Seite stehen, sonst ist jede Mühe umsonst. Gerade das Ineinandergehen zweier Felle macht diese genaue Arbeit notwendig. Jedes Zuviel oder Zuwenig eines eingeschnittenen Teiles kann ein Markieren an der Haarseite möglich machen. Es wird also wieder ganz von dem Aussehen und der Beschaffenheit des einzuschneidenden Felles, sowie seiner Übereinstimmung mit dem anderen Fell abhängen, wie breit die Einsätze zu bilden sind, und an welcher Stelle sie angebracht werden müssen.

Das Einschneiden kann auf verschiedene Weise vorgenommen werden. Wir kommen z. B. in die Lage, eine sechsfellige Skunksstola zu machen. Wir haben aber sieben Felle, die gerade gut zueinander passen. Es muß sich also nicht um Ausschußfelle oder von einer früheren Partie zurückgehaltene Felle handeln.

Da wird uns nun das unter „Versetzen der Felle“ Gehörte gute Dienste leisten. Dort haben wir gesehen, wie wir aus drei Skunksfellen vier Felle machen, um sie gleichmäßig aufzuarbeiten. Wie wir dort aus jedem Felle Streifchen herausnahmen, um daraus ein neues Fell zu bilden, so werden wir jetzt eines von den sieben Fellen, das etwa in der Größe zu den anderen nicht gut paßt, verwenden, um es auf die übrigen sechs Felle aufzuteilen.

Wer nicht genau beim Arbeiten ist, würde nun sagen, da nehme ich das siebente Fell und teile es auf sechs Teile, gebe das oberste Stück zum Kopfe des ersten Felles, das daran anschließende Nackenstück zum Nacken des zweiten, das Kreuz zum Kreuze des dritten und so fort, bis ich den Pumpf zum Pumpfe des sechsten bekomme.

Theoretisch wäre diese Aufteilung ja ganz hübsch und geometrisch auch richtig, aber wir haben hier zu beachten, daß z. B. der Kopf beim Skunks bedeutend flacher ist als der Pumpf. Wir hätten auf obige Weise ein Fell mit zwei Köpfen und eines mit zwei Pümpfen, daraus folgt, daß das erste Fell eine zu große flache Stelle aufweisen würde, das letzte wieder durch den doppelten Pumpf eine zu große rauche Stelle. Die sechs Felle würden kein egales Aussehen haben und ihre Vereinigung ergäbe behufs Schaffung eines einheitlichen Stückes Schwierigkeiten.

Wir müssen komplizierter und detaillierter zu Werke gehen. Schneiden wir getrost das siebente Fell in keilförmige Streifen und nehmen wir die Verteilung so vor, wie wir dies in umgekehrter Weise bei den Abb. 66 und 67 zeigten.

Wir wollen dies schematisch an einer Skizze erläutern und man wird uns vollkommen verstehen (Abb. 76).

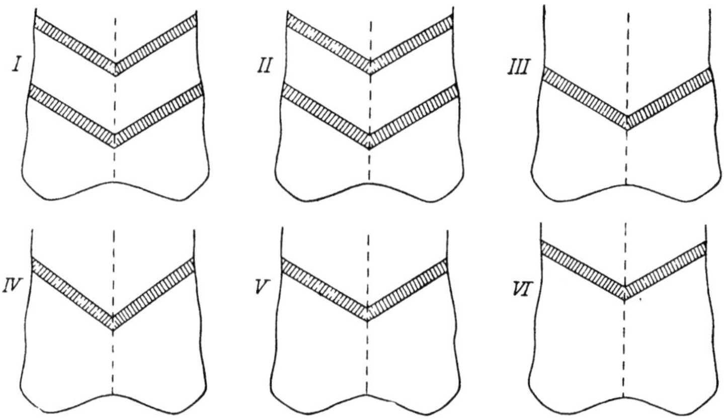

Abb. 76 (I—VI). Aufteilen der Einsätze auf sechs Felle

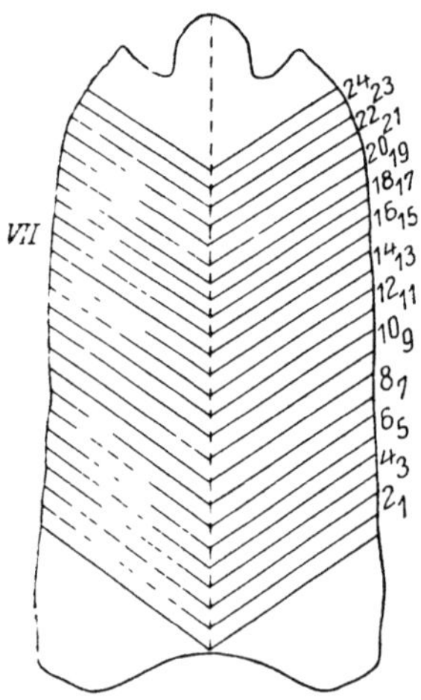

Abb. 76 (VII)
Das einzuschneidende Fell

Das einzuschneidende Fell ist ganz gezeichnet und besitzt z. B. 24 Schnitte. Auf die sechs anderen Felle verteilt, wird jedes dieser Felle vier Schnitte zugeteilt erhalten. Wir sehen nun auch, daß Schnitt 1, welcher dem Pumpfende entstammt, dem äußersten Pumpfstück des Felles I beigegeben wird. Schnitt 2 kommt in Fell II schon höher, und so geht es fort und wir sehen, wie Schnitt 6 schon in entsprechender Höhe eingesetzt werden muß. Das ist kein Pumpfstück mehr und soll auch deshalb an seinen ihm gebührenden Platz kommen. Schnitt 24 wird nun auch ganz in den Kopf des Felles VI kommen, und auf diese Weise wird alles seiner wesentlichen Zugehörigkeit nach aufgeteilt respektive eingeschnitten. Freilich ist die Arbeit mühsam, aber die Wirkung wird gut sein.

Die sechs Felle wurden nicht ganz gezeichnet, da vorausgesetzt werden muß, daß das Schema einleuchtet. Streifen 7 kommt eben wieder in entsprechender Höhe in Fell I, und so setzt sich die Methode bis zum Kopfe fort. Jedes Fell erhält immer in aufsteigender Linie seinen Part zugewiesen, der dann auch passen muß. Wird dann separat noch ausgelassen, so wird niemand mehr eine Ahnung haben, daß hier sieben Felle Verwendung fanden.

Es kann nun die Frage laut werden, warum denn überhaupt sieben Felle verwendet werden sollen, wenn die Fasson nur sechs beansprucht?

Sechs Felle werden deshalb verwendet, weil ja zwei Fellpaare immer zusammengearbeitet werden. Nehmen wir nun an, die sechs Felle sind etwas in ihrer Gesamtheit zu kurz. Wir verwenden also das siebente Fell zur Verlängerung der sechs Felle. Als Einzelfell kann es nirgends unterkommen und muß eingeschnitten werden, um seine entsprechende wesentliche Aufteilung zu erfahren. Hätten wir jedoch acht Felle, dann wäre das Einschneiden nicht nötig, denn es stünden uns ja dann vier Fellpaare zur Verfügung, die uns ein egales Stück liefern müßten.

* * *

Mit dieser Darlegung schließen wir den technischen Teil ab, der uns die Prinzipien der Kürschnerkunst übermittelt hat. Dem Kapitel über die individuelle Fellbehandlung wird es nunmehr vorbehalten sein, die bis jetzt dargestellten Methoden auf die verschiedenen Sorten anzuwenden. Wir werden da auf so manche Kuriosität kommen. So wie jedes Fell seine Eigenheit besitzt, erfordert es dann auch eine eigenartige Anwendung der bisher gelernten Grundmethoden.

Wir wollen nunmehr noch auf das Zwecken oder Spannen der Felle eingehen und können dann den methodischen Teil der Fachtechnik abschließen.

12. Das Zwecken

Das Fell, das wir bearbeiten, ist durch verschiedene Manipulationen uneben geworden. Da sind vor allem die vielen Nähte, die vom Bestechen herrühren und wodurch die Fehler des Felles entfernt wurden. Dann haben wir Nähte, die vom Auslassen oder Versetzen herrühren, schließlich wurden mehrere Felle wieder zu einem Ganzen zusammengestellt, woraus sich Grenznähte ergeben.

Durch die vielen Nähte zeigt das Felleder Falten und sonstige Unebenheiten. Die Naht selbst bildet eine Falte, die auf der Haarseite das Haar etwas einbuchtet.

Wir sollen nun das Fell auf eine straffe Fläche bringen. Das Leder ist meist sehr elastisch und besitzt eine ziemliche Dehnbarkeit. Dehnen wir jedoch das Fell in seiner natürlichen Beschaffenheit, dann wird es nach Aussetzen unserer Kraftanwendung wieder in seine ursprüngliche Lage zurückgehen. Auf diese Weise also ist ein Ausgleichen des Felles nicht möglich.

Wir werden also das Leder befeuchten müssen. Da machen wir die Wahrnehmung, daß es sich bedeutend besser dehnt, aber beim Trocknen wieder zusammenläuft. Wir müssen deshalb ein Mittel anwenden, das das Zusammengehen des trocknenden Felles verhindert. Wir müssen die Enden des Felles festzuhalten suchen, dann wird es auch während des Trocknens in der von uns durch das Dehnen herbeigeführten Größe bleiben.

Dieses Dehnen des Felles und Festhalten in der gewünschten Form und Größe nennen wir Spannen oder „Zwecken“.

Das Zwecken wird fachgemäß auf folgende Weise vorgenommen:

Wir befeuchten das zu zweckende Fell nur im Leder, wobei wir darauf zu achten haben, daß das Haar oder die Wolle nicht naß wird. Man nimmt dazu entweder eine weiche Bürste oder einen Lappen, der, wenn es sich um naturelle, also nichtgefärbte Ware handelt, in Seifenwasser getaucht wird, während bei gefärbter Ware gewöhnliches reines Wasser in kaltem oder höchstens lauwarmem Zustande Verwendung finden soll.

Das Wasser wird gleichmäßig mit Bürste oder Lappen aufgetragen. Dabei soll weder zu viel, noch zu wenig Wasser genommen werden. Besonders soll das Leder nicht so „angewaschelt“ werden, daß das Wasser darauf steht. Die Intensität des Anfeuchtens hängt ganz von der Stärke des Leders ab.

Zarte Fellchen, wie Maulwürfe, Hermelin oder Feh, werden ganz leicht befeuchtet. Das Leder ist dünn, und das Wasser wird bald die Poren durchdringen. Stärkere Leder, wie bei Lamm- und Schaffellen, Ziegen und anderen, vertragen schon etwas mehr Wasser. Man streiche nicht so lange, bis das Leder etwa glänzend und glitschig wird. Das ist ein Zeichen, daß es schon übersättigt ist. Bei starken Fellen kann man dem Wasser auch etwas Kochsalz zusetzen.

Nach dem Anfeuchten werden die Felle mit der Lederseite zusammengelegt und etwas liegen gelassen, damit das Wasser Gelegenheit hat, in die Poren einzudringen. Nur dann wird sich das Leder gut und dauernd dehnen, wenn das Leder durch und durch feucht ist. Wäre dies nicht der Fall, würde die befeuchtete Stelle nachgeben, aber doch nicht gänzlich, da die andere noch trockene Seite zurückhält.

Wie lange die Felle so liegen bleiben sollen, lehrt die Erfahrung. Man probiere daher vor dem Aufspannen, ob das Fell beim Dehnen lichter im Leder wird. Ist dies der Fall, dann ist das Wasser gut eingedrungen, und wir können mit dem Zwecken beginnen.

Wir müssen auch noch erwähnen, daß Felle, die an einigen Stellen dünneres oder gar verbranntes Leder zeigen, mit Seidenstoff oder Leinen benäht werden müssen, und zwar nur an der betreffenden schwachen Stelle. Anderfalls würde beim Zwecken die Stelle reißen.

Für das Zwecken handelt es sich vor allem darum, welche Form wir dem Fell, etwa einem zusammengestellten Kragen oder einem Mantelteil, geben sollen. Wir können und dürfen nicht willkürlich nach allen Seiten dehnen, wie es das Fell gerade gestattet, sondern wir müssen uns innerhalb bestimmter Grenzen bewegen. Diese Grenze ist die Fasson oder der Schnitt des anzufertigenden Stückes.

Nehmen wir als Beispiel das Aufzwecken eines Mantelrückenteiles. Wir haben uns diesen auf das Zweckbrett vorgezeichnet. Das Zweckbrett ist einfach ungefähr 90 cm breit und 160 cm lang und an der Breitseite mit Hartholzleisten versehen. Größere Zweckbretter gestatten das Aufzwecken eines ganzen Mantels in einem und sind deshalb praktischer. Wir zeichnen also mit Kreide den Mantelteil auf das Brett und legen nun den zugerichteten und zusammengestellten Fellteil mit der Haarseite nach unten auf die Zeichnung. Bei hellen, besonders weißen Fellen empfiehlt es sich, zwischen Brett, das doch durch den Gebrauch nicht ganz rein ist, und Fell reines Papier zu legen, und wir zeichnen dann den Schnitt auf das Papier auf.

Wir legen das befeuchtete Fellstück auseinander und gleichen es vorher mit den Händen in die richtige Lage. Da wir mit dem Dehnen des Felles beim Zuschneiden gerechnet haben und auch die zahlreichen Nähte das Leder einbuchten, wird der Fellteil kleiner sein als der aufgezeichnete Schnitt.

Zum Zwecken bedienen wir uns der Nägel oder für zarte und weiße Fellchen der Stecknadeln, da die Nägel rosten. Zum Einschlagen der Nägel verwenden wir eine Zweckzange, die vorne flach und dünn ist und innen Rillen besitzt, die das Fell festhalten können. Je nach Gewohnheit ist die Zange größer oder kleiner; wir werden aber doch zu zarteren Fellen eine zartere Zange benützen, da wir die Nägel nicht so fest einschlagen wie bei stärkerem Leder.

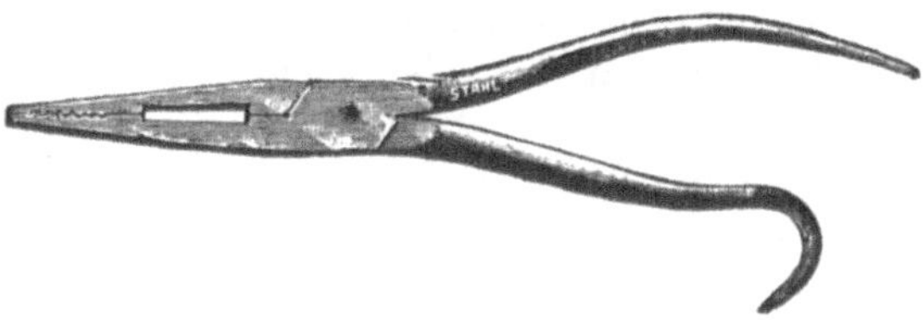
Abb. 77. Zweckzange

Wir zwecken zuerst die Pumpfseite des Felles, bei einem Mantelteil den unteren Umfang. Wir beginnen in der Mitte der Fellbasis und zwecken, indem wir vorher immer dehnend das Fell gleichziehen, rechts und links von der Mitte gegen die Seiten. Haben wir richtig zugeschnitten, so werden wir etwas über die Kreidelinie des angezeichneten Schnittes hinauskommen müssen. Dies ist schon deshalb notwendig, weil wir die Kanten des Felles besonders dort, wo die Nägellöcher auftreten, abschneiden. Wir nennen dies „Abgleichen“ des Felles nach dem Zwecken respektive Trocknen.

Haben wir die Basis aufgezweckt, dann wenden wir uns zur Kopfseite, beim Mantelteil zur Halsseite, ziehen dieselbe von der Basis ab, zu uns gerichtet, bis wir über die angezeichnete Schnittlinie kommen, und schlagen den ersten Nagel ein. Dann zwecken wir uns den Rücken respektive bei Einzelfellen den Grotzen durch, um eine gleichmäßige Verteilung des Dehnens nach beiden Seiten zu ermöglichen. Hierauf zwecken wir, wenn der Rücken in der Mitte (Grotzen) gezweckt ist, vorne an der Kopfseite wieder gleichmäßig aus.

Dann wenden wir uns den beiden Seitenteilen zu, die sich, da das Fell in die Breite leichter zu dehnen ist, auch viel leichter ziehen lassen.

Wir werden wieder sehen, ob wir gut zugeschnitten haben. Das Fell soll nicht weit über den Schnitt hinausreichen, es soll aber auch nicht zu knapp sein, damit wir durch zu starkes Dehnen in die Breite nicht die Haardichte verringern.

Bei Kleinfellen, wie etwa Hermelin, Feh, Nerz, Bisam oder Petschaniki, wo man mit Material sparen muß, weil jedes Fell einen entsprechenden Wert repräsentiert, soll schon deshalb nicht viel über die Zeichnung gegangen werden, anderseits aber müssen wir bedenken, daß wir bei diesen Fellen auf die Dessinierung, das heißt die Zeichnung, Rücksicht zu nehmen haben. Wir können nicht am Rande des Mantelteiles ein halbes Fell brauchen. Der Rand muß mit dem ganzen Fell abschließen. Das wäre ein unverkäufliches Stück, das am Rande ein gespaltenes Fell zeigt. Hier muß also das richtige Zuschneiden die Voraussetzung für entsprechendes Zwecken sein. Deshalb haben wir beim Zuschneiden auf die Schwierigkeiten hingewiesen und erklärt, daß nur der geübteste und praktischeste Arbeiter das Zuschneiden besorgen darf. Hier haben wir schon den praktischen Beweis des Gesagten.

Wir haben beim Zwecken großer Stücke, die aus vielen Fellen zusammengesetzt sind, aber auch darauf zu achten, daß die Felle durch das Spannen nicht verzogen werden, schief laufen oder den Grotzen verschieben. Es muß daher auf diese Vorkommnisse sehr geachtet werden. Wenn wir einen Naturbisammantel zwecken, dessen Felle schmal ausgelassen sind, müssen diese im Stück gespannt werden, daß die Fellinien immer wieder streng parallel bleiben, sonst verzieht sich der Grotzen und die Wirkung ist häßlich.

Wie wir auf die Längsrichtung zu achten haben, müssen wir auch der Breitenwirkung unsere vollste Aufmerksamkeit zuwenden. Auch hier muß das Fellband gleichmäßig und egal um das Stück herumlaufen. Verziehen wir beim Zwecken, dann wird das Fellband einmal breiter, dann wieder schmaler sein, was speziell bei kleineren Fellen, wie Feh oder gar Maulwurf, von häßlicher Wirkung wäre. Man wird hier oft nachhelfen müssen, und zwar dadurch, daß man die strenge Linienführung durch Abzwecken der Längs- oder Breitnähte sichert, um ein Verzerren zu verhindern. Je zarter und elastischer das Leder ist, desto sorgsamer muß man beim Zwecken an die Arbeit gehen. Dicke Felle werden sich weniger leicht verziehen.

Da die Felle oft nicht überall die gleiche Lederstärke aufweisen, muß man beim Zwecken diesem Umstand Rechnung tragen. Wir werden oft mehr den Grotzen als die schwachen Seiten dehnen. Dies erreichen wir dadurch, daß wir den Grotzen mit der Zweckzange strecken und dadurch nachgiebiger machen, bei den heiklen Stellen halten wir wieder ein, wir „zwecken ein“. In der richtigen Durchführung dieser Methode liegt ein großer Erfolg. Es können dadurch viele Mängel von vornherein geebnet werden. Man wird dem Reißen von Lederstellen oder einzelnen Nähten, die schwache Lederstellen durchziehen, ausweichen können. Voraussetzung ist natürlich, daß durch das Auszwecken oder Einzwecken die Zeichnung des Stückes nicht leidet.

Aus alldem geht hervor, daß wir zuerst die stärkste Stelle des Stückes aufzwecken müssen, um von dort an wegdehnen zu können. Dies ist immer der Pumpf oder der Pumpfteil.

Es empfiehlt sich auch, ab und zu während des Zweckens dadurch nachzuhelfen, daß wir mit der Zange die Nähte etwas flacher drücken, um leichter nachdehnen zu können.

Zu bemerken wäre noch, daß einzelne Fellsorten auch mit dem Haar nach aufwärts und mit der Lederseite zum Brett gezweckt werden. Dies geschieht vornehmlich bei Persianer und Breitschwanz, um die Struktur der Locke nicht zu beeinträchtigen.

Die seit kurzem im Handel befindlichen Lamm- und Schafsorten, die Biberlammfelle und andere wird man auch am besten mit der Wolle nach oben zwecken. Diese Wolle war ursprünglich gelockt, ist ausgekämmt und glatt gebügelt worden und kann nun beim Zwecken durch die das Leder durchziehende Feuchtigkeit sich wieder in die natürliche Haarwelle locken oder einringeln. Außerdem entstehen bei solch wolligen Sorten, die ein spießiges Haar haben und sich gegen das Zweckbrett sträuben, häßliche Wirbel, die nicht leicht wieder nach dem Trocknen entfernt werden können. Dasselbe trifft bei ausgekämmten Tibets zu.

Haben wir unter Berücksichtigung aller Umstände das Stück auf das Brett gezweckt, dann werden wir für ein gutes, natürliches und gesichertes Trocknen zu sorgen haben. Je langsamer das Trocknen vor sich gehen kann, desto besser ist es für das Material. Immer ist es jedoch nicht möglich. Besonders in feuchten Werkstätten wird man Ofenwärme in Anspruch nehmen müssen oder die Sonnenstrahlen. Aber mit größter Vorsicht! Zu starke Hitze beeinträchtigt nicht nur das Leder an sich, es wird speziell durch zu rasches Trocknen ein kräftigeres Zusammenziehen des Leders erfolgen müssen, wodurch oft die Stellen, welche durch die Nägel festgehalten werden, ausreißen, zumindest aber die Nagellöcher sich unverhältnismäßig weit ausdehnen. Meist aber wird das Leder hart und spröde, wenn es nicht gar verbrennt.

Man rücke daher das zu trocknende Stück ziemlich vom Ofen ab, so daß die ausströmende Wärme sich etwas abschwächen kann und langsamer auf das Leder einwirkt. Man soll nichts erzwingen und drängenden Kunden aufrichtig sagen, daß rasches Trocknen das Leder ruinieren würde.

Öfteres Kontrollieren ist Haupterfordernis. Man kontrolliere nicht nur das Leder selbst, indem man mit der Handfläche oder dem Fingernagel darüberfährt, um den Feuchtigkeitsgrad zu prüfen oder sich von der bereits eingetretenen Trockenheit zu überzeugen, man überprüfe auch die Wärmequelle und den Wärmezustrom, damit es nirgends zu Übertreibungen komme, die dem Fell schaden.

Nach dem gänzlichen Trocknen wird abgezweckt. Ist das Stück nicht ganz trocken, kann früheres Abnehmen vom Brett ein Zusammengehen des Leders verursachen, und die Arbeit war umsonst. Vor dem Abzwecken arbeite man das Stück nochmals gut mit dem Streckholz ab, jedoch nur in der Richtung, in der das Stück gedehnt wurde, um eine

Verzerrung zu verhindern. Dann entferne man entweder mit einem Abzweckkamm oder der gespaltenen Gegenseite der Zange vorsichtig die Nägel.

Das Fell wird nun etwas gedrückt erscheinen. Wir kämmen daher gut auf und klopfen auch fest aus, um das Haar aufzurichten, dann beginnen wir mit dem Abgleichen.

Wir haben früher erwähnt, daß sich das Leder über die Zeichnung der gewünschten Form und Größe dehnte. Wir haben aber auch an den Zweckstellen die Fellseiten und Nagellöcher, sowie jene Stellen, die überzweckt sind und außerhalb der gewünschten Fasson fallen. Dies alles entfernen wir mit dem Messer durch Wegschneiden. Diesen Vorgang nennen wir abgleichen. Wir legen zu diesem Zwecke den Schnitt auf das Fell und zeichnen denselben darauf ab. Dann schneiden wir nach dem Strich das Überragende weg. Wir gleichen das Stück ab, um es in die gewünschte, genau passende Form zu bringen.

Dies trifft hauptsächlich bei Mänteln und Jacken zu, die genau nach dem nach Maß hergestellten Schnitt passen müssen. Bei kleineren Stücken, wie etwa Halstieren oder Fuchsstolas, haben wir einen passenden Schnitt nicht zur Verfügung. Wir zeichnen uns die gewünschte Breite und Länge an und schneiden danach. Meist ist dies, besonders aber für den geübten Kürschner, nicht nötig. Die Länge wird ja durch Kopf und Pumpf abgegrenzt. Die Seiten richten wir uns so zu, daß sie vom Grotzen aus gleichmäßig weit abreichen.

Hier handelt es sich durchwegs um das Flachspannen. Es kann aber vorkommen, daß irgendeine Fasson ausgespannt werden muß, wie etwa bei einem Pelzfutter. Da wird man häufig unter dem Ausschnitt des Ärmels einen Keil einführen, um das Leder zu dehnen. Davon wird noch genauer bei der Anfertigung der Pelzfutter gesprochen werden.

Eine andere Art des Zweckens ist das Spannen der Muffe, der Pelzkappen und Pelzhüte.

13. Das Spannen über den Stock

Muffe, die in runder, tonnenförmiger Fasson gearbeitet werden, sowie Pelzkappen und Pelzhüte müssen wie bei der Hutfabrikation über eine eigens konstruierte Holzform gespannt werden, um die gewünschte Fasson dauernd zu bewahren.

Würden wir das Muffblatt, das ein Rechteck darstellt, gerade aufzwecken, so hätte dies den ungeheuren Nachteil, daß wir bei der Rundfassonierung, dort wo der Muffseitenteil zum Einschlupf der Hand einzieht, Falten bekommen würden. Wir könnten auf diese Weise nie eine richtige Mufform erhalten.

Für das Spannen fassonierter Gegenstände in einem Stück liefert uns der Drechsler durch die Holzform die notwendige Grundlage. Da es aber nicht möglich wäre, das rund zusammengenähte Muffblatt über eine sich der Mitte zu verbreiternde Form zu spannen, muß der sogenannte „Muffstock" aus mehreren Teilen bestehen, die auseinandernehmbar sind. Der runde Muffstock hat, je nach der Modeforderung, eine eigene Fasson (Abb. 78).

Der moderne Muffstock besteht heute aus neun Teilen, dem Mittelstück I, das ein gerades Stück darstellt, das vorstehende Kanten aufweist, während die übrigen acht Teile die den Kanten entsprechenden Rinnen besitzen, um damit an das Hauptstück befestigt werden zu können.

Das Muffblatt wird nun dieser Form Rechnung tragen müssen und entsprechend zugeschnitten sein (Abb. 79).

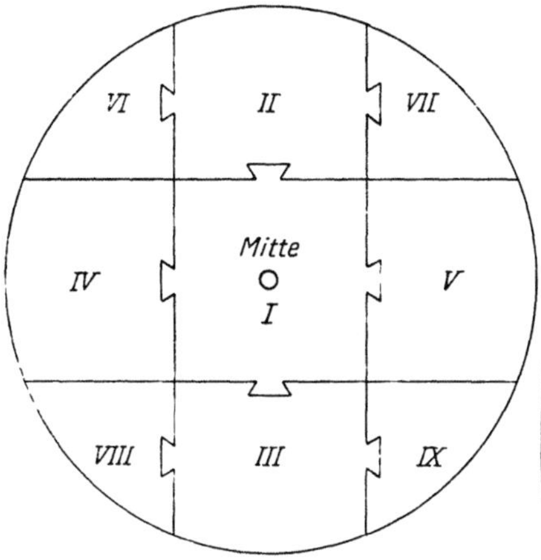

Abb. 78a
Querschnitt des Muffstockes

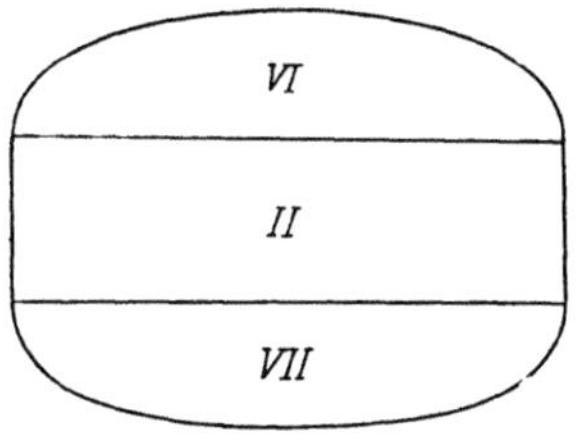

Abb. 78b
Seitenansicht des Muffstockes

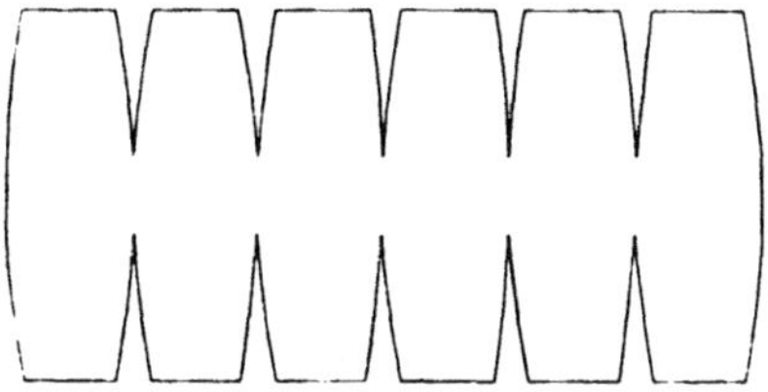

Abb. 79
Das Muffblatt

Durch diese Zwickel, die zusammengenäht werden, erreicht das Muffblatt die gewünschte Tonnenform. Natürlich muß das Muffblatt mit dem Muffstock in einem gewissen Größenverhältnis stehen und sollen auch die Zwickel der Form entsprechend angebracht werden. Da sich das Leder dehnt, kann dieser Umstand berücksichtigt werden, denn der Muff soll fest auf dem Stock sitzen. Nur dann wird die Fasson bleibend sein.

Das runde Muffblatt wird nun, wie alle anderen Sorten, vor dem Zwecken mit Wasser eingestrichen, dann wird, nachdem das Wasser sich gehörig durch das Leder eingearbeitet hat, die Mitte I des Muffstockes in das Muffblatt, welches das Haar nach innen wendet, eingeführt. Dann schieben wir den Teil II ein, hierauf den entgegengesetzten Teil III und so fort. Setzt das Fell Widerstand entgegen, läßt es sich nicht leicht dehnen, dann klopfe man mit der Zange außen das Leder ab, wonach es sich wieder dehnen läßt.

Das Einschieben der Teile in den Muffstock muß langsam vorgenommen werden, damit nicht Leder oder Nähte reißen. Man achte auch darauf, daß die Haare nicht in die Teile geklemmt werden und abreißen.

Nun hält der Muff wohl auf der Form, aber wir müssen jetzt auch die Seiten beim Handeinschlupf fest auf den Stock bringen. Dies kann auf verschiedene Art geschehen. Am praktischesten ist es, vor dem Spannen an der Einschlupfseite des schon rund gearbeiteten Muffblattes einen doppelten, guten Spagat einzunähen, der an beiden Enden herausreicht. Ist der Muff nun auf die Holzform gespannt, kann der Einschlupf mit Hilfe dieses Spagates fest zusammengezogen werden, um auch an dieser Stelle fest an den Muffstock anzuschließen.

Der Spagat wird deshalb doppelt genommen, um dann beim Ausfertigen des Muffes das Gummi in den Spagat einzuhängen und durchziehen zu können.

Man kann weiters das etwa an den Seiten nicht abgeglichene und über den Muffstock ragende Muffblatt mit Spagat zusammenbinden. Diese Art ist jedoch weniger praktisch, da beim Ausziehen der Stockteile der Einschlupf wieder mehr gedehnt wird.

Man kann auch den Einschlupf niederzwecken, um ihn fest an die Form zu halten. Auch diese Art ist weniger zu empfehlen. Erstens wird der Muffstock durch das viele Einzwecken ruiniert, und dann müssen wir beim Ausziehen der Teile wieder etwas ausdehnen. Die erste Art ist sicher die beste, da wir nach dem Abspannen gleich wieder den Spagat etwas einziehen können, um die Form zu erhalten.

Wie es runde Mufformen gibt, werden auch, je nach den Forderungen der Mode, flache, taschenförmige Stöcke verwendet. Dieselben bestehen ebenfalls aus mehreren Teilen, es wird dann genau so gearbeitet wie beim runden Muff.

Das Muffspannen erfordert eine gewisse Übung, und die gefällige Form des fertigen Muffes hängt sehr vom richtigen Spannen ab. Die Muffverarbeitung ist in der Kürschnerei immer zum Teil ein Spezialfach. Die strenge Fassonarbeit beansprucht gewisse Handgriffe, die fest sitzen müssen, soll das Stück gelingen. Nach dem Trocknen werden die Einzelteile des Muffstockes herausgenommen. Dies geschieht am besten dadurch, daß man das Fell beim Einschlupf etwas lockert und dann den mittleren Muffstockkern I herausschlägt. Dann nimmt man die Teile II und III heraus, worauf die übrigen Stücke folgen.

Das richtige Vorrichten und Zuschneiden des Muffblattes ist Grundbedingung, und wir werden noch bei einzelnen Sorten, welche zu Muffen verarbeitet werden, näher darauf eingehen. Sind die Keile des Muffblattes zu kurz und breit, dann zieht der Muff beim Einschlupf zu stark ein, und man erhält nie die richtige, langgestreckte und gefällige Tonnenform.

Die Kappen werden in ähnlicher Weise auf die Form gespannt. Die einfache Eislaufkappe, mit einfachem Rande, wird auf den einteiligen Kappenstock gespannt, der nur aus einem Stück besteht und an der Rückseite einige Löcher besitzt, in die man beim Abspannen die Finger einsetzt, um den Gegenzug vornehmen zu können, der das Abziehen erleichtert.

Kappen und Hüte mit doppeltem oder fassoniertem Rande werden geteilt gespannt, also Kopf und Rand separat. Hier wird der über die Fasson reichende Fellrand an die Form gezweckt, um festzuhalten.

Auch hier muß wieder, wie beim Muff, die Fellform dem Stock angepaßt werden, um eine Faltenbildung beim Spannen zu vermeiden, die ja wieder die Bildung der Fasson beeinträchtigen würde.

Man hat in früheren Jahren auch Kolliers gespannt, und zwar in runder Weise. Man trug damals die Halstiere aus Murmel und anderen Sorten und meinte, diese schlangenartigen Dinger auf entsprechend geformte Holzformen aufziehen zu müssen. Das war natürlich eine Riesenarbeit und kostete viel Schweiß und Mühe, speziell dann, wenn die Fasson etwas geschweift war und der Murmel am Holze festsaß. Die Holzform bestand nur aus einem Teil und konnte nicht verkleinert werden. Nun, diese Zeiten sind vorüber, und wir wollen nicht hoffen, daß die Pelzmode wieder Interesse an solchen schlangen- und wurstförmigen Erzeugnissen findet.

Erwähnt muß werden, daß der ganz gerade Muff, wie er etwa aus Füchsen eine Zeit stark getragen wurde, nicht über die Form gespannt wurde. Das war auch gar nicht nötig, da keine Fasson bestand, die irgendwie durch Dehnung und Ausweitung festgelegt werden mußte. Das Muffblatt war ganz gerade, hatte höchstens am Ende und in der Mitte einen kleinen Keil, um nicht oben und unten zu scharfe Kanten zu zeigen und einen weicheren Übergang zu bilden. So wurde das Muffblatt ganz gerade auf das Brett gespannt und dann erst zusammengenäht.

Es wird, wie hier, auch später immer wieder vom Muffe die Rede sein müssen, wenn ihn die derzeitige Mode auch etwas vernachlässigt. Dies kann sich aber bald ändern, und deshalb sollen auch die entsprechenden praktischen Handgriffe für die Mufferzeugung erörtert werden.

IV. Die individuelle Fellbearbeitung

Die spezielle Technik des Kürschners

Wir beginnen nun mit einem äußerst wichtigen Kapitel, welches eine Darlegung enthält, die weit über allem Gesetzmäßigen steht. Es ist vielleicht ganz eigenartig, daß gerade der Kürschner bei der Verarbeitung der einzelnen Fellsorten keine feste Norm besitzt. Nirgends offenbart sich die Selbständigkeit des einzelnen Kürschners mehr als in der speziellen Fachtechnik. Hier hat die Erfahrung jedem eine andere Methode vermittelt, die im Laufe der Jahre, beeinflußt durch immer neue, moderne Eingebungen, zu einem festen Schatz des Einzelnen wurde.

Man kann heute mit Recht sagen, daß die Kürschner nicht nur in jedem Staat andere Methoden bei Verarbeitung der Felle haben, sondern fast jede Werkstätte nach anderen Gesichtspunkten schafft. Diese eigenartige Tatsache wird nicht sobald in einem anderen Gewerbe eine Parallele finden.

Man hat innerhalb der Branche bei fachtechnischen Kursen die Beobachtung machen können, daß von 50 anwesenden Kürschnern jeder eine andere Methode anwendete. Jeder führte die Aus- oder Einlaßschnitte anders, je nach Fellindividualität, nach Erfahrung, Praxis und auch Gewohnheit. So kam es, daß man fünf verschiedene Arten der Marderbearbeitung nebeneinander sehen konnte, für deren Richtigkeit und Erprobtheit die Darleger dieser Methode einzutreten bereit waren. Bei vielen anderen Fellsorten war es ebenso.

Was ersehen wir daraus? Vor allem, daß das so verschieden geartete Fell eben verschiedene Bearbeitungsmethoden verträgt, und wir sehen anderseits daraus, wie sehr der moderne Kürschner bemüht ist, immer einfachere Wege zu finden, die ihm die Arbeit erleichtern sollen.

Heute ist die Devise des modernen Kürschners, möglichst wenige Schnitte anzuwenden, wenig Kompliziertheit zu zeigen, um die kostbare Zeit nicht mit unnötigen Spielereien zu verlieren.

Die verschiedenen Methoden zeigen aber auch, daß die Endwirkung doch immer dieselbe bleiben kann, und dies ist ja auch das Richtige. Das Stück hat vor allem schön zu sein; die Wirkung im Haare darf durch schlechte, sichtbare Schnitte nicht beeinträchtigt werden. Wie nun diese Schnitte geführt wurden, ist für die Ausführung nicht so sehr von Bedeutung wie die Schönheitswirkung. Was nützen die fachtechnisch kompliziertesten Schnitte, die theoretisch vielleicht Bewunderung erregen, wenn dieses oder jenes Fell sich infolge seiner Haarbeschaffenheit gegen die eine oder andere Methode sträubt. Manchmal aber wird ein ganz einfacher Schnitt gemacht, und man erreicht voll und ganz seinen

Zweck, der Schnitt ist auf der Haarseite nicht sichtbar, das fertige Stück ist schön.

Wir werden uns nun im nachstehenden mit den gebräuchlichsten Sorten gründlicher beschäftigen. Hier werden die markanten Methoden ihre Anwendung finden, die sich etwa von den Grundmethoden, die wir in der allgemeinen Technik des Kürschners schon kennengelernt haben, infolge der Besonderheit des einzelnen Felles unterscheiden.

Jene Sorten, die wir hier nicht anführen, sind entweder nicht gebräuchlich oder finden in der Bearbeitung ihre Parallele bei ähnlichen Fellarten.

Es soll häufig auch zu bemerkenswerten Gegenüberstellungen kommen, es werden mehrere Methoden vorgeführt werden, die dann je nach der Haarbeschaffenheit der zu verarbeitenden Felle angewendet werden können.

Vielfach diktiert auch die jeweilige Pelzmode die anzuwendende Technik. Dies soll ganz besonders beachtet werden. Eine komplizierte Mode mit phantastischen Formen wird da und dort eine andere Bearbeitung erfordern als die jetzige, etwas einfache Mode. Es wird daher notwendig sein, auch solche Methoden anzuführen, die momentan vielleicht weniger Geltung haben, jedoch über kurz oder lang verwertet werden könnten.

Affen

Die Zeit der Affenmuffe ist vorbei. Heute verwertet man die Felle etwa für Kragen und Manschetten oder Besatzstreifen. Die Arten der Affen sind jedoch vielfach, wenn auch der Großteil für die Pelzverarbeitung heute noch nicht in Betracht kommt.

Am meisten finden die schwarzen seidigen, langhaarigen Affenfelle Verwendung. Natürlich ist bei der Bearbeitung des Felles das Hauptaugenmerk auf die Verschiedenheit der Farbe des Felles zu richten, wie auch auf das Fallen des Haares. Es gibt eben Affen, deren Haar nicht längs des Rückens läuft, sondern vom Rücken zur Seite herabwallt.

Vor allem werden wir die Blößen gut ausschneiden, wie z. B. den After und die Blößen bei den Klauen. Verlangt die Fasson des anzufertigenden Kragens oder der Manschetten die gerade Bearbeitung des Felles, dann strecken wir entsprechend und richten dann zu, etwa in Rechteckform, wenn zwei Felle einen Kragen ergeben. Fehlt bei den ausgeschnittenen Klauenblößen etwas Fell, dann wird uns die abfallende Seite hiezu nicht geeignet erscheinen, denn diese ist meist kurzhaariger, manchmal sogar etwas wollig oder gar kahl. Gewöhnlich aber werden die Klauen Verwendung finden können, und zwar derart, daß man etwa die Vorderklaue von links auf die entgegengesetzte Seite, also rechts, in den Blößenzwickel einsetzt und so auch die rechte Vorderklaue wieder links zum Einsetzen verwertet. Voraussetzung ist natürlich, daß die Klaue paßt, was nicht immer der Fall ist.

Auslaßschnitte können bei Affen infolge der langen, genügend Deckung bietenden Haare angewendet werden, wenn solche notwendig sein sollten. Wichtig ist es, die aufgezweckten Felle naturfarbiger Affen mittels Lederblende im Leder einzufärben, damit das dünne Haar, besonders an den Bugstellen, nicht das helle Leder durchscheinen läßt. (Näheres über Lederblenden siehe Anhang.)

Antilopen oder Gazellen

Die Felle werden meist zu Jacken oder Mänteln verarbeitet. Sortiert wird paarweise, um die gegenüberliegenden Mantelteile immer durch die genau passenden Felle zu egalisieren. Die großen Felle bilden den unteren Stoß, dann wird nach aufwärts immer kleinere und etwas schmalere Ware sortiert. Die Aufsätze gehen Pumpf auf Kopf, und zwar rund. Hiebei wird der Pumpf rund eingeschnitten und auf den ebenfalls gerundeten Kopf des Felles vom unteren Stoß aufgesetzt.

Da die Felle ein äußerst spießiges Haar haben, wird es sich, ganz gegen die sonstige Gewohnheit des Kürschners, empfehlen, die Seiten nicht mit dem Messer, sondern mit der Schere abzugleichen. Verwenden wir das Messer, dann greifen an der Seitennaht die spießigen Haare von einem Fell in das andere über, das Haar stellt sich und die Wirkung ist unschön. Schneiden wir die Seite jedoch mit der Schere, natürlich mit der nötigen Vorsicht, dann können wir die Felle besser zusammenstoßen, und die häßliche Haarwirkung an der Seite unterbleibt.

Gazellen oder Antilopen werden, um eine hübschere Zeichnung zu erzielen, auch gespalten verarbeitet. Man spaltet im Grotzen und setzt nun Rücken an Seite. Da der Rücken dunkel ist, die Seite wieder hell, ergibt sich eine ganz hübsche und plötzlich einsetzende Kontrastwirkung.

Werden die Felle gespalten, dann läuft die Fellzeichnung nicht immer ganz einfach und glatt senkrecht herab, sondern man versucht durch verschiedenartiges Legen der Felle eine Ornamentik zu erzielen, die ungemein hübsch wirkt. Leider ist das Fell wenig dauerhaft und lohnt meist nicht die große Mühe der Zusammenarbeit. Die Sommerpelzmode, welche keine so großen Anforderungen an die Felle bezüglich ihrer Haltbarkeit stellt, hat Gazellen wieder mehr in den Vordergrund gerückt, und gerade da kann sich die Technik des Kürschners jetzt bei vielen schönen hellen Modeschattierungen genügend ausleben.

Astrachan

Astrachanfelle werden sowohl zu Garnituren, Besätzen, wie auch für Jacken und Mäntel verarbeitet.

Hier ist die Hauptsache das gute Sortieren, denn die rauhe Locke des Felles ist sehr verschieden. Wir sortieren für die Anfertigung eines Mantels derart, daß die am schönsten und gleichmäßigsten gelockten Felle für den Mantelrücken, wo sich das Stück voll präsentiert, verwendet werden. Dann müssen auch der Kragen, die Revers und die Ärmel aus entsprechend schönen Fellen zusammengesetzt werden.

Nun haben wir vor allem zu beachten, daß der Kopf des Astrachans grob gelockt ist, der Pumpf jedoch zartere Löckchen aufweist. Aus diesem Grunde können wir die Felle nicht Pumpf an Kopf arbeiten, weil die Lockenbeschaffenheit zu sehr differiert. Wir werden die Astrachanfelle auch nicht ganzes Fell an ganzes Fell setzen, sondern die einzelnen Felle genau im Grotzen spalten und dann Rücken an Seite des anschließenden Felles zusammenarbeiten.

Unten an der Mantelbasis beginnen wir nicht mit dem kleingelockten Pumpf, sondern mit dem großgelockten Kopf, da wir dadurch eine schönere Wirkung erzielen. Wir können doch nicht an der Basis die grobe Locke auf die zarte aufbauen. Dies würde unnatürlich aussehen. Der unterste Stoß also wird so gearbeitet, daß die Köpfe nach unten liegen, die Pümpfe nach oben. Der nun folgende zweite Stoß wird mit dem Pumpfe an den Pumpf des untersten Stoßes gearbeitet, damit die gleichen Locken ineinander aufgehen. Der dritte Stoß nach oben wird wieder mit den Köpfen an die Köpfe des unteren zweiten Stoßes aufgesetzt.

Die Skizze (Abb. 80) soll uns dies ganz genau zeigen.

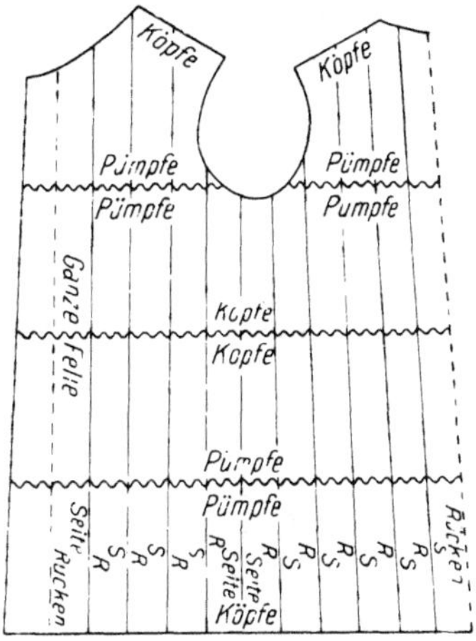

Abb. 80
Zusammenstellen d. Astrachanmantels

Das Vorderteil beginnt mit einem ganzen Fell, dann setzen wir schon das zweite gespaltene Fell mit dem halben Rücken auf die Seite des ersten ganzen Felles. So arbeiten wir bis zur mittleren Naht, die vom Ärmelloch herunterläuft. Von dort an setzen wir nun umgekehrt, zuerst die Seite an die Seite, um dann wieder Rücken, Seite und Rücken, Seite laufen zu lassen. Da wir von jedem Fell hier nur eine Hälfte verwenden, ordnen wir die zweite Hälfte in genau derselben Weise im zweiten Mantelteil ein, so daß wir durch die parallele Aufteilung der gespaltenen Felle ein vollständig egales Stück erzielen.

Pümpfe und Köpfe arbeiten wir immer durch eine Wellennaht zusammen. Die Seitennähte können gerade sein, werden jedoch schöner wirken, wenn man auch hier die uns schon bekannte Wellennaht anwendet.

Für den Ärmel verwenden wir ganze Felle, die wir am Ellbogen mit den Pümpfen zusammenarbeiten. Da Astrachanfelle kein besonders gutes Leder haben, ist es notwendig, für die Ärmelfelle besonders gutledrige Felle auszuwählen, damit die Nähte nicht bald ausreißen oder gar Felle infolge der Armbewegungen platzen.

Arbeitet man Kragen oder Manschetten, wie auch Besätze, dann wird man Kopf an Kopf oder Pumpf an Pumpf arbeiten, wie es die Größe, Fasson oder die Wirkung gerade verlangen.

Astrachanmäntel sind gut zu pikieren, um ihnen einen festeren Halt im Leder zu geben.

Bären

Bärenfelle werden infolge ihres groben Haares wenig für Besätze verwendet. Wo sie verarbeitet werden, geben sie so viel Material, daß man bequem mehrere Kragen oder Muffe daraus schneiden kann. Trotzdem muß auch hier ökonomisch vorgegangen werden, um jedes Stückchen der Verwendung zuzuführen. Gewöhnlich teilt man das Fell in der Mitte und fertigt aus der unteren Hälfte zwei Muffe, aus der oberen Hälfte zwei Kragen an.

Da Muffe derzeit nicht getragen werden, wird man eher mehrere Kragen und Manschetten daraus schneiden. Dies geschieht am besten derart, daß man ober den Vorderklauen Nacken und Kopf abschneidet, um daraus die Manschetten anzufertigen. Den verbleibenden Teil schneidet man in vier oder auch mehr senkrechte Streifen, je nach der Größe des Felles oder der anzufertigenden Kragen. Dann arbeitet man die Rückenstreifen und die Seitenstreifen separat zusammen.

Große Bärenfelle wird man fast nur für Fellteppiche verarbeiten, für Besätze kommen nur die Felle junger Bären in Betracht, die auch ein leichteres und dünneres Leder besitzen.

Biber

Die Zeiten, wo sich der Kürschner an der Bearbeitung des wundervollen Biberfelles erfreuen konnte, sind leider vorbei. Ab und zu kommt dieses kostbare Fell noch zur Verarbeitung, weshalb wir uns damit befassen müssen. Auch schon deshalb, weil gerade die Seltenheit und Kostbarkeit die richtige Verarbeitung erfordern.

Das Biberfell, das in der Mitte, also im Grotzen, sehr dunkel ist, wird an den Seiten bedeutend heller. Dieser Umstand muß ganz besonders beachtet werden. Auch hinter den Ohren zeigen sich lichte Stellen. Der Pumpf und die Seiten werden wegfallen.

Markant beim Biber sind die beiden Löcher, welche durch das Ausschneiden der Hinterklauen entstanden sind. Wir schneiden dieselben sorgfältig so weit aus, um nur reines schönes Fell zu behalten, und schließen mit zwei etwas rund geführten Zungen zu. Abb. 81 zeigt uns dies ganz deutlich.

Dann wird es sich darum handeln, was aus dem Fell anzufertigen ist. Da dasselbe eine ziemlich große Fläche darstellt, wird man einen Besatz hübsch herausbekommen. Man wird aber auch beim Kaufe das Fell entsprechend der Besatzgröße auswählen, um kein zu kleines Fell verarbeiten zu müssen oder, wenn dieses wieder zu groß wäre, zu viel Abfall zu haben, der die Ware verteuern würde.

Nehmen wir an, wir müssen für unsere Zwecke den etwas zu breiten und zu kurzen Biber länger und schmäler arbeiten. Speziell die Seiten der unteren Fellhälfte gehen weit hinaus und sollen durch richtige Schnitte eingearbeitet werden.

Wir führen zu diesem Zweck etwas runde Schnitte, die hier sehr gut angebracht sind. Wir haben aber dabei sehr zu achten, daß wir uns beim Schneiden nur innerhalb der gleichen Farbnuancen bewegen, respektive daß durch das Auslassen die verschiedenen Schattierungen von Hell und Dunkel nicht überschnitten werden, da wir sonst eine häßliche Wirkung erzielen. Die Skizze soll uns die Grundlage bieten (Abb. 81).

Durch diesen runden größeren Ausschnitt ziehen wir die Seite nicht nur herunter, sondern wir arbeiten sie auch etwas herein.

Wir sehen auch, daß der Schnitt im Grotzen etwas kleiner ist und sich dann nach der Seite zu immer mehr vergrößert.

Ist das Fell ausgelassen, dann können wir die gewünschten Fassons herausschneiden, wenn es sich etwa um gerade Kragen und Manschetten handelt.

Das Auslassen des Bibers kann jedoch auch mit den uns bereits bekannten V-Schnitten erfolgen. Man wird letztere Methode besonders dann anwenden, wenn der anzufertigende Gegenstand eine lange und schmale Fellform erfordert.

Haben wir jedoch einen Herrenkragen mit Revers zu arbeiten, dann werden wir etwas anders zu Werke gehen.

Wir suchen uns natürlich vorerst das für unsere Zwecke passende Fell bezüglich der Größe aus.

Seiten und Pumpf fallen weg, die Löcher der Hinterklauen werden auf die uns schon bekannte Weise ausgeschnitten.

Nun halbieren wir das Fell nicht nur im Grotzen, sondern auch wagrecht, um aus der unteren Hälfte den Kragen, aus der Kopfhälfte die Klappen zu erhalten. Die Skizze zeigt uns dies genauer (Abb. 82).

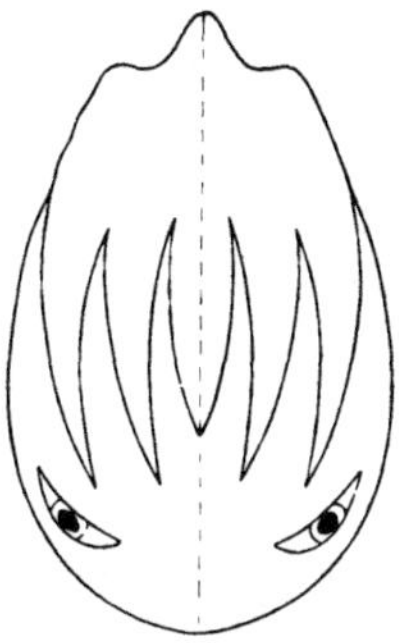

Abb. 81

Abb. 82

Die Biberverarbeitung

Wenn es die Kragen- oder Klappenfasson verlangt, können wir die Halbierung etwas schräg vornehmen.

Dem Pumpfe zu dehnen wir etwas, was bei Biber sehr leicht fällt, und wir erhalten aus der Pumpfhälfte den Herrenkragen und aus der Kopfhälfte die beiden Klappen.

Oft wird es gut sein, das Biberfell vor dem Zuschneiden, der gewünschten Fasson entsprechend, im ganzen zu zwecken, da wir dadurch eine große Fläche erhalten, die wir nun verwerten können.

Für einen Herrenkragen mit Klappe wird ein kleines Fell genügen, so daß nach der Verarbeitung kein anderer Abfall bleibt als nur derjenige, der infolge der verschiedenen Haarfarbe weggeschnitten werden mußte.

Bilche

Die kleinen Bilchmäuse mit ihrem dunklen Rücken und hellen Seiten werden im ganzen verarbeitet, also samt den hellen Seiten, da gerade dadurch die hübsche Kontrastwirkung erzielt wird.

Heute verwendet man die Fellchen meist nur für Kragen und Manschetten. Zu diesem Zwecke werden sie nach dem Bestechen in die gewünschte Fasson gestreckt, dann abgeglichen und so aneinandergearbeitet, daß sich die gewünschte Schattierung der dunklen Rücken und der hellen Seiten ergibt.

Bisam

Bisamfelle werden sowohl in Naturfarbe, wie auch auf Seal veredelt, stark verarbeitet, sowohl für Garnituren, Besätze, Jacken und Mäntel, wie auch für Pelzfutter. Ein gutes, dauerhaftes Fell, das immer Freude und Zufriedenheit schafft.

Sehen wir uns zuerst die wichtigste Verwertung des

Naturbisams

zur Mantelverarbeitung an.

Sehr wichtig ist das richtige Sortieren der Felle, die ganz ungeheure Nuanceunterschiede aufweisen. Wir sortieren, wie bei vielen anderen Sorten, die der Mantelverarbeitung zugeführt werden, paarweise, um immer davon ein Fell in eine Mantelhälfte, das zweite an die gegenüberliegende Seite der anderen Mantelhälfte zu placieren. Dadurch entsteht auch dann, wenn die Felle nicht ganz gleichartig in der Farbe sind und man die Übergänge gut sortiert, die notwendige Einheitlichkeit des Gesamtbildes. Immer stehen nicht so viele Felle zur Verfügung, um ideal sortieren zu können. Ist die Fellanzahl knapp, dann haben wir immer mit den verschiedenen Schattierungen zu rechnen, die so aufgeteilt werden müssen, daß langsame, kaum merkliche Übergänge stattfinden.

Heute arbeitet man die Bisamfelle nicht in ihrer vollen Breite zusammen wie einstmals, man wird die Felle fast auf ein Drittel ihrer Breite bringen und sie anderseits fast dreimal so lang auslassen, als sie sich natürlicherweise darstellen. Aus einem breiten, kurzen Fell wird somit theoretisch ein langer, schmaler Streifen. Wir sagen deshalb theoretisch, weil wir nicht das Einzelfell auslassen, sondern den aus mehreren Fellen zusammengesetzten Streifen.

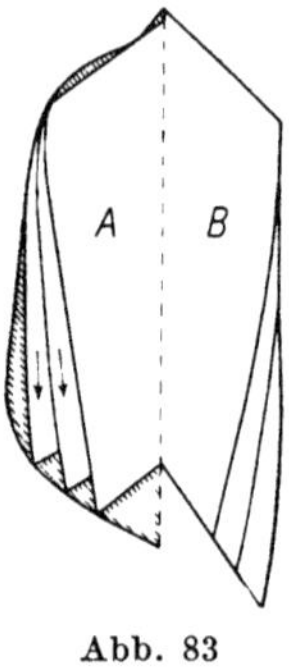

Abb. 83
Das Vorrichten des Naturbisams

Beginnen wir systematisch.

Das Naturbisamfell zeigt uns helle Wammen und einen meist beriebenen, mit wenig Grannen behafteten Pumpf. Wir nehmen also an der Seite die helle Stelle weg und schneiden auch den Pumpf heraus, wie wir dies in folgender Skizze darlegen (Abb. 83).

Unsere Skizze zeigt das Fell in der rechten Hälfte *A* mit den erst angezeichneten Schnitten, die zweite Hälfte *B* zeigt schon die Wirkung der bereits ausgelassenen Schnitte.

Wir werden also erst unten den ohnehin meist beriebenen Pumpf schief abschneiden, parallel gleichen wir den Kopf oben ebenfalls schief ab.

Ein Stückchen der hellen Seite, die schraffiert ist, nehmen wir auch weg. Nun schaffen wir unten die beiden Einschnitte und rücken durch zwei Schnitte, wie die Pfeilrichtung zeigt, herab.

Rechts auf der Hälfte *B* sehen wir jetzt, wie wunderbar das Fell ausgelassen sich darstellt.

Drei derart gearbeitete Naturbisamfelle werden nun so zusammengearbeitet, daß immer der genau passende Pumpf auf den Kopf des einen Felles aufgesetzt wird (Abb. 84).

Die drei aufgesetzten Felle, die wir in der nachfolgenden Abb. 84, linke Seite *A*, so belassen haben wie sie oben in Abb. 83, Seite *B*, ausgelassen wurden, werden nun durch schlanke V-Schnitte zusammen ausgelassen. Dadurch, daß die Schnitte von einem Fell in das andere übergreifen, kommen Köpfe und Pümpfe so ineinander, daß man von einem Aufsatz nichts mehr wird sehen können. Die ausgelassenen Streifen werden etwa $^3/_4$ cm breit sein. Seite *B* in dieser Abbildung zeigt, wie wir diese Schnitte herunter arbeiten und unten an der Basis des letzten Felles durch Einschnitte egal bringen.

Abb. 84 Auslassen der aufgesetzten Felle

Auf diese Weise erreichen wir eine gesamte Streifenlänge von ungefähr 105 cm, bei 6 cm Breite.

Wir haben also beim Naturbisam nicht, wie etwa bei anderen Sorten, die Felle in Stößen gearbeitet, sondern in schmalen Streifen, die dann entsprechend der Mantelteile aneinandergefügt werden.

Diese Arbeit ist gewiß recht mühevoll und erfordert große Aufmerksamkeit. Theoretisch kann der Schnitt leicht angebracht werden, denn die Zeichnung nimmt nicht Rücksicht auf die Haarwirkung. Der Kürschner jedoch wird sich vor jedem Schnitt genau überzeugen müssen, wie sich der Schnitt mit der Fellnuance verträgt.

Wir finden gerade in der Bisamverarbeitung mehrere Methoden. So werden z. B. die Felle bei Kopf und Pumpf in entgegengesetzter Richtung eingeschnitten. Dabei gibt es aber zu bedenken, daß man den Keil in den guten Kopf einschneiden muß, während etwa der schlechte Pumpf Schwierigkeiten macht. Der Kopf des Bisams wird meist besser sein als der Pumpf, deshalb lieber den Kopf lassen und vom Pumpf wegnehmen und durch Herabrücken der Seitenpartien, wie wir in unserem Beispiel gesehen haben, die Pümpfe verbreitern.

Hier haben wir den Rücken des Bisams verarbeitet. Die hellen, sehr hübschen zarten Wammen werden sehr gut auch für Jacken und Mäntel gearbeitet.

Dies geschieht auf folgende Weise:

Unsere Skizze (Abb. 85) zeigt uns eine Bisamwamme. Die Form ist schlanker als die des ganzen Felles; sehr natürlich, da bei der fast gleichen Höhe der Rücken fehlt.

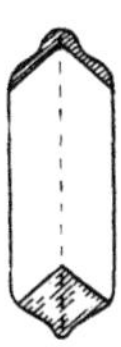

Abb. 85 Bisamwamme

Nun konstatieren wir bei der Wamme, daß die Kehle rauher ist als der Pumpf. Deshalb schneiden wir den Pumpf keilförmig gegen den Rücken ein, um dort eine rauhere Stelle zu finden, die uns den Übergang in den angesetzten, ebenfalls keilförmig geschnittenen Kopf ermöglicht.

Es wird sich hübscher machen, wenn wir die Wammen ziemlich in die Länge strecken. Die langen schmalen Fellchen werden dann auch den ganzen Mantel und dadurch auch die Trägerin strecken. Das heutige Schlankheitsideal verlangt diese Methode.

Die Fellchen werden nun schieferartig, ohne weitere Aus- oder Einlaßschnitte aneinander gearbeitet, nachdem sie vorher gleichmäßig abgeglichen wurden.

Die Anordnung ist jetzt wie nachstehende Skizze (Abb. 87) zeigt: Die Aufsätze werden nun gemäß der eigenartigen Haarfärbung der Wammen nicht ganz unkenntlich sein, jedoch die regelmäßige Aufeinanderfolge der großen Zacken wird sich, ähnlich wie bei Feh, ganz nett markieren. Die Ärmel werden auch derart gearbeitet, nur an den Revers lassen wir die Felle besser quer laufen, da wir damit eine recht hübsche Wirkung erzielen (Abb. 86).

Wir werden auch in die Lage kommen, Felle rechteckig als Grundlage annehmen zu müssen, um erst dann auf die weitere Bearbeitung einzugehen. Es gibt da verschiedene Methoden, die wir in Skizzen beifügen (Abb. 88, 89).

Abb. 88 zeigt uns das Geradearbeiten des Naturbisamfelles nach Abschlagen von Kopf und Pumpf, wobei wir, je nach Beschaffenheit

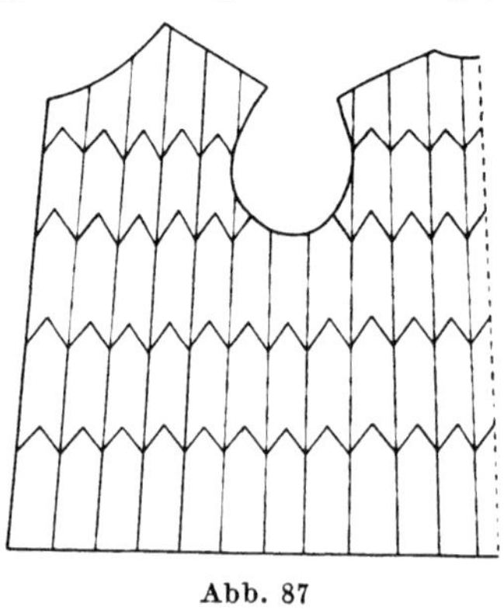

Abb. 86 Abb. 87
Zusammenstellen des Naturbisam-Wammenmantels

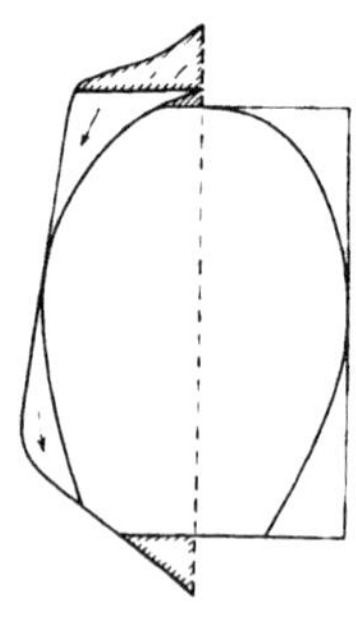

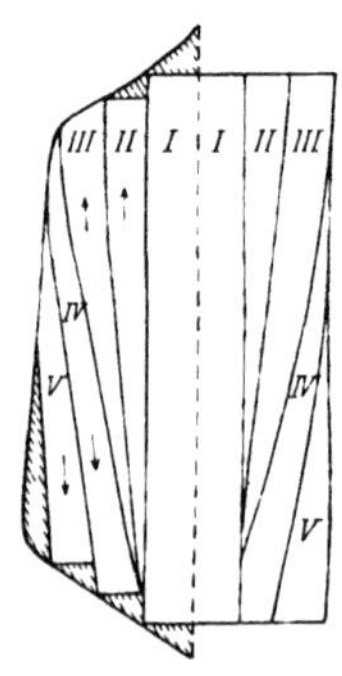

Abb. 88 Abb. 89
Naturbisam zum Rechteck gearbeitet

des Felles, mehr oder weniger Material einbüßen. Praktischer ist die zweite Art, die, wie die erste, auf der linken Hälfte die angezeichneten Schnitte darstellt, während die rechte Hälfte auf beiden Abbildungen schon die Durchführung zeigt.

Bei all diesen Schnitten ist nun auch folgendes sehr zu beachten. Es kann vorkommen, daß wir ein schon einmal ausgelassenes Fell, das uns durch das erste Auslassen erst die richtige Grundform bekam, später in der zusammengestellten Fellreihe nochmals auslassen müssen, um, wie bei Abb. 84, die langen schmalen Streifen zu erhalten. Die späteren

V-Schnitte sollen nun so geführt sein, daß sie einen schon früher geführten Schnitt nicht nochmals in der gleichen Richtung auslassen, wie dies schon zuerst geschehen ist. Dadurch würde der erste Auslaßschnitt nochmals weitergerückt werden, was in den seltensten Fällen zuträglich ist. Man wird also diesem ersten Schnitt bei der Gesamtauslassung ausweichen müssen.

Mehr als 2 cm sollen durch einen Schnitt nicht gerückt werden, da sich der Schnitt sonst markiert.

Man hat früher Naturbisam, wie andere Sorten, mit den sogenannten W-Schnitten ausgelassen, dabei aber viel zu viel Zeit verloren. Der moderne praktische Auslaßschnitt ist der oben angeführte V-Schnitt, der nicht nur weniger markiert sein wird, sondern auch kostbare Zeit spart, da weniger Schnitte und demzufolge auch weniger Nähte notwendig sein werden.

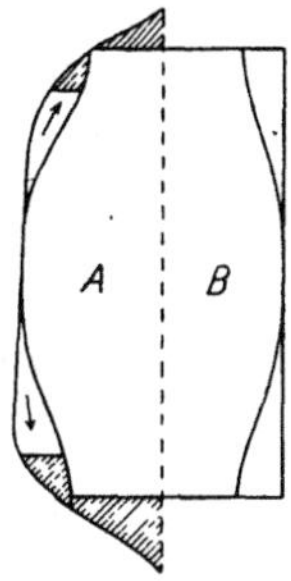

Abb. 90 Naturbisam

Die geraden Naturbisam werden noch für Futter gearbeitet. Zu diesem Zwecke wollen wir noch eine Methode kennenlernen, das Fell gerade zu bekommen, so daß es dann mit anderen ebenso gearbeiteten Fellen zu einem Futter zusammengesetzt werden kann (Abb. 90).

A stellt die Fellhälfte dar, auf welcher die Schnitte erst angezeichnet sind. Die Hälfte *B* zeigt schon die erreichte Wirkung.

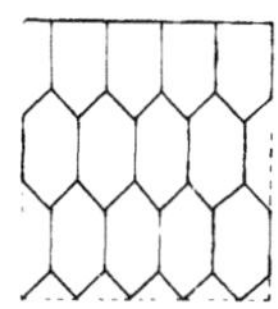
Abb. 91 Bisamfutter

Es gibt aber auch Bisamfutter, die eine andere Bearbeitung der Grundfelle zeigen. Hier kann die natürliche Fellform mehr als Grundlage angenommen werden, als bei den anderen Verarbeitungsmethoden. Das Futter wird dann so aussehen wie Abb. 91 zeigt:

Nirgends gibt es da eine Norm. Geschmack und praktische Einstellung sind alles.

Sehr beliebt ist ferner auch der geschorene und gefärbte

Sealbisam

Er wird nicht ausgelassen, und zwar aus dem leicht begreiflichen Grunde, weil er keine Zeichnung aufweisen kann. Das Fell ist einfärbig schwarz und wird in rechteckiger Form in Zacken aufgesetzt. Die Seitennähte werden gerade geführt.

Das Sealbisamfell liegt meistens schon so vor, daß es nach dem Bestechen und richtigen Strecken für den Mantel Verwendung finden kann. Aber es gibt auch Abweichungen, dann werden wir vielleicht das kurze und breite Fell in die uns mehr zusagenden Formen bringen. Sehen wir uns dies an einem Beispiel näher an (Abb. 92):

Die Hälfte *A* zeigt wieder das Fell in der ursprünglichen Beschaffenheit mit den schon eingezeichneten, aber noch nicht gerückten Schnitten. Hälfte *B* bringt schon die Entwicklung und legt dar, daß das Fell wohl schmäler, dafür aber auch entsprechend höher wurde.

Nun haben wir beim Zusammenarbeiten der Sealbisamfelle, die in ihrer vollen Breite gearbeitet werden, zu beachten, daß die Rücken rauher sind als die Seiten. Würden wir nun ganz gleichmäßig in Zacken aufsetzen, würden sich die Haarverschiedenheiten markieren.

Wir beugen auf etwa folgende Weise vor (Abb. 93):

Die Skizze dieses schon für die weitere Zusammenarbeit rechteckig abgeglichenen Felles zeigt uns, wie wir in der Mitte die Zacken schneiden, die nun mit dem anderen Fell verbunden werden. Die Seiten jedoch lassen wir gerade und in der Höhe der Zackenspitzen laufen und treten dann auf, um die Kürze der Haare hier durch das Auftreten wieder wettzumachen.

Die Sealbisamfelle werden auch schon in zusammengesetzten Tafeln geliefert, die aus acht bis neun Fellen gearbeitet sind. Dies geschieht entweder in gewöhnlicher Weise, wie in Abb. 94, oder man arbeitet die Felle mehr ineinander, wie in Abb. 95.

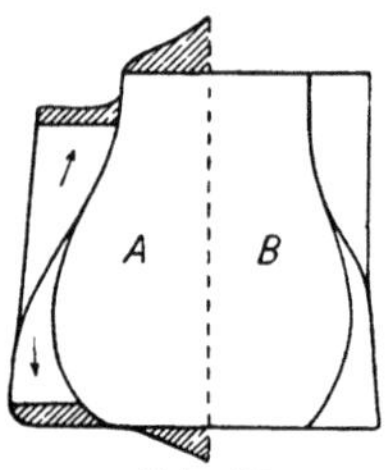

Abb. 92

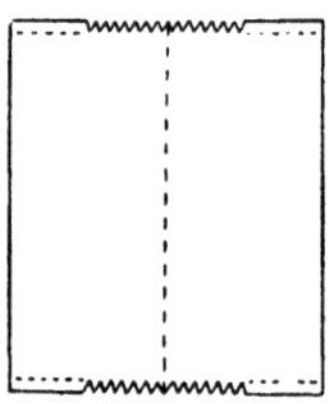

Abb. 93

Sealbisam

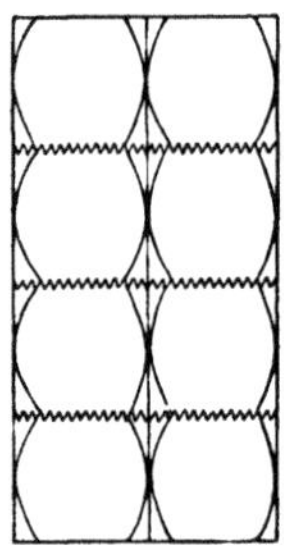

Abb. 94

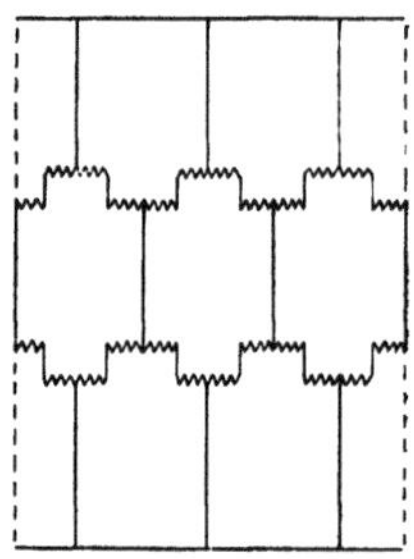

Abb. 95

Sealbisamfutter

Die Kürschner, welche Platten verarbeiten, kennen ja diese Arbeit, die wir in vorstehenden Skizzen vorführen.

Aus diesen schon fertigen Bändern werden die billigeren Mäntel erzeugt. Die Platten sind vor der Arbeit noch gut durchzusehen, zu bestechen und auch sonst muß tüchtig nachgeholfen werden. Da und dort sind Nähte zu übernähen, Stücke aufzutreten und anderes mehr.

Auch Platten aus Sealbisamwammen kommen in den Handel, die sich natürlich entsprechend billiger stellen als Streifen aus ganzen Fellen.

Aus Sealbisam werden sehr gerne Garnituren, Besätze und Herrenkragen gearbeitet. Sehen wir uns einmal die Bearbeitung eines vierfelligen Herrenschalkragens an (Abb. 96).

Die Ausführung ist einleuchtend: Da wir oben an der Kragenmitte nicht eine ganze Fellbreite benötigen, werden wir Fell 1 und 2 nur zirka zu drei Vierteln verwenden. Diese beiden Felle werden mit den Pümpfen zusammengearbeitet. Der Rücken des Felles läuft immer außen am Kragen, die Seite zum Hals. Nun verwenden wir vom Felle 3 auf jeder Kragenseite eine Hälfte, die wir mit dem übriggebliebenen Viertel von Fell I und II ergänzen. Fell 4 muß sehr groß sein, da es, gespalten, entsprechend auf die Kragenspitzen aufgeteilt werden soll. Genügt die

Breite nicht, werden wir eventuell den Pumpf einlassen, wie oben angezeichnet. Das alles arbeiten wir mit netten Zackennähten zusammen und wir erhalten einen schön gearbeiteten Herrenschalkragen. Drei große Felle lassen sich nicht so gut arbeiten wie vier mittlere Felle. Bei fünf Fellen würde wieder zu viel abfallen und die Ware sich verteuern.

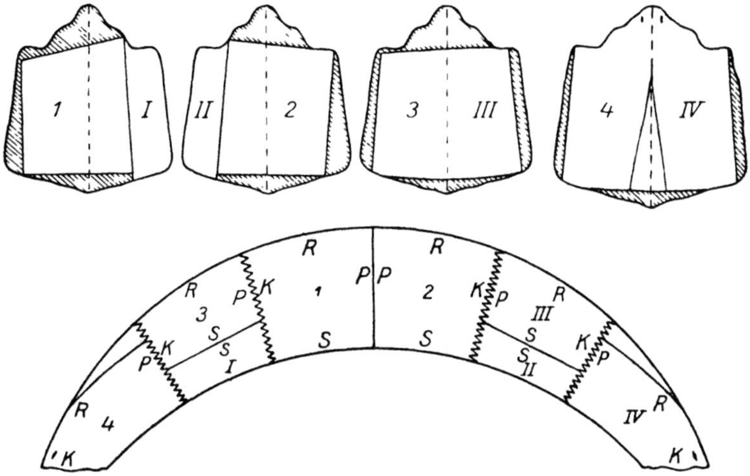

Abb. 96. Der vierfellige Sealbisamschalkragen

Andere Arbeiten aus Sealbisam verstehen sich nach den hier dargestellten Grundzügen von selbst.

Schwächere Sealbisam sind stets auch zu pikieren, um den Gegenständen eine längere Haltbarkeit zu geben.

Breitschwanz

Die Verarbeitung des Breitschwanzfelles ist deshalb eine ziemlich heikle, da das überaus zarte Leder äußerst behutsame Handhabung erfordert. Das Fell ist wohl durchwegs schwarz gefärbt, kennt keine Farbunterschiede und zeichnet sich speziell durch das hauchzarte Moiré aus, das Charakteristikum des Breitschwanzes.

Um einen Breitschwanzmantel zusammenzustellen, müssen wir vor allem die Felle sehr gut sortieren. Wir werden wohl hier nicht von rauheren und flacheren Stellen reden können, wohl aber von der Verschiedenheit des Moirémusters. Diesem ist also beim Sortieren ein ganz besonderes Augenmerk zuzuwenden. Wir werden Sorge tragen, daß die schönsten Felle für den Mantelrücken, den Kragen, Revers und Ärmel zur Verwendung kommen. Die verbleibenden Felle werden dann so verteilt, daß die Übergänge derart ineinander überlaufen, daß der fertiggestellte Mantel wie aus einem Stücke geschnitten aussehen soll.

Um nun die Nähte bei diesem so flachen Fell möglichst unkenntlich zu machen, werden wir die sogenannte Wellenlinie anwenden, die Wellennaht, die so ziemlich dem Moiré des Felles folgt. Wir werden aber auch die Pümpfe in die Köpfe einarbeiten, wie es nachfolgende Skizze deutlich darstellt (Abb. 97).

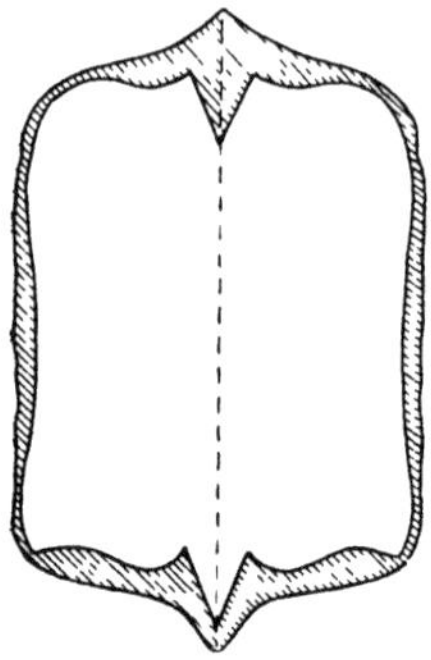

Abb. 97
Breitschwanz

Wir sehen hier, wie der Kopf eingeschnitten ist, so daß er wieder in den entgegengeschnittenen Pumpf des angesetzten Felles paßt.

Die Seiten werden mit Wellennähten zusammengefügt. Natürlich geht das alles nicht aus freier Hand, sondern mittels Schablone, die aber nicht einheitlich sein kann, sonst passen die Wellen nicht aneinander. Die Kurve, die bei dem einen Fell konvex ist, wird beim anschließenden konkav sein müssen, um genau ineinanderzupassen. Diesbezüglich muß man sich mehrere Schablonen anfertigen, etwa vier Stück, die man dann abwechselnd anwenden kann.

Freilich sind die Kurven miteinander abzustimmen, da sie sonst nicht passen.

Die folgende Skizze (Abb. 98) zeigt uns, wie nun die Felle aneinanderkommen, bis sie schließlich die verschiedenen Mantelteile ergeben.

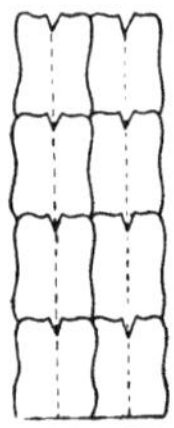

Abb. 98
Breitschwanzanordnung

Die Breitschwanzverarbeitung ist in jeder Weise kompliziert, da nicht nur auf das schwache Leder Rücksicht genommen werden muß, sondern auch technische Handgriffe von besonderer Exaktheit durchgeführt werden müssen.

Außerdem sind sämtliche Nähte mit der Hand und nicht mit der Maschine herzustellen. Die Maschinnadel würde hier großes Unheil anrichten.

Besondere Beachtung ist den charakteristischen Breitschwanzbrüchen zuzuwenden, die fein und sauber mit der feinsten Handnaht zu vernähen sind.

Schon beim Sortieren wird man die Felle, welche Brüche aufweisen, wenn sie schon verwendet werden müssen, an Stellen einteilen, wo sie weniger zur Geltung kommen.

Große Vorsicht ist beim Zwecken anzuwenden. Ziehen darf man die Felle kaum. Man wird das richtige Gefühl haben müssen, um die Felle richtig flach zu bekommen. Gezweckt wird mit Stecknadeln und nicht mit Nägeln, um das feine Leder nicht zu sehr zu beeinträchtigen.

Die Haarseite kommt nicht auf das Brett zu liegen, sondern wird nach oben gerichtet sein. Es empfiehlt sich, über gespannte Breitschwänze Papier zu legen, damit das empfindliche Haar durch Staub oder Kreide nicht leidet.

Nach dem Abzwecken ist der ganze Mantel gut abzupikieren, um dem Leder einen besseren Halt zu gewähren.

Das Trocknen darf nur auf natürliche Weise erfolgen. Künstliche Hitze schadet dem Leder ungemein.

Man überhaste bei der Anfertigung eines Breitschwanzstückes nichts. Dies ist hier auch gar nicht nötig. Das Stück stellt ein derart kostbares Material dar, daß es gar keine Rolle spielt, wenn zwei Tage länger an dem Mantel gearbeitet wird.

Buenos-Breitschwänze

Diese werden ähnlich wie die echten Breitschwänze verarbeitet. Infolge ihres starken Leders sind sie nicht so heikel und wird man sich schon deshalb da und dort einige Freiheiten gestatten können.

Die Buenos sind nicht schwarz, sondern goldbeige oder grau. Demzufolge wird man beim Sortieren auch auf die Farbnuance der einzelnen Felle mehr Rücksicht zu nehmen haben.

Die Zeichnung der Buenos ist von derjenigen der echten Breitschwänze verschieden. Wir haben oft kein Moiré, sondern mehr Lockenwellen. Auch deshalb wird man die Felle, die dadurch eine größere Variation zeigen, gründlich zusammensortieren müssen.

Auch diese Felle werden in der Hand genäht werden müssen, was heute als sehr zeitraubend gilt, dies um so mehr, als wir sonst gewohnt sind, uns der rasch arbeitenden Maschine zu bedienen. Unser erstes Ziel ist aber immer, ein schönes Stück herzustellen, weshalb im Interesse dieser Tatsache lieber mehr Zeit auf das gute Ausfallen des Stückes geopfert werden soll.

Chinchilla

Das im Aussterben begriffene Chinchilla wird uns derzeit nicht mehr so beschäftigen wie einst. Dennoch kommen diese Arbeiten speziell bei Umarbeitungen vor.

Zwei Merkmale treten bei Chinchilla ganz besonders hervor: das ungemein weiche, seidige, dichte Haar und das zarte Leder.

Daraus folgt, daß wir sehr vorsichtig beim Nähen der Fellchen sein müssen.

Die Zitzen werden wagrecht ausgeschnitten und vernäht. Kopf und Pumpf des Chinchillafelles fallen ab. Alle Schnitte sind sehr vorsichtig zu führen, da sie sich sehr leicht markieren. Möglichst wenig und nur die allernotwendigsten Schnitte bei Chinchilla!

Schon beim Einkaufe sehe man sich die Felle gut an und weise fehlerhafte Ware zurück. Das gute Fell hat, im Gegensatz zum Sekundachinchilla, einen rauhen Kopf. Beim Zusammenarbeiten zweier Felle, die nicht mit den Köpfen zusammenstoßen, wird man daher vom Kopfe des einen und dem Pumpfe des anderen so weit wegschneiden müssen, daß man eine gute Verbindung erhält.

Muß das Fell ausgelassen werden, dann werden wir infolge der Haarschattierung am besten den mehrfachen W-Schnitt anwenden, aber sehr vorsichtig.

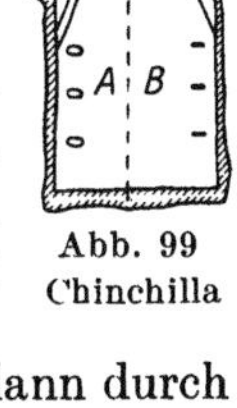

Abb. 99 Chinchilla

Schaffen wir einen geraden Kragen, dann schlagen wir Kopf und Pumpf der einzelnen Felle gut ab, schneiden die Zitzen aus, die wir sorgfältig vernähen, und ziehen, am besten nach dem Ausschneiden der Vorderklauen, durch zwei einfache Schnitte etwas hoch (Abb. 99).

Die Hälfte *A* zeigt uns, wie wir die Klaue entfernen und dann durch zwei Schnitte hinaufrücken. Seite *B* zeigt das Ergebnis.

Die Zitzen sind ausgeschnitten und einfach vernäht. Ist das Fell nun auf diese Weise gleichmäßig gerade gearbeitet, kann es mit anderen, ebenso gearbeiteten, zusammengefügt werden, um die gewünschte Fasson zu erzielen.

Chinchillafelle werden vorsichtig mit Stecknadeln gezweckt. Das zarte Leder darf nicht mit Gewalt gedehnt werden. Auch darf keine unnatürliche Hitze zum Trocknen der Felle verwendet werden.

Dachs

Die Verwertung des Dachses für Pelzgarnituren wird beeinträchtigt durch das lange, spärliche und straffe Haar. Man wird daraus vielleicht nur Decken machen, sonst interessiert sich die Pinselfabrikation für diese Sorte. Die Haare werden außerdem noch zum Spitzen anderer Felle verwendet.

Der amerikanische Dachs hingegen eignet sich wieder für Kragen und Besätze. Freilich wird man auch da nur die schönen und dichten Felle verwenden.

Der amerikanische Dachs, der heute wenig begehrt ist, weist nun einen äußerst vollen Rücken auf, den wir bei der Bearbeitung, sei es eines Kragens oder Muffes, herausschneiden wie die Seiten.

Von den beiden nun verbleibenden Fellhälften arbeiten wir einen Muff derart, daß wir nun nicht die Rückenstellen nach Ausschneiden des Grotzens wieder zusammenarbeiten, sondern umgekehrt verfahren und die Seitenlinien zusammenfügen, um das Muffblatt zu erhalten.

Bei Anfertigung eines Kragens wird man auch das Fell in sich versetzen. Man schneidet wieder wie zur Anfertigung des Muffblattes Rücken und Seiten ab, ferner Kopf und Pumpf und erhält nun zwei gleich lange und gleich breite Streifen; aus jeder Fellhälfte also einen Streifen. Diese Streifen teilt man nun durch Querschnitte in je sechs gleiche Teile und numeriert diese in der linken Hälfte mit den ungeraden Ziffern 1, 3, 5, 7, 9, 11, während die rechte Fellhälfte ebenso geteilt und mit den geraden Zahlen 2, 4, 6, 8, 10, 12 bezeichnet wird. Nun fügt man die Teile der Reihe nach 1, 2, 3, 4 usw. zusammen — gewiß ganz eigenartig in der Fellbearbeitung, was nur dadurch ermöglicht wird, daß Rücken und Seiten entfernt wurden —, und wir erhalten einen Streifen, den wir dann weiter nach Wunsch verarbeiten.

Feh

Wenn wir im folgenden von der Verarbeitung des zarten Fehfelles sprechen, dann wird immer Fehrücken gemeint sein. Dieses Tier ist nämlich im Rücken grau, während die Wamme ganz weiß ist. Die Wamme wird daher ausgeschnitten und separat zu Futterzwecken oder Garnituren zusammengestellt, die Fehrücken jedoch interessieren uns speziell für die Mantelarbeit.

Wir werden vor allem Feh immer in die Länge strecken, dadurch erreichen wir die heute so notwendige schlanke Form, welche auch die

Pelzträgerin streckt, weiters wird das Fell dadurch dichter und schöner. Kopf und Pumpf werden rund oder eckig geschnitten, um auf diese Weise entsprechend ein Fell auf das andere aufsetzen zu können.

Abb. 100 zeigt uns den runden Ausschnitt und den eckigen, wodurch Fell auf Fell gesetzt wird.

Wir werden hier wieder, beim Sortieren zu einem Mantel, paarweise sortieren, um eine egale Aufteilung der Felle auf die stets gegenüberliegenden Teile zu erzielen. Wir stufen durch das Sortieren auch den vielfach wechselnden Farbton entsprechend ab, wenn uns

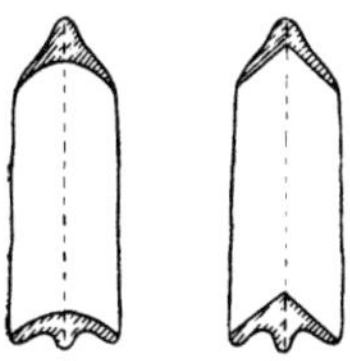

Abb. 100

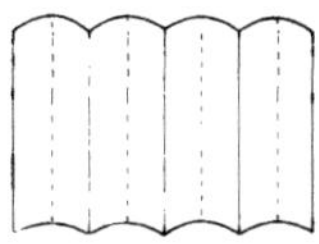

Abb. 101
Die Fehbearbeitung

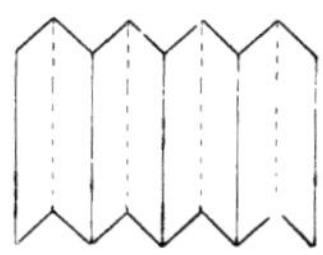

Abb. 102

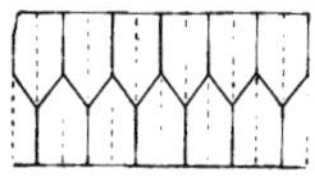

Abb. 103
Fehkopffutter

nicht genügend Felle zur Verfügung stehen. Die dunkleren Felle werden im Rücken und die Differenzen dann entsprechend abzustimmen sein. Idealer ist natürlich das Arbeiten mit vollständig gleichmäßig sortierten Fellen. Wir müssen aber immer hier mit etwas Schwierigkeiten rechnen, um einen entsprechenden Ausweg angeben zu können.

Die Felle werden auch nicht alle gleich groß sein. In diesem Falle beginnen wir mit den größten Fellen im untersten Fellstoß, wie wir dies auch bei anderen Sorten immer wieder betonten. Das Fundament bietet mit den größten Fellen den natürlichen Stützpunkt, von welchem aus nach hinauf gearbeitet wird. Je kleiner und schmaler die Fellchen werden, desto höher kommen sie im Mantel zu liegen. Die Aufsätze sind derart vorzunehmen, daß stets Grotzen genau wieder auf Grotzen kommt, so daß wir eine ununterbrochene schöne Linie erzielen, die durch falsche Aufsätze nicht unschön verzerrt wird.

Von den Fehfellen wird alles verwendet. Der Rücken dient zur Anfertigung von Mänteln und Garnituren, die Wammen geben schöne, gute Futter und sogar Fehköpfe werden zu Futter zusammengesetzt, und zwar auf die verschiedenartigste Weise. Oft werden ganze Zeichnungen zusammengestellt. Die einfachste und empfehlenswerteste Art ist die, wie sie Abb. 103 zeigt.

Die Zusammenarbeit der Köpfe auf diese Art macht sich ungemein hübsch. Im ganzen Futter wirkt die Dessinierung dann natürlich noch viel besser.

Über das Versetzen von Zobel-Feh siehe unter „Versetzen".

Fohlen

Diese sibirischen reizenden Felle sind heute in der Mantelerzeugung hoher Favorit. Das Fell ist außerordentlich dauerhaft und kommt sowohl in seiner Naturfarbe wie auch gefärbt in den Handel.

Hellere Farben schattieren sich sehr hübsch, da der Rücken etwas dunkler erscheint und die Seiten durch ihr leuchtendes Hell einen sehr gut wirkenden Kontrast schaffen. Freilich heißt es beim Arbeiten da besonders vorsichtig sein, um gute und passende Übergänge zu erzielen. Schwarzgefärbte Fohlen sind schon leichter zu arbeiten, weil die Nuancierungsunterschiede wegfallen.

Wir unterscheiden zweierlei Fohlen: die länger behaarten Felle, die etwas gröber erscheinen und nur durch den Diechenwirbel die abwechslungsreiche Wirkung aufzeigen, und die breitschwanzähnlichen Fohlen, die sich durch ihre wunderschöne moiréartige Zeichnung bemerkbar machen und ein viel flacheres Haar besitzen.

Die Breitschwanzfohlen werden wir wieder in der Hand und nicht mit der Maschine nähen.

Je nach Größe der Felle oder auch nach der Größe des anzufertigenden Mantels werden wir sechs oder acht Felle verwenden.

Das größte Fell, das möglichst auch die schönste Zeichnung aufweisen soll, bildet den Rücken, links und rechts werden zwei anschließende Felle die beiden Seitenteile des Mantels ergeben. Nun sind aber die Felle nicht immer so lang als die ganze Länge des Mantels es verlangt, wir werden daher — soll der Mantel aus sechs Fellen gearbeitet werden, ein viertes Fell, nach oben hin, verteilen. Die Haarstruktur und die Zeichnung der Felle wird hier mitbestimmend wirken müssen bei der Aufteilung des vierten Felles. Wir setzen entweder die untere Hälfte des vierten Felles auf den Kopf des großen Rückenfelles und verteilen die obere Hälfte auf die sich oben verschmälernden Vorderteile oder wir schaffen, wenn es die Zeichnung zuläßt, umgekehrt, was gewöhnlich besser und egaler wirkt, so daß Kopfteil zu Kopfteil kommt.

Zwei kleinere Felle haben wir uns für die beiden Ärmel reserviert.

Kragen und Manschetten werden meist aus einer anderen, flaumigeren oder vollhaarigen Sorte gearbeitet, wie Opossum, Waschbär, Fuchs, Skunk und dergleichen, je nach Geschmack. Dadurch wird ein hübscher Kontrast erzielt, indem wir zu dem flachen, moiréartigen Leib einen rauhen Besatz schaffen.

Die Aufsätze der Felle erfolgen mittels Wellennaht, da dieselben der Haarzeichnung nachgehen und die Nähte weniger markieren.

Wenn wir einen Fohlenmantel aus acht Fellen arbeiten, können wir sechs Felle in den Leib arbeiten, und zwar auf die Weise, daß wir je zwei kleine Felle aufeinander aufsetzen oder auf eine andere, unten näher erörterte Weise.

Es wird ja in erster Linie auch von der Größe des Mantels und der Felle abhängen, wie wir mit dem Material auskommen. Es müßte schon ein gewaltig großes Stück sein, sollten die Felle ganz aufeinander aufgesetzt werden müssen. Es können aber auch wieder kleine Felle sein, die nicht so ausgiebig sind. Bei größeren Fellen wird uns oben etwas abfallen, das wir für Kragen oder Manschetten verwerten können, wenn der ganze Mantel samt Besatz aus Fohlen hergestellt werden soll.

Sehen wir uns nun die zweite Art der Verarbeitung an, wenn sechs Fohlenfelle in den Leib kommen (Abb. 104).

Die Zeichnung erklärt uns alles. Fell A im ganzen, ist nun nicht unten an der Basis, sondern in der Mitte, während das zweite Fell B gespalten wurde, um unten an der Basis die untere Fellhälfte, oben die obere Fellhälfte anzusetzen. Wir erreichen dadurch eine Doppelwirkung der Diechenwirbel, die bei richtiger Verarbeitung sehr gut aussieht.

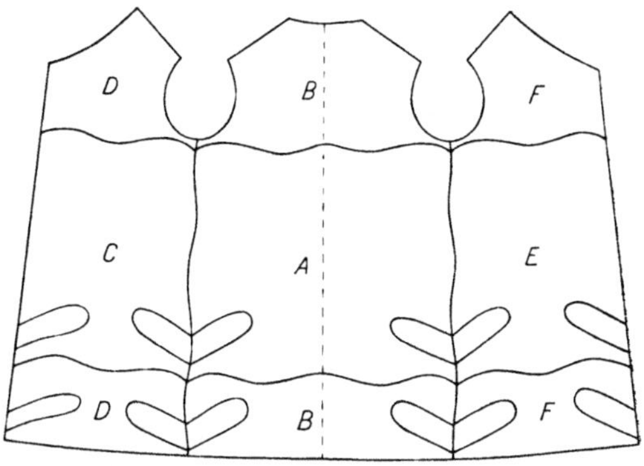

Abb. 104
Fohlenmantel mit Doppeldiechenwirkung

Die Seitenfelle, welche die beiden Vorderteile bilden, werden ebenso gearbeitet.

Die Fohlenfelle haben noch andere Eigenschaften. Sie zeigen oft noch eine kleine zarte Mähne vom Nacken herab auf, die natürlich mit der Schere vorsichtig abgeschnitten werden kann und bei schwarzen Fellen dadurch ganz unkenntlich gemacht wird. Naturfarbige helle Fohlen weisen außer dieser kurzen kleinen Mähne auch oft noch einen markanten dunklen Grotzen auf, der dann gänzlich vom Leder aus herausgeschnitten werden muß.

Gute Fohlen haben auch ein gutes Leder. Mindere Ware, besonders schlecht gefärbte Ware mit etwas beschädigtem Leder, muß gut pikiert werden.

Fuchs

Der Fuchs weist in seiner Bearbeitung sehr verschiedene Momente auf, die von der eigenartigen, mannigfachen Art der Haarstruktur und Haarfarbe bestimmt werden. Außerdem aber verlangen die verschiedenen Fuchsarten wieder eine gesonderte Behandlung. Gerade deshalb ist auch die Bearbeitung des Fuchses so interessant, und die hier anwendbaren Variationen in der Verarbeitung geben oftmals die Grundlage zur Behandlung anderer Fellsorten.

Wir haben schon deshalb bei der allgemeinen Technik des Kürschners öfter den Fuchs als Beispiel angeführt, um grundlegende Bearbeitungsformen darlegen zu können.

Sehen wir uns nun einmal die verschiedenartige Haarbeschaffenheit des Fuchses an.

Von der niederen Schnauze steigt die Haarhöhe über den Schädel zum Nacken an, um von dort plötzlich wieder zum Kreuz abzuflachen. Eigenartig ist dieses Kreuz markiert, nicht nur durch die Farbe, sondern auch durch die Haarhöhe. Hier wird alles zarter und enger, um sodann wieder in den rauhen Rücken aufzusteigen. Der Grotzen des Fuchses ist charakteristisch eingedrückt, worauf bei der Verarbeitung sehr geachtet werden muß. Die Seiten sind weicher und flaumiger, die Klauen flach.

Diese Variationen bilden die Haarunterschiede. Die weitere Verschiedenheit ist dann in der Farbe zu suchen, die nicht allein in jeder Fuchsart sich anders zeigt, sondern oft bei gleichen Arten ganz verschiedenen Ausdruck findet.

Dies alles ist also bei der Bearbeitung des Fuchses zu berücksichtigen und deshalb ist die Fuchsbearbeitung so interessant.

Nehmen wir als erstes Verarbeitungsbeispiel den

Landfuchs

Soll derselbe auf eine Tierstola gearbeitet werden, dann haben wir das in seiner natürlichen Größe etwas zu kurz und zu breit wirkende Fell länger und schmaler zu machen. Die hiezu nötigen Berechnungen finden wir vorne unter „Auslassen" in der allgemeinen Technik des Kürschners. Auch die jetzt beschriebenen Auslaßschnitte sind dort in mehreren Skizzen ersichtlich.

Die verschiedene Haarbeschaffenheit, sowie der Wechsel der Farbe machen es notwendig, daß wir den Fuchs innerhalb dieser Flächen gesondert arbeiten. Wir lassen also den Rücken und die Seiten separat aus und, wenn nötig, auch Kreuz und Nacken.

Die Diechenbearbeitung haben wir ebenfalls im allgemeinen Teil besprochen. Zu beachten ist, daß die Dieche meist wunderbar in der Haarwirkung ist, weshalb man nichts wegschneiden und möglichst nur durch Verdichtungsnähte überarbeiten soll, um den Fuchs nicht eines seiner wirkungsvollen Teile zu berauben.

Das Auslassen des Fuchses mit einfachen oder doppelten W-Schnitten oder V-Schnitten haben wir bereits im allgemeinen Teil kennengelernt.

Wiederholt muß werden, daß der schlank ausgeführte Schnitt der beste ist. Er läuft mehr in der Haarrichtung und wird sich nicht markieren. Wichtig ist das Beachten der Haar- und Farbverschiedenheiten, innerhalb welcher alle Schnitte geführt werden müssen.

Wir zeichnen uns deshalb mittels des Grotzenstechers alle diese Varianten gut an, um die Schnitte nur innerhalb der zuträglichen Linie zu führen.

Die Fuchsverarbeitung ist wie die fast aller Sorten keine Norm. Fast jeder Kürschner hat da seine eigene Auffassung, die er durch die Praxis gefestigt hat. Weiter rückwärts, bei der Verarbeitung des Marders, bringen wir ein Beispiel der Marderbearbeitung in Abb. 121, nach welcher auch jeder Landfuchs ausgelassen werden kann. Man vergleiche die Fuchsschnitte im allgemeinen Teil mit diesen Marderschnitten, ohne Berücksichtigung der Einlaßschnitte beim Kopf des Marders, und man wird schon aus diesen beiden Beispielen ersehen, wie frei der Kürschner hier in bezug auf die Schnittführung schaffen kann, sofern sie sich aber doch wieder innerhalb der Farb- und Haargrenzen bewegt. Darüber hinaus gibt es natürlich keine Freiheit, man kann eben das kurzhaarige Kreuz nicht in den rauhen Rücken hinarbeiten und die flache Klaue nicht in den rauhen Pumpf.

Die Seite soll immer separat behandelt werden, sie läßt sich auch ganz anders dehnen als der Rücken. Man wird die Seite mit zwei bis drei schlanken Schnitten und durch Dehnen immer in die gewünschte Länge bringen.

Die engen Rückenschnitte werden dem etwas eingefallenen Grotzen gewiß auch zugute kommen.

Um den Fuchs zu schweifen, wird man etwas runde Schnitte anwenden müssen. Abb. 105 zeigt das noch natürliche Fell mit den erst eingezeichneten Schnitten, Abb. 106 zeigt das schon ausgelassene Fell bezüglich der erzielten Wirkung.

Interessant ist das Versetzen des Fuchses. Das Prinzip haben wir ja bereits kennengelernt. Nun können wir in die Lage kommen, einen Fuchsmuff anfertigen zu müssen, dessen Haar rund herum laufen soll, wobei aber zu vermeiden ist, daß der rauhe Pumpf auf den niedrigeren Kopf kommt.

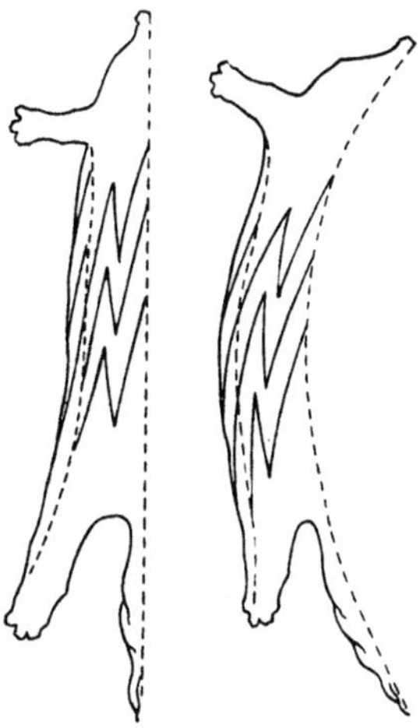

Abb. 105 Abb. 106
Das Schweifen des Fuchses

Wir werden vorerst den Fuchs entsprechend dem Gebrauche strecken, also mehr in die Breite, um die Muffbreite herauszubekommen. Der etwas zu schmale Kopf wird eingelassen, eventuell durch den uns ebenfalls schon bekannten Galon (Abb. 70) noch etwas verbreitert.

An der Hand der nun folgenden Skizze wollen wir uns das Versetzen des Fuchses genau ansehen (Abb. 107 u. 108):

Wir haben vorerst genau zu überprüfen, wie weit das Haar des Nackens mit dem des Rückens gleich unterhalb des Kreuzes korrespondiert. Darauf bauen wir das ganze Versetzen des Fuchses auf.

Wir zeichnen den Grotzen an und links wie auch rechts davon je eine Linie, damit wir beim Versetzen die Richtung einhalten. Dann lassen wir den Kopf ein respektive führen, wenn möglich, Längsgalons, um die gewünschte Breite herauszubekommen. Natürlich wird entsprechend in die Breite gestreckt werden müssen, um das angestrebte Ziel zu erreichen. Das Nacken- und Kreuzstück bleibt unverändert; es wird die Mitte des zu schaffenden Muffblattes bilden. Wir haben diese Partie mit I bezeichnet und sehen, wie diese Partie I in der Mitte des Muffblattes zum Ausdruck kommt.

Nun schneiden wir unterhalb des Kreuzes beginnend den Fuchs in zirka 1½ cm breite gleichmäßige Streifen. Streifen 1 setzen wir über die Partie I, Streifen 2 darunter und so fort, immer die ungeraden oben darüber, die mit geraden Ziffern bezeichneten Streifen unter die Partie I.

Die Wirkung wird uns jetzt klar sein, und wir sehen auch in der Skizze, daß beim Zusammenarbeiten des Muffblattes Streifen 24 an 25

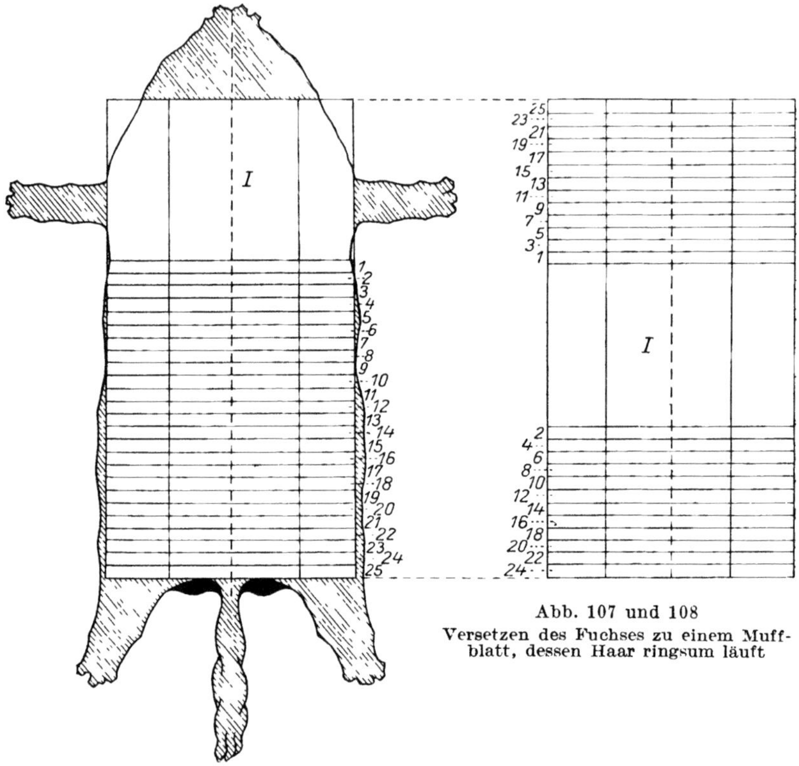

Abb. 107 und 108
Versetzen des Fuchses zu einem Muffblatt, dessen Haar ringsum läuft

anschließen wird, wodurch wir das Muffblatt mit gleichlaufendem Haarstrich vollständig egal geschaffen haben.

Es muß hier immer wieder erwähnt werden, daß die Skizzen die Theorie darstellen und jedes Fell nach seiner Beschaffenheit verschiedenartig sich darbieten wird. Da wird man hier mit den Schnitten beginnen, dort wieder an etwas anderer Stelle. Wir haben es ja im Fell mit keiner Schablone, sondern einer individuellen Schaffung zu tun, die dann auch immer wieder die individuelle Einstellung des Arbeiters beansprucht.

Ebenso wird man das Versetzen der Länge nach durchführen können, und wer in der allgemeinen Technik die Theorie des Versetzens richtig erfaßt hat, wird praktisch damit, bei Beachtung der individuellen Beschaffenheit des Felles, zu Wege kommen.

Das Verkürzen des Nackens und entsprechendes Einarbeiten in den Rücken haben wir bereits beim „Versetzen", Seite 108, kennengelernt und verweisen diesbezüglich neuerlich auf diese Methode.

Wer nun den Landfuchs richtig zu bearbeiten versteht, wird bei der Verarbeitung anderer Füchse keine besonderen Schwierigkeiten haben. Der Landfuchs bietet schon eine ganz staunenswerte Fülle von Möglichkeiten, und so wird man bei anderen Füchsen, sowohl gefärbten wie auch Edelfüchsen, nur dem Umstande der Haar- und Farbverschiedenheiten entsprechend Rechnung zu tragen haben.

Edelfuchs

Eine besondere Bearbeitung beanspruchen die Edelfüchse, wie die weißen und grauen Polarfüchse und der Blaufuchs, auch deshalb, weil hier die uns bereits bekannten Galons gearbeitet werden müssen, eine Arbeit, die weniger schwierig in der Technik ist als sie präzise ausgeführt werden muß. Auf Seite 111 haben wir das Galonieren, wodurch wir einen kurzen Fuchs, der ein besonders dichtes Haar hat, verlängern, genau beschrieben und dort sind auch die betreffenden Skizzen beigefügt.

Auch das Einschneiden ist bereits unter der allgemeinen Technik ausführlich behandelt worden.

Kreuz- und Silberfüchse werden wir mit möglichst wenig Schnitten auslassen, diese sehr schlank, respektive steil anwenden; wir erzielen damit bestimmt die gewünschte Wirkung (Abb. 109).

Wir zeichnen bei beiden Arten vorerst gut die Farbunterschiede an, wie dies uns die gestrichelte Linie zeigt. Wir sehen dadurch ganz genau, wie weit das Kreuz, der Grotzen und die Seiten laufen.

Dann verkürzen wir, wenn nötig, den Nacken, in dem wir das dort entnommene Stück in den Rücken unterhalb des Kreuzes einsetzen. Natürlich gibt es hier keinen ganz bestimmten Platz. Wir werden das Nackenstück dort einzufügen haben, wo es am besten paßt.

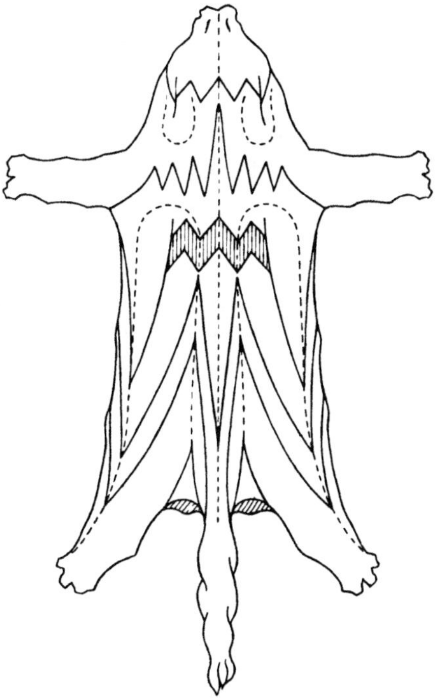

Abb. 109
Die Verarbeitung des Edelfuchses

Dann lassen wir mit langen Schnitten aus, soweit und sooft es nötig erscheint.

Nur nirgends überschneiden, nicht eine Schattierung in die andere tragen und auf die Verschiedenheit der Haardichte und -höhe achten!

Bei etwas Aufmerksamkeit wird der kostbarste Fuchs gut ausfallen.

Die Hinterklauen werden entweder, wie an dieser Skizze angezeichnet, parallel zum Schweif gestellt, wobei bemerkt werden muß, daß man dann die zarten Keile ziemlich in die Länge streckt, bevor man sie rückt. Man wird auch nicht zu viel rücken können, da sonst die flache Klaue in den rauhen Pumpf kommt. Noch besser ist der unter „Auslassen" auf Seite 93 erwähnte Rund- oder Drehschnitt.

Die ausführliche Behandlung des Fuchses unter der allgemeinen Technik hat uns die jetzige Arbeit schon sehr erleichtert. Arbeiten, die hier nicht angeführt sind, ergeben sich bei nur etwas Aufmerksamkeit von selbst, wenn man einmal die allgemeine Technik entsprechend beherrscht.

Betont soll hauptsächlich noch einmal werden, mit wenigen Schnitten den Fuchs gehörig auszulassen. Es ist nach den heutigen Anschauungen zwecklos, vielleicht fünf bis sechs W-Schnitte je zweimal auszulassen, wenn man mit zwei Schnitten zu je 5 bis 6 cm Rücken dasselbe Ziel erreicht. Die Schnitte müssen eben dort und nur so angewendet werden, daß sie ein so starkes Rücken ermöglichen. Der steile Schnitt gibt die Grundlagen dazu, denn er liegt derart steil und wirkt so scharf, daß unbedingt damit mehr ausgerichtet werden kann als mit einigen kurzen breiten Schnitten, die sich noch dazu markieren werden.

Gänse

Die für helle Kleider, speziell Soireekleider, in Verwendung kommenden Gänse- oder Schwanenbrämchen sind heute ja als solche schon im Handel erhältlich. Es kann aber auch vorkommen, daß der eine oder andere Kürschner eine größere Lieferung solcher Verbrämungen zu leisten hat und dann aus Ersparungsrücksichten diese Brämchen selbst schneiden wird; aus diesem Grunde wollen wir uns auch diese Arbeit näher ansehen.

Die nicht so flaumigen Seiten und Schenkel werden abgeschnitten, da sie sich für unsere Zwecke nicht eignen. Dann beginnen wir der Quere nach die Brämchen zu schneiden, und zwar derart, daß der Flaum immer die gleiche Breite aufweist, wenn auch die Haut verschieden breit erscheint. Dies ist deshalb der Fall, weil der Flaum nicht auf dem ganzen Körper gleich dicht ist. Brust und Pumpf sind am rauchsten, weshalb die Streifchen da im Leder etwas zarter geschnitten werden können.

Man schneidet je nach Flaum 2 bis 4 cm breit.

Zeigen sich innerhalb eines Streifens kurzflaumige Stellen, dann werden dieselben ausgeschnitten, um ein egales Aussehen des Flaumes zu erreichen.

Die Ganshaut wird auf dem Rücken und nicht am Bauche aufgeschnitten. Dies deshalb, weil der Flaum am Bauche am schönsten ist.

Nach dem Zusammensetzen der Streifchen wird der Flaum mit der Schere entsprechend abgeglichen.

Gazelle siehe **Antilopen**

Grebes oder Eisvogel

Einst schuf man aus diesen Tieren reizende Kinder- und Mädchengarnituren. Da die Mode jedoch launisch ist, kann vielleicht bald wieder der Eisvogel ein gesuchtes „Pelzwerk" darstellen.

Die Haut erlaubt nicht viele Schnitte. Man wird dieselben möglichst unterlassen, zumal auch das Nähen keine Annehmlichkeit ist. Man achte daher schon beim Einkaufe nur gute Ware zu erhalten, die nicht ausgebessert werden muß.

Ist die Haut zu salzig, treten die Federn durch. Dann gibt es wieder gelbe Flecke auf dem sonst so herrlich schneeigen Weiß. Das alles soll schon durch den richtigen Kauf vermieden werden.

Man arbeitet die Tierchen sowohl viereckig, wie auch so, daß der Kopf des einen Fellchens in den Pumpf des nachfolgenden eingearbeitet wird.

Man hat die Kanten der Grebesfelle auch mit Sealstreifen besetzt, um dadurch besser staffieren zu können. Auch weiße Kaninstreifen werden verwendet, wenn die Farbe des Fellteiles, die an das Futter grenzt, dies verlangt. Das weiche Kaninfell kann leicht mit dem Futter verbunden werden. Das steife Grebeshäutchen würde da Schwierigkeiten machen.

Hamster

Das Fellchen wird heute nicht mehr allein für Futter verwendet, zu welchem Zwecke man schon fertige Futter und Säcke bezieht, man sieht daraus auch schon recht kleidsame Sportjäckchen, wie auch Kragen, Manschetten und Besätze.

Das kleine Fellchen erfordert keine besondere Bearbeitung. Man wird es für alle Zwecke in die gewünschte Länge oder Breite strecken und dann, unbeschadet der vielen Farbschattierungen, mit den anderen Fellchen seiner Art zusammenarbeiten.

Der Kopf bleibt ziemlich daran, und zwar bis an die Augenlöcher. Darüber hinaus wird gerade abgeschnitten. Die Ohren werden herausgeschnitten und die Schnitte vernäht. An den Seiten wird knapp abgeglichen, damit die schön schattierende schwarze Seite nicht wegfällt.

Hasen

Darunter meinen wir hier nur die Alpen-, Schnee- oder Polarhasen, die in Natur ganz weiß sind, heute aber in den verschiedensten Imitations- und Modefarben teils ganzfellig und rund, teils als Hasenrücken und Hasenwammen in den Handel kommen.

Charakteristisch ist beim Hasen der meist kahle Nacken, der ausgeschnitten und durch eine Zunge ergänzt werden muß. Der Pumpf hingegen ist wieder sehr rauh.

Aus Hasen macht man keine Mäntel, aber als Besatzfell wird dem Hasen ein geradezu ungeheurer Wirkungskreis geboten. Hier ist die Bearbeitung dieses Universalfelles derart einfach, daß eine spezielle Erläuterung nicht mehr nötig ist.

Ein-, zwei- bis dreifellige Kragen, ein- bis zweifellige Manschetten und entsprechende Besätze werden leicht aus den entsprechend vorgerichteten Fellen geschnitten.

Zu beachten ist das ungemein schwache, dünne, papierartige Leder, das nur mit besonderer Vorsicht gedehnt werden kann, um nicht zu zerreißen. Manchmal aber ist es staunenswert, wie weit ein so heikles Leder noch gedehnt werden kann und wie groß und ausgiebig der Hase dadurch wird. Dies ist hauptsächlich bei den helleren Farbtönen der Fall. Nicht so bei schwarzen Hasen, deren Farbe das Leder ziemlich beeinträchtigt.

Hermelin

Das zarte, schneeige Hermelinfell wird heute nicht nur zu schmucken Garnituren und Besätzen verarbeitet, das überaus kostbare und kleidsame Fell findet auch für Abendmäntel und Capes Verwendung.

Hermelinbearbeitung erfordert vor allem größte Sauberkeit. Es ist deshalb auch gut, auf die vorher gut gereinigten Arbeitstische oder -bretter extra noch Papier aufzulegen.

Wir werden uns vorerst die für den anzufertigenden Gegenstand notwendigen Felle gut zusammensortieren, sowohl nach Fell, Nuance und Größe. Ja auch das weiße Hermelin hat eine Nuance. Nicht alle Fellchen sind gleichmäßig rein weiß. Oft sind sie in den Seiten gelb, ja grünlich. Darauf ist beim Sortieren sehr Bedacht zu nehmen, um ein einheitlich wirkendes tadelloses Stück herstellen zu können.

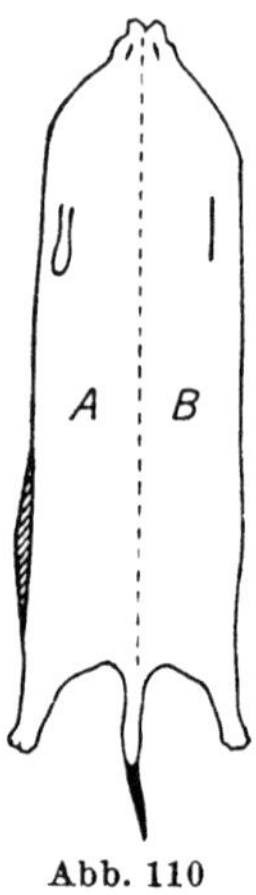

Abb. 110 Hermelin

Da die Hermelinfelle geschlossen, also rund, in den Handel kommen, werden wir sie ganz genau in der Wammenmitte aufschneiden.

Dann strecken wir die Felle je nach Bedarf in die Breite oder Länge, wobei wir beachten sollen, die Felle zu diesem Zwecke nicht anzufeuchten. Das Leder dehnt sich wunderbar.

Den Kopf und die äußerste Seite nehmen wir weg, ebenso schneiden wir vorsichtig die Vorderklauen heraus und vernähen durch eine zarte Naht, wie aus beigegebener Abbildung ersichtlich (Abb. 110).

Die Hälfte *A* zeigt uns das Fell mit Kopf, Seite und Klaue, Hälfte *B* ist schon entsprechend gearbeitet. Kopf und Pumpf schneiden wir rund, um die Felle entsprechend aufeinandersetzen zu können.

Sonst haben wir bei Hermelin, außer um auszubessern, keine Schnitte und Nähte zu machen. Dies darf schon deshalb nicht geschehen, weil das kurze Haar diese zu stark markieren würde.

Besonders wird man sich vor dem Zungenrücken hüten, da die dadurch entstehenden drei Schnitte nicht unbemerkt bleiben werden.

Zur Anfertigung eines Mantels werden wir die Felle paarweise sortieren, um die parallelen Mantelteile egal zu gestalten. Der Fellstoß der Mantelbasis wird die größeren Felle enthalten, nach oben hin werden wir entsprechend kleinere und schmälere Felle nehmen können.

Um Hermeline zu zwecken, wird man sie nur ganz leicht befeuchten und besonders darauf achten, daß das Haar nicht naß wird. Zwischen Fell und Zweckbrett kommt ein Bogen Papier.

Gezweckt wird nur mit Stecknadeln, und zwar derart, daß wir, um die kleinen Fellchen nicht zu verziehen und deren richtige Anordnung im Mantel zu sichern, auch die Seitennähte mit Stecknadeln anzwecken. Dadurch verhindern wir jedes Verziehen beim Zwecken, und die Felle werden in einer ganz geraden Linie erscheinen. Dies ist bei so kleinen und zartledrigen Fellen sehr wichtig.

Getrocknet wird auf natürliche Weise und nicht durch künstliche Hitze, da sonst das Leder spröde werden würde.

Werden die Hermelinschweifchen im Felle selbst als Aufputz verwendet, dann schneidet man die Felle in wagrechter Richtung zart ein, schiebt das kleine Schweifchen durch den Schnitt und näht die Schweifwurzel fest.

Nach dem Arbeiten eines Hermelinstückes wird es sich trotz aller Vorsicht, die während des Arbeitens angewendet wurde, empfehlen, die Haare etwas mit Benzin von etwaigem Fette zu reinigen und dann mit feuchter Stärke zu bestreichen. Nach dem Trocknen wird tüchtig ausgeklopft, um den Stärkestaub zu entfernen, und das Stück wird von ganz wunderbarer Wirkung sein.

Das sehr nette Sommerhermelinfell wird jetzt auch wieder mehr der Verarbeitung zugeführt; speziell die Sommerpelzmode hat sich dieser Nuance sehr angenommen.

Bei diesen Fellen ist natürlich das Sortieren mit ganz besonderer Sorgfalt auszuführen, da der Farbton ganz verschiedenartig an den Fellen erscheint. Einmal ist kaum ein schwacher brauner Rückenstreifen da, dann dehnt sich die Nuance wieder über eine größere Fläche aus. Für einen Mantel muß aber die notwendige Übereinstimmung zwischen den Fellen herrschen.

Sonst werden die Sommerhermeline wie die reinweißen Fellchen behandelt und verarbeitet.

Über das Reinigen von getragenem Hermelin siehe im Anhang.

Iltis

Iltisse werden für verschiedene Pelzgegenstände verarbeitet. Man schafft daraus sowohl hübsche Garnituren, wie Besätze, Mäntel, Jacken, und auch Pelzfutter. Wir haben es hier mit einem sehr schönen und auch außergewöhnlich dauerhaften Fell zu tun, das sich eigentümlicherweise nicht immer der gleichen Beliebtheit erfreut. Dies mag an der gelben Nuance liegen, die das Fell beherrscht, teilweise vielleicht auch an dem intensiven Geruch, den diese Marderart niemals ganz verliert.

Der Iltis zeigt nicht nur ganz besonders große Haarunterschiede, sondern weist auch Farbvarianten auf, die ein sehr vorsichtiges Schneiden notwendig machen. Das Kreuz ist flach und dunkel, die Seiten sind dunkel, ja selbst der Pumpf dunkelt entsprechend, während sonst eine bald hellere, bald dunklere gelbe Färbung vorherrscht.

Über den Rücken gegen den Pumpf wird das Haar sehr hoch und dicht, ein ganz bedeutender Kontrast gegen die flache Kopfpartie. Vor dem Schneiden werden, wie beim Fuchs, diese Stellen mit dem Grotzenstecher sehr gut angezeichnet werden müssen, damit die Schnitte nicht in andere Rauchen und Farben übergreifen. Da auch die Seiten nicht nur dunkler, sondern auch flacher sind, wird hier ganz besondere Sorgfalt beim Schneiden empfohlen.

Wir wollen uns vor allem die Ausarbeitung eines Halstieres ansehen, das jetzt sehr in Mode ist. Außerdem finden wir hier jene Grundschnitte, die auch sonst Verwendung finden werden.

Beiliegende Skizze, vom Fachlehrer Karl Krpalek, Wien, während eines fachtechnischen Diskussionsabends vorgeführt, soll uns die Grundlage für die moderne Iltisbearbeitung geben.

Wir müssen uns beim Iltis besonders gut die Farbunterschiede mit dem Grotzenstecher anzeichnen, um nirgends zu überschneiden.

Wir ziehen vorerst durch einen schlanken Schnitt den Grotzen herab und lassen dann Rücken und Seiten separat aus (Abb. 111).

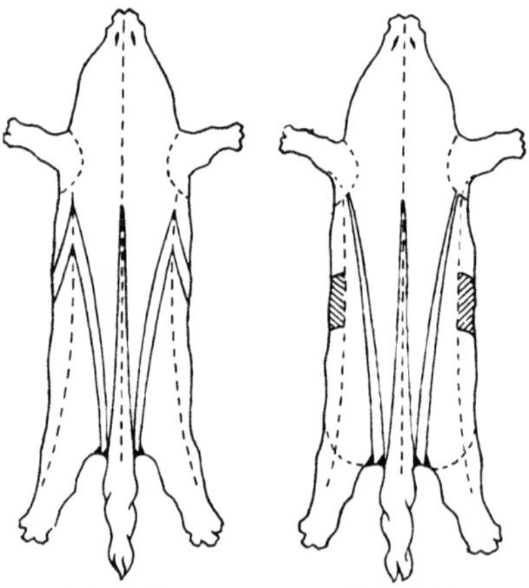

Abb. 111 Abb. 112
Die Iltisverarbeitung

Haben wir einen vierfelligen geraden Kragen zu arbeiten, dann können wir auch nachfolgende Bearbeitung vornehmen.

Die Felle werden gut sortiert, leicht befeuchtet und in die gewünschte Länge gestreckt. Zwei Felle werden immer nebeneinander kommen; die beiden Fellpaare werden mit den Köpfen zusammengearbeitet.

Wir werden dabei zu berücksichtigen haben, daß die flachen Seiten, die nun bei beiden Fellen in der Mitte der Kragenlänge zusammenkommen, nicht schön wirken werden, da hier das Haar dann einfällt. Wir schneiden daher diese beiden Seiten weg und können, da wir, wie aus Abb. 112 ersichtlich ist, beim Auslassen der Iltisse die Seiten nicht mitausgelassen haben, die zwei abgefallenen Seiten zur Verlängerung der beiden bleibenden Seiten verwenden. Das Einsetzen der Seiten wird am besten in der Mitte der anhaftenden Seiten erfolgen.

Wollen wir aus drei Iltisfellen einen Muff machen, dann sortieren wir uns die Felle gut zusammen. Ist ein Fell darunter größer als die beiden anderen, geben wir es in die Mitte und lassen die beiden etwas kleineren außen herum laufen.

Wir können die Felle, wenn sie vielleicht sonst irgendwelche Unterschiede aufweisen, die wir durch Versetzen unkenntlich zu machen glauben, entsprechend versetzen, und zwar je nach der Beschaffenheit der einzelnen Felle (Abb. 113).

Wir haben hier die Felle I, II und III derart versetzt, daß Fell I ganz in der Mitte erscheint, Fell II gespalten und links und rechts an Fell I angesetzt wird. Fell III wird ebenfalls gespalten und ist an der Außenseite des Muffblattes ersichtlich.

Die Seiten von Fell I und II wurden ziemlich abgeschnitten, damit die Felle dort, wo sie aufeinandertreffen, nicht zu sehr einfallen. Wenn nötig, können dann die Seiten bei Fell III eingeschnitten werden.

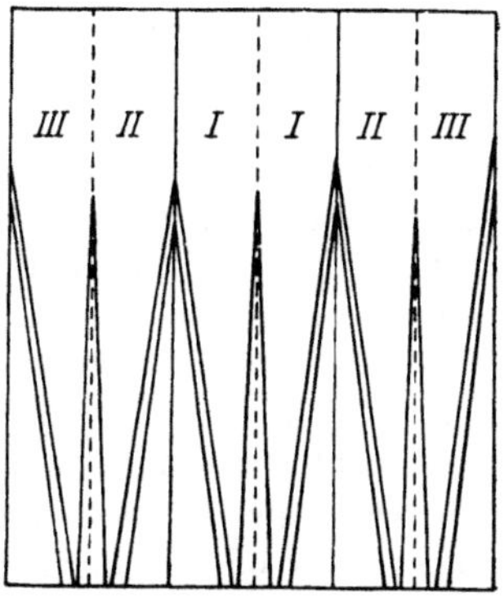

Abb. 113
Dreifelliges Iltismuffblatt

Kalb

Das einfärbige Kalbfell spielt im Pelzhandel jetzt eine ziemliche Rolle, und zwar sowohl jene Sorten, die ein glatteres und gleichmäßiges Haar aufweisen, wie auch die Telettas, die eine moiréartige Zeichnung, wie Breitschwanz, besitzen.

Die erstere Sorte wird meist in den hellen Naturfarben braun und auch grau verarbeitet, die Telettas hingegen schwarz und dunkelbraun gefärbt.

Die Verarbeitung ist ähnlich wie bei Fohlen, speziell was die Telettas betrifft. Die Felle werden mit Wellenhandnähten aneinandergenäht. Die Felle sind etwas kleiner als Fohlen, es gehen acht Felle auf einen Mantel ohne Kragen und Manschetten. Diese sind dann mit einem anderen, gewöhnlich rauheren Fell, um die Kontrastwirkung zu erhöhen, zu besetzen.

Die glatten Kalbfelle in den hellen Farben werden nun infolge ihrer lichten Schattierung wie aber auch zufolge des überaus zarten Haares jede Naht markieren. Wenn man also schon die Naht sieht, dann soll sie wenigstens ornamentartig geführt werden. Man wird also entweder große Zacken arbeiten, die einen eigenartigen kostümähnlichen Eindruck schaffen und wie Zierstiche wirken, oder man wird schöne, ganz gleichmäßige Wellen anwenden.

Die hellen Kalbkleidungen haben immer etwas mehr Sportliches an sich, weshalb man die Nähte auch mit Passepoils wird versehen können. Gürtel und Ärmelspangen machen sich auch recht nett. Hier wird ja immer der Geschmack maßgebend sein müssen.

Die Felle haben keinen richtigen Zug, was schon beim Zuschneiden berücksichtigt werden muß. Durch Dehnen wird man also hier nichts gewinnen können.

Kanin

Kanin, das Universalfell, das in allen Farben und Veredlungsmethoden zur Verarbeitung kommt, ist heute ein wichtiger Artikel in der Werkstätte des Kürschners. Die langhaarigen Naturfelle werden für Besatzzwecke und Kragen verarbeitet, gefärbte langhaarige Ware dient denselben Zwecken und die geschorene und gefärbte Ware wird sowohl für Garnituren und Besätze wie auch für Jacken, Mäntel und Futter verarbeitet.

Die technische Behandlung ist für all diese Arten ziemlich gleich. Ist das Fell langhaarig, also nicht geschoren, dann werden wir den rauhen und nicht verwendbaren Kropf oben wegnehmen.

Das nächste Interesse wenden wir dem Genick zu, wo die Kanine meist mehr oder weniger kahle Stellen aufweisen. Hier wird gewöhnlich eine Zunge gerückt werden müssen, um das Fell egal zu erhalten.

Das Auslassen in Kaninfellen wolle möglichst vermieden werden, wo es aber notwendig ist, wird man es bei langhaarigen Fellen wie folgt vornehmen können (Abb. 114).

Wir sehen den schraffierten Kropf, der ganz wegfällt, dann sehen wir auch die Genickzunge, welche die kahle Stelle unkenntlich machen soll.

Die hier angewendeten Auslaßschnitte sind natürlich keine Norm. Sie werden so geführt werden müssen, wie wir das Fell haben wollen. Die allgemeine Technik hat uns ja solche Schnitte vermittelt, die wir nun je nach Bedarf anwenden können. Es sei aber nochmals betont, daß wir bei Kanin, speziell aber bei geschorener Ware, möglichst keine Auslaßschnitte anwenden sollen, da sie nicht unkenntlich bleiben werden.

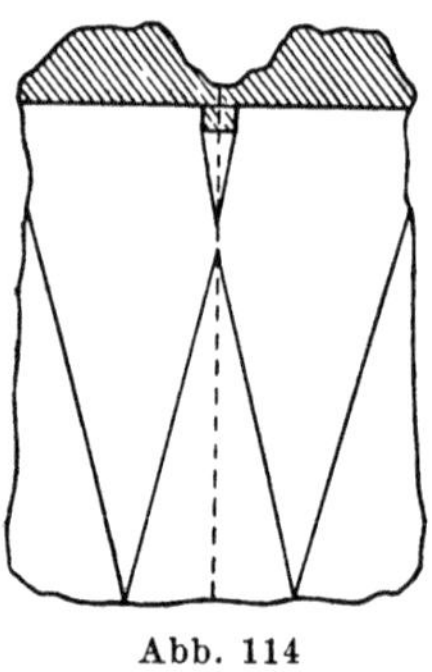

Abb. 114

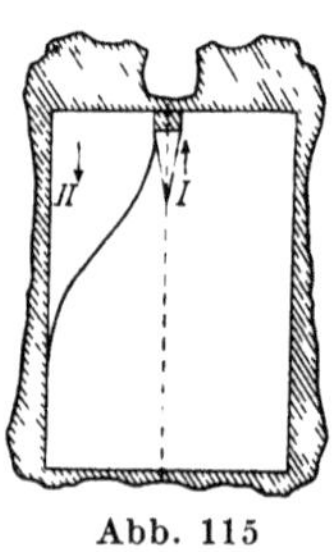

Abb. 115

Kaninverarbeitung

Unser Hauptinteresse gilt dem geschorenen und gefärbten Kanin, wie Sealelektrik, Biberette, Nutriakanin, Maulwurfkanin, Platinkanin und viele andere Sorten in allen Modefarben.

Arbeiten wir diese Felle auf einen Mantel oder eine Jacke, dann werden wir immer dieselbe Verarbeitungsmethode anzuwenden haben.

Wir werden auch bei den geschorenen Kaninfellen den Kropf, der sich ziemlich rauh darstellt, abgleichen und uns dann dem Ausbessern der kahlen Genickstelle zuwenden (Abb. 115).

Dies geschieht auf zweierlei Weise. Soll das Fell länger werden, dann rücken wir die geschnittene Zunge I in der Pfeilrichtung hinauf, benötigen wir das Fell jedoch breiter, haben wir keine Zunge zu rücken, sondern wir werden nach Ausschneiden der kahlen Stelle auf beiden Seiten einen etwas gerundeten Schnitt führen und die beiden hiedurch entstandenen Teile, wie an der Skizze mit II bezeichnet, in der Pfeilrichtung so weit herunterrücken, bis wir an der Basis der ausgeschnittenen viereckigen Stelle anlangen.

Haben wir auf diese Weise alle Felle gut bestochen, dann sortieren wir uns paarweise die Felle für den Mantel in bekannter Weise nach Größe, Rauhe und Farbschattierung.

Bei Herstellung eines Kaninmantels ist zu beachten, daß wir die Felle gegen den Strich arbeiten, das heißt die Felle werden nicht derart aneinandergearbeitet, daß der Haarstrich von oben nach unten läuft, sondern wir beginnen unten an der Mantelbasis mit den Köpfen und lassen das Haar hinauflaufen. Dies geschieht deshalb, um die Haare nach Fertigstellung des Stückes gegen den Haarstrich feucht streichen zu können, wodurch sie sich aufstellen und ein vollerer, mehr sealmäßiger Eindruck erzielt wird.

Die großen Felle werden den unteren Stoß bilden; nach oben zu können wir immer kleinere und schmalere Felle verwenden.

Die wagrechten Nähte werden durch die Zackennaht gebildet, die senkrechten Nähte werden gerade gehalten.

Nun ist beim Zuschneiden und Zusammennähen der Mantelteile darauf Rücksicht zu nehmen, daß die Felle genau Grotzen auf Grotzen gearbeitet werden. Aber nicht nur das, die wagrechte Zackennaht muß eine gerade Linie sein, und ebenso muß jede senkrechte Naht ungebrochen in einer Linie verlaufen. Es darf da weder ein Fell größer, noch schmaler oder breiter sein. Nirgends darf ein Fell aus der geraden Linie herausstehen. Dies würde sehr häßlich wirken (Abb. 116).

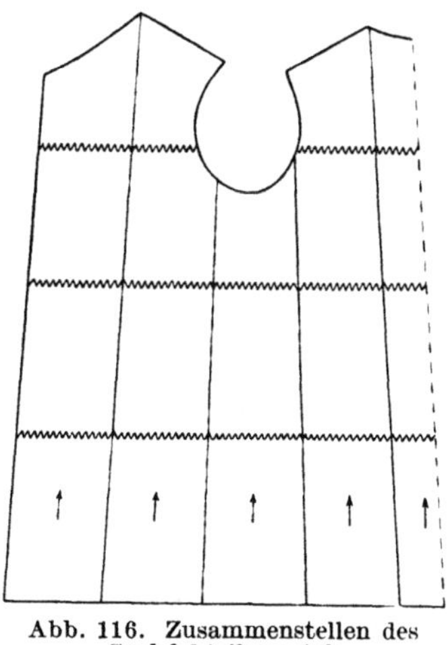

Abb. 116. Zusammenstellen des Sealelektrikmantels

Die Felle sind natürlich vor dem Zusammenarbeiten auf die Mantelteile gut abzugleichen, und zwar derart, daß die Übergänge von einem Felle zum anderen sich gut decken. Dies ist besonders bei Kopf und Pumpf zu beachten. Köpfe sind immer etwas niederhaariger als die Pümpfe. Man wird also von beiden so viel abschlagen müssen, um einen passenden Übergang zu sichern.

Die Seiten der Kanine sind besondere Schmerzenskinder. Sie sind viel flacher als der Rücken. Je mehr die Seiten abgeschlagen werden, desto schöner und egaler wird der Mantel aussehen. Freilich werden wir da auch mehr Felle benötigen, und der schöne Mantel wird naturgemäß mehr kosten als jener Konfektionsmantel, der fast mit den ganzen Seiten verarbeitet wurde, nur um Material zu sparen.

Darauf mache man die Kunden aufmerksam, wenn sie darauf hinweisen, daß sie anderswo bedeutend billigere Sealmäntel gesehen haben.

Wo die Seiten in die Klauen übergehen, zeigen die Kanine glattere und glänzendere Stellen, die auch ein etwas weicheres Haar besitzen. Diese Stellen dürfen nicht mitverarbeitet werden, soll der Mantel egal wirken. Bleiben diese Stellen im Mantel, dann werden sich dadurch, daß sie sich beim Zurückstreichen des Haares nicht in der gleichen Weise stellen, sondern eher ganz zurücklegen, Reflexe bilden, die durch ihr markantes Herausglänzen sehr unschön wirken, da fast jedes Fell besonders hervortritt.

Beim Kanin ist auch darauf zu achten, wie weit das Fell sich dehnt. Es gibt französische Sorten, die sich absolut nicht mehr dehnen lassen, hingegen wird die weiche deutsche Ware, die ein vorzügliches Leder besitzt, ausgiebiger sein. Diesem Umstand ist schon beim Zuschneiden Rechnung zu tragen.

Das Leder ist auch insofern gut zu beachten, als schwache Stellen pikiert werden müssen.

Dem Kaninmantel soll der Kürschner sein besonderes Augenmerk zuwenden. Es handelt sich hier meist um einen wohlfeileren Artikel, der weiteren Schichten zugänglich ist. Gerade hier hat aber die Spekulation versucht, durch Beistellung des schlechtesten Materials die Ware wohl sehr zu verbilligen, aber es muß dann auch ganz natürlich scheinen, wenn nach kaum vierzehntägiger Tragdauer die ersten großen Übelstände auftreten.

Man hat wohl einem Kunden für dasselbe Geld, das sonst ein schöner Tuchmantel kosten würde, einen Pelzmantel geliefert, aber einen schlechten. Was wird die Folge sein? Durch solche Vorkommnisse wird man den Sealmantel überhaupt ablehnen und die Pelzmode erleidet dadurch einen ungeheuren Schaden. Solche Zustände schaffen Müdigkeit an der Pelzmode, wodurch dem gesamten Pelzhandel ungeheurer Schaden zugefügt wird. Dauerkunden schaffen soll das Prinzip des Kürschners sein. Will ein Kunde einen Sealmantel zu S 200,—, dann muß der Fachmann seine Bedenken äußern und dem Kunden die Mängel eines solchen Mantels aufzählen. Beharrt der Kunde auf einem billigen Mantel, dann wird der Kürschner die Arbeit ohne jede Garantie durchführen.

Ja kann man denn bei einem Sealmantel überhaupt garantieren?

Gewiß kann man das, wenn auch mit gewissen Einschränkungen. Man wird den Kunden kennen müssen respektive dessen Gehaben. Wenn eine Dame auf ihr Pelzstück etwas hält, dann kann sie einen Mantel aus prima deutschem Sealelektrik auch zehn Jahre tragen, wie die Erfahrung lehrt. Ein guter französischer Mantel kann auch fünf Jahre halten.

Wenn der Kürschner als gelernter und Verantwortung tragender Fachmann dem Kunden alle Möglichkeiten vor Augen hält, wird er sich immer einen dauernden Abnehmer schaffen, und dies soll gerade bei Sealelektrik besonders empfohlen werden.

Schaffen wir Mäntel aus helleren Sorten, wie Biberette oder helleren braunen oder grauen Sorten, dann müssen wir der Farbschattierung schon beim Sortieren ein ganz besonderes Augenmerk zuwenden. Leider haben diese lichtgefärbten Sorten den großen Nachteil auszublassen, und zwar jedes Fell in einem anderen Tempo. So wird ein Biberettemantel nach einigen Jahren fast wie ein Schachbrett wirken. Auch dies sollte man den Kunden vor Augen halten, um nachträglichen Reklamationen zu begegnen.

Katze

Die Katzenfelle spielen in der Fellverarbeitung respektive Fellverwertung heute eine große Rolle. Einst kannte man diesen Artikel nur als Futter oder Decke. Derzeit hat sich die Mode seiner ganz besonders angenommen, und so sehen wir die Katzen in allen Farben, sowohl Natur wie auch gefärbt, nicht nur für Futter, sondern für Besatzzwecke, vor allem aber für Jacken und Mäntel verwendet. Und mit Recht. Die Katze ist im Gegensatz zum Kanin wieder viel dauerhafter und auch nicht teurer.

Um einen hübschen Naturkatzenmantel aus Cyper- oder Räderkatzen herzustellen, werden wir sehr gut sortieren. Wir werden aber auch darauf achten, möglichst große Felle zu verwenden, um, wie dies bei der jetzigen Mantellänge erreichbar ist, mit zweieinhalb Fellstößen auszukommen.

Berechnen wir zwei Stöße mit je sieben Fellen, oben als Halbstoß die Köpfe von vier Fellen und der drei Kragenfelle, je zwei Felle für die Ärmel, drei Felle für Kragen und ein großes Fell für beide Revers, dann haben wir aus 24 Fellen einen schönen Mantel, der obendrein sehr preiswert sein wird. Die vier verbleibenden Pümpfe verteilen wir entsprechend, je nach Bedarf.

Viele Kürschner werden aber auch mit Rücksicht auf die schöne Fellzeichnung eher für drei Stöße eingenommen sein, da dann speziell bei den so schön gezeichneten Räderkatzen eine hübsche Dessinwirkung auftritt. Hier ist ja immer wieder der Geschmack maßgebend, wie auch das gerade vorhandene Material und die Preislage.

Die Katze zeigt uns einen etwas langhaarigeren Rücken und Wirbel am Kopfe. Außerdem haben wir die Diechen unter den Vorderklauen auszuschneiden. Ausgelassen werden die Katzen, speziell jene, die eine Zeichnung aufweisen, meist nicht. Dadurch und vornehmlich wegen des äußerst guten und geschmeidigen Leders ist die Verarbeitung der Katze sehr einfach (Abb. 117).

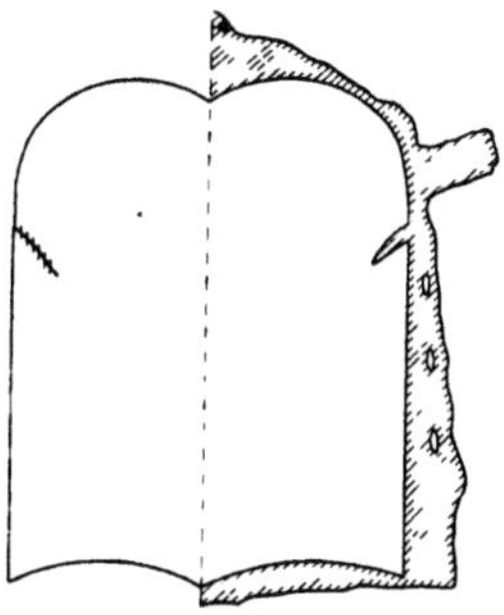

Abb. 117
Naturkatze

Wir werden uns die Diechen derart ausschneiden, daß die Wirkung immer ganz parallel steht, also symmetrisch. Wir sollen aber auch alle anderen Felle in bezug auf den Diechenausschnitt gleichhalten. Nicht bei einem Fell in dieser und dort wieder in jener Richtung oder Höhe. Beim Zusammensetzen der Felle sollen auch die Diechenausschnitte genau in einer Linie liegen.

Dann strecken wir das Fell in die Länge. Wir erzielen dadurch nicht nur eine schlankere Wirkung, sondern verdichten auch das Haar.

Die größeren Felle kommen in den unteren Stoß, die vielleicht kleineren weiter hinauf.

Wir schneiden die Felle am Kopf und Pumpf nicht gerade ab, sondern eher etwas geschweift. Darüber entscheidet der Geschmack und gibt es keine Norm. Durch diese Wellenlinie bringen wir die Felle besser im Aufsatz zusammen.

Auf die Grotzenwirkung ist ganz besonders zu sehen. Ein Grotzen muß haarscharf in den anderen laufen, sonst ist das ganze Bild unansehnlich und die Gesamtzeichnung verzerrt. Solche Muster wirken nur durch die Symmetrie, die erstens durch vorzügliches Sortieren und dann durch die richtigen Aufsätze erzielt wird.

Im Rücken des Mantels, genauer ausgedrückt, in der Mantelmitte, soll immer das ganze Fell laufen und nicht eine Linie von Fellseiten. Dadurch wird der Eindruck gediegener und kräftiger.

Nicht gut zusammenpassende Felle können auch halbfellig versetzt werden, um den egalen Eindruck zu unterstützen.

Man spaltet Katzen auch und arbeitet nun die halben Felle, wie etwa bei Gazellen, Antilopen oder Petschaniki Rücken an Seite, um ein reizvolleres Dessin zu erzielen.

Nach dem Fertigstellen sind Katzenmäntel gut auszuklopfen und auch gut zu streichen, um nicht nur die Schnitthaare, sondern auch andere Haare, die nicht tüchtig im Leder haften, zu entfernen und zu verhindern, daß das Stück dann im Besitze des Kunden haart. Bei Katzen, die fast immer etwas haaren, heißt es hier vorsichtig sein. Schon beim Sortieren wird man nur gute und keine mildhaarigen Felle auswählen.

Katzenfutter werden auf die gleiche Weise zusammengestellt, jedoch schlägt man Köpfe und Pümpfe gerade ab. Die Arbeit des Ärmels, wo die Felle abwechselnd quer laufen müssen, um das Ein- und Ausschlüpfen zu erleichtern, haben wir unter „Pelzfütterung", S. 213, ausführlich behandelt.

Katzenfutter sind nach der Fertigstellung ganz besonders gut zu reinigen, damit sie nicht haaren, was bei dem Träger eines dunklen Anzuges großen Unwillen erregen würde.

Andere Katzenarten werden in gleicher Weise behandelt.

Kolinski

Dieses schöne, auf Zobel gefärbte Fell erfreut sich jetzt wieder steigender Beliebtheit. Es wird sowohl für Halstiere und Besätze gearbeitet wie auch auf Mäntel und Jacken. Die Verarbeitung ähnelt der des Marders und Iltis, und man wird speziell die für den Marder Geltung habenden Schnitte unter Bedachtnahme auf die Haar- und Farbunterschiede durchführen können.

Wie beim Marder und Iltis muß auch hier betont werden, daß die Seiten separat zu behandeln sind und nicht überschnitten werden dürfen.

Da wir es hier mit gefärbter Ware zu tun haben, die sehr verschiedene Nuancen bei den einzelnen Fellen aufweist, wird man sehr gut sortieren müssen, und zwar bei Mänteln wieder paarweise, die großen Felle unten und weiter hinauf immer kleinere. Gestreckt wird nur in die Länge, um die richtige Grundlage für die nachfolgende Arbeit zu schaffen.

Man wird jedoch Kolinski nicht so sehr als ganzes Fell verarbeiten, sondern, ähnlich dem Nerz und Naturbisam, schmal auslassen, was am besten durch steile V-Schnitte erreicht werden kann. Die meist sehr flachen Seiten fallen bei der Mantelverarbeitung weg, wie wir eine Parallele schon bei den Iltisfellen gesehen haben. Die zusammengearbeiteten Felle würden in den Seiten zu sehr einfallen, wodurch eine äußerst unschöne Wirkung erzielt werden würde. Je besser die Seite weggeschlagen wird, desto besser ist die Wirkung.

Wir haben aber ganz besonders zu beachten, daß der Kopf des Kolinski flacher ist als der Pumpf. Wollen wir daher drei Felle in der Länge verarbeiten, so daß die Wirkung eines einzigen Felles entsteht, dann werden wir vorerst diesem Umstande begegnen müssen.

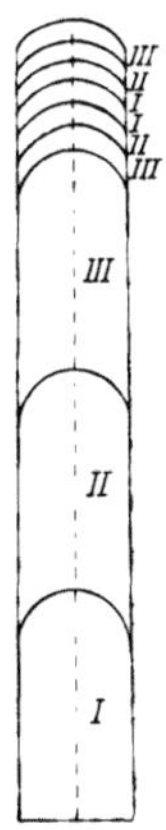

Abb. 118 Kolinski

Wir schneiden die Köpfe bis unterhalb der Klauen gewölbt heraus. Ebenso wölben wir den Pumpf. Wir setzen nun die drei Felle zusammen und lassen dann in einem aus. Oben setzen wir dann, je nach Bedarf, die abgeschnittenen Köpfe, die wir aber halbieren und wieder versetzen, an (Abb. 118).

Wir sehen hier die drei Felle I, II und III, die wir aufeinander aufsetzen. Fehlt uns oben noch ein Stückchen, dann verwenden wir die in der Quere zwei- oder auch dreimal geteilten Köpfe, um sie an das oberste Fell III entsprechend anzusetzen.

Auf diese Weise erreichen wir einen egalen Eindruck durch die erzielten Abstimmungen der Haarwirkung.

Die Hauptarbeit liegt nun in der äußerst präzisen und sauberen Arbeit. Es mag dies alles theoretisch ganz hübsch und glaubwürdig scheinen, schließlich ist ja alles aus der Erfahrung heraus gegeben, aber wenn nicht die richtige Sauberkeit und Genauigkeit angewendet wird, nützen alle Regeln nichts.

Die individuelle Fellbeschaffenheit ist immer in erster Linie maßgebend. Das eine Fell wird hier geschnitten werden können, das andere dort, und so müssen wir schon zuerst durch das richtige Sortieren die notwendige Unterlage für jede weitere Arbeit schaffen. Wer da nicht alle Möglichkeiten beachtet, kommt nicht ans Ziel.

Luchs

Dieses wunderschöne Fell erfreut sich unter den vielen Pelzsorten eigentlich nicht des ihm zukommenden Vorzuges. Der Kürschner kommt selten in die Lage, Luchs zu verarbeiten. Das Fell zeichnet sich durch besonders große Unterschiede zwischen Rücken und Wammen aus. Der Rücken ist kurzhaariger und fester, die Wammen jedoch sind langhaarig, weich, flaumig und gefleckt. Der Unterschied ist derart, daß man, außer für eine Tierstola, Rücken und Wammen gesondert wird verarbeiten müssen.

Für die Bearbeitung zu einer Tierstola sind die Fuchsschnitte maßgebend, die je nach der genau festzustellenden Haarstruktur ausgeführt werden müssen.

Für andere Zwecke wird man den Luchs im ganzen zwecken und dann die einzelnen Teile ihrer Bestimmung zuführen. Um eine möglichst gerade Fläche zu erhalten, kann man die Vorderklauen der Nackenseite angliedern, wie hier unsere Skizze darstellt (Abb. 119).

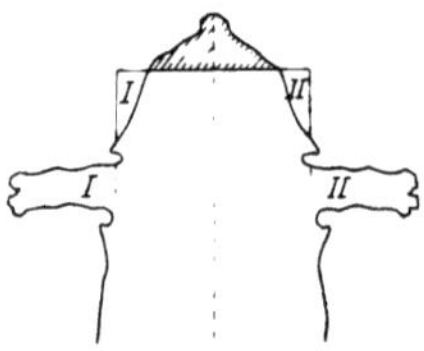

Abb. 119
Luchs

Wir sehen hier, wie Klaue I und II seitwärts an den Nacken angesetzt werden kann, um das Fell dort zu verbreitern.

Man wird auch, wenn man etwa aus einem Luchs einen schönen, egalen Kragen fassonieren soll, aus einem Felle zwei arbeiten und dies auf die Weise, daß man den gerade zugerichteten Luchs in zirka 30 wagrechte Streifen schneidet und dann aus den gerade numerierten Streifen 30, 28, 26, 24, 22, 20, 18, 16, 14, 12, 10, 8, 6, 4, 2 das eine Fell und aus den ungerade numerierten Streifen 29, 27, 25, 23, 21, 19, 17, 15, 13, 11, 9, 7, 5, 3, 1 das zweite Fell herstellt. Auf diese Weise verwendet man das ganze Fell vom Kopfe bis zum Pumpfe.

Marder

Die Marderverarbeitung spielt heute wieder eine ganz bedeutende Rolle und es ist daher leicht verständlich, daß die verschiedenartigsten Methoden angewendet werden, um das Fell so schön und egal als möglich verarbeiten zu können.

Die Marderverarbeitung bietet schon deshalb etwas Schwierigkeiten, als wir verschiedene Haarrauhen zu beachten haben, die nicht überschnitten werden dürfen. Anderseits ist es gerade beim Marder von Vorteil, so wenig Schnitte als möglich zu machen. Besonders den flacheren Seiten wird man sehr aus dem Wege gehen müssen. Hier wird die Verarbeitung am kompliziertesten.

Ein eigenes Charakteristikum ist die Kehle des Marders. Beim Edelmarder gelb, stellt sie sich beim Steinmarder weiß dar. Haben wir ein Halstier zu arbeiten, wird die Kehle am Felle verbleiben, denn hier soll ja gerade das Tier als solches möglichst natürlich wirken. Arbeiten wir mehre Marder zu einem Kragen oder Muff, dann werden die Kehlen ausgeschnitten.

Um zu zeigen, wie vielfach man den Marder arbeiten kann, um immer wieder dasselbe Resultat zu erzielen, wollen wir hier vier Methoden vorführen, von denen jede ausprobiert ist. Drei dieser Verarbeitungsarten stammen von den Kürschnermeistern Karl Schirer, Josef Österreicher und Fachlehrer Karl Krpalek und es wird jedem Fachmann das größte Vergnügen bereiten zu sehen, wie jeder seine Schnitte anders anwendet und für dieselben eintritt.

Es ist schon deshalb ein ganz bedeutender Vorteil, mehrere Verarbeitungsmethoden kennenzulernen, weil es durch die Verschiedenartigkeit der Felle vorkommen kann, einmal diese, dann wieder jene Methode besser anwenden zu können. Die Haarstruktur leitet immer unsere Technik, und je verschiedener jene ist, desto verschiedenartiger wird auch die Verarbeitung sein müssen.

Sehen wir uns an Hand einer Skizze die Grundmethoden einer Marderverarbeitung an.

Wir sehen hier (Abb. 120) vor allem die getrennte Rücken- und Seitenbearbeitung, und zwar durch den einfachen W-Schnitt. Dieser Schnitt kann natürlich, wenn notwendig, zwei- und dreimal angewendet werden, bis das Fell die gewünschte Länge erhält.

In der Mitte führen wir steil vom Grotzen herunter einen Schnitt, um den Schweif herabzulassen.

Die kleinen Schnitte an der Schweifwurzel sind sehr vorsichtig zu behandeln, damit der rauhe Pumpf nicht in die flache Klaue hineingerückt wird. Dieser Zwickel ist vor dem Auslassen tüchtig in die Länge zu dehnen.

Die Seiten und die Kehle sind strichliert, wodurch kenntlich wird, wie wir bestrebt sind, uns bei der Rückenbearbeitung immer von der Seite fernzuhalten. Diese wird mit schlanken Schnitten separat ausgelassen.

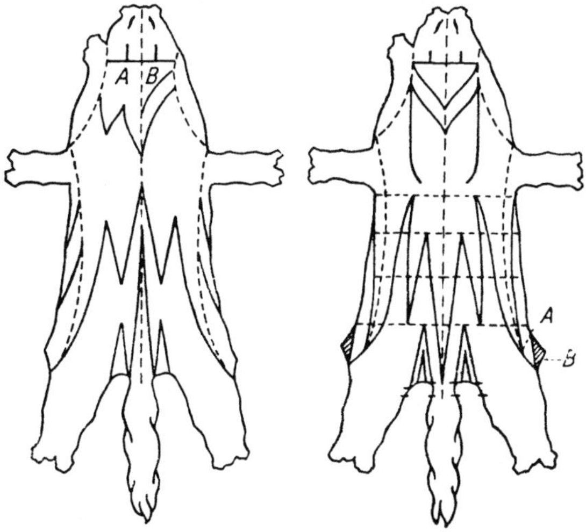

Abb. 120 Abb. 121

Die Marderverarbeitung

Wird das Fell zu einem Halstier gearbeitet, so bleiben die Kehlen daran und haben die Kopfeinlaßschnitte, die wir oben in zweifacher Art andeuten, nicht zu erfolgen. Wird jedoch der Marder zu Garnituren verarbeitet, wobei immer mehrere Felle zur Verwendung kommen, dann werden wir den Kopf einlassen, um ihn in die gleiche Breite zu bringen wie den Rücken. Wir führen zwei Einlaßschnitte vor, wie auf Seite *A* und Seite *B* ersichtlich ist. Entweder durch W- oder durch V-Schnitt. Letzterer ist der bessere und auch modernere.

Abb. 121 zeigt uns nach der Methode Schirer das Auslassen eines Marders, der einmalig um 6 cm verlängert werden kann. Selbstverständlich kann man auch zwei bis drei Parallelschnitte führen, um mit jedem Schnitte vielleicht nur je 3 cm zu rücken.

Wir zeichnen vorher genau den Grotzen und teilen dann theoretisch den Marder, indem wir unterhalb der Vorderklauen beginnen, in vier Teile. Wenn wir sagen theoretisch, dann ist darunter zu verstehen, daß der Marder nicht in diese vier Teile geschnitten wird, sondern daß wir uns nur mit dem Bleistift die Linien ziehen, auf welchen und innerhalb welcher wir arbeiten, um ganz egale Wirkung zu erzielen.

Die Seiten und die Kehle sind strichliert gezeichnet und werden im Felle mit dem Grotzenstecher angedeutet, damit ja nirgends überschnitten wird. Bei diesem Anzeichnen dürfen wir uns ja nicht nach der äußeren Haarwirkung richten, sondern wir müssen beim Aufsuchen der Haarunterschiede zwischen Rücken und Seiten und der Farbunterschiede an der Kehle bis auf den Grund des Haares blasen, um genau die Grenzen feststellen zu können, die wir dann erst mit dem Grotzenstecher anzeichnen.

Die Auslaßschnitte des Rückens sind etwas rund geführt und dies deshalb, weil dadurch der Marder mühelos in die gewünschte Länge und Breite gebracht werden kann. Durch das Herabrücken wird die Seite vielleicht etwas höher zu stehen kommen, dann werden wir das Eckchen *B* gut an diese freigewordene Stelle setzen können.

Der Teil, den wir mit *A* anzeichneten, ist besonders achtsam zu behandeln. Dort wird bei ungenauer Arbeit sich der Übergang etwas markieren. Deshalb wird man den Zwickel tüchtig herabziehen müssen.

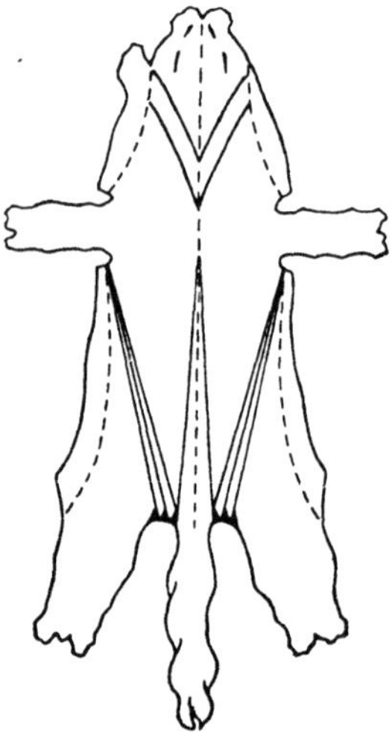

Abb. 122
Marderverarbeitung

Die Pumpfschnitte sind wieder sehr vorsichtig auszuführen, die Zwickel werden sehr in die Länge gezogen und dann nur so weit gerückt, daß der rauhe Pumpf nicht in die flache Klaue kommt.

Wird ein Halstier angefertigt, dann wird die Kehle belassen, bei Verarbeitung zu Kragen oder Muffen wird die Kehle, wie strichliert angezeichnet, ausgeschnitten und der Kopf eingelassen, damit er die nötige Breite erreicht.

Die Methode Österreicher zeigt uns in Abb. 122 eine wesentlich andere Methode. Wir haben hier an Stelle des W-Schnittes den einfachen V-Schnitt, der je nach Bedarf zwei-, drei- oder viermal angewendet wird.

Die Seiten werden nirgends mit einbezogen, infolgedessen wird sich kein Schnitt markieren.

Der Grotzen wird durch einen sehr schlanken Schnitt herabgelassen. Der Pumpf wird gut ausgeräumt, dann entsprechend ausgezwickt, wie wir an den schwarzen Dreieckchen sehen, um Platz für die herabgedrückten Teile zu schaffen. Die steilen V-Schnitte gehen unter der Vorderklaue beginnend zum Pumpf und strecken auf diese Weise den Marder.

Die Einlaßschnitte im Nacken werden nur dann angewendet, wenn das Fell ohne Klauen zu einer Garnitur verarbeitet wird.

Fachlehrer Krpalek lehrt seine Schnitte dem Wesen nach wie Österreicher. Wir sehen den schlanken Schnitt, der den Grotzen herabzieht, und wir finden auch die schlanken V-Schnitte, die von den Klauen an herablaufen (Abb. 123).

Die Seiten werden durch zwei schlanke Schnitte in die notwendige Länge gebracht.

Auf diese Weise erhalten wir ein doppeltes Halstier, das modern, fachtechnisch verarbeitet, nirgends die Schnitte markieren wird, und auf das kommt es ja bei Marder ganz besonders an.

All diese Schnitte sind grundlegend für die Marderbearbeitung, und es wird ganz leicht der Fall eintreten, daß je nach der Haarstruktur diese oder jene Methode angewendet werden soll. Wir müssen ja immer das Fell vorerst richtig durchstudieren. Der Fachmann hat da ein sehr geübtes Auge. Er kann sich im voraus errechnen, wie der Schnitt geführt werden kann und welche Wirkung er erzielt. Immer auf die Haar- und Farbunterschiede achten und nirgends überschneiden, dann können die scheinbar schwierigsten Probleme gelöst werden.

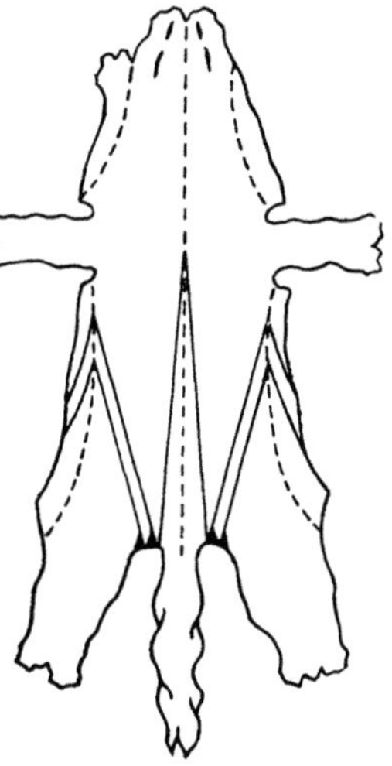

Abb. 123
Marderverarbeitung

Wir haben gerade am Marder die verschiedenen Methoden erläutert und müssen erklären, daß die meisten Felle eine derart verschiedene Methode zulassen. Die Hauptsache ist ja immer die Endwirkung. Auf diese geht die ganze Arbeit hinaus. Schön muß das Stück sein, und dies glaubt der eine Kürschner durch diese, der andere durch jene Methode zu erreichen. Es ist daher interessant zu beobachten, wenn mehrere Kürschner zusammenkommen und über Schnitte sprechen, wie fast jeder seine eigene Methode hat und diese verteidigt. Es wird kaum eine Branche geben, wo die Individualität des einzelnen so in der Individualität des zu bearbeitenden Felles aufgeht, ganz nach eigenem Empfinden, abseits jeder Norm.

Maulwurf

Dieses kleine, zarte Fellchen, das sowohl in Naturfarbe, wie auch gefärbt der Verarbeitung zugeführt wird, stellt an den Kürschner gewöhnlich ziemliche Anforderungen. Es gibt da wohl weder Aus- noch Einlaßschnitte, kein Versetzen und Galonieren und ähnliche Anwendungen, sondern die vielfache Zusammenstellung eines Stückes aus Maulwurf gibt infolge der bedeutenden Kleinarbeit, und obwohl das Fell meist im ganzen verarbeitet wird, recht viele Mühe.

Man wird zufolge der Zartheit des Haares möglichst wenige Schnitte anbringen. Bestechen müssen wir ja das Fell, aber sonst werden wir uns hüten, irgendwelche Kunstschnitte anzuwenden, die sich immer markieren müssen.

Den etwas flachen Kopf werden wir nach dem Strecken der Felle ebenso wegschneiden wie die im Leder gewöhnlich harten Seiten. Da wir oben vom Kopf wegnehmen müssen, anderseits aber der Pumpf schon natürlicherweise etwas rund heraufläuft, haben wir schon die meist übliche Grundform des Maulwurfes zur weiteren Verarbeitung.

Ist der flache Kopf rund abgeschnitten, und hat man bei der Abrundung des Pumpfes der natürlichen Form nachgegeben, dann stellt man die Felle für Garnituren oder Mantelteile entweder in der gleichlaufenden Dachziegelform zusammen, wie uns Abb. 124 zeigt, wobei die Pfeile die Haarrichtung angeben, oder man wird einmal das Haar einer Fellreihe hinauf, dann in der anschließenden Reihe wieder abwärts laufen lassen und so fort, wie in Abb. 125 angedeutet, wobei man durch den verschiedenen Haarlauf eine gewisse Reflexwirkung erzielt, die sich sehr hübsch macht.

Man muß diese Schnitte beim Kopf und Pumpf jedoch nicht rund machen; auch eckig wird die Wirkung gut sein.

Dann wieder wird man die Felle fischgrätenartig zusammenarbeiten, wodurch die bekannte Keilwirkung entsteht. In dieser Form kann man die Felle aber auch spalten und Seite an Rücken zusammensetzen, wodurch wieder eine andere Schattierung erzielt wird.

Gerade diese kleinen Fellchen können auf die erdenklichste Art zusammengearbeitet werden. Den Kürschner reizt die Maulwurfdessinierung immer aufs neue und er wird manchmal jedes Stück mit anders gelegten und geschnittenen Fellchen arbeiten.

Interessant ist die Rahmenarbeit mit Maulwurf (Abb. 126):

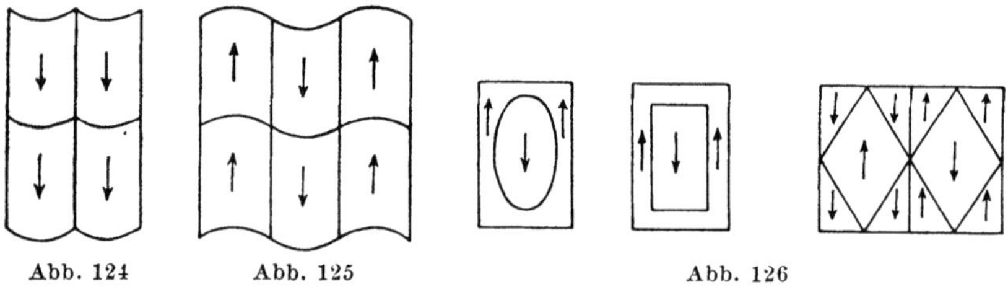

Abb. 124 Abb. 125 Abb. 126

Die Maulwurfverarbeitung

Zu diesem Zwecke schneidet man das Fell ganz genau rechteckig zu, am besten mittels einer Pappendeckelschablone, um alle zusammenzuarbeitenden Felle gleich groß herauszubekommen, dann schneidet man wieder den Kern des Felles auf Grund einer Schablone entweder elliptisch oder rechteckig, dreht den Ausschnitt um, damit die Haare nun entgegengesetzt zum Rahmen laufen, und näht wieder ein.

Diese kleinen Fellchen lassen sich ja überaus frei bearbeiten. Phantasie und Geschmack müssen hier die richtigen Leiter sein, dann wird man in der Maulwurfverarbeitung immer originell sein können.

Man verarbeitet Maulwurf auch derart, daß man zwischen je ein Fell ganz schmale Maulwurfstreifchen, wie sie oft aus Abfall oder Schußfellen erübrigt werden, einnäht, und zwar entweder in der Haarrichtung oder entgegengesetzt, um einen Reflex zu erzielen.

Wichtig ist das Blenden des Leders bei ungefärbten Maulwürfen. Das Fell ist so zart, daß da und dort das helle ungefärbte Leder durchblickt. Dies wird verhindert, indem man das gezweckte Stück mit der Lederblende, die wir im Anhang angeben, im Leder bestreicht. Die Blende muß nun derart wirken, daß die Farbe das dünne Leder durchdringt und auch auf der Haarseite schwärzt. Schlechte Blenden verleihen dem Haar einen goldbraun schimmernden Ton, weshalb man jede neue Blende vorerst auf Abfall ausprobieren muß.

Gezweckt wird nur mit Stecknadeln, um das zarte Leder und Haar nicht zu beschädigen. Das Leder soll nicht stark befeuchtet werden. Zu trocknen ist nur auf natürliche Weise. Hitze schadet dem zarten Leder und macht es spröde.

Mufflon

Das Mufflonfell ist ziemlich groß und ergibt entweder einen Kragen und einen Muff oder einen Kragen, ein Paar Manschetten nebst Besatz oder zwei Kragen gerader Fasson usw.

Irgendwelche Kunstschnitte sind bei dem Fell nicht anzuwenden, da es meist so groß ist, daß die gewünschten Stücke herausgeschnitten werden können. Benötigt man das Fell länger, dann kann man es mit ganz einfachen Auslaßschnitten entsprechend strecken.

Um aus einem Mufflon zwei Tierstolen anzufertigen, wird man am besten das eine Stück aus dem Rücken schneiden, das zweite aus den beiden Seiten, die man zusammennäht. Neben der Mittelnaht wird man in solchen Fällen knapp daran rechts und links noch eine Längsnaht parallel mit der Mittelnaht anwenden, welche die Wirkung einer polnischen Naht erreicht und das Haar derart gut in der Mitte stellt, daß Lederstellen nicht zum Vorschein kommen werden.

Mufflon wird wie alle diese flaumigen Sorten im Leder derart befeuchtet, daß das Haar nichts davon weg bekommt. Nach dem Abzwecken, wie auch nach dem Fertigstellen wird fest aufgeklopft und gekämmt, um das gedrückte Haar wieder flaumig zu gestalten. Gestrichen wird Mufflon selbstverständlich im Haar nicht.

Murmel

Murmelfelle werden außer zu Garnituren hauptsächlich zu Pelzjacken und -mänteln verarbeitet. Das Fell ist dauerhaft und sehr schön und kommt in Nerz- und Zobelfarbe in den Handel.

Aber nicht jede Art ist für Mäntel geeignet. Die sogenannten Tarbaganer Murmel mit ihrem rauchen, langen, starken Haar werden sich nach dem heutigen Modeideal, das nur das Prinzip der Schlankheit kennt, für einen Mantel nicht eignen, da das Fell zu plump kleiden wird. Es hat also höchstens für Besatz Geltung.

Die beiden anderen Sorten: Orenburger und Beiskymurmel, kommen fast ausschließlich wieder für die Mantelverarbeitung in Betracht. Der etwas vollere und weichere Orenburger wird meist gegen den Strich gearbeitet, das heißt mit dem Haar hinauf, welches dann feucht zurückgestrichen wird und das Fell noch voller und kräftiger erscheinen läßt.

Die Beiskymurmel werden glatt gearbeitet, höchstens etwa im Haar gehoben, das heißt man streicht das Haar wohl zurück und läßt es dann, weil doch das Haar von oben herunter fällt, wieder langsam zurückgehen. Es wird aber zufolge des Zurückstreichens doch entsprechend aufstehen und voller wirken. Natürlich kann man auch Orenburger auf diese Art heben.

Es war notwendig, dies vorauszuschicken, da wir uns schon zu Beginn unserer Arbeit darüber klar werden müssen, wie wir den Murmel arbeiten, ob glatt oder gegen den Strich.

Bei Murmel müssen wir behufs Anfertigung eines Mantels sehr gut sortieren, und zwar nicht nur nach der Haardichte und Rauhe, sondern auch nach der Farbe und Größe.

Die Felle werden im Leder nicht alle gleich sein. Hartledrige Ware bearbeiten wir im Grotzen noch vorher tüchtig mit dem Streckholz. Dann sortieren wir größere und schwere Ware unten, kleinere und leichtere mehr hinauf.

Um Murmel rein zu arbeiten, ist es notwendig, die Seiten gut wegzuschlagen, speziell wenn der Murmel ausgelassen wird.

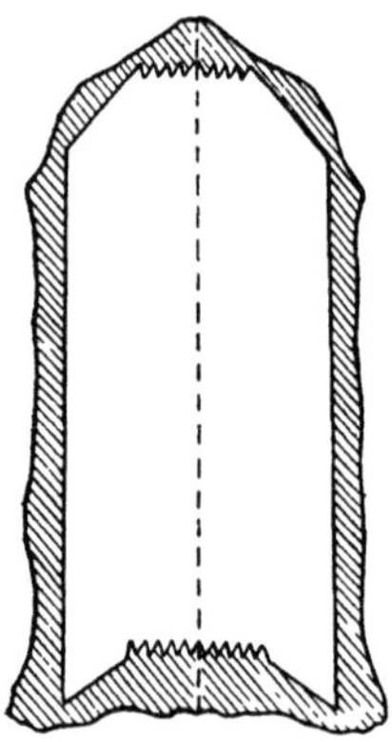

Abb. 127
Murmel

Wir verarbeiten Murmel auf verschiedene Weise, entweder als ganzes Fell, was die einfachste Arbeit darstellt, dann ausgelassen und gespalten. Auch durch Verwerfen werden gute Wirkungen erzielt.

Nachdem wir Kopf, Seiten und Pumpf abgeschlagen haben, egalisieren wir das Fell, wie wir es in Abb. 128 darstellen. Arbeitet man Murmel für einen Mantel zusammen, dann wird es sich empfehlen, ziemlich weit in den guten Kopf hinaufzugehen. Die Seiten des Kopfes sind meist nicht gut verwendbar. Wir schneiden dieselben also schräg herunter ab. Ist der Pumpf wieder nicht ganz rein, gehen wir etwas hinauf, schneiden gerade durch und laufen etwas in die Klauen schräg herab, parallel zum Kopfschnitt, so daß nun die Aufsätze passen (Abb. 127).

Die wagrechten Schnitte arbeiten wir in Zackennaht zusammen, während die Hinterklauen sich sehr gut oben an die Kopfseiten anfügen werden.

Arbeiten wir das ganze Fell, dann werden wir nun die Felle in der uns schon vielfach bekannt gewordenen Art zusammennähen, und zwar Kopf und Pumpf immer in zarter Zackennaht, an den Seiten gerade.

Werden die Felle ausgelassen, wendet man die bekannte steilen V-Schnitte an, die man am besten am Einzelfell durchführt und dann erst die Felle mit Zackennaht miteinander verbindet.

Beim Zwecken hat man darauf zu sehen, daß die Fellinien schön ineinander verlaufen und nirgends Verzerrungen eintreten. Speziell bei schmal ausgelassener Ware wird man sehr behutsam zwecken.

Man wendet bei Murmel gerne das Einfärben des dunkleren Grotzens mit der sogenannten Grotzenfarbe an. Hiebei ist zu beachten, daß Oxydationsfarben mit dem Trocknen immer dunkler werden, weshalb der richtige Farbton erst ausgeprobt werden muß. In unserem Anhang geben wir die Zusammenstellung einer guten Grotzenfarbe.

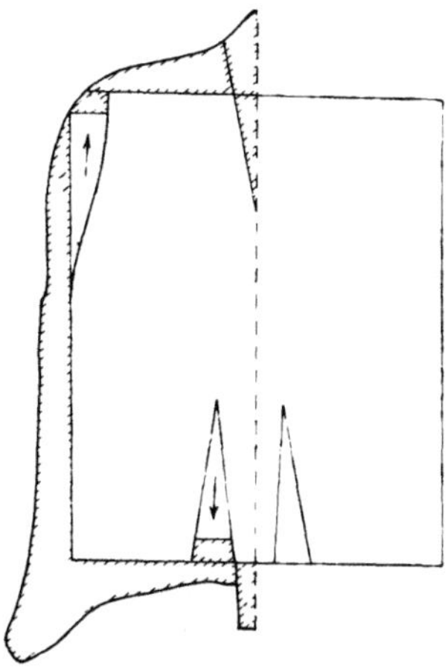

Abb. 128
Murmel

Die Hauptsache ist, auch die Grotzen gerade und gleichmäßig stark zu ziehen, um eine egale Wirkung zu erreichen.

Nerz

Eines der schönsten und kostbarsten Felle bietet uns der Nerz, der heute hauptsächlich für Mäntel gearbeitet wird.

Die grundlegende Arbeit ist vor allem das richtige Sortieren. Die Nerzfelle bieten sich verschiedenartig in Qualität und Farbe dar. Eigentlich ist die Qualität mit der Farbe fest verbunden, denn der schöne, wertvolle dichte Nerz ist auch der gesuchte dunkle Nerz, während weniger kostbare Sorten eine hellere Schattierung zeigen.

Das Haar des Nerzes ist bis auf die flachen Seiten vom Kopf bis zum Pumpf ziemlich gleichartig, nur die Farbe variiert etwas. In der Mitte des Felles zeigt es eine dunklere Schattierung, während die Seiten heller erscheinen.

Die rund in den Handel kommenden Felle sind richtig in der Mitte aufzuschneiden und in die Länge zu strecken. Die Vorderklauen werden ausgeschnitten. Dann sortieren wir uns paarweise die Felle für den Mantel.

Die heutige Verarbeitungsmethode geht ganz im Gegensatze zu früher auf das lange und schmale Auslassen der Nerzfelle. Wir stehen eben heute unter dem Einfluß eines ganz anderen Modestiles, der die Schlankwirkung als das ersehnte Ideal darstellt.

Natürlich beansprucht das zarte kurzhaarige Fell hier eine ganz besondere Umsicht, da sich sonst die Schnitte markieren. Man kann die Felle auf verschiedene Art bearbeiten respektive vorrichten. Gerade

Nerz ist heute zum Problem des Kürschners geworden. und in der Hand des Kürschners wird das schöne Fell zu einer Fundgrube immer neuer Verarbeitungsarten.

Wir schlagen vorerst die flachen Seiten ab, um das Fell so rein als möglich zu erhalten. Die flachen Seiten würden sich sehr markieren und jede Fellinie einfallen lassen (Abb. 129).

Dann wird es vorteilhaft sein, zirka 1 bis 2 cm des Schweifes in den Pumpf einzulassen. Hieraufgleichen wir Kopf und Pumpf keilförmig ab, um auf diese Weise besser den Pumpf des aufgesetzten Felles in den Kopf des unteren Felles einzuarbeiten. Sollen wir die Nerze schmal und lang auslassen, werden wir mit zwei Fellen in der Länge auskommen.

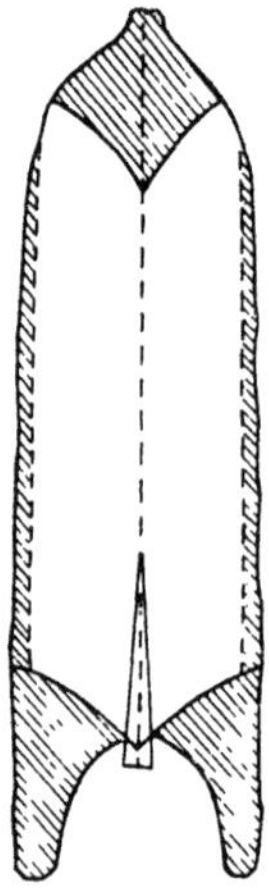

Abb. 129
Nerz

Die abgeschnittenen Köpfe versetzen wir miteinander mehreremal und fügen sie über der Fellinie, also unterhalb des Kragens, wieder an.

Dann lassen wir ähnlich wie bei Bisam und anderen ähnlichen Sorten mit langen steilen V-Schnitten die schon zusammengearbeiteten Felle aus, so daß sie sich noch weiter miteinander verarbeiten.

Diese Auslaßarbeit verdichtet den Nerz noch mehr, weshalb das Haar noch dunkler erscheinen wird als beim noch unausgelassenen Fell.

Man sieht zum Beispiel wunderbar gearbeitete Nerzmäntel, deren Felle mit zirka $\frac{1}{2}$ cm schmalen Schnitten ausgelassen wurden. Diese Arbeit wird dadurch ganz besonders mühsam und zeitraubend, daß man nach jeder Naht die Naht wieder breit drücken muß, damit die Maschine den nächsten Streifen wieder richtig fassen kann. Solche Kleinarbeit wird natürlich nicht immer vorkommen, stets aber ist die Nerzverarbeitung ziemlich kompliziert und man wird seine ganze geistige und physische Kraft in den Dienst eines gut ausfallenden Stückes stellen müssen.

Für Garnituren und Halstiere wird man das Nerzfell wie den Marder behandeln können, wobei die flache Seite des Nerzes ganz besonders zu berücksichtigen ist.

Nutria

Das prachtvolle Nutriafell findet für Garnituren, Damenpelzmäntel und Fütterungen Verwendung.

Das ziemlich kurzwollige, plüschähnliche Fell wird man nicht viel auslassen, nur etwa dort, wo es notwendig ist, die helleren flachen Stellen dadurch wegzubekommen und zu ergänzen.

Vor allem sei betont, daß die Nutriafelle nicht immer auf der Seite, sondern auch auf dem Rücken aufgeschnitten werden, weshalb das ausgeschnittene Fell auf der Schnittseite dunkler aussieht als in der Mitte.

Das Fell ist ungemein weich, das Leder sehr geschmeidig, so daß man schon sehr viel durch Ziehen erreichen kann. Das Dehnen darf jedoch niemals derart vorgenommen werden, daß das Fell dadurch ausgemartert wird, denn je mehr wir dehnen, desto dünner zeigt sich das Haar.

Nutria hat einige Eigenheiten, die anderen Fellen gar nicht oder nicht so sehr zukommen.

Da haben wir vor allem die Zitzen, die wir etwas schräg herausschneiden, um die Schnitte nicht zu markieren. Die Flossenlöcher oben beim Kopf schneiden wir auf und können jetzt das Fell besser oben in die Breite strecken.

Um aus einem schönen Nutriafelle einen Muff anzufertigen, werden wir das gut bestochene Fell in die Breite strecken (Abb. 130).

Das Muffblatt wird nun so aus dem Fell herausgebracht, daß Kopf und Pumpf an die Einschlupfstelle kommen. Es würde sehr häßlich wirken, wollte man die Seiten (oder den gespaltenen Grotzen) als Einschlupf verwerten und Kopf und Pumpf zusammennähen.

Wir dehnen hier wohl das Fell in die Breite, was Nutria infolge seines geschmeidigen Leders leicht zuläßt, wir haben aber Sorge zu tragen, dieses Dehnen nur innerhalb gewisser Grenzen anzuwenden, damit das Haar nicht schütter wird.

Wir werden sowohl beim Kopf wie auch beim Pumpf ziemlich wegschlagen müssen, da dort die hellsten und flachsten Stellen im Haar erscheinen, die nicht mitverarbeitet werden dürfen.

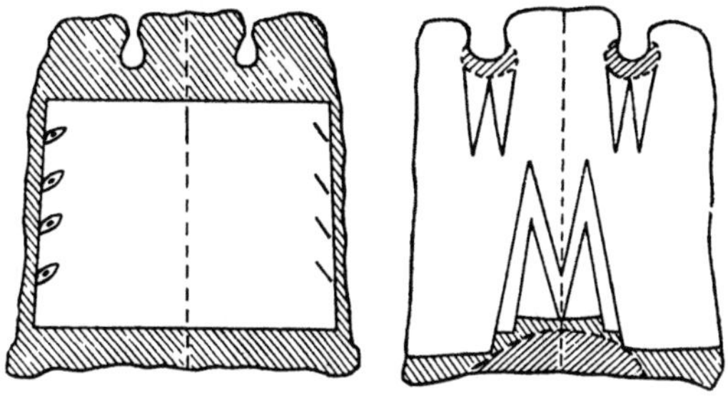

Abb. 130 Abb. 131

Nutriaverarbeitung

Haben wir daher einen Mantel aus Nutria anzufertigen, werden wir diesem Umstande besondere Beachtung zu schenken haben.

Wir haben in Abb. 131 die flachen hellen Stellen am Kopf und Pumpf strichliert angezeichnet und müssen nun, wenn diese Stellen herausfallen, durch entsprechendes Auslassen das Fell wieder nachrücken, um die gewünschte Fellbasis und -größe zu erhalten.

Ist das Fall dann auf diese Weise zugerichtet, wird es die weitere Grundlage für die Mantelverarbeitung bilden.

Hier ist vor allem das gute reine Sortieren wieder von ganz besonderem Werte. Man muß immer denken, daß die Felle nach einiger Zeit ausblassen, und zwar nicht im gleichen Tempo. Sind aber die Felle der Farbe nach nicht gut sortiert, wird mit dem Bleichen der Felle dieser Farbunterschied noch vergrößert, und der Mantel wird ein schachbrettartiges Muster aufweisen, da ein Fellrechteck lichter, das andere wieder dunkler aussehen wird.

Schöne reine Zacken müssen die Wirkung unterstützen. Gearbeitet wird der schöne Nutriamantel gegen den Strich und dies ist um so leichter, als ja das weiche Haar sich ganz nach Wunsch legt.

Nach dem Fertigstellen wird Nutria lüstiert (wir bringen im Anhange das Rezept eines Nutrialüsters) und vorsichtig gebügelt, um dem Fell den notwendigen faszinierenden Glanz zu verleihen.

Amerikanisches Opossum

Dieses massenhaft vorkommende Fell hat sich langsam zu einer ganz beachtenswerten Sorte entwickelt. Wir verarbeiten es heute nicht bloß in der Naturfarbe mit den silberweißen Spitzen, sondern auch in Skunksfarbe, blaugrau, gebleicht, dann für Halstiere und Besätze speziell in den schönen Marder- und Iltisfarben.

Das lange Haar macht es zu einem hübschen Besatzfell. Das Leder ist geschmeidig und deshalb auch gut dehnbar. Häßlich und unangenehm wirken bei den amerikanischen Opossums nur die häufigen kahlen Stellen und die Nackenwirbel, die man nur durch Ausschneiden oder Zungenrücken wird unsichtbar machen können.

Das sonst ziemlich egale Haar gestattet nach Abschlagen des flacheren Kopfes und der ebenso flachen Seiten ein sehr freies Arbeiten. Gerade Kragen, die aus zwei Fellen gearbeitet werden, fügt man am besten bei den Köpfen zusammen. Eine gute polnische Handnaht oder dreifache Maschinnaht muß das Haar dort stellen, damit nicht das Leder durchscheint. Man wird eben bei einem zweifelligen Kragen die entsprechenden Felle schon derart zusammensortieren, daß man weiter keine besondere Arbeit zu leisten hat. Ist das Fell jedoch auszulassen, bieten sich keine besonderen Schwierigkeiten, da das lange Haar, wenn die Schnitte nur halbwegs gut angebracht sind, genügend deckt. Ausgelassen kann sowohl mit W- wie auch mit V-Schnitten werden.

Abb. 132
Amerikanisches Opossum

Dem Pumpf ist insoferne ein Augenmerk zu schenken, als er nicht ganz rein ist und dementsprechend ausgeräumt werden muß. Fehlende Partien werden durch Herablassen ergänzt.

Um einen runden Kragen aus amerikanischem Opossum zu arbeiten, wird man die Schnitte etwas runden, wodurch der Fasson schon entgegengearbeitet wird. Wir haben hier an einem Felle (Abb. 132) an Hälfte I die Schnitte im Originalfell dargestellt und zeigen an der Hälfte II schon die entsprechende Drehwirkung.

Die runden Mittelschnitte müssen die gewünschte Schweifung des Kragens ergeben. Im Pumpf erreichen wir durch ganz einfache Schnitte eine schwache Rundung, ebenso an der schon gereinigten Seite.

Die Vorderklaue, entsprechend rein eingeschnitten, gedehnt und dann zusammengenäht, ergänzt die Form.

Bei Opossum wird man durch die verschiedenen Farbschattierungen der einzelnen Felle oft zum Versetzen greifen müssen. Dies haben wir ja bereits gründlich kennengelernt (siehe S. 101).

Marder- und iltisgefärbte Felle werden in ganz einfacher Weise durch Auslaßschnitte gestreckt. Der Kopf wird aus dem Naturkopf naturalisiert, die Klauen sind aus den abfallenden Seiten anzufertigen. Vor dem Fertigstellen ist die Ware gut zu streichen, zu kämmen und aufzuklopfen, um die Schnitthaare zu entfernen, die nicht auf einmal entfernt werden können und durch sukzessives Losgehen die Kunden viel ärgern. Schweifchen sind am Naturfell nicht vorhanden; sie werden durch gedrehte Feh- oder Fuchsschweifchen ergänzt.

Australisches Opossum

Das australische Opossum oder der Fuchskusu ist von der amerikanischen Namensart grundverschieden. Nicht die geringste Ähnlichkeit ist zwischen diesen beiden Fellen vorhanden.

Das australische Opossum, seinerzeit fast nur für Pelzfutter verarbeitet, ist blaugrau bis braungrau und nicht haarig, sondern wollig. Charakteristisch sind die gelblichweißen Seiten, die bei der Verarbeitung weggeschnitten werden müssen. Der Kopf ist flach, dem Pumpfe zu wird das Fell immer voller. Dies erschwert die Zusammenarbeit. Pumpf an Kopf gearbeitet, wird sich nie schön machen. Kann man daher nicht gerade Kopf an Kopf oder Pumpf an Pumpf setzen, wird man andere Methoden einzuschlagen haben, um die Kontraste zu mildern.

Hauptsächlich werden heute aus den Fellen Herrenkragen und Damenbesätze gearbeitet. Damenkragen und Manschetten sind einfacher zu arbeiten, da meist das Fell voll und ganz benützt werden kann. Höchstens wird man, wenn die Farben nicht ganz zusammenstimmen, die Felle versetzen. Der gerade, zweifellige Kragen macht dann weiter keine Schwierigkeiten. Anders ist es mit dem Herrenschalkragen, bei dem man, um nicht zu teuer zu werden, mit dem Material sparen soll.

Wird der Schalkragen aus zwei Fellen gearbeitet, ist es noch leichter, da wir die Felle entsprechend mit etwas gedrehten V- oder W-Schnitten auslassen können, um gleich die notwendige Schweifung mitzuerlangen.

Haben wir aber kleinere Felle, werden wir drei oder vier verwenden müssen, um einen kompletten Kragen zu erhalten. Vier Felle werden vielfach wieder zu teuer sein, und drei Felle stellen eine ungerade Zahl dar, die der anzuwendenden Symmetrie gewisse Schwierigkeiten in den Weg legt, die nun die Fachtechnik des Kürschners überwinden muß.

Wir werden vielfach zum Versetzen greifen müssen, um den Kragen aus drei Fellen hübsch heraus zu bekommen. Natürlich ist trotz aller Technik aufmerksame und saubere Arbeit notwendig, sonst nützt alle Theorie gar nichts.

Sind die drei Felle, aus welchen wir den Herrenschalkragen machen sollen, gleich groß, dann gibt es, wenn sie auch in der Farbe genau zusammenpassen, keine weitere Auswahl.

Anders wird es, wenn etwa zwei große einem kleineren Fell oder zwei kleine einem größeren Fell gegenüberstehen.

Haben wir zwei große und ein kleineres Fell, dann werden wir aus einem kleinen und einem großen Fell den oberen Kragen schaffen, und zwar derart, daß wir die beiden Felle miteinander versetzen und das größere außen herum laufen lassen, während das kleinere infolge der engeren Rundung dem Halse zu kommen wird. Das zweite große Fell wird dann durch Versetzen, wie wir weiter unten sehen werden, für die beiden anzusetzenden Spitzhälften verwendet werden.

Stehen uns zwei kleinere und ein großes Fell zur Verfügung, dann werden wir die kleinen Felle für oben verwenden, wieder versetzen, das außen herum laufende Fell jedoch etwas auslassen, damit es die weitere Rundung ergibt. Das größere Fell wird mit Querschnitten versetzt und unten für die beiden Spitzen verwendet.

Sehen wir uns diese Methode nun systematisch an:

Die Opossumfelle sind oben sehr in die Breite, im Pumpf in die Länge zu strecken, um ein möglichst rechteckiges Blatt heraus zu bekommen. Gleichen wir nach dem Strecken Kopf und Seiten ab und räumen wir den Pumpf gut aus, werden wir bei einem der kleineren Felle etwas von der Schweifwurzel stehen lassen, um durch Auslassen das Fell zu verlängern.

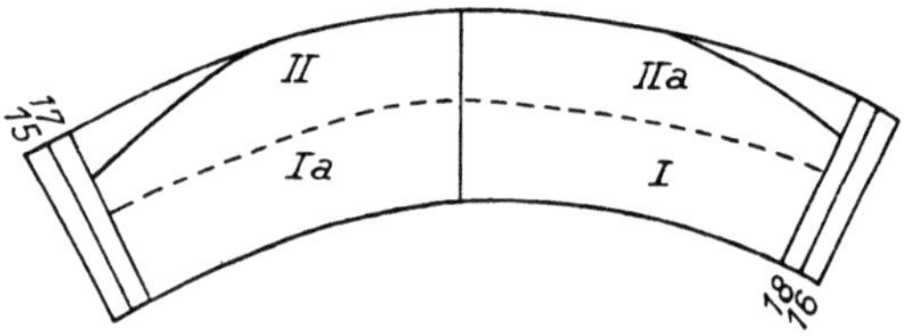

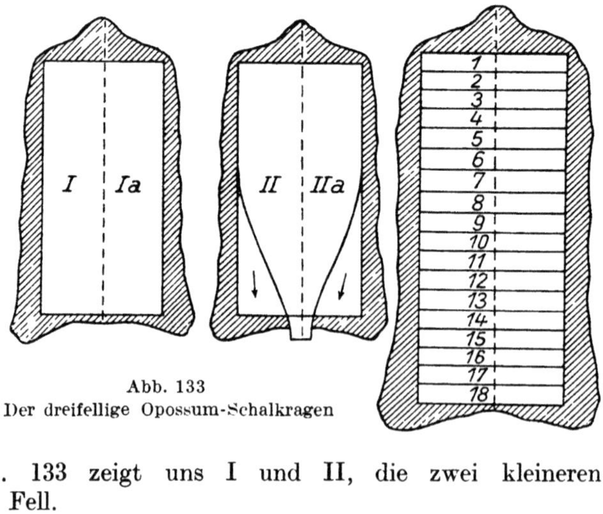

Abb. 133
Der dreifellige Opossum-Schalkragen

Abb. 133 zeigt uns I und II, die zwei kleineren und ein größeres Fell.

Das große Fell werden wir in zirka 2 cm breite Streifen schneiden, und zwar derart, daß wir immer eine gerade Zahl erreichen. Dadurch, daß wir die ungeraden Streifen zu einem Stücke zusammenarbeiten und die geraden separat wieder zu einem Stück, erhalten wir zwei egale Felle, die wir mit dem Pumpf, also den Nr. 17 und 18 je an die Pümpfe der versetzten Oberkragenfelle II, I a und II a, I ansetzen. Wir erreichen dadurch, daß der Pumpf vorne auf der Brust zu liegen kommt. Dem Spitze zu lassen wir jetzt etwas aus, und wir erhalten den gewünschten dreifelligen Schalkragen, der etwa aus vier Fellen gearbeitet zu sein scheint.

Unschön wird es jetzt vielleicht nur berühren, daß gerade die Köpfe der beiden kleinen Felle auf dem Kragenrücken zusammenkommen. Da kann man dann nur wieder durch Versetzen abhelfen, indem man aus der rückwärtigen Kragenmitte auch zwei bis drei je 2 cm breite Streifen ausschneidet und dieselben zwischen die Streifen Nr. 2, 4, 6 oder 1, 3, 5 der unteren Spitzhälften einsetzt. Voraussetzung ist natürlich, daß die Farbnuance paßt.

Das sieht sich theoretisch gewiß recht einfach an, ist es jedoch nicht immer. Man wird gewiß mit zwei großen schönen Fellen besser auskommen, aber wir müssen immer die kompliziertere Seite aufweisen und annehmen, daß man in die Lage kommen kann, eben aus drei Fellen einen solchen Kragen machen zu müssen. Oft bringen Kunden selbst eigene Felle zum Bearbeiten und diese sind gerade immer am schlechtesten sortiert, weil sie bei irgendeinem Händler erworben wurden, dem nur zu tun war, die Felle zu verkaufen. Der Kürschner hat nun seine liebe Not und muß seine ganze Kunst aufbieten, um aus nicht zusammenpassendem Material möglichst einwandfreie Ware heraus zu bekommen.

Die Opossumarbeit bringt auf diese Weise immer Schwierigkeiten mit sich, die nun der Kürschner durch besondere Umsicht umgehen muß. Bei einem Herrenschalkragen ist besonders zu beachten, daß der rechte Kragenspitz unter den linken geschlagen wird. Ergeben sich also bei einem Kopfstück irgendwie Differenzen, dann muß dieses, wenn die Felle von einem Kunden stammen und sie unbedingt zu verarbeiten sind, auf die rechte Seite kommen, um vom linken Kragenspitz überdeckt zu werden. Das darf aber nur ein Ausnahmefall sein und nur dann, wenn der Kunde selbst Material beistellt, das nicht einwandfrei ist, aber verarbeitet werden muß. Der Kürschner wird aus seinem Material nie derart decken dürfen. Passen seine Felle nicht, dann muß er eben im Interesse des Ansehens seines Geschäftes andere Felle besorgen, um einen gut aussehenden Kragen zusammenstellen zu können.

Speziell bei Arbeiten von Damenkragen kommt es auch vor, daß man von den hellen Seiten etwas am Felle läßt, um nun bei der Zusammenstellung der Felle, Seite an Seite, eine schattierte Wirkung zu erzielen. Dies kommt hauptsächlich bei Damenkragen aus Opossum vor, die in chinchillaähnlicher Dessinierung verarbeitet werden.

Erwähnt muß auch werden, daß man aus ganz großen australischen Opossumfellen, wie besonders aus den tasmanischen Opossums, auch

Herrenschalkragen aus einem Felle macht, indem man das Fell spaltet. Das ist nun keine ideale Arbeit, da man die schönsten Teile des Felles, den Rücken, teilt und dadurch sehr um die Wirkung kommt. Unsere heutige Zeit, die so oft das Sparen heischt, wird uns öfter in die Lage versetzen, solche Kragen zu benötigen. Natürlich wird dann der gespaltene Rücken des Felles außen laufen und der Seitenteil dem Halse zu liegen. Rückwärts arbeitet man den Pumpf zusammen, da er bei solchen Fellen meist sehr rauh ist, und vorne in der Spitze läßt man den gespaltenen Kopf auslaufen.

Otter

Der Otter wird als das dauerhafteste Fell bezeichnet und diese Tatsache trifft auch zu, wie verschiedene Untersuchungen ergeben haben. Wir unterscheiden den gewöhnlichen Land- oder Fischotter, dann den kräftigeren und dunkleren herrlichen virginischen Otter und außerdem den von den Kürschnern als Kamtschatkabiber gekannten Seeotter, der leider im Aussterben begriffen ist.

Das etwas starke, schwere Leder der Otter macht sie für die Mantelerzeugung wenig oder gar nicht geeignet, dies besonders zu unserer Zeit, die an Pelzwerk ganz spezielle Anforderungen stellt.

Beim Einkauf von rohen Ottern muß man schon deshalb vorsichtig sein, als diese Ware rund, mit dem Leder nach außen, verkauft wird und Felle vorkommen, die von Tieren herrühren, die durch das Schlüpfen durch Eisblöcke gebogene Haarspitzen aufweisen, sogenannte „Eisblinker". Solche Felle können nur als gerupfte und gefärbte Ware und nicht in Natur Verwendung finden.

Abb. 134
Otter

Die Otter werden heute fast ausschließlich für Herrenschalkragen auf Stadtpelze verwendet, und zwar sowohl in Natur, als gerupft und auf Seal gefärbt. Nur der kostbare Kamtschatkabiber wird mit der natürlichen Haarfarbe verarbeitet.

Der Kopf des Otters ist sehr flach, weshalb er sich für die Verarbeitung nicht eignet.

Der Kürschner wird überdies bei Otterfellen, speziell den gerupften, möglichst wenige Schnitte anbringen. Die Felle sind groß, und gespalten ergibt der Otter gewiß einen schönen Schalkragen.

Der wilde Pumpf wird abgeschlagen, und dann wird nach dem Bestechen, wobei man die Vorderklauen ausschneidet und die Löcher einfach vernäht, versucht, ob sich das Fell in die gewünschte Form dehnen läßt. Ist dies bei hartledrigen Fellen nicht der Fall, dann wird man sogenannte Rundungsschnitte anbringen, und zwar nur im Rücken und nirgends durch das ganze Fell durch, um die gewünschte Schweifung für den Kragen zu erhalten.

Diese Rundungsschnitte sehen auf dem gespaltenen Fell folgendermaßen aus (Abb. 134):

Man schneidet also entsprechend ein und dehnt dann aus, um die Rundung für den Kragen zu erhalten.

Die beiden Teile werden, nachdem der Pumpf von dem „Wilden“ befreit wurde, am besten durch eine gute Handnaht zusammengenäht.

Der flache Kopf wird unter den Ohren abgeschnitten.

Aus den Schweifen der Otter kann man durch Zusammensetzen mehrerer, etwa sechs bis acht, und entsprechendes Auslassen wieder einen billigen Kragen zusammensetzen.

Soll man aus einem Otter Kragen und Manschetten arbeiten, dann wird man aus dem Pumpf die Manschetten nehmen, und zwar am besten durch gegenseitiges Versetzen des vierfach geschnittenen und durch den Grotzenschnitt halbierten Pumpfstückes, um eine egale Wirkung der Manschetten zu erzielen. Der verbleibende Teil wird nach Abschlagen des Kopfes für den Kragen bearbeitet.

Soll aus einem Otterfell ein Muff geschaffen werden, was wohl heute kaum mehr der Fall ist, so wird dazu der untere Teil des Felles bis etwa zu den Diechen verwendet. Die reichlich abfallenden Teile bewahrt der Kürschner für andere sich ergebende Zwecke auf.

Pekan oder virginischer Iltis

Das Haar des prachtvollen virginischen Iltisses ist derart hoch und voll, daß man Aus- und Einlaßschnitte, ohne daß sich diese markieren werden, anbringen kann. Jene Schnitte, die für Füchse oder Marder in Betracht kommen, werden auch für den Pekan Verwendung finden können. Da sich das Fell sehr gut dehnen läßt, wird man nicht viele Schnitte anzubringen haben. Auf die Farbschattierung ist natürlich wie bei anderen Fellen Rücksicht zu nehmen.

Persianer

Eines der beliebtesten, schönsten und auch dauerhaftesten Felle stellt uns der Persianer dar, der sowohl in seinen natürlichen Farben, wie grau und braun, oder schwarz gefärbt Verwendung findet.

Man schafft daraus ziemlich alles, wie Garnituren, Besätze, hauptsächlich aber Mäntel, die als das begehrteste Kleidungsstück der Damen angesehen werden können.

Die Locke der einzelnen Felle ist ziemlich verschieden und wird auch je nach der Modeströmung verschiedenartig beurteilt und bewertet. Heute ist die Bohnenlocke, die sich ziemlich geschlossen darstellt, ganz besonders beliebt, während man vor Jahren sich mehr der kleineren Locke zuwendete. Auch der sogenannte Breitschwanzpersianer mit größerer Locke ist besonders gesucht.

Die Persianerverarbeitung ist nicht schwierig. Ein ganz einfacher Auslaßschnitt wird nur in den seltensten Fällen Verwendung finden.

Auch zwecken wird man das Fell nicht besonders, um die Locken nicht zu öffnen und auseinanderzudehnen. Bei der Arbeit wird man darauf zu achten haben, daß die Felle nirgends mit den Kreidestrichen auf dem Zweckbrett in Berührung kommen, da sie sonst etwas von der Schönheit und dem Feuer ihres Glanzes einbüßen. Gezweckt wird Persianer mit der Lederseite dem Brett zu.

Wie bei anderen Lammarten stellen sich die Diechen bei Persianer als kahle Stellen dar, die ausgeschnitten und, um ein egales Fell zu erhalten, durch andere Fellteile ersetzt werden müssen. Der Kopf ist gewöhnlich weniger schön und wird entsprechend wegfallen müssen. Hingegen ist der Pumpf wieder verwendbarer. Dies beeinflußt, besonders bei Mantelverarbeitung, unsere Arbeitsmethode.

Als wesentlich wäre noch zu erwähnen, daß sich die Locken des Persianers vom Pumpfe dem Kopfe zu rollen.

Nach ganz leichtem Strecken, das nur dazu dienen soll, das Fell zu ebnen, werden wir die Blößen ausschneiden und ergänzen.

Kleine Fehler im Felle sind leicht durch kleine Schnitte auszubessern, größere Löcher werden durch Einsetzen eines passenden Stückes unkenntlich gemacht.

Nun egalisiert man das Fell, um ein Rechteck daraus schneiden zu können. Wir sehen in unserer Skizze (Abb. 135) wie wir dann bei III, IV, V und VI die Diechen herausschneiden müssen. Diese werden durch die Stellen III, IV, V und VI, die außerhalb des angezeichneten Rechteckes liegen, ergänzt. Die fehlenden Stücke I und II werden durch die beiden Kopfstücke I und II ergänzt.

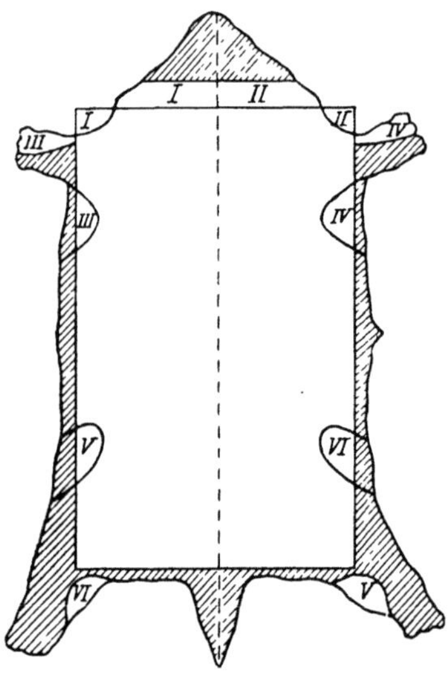

Abb. 135
Persianer

Bei der Mantelverarbeitung werden wir den Schweif nicht ganz wegschlagen, sondern, da er sich dem Felle besser anpaßt als der offenlockige Kopf, soweit als möglich verwenden,

Wir sortieren nun die Persianer, aber nicht paarweise, wie bei vielen anderen kleineren Fellen. Wir haben dies nicht nötig, da wir die Felle spalten, um dann die Hälften auf die beiden Mantelteile symmetrisch aufteilen zu können und dadurch wieder den egalen Eindruck zu erzielen. Wir spalten die Felle auch schon deshalb, um nicht die weniger schönen Seiten zusammenlaufen zu lassen, wodurch sich der Seitenteil zu sehr von den schöneren und größeren Locken des Grotzens abheben würde. Wir spalten also die Persianerfelle im Grotzen und setzen dann immer Grotzen an Seite. In der Mitte des Rückens beim Mantel lassen wir ein ganzes Fell laufen und schließen dann seitwärts je den Grotzen eines gespaltenen Felles an und so fort bis unter den Ärmel, wo wir dann wieder Seite an Seite setzen, um das nächste gespaltene Fell wieder

Grotzen an Seite zu fügen, damit der Vorderrand des Mantels beiderseits wieder aus Grotzen besteht.

Um den schönen Pumpf mitverwenden zu können, wird er auf dem Felle belassen, und zwar durch einen etwas spitzen Schnitt, während wir den Kopf, der offenlockig und weniger schön ist, in derselben Weise einschneiden, um auf diese Weise immer Pumpf und Kopf ineinanderarbeiten zu können.

Unten, an der Mantelbasis, arbeiten wir zuerst den Kopf, so daß der Pumpf nach oben reicht, wie nachfolgende Skizze (Abb. 136) zeigt.

Man kann den Persianer auch wie Breitschwanz mit Wellennähten zusammenarbeiten.

So gespalten und versetzt wird der Mantel ein vollkommen egales Bild bieten. Die weniger schönen Seiten kommen durch das Aneinanderarbeiten mit dem Grotzen des nächsten Felles nicht so zur Geltung und müssen daher nicht so stark abgeschlagen werden, als dies eben notwendig wäre, wenn die Felle im ganzen zusammengefügt würden.

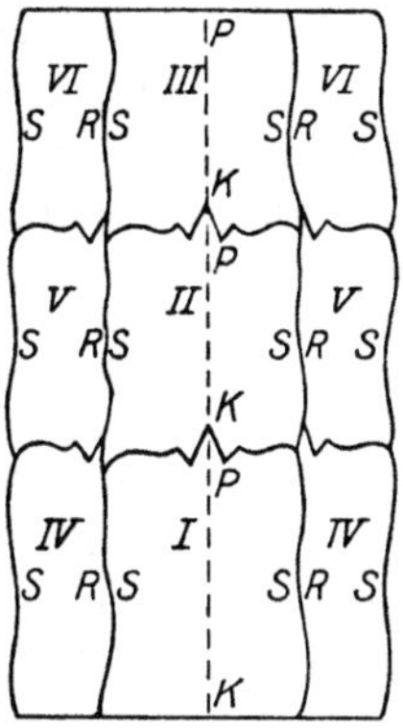

Abb. 136
Persianeranordnung

Außer dieser Methode arbeitet man die Felle in der Weise, daß man die Persianer auch wagrecht zerschneidet, und zwar in drei Teile, um nun immer auch die drei die Länge des Mantels ergebenden Felle miteinander zu versetzen. Das Ergebnis wird dann sein, daß eigentlich jedes Fell durch die Spaltung und Querteilung in sechs rechteckige Teile zerfällt. Dies mag theoretisch ganz hübsch sein, es mag der Mantel auch noch viel einheitlicher dadurch aussehen, aber hier werden wir die Rechnung ohne unsere Kunden machen. Gerade bei Persianer sind die Damen darauf erpicht, ganze Felle verarbeitet zu haben, und zwar zum Unterschiede gegen ganz aus Stückeln zusammengearbeitete Mäntel. Wenn wir nun den Mantel derart versetzen, daß aus jedem Felle sechs Teile geschnitten werden, die wir kreuz und quer miteinander versetzen, werden wir dem Laien, der nun einmal mißtrauisch ist, nicht einreden können, daß dies technisch notwendig ist. Wir wissen ja, daß die Damen den Mantel bei der Probe sogar ohne Wattelin in Augenschein nehmen wollen, nur um sich zu überzeugen, daß nicht gestückelt wurde. Das Spalten der Felle werden wir eventuell noch erklären können, das weitere Versetzen wird aber ganz entschieden auf den Widerstand der Kunden stoßen. Halten sie ja schon die eingesetzten Stücke bei den Blößen für nicht nötig und meinen oft, man möge eben fehlerfreie Felle verwenden.

Was dem Fachmann ganz klar scheint, ist dem Laien eben vielfach etwas ganz Unverständliches, und wie oft hat die praktische Erfahrung gelehrt, daß eine Dame lieber einen Mantel nimmt, der aus ganzen Fellen gearbeitet ist, auch wenn die Seitenwirkung ersichtlich ist, als daß sie einen „gestückelten“ Mantel kauft!

Bevor also der Kürschner hier ans Werk geht, muß er sich über die Anschauungen seiner Kunden klar sein.

Wird die Mantellänge es verlangen, daß etwa oben noch ein viertes Fell bzw. ein halbes Fell zugegeben werden muß, dann wird dieses Pumpf an Pumpf mit dem vorletzten Fell gearbeitet.

Bei der Zusammenstellung der Ärmel wird man meist von dem Spalten der Felle absehen können. Am Ellenbogen laufen die Pümpfe der Felle zusammen.

Gezweckt wird Persianer mit dem Leder auf das Brett und dem Haare nach außen, um der Locke nicht zu schaden.

Außer der hier angeführten Methode ist Persianer leicht zu arbeiten und es erübrigt sich, auf weitere Details für Besatzarbeit einzugehen.

Petschaniki

Diese Fellsorte ist heute sehr beliebt, und man versucht daher, wie bei jedem Favoritartikel die mannigfachsten Methoden und Dessinierungen je nach Geschmack und Preislage.

Die einfachste Art der Petschanikiverarbeitung auf Mäntel ist die glatte Art der nichtausgelassenen Felle. Die Felle haben ein kurzes, straffes Haar, und man wird beim Auslassen die Schnitte immer etwas bemerken, außer es handelt sich um besonders gute Primaware. Der Grundsatz unserer Zeit geht aber auf das Schlagwort „sparen", und so hat gewiß der einfach gearbeitete Petschanikimantel die größten Chancen.

Die Verarbeitung dieses hübschen Felles, das als beste Bisam- und Nerzimitation Verwendung findet, haben wir unter Zuschneiden (S. 81) genauer behandelt.

Die Felle werden in die Länge gestreckt und dann paarweise sortiert, um den Mantel gleichmäßig zu zeichnen. Der unterste Stoß wird aus den größeren und breiteren Fellen bestehen, nach oben zu sortiert man Stoß für Stoß kleinere und schmälere Felle. Der Kopf wird rund ausgeschnitten, der Pumpf ebenso rund eingeschnitten, um entsprechend aufsetzen zu können. Der Grotzen ist gut anzuzeichnen, um genau immer wieder Grotzen auf Grotzen zu bekommen. Nur dadurch erhalten wir die schöne, egale Zeichnung. Unrichtig aufgesetzte Grotzen würden verzerren und dem Mantel ein unschönes Bild geben.

Eine andere Art der Verarbeitung geschieht durch das Spalten der Felle, wodurch man dann wieder Rücken an Seiten setzen kann und eine andere Schattierung erreicht, denn der Grotzen ist dunkel und kommt plötzlich, ohne Übergang, an die hellere Seite. Die verschiedene Dessinierung ganzer oder gespaltener Felle ist bloß Geschmacksache und kann ganz nach der jeweiligen Einstellung des Erzeugers oder nach den Angaben des Kunden durchgeführt werden.

Die etwas flacheren Seiten sind entsprechend abzuschlagen, damit das Fell dort nicht zu eingedrückt aussieht.

Eine ausgezeichnete Wirkung wird man durch das „Verwerfen" besonders qualitativ guter Felle erreichen. Schmale Längsstreifen, in welche die Felle geschnitten werden, werden derart miteinander verworfen, daß aus einem Fell zwei solche in nur halber Breite erzielt werden (siehe S. 102, 103, Abb. 64, 65). Die Grotzen dieser schmalen Felle können zur Erhöhung der Wirkung mit Grotzenfarbe oder Blende nachgezogen werden.

Man läßt die Felle für Mäntel auch aus, doch müssen dazu, wie bereits ausgeführt wurde, nur die qualitativ besten Felle verwendet werden. Da sich die Felle vom Kopfe bis zum Pumpf egal darstellen und keine bedeutenden Haarunterschiede aufweisen, kann man die abgeglichenen und in die Länge gestreckten Felle rund Pumpf auf Kopf setzen und dann den Streifen von etwa drei Fellen, der nach dem Auslassen die Mantellänge ergeben wird, zusammen auslassen, wie bei Bisam und Nerz. Einfach steile Schnitte werden die beste Wirkung erzielen. Durch das Auslassen werden die Felle dichter und dunkler, und ein gut ausgelassener Petschanikimantel zählt gewiß zu einer ganz besonderen Schöpfung bester Kürschnerkunst.

Beim Zwecken soll man nicht zu viel in die Breite dehnen, um das Haar nicht zu schütter werden zu lassen. Man achte deshalb schon beim Zuschneiden auf diese Tatsache. Da beim Zwecken die geraden Grotzenlinien leicht verzogen werden können, zwecke man, wo nötig, die Grotzen separat an. Dadurch wird der Mantel ganz gleichmäßig erscheinen und eine Fellinie egal neben der anderen stehen.

Petschaniki wird jetzt auch für Besätze stark verwendet. Die Verarbeitung ist nach dem bereits Gehörten ganz einfach und richtet sich dann ganz nach der gewünschten Fasson. Es wird nach dem Strich und nicht gegen das Haar gearbeitet.

Seefuchs

Der Seefuchs, der leider heute nicht so stark verbreitet ist, obwohl das außergewöhnlich dauerhafte Fell dies wünschenswert erscheinen lassen würde, ist kleiner als unser Fuchs. Soll deshalb eine Tierform geschaffen werden, wird man zwei Seefüchse dazu verwenden müssen. Diese sind vor allem sehr gut in Farbe und Rauhe zusammenzusortieren.

Man wird die Felle nun nicht Pumpf auf Kopf setzen, da dadurch keine hübsche Wirkung erzielt wird, man muß also den oberen Fuchs ganz arbeiten, natürlich mit den nötigen, dem Fuchs zukommenden Auslaßschnitten, die wir bereits bei der Fuchsverarbeitung kennengelernt haben.

Von dem zweiten Fell, das wir als Ergänzung des ersten verwenden, werden wir den Kopf abschlagen und dann den Fuchs ebenfalls auslassen. Ist dies geschehen, wird man den unteren Fuchs in 10 mm breite Streifchen schneiden, die man dann verwirft, um nun, Pumpf an Pumpf, bei gleichlaufendem Haare, die beiden Felle zusammenzubringen. (Siehe Abb. 68.)

Noch besser wird es sein, die beiden Seefüchse in Querstreifen zu schneiden und diese zu einem Fell zu arbeiten (siehe S. 108).

Die Verarbeitung des Seefuchses auf Besätze und Garnituren ist dementsprechend einfacher und durch Parallelen anderer Felle gegeben.

Seehund und Seal

Einige Arten der gewöhnlichen Seehunde werden jetzt gerne für Jacken verwendet, wobei sie nicht nur ein dauerhaftes, sondern auch verhältnismäßig billiges Pelzwerk darstellen.

Die Felle sind sehr groß und die einzelnen Teile können daher gut ausgeschnitten werden. Das Seehundfell ist so lang, daß es für eine Jacke die Länge ergibt. Wo die Felle für einen Mantel aber zu klein sind, wie bei Seal, wird man auf nachstehende Weise das Fell vergrößern können.

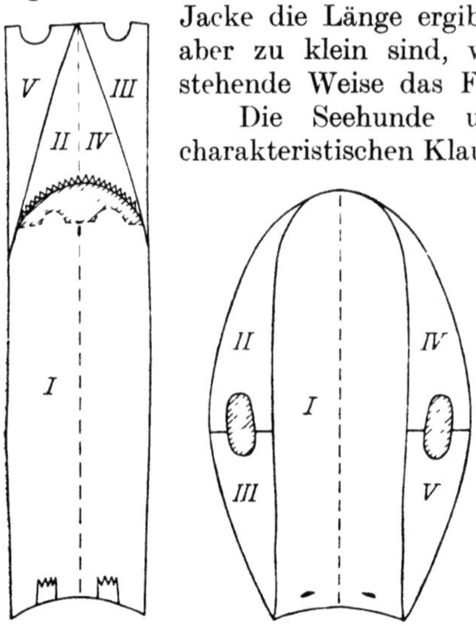

Abb. 137
Sealverarbeitung auf Mäntel

Die Seehunde und Seal haben die bekannten charakteristischen Klauenlöcher, die sehr im Wege stehen, wenn das Fell ganz verarbeitet werden soll. Zungenrücken geht da nicht, man wird sich also bei Verwendung des echten Sealfelles, um auch die Seiten verwerten zu können, einer ganz anderen Methode bedienen müssen und diese ist bei Verarbeitung eines Mantels, wenn die Felle zu kurz sind, das Aufsetzen der Seiten auf den Kopf des Felles.

Dies kann auf folgende erprobte Weise vorgenommen werden (Abb. 137).

Die Numeration der einzelnen Teile erklärt genau die Methode, das Fell mit Hilfe der abgeschnittenen und halbierten Seiten zu vergrößern. Auf diese Weise wird man die gewünschte Rückenlänge des Mantels leicht erhalten.

Die Jackenteile, die sich kürzer darstellen, können ohne weiteres im ganzen aus den Fellen herausgebracht werden; man wird nur die entsprechenden Felle zu sortieren haben.

Schafe

Schaf- respektive Lammfelle werden vor allem für Futter stark verwendet. Die Veredlungsindustrie hat aber in der letzten Zeit diesem guten und dauerhaften Artikel so sehr ihr Augenmerk zugewendet, daß wir heute in die Lage kommen, sehr hübsche Pelzjacken und Mäntel aus diesen Fellen schaffen zu können.

Seitdem hat auch die Lammfellverarbeitung ihre eigene Methode gefunden, die sich nun scheidet in die Futter- und Mantel-, sowie Besatzbearbeitung.

Sehen wir uns vor allem einmal die Verarbeitung des Lammfelles für Fütterungen an. Dies ist die älteste Art der Verarbeitung und grundlegend für die weitere Behandlung der Felle.

Wir sehen am Schaf- oder Lammfell vor allem die charakteristischen Blößen, die Diechen, die uns zum Unterschiede von anderen Fellen, außer bei Persianer, vollkommen kahl gegenübertreten. Gleichen wir das Fell innerhalb des von den Blößen beherrschten Raumes ab, dann wird uns das Fell für die Futterarbeit zu klein respektive das Futter wird durch Verwendung von mehr Fellen zu teuer kommen. Wir müssen also die Stellen, die sich als Blößen darstellen, geschickt ersetzen; dies geschieht auf folgende Weise (Abb. 138).

Wir strecken das Fell gleichmäßig und werden dann, wenn wir unter Berücksichtigung der auszuschneidenden Mängel das Fell egalisieren, sehen, wo wir einzusetzen haben.

Unsere Skizze veranschaulicht ganz klar und deutlich das Grundfell und darüber das egale Rechteck, das aus diesem Fell gearbeitet werden soll.

Wir werden also die Kopfstücke I und II oben seitwärts ansetzen müssen, um die Ecken des Rechteckes, die im Fell fehlen, ergänzen zu können.

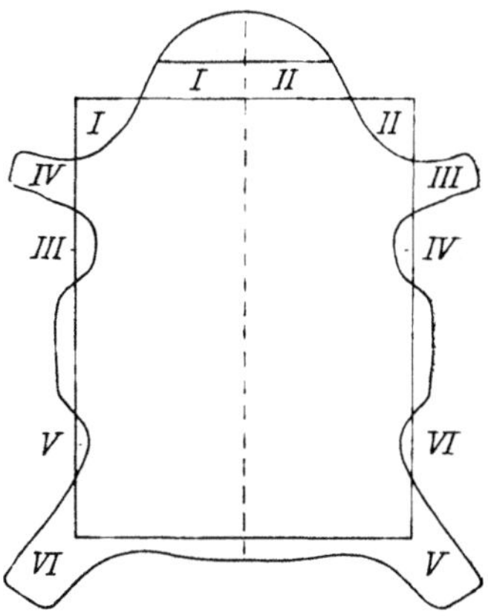

Abb. 138
Schaffell

Die folgenden Diechen der Oberklauen werden mit den gegenüberliegenden Klauen III und IV ausgestückelt, weil der Haarlauf dies so wünschenswert erscheinen läßt. Es wird diese Art vielleicht nicht immer zutreffen. Hauptsache ist ja, daß die Stücke passen. Sie können daher auch anders entlehnt werden. Die Blößen der Unterklauen werden dann ebenso ersetzt.

Auf diese Weise haben wir aus den für ein Futter in Betracht kommenden Fellen die Grundlage geschaffen. Nun werden die Felle ganz gewöhnlich, selbstverständlich nach Sortieren, passend aneinandergefügt, um das Futter zu ergeben.

Etwas anderes ist es, wenn wir aus den Fellen Jacken oder Mäntel arbeiten. Das Ausstückeln wird dann nicht immer in der oben beschriebenen Weise vor sich gehen können. Vor allem sind die Mantelfelle an sich schon besserer Qualität, sie werden aber auch zu einem Stück verarbeitet, das immer einen höheren Preis als ein Futter erzielt. Wir werden deshalb schon vom Grund auf reiner arbeiten können.

Wo es die Beschaffenheit des Felles zuläßt, werden wir die Blößen genau so ausstückeln können wie bei Futterfellen, die Hauptsache ist ja immer die Haarwirkung. Ist das Stück im Haar oder in der Wolle nicht kenntlich, dann steht dieser Arbeit nichts im Wege, tritt es aber hervor, dann wird es unterbleiben müssen, und wir werden das Fell reiner abgleichen, das heißt mehr wegschlagen müssen, als wir etwa bei einem Futter tun würden.

Lammfelle dehnen sich äußerst gut, wir werden also beim Strecken schon darauf achten, welche Fasson wir dem Fell zu geben haben.

Ist das Fell rein abgeglichen, dann macht uns die Zusammenstellung des Mantels weiter keine Schwierigkeiten.

Die Verarbeitung für Besätze ist ganz individuell. Das Fell ist meist so groß, daß es bequem entweder zwei Kragen oder Kragen und Manschetten gibt.

Auch Herrenschalkragen werden aus den veredelten Lammfellen gerne angefertigt. Man spaltet deshalb die Felle, setzt sie mit den Pümpfen zusammen und läßt den Grotzen außen am Kragen laufen.

Nach dem Fertigstellen wird man Lammfelle häufig aufbügeln, Nutriettejacken und -mäntel wird man sogar wie Nutria lüstrieren, um den schönen Glanz zu erhalten.

Schakal

Werden die Schakale zu fuchstierartiger Fasson gearbeitet, wird man die bei Fuchs üblichen Auslaßschnitte anwenden können. Zu beachten wäre eventuell der oft sehr struppige Grotzen, der, wenn zu unterschiedlich von den übrigen Haarpartien und dadurch unschön im Ausdruck, ausgeschnitten werden kann. Aus diesen Grotzenstreifen kann man dann Schweife drehen lassen, die an Stelle des meist nicht zu verwendenden Schakalschweifes gesetzt werden.

Skunk

Der Skunk bietet dem Kürschner verschiedene Schwierigkeiten während der Verarbeitung, denn er weist, wie nicht so bald ein anderes Fell, sehr verschiedene Haardichten und -längen auf. Außerdem haben wir mit der mehr oder weniger großen und breiten weißen Skunksgabel zu rechnen, die einer Spezialbehandlung bedarf.

Der Kopf des Skunks ist sehr flach, dem Rücken zu wird das Fell ungemein rauh, während die Seiten wieder abflachen, ja oft ganz kahl sind. Die Mitte des Skunks, die sich am schönsten darstellt, wird „Medaillon" genannt.

Skunks werden sowohl zu kleinen Halstieren mit und ohne Gabel verarbeitet, wie für Garnituren und fuchsähnliche Stolen, breite Étoles und zu Besätzen.

Sehen wir uns vor allem die Einzelbearbeitung für ein Halstier an.

Wir strecken das Fell in die Länge und beginnen nun mit dem Auslassen. Da für Halstiere fast immer die weißen Gabeln mitverarbeitet werden, weil sie dem Tier mehr Leben geben und einen hübschen, heute sehr gesuchten Kontrast der Schwarzweißwirkung darstellen, haben wir besonders beim Auslassen auf diese Gabelstreifen Rücksicht zu nehmen.

Sind sie etwa nur in der Mitte des Felles, dann wird es möglich sein, sie mit den Auslaßschnitten zu übergehen, also außen herumzukommen, verlaufen die Gabeln aber mehr in die Seiten, dann werden wir, soweit die Auslaßschnitte noch in Betracht kommen, die Gabeln bis dorthin herausnehmen, die Auslaßschnitte durchführen und dann das Fell auf den in Betracht kommenden Stellen wieder aufschneiden, um die Gabeln über die Auslaßschnitte wieder einzusetzen.

Wir haben diese beiden Methoden an einer Skizze gekennzeichnet, und zwar stellt die Fellhälfte *A* in Abb. 139 das Auslassen dar, wobei der angezeichneten Gabel ausgewichen wird, während die Hälfte *B* durch einfachgeführte V-Schnitte keine Rücksicht auf die Gabel nimmt. Dieselbe müßte also an der Stelle, wo die Auslaßschnitte über die Gabel gehen würden, herausgeschnitten werden, um nach dem Auslassen in der oben beschriebenen Weise wieder eingesetzt zu werden.

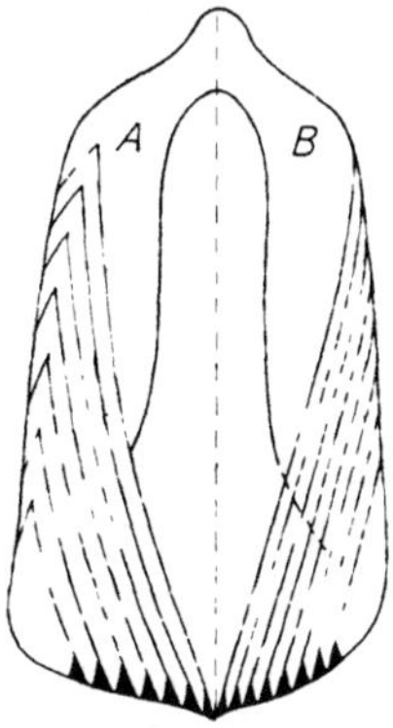

Abb. 139
Gabelskunk

Durch das Auslassen wird man auch die Klauen so weit herabrücken können, daß dieselben für das Halstier unten schon in die gewünschte Stellung kommen. Man hat nur entsprechend zu rücken. Die Schnitte sind etwas rund geführt, um die nach unten zunehmende Weite einzuarbeiten, wenn das Fell verlängert wird.

Ganz anders haben wir zu arbeiten, wenn es sich darum handelt, eine drei- oder vierfellige fuchsähnliche Stola anzufertigen. Da müssen wir die Felle vor allem versetzen, wie wir dies schon Seite 108 genau kennengelernt haben. Der Kopf paßt eben an den Pumpf nicht, da die Haare sich hier grundverschieden darstellen. Durch Versetzen müssen nun die Felle zusammengearbeitet werden, um dann auf einmal, also im ganzen, ausgelassen zu werden.

Zu beachten ist immer, den kahlen Bauch auszuschneiden und dann wie bei einer fuchstierartigen Fasson oder vielen Besatzarten die Gabel richtig auszuschneiden. Es soll nämlich weder zu viel weggeschnitten werden, da mit Material gespart werden muß, noch zu wenig, da sonst doch einzelne weiße Haare das dunkle Fell beeinträchtigen würden.

Um die Gabel rein herauszubekommen, muß man sehr vorsichtig zu Werke gehen. Es genügt nicht, die Gabel von außen zu markieren. Man muß bis an den Grund gehen, um sich zu überzeugen, wo die weiße Gabel sich vom schwarzen Haar scheidet, um dort mit dem verkehrt zu haltenden Messer äußerst vorsichtig die Gabel durch einen Haarschnitt auszuschneiden.

Ist der Kopf des Skunks zu schmal, dann müssen wir ihn einlassen, den Pumpf hingegen können wir mit Berücksichtigung der Schweifwurzel bis dorthin, wo das Haar anfängt struppig zu werden, auslassen, um jedes Stückchen des Felles auszunützen.

Im Kapitel „Versetzen" ist speziell auf den Skunk Bezug genommen worden (siehe S. 104 bis 108).

Zur Anfertigung eines Tonnenmuffes nehmen wir am besten vier gleich große und gleich rauhe Felle, die wir nun in die geeignete ovale Form bringen müssen (Abb. 140, 141).

Wir sehen unten die uns schon bekannten Auslaßschnitte, die wir jedoch derart anwenden und dann dehnen müssen, um ovale Wirkung zu erzielen.

Da der Kopf schmaler ist, werden wir oben, wie wir in der Skizze sehen, mit wenigen Schnitten auskommen.

Haben wir nun die vier Felle auf diese Art bearbeitet, dann müssen wir die vier ovalen Formen zu einem Muffblatt zusammensetzen. Die Ovale machen es jetzt nicht mehr notwendig, die Rundungszwickel für das Muffblatt ausschneiden zu müssen. Wir haben also sehr am Fell gespart und jedes Stückchen ausgenützt.

Wir haben weiter oben gehört, wie sehr die Felle im Haar verschieden sind, wie flach der Kopf und wie rauh der Pumpf ist. Nun ist die schönste Stelle in der Mitte des Skunks das sogenannte „Medaillon". Wir werden nun eine Methode anwenden, die sonst bei anderen Fellen nicht üblich ist, wir werden jenen Teil, den wir Medaillon nennen, weiter hinauf in das Fell rücken, um eine möglichst einheitliche Wirkung zu erzielen. In obiger Skizze haben wir das Medaillon mit *M* bezeichnet. Wir sehen in der Fellhälfte *A* diesen Teil angezeichnet, in der Hälfte *B* jedoch schon emporgerückt.

Wir können nun die vier Fellovale gleichartig nebeneinander setzen, so daß der Haarstrich nach einer Richtung läuft, wir können aber auch ein Oval mit herablaufendem Haar, das nächste umgekehrt, so daß das Haar aufwärts läuft, und so weiter setzen, so wird immer der Kopf des einen Felles neben dem Pumpf des anschließenden Felles zu liegen kommen. Die Anordnung ist einerseits ganz nach Geschmack oder es wird sich um die Fellwirkung handeln, die nicht immer die gleiche sein wird (Abb. 141).

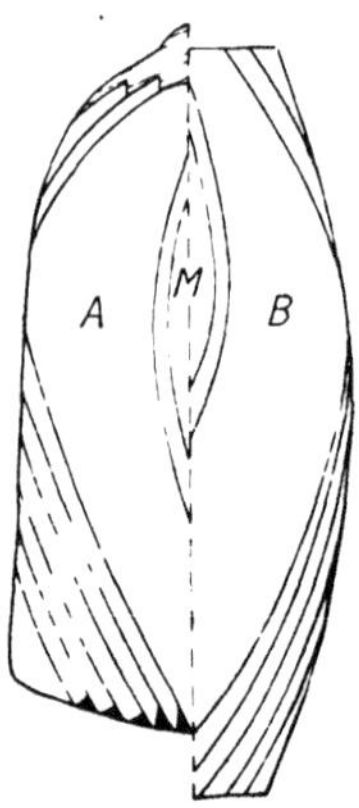

Abb. 140
Einzelbearbeitung

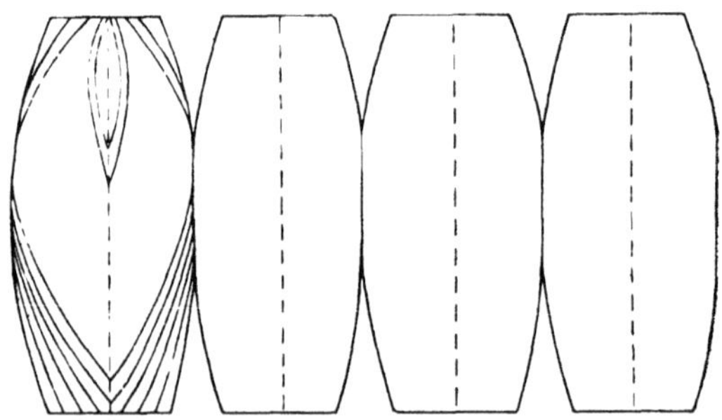

Abb. 141
Vier Skunks zu einem Muffblatt gearbeitet

Gerade die Verschiedenheit der Haarwirkung wird die Bearbeitung des Skunks interessant gestalten, und man kann die verschiedenartigsten Methoden anwenden, je nachdem man das Fell mit Einbeziehung der Schweifwurzel verlängert, dann wieder im Kopf verbreitert, gerade macht, oval oder auf ein Tier ausläßt.

Immer entrollen sich neue Momente, die durch das Versetzen und Arbeiten von drei Skunks auf vier usw. ein weiteres Gebiet interessantester Technik aufweisen. Beim „Auslassen“ „Versetzen“ und „Einschneiden“ finden sich weitere Beispiele der Skunksverarbeitung.

Die aufgezweckten Felle werden im Leder mit der Lederblende gefärbt, um das Durchscheinen des hellen Leders zu verhindern.

Slings

Diese großen Felle gestatten eine leichte Anwendung. Wird man Garnituren zu arbeiten haben, dann schneidet man dieselben möglichst ökonomisch aus dem großen Fell heraus, das heißt man wird eben jenen Teil des Felles verwenden, der für die Garnitur, Kragen und Manschetten genügt, um den verbleibenden Rest wieder weiter verwerten zu können.

Auch Jacken und Mäntel werden aus Slings speziell in grauer Farbe erzeugt. Die Verarbeitung ist dadurch einfach, daß die Einzelfelle die Mantelteile ergeben oder leichter ergänzt werden können. Auslassen oder irgendwelche Kunstnaht ist nicht nötig, da die Haarlocken jede Naht verdecken. Man wird nur darauf zu achten haben, daß viele Felle, besonders den Seiten zu, sehr schütter in der Locke sind und den Haarboden, das Leder, durchscheinen lassen. Solchen Stellen muß man selbstverständlich ausweichen.

Die hell und dunkelgrau gestreiften Slingsfelle machen es nur notwendig, daß man beim Zuschneiden und Zusammensetzen der Mantelteile auf die Streifen Rücksicht nimmt, was gewiß keine Schwierigkeiten macht.

Suslik

Das Fell der kleinen Zieselmaus wird heute nicht allein mehr als Futter, sondern in Nerz- und Zobelfarbe auch für Jacken und Mäntel verarbeitet. Der Mühe des Zusammensetzens der kleinen Felle wird der Kürschner dadurch enthoben, daß dieselben bereits in Futtern oder Säcken zusammengestellt in den Handel kommen. Man wird aber ohne weiteres diese Säcke nicht als schon gegebene Grundlage benützen können, sondern muß, wie bei allen fertigen Futtern und Tafeln, die Nähte gut nachsehen, da dieselben nicht immer sauber geführt sind, oder durch das nachträgliche Färben gelitten haben. Auch weisen die Suslikfutter zahlreiche Wirbel auf, die nicht ohne weitere Behandlung in den Mantel mit aufgenommen werden können.

Je netter und umsichtiger hier die Arbeit geleistet wird, desto vorteilhafter wird auch das Stück aussehen.

Die Schnittmuster sind vorsichtig auf die fertigen Futter aufzulegen. Ohne Berechnung geht es da nicht. Wir müssen ja bei solchen Fellen, ähnlich wie bei Petschaniki, darauf Rücksicht nehmen, daß die Grotzenwirkung all der vielen Fellchen immer symmetrisch bleibt.

Wir müssen daher die einzelnen Mantel- oder Jackenteile so aus dem Futter herausschneiden, daß die Teile der Fellwirkung nach auch zusammenpassen. Man arbeitet Suslik auch in verschiedener Dessinierung. Die Felle werden gespalten und dann Seite an Rücken „fischgrätenartig" angeordnet, wodurch sich eine hübsche Wirkung erzielen läßt.

Tibet

Dieses weiche, langhaarige, seidige Fell erfordert keine besondere Arbeitsmethode. Man wird es in gleicher Weise wie Mufflon zu behandeln haben, und damit ist schon alles gesagt.

Zu beachten ist bloß, daß die heute in den Handel kommenden Tibets aller Farben ausgekämmte Ware darstellen, also nicht die gelockte Wolle zeigen. Die Ware wird sich aber, wenn feucht, wieder kräuseln. Diese Tatsache soll nun die ganze Bearbeitung beeinflussen. Das Fell darf nur im Leder vorsichtig befeuchtet werden. Nach der Fertigstellung ist fest aufzuklopfen und aufzukämmen, um dem Haar wieder den notwendigen Flaum zu geben.

Vielfraß

Das Fell spielt ab und zu eine Rolle in der Pelzverarbeitung und wird nur für Garnituren oder als Besatz verwendet.

Bemerkenswert für die Verarbeitung ist die Tatsache, daß das Fell einen sehr dunklen Rücken und helle Seiten aufweist. Man wird daher bei der Arbeit vorsichtig vorzugehen haben, um die Nuancen nicht zu überschneiden.

Da das Haar sehr dicht ist, kann man, wenn die Größe der gewünschten Garnitur aus dem Fell nicht ohne weiteres erreichbar ist, Galons anwenden, über deren Wesen wir auf Seite 109 Genaueres angegeben haben.

Walaby

Das Fell dieses australischen Beuteltieres findet eine vielfache Verwendung, und zwar nimmt man die flachen Felle für Futter, kleinere und geschorene Felle, die man in verschiedenen Farben, auch in Schablonnuance, in den Handel bringt, für Jacken und Mäntel, die rauheren Sorten werden in der Naturfarbe als Opossum- und Waschbärimitation für Herrenkragen verwendet, während die Skunksfarbe wie auch hellere Schattierungen das Fell zu Garnituren recht geeignet erscheinen lassen.

Die Felle sind ziemlich groß, und man kann daher Muffe oder auch fuchstierähnliche Stolen leicht aus einem Fell arbeiten.

Das Muffblatt wird sich ohne weiteres aus dem Fell arbeiten lassen, während die Tierform durch einfaches Auslassen des Felles erreicht wird.

Ganz weiche Felle kann man auch gegen den Strich arbeiten und erzielt damit eine sehr hübsche Wirkung.

Besätze werden je nach Bedarf der Länge oder Quere nach geschnitten. Herrenschalkragen werden aus einem Fell gearbeitet, wobei dasselbe gespalten wird und nach Wegschneiden des Wilden am Pumpfe im Pumpf zusammengearbeitet den Rücken darstellt. Der gespaltene Grotzen gibt die Außenseite des Kragens. Die Köpfe bilden die Kragenspitzen. Das Fell wird auf diese Weise gegen das Haar gearbeitet. Mehr steifhaarige Sorten müssen nach dem Strich gearbeitet werden, doch wird man dann, weil das Fell beim Kopf schmal und beim Pumpf breit ist, den Kopf einlassen und den Pumpf auslassen müssen, soll sich die gewünschte Fasson ergeben.

Sonst weist die Bearbeitung des Walabys keine weiteren Schwierigkeiten auf, es können dieselben Methoden wie bei anderen Fellen angewendet werden.

Waschbär

Ein außergewöhnlich schönes und dabei sehr dauerhaftes Fell, das sowohl in seiner Naturfarbe wie in anderen Nuancen, hauptsächlich aber skunksfärbig, für Garnituren und Besätze verarbeitet wird. Seit kurzer Zeit arbeitet man Waschbär oder Schoppen auch auf Autopelze für Damen und Herren mit dem Haar nach außen.

Waschbär gehört heute zu den Edelpelzen und hat auch einen dementsprechend hohen Preis, der ihn leider nicht allgemein verwerten läßt.

Wird das Fell für Garnituren verarbeitet, dann hängt es ganz von der Größe und der Form des anzufertigenden Gegenstandes wie von der Anzahl der Felle ab, wie wir Waschbär bearbeiten. Ein zweifelliger Kragen oder einfellige Manschetten, die wir bei einfacher Arbeit durch Spalten, bei sauberer Herstellung durch Versetzen (siehe S. 103) erreichen, macht eine weitere Erwähnung überflüssig, da genügend Parallelen bekannt sind.

Soll aus zwei Fellen eine fuchsähnliche Tierstola gearbeitet werden, dann muß Waschbär, weil das Fell am Kopf flacher ist als am Pumpf, versetzt werden, um dann erst die Auslaßschnitte vornehmen zu können. Wir werden Waschbär wie Skunk versetzen können, um eine einheitliche Fellwirkung zu erzielen.

Der gelbe Nacken ist durch einen Keilschnitt zu entfernen.

Am Pumpf wird man das Wilde entfernen und dann eventuell durch eine Zunge herabrücken und ergänzen. Ist das Fell oben etwas zu schmal, kann es durch eine Seitenrückung egalisiert werden (Abb. 142).

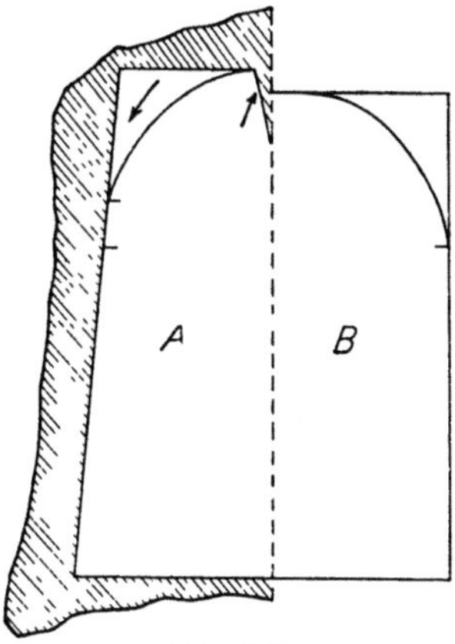

Abb. 142
Waschbäregalisierung

Die Waschbärmäntel werden auf zweierlei Art angefertigt. Verwendet man billigeres Material, dann nimmt man meist die Felle in ihrer vollen geraden Form mit keilförmigem Aufsatz. Anders ist dies jedoch, wenn besseres Material Verwendung findet, dann werden die Felle schmal und lang ausgelassen und wird dadurch, daß sich auch der Grotzen verdunkelt und das Haar dichter wird, eine ganz außerordentliche Wirkung erzielt.

Ausgelassen wird durch den einfachen langgestreckten V-Schnitt. Doch kann man bei Waschbär die Schnitte auch in umgekehrter Richtung führen (Abb. 143).

Wolf

Das große Wolfsfell findet meist für die Tierform Verwendung. Wir werden es da in fuchsähnlicher Weise zu bearbeiten haben. Der Kopf ist vor allem einzulassen, um die entsprechende Breite zu erhalten.

Dies erreichen wir auch auf die Art, wie sie in Abb. 144 dargestellt wird.

Die weichen, flaumigen Seiten werden wie beim Fuchs gesondert behandelt, da sie sich vom Rücken zu sehr unterscheiden.

Im Rücken finden wir manchmal einen langhaarigeren struppigen Aufsatz gleich einer kleinen Mähne, die, wenn zu markant und störend, ausgeschnitten werden kann, um zu Schweifen gedreht zu werden.

An Stelle der beim Fuchs besprochenen Auslaßschnitte kann man es auch mit einfachen, steilen V-Schnitten versuchen, die aber nicht in die Seiten übergreifen dürfen. Die Seiten muß man dann, wenn durch Strecken die Länge nicht erreicht wird, separat durch einfache steile Schnitte strecken.

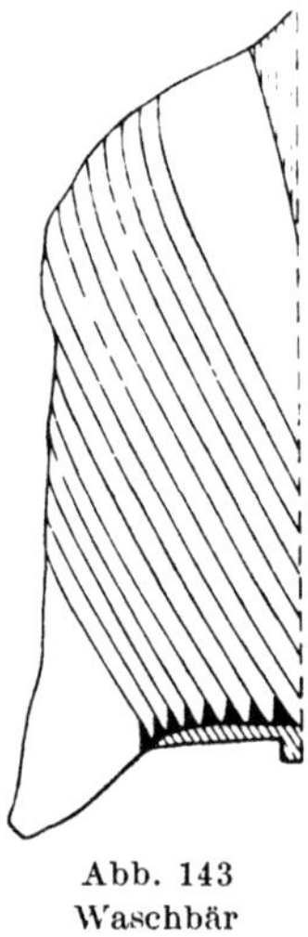

Abb. 143
Waschbär

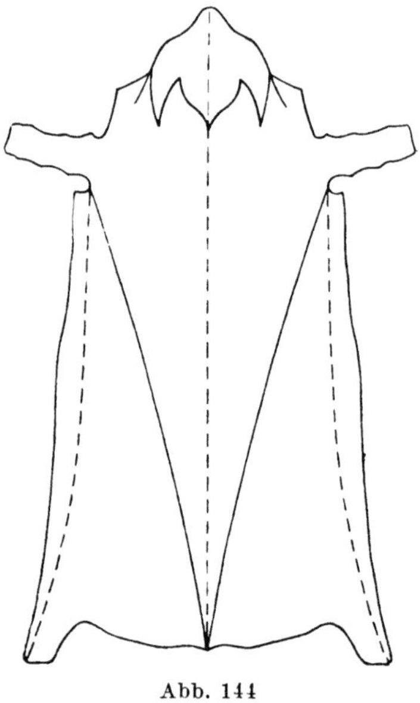

Abb. 144
Wolf

In jüngster Zeit wird Wolf gleich dem Fuchs auch als Besatz verwendet, doch kommen schöne Wölfe infolge ihres hohen Preises allgemein hiezu nicht in Betracht.

Die Zeiten, wo man aus Wölfen noch Wagendecken anfertigte, sind längst vorbei.

Zebra

Das neueste Modefell, das für Jacken und Mäntel verarbeitet werden soll, wird nach Art der Fohlen und des Kalbfelles verarbeitet, daher erübrigt sich ein weiteres detailliertes Eingehen. Zu beachten ist nur die streifenartige Zeichnung, die, um die richtige Wirkung erzielen zu können, gut sortierte Felle beansprucht, bei welchen ganz besonders darauf Bedacht zu nehmen ist, daß die Streifen der einzelnen Felle und Mantelteile ineinander aufgehen. d. h. sich gegenseitig ergänzen.

Ziege

Wir verwenden die verschiedensten Arten von Ziegen, die dann entsprechend ihrer Beschaffenheit entweder für Teppiche oder fuchsähnliche billige Stolen verarbeitet werden. Geschorene Sorten und Zickel werden in den verschiedenartigsten Modefarben und Imitationsfarben wie auch in Schablonenfarben für Jacken und Mäntel verarbeitet.

Die Felle sind sehr groß und lassen sich daher leicht arbeiten.

Die Zickel, die auf Jacken und Mäntel verarbeitet werden, kommen zumeist schon als zusammengearbeitete Futter in den Handel, weshalb sie nur entsprechend dem Schnitt und mit Rücksicht auf ihre Zeichnung verarbeitet zu werden brauchen.

Die rauhen Bärenziegen, aus welchen man Tierstolen anfertigt, sind derart groß, daß ein Fell durchschnittlich drei Stolen gibt, eine aus dem Rücken, zwei aus den Seiten, die aber gespalten werden, um durch eine Naht verbunden, immer die gegenüberliegende Seite zu vereinigen.

Die Naht, womit die beiden Seitenteile miteinander verbunden werden, wird durch zwei weitere parallele Seitennähte ergänzt, die den Zweck einer polnischen Naht erfüllen, das Haar dort stellen und die ganz besondere Teilung des Haares dort verhindern.

Die Haarwirkung der Ziegen ist nämlich eine ganz sonderbare. Laufen die Haare im Rücken doch noch mehr parallel zum Grotzen, ändert sich dies nach den Seiten hinaus immer mehr. Die Haare laufen dort direkt waagerecht in die Seiten hinaus. Würde man da die Seitenteile nur gewöhnlich zusammenarbeiten, würde sich das Haar infolge des Auseinanderlaufens derart teilen, daß man in der Mitte, an der Naht, das Leder durchsehen würde. Deshalb macht man die Parallelnähte, um dort zu verdichten.

Aus den äußersten Seiten werden die Klauen und Schweife für die drei Stolen angefertigt.

Das sehr feste Haar dieser Ziegen macht es notwendig, die Ware nach Fertigstellung fest mit einer nassen Bürste zu streichen und dann einige Stunden durch ein beschwertes Brett zu pressen. Das Aussehen ist dann überraschend egal, ja man meint, das Haar selbst habe eine größere Feinheit und einen höheren Glanz erhalten. Man kann auch versuchen, durch vorsichtiges Bügeln diesen Zweck zu erreichen. Das feuchte Einpressen ist jedoch vorzuziehen.

Zobel

Mit diesem schönen, ungemein kostbaren und leider auch im Aussterben begriffenen Tier schließen wir die individuelle Fellbehandlung ab.

Der Zobel (damit meinen wir natürlich immer den sibirischen Zobel, denn der amerikanische ist ja eigentlich der amerikanische Marder), der nur in ganz vereinzelten Fellen zur Mantelerzeugung in Betracht kommt, wird bei uns höchstens noch für Halstiere oder einen Besatz verarbeitet.

Einst sogar ein Futterfell, freilich immer ein kostbares, ist der Zobel heute aus den Kürschnerwerkstätten verschwunden. Dies muß aber nicht immer so sein. Schutzgesetze wie die Sucht, den Zobel in Farmen zu züchten, können den heutigen Zustand wenigstens erleichtern.

Da wir die Verarbeitung des Marders kennengelernt haben, brauchen wir hier nur hinzufügen, daß sich die Verarbeitung des Zobels in keiner Weise von der des Marders unterscheidet und sich ein detailliertes Eingehen auf die Zobelarbeit erübrigt.

Somit schließen wir unsere Anleitung über die individuelle Fellbearbeitung ab, die zum Großteil durch die allgemeine Technik des Kürschners, die in einem früheren Kapitel ausführlich behandelt wurde, ergänzt wird. Diese ist ja die Grundlage der individuellen Fellverarbeitung.

Wir haben eingangs erwähnt, daß es eine feste Norm für die Fellbehandlung nicht gibt, weshalb es auch vorkommt, daß fast jeder Kürschner sich seine eigenen Methoden zurechtgelegt hat.

Der strebsame Kürschner ist aber immer darauf bedacht, andere Arbeitsmethoden kennenzulernen, die er vielfach praktisch mit den seinen verschmelzt, um neue Möglichkeiten zu schaffen, anderseits will auch der junge, noch wenig geübte Kürschner eine Anleitung finden, die ihm fallweise die Bearbeitung von Fellen ermöglicht, die er praktisch noch nicht durchgeführt hat.

Viele Felle wurden hier nicht genannt. Das ist auch leicht erklärlich, da sie wieder in den anderen Arbeitsmethoden aufgehen. Auch nicht alle Verarbeitungsarten der einzelnen Felle mußten hier besprochen werden. Die Methoden sind derart gesichtet, daß der moderne Kürschner damit sein Auslangen finden wird.

Da sind viele Arten, die alle ähnlich verarbeitet werden, gerade die Individualität spricht noch das letzte Wort und führt das Messer und die Nadel des Kürschners.

Es gibt da so viele Parallelen, die der aufmerksame Kürschner sofort herausfühlt und anwendet. Es ist also nicht nötig, Dinge, die sich für jeden Anfänger von selbst verstehen, unzählige Male zu wiederholen.

Die Technik des Kürschners wird sich auf Grund der einmal erlernten Kenntnisse auch den neuen Fellsorten rasch anpassen, um die Pelzmode zu immer neuen Erfolgen zu führen. Nicht der angewendete Schnitt ist es, der die Mode macht. Ein anderer Kürschner führt den Schnitt ganz anders durch und erzielt dieselbe Schönheitswirkung des fertigen Stückes: sie ist das Ziel des Kürschners und die Grundlage der Pelzmode.

Solange in diesem Sinne die Initiative des Kürschners nicht erlahmt, solange sie im Gegenteil immer vollendeter sich gestaltet, wird auch die Pelzmode in aufsteigender Entwicklung sich bewegen.

V. Das expressionistische Modefell

Der Kürschner kommt heute häufig in die Lage, Felle verarbeiten zu müssen, die nicht in der natürlichen Farbe in den Handel kommen. Ja fast die Mehrzahl der Felle bietet sich heute für die Pelzverarbeitung in einer künstlichen Farbe dar. Selbst Edelfelle, wie etwa Persianer, kommen schwarz gefärbt in den Handel und gelangen erst da zur vollen Entfaltung ihrer Schönheit.

Wir können nun bei den gefärbten Fellen zweierlei Arten unterscheiden:

Farben, die eine Nachahmung anderer natürlicher Fellfarben vor Augen führen sollen, wie z. B. Skunksfarbe auf Waschbär, Kreuzfuchs oder Silberfuchs auf Landfuchs, Nerzilla oder Biberette auf Kanin, grauer Krimmer auf Slings und viele andere.

Durch die Farbnuance wurde nicht ein neuer Begriff geschaffen, sondern das gefärbte Fell soll nun durch die erhaltene Farbe ein anderes Fell, das diese Schattierung von Natur her besitzt, imitieren.

Anderseits aber kommen Farben in Betracht, die wir in der Natur nicht vorfinden. Es gibt keine Tiere in Rosenholzfarbe oder solche in violetter und grüner Nuance. Wir haben es hier mit sogenannten Phantasiemodefarben zu tun, die sich den Launen einer Saison anpassen oder gerade notwendig werden, um einem modefarbigen Tuchmantel eine harmonische Verbrämung zu geben. Weil diese Farben nicht der natürlichen Färbung irgendeines Tieres entsprechen, bezeichnen wir sie als expressionistische Nuancen. Sie geben nicht den natürlichen Eindruck wieder, den irgendein Fell in natürlicher Farbe auf uns gemacht hat, sie sind Ausflüsse einer besonderen Idee, stellen im Fell also keine Imitation dar.

Es kann aber auch vorkommen, daß Felle in ihrer Naturfarbe expressionistisch wirken und dies vornehmlich dann, wenn sie in ihrer Buntheit, ihrer Unsymmetrie plötzlich ganz Ungewöhnliches vor Augen stellen, das wir nicht als der Natur nachempfunden betrachten können. Solche Nuancen haben wir z. B. an dem unsymmetrisch gefleckten Kalbfell, das ungefärbt der Verarbeitung zugeführt wurde, wahrgenommen. Dieses Kalbfell trug auf weißem Haargrunde gewöhnlich schwarze, dunkelbraune oder hellbraune Flecken, die sich ungleichmäßig über das Fell verteilten. Man verfertigte nun aus solchen Fellen Jacken und Mäntel und erreichte dadurch, und zwar mit Absicht, daß die eine Seite des Mantels einen braunen Fleck auf weißem Grunde zeigte, während auf der gegenüberliegenden Seite die Parallelstelle weiß und nichtgefleckt war. Es wäre nun vielleicht möglich gewesen, durch Sortieren die Felle so zusammenstellen zu können, daß die Fleckzeichnung auf beiden Seiten des Mantels eine möglichst egale gewesen wäre. Man hat dies aber mit Absicht unterlassen, um ganz frei zu schaffen, ganz einem Gedanken folgend, über der Symmetrie stehend, hypermodern, und diese Art ist wieder Expressionismus in der Zusammenstellung der Felle und der Verarbeitung.

Man hat dann auch andere Felle, wie Kid, Ziegen, Lamm und Gazelle, auf Kalbfell imitiert und diesen Fellen unregelmäßige Flecken gegeben. So hat man expressionistische Modefelle geschaffen, die wohl momentan die Aufmerksamkeit des Publikums erregten, jedoch bald wieder abgelehnt wurden. Diese Tatsache ist für den Kürschner äußerst lehrreich. Er sieht, daß er den Bogen nie zu straff spannen darf. Mag um uns der Expressionismus in den tollsten Auswüchsen toben, in der Pelzmode hat er sich bisher nicht durchsetzen können. Hier ist immer noch der Geschmack maßgebender gewesen als die momentane Laune.

Das einfache Modefell wird immer gesucht sein, hier handelt es sich um einen vernünftigen Expressionismus, der Abwechslung in das Einerlei bringen soll und muß. Wir haben da wunderbare Nuancen erlebt, wie Beige, Ivory, Isabell und andere. Sie sind aus dem momentanen Aufleuchten als Neuheit in den eisernen Bestand der Pelzmode übergegangen. Was jedoch darüber hinausging, hatte nur Augenblicksbedeutung, und mancher Kürschner mag durch zu rasches Einspringen zu Schaden gekommen sein.

Der Kontakt mit unseren Kunden wird uns immer sagen, wie wir uns einzustellen haben. Mit Gewalt läßt sich niemals viel erreichen. Gewöhnlich ist der Schaden größer als der kleine Nutzen, der aus dem einen oder anderen Geschäft entstanden ist.

Gerade in der Kürschnerei ist die stete Anlehnung an die Natur ein ganz charakteristisches Merkmal. Halten wir daran in unserem Interesse fest.

VI. Das Konfektionieren der Pelzstücke

Haben wir vorerst die Technik des Kürschners im allgemeinen kennengelernt und dann praktisch die einzelnen Fellsorten nach ihrer individuellen Beschaffenheit auf Grund der allgemeinen technischen Regeln behandelt, so blieb unser Schaffen dennoch immer auf einen bestimmten Kreis beschränkt. Nun interessiert uns aber die Bearbeitung des Einzelfelles immer nur wieder zu dem Zweck, um aus dem Fell oder aus der Zusammenarbeitung vieler Felle einen Gebrauchsgegenstand herstellen zu können.

Das Fell soll vorerst die individuelle fachtechnische Behandlung erfahren, dann aber mit anderen zusammen ein Ganzes ergeben: das Pelzstück. Wir nennen diese Arbeit das Fertigstellen oder Konfektionieren oder, mit einem reinen Kürschnerausdruck, „Ausfertigen“.

Die Pelzverarbeitung ist da nicht auf wenige Arten beschränkt: ihr Betätigungsfeld ist ungemein groß, denn nicht nur jede verschiedene Art eines fertiggestellten Pelzgegenstandes erfordert eine spezielle Einstellung, auch die zahlreichen Fellsorten beeinflussen wieder die Verarbeitung, und so ergibt sich eine immer weiter verzweigte Mannigfaltigkeit.

Wir sind heute, den Anforderungen entsprechend, in der Lage, aus den meisten Pelzarten folgende Gegenstände anzufertigen:

Boas, Kolliers, Kolletts, Kragen, Étoles, Écharpes und Stolen, Muffe, Pelzkappen und -hüte, Pelzjacken, Pelzmäntel, Stadtpelze und Reisepelze, Pelzsakkos, Pelzbesatz, Pelzfutter, Wagendecken, Mosaikarbeiten aus Pelzstücken, Pelzteppiche und -vorleger, Fußkörbe und Fußsäcke.

Man sieht, es ist eine ganz beträchtliche Anzahl von Gegenständen, die da aus der Hand des Kürschners dem Gebrauche zugeführt wird.

Nun stellen diese Pelzgegenstände aber nicht etwa eine Norm dar, die immer gleich bleibt und sich nicht ändert. All unser Schaffen konzentriert sich um die Pelzmode. Sie bestimmt unser Handeln, sie weist uns die Fellsorten zu, sie läutert unseren Geschmack und bestimmt die jeweilige Form des anzufertigenden Stückes. Aus diesem Grunde kann es sich nachstehend nicht darum handeln, eine bestimmte Form, eine dauernde Fasson zu erläutern, es wird nur im allgemeinen von der Ausfertigung der Pelzgegenstände die Rede sein können. Die jeweilige in Geltung befindliche Note wird aus der Zeit empfunden werden müssen. Außerdem stehen ja in bezug auf die moderne Fasson alljährlich Modejournale zur Verfügung, auch die Fachorganisationen sind bemüht, ihren Mitgliedern stets die notwendigen Ratschläge in bezug auf den herrschenden Modecharakter zu geben.

Schon bei der allgemeinen Technik war ab und zu die Rede von dieser oder jener Fasson, die der Fellbearbeitung zugrunde lag. Bei der individuellen Fellbehandlung gingen wir noch einen Schritt weiter, so daß jetzt nur ganz allgemeine Betrachtungen über die Ausfertigung der einzelnen Pelzgegenstände zu folgen haben.

a) Die Boa

Mit dem Ausdruck Boa wird meist fälschlich jede Damenkragenart bezeichnet. Der Ausdruck Boa (Riesenschlange) sagt uns aber, daß wir es hier vielmehr mit einem schlangenähnlichen Pelzstück zu tun haben, wie es momentan nicht in Mode ist.

Die Boa wurde rund gearbeitet, und zwar nur aus Fell ohne Beigabe eines Seidenfutters. Man hatte zu diesem Zweck eigene Holzformen, auf welche man die genau zugeschnittenen Fellteile spannte. Das Haar war innen. Man zog also die angefeuchtete Fellform über die Holzform, so zwar, daß der Haarstrich in entgegengesetzter Seite lief, damit sich das Haar beim Aufspannen nicht gegen das Holz sträube. Nach dem Trocknen wurde in entgegengesetzter Richtung wieder abgezogen. Dies ging meist nicht leicht, da das Fell knapp auf der Holzform festsaß und man Bedacht auf Haar und Leder nehmen mußte, um beide nicht zu beschädigen.

War der Pelz gut von der Form abgezogen, mußte er, da das Haar innen war, umgedreht werden. Da erwies sich das Haar als verdrückt, zeigte Wirbel und andere Mängel, weshalb es tüchtig aufgeklopft und gekämmt, dann aber feucht zugestrichen wurde, um dem Haare vor der weiteren Verarbeitung wieder ein egales Aussehen zu verleihen.

Gleich nach dem Abziehen des gespannten Pelzstückes und noch vor dem Umwenden wurde, um dem Gegenstand einen gewissen Halt zu geben, Watte an die eine Hälfte geheftet. Dann erst wurde das Stück mit der Watte gewendet, welche sich nun im Innern der Boa befand und sie ausfüllte.

Dann wurde, wenn die Mode es gerade verlangte, der Kopf naturalisiert, das heißt man fertigte den natürlichen Kopf des Tieres derart aus, daß man ihn kaschierte, mit Glasaugen versah, ihm auch ein künstliches Gebiß einarbeitete, um ihm ein natürliches Aussehen zu verleihen. Am anderen Ende wurden Klauen und Schweif angebracht und die Öffnung damit geschlossen.

Handelte es sich um Felle, die keinen natürlichen Kopf und Schweif besaßen, wie etwa bei Murmelboas, dann wurde aus dem Kopfstück ein Köpfchen künstlich kaschiert. wie wir dies in einem eigenen Kapitel, bei der Naturalisierung des Tierkopfes noch ausführlicher besprechen werden; auf der Gegenseite wurde ein künstlich gedrehtes Fehschweifchen oder auch eine Posamenteriequaste befestigt.

Nach Fertigstellung wurde die Boa neuerdings mit einer feuchten Bürste, je nach der Qualität der Felle, nach dem Haar oder gegen das Haar gestrichen, nach dem Trocknen wieder gut aufgeklopft und ausgekämmt, und die Boa war verkaufsfähig.

Mag man derzeit auch keine Boa in diesem Sinne tragen, wir wissen nicht, wie sich die Pelzmode einstellt und wohin uns ihre Launen wieder führen. Es war daher notwendig, auch diese Art der Pelzerzeugung kurz zu erläutern.

b) Das Kollier

Diese Art der Pelzverarbeitung stellt uns schon eine gefälligere Form dar und wird, wenn auch nicht von der Mode forciert, doch ab und zu verlangt, speziell in der Provinz oder von älteren Damen, die nicht das Allermodernste tragen wollen.

Kollier ist ein französischer Ausdruck und bedeutet in der deutschen Sprache so viel wie Halsband, auch Halskette. „Col" heißt ja Hals. Es handelt sich also um ein Pelzstück, das um den Hals geschlungen oder getragen werden soll.

Da gab es die verschiedensten Arten von Kolliers, die uns heute nicht weiter interessieren. Eine gefällige Art des Kolliers, die heute immer noch verlangt wird, ist die Halsschleife, wie wir sie auch nennen. Sie stellt ein zartes Pelzstück dar, das ungefähr 10 bis 15 cm breit und etwa 80 bis 100 cm lang ist. Man schafft diese Stücke aus Marder, Nerz, Iltis, Hermelin, Maulwurf, Skunk, Murmel, Seal und anderen Sorten, die sich dazu eignen und gerade dem Geschmacke des Bestellers oder Kunden entsprechen.

Das Kollier wird meist nicht mehr rund gearbeitet, sondern zeigt nur an der Oberseite Fell, während die Unterseite mit Seide gefüttert wird. Dadurch liegt das Pelzstück glatter an.

Die gewöhnliche Art, z. B. des zweifelligen Marderkolliers, wird derart fellgemäß angeordnet, daß die Felle entweder Pumpf auf Kopf gearbeitet sind, also das Haar nach einer Richtung laufen lassen, oder aber wir arbeiten die Köpfe zusammen und lassen dadurch das Haar in der Mitte des Kolliers auseinanderlaufen.

Diese Fasson kennt keine entsprechende Holzform mehr, sie entsteht durch das entsprechende Vorarbeiten der Felle, die entweder, wenn zu kurz, in die gewünschte Länge auszulassen sind und dann schon zusammengearbeitet auf das Zweckbrett glatt aufgespannt werden. Nach dem Abzwecken wird vorsichtig abgeglichen, wattiert, das heißt Watte oder Wattelin auf das Felleder geheftet, um dem Kollier die nötige Festigkeit zu verleihen, dann staffiert man das Seidenfutter auf.

Handelt es sich um Marder oder Iltis und solche Felle, die verwendbare Schweifchen besitzen, so sind diese nebst den Hinterklauen an den Fellen während der ganzen Bearbeitung zu belassen. Schaffen wir Kolliers aus anderem Material, wie etwa Skunk, Murmel oder Hermelin, dann werden wir nach dem Abgleichen Schweifchen und Klauen annähen und dann erst wattieren und staffieren.

Nach der Fertigstellung wird das Fell leicht mit einer feuchten Bürste zugestrichen und nach dem Trocknen aufgeklopft. Dies natürlich nur bei haarigen Sorten. Flaumige Felle, wie etwa Mufflon oder Tibet, dürfen nicht feucht gestrichen werden, desgleichen darf man auch gelockte Felle, wie Persianer, nicht feucht streichen. Mufflon und Tibet werden stärker, Persianer wieder leichter aufgeklopft.

Mufflon und Tibet zeigen nach dem Abzwecken ein ziemlich verdrücktes Haar. Dies um so mehr, je feiner, seidiger und langhaariger es sich darstellt. Durch das Aufklopfen wird das Haar wieder flaumig und egal. Persianer ist im Interesse seiner festen Locke vorsichtig zu behandeln.

Man verwendet auf Kolliers auch Aufputzköpfchen. Diese werden eben dann naturalisiert.

c) Die Kolletts

In dem Ausdruck Kollett finden wir ebenfalls den französischen Ausdruck „col“ (Hals) vor, es handelt sich also wieder um einen Pelzgegenstand, der um den Hals geschlungen wird. Der Kürschner wendet diese Bezeichnung etwas freier an und benennt damit nur die kleinen, einfelligen reizenden Halstierchen aus Marder, Iltis, Skunk und allen möglichen anderen echten Sorten und Imitationen, die sich dafür eignen. Die Kolletts sind heute der Ausdruck der Sommerpelzmode und werden gerne und sehr zahlreich getragen.

Bei der individuellen Verarbeitung der einzelnen Fellsorten wurde die Bearbeitung des Grundmaterials, also des Felles, für diese Fasson besprochen. Wir haben dort gesehen, wie man einen Marder, Iltis oder Skunk sowie andere Fellsorten „ausläßt", um die gewünschte schmeichelhafte Fasson der Kolletts herauszubekommen. Hier soll nur über die Fertigstellung gesprochen werden.

Wir unterscheiden Kolletts, die rund, nur aus Fell gearbeitet erscheinen, und solche, die an der Unterseite mit Seide gefüttert sind. Wann die eine oder die andere Art anzuwenden ist, hängt von der Größe des Fellmaterials wie von dem Geschmacke des Kunden ab. Haben wir kleine Marder- oder Iltisfelle vor uns, dann werden wir das Halstier so bearbeiten müssen, daß es auf der Unterseite mit Seide gefüttert werden kann, da es sonst die Länge von ungefähr 65 cm nicht erreicht. Man füttert echte Halstierchen aber nicht nur mit Seide, sondern auch mit Hermelin oder Wiesel, nur um den Kunden auch bei kleinen Fellen ein Stück bieten zu können, das auch auf der Unterseite Fell aufzeigt.

Große Felle werden nicht mit Seide oder einem anderen Futterfellchen gefüttert. Dennoch müssen sie bei der Bearbeitung aufgeschnitten werden, da sonst die Auslaßarbeit nicht ordentlich vorgenommen werden könnte.

Wir lassen also die Felle fachtechnisch richtig aus, wie wir dies bei den einzelnen Fellsorten kennengelernt haben, dann zwecken wir das Fell auf das Zweckbrett. Gleichzeitig wird der zu naturalisierende Kopf ebenfalls auf einer Holzkopfform zurechtgerichtet, um zugleich mit dem übrigen Fell ausgefertigt werden zu können.

Nach dem Trocknen, das immer gut zu überwachen ist, damit keine jähe Hitze dem Leder oder dem Haare schadet, wird abgezweckt und wattiert, dann bei den kleinen Fellen das Futter aufstaffiert. Der Kopf wird fertig naturalisiert. Schweif und Klauen sind ohnehin schon an Ort und Stelle.

Ganzfellige Halstiere ohne Seidenfutter werden am besten offen wattiert und dann erst verzogen. Da kann es aber immer noch möglich sein, daß das Tierchen zu schmal ausfallen könnte. In einem solchen Falle wird man ein schmales Seidenband auf der Bauchseite einstaffieren, das durch die langen Bauchhaare gedeckt erscheint, dem Halstier aber ein volleres Aussehen verleiht.

Dem Wattieren ist besonderes Augenmerk zuzuwenden, denn die Kolletts müssen sehr weich gearbeitet sein. Man verwendet entweder recht feine, flaumige Watte oder am besten Schafwollwattelin. Dabei ist zu berücksichtigen, daß das Tierchen innen gut mit dem Wattierungsmaterial ausgelegt wird, um ein nettes, rundes und doch geschmeidiges Stück zu erzielen. Zu starkes Wattieren macht das Halstier plump und steif, zu schwache Verwendung der Fülle läßt das Pelzstück flach und kraftlos erscheinen.

Die Klauen sind gut auszuarbeiten, besonders dann, wenn sie die natürlichen Krallen besitzen. Etwa in Klauen und Schweif noch vorhanden gewesene Beinchen sind unbedingt auszunehmen, da sonst alles steif und unschön abstehen würde. Weichheit, Zartheit und Geschmeidigkeit müssen die Kolletts auszeichnen, um sie gefällig zu gestalten.

Die fertige Ware ist wieder zu streichen und nach dem Trockenen aufzuklopfen.

d) Der Pelzkragen

Unter der Bezeichnung Kragen verstehn wir sowohl einige Arten von Damen- als auch Herrenkragen.

Die Damenkragen treten in verschiedenen Fassons auf, von noch etwas altmodischen Arten, die von älteren Damen bevorzugt werden, bis zu den modernsten Kragenarten, die bekanntlich gerade auf dem Pelzmantel eine überraschende Variation aufzeigen und sehr der Mode unterliegen.

Der einfache Damenkragen, der separat auf dem Mantel oder einem anderen Kleidungsstück getragen werden kann, hat etwas Ähnlichkeit mit Boa und Kollier. Wir sehen da den etwas runden Kragen, der sich über die Schultern legt, in Tierform gehalten ist oder an den Enden in Spitzen ausläuft. Alle diese Arten, die vom jeweiligen Geschmack diktiert werden, sind einfach gearbeitet und mit Seide gefüttert.

Die entsprechend vorgearbeitete Fasson wird aufgezweckt und nach dem Trocknen in ähnlicher Weise wie die bereits behandelten Arten ausgefertigt. Die Fasson ändert ja nichts an der Art, die Watte aufzuheften oder das Futter zu staffieren. Diese Kragen tragen auch meistens ein Kettchen oder irgendeinen anderen gut sitzenden Verschluß am Hals. Zu diesem Zweck ist es notwendig, vorher die Halsweite der Trägerin festzustellen. Es wird sich empfehlen, besonders bei etwas schwachledrigen Sorten, die Stellen, an denen dieser Verschluß angebracht wird, mit Leinen zu unterlegen, um ein Ausreißen der aufgenähten Befestigungsmittel zu verhindern.

Je nach dem Fellmaterial können die Damenkragen aus glatten Fellen, die nach dem Striche gearbeitet sind, hergestellt werden; man kann verschiedene Sorten, wie australisches Opossum, amerikanisches Opossum, Walaby und Waschbär, sowie andere Fellarten, auch gegen den Strich arbeiten, um eine vollere Haarwirkung zu erzielen. Es würde dann der Haarstrich auf dem Rücken, wo etwa zwei Felle zusammenstoßen, zusammenlaufen. Dabei entsteht bei langhaarigen Fellen, wie amerikanischem Opossum und Waschbär, eine Haarkappe, die nicht hübsch aussieht. Das Haar wirkt gegeneinander, da es über das zusammengenähte Leder hinausragt, und stellt sich auf. Um dies zu verhindern, kann man den Fellzusammengang bandeln, das heißt man wird ein

Lederband einnähen, wodurch die Haare mehr auseinandertreten und das unschöne Aufstellen verhindert wird. Die Länge und Dichte des Haares entscheidet über die Breite des Bandes.

Man kann aber auch die Kragenfelle quer laufen lassen, wie bei kleinen Opossumfellen, Ringtails, Petschaniki und anderen Sorten. Hier ist vielfach der Geschmack maßgebend, wie die Möglichkeit, welche die Felle der Verarbeitung überhaupt zugrunde legen. Man wird bei geschickter Anwendung vieles können, doch nicht alles. Oft bestimmt ja auch die Fellart die Kragenfasson. Langhaarige Sorten wird man eher schlank auslaufen lassen, als sie auf einen kleinen Raum möglichst breit zusammenzudrängen. Der volle langhaarige Fuchs wirkt besser, wenn er sich als schlanker Schalkragen präsentieren kann; flache Sorten eignen sich wieder mehr für gezogene Kragen.

Runde Kragen müssen der Eigenart des Körperbaues der Trägerin Rechnung tragen. Kleine Damen mit kurzem, dickem Hals und rundem Rücken werden keine allzu breiten Kragen tragen dürfen. Dies ist sehr zu berücksichtigen. Wird dennoch ein breiter Kragen begehrt, muß er mehrere Einschnitte erhalten, um sich dem Körper anzupassen, sonst steht der Pelz da und dort ab, statt sich überall lückenlos an den Körper zu schmiegen.

Müssen Felle für einen Kragen gespalten werden, wie etwa bei einem schlanken Schalkragen, dann muß der Fellgrotzen außen laufen und nicht innen beim Halse. Man trachte jedoch, möglichst den Grotzen, der doch den schönsten Teil des Felles darstellt, nicht zu halbieren, sondern in der Mitte des Felles laufen zu lassen.

Damenkragen, die nicht separat getragen werden, sondern fest auf den Mantel zu nähen sind, müssen die Maße des Mantels aufweisen. Man wird zu diesem Zweck den Pelzkragen ungefüttert vorrichten, um ihn auf den vorhandenen Tuchkragen des Mantels aufzunähen. Dadurch liegt der Kragen besser an.

Es kommt aber vor, daß die Kunden einen Pelzkragen auf verschiedenen Mänteln tragen wollen, wo sie ihn jedesmal festheften oder mittels einer Knopfleiste auf die verschiedenen Mäntel nach Bedarf knöpfen. Solche Kragen werden dann separat gefüttert, haben aber immer den Nachteil, daß sie nicht so gut anliegen wie der fest auf den Tuchkragen genähte Pelzkragen.

Soll der Pelz auf den Tuchkragen festgenäht werden, müssen wir den Tuchkragen „abnehmen". Mit „Abnehmen" bezeichnen wir hier eine fachtechnische Methode. Wir nehmen den Kragen nicht herunter, sondern wir nehmen das Maß des Tuchkragens ab. Wir legen zu diesem Zwecke den Mantel auf das Zweckbrett und heften den Kragen mit Stecknadeln fest, damit er sich nicht verrückt. Dann zeichnen wir den Tuchkragen mit Kreide auf das Brett, dabei überall bis zu 2 cm zugebend, da wir ja das Zwecken, Abgleichen und Staffieren in Betracht ziehen müssen.

Nun haben wir die genaue Kragenfasson auf dem Brett und können danach arbeiten. Man kann natürlich den Kragen auch auf einen Bogen

Papier abnehmen, die Form dann ausschneiden und als Grundlage für die Bearbeitung verwerten.

Nach diesem Schnitte wird nun der Pelzkragen gearbeitet und gezweckt. Nach dem Trocknen wird abgezweckt und durch Auflegen auf den Mantel anprobiert. Manchmal verlangt die Fasson des Kragens ein Ausdehnen beim Halsausschnitt, das nun vorgenommen wird. Man kann dem schon früher durch Einzwecken entgegenkommen, um dann besser dehnen zu können.

Ist der Tuchmantel aus starkem oder rauhem Tuch gefertigt, und hat man rauhes, stärkerledriges Fell zu bearbeiten, dann muß man nicht wattieren. Leichte, dünnledrige Sorten sollen jedoch wenigstens eine schwache Wattelinunterlage erhalten.

Dann werden wir uns den Pelzkragen auf den Tuchkragen auflegen und uns neuerlich überzeugen, daß er gut paßt. Immer muß die eine Hand unter dem Tuche fühlen, daß keine Faltenbildung entsteht und weder das Tuch, das nun das Futter des Pelzkragens darstellen soll, noch der Pelz zieht.

Paßt der Pelz, dann werden wir „unterschlagen", das heißt wir heften uns den Pelzkragen auf die Tuchunterlage, und zwar so, daß wir außen in der Mitte beginnen, das Fell gut gegen den Halsausschnitt und die beiden Seiten zu ausgleichen und niederheften. Vom Mittelrücken arbeiten wir nach den beiden Seiten, dann erst werden wir den Halsausschnitt arbeiten, wo wir das etwa zu lange Fell leichter wegnehmen können als am Rücken, wo vielleicht gerade der Grotzen läuft.

Nach dem Niederheften werden wir den Mantel über eine Büste hängen und uns vorerst überzeugen, ob der Kragen gut sitzt.

Haben wir ein tadelloses Passen konstatiert, verziehen wir den Pelz auf den Mantelkragen.

Gezogene Kragen sind entsprechend zu behandeln. Wir haben, um Faltenwirkung zu erzielen, einen größeren Pelzkragen, als der Ausschnitt des Mantels bei einem einfachen Kragen verlangen würde. Hier wird es besser sein, einen eventuell vorhandenen Tuchkragen, der unbedingt kleiner sein muß als der Pelzkragen, gar nicht zu berücksichtigen. Deshalb muß der Pelzkragen separat unterfüttert werden. Beim Halsausschnitt lassen wir das Futter offen. Wir legen nun die Falten, indem wir sie entsprechend der Kragenform auf den Halsausschnitt verteilen. Ebenso legen wir die Falten gut verteilt beim Revers. Wir heften vorerst nieder und dann, wenn wir uns überzeugt haben, daß der Kragen gut sitzt, die Faltenwirkung die gewünschte ist, dann erst nähen wir fest. Hier müssen Praxis und Geschmack zur Seite stehen, und es wird auch erst nach mehrmaliger Übung ein gut wirkender Kragen erzielt werden.

Beim Herrenkragen unterscheiden wir ebenfalls wieder einen Kragen, der fest auf den Stadtpelz oder das Pelzsakko aufgenäht wird, und einen Kragen, der separat unterfüttert und mit Knopflöchern versehen, abnehmbar und auswechselbar eingerichtet erscheint.

Vier Arten von Herrenkragen sind derzeit modern:

Der kurze Herrenkragen, der nur bis zum Revers reicht,

der schlanke Schalkragen, dessen Spitzen bis zum ersten Knopf herabreichen,

der Herrenkragen mit Revers und

der kurze russische Herrenkragen.

Der kurze Herrenkragen, der in ähnlicher Weise wie der Damenkragen „abgenommen“ und dann aufmontiert werden kann, stellt uns die einfachste Art dar. Bei allen Herrenkragen, die an den Pelz festgenäht werden, wolle man schon beim Zwecken einhalten, um dann den Halsausschnitt etwas dehnen zu können. Wir heften wieder die Außenseite der Rückenmitte wie beim Damenkragen zuerst nieder und gehen dann nach den Seiten. Beim Halsausschnitt lassen wir den Pelz etwas überstehen, um die Rundung gut herauszubekommen. Die Hauptsache ist das gute Anliegen am Halse, da der Kragen sonst seinen Zweck als Wärmespender nicht erfüllt. Dann muß wieder am Rücken der Pelz gut anliegen. Abstehende Kragen machen einen ungünstigen Eindruck. Es muß der Tuchkragen gut „abgenommen“ worden sein, um ein gutes Passen zu erzielen. Voraussetzung ist natürlich, daß der Tuchkragen paßt, sonst nützt auch das Abnehmen nichts, im Gegenteil, wenn wir einen schlecht passenden Tuchkragen abnehmen, übertragen wir dessen Fehler auf den Pelzkragen.

Beim Herrenschalkragen ist darauf zu achten, daß die auslaufenden Spitzen an die richtige Stelle des Tuchüberzuges kommen. Auch darf nicht an der Außenkante angenäht werden, sondern der Spitz muß schön nach innen verlaufen, um einen kompletten Eindruck zu erzielen. Dieses Einarbeiten hat schon vom Hals an abwärts über die Seite bis in die Spitze zu geschehen. Der Kragen darf nicht am Tuchüberzug am Rande kleben, sondern soll ein Stück hinein reichen. Dadurch wirkt der Kragen auch schön rund und scheint sich aus dem Pelzfutter heraus fortzusetzen.

In gleicher Weise wird der Herrenkragen mit Revers bearbeitet. Während des Heftens und auch beim Verziehen des Felles auf den Unterkragen muß gut mit der einen Hand nachgefühlt werden, damit keine Falten entstehen, die den Kragen verziehen oder nicht gut sitzen machen. Gerade das Verziehen des Kragens setzt Geschicklichkeit und Genauigkeit voraus. Hier kann dem Kragen die richtige Fasson gegeben werden.

Separat gearbeitete Pelzkragen auf Unterkragen sind einfacher zu arbeiten. Sie werden meist auf Lager gearbeitet, um, ohne die Unterlagen zu kennen, auf welche der Kragen passen soll, in den Handel zu kommen. Diese Kragen der ersten beiden Arten: kurzer Herrenkragen und Schalkragen werden auf eigene Stoffunterkragen genäht, die durch Steifleinen etwas versteift wurden. Meist ist ein Wattieren nicht nötig. Der Pelzkragen wird auf den Unterkragen verzogen.

Wird der Herrenkragen gegen den Strich gearbeitet und stellt er ein langhaariges Fell dar, dann kann rückwärts, wo beide Felle zusammenstoßen, ebenfalls ein Lederband eingenäht werden, um das Aufstellen des Haares zu vermeiden.

Die Fasson des Herrenkragens ist heute schlank und steil abfallend. Oft liefern Schneider Unterkragen auf Pelzen und Sakkos von geradezu häßlichen Formen. Der Kürschner soll nun nicht den Unterkragen als bereits gegebene Tatsache hinnehmen, sondern auch untersuchen, ob der Unterkragen mit den herrschenden Modevorschriften übereinstimmt. Da der Unterkragen roh gearbeitet ist, also aus Steifleinen besteht, das mit dem Tuchkragen zusammen abgesteppt ist, an den Rändern jedoch offen verläuft, kann der Kürschner leicht den Unterkragen, wenn er nicht entsprechend geformt ist, mit der Schere zurechtschneiden. Meist ist der Kragen seitwärts breiter als im Rücken, das ist natürlich falsch. Der Schalkragen ist am breitesten im Rücken und verläuft dann, immer schmäler werdend, bis in die Spitze. Diese häßliche Ausweitung ist gewöhnlich dort, wo sonst die Revers einsetzen. Man gleiche also den Kragen richtig ab, denn es ist immer zu beachten, daß der Pelz voller wirkt als das Tuch und irgendwelche Abnormitäten durch den rauheren Pelz nur noch markanter zum Ausdruck kommen würden.

Man arbeite Herrenkragen auch nicht zu breit. Je schlanker der Kragen herabfällt, desto gefälliger ist die Form.

Vor dem Aufmontieren des Pelzkragens auf einen Tuchunterkragen muß man sich selbstverständlich darüber orientieren, ob der Tuchkragen gut sitzt, sonst vergrößert man das Übel noch mehr.

Die anderen Kragenarten sind ebenfalls nach obigen Angaben zu arbeiten.

e) Die Écharpe

Écharpe (sprich escharp) bezeichnet so viel wie Schärpe und damit bezeichnen wir auch einen schärpenähnlichen Pelzumhang, der aus einem gleich breiten Fellband gearbeitet ist und dann leicht über die Schultern, unter den Armen hindurch, geschlungen wird.

Sehr beliebt sind die Écharpes aus Hermelin, Maulwurf und anderen zarten Fellen. Die Breite ist je nach Wunsch einmal 20, dann wieder 40 und auch 50 cm, die Länge hingegen wechselt von $1\frac{1}{2}$ bis 3 m. Die Fellchen werden in der uns schon bekannten Art zusammengearbeitet, entweder glatt aneinander oder wieder gegenseitig mit Reflexwirkung und in verschiedenen anderen Dessins (Zeichnungen). Hier kann sich die Phantasie des Kürschners voll ausleben, nie soll jedoch der gute Geschmack zurücktreten und aus Sucht nach Originalität der Gesamteindruck leiden.

Die Écharpe erfordert wegen ihrer Größe eine besondere Weichheit und ist daher auch mit gutem Schafwollwattelin und ja nicht etwa mit dem groben, festen Baumwollin zu wattieren.

Auch die Farbe des Wattelins ist zu beachten. Es kommt wohl nur weißes oder schwarzes Wattelin in Frage, doch muß diese Farbe als licht oder dunkel wieder entsprechend zu lichten oder dunklen

Fellen verwendet werden. Eine Hermelinécharpe wird man mit weißem Wattelin, eine solche aus Maulwurf mit schwarzem Wattelin unterlegen. Dies schon aus dem Grunde, damit, wenn einmal eine Naht bei diesen zarten Fellen aufgehen sollte, nicht etwa aus einem schneeweißen Hermelinpelz ein schwarzes Wattelin heraussieht. Man soll eben allen Umständen Rechnung tragen.

Sonst ist die Ausfertigung der Écharpe ähnlich der anderer Kragenarten. Dieses Stück stellt uns ja ein vollkommen gleichmäßiges und egales Pelzwerk dar. Nur der Abschluß wird einmal gerade, dann vielleicht gerundet oder schräg verlaufen. Meist haben die Écharpes keinen eigentlichen Abschluß, ab und zu findet man Posamenterie an den Enden, die dann, je nach Größe, am Rande des Pelzstückes angenäht wird, und zwar noch vor dem Aufheften des Wattelins. Dann wird in bekannter Art das Seidenfutter staffiert.

Mit dem Ausdruck Étole bezeichnet man ebenfalls eine Écharpe.

f) Die Stola

Die Stola wäre nun wörtlich genommen nichts anderes als eine Écharpe. Wir unterscheiden hier jedoch und wenden den Fachausdruck „Stola“ vorzüglich auf die große, gerade Tierform an, wie etwa auf Füchse und Wölfe. Das herrlich schöne Fuchstier, den breiten, kompletten Wolf nennen wir Stola, wie etwa Fuchsstola oder Wolfstola usw.

Die Verarbeitung des Fuchses und Wolfes in dieser Fasson ist uns hinlänglich aus der allgemeinen Technik oder der individuellen Fellbehandlung bekannt.

Vor allem ist nötig, mit besonderer Sorgfalt den Kopf zu naturalisieren. Gerade Füchse und Wölfe verlangen nach einem schön ausgearbeiteten Kopf. Wo der Kopf etwa am Felle fehlte oder sehr stark beschädigt war, was bei Füchsen gar nicht selten vorkommt, muß, da der Naturkopf wesentlich bei der Tierstola ist, ein passender Ersatz geschaffen werden. Dies ist nicht immer leicht, da man Köpfe allein, und noch dazu passende, schwer bekommt. Die gleiche Sorgfalt ist dem Schwanz und den Klauen zuzuwenden. Dies alles soll ja dem Tiere wahres Leben verleihen. Der Kopf muß listig entgegenblicken, die Gehbewegungen müssen Klauen und Rute in ständigem Wogen erhalten. Der erste Blick auf eine Fuchsstola gilt dem Kopf und der Rute. Hier muß schon der gute Eindruck gewonnen werden. Die Kunden verstehen manche Mängel der technischen Bearbeitung als Laien nicht, werden es aber sofort sehen, wenn der Kopf nicht in Ordnung ist. Wer hier fehlerlos schafft, wird auch seinen Kunden zufriedenstellen, und darum dreht sich ja das ganze Geschäft.

Die richtige Lage und das treffliche Funktionieren einer guten Klammer sind ebenfalls von Bedeutung.

Man nähe die Klammer, die mit Seide, einem Stückchen Samt oder einem flachen Fell überzogen wird, zuerst auf einen Karton, der gerade in den Kopf hineinpaßt und dort überdies durch einige Stiche befestigt wird. Auf diese Weise ruht die Klammer fest im Kopfe, kann sich nicht verschieben und wird sich auch nicht verbiegen. Sodann arbeitet man die Kopfkehle bis zur Klammernbeuge zusammen, und zwar derart, daß die eine Hälfte, welche an den Karton genäht ist, innerhalb, zwischen Kehle und Innenkopf, zu liegen kommt, die zweite Hälfte außen bleibt, um als Verschluß Verwendung finden zu können.

Der Unterteil der Klammer, von der Beuge an, also dort, wo der Finger die Klammer zur Funktion bringt, wird ebenso behandelt wie der obere. Innen haftet der Teil am Karton, außen tritt er über das Seidenfutter heraus. Kehle und Seidenfutter stoßen an der Gelenkstelle der Klammer zusammen.

Ist die Klammer auch dort eingearbeitet, wo der Finger zur Funktion einsetzt, dann muß diese Stelle durch Fell gedeckt sein, da die Seide bei öfterer Benützung bald durchreißen würde.

Die Tierstola enthalte überdies ein Kettchen, um das Tier auch ohne Klammer schließen zu können. Da der Kopf der Tierstola rechts getragen wird, sind an den links befindlichen beiden Klauen, also an der linken Vorderklaue und der linken Hinterklaue, Haken einzunähen, damit, wenn das Tier offen um die Schulter getragen wird, die Klauen miteinander verbunden werden können und die Stola festhalten.

Man wattiere den Fuchs weich und staffiere dann das Futter, hübsch reich gezogen und mit Zierstichen abgenäht, ein. Um den Fuchs beim Tragen über den Arm nicht zu verlieren, wird ein Träger im Futter eingenäht, der jedoch auch am Felleder festhalten soll, um nicht das Futter durchzureißen, wenn die Trägerin einmal irgendwie unabsichtlich Gewalt anwenden sollte. Auch der Träger wird mit Zierstichen abgenäht und soll flach erscheinen.

Die Form des Fuchses wähle man immer proportioniert. Ein kurzer, breiter Fuchs ist ebenso unschön als ein zu langer, dünner Fuchs. Schon beim Auslassen des Felles kann, wie wir dies darlegten, genau die Berechnung des Größenverhältnisses erfolgen, das im voraus festgelegt werden muß.

Es ist auch angezeigt, in die Klauen Bänder einzunähen und diese im Felle festzunähen. Auch der Schwanz wird häufig haltbarer gestaltet, indem man einen guten Spagat einnäht, der das vorzeitige Abreißen verhindert. Der Kürschner sieht ja an den vorkommenden Reparaturen, wie bald oft die besten Stücke ruiniert werden, nur deshalb, weil die eine oder andere Besitzerin nicht allzu behutsam mit dem Pelzstück umgeht. Sind die Klauen und der Schweif jedoch innen gesichert, kann die Dauerhaftigkeit bedeutend erhöht werden. Die Schweife sind meist nicht ganz durchgegerbt, werden bald morsch und reißen dann ab. Eingenähter Spagat hält jedoch die ganze Materie lange zusammen.

Es gibt auch rund gearbeitete Tierstolen, die kein Seidenfutter aufweisen. Ist das Tier groß genug, dann verziehe man die Seiten ohne Bandzugabe. Ist der Fuchs vielleicht doch etwas zu schmal, dann kann man sich wieder mit einem schmalen Seidenband behelfen, das nach Art eines Galones den Fuchs etwas verbreitert, ohne sichtbar zu werden.

g) Der Muff

Der Muff ist heute ein Spezialartikel und von der Mode ziemlich stiefmütterlich behandelt. Die Dame im Pelzmantel kann ihn entbehren, und es würde nicht gut aussehen, außer einem Pelzmantel auch noch einen Muff zu tragen. Der pelzbesetzte Mantel hat gewöhnlich Pelzmanschetten, die ebenfalls den Muff überflüssig erscheinen lassen. Ist aber auch kein Pelzbesatz vorhanden, dann trägt die Dame meist eine größere Ledertasche, die man früher, als der Muff noch hoch in Ansehen stand, nicht so allgemein kannte. Tasche und Muff zu tragen, ist für die Dame von heute zu viel. Man hat es daher auch schon mit Mufftaschen versucht, ohne richtig durchdringen zu können.

Doch ist der Muff nicht spurlos in der Versenkung verschwunden, und viele Kürschner glauben fest an seine allgemeine Wiederkehr. Die Mode braucht sich nur etwas zu ändern, und wir haben den Muff wieder, nach dem sich viele Damen im Interesse ihrer Hände sehr sehnen.

Wir hatten verschiedene Arten des Muffes, den runden, tonnenförmigen, den Taschenmuff, den rechteckigen Muff und den tierförmigen Muff, der, wenn aus Fuchs hergestellt, auch Kopf, Schweif und Klauen des Fuchses enthielt. Auch der Jagdmuff wird noch ab und zu begehrt.

Heute hat der Muff, wenn ein solcher getragen wird, eine zarte Tonnenfasson. Um die Form herauszubekommen, bedienen wir uns des Muffstockes aus Holz. Wir haben dies bereits ausführlicher dargelegt.

Nach dem Abspannen achten wir darauf, daß das nun tonnenförmig gestaltete Muffblatt keiner Feuchtigkeit ausgesetzt werde, da es sonst die Form wieder verlieren würde.

Am Muff ist ja gerade die Form alles. Immer wieder werden wir während der ganzen Ausfertigung darauf zu achten haben, durch irgendwelche unrechte Handhabungen die Fasson nicht zu verunstalten.

Eine sehr wesentliche Sache bei der Ausfertigung des Muffes ist die Fütterung, womit wir nicht nur das Seidenfutter, sondern auch den Halt gebenden und Wärme verleihenden Inhalt, die Wattierung oder den Daunenbeutel, verstehen.

Das gespannte Muffblatt ist ja nach dem Abspannen hohl. Nun muß hier richtig ausgefüllt werden, so zwar, daß der Muff nicht nur seine Gestalt und seinen Halt bewahrt, sondern obendrein leicht bleibt. Leicht muß der Muff vor allem sein, obwohl es, freilich noch vor vielen Jahren, Gegenden gab, in welchen die Bauern den Wert des Muffes nach seinem Gewicht beurteilten. Man fütterte damals auch Muffe mit Heu u. dgl.

Der feine, weiche Muff kann nur mit Daunen gefüttert werden, die in eigenen Hüllen, den sogenannten Daunenbeuteln, schon in verschiedenen Größen in den Handel kommen. Die Größe des Muffes bezeichnet man nach seinem Umfange. Besitzt der Muff in der Ledermitte einen Umfang von 58 cm, dann sprechen wir von einer achtundfünfziger Größe. Für diese Größe und die ihr entsprechende Weite, von einem Einschlupf zum anderen gemessen, beschaffe man sich die Daunenfütterung, die aus dem Daunenbeutel besteht. Die Hülle des Daunenbeutels muß aus erstklassigem guten Inlet hergestellt sein, sonst treten ständig die Daunen durch und es gibt Anstände mit den Kunden.

Der Daunenbeutel wird in den Muff eingeführt und gut verteilt. Genügt er den Anforderungen nicht ganz, da ja die Fasson mit der Muffform nicht ganz übereinstimmen kann, dann füllt man einen um den Einschlupf etwa freibleibenden Raum mit feiner, leichter Watte aus, um dort dem Muffe noch mehr Halt zu geben. Die Daunenfütterung wird innen um den Einschlupf mit kleinen Stichen festgenäht, um das Zurückrutschen zu verhindern.

Dann richtet man sich das Futter zurecht, das um zirka 5 cm der Länge nach kürzer sein kann als der Umfang des Muffes im Leder gemessen. In der Breite gebe man einige Zentimeter zu, um umbiegen zu können. Das Futter ziehe man jetzt in die Wölbung des Daunenbeutels ein, der sich schon im Muffe befindet, und nähe nun wieder vorsichtig ein, wobei, wie auch beim Einnähen des Beutels, sehr darauf zu achten ist, daß die Fasson des Muffes nicht verzogen wird.

Wir haben früher gehört, daß wir beim Aufspannen des Muffes an den Einschlupföffnungen einen Spagat[1]) einnähten. Dieser befindet sich immer noch an dieser Stelle. Der Spagat ist doppelt und zeigt auf einer Seite eine geschlossene Schlinge. Dort hängen wir nun das Gummi ein, ziehen am anderen Ende des Spagates an und führen somit mit dem Ausziehen des Spagates das Gummi an dessen Stelle in den Muffeinschlupf ein. Tritt der Spagat ganz heraus, dann haben wir aber auch das Gummi ganz eingezogen, wir probieren jetzt die richtige Weite des Einschlupfes aus und knüpfen dann das Gummi fest. Haben wir alle Momente genau beachtet, ist der Muff in tadelloser Fasson fertiggestellt.

Bei billigen Muffsorten, speziell bei Exportware, wird statt des Daunenbeutels eine sogenannte Wattierung gemacht. Diese besteht meist, je nach der Größe des Muffes, aus einer Tafel Watte, die entsprechend der Muffgröße geteilt und zusammengelegt wird. Man gibt nun auf die aufgelegte Watte fein ausgezupftes, imitiertes Roßhaar, Seegras oder Sissal genannt, schlägt die Watte darüber und formt eine muffähnliche Gestalt, eben die Wattierung, die man dann an Stelle des Daunenbeutels in die billigen Exportmuffe einführt und dann weiter so wie oben ausfertigt.

Wo kein Spagat bei den Einschlüpfen eingenäht war und man beim Spannen des Muffes am Stocke die Einschlupföffnungen mit einer Schnur festband oder abzweckte, was nicht so praktisch ist, dann muß man, wenn man den Muff vom Stocke nimmt, erst an den beiden Einschlupfstellen den Muff einschlagen, um dann beim Ausfertigen mittels einer langen Einziehnadel das Gummi einführen zu können. Da ist die Verwendung des Spagateinnähens doch einfacher und zweckentsprechender.

Man füttert Muffe nicht nur mit Seide, sondern auch mit leichten Fellen. Einstmals war Hermelin ein ideales Muffutter. Auch Suslik wurden häufig als Muffutter verwendet.

---

[1]) Spagat = Bindfaden.

Der ausgefertigte Muff wird sodann gestrichen und aufgehängt, um die Fasson nicht zu verlieren. Es gibt dazu entweder Drahtaufhänger oder Kartons mit Hängeleisten. Muffe, die man etwa auf einer Seite aufstellt, werden unegal und müssen öfter umgestellt werden. Es ist besser, den Muff hängend aufzubewahren.

In ähnlicher Weise wie der runde oder tonnenförmige Muff wird auch der gerade Muff ausgefertigt, nur daß hieher infolge des rechteckigen Einschlupfes eine zu große Öffnung entsteht, die durch Seidenzüge verengt werden muß.

Eine eigene Muffart stellt uns der Jagdmuff dar, der von Jägern gerne getragen wird. Die Form ist die eines gerundeten Taschenmuffes. Das Material besteht meist aus zusammengenähten Fuchsklauen oder aus Seehundfell, auch -stücken, in Naturfarbe oder schwarz gefärbt, je nach Geschmack. Der Rand beim Einschlupf wird bei schwarzen Muffen mit Sealstücken, bei hellen Fellen mit Fuchs-, Schoppen- oder Opossumschweifen besetzt.

An der Vorderseite wird meist eine Tasche eingeschnitten, um die Patronen aufzunehmen. Ein Deckel, der durch eine Schlinge an einen Knopf befestigt werden kann, schließt die Tasche ab, die, wie der Einschlupf, ebenfalls durch ein schmales Fellstreifchen besetzt wird.

Interessant und wesentlich ist die Fütterung des Jagdmuffes. Vor allem füttern wir mit Pelz, meist mit zusammengesetzten Abfällen, am besten Katzen. Aber das Futter geht nicht in einem, sondern wird für jede Hand separat angefertigt. Die Hände sollen sich im Muffe nicht finden, also nicht berühren, wodurch eine bessere Durchwärmung erzielt wird. Das Futter ist nun in Form von zwei Pelztaschen gearbeitet, die beide je bei einem Einschlupf separat eingenäht werden. Sie liegen in dem gut wattierten Muff eng nebeneinander und werden nur am Einschlupf festgenäht, damit man sie behufs Reinigung herausziehen kann.

An der oberen Kante werden Schlingen oder Haken angebracht, durch welche eine Schnur gezogen werden kann, um den Muff um den Hals gehängt tragen zu können. Dadurch wird er für den Jäger praktisch, der so beim Schießen die Hände frei bekommt und den Muff nicht halten muß.

h) Die Pelzkappe und der Pelzhut

Diese außerordentlich praktischen und dauerhaften Pelzbekleidungsstücke sind dermalen von der Mode etwas vernachlässigt. Das muß aber nicht immer so bleiben. Pelzkappen und -hüte sind beim ersten Zusehen wohl etwas teurer, doch unvergleichlich haltbarer.

Da ist vor allem die Herrenpelzkappe, die in den verschiedenartigsten Formen in den Handel kommt: die einfache Eislaufkappe, die Herrenkappe mit doppeltem, geschlossenem oder geteiltem Rand, deren rückwärtige Randhälfte herabgezogen und als Ohrenschützer verwendet werden kann, sowie die verschiedenen Sportmützen, wie Hubertusfassons und andere.

Die Pelzkappe wird über den Stock gearbeitet, um dadurch die richtige Form zu erhalten. Zugeschnitten wird nach einem Kartonmuster; die Kopfweite ist stets entsprechend zu berücksichtigen, und man wird schon beim Zuschneiden, je nach der Futtereinlage, welche in die Kappe kommt, 2 bis 3 cm größer arbeiten, als die Kopfweite ausmacht.

Arbeiten wir eine Kappe mit nur einfachem Rande, wie etwa eine Eislaufkappe, dann werden wir schon beim Zuschneiden darauf zu sehen haben, den Kappenrand, also die rund abfallenden Seitenteile, aus dem schöneren und besseren Fellmaterial herzustellen. Bei Kappen mit doppeltem Rande können die Fellseiten, die sich nicht so schön darstellen wie der Rücken, ohne weiteres unter den Rand kommen.

Der Kappenkopf und die Kappenränder werden separat gearbeitet und dann zusammengestellt. Um dem Kappenkopf den nötigen Halt zu bieten und um seine Fasson zu bewahren, kann vor dem Spannen auf die Holzform eine mit Stärkekleister bestrichene Leinenunterlage auf das Felleder gearbeitet werden. Nach dem Trocknen gibt der Kleister der Kappenform den notwendigen Halt. Man verwende den Kleister jedoch mit Maß, um die Kappen nicht übermäßig zu versteifen.

Nach dem Abspannen wird abgeglichen und die separat vorgerichtete Fütterung eingeführt. Die Fütterung besteht meist aus einem mit Watte abgesteppten Seidenfutter, das je nach der Dichte und Fülle des Futterinhaltes, also der Watte oder des Wattelins, enger geschnitten sein muß als die Fellform. Nur unten wird das Futter über den Kappenrand hervorstehen, um dann eingeschlagen werden zu können.

In ähnlicher Weise wird der Pelzhut gearbeitet. Man verwendete früher auch als Form eine Aprèsform, ohne den Hut auf den Stock zu spannen. Diese Art der Pelzhutverarbeitung ist durchaus zu verwerfen. Der Hut wird immer zu schwer sein. Der Hauptvorzug des Pelzhutes besteht in seinem ganz geringen Gewicht, wie in seiner Weichheit. Die Aprèsform ist an sich schon steif und bildet somit keine richtige Grundlage für den Hut.

Die ideale Form für den Pelzhut ist der Holzstock, der je nach der Fasson gearbeitet ist. Der Rand ist wieder separat zu arbeiten und dann an die Kopfform anzufügen.

Die rasch wechselnde Mode, speziell bei Damenhüten, und die damit verbundene stete Neuanschaffung von Holzhutformen haben es mit sich gebracht, daß diese Erzeugungsform sich mehr spezialisierte. Der einzelne Kürschner, der fünf bis zehn Pelzhüte im Jahre verkauft, kann derenthalben nicht fünf bis zehn verschiedene Holzformen anschaffen. Der Spezialist jedoch macht viele hundert Pelzhüte und kann daher auch eine größere Auswahl bieten. Gerade der Hutartikel macht den Käufern sehr viel Kopfzerbrechen. Da muß viel Auswahl vorhanden sein, um das Passende herausfinden zu können. Es kommt daher heute auch selten vor, daß der Kürschner sich selbst seine Pelzhüte schafft. Aber mit Umarbeitungen und Reparaturen hat er häufig zu tun und muß deshalb auch hier Bescheid wissen.

i) Die Damenpelzkleidung

Pelzjacke, Pelzkostüm, Pelzmantel und Pelzcape

Der Pelzmantel gehört heute zum begehrtesten Kleidungsstück der Dame. Er nimmt deshalb auch in der Pelzkonfektion den breitesten Raum ein. Beherrschte früher die Garnitur den Pelzmarkt, dann ist es heute der Mantel, der seine nie versagende Wirkung dominierend ausstrahlt.

Wir können uns natürlich im Rahmen unserer Darlegungen, die für eine längere Zeit Dauer haben sollen, nicht auf gewisse Modelle beschränken, die der Mode unterliegen und daher einen raschen Wandel durchmachen. Wir können die Pelzbekleidung nur unabhängig von ihrer Fasson betrachten und allgemeine Gesichtspunkte für deren Ausarbeitung bieten.

Haben wir heute die einfache, gerade Form, dann kann im nächsten Jahr eine etwas geschweifte Linie einsetzen, dann kommt wieder die Glocke. Die Ärmel sind ständiger Änderung unterworfen, ganz besonders auch der Kragen, der den Mantel krönen soll. Das alles sind eben nur Äußerungen der Mode, die nicht als Grundlagen unserer Darlegungen dienen können.

Bei der allgemeinen Technik, speziell aber bei der individuellen Fellbehandlung, wurde immer wieder das Fell als Grundlage für die Mantelverarbeitung ins Auge gefaßt und viele Winke und praktische Handgriffe schon dort erläutert.

Wie die einzelnen Felle zusammengearbeitet werden müssen, wie die Aufsätze stattzufinden haben, ob gegen oder nach dem Striche gearbeitet wird, das hängt sowohl vom Felle selbst ab wie von der Art des Modelles und dem Geschmack des Bestellers respektive Erzeugers, wenn es sich um ein Lagerstück handelt. Das alles wurde ja schon bei den einzelnen Fellsorten besprochen.

Ob es sich nun um einen Pelzmantel, um eine Jacke, um ein Kostüm oder ein Cape handelt, die Ausarbeitung wird immer ziemlich die gleiche sein und vom Fellcharakter bestimmt werden.

Wir haben die Mantelteile auf das Zweckbrett gespannt. Da mußten wir vor allem darauf sehen, daß die Fellinien parallel laufen und nicht verzweckt werden. Wir können die Felle noch so gut zuschneiden, wir nähen sie nach allen Regeln der Fachtechnik richtig zusammen, aber wir können die Grotzen beim Zwecken verziehen. Alle vorhergehende Mühe wäre dann umsonst gewesen. Wir werden also darauf zu achten haben, daß die Mantelteile, unter Berücksichtigung der Fellinien, richtig auf das Brett kommen. Oft wird es deshalb notwendig sein, einzelne Grotzen richtunggebend anzuzwecken. Je mehr wir in dieser Hinsicht tun, desto vollendeter wird das Stück dann wirken.

Wir werden gut trocknen müssen, um nicht bei Abnahme eines noch etwas feuchten Mantelteiles dessen Eingehen zu verursachen. Der Mantel hätte dann weder die von uns gewünschte Form, noch die nötige Größe. Der Mantel soll ja nicht nur schön sein, sondern er muß als Kleidungsstück auch passen.

Wenn wir nun die gut getrockneten Teile abzwecken, werden wir noch vor dem Zusammenstellen der Einzelteile zum ganzen Mantel die Teile, wenn es sich um ein rauheres oder langhaariges Fell handelt, gut läutern oder streichen, je nachdem es das durch das Zwecken etwas mitgenommene, gepreßte Haar verlangt. Wir tun dies auch schon aus dem Grunde, um uns die Überzeugung zu verschaffen, daß die Felle alle gut zueinander passen, keine Fehler mehr im Fell enthalten sind, und um andere kleine Mängelchen zu entdecken. Das gepreßte Haar der Teile würde uns nach dem Abzwecken solche Mängel nicht aufzeigen. Durch das Aufläutern oder Aufstreichen stellt sich das Haar in die richtige Lage, und wir konstatieren leichter noch etwaige Fehler, die noch vor dem Zusammenstellen der Teile zu entfernen sind.

Ja waren denn diese Fehler nicht schon früher zu bemerken, konnte nicht schon beim Zuschneiden all dem Rechnung getragen werden?

Gewiß hat der Arbeitende alles darangesetzt, um ein einwandfreies Stück herzustellen. Wir dürfen aber nicht vergessen, daß die vielen Felle, die da zu einem Stücke zusammengearbeitet werden, kein einheitliches Material sind, sondern jedes in seiner Art anders ist. Größer, kleiner, rauher, flacher, heller, dunkler usw. Gewiß haben wir sortiert und alles veranlaßt, um die zusammenpassenden Felle zu verwenden, aber immer wird es kleine Unterschiede geben, die durch das beste Sortieren nicht aus der Welt zu schaffen sind. Es handelt sich eben hier nicht um vollständig egale Stücke, wie etwa bei Tuch oder Leder, Samt oder Seide.

Ist das Fell nun mit anderen zusammen verarbeitet und gespannt, dann wird man erst da und dort kleine Unebenheiten bemerken, die früher eben nicht zu sehen waren, da das Haar anders lief oder den Mangel überdeckte. Deshalb also läutern wir auf, um gründlich nochmals vor dem Zusammenstellen alles in Ordnung bringen zu können.

Nun werden wir uns das Leder gut ansehen, um zu konstatieren, ob das Stück zu pikieren ist oder nicht. Murmel, Petschaniki, gute Persianer und andere sowie gute Sealelektrik oder Biberette brauchen wir nicht zu pikieren. Ist das Leder jedoch schwach, wie bei Breitschwanz, Hamster, Feh, dünnledrigem Sealelektrik u. dgl., dann werden wir jetzt die Mantelteile gut pikieren, um den notwendigen Halt zu verleihen. Zu pikieren sind ferner solche Mäntel, die aus Stücken zusammengesetzt sind, wie Persianerklauen, Persianerköpfen usw. Es kann aber auch vorkommen, daß es bei Verwendung guter Felle ab und zu kleinere Stellen gibt, die im Leder etwas schwach sind; auch da ist zu pikieren. Die verschiedenen Arten des Pikierens haben wir ja kennengelernt.

Ist dies geschehen, werden wir die Teile ringsherum an den Kanten mit einem Band einfassen. Wir tun dies aus zweierlei Gründen: Erstens wollen wir durch das Einfassen verhindern, daß sich die Form der Teile verzieht; das Band gewährt etwas Halt. Dann aber werden durch die Bandverstärkung auch die Nähte besser halten und nicht leicht ausreißen.

Die Maschine kann niemals viel Leder fassen, bei einzelnen Fellsorten handelt es sich ja überhaupt um ganz besonders feine Nähte. Der Mantel ist als Kleidungsstück ein Gebrauchsgegenstand, der einer mehr oder weniger starken Benutzung ausgesetzt ist. Die Trägerin bewegt sich darin, sie setzt sich nieder, dabei werden einzelne Teile des Mantels angespannt, und die Naht muß eine kleine Kraftprobe aushalten. Dies kann sie nur dann, wenn sie auch gehörig verstärkt ist. Durch das Einfassen mit Band erreichen wir eine bedeutende Verstärkung der dann nachfolgenden Naht.

Nach dem Einfassen werden wir die Teile des Mantels zusammennähen. Die Seitenteile kommen an das Rückenteil, wenn nicht etwa schon die Zusammenstellung vor dem Zwecken erfolgte.

Nach dem Zusammennähen der Teile kommen wir zu einem sehr heiklen Teil der Mantelarbeit, zum Einnähen der Ärmel. Der heutige glatte Ärmel bietet wohl weniger Schwierigkeiten, doch hängt von dem richtigen Einnähen des Ärmels viel von der richtigen Formengebung überhaupt ab. Ein schlecht eingenähter Ärmel verzerrt den ganzen Mantel und wird auch der Trägerin nie bequem liegen, er wird Falten bilden und ziehen. Selbstverständlich wird auch der Ärmel vorher gut mit Band eingefaßt. Wir heften uns vorerst den Ärmel an den Ärmelausschnitt an, und zwar so, daß wir unter der Achsel, wo die Ärmelnaht direkt mit der Naht des Mantelteiles verläuft, beginnen. Ist der Mantel auf ein großes Zweckbrett, aus einem Teile bestehend, gespannt worden, dann werden wir uns, weil die Naht fehlt, wo Rücken- und Seitenteil zusammenstoßen, diese Stelle anzeichnen, um mit dem Ärmel richtig einsetzen zu können.

Von dieser Seitennaht oder der entsprechend angezeichneten Stelle heften wir den Ärmel, in der Richtung nach vorne aufwärts, ein. Von der oberen Achselmitte arbeiten wir rückwärts wieder vorsichtig herab. Die eine Hand wird immer mitfühlen, damit wir keine unnötigen Falten bekommen und der Ärmel straff sitzt.

Nach dem Einheften der Ärmel werden wir den Kragen aufheften, der gut in die Mitte zu kommen hat, um nicht einseitig zu wirken. Vorher hatten wir auch die Außenrevers festgenäht, die uns mit dem Halsausschnitt des Mantels die notwendigen Grundlagen für den Kragen geben.

Haben wir Ärmel und Kragen aufgeheftet, dann werden wir noch Wattelin in den Mantel heften, um vor dem Festnähen von Ärmel und Kragen und vor der Fütterung mit Seide das Stück anzuprobieren.

Erst dann, wenn die Anprobe ergeben hat, daß der Mantel paßt und keine Änderungen mehr vorzunehmen sind, nähen wir die eingehefteten Teile fest. Bei der Probe haben wir uns auch die Knöpfe und Schlingen angezeichnet, die nun an ihre Stelle genäht werden. Die Knöpfe besitzen ein festhaltendes Band, das durch einen Einschnitt im Leder durchgezogen und innen festgenäht wird. Dadurch erhält der Knopf die notwendige Bewegungsfreiheit und wird dennoch fest halten. Die Stelle, an welcher wir das Fell einschneiden, um die Knopfschnur durchzuziehen und innen am Leder festzunähen, verstärken wir mit Leinen, damit der Knopf genügend Halt hat und das Leder nicht einreißt.

Dem unteren Mantelrand werden wir unser besonderes Augenmerk zuwenden müssen. Nicht jedes Fell ist so weich und im Haare so gefügig, daß es sich, wenn wir die Kante unten einschlagen, ganz wunschgemäß darstellt. Besonders steifhaarigere Sorten, wie etwa Gazellen oder Kid und einzelne Katzensorten, werden beim Umbiegen der Kante infolge des widerstrebenden Haares nicht die gewollte Wirkung zeigen.

In solchen Fällen wird man unten den einzuschlagenden Streifen mit Berücksichtigung der notwendigen Länge des Mantels abschneiden und umdrehen, so daß das Haar in gleicher Richtung mit dem Haare des Mantels läuft. Nunmehr wird sich das Haar an der Kante nicht mehr brechen, sondern zusammenlaufen, und die Wirkung ist die gewünschte.

Hierauf wird der Mantel mit Seide gefüttert. Weitere Ärmel werden mit einem Windschützer, der aus der gleichen Seide wie das Futter besteht, versehen, um das Einströmen kalter Luft zu verhindern. In Taillenhöhe erhält das Futter auch zwei Bänder aus gleicher Seide, eines an dem linken Vorderteil, eines am rechten Vorderteil, etwas zurückgesetzt, damit die Trägerin vor dem Zuknöpfen des Mantels diesen schon mit dem Bande, das sie zu einer Schlinge vereint, schließen kann und der Mantel gut anliegt. Eine Tasche im Futter ergänzt das Stück.

j) Stadtpelz, Reisepelz und Sakko

Der Herrenpelz zeigt in unseren Gegenden das Fell meist innen als Futter. In Amerika trägt man jedoch auch Schoppenpelze mit dem Haar nach außen, die eine wunderbare Wirkung erzielen. Solche Pelze sind jedoch mehr Autopelze und bei uns leider noch nicht eingeführt. Da es aber nicht ausgeschlossen erscheint, daß man bald auch bei uns diese Herrenpelze mit dem Fell nach außen tragen wird, soll der Vollständigkeit halber erwähnt werden, daß ein derartiger Pelz auf Grund des passenden Schnittes nicht anders als ein Damenpelzmantel gearbeitet wird. Variationen im Futter werden je nach Wunsch des Bestellers vorgenommen.

Hier aber handelt es sich uns vornehmlich um den Herrenpelz, der eine Fütterung darstellt, also in einen vom Schneider gearbeiteten Tuch- oder Lederüberzug eingefügt wird.

Die Futterarbeit ist nicht einfach; sie wird heute vielfach auch als eine Spezialarbeit gewertet und mit Recht. Wir haben ja in einen Tuchüberzug ein ganz anders gearbeitetes Pelzfutter einzuarbeiten und dieses soll passen, damit der Tuchüberzug weder zieht noch Falten macht. Hier ist genaues und vorsichtiges Arbeiten geboten.

Die Zusammenarbeit der Felle ist uns ja schon bekannt. Wir haben nunmehr den Fellen, die zu einem Futter zusammengestellt werden sollen, oder aber, wenn es sich um ein schon handelsmäßig zusammengestelltes Futter handelt, diesem eine entsprechende Grundlage zu geben. Die Grundlage liefert uns der Tuchüberzug.

Wir müssen zu diesem Zwecke den Schnitt des Überzuges abnehmen, das heißt auf das Zweckbrett übertragen, um die Felle oder das schon vorliegende Futter passend zurechtrichten zu können.

Wir legen den Überzug auf das Brett, und zwar derart, daß wir ihn in der Mitte doppelt zusammenlegen. Dadurch erhalten wir eine Futterhälfte. Damit der Überzug beim Abnehmen des Schnittes fest liegt, beschweren wir ihn eventuell mit Blei oder Gewichten, wir können ihn jedoch auch durch die Knopflöcher oder Knopfschlingen mittels Zwecknägel festhalten. Da ist aber zu berücksichtigen, daß der Überzug nicht so richtig und flach auf dem Brett aufliegt, wie wenn wir die einzelnen, noch nicht zusammengenähten Stoffteile auflegen würden. Speziell beim Ärmel werden wir diesen Umstand zu berücksichtigen haben.

Zuerst zeichnen wir den unteren Rand, dann nehmen wir die Seite. Überall, speziell aber im Rücken, müssen wir zugeben. Wir werden uns aber auf diese Weise nur den Grundriß abnehmen können. Durch genaues Abmessen der einzelnen Mantelteile und ihres Verhältnisses zueinander, werden wir den roh abgenommenen Schnitt noch genau ergänzen.

Nach dem abgenommenen Schnitt fertigen wir nun das Futter an, um es aufzuzwecken. Nun muß berücksichtigt werden, daß die Fasson des Überzuges nicht so flach wie das Brett ist. Das gezweckte Futter würde also nicht gut passen. Wir werden sehen, daß die Fasson zwischen Unterärmel und Taille etwas gedehnt ist, also keilförmig erscheint. Diesem Umstand haben wir daher beim Zwecken Rechnung zu tragen und müssen unter dem Ärmelausschnitt einen Holzkeil, am besten den Teil eines Muffstockes, einschieben und das Fell darüber zwecken. Dadurch dehnen wir jene Stelle entsprechend, und sie wird beim Füttern gut sitzen.

Nachdem das gespannte Futter sehr gut getrocknet ist, fühlen wir es mit dem Streckholz gut ab und zwecken dann ab. Nach dem Abzwecken stellt sich das Fell etwas gesteift dar, weshalb wir es durch Reiben weich machen müssen. Besonders Futter müssen weich sein, damit sie sich richtig in die Form schmiegen. Dieses Reiben wird derart vorgenommen, daß wir das Leder des Felles mehrfach zusammennehmen, zwischen die linke und rechte Hand fassen und durch ungleiches Drehen der beiden Hände gegeneinander das Felleder derart reiben, daß es weich wird. So arbeiten wir das ganze Futter gründlich durch, bei den Nähten selbstverständlich mit der nötigen Vorsicht, um sie nicht aufzusprengen. Dann glätten wir das Futter gut aus und untersuchen, ob tatsächlich alle Stellen weich geworden sind und sich nicht irgendwo in einem Fell noch eine harte Stelle befindet.

Dann strecken wir die beiden Futterhälften tüchtig aus und vergleichen miteinander, ob nicht eine oder die andere etwas eingegangen ist. Wir werden auch das Leder gut untersuchen, ob durch das Reiben keine Risse entstanden oder Nähte aufgingen, dann sehen wir uns das Fell aufmerksam durch, um etwaige Mängel noch vor dem Einfüttern zu beheben.

Die nun in Ordnung befundenen Teile werden jetzt wattiert, und zwar meist mit gespaltener Watte, um nicht zu plump zu werden. Es kommt jedoch auch vor, daß Kunden eine starke Watteeinlage wünschen. Dies mußte jedoch schon der Schneider bei Anfertigung des Überzuges berücksichtigen, da sonst der Pelz zu eng wird. Am vorteilhaftesten ist gespaltene Watte mit der geleimten Seite nach außen, oder Wattelin, das nicht zusammenfällt. Um aber auch zu verhindern, daß die Watte nach jahrelangem Tragen bricht und dann am untersten Ende des Futters Klumpen bildet, kann man über die Watte noch ein dünnes Textilmaterial heften. Dies erspart man sich jedoch bei Verwendung von Wattelin.

Erhält das Pelzfutter auch Pelzärmel, was nicht immer der Fall sein muß, dann haben wir diesen auch unser besonderes Augenmerk zuzuwenden. Wichtig ist der Haarstrich der Felle innerhalb der Ärmel. Lassen wir das Haar herablaufen, dann wird sich ein großer Widerstand bemerkbar machen, wenn der Träger den Pelz auszieht. Die Haare wirken gegen seine Bewegung, es gibt unliebsame Hindernisse und das Haar kann sich auch bald abstoßen, da immerhin Gewalt angewendet werden muß, um bei solchem Haarlauf aus dem Ärmel herauszukommen.

Werden die Felle mit dem Haarstrich nach aufwärts gearbeitet, dann kann der Träger wieder schwer in den Ärmel schlüpfen, da ihm die Haare entgegenwirken.

Lassen wir jedoch die Haare im Ärmel nach einer Richtung herumlaufen, verzieht sich der Ärmel. Da gibt es also nur eine Möglichkeit. Wir werden die Felle wohl wagrecht laufen lassen, aber abwechselnd ein Fell nach links, das zweite nach rechts und so abwechselnd fort. Dadurch bringen wir einen Ausgleich in die Fellverteilung, der Ärmel wird nicht ziehen, da jedes zweite Fell wieder eine Gegenwirkung anstrebt, der Träger wird aber auch ungehindert ein- und ausschlüpfen können. Das sind Methoden, die ungeheuer wichtig sind, um ein tadelloses Stück herstellen zu können.

Das Ärmelmaterial soll natürlich nicht zu langhaarig sein, aber ein gutes Leder besitzen. Der Ärmel ist ja am meisten der Benützung ausgesetzt. Oft werden die Ärmel gestückelt, in der Meinung, daß man ja nicht hineinsehe und es genüge, wenn man oben durch ein halbes Fell im Ballen markiert. Das ist jedoch nicht richtig. Ein gestückelter Ärmel kann nicht so widerstandsfähig sein wie ein solcher aus ganzen Fellen. Will der Kunde jedoch sparen und ist er damit einverstanden, daß der Ärmel aus Stücken gearbeitet wird, dann suche man nur gute, festledrige Stücke aus, um dem vorzeitigen Reißen zu begegnen.

Ein zu fütternder Pelz wird auch immer einen Pelzkragen tragen. Dieser wird nun ebenfalls gut abgenommen, wobei zu berücksichtigen ist, wie wir dies schon weiter oben bei der Ausfertigung des Herrenkragens betonten, daß die Fasson beim Halsausschnitt während des Zweckens etwas eingehalten wird, um dann dort dehnen zu können. Die Kragenrundung verlangt dieses Dehnen, sonst sitzt der Kragen nicht gut. Man wird auch den Kragen größer abnehmen müssen, um genügend einschlagen zu können. Auch in den Kragenspitzen sollen zirka 3 cm zugegeben werden.

Das Aufnähen des Kragens auf den Unterkragen muß präzise ausgeführt werden, da sonst der Kragen nicht paßt. Wir legen am besten den Pelzkragen auf das Brett mit dem Leder nach oben und dann legen wir den Unterkragen des Pelzüberzuges darauf. Wir beginnen nun den Tuchkragen von der Mitte an auf den Pelzkragen zu heften, und zwar zuerst an der Rückenseite und entsprechend weiter. Durch ständiges Nachfühlen überzeugt man sich, ob keine Falten entstehen oder der Kragen nicht zieht. Hierauf probiere man gut aus, um sich zu überzeugen, daß der Kragen gut sitzt. Da und dort wird vielleicht jetzt noch nachgeholfen werden müssen. Deshalb heften wir zuerst, bevor wir den Kragen festnähen.

Vor dem Festnähen des Kragens nähen wir einen aus Leder gefertigten Aufhänger in den Pelz. Derselbe kann auch aus einer starken Schnur bestehen, die mit dem gleichen Fell, wie es der Kragen darstellt, überzogen wird.

Jetzt erst arbeiten wir wieder am Futter. Wir breiten uns den Pelzüberzug zusammengelegt auf das Brett und legen den halben Futterteil darauf. Daraus ersehen wir, daß wir die beiden Teile nicht zusammennähen, um erst dann einzufüttern; wir füttern jeden Teil separat. Wir richten uns den Teil mit dem unteren Überzugende gleich und rücken dann nach aufwärts zurecht. Das Futter ist ja bequem gearbeitet worden, wir haben es nach dem Abzwecken auch nicht abgeglichen, dies geschieht alles erst nach dem „Unterschlagen", das heißt dem Aufheften des Futters.

Ist das Futter gut eingeheftet, wobei wir immer wieder zu achten haben, daß Überzug und Futter konform zueinander sind und sich keine Falten bilden, das Futter aber auch nicht spannt, dann probieren wir wieder aus. Ergibt sich, daß da und dort vielleicht doch das Futter etwas zieht, werden wir mit der Hand gut nachfühlen, einige Heftstiche aufmachen und nachlassen. So gleichen wir Falten und Spannungen aus.

Beim Einheften des zweiten Futterteiles haben wir sehr darauf zu achten, daß die Fellstöße richtig zusammenkommen. Die Nähte müssen sich also von einem Teil in den andern ebenso fortsetzen wie die Fellstöße. Der offene Rücken wird dann, wenn alles gut zusammenpaßt, verzogen. Vor dem Festnähen hat man natürlich die Fellkanten entsprechend abgeglichen.

Hat der Pelz Fellärmel, werden diese nach dem Einheften des Futters eingeheftet und dann auch verzogen.

Hat der Pelz eine etwas geschweifte Taille, dann wird es sich empfehlen, das Futter nicht zwei-, sondern etwa vierteilig anzufertigen, um die Schweifung berücksichtigen zu können.

Während das Pelzfutter sonst ringsum in den Mantel staffiert wird, kann man es am unteren Rande, wo das Haar über die Naht geht, auch vernähen, wie wir bereits unter den verschiedenen Arten der Naht näher dargelegt haben.

k) Der Pelzbesatz

Einen sehr breiten Raum nimmt seit dem Zurückgehen der Pelzgarnitur der Pelzbesatz ein. Damit bezeichnen wir das Besetzen eines Tuchmantels mit Pelzen aller Art und auch zu verschiedenen Zwecken. Wir werden da sowohl einen Kragen, als auch Manschetten, oft Revers, Streifen und verschiedene Ornamente aus Pelz auf den Tuchmantel zu praktizieren haben.

Nun ist der Pelzbesatz ganz verschiedenartig und unterliegt mehr als fast jede andere Kürschnerarbeit der Mode. Wir können uns daher nur den allgemeinen Gesichtspunkten zuwenden, während die eigentliche Fasson sich fast jährlich ändert und schließlich nur die Schablone zu des Kürschners Tätigkeit darstellt.

An der individuellen Fellbearbeitung ändert sich nichts, auch nicht, wenn das Fell zu Besätzen verarbeitet wird. Haben wir einen Kragen oder ein paar Manschetten anzufertigen, so haben wir je nach der Größe des Felles und der Fasson die Felle aus- oder einzulassen, mehrere Felle neben- oder übereinander zu arbeiten, je nach Tunlichkeit. Die Fasson schreibt ja die Behandlung des Felles vor, anderseits aber auch der Geschmack. Wir können einen geraden Mantelkragen schaffen und die Felle in der Mitte auseinanderlaufen lassen, wenn es sich etwa um langhaarige Sorten handelt, wir werden wieder die Felle an der rückwärtigen Kragenmitte zusammenlaufend arbeiten, wenn es sich um kurzhaarige, wollige oder geschorene Felle handelt, wie beim australischen Opossum, Sealelektrik, Biberette und anderen. Es wird aber auch möglich sein, die Fellchen quer laufen zu lassen, wenn dies mit der Größe der Fasson und der gesamten ornamentalen Anlage im Einklang steht. Hier gibt es weniger eine fachliche als vielmehr eine Vorschrift, die der Geschmack diktiert. Überhaupt ist die Schaffung des Besatzes ganz besonders vom Standpunkte des Geschmackes abhängig. Unter fünfzig ganz gleichartigen Tuchmänteln kann jeder einen anders gearbeiteten Besatz haben.

Es ist hier schon gut, den Kunden mit geeigneten Vorschlägen zu kommen, um Vertrauen zu gewinnen und anderseits Auswahl zu bieten. Das Besatzfell soll entweder in einem besonderen Einklang mit der Mantelfarbe stehen, wie etwa Biberette auf braunem Tuch, oder eine Kontrastwirkung erzielen, wie bei weinrotem Tuch, das mit platinfarbigem Fell besetzt wird. Oft liegt die schönste Wirkung im richtig angewendeten Kontrast. Hier muß der Geschmack die Lösung im Einvernehmen mit dem Kunden treffen. Letzteres schon deshalb immer, weil die Geschmacksrichtung beim Erzeuger und dem Kunden nicht immer dieselbe ist.

Dem heutigen Modeideal entsprechend werden wir gezogene Kragen mehr aus flacherem oder niederhaarigem Fell empfehlen, rauhe Felle, wie Füchse, eignen sich wieder vorteilhafter für schlanke Schalfassons, damit sie nicht zu plump und damit dem Modeideal nicht entgegenwirken.

Die Besätze, ob diese sich nun viereckig, oval, rund oder zackig präsentieren, sind im Fell fachtechnisch auszuarbeiten, dann mit einem Band einzufassen und an die betreffende Stelle vorerst aufzuheften. Dann wird erst staffiert.

Der Besatz wird sich nicht immer als egale glatte Arbeit darstellen, so sehr dies äußerlich vielleicht wahrgenommen werden könnte. Haben wir zum Beispiel den unteren Rand eines Tuchmantels mit einem zirka 15 cm breiten Fellstreifen zu besetzen, so wird dieser Streifen nicht immer ganz gerade laufend zugeschnitten werden dürfen. Wir haben zu beachten, daß der Mantel sich nach oben zu verjüngt. Je breiter nun der Fellbesatz wird, desto höher reicht er auf den Mantel herauf und muß dann nach oben hin ebenfalls verjüngt gearbeitet werden. In solchen Fällen müssen wir den Mantel auf das Brett auflegen und die Mantellinie abnehmen, sonst paßt uns der Besatz nicht.

Die Mäntel, die aus verschiedenen Werkstätten kommen und dementsprechend verschieden gearbeitet wurden, weisen da oft sehr beträchtliche Fassonunterschiede auf, so daß davor gewarnt werden muß, Besätze schablonenmäßig zu behandeln. Anders ist dies nur bei fabrikmäßiger Herstellung. Der Detaillist aber muß immer die individuelle Arbeit in den Vordergrund stellen.

Häufig kommt aber auch folgender Fall vor, den wir sehr der Beachtung empfehlen:

Ein Kunde wünscht einen Tuchmantel mit Pelz besetzt zu haben, doch ist der Mantel erst in Arbeit. Um nun das ganze Stück inklusive Kürschnerarbeit termingemäß fertigzubekommen, trachtet manche Dame, den Pelzbesatz parallel mit dem Mantel herstellen zu lassen, und zwar derart, daß der Schneider den Mantel, der Kürschner den Besatz getrennt arbeiten, um beide Gegenstände dann zusammenstellen zu können. Da aber der Kürschner für den anzufertigenden Besatz gewisse Grundlagen benötigt, bringt der Kunde vom Schneider Maße oder einen Papierschnitt, laut welchen inzwischen die Pelzverbrämung angefertigt werden soll. Da wird nun die Erfahrung gemacht, daß Besätze, die nach solchen Schnitten angefertigt werden, fast nie passen. Entweder der Schneider hat nicht genügend zugegeben oder er mußte dann nachträglich an der Fasson des Mantels ändern; der nach dem Schnitt angefertigte Besatz paßt in den meisten Fällen nicht.

Der Kragen ist entweder zu kurz oder hat nicht die richtige Schweifung, die Manschetten laufen anders, die Verjüngung des Mantels nach aufwärts ist bei Streifen nicht berücksichtigt und anderes mehr.

Was ist da zu tun?

Man wird vorerst versuchen, den Kunden dazu zu bereden, lieber auf die Fertigstellung des Mantels zu warten, damit der Kürschner dann selbst die Maße für den Besatz nach seiner Methode abnehmen kann. Ist dies nicht möglich, dann vergewissere man sich, ob der Papierschnitt die Originalmaße des Tuchmantels enthält, um überall richtig zugeben zu können. Es empfiehlt sich jedoch sehr, bei solchen Schnitten immer ziemlich zuzugeben, nur ja kommod zu arbeiten, damit der Besatz dann paßt.

Beim Fassonieren des Tuchkragens hilft sich der Schneider fast immer mit Zwickeln, was der Kürschner durch Dehnen des Felles besser erreichen kann.

Zu beachten ist auch, daß dünnledrige Felle auch für Besätze zu pikieren sind, besonders aber gestückelte Besätze, wie Persianerklauen und ähnliche.

Es kann auch vorkommen, daß durch einen Pelzbesatz der Tuchmantel verlängert werden soll. Dabei muß mit der Beschaffenheit des Tuches gerechnet werden, um den Besatz in Einklang mit demselben zu bringen. Das heißt: Haben wir ein starkes Tuch und soll der Mantel mit einem dünneren Fellchen verlängert werden, ohne daß der Verlängerung eine Tuchunterlage zugrunde gelegt worden wäre, dann müssen wir den Besatz derart stärken, daß ein natürlicher Übergang vom starken Tuch auf das zartere Fell vorhanden ist. Anderseits würde die Fasson spannen, ziehen, schlappen, da sich der Mantel nicht natürlich fortsetzt. Wir erreichen dies am besten durch entsprechende Einlagen aus Steifleinen, Watte oder Wattelin.

Wir kommen oft in die Lage, einem Tuchmantel einen anderen Kragen zu geben, als dieser sich in der Tuchfasson darstellt. Da hat der Tuchmantel z. B. einen Kragen in schmaler Herrenfasson und nun soll ein Pelzschalkragen darüber gearbeitet werden. Der Pelzkragen ist natürlich breiter und deckt den Tuchkragen, der sich darunter befindet. Nun müssen wir aber immer in Betracht ziehen, daß die Damen den Pelzkragen höher schließen und dabei aufrollen. Dadurch wird der abfallende Teil des Schalkragens, der den Spitzen zu liegt, oder das Revers bei einem gezogenen Pelzkragen umgeschlagen. Liegt nun unter dem gefütterten größeren Pelzkragen der kleinere schmalere Tuchkragen, würde sich dies beim Hochschließen des Pelzes sehr unschön ausnehmen, auch tritt das Seidenfutter des aufgestellten oder emporgezogenen hochgeschlossenen Kragens hervor. Um dies zu verhindern, haben wir in solchen Fällen, wo sich der Pelzkragen mit dem darunterliegenden Tuchkragen nicht deckt, die Revers des Pelzkragens oder die Spitzseiten des Schalkragens ebenfalls mit Pelz zu unterlegen, damit das Innenfutter beim Hochstellen nicht hervortritt. Das Stoffrevers wäre aber dann mit einzuschlagen, um beim hochgestellten Pelzkragen nicht allein liegen zu bleiben.

Der gewöhnliche, auf einen Tuchmantel genähte Besatzstreifen wird nicht weiter wattiert, da er sonst zu plump wirken würde.

Über die Anfertigung des Kragens bei Besätzen siehe unter „Kragen“.

l) Das Pelzfutter

Wir haben die Fütterung eigentlich schon bei der Besprechung der Ausarbeitung des Herrenpelzes genügend behandelt. Es wäre nur noch zu erwähnen, daß die Fütterung des Damenpelzmantels in ähnlicher Weise zu erfolgen hat, ja dieselbe Arbeit darstellt. Nur muß beachtet werden, daß die Fütterung des Damentuchmantels mit Pelz sich immer leichter darzustellen hat. Man verwendet auch ganz anderes Material zum Füttern eines Damenpelzes, wie etwa Hamster, Feh und andere zarte Sorten.

Entsprechend dem leichteren Fell muß auch wattiert werden. Wir müssen in Betracht ziehen, daß der Stoffüberzug des Damenpelzes ein anderes Material darstellt als bei einem Herrenpelz. Dicke Felle, starke Wattierung würde an der Außenseite des Stoffes sofort wahrzunehmen sein. Hier ist also diesem Umstande Rechnung zu tragen und die Arbeit noch präziser auszuführen.

Wir müssen bei dem Kapitel „Fütterung" aber auch die Umfütterung erwähnen. Es kommt häufig vor, daß das Pelzfutter länger hält als der Tuchüberzug. Der Träger wird sich also nach Jahren entschließen, einen neuen Tuchüberzug anfertigen zu lassen. Natürlich soll das noch gut erhaltene Pelzfutter in den neuen Tuchüberzug praktiziert werden. Da gibt es aber häufig Unzukömmlichkeiten. Das Pelzfutter hat nach dem Heraustrennen aus dem Pelz die Neigung, etwas einzugehen. Der praktische Fachmann hat dies schon oft erfahren und weiß, daß ein herausgetrenntes Pelzfutter meist nicht mehr in den gleichen Pelz genau hineinpaßt, geschweige denn in einen neuen Überzug, der vielleicht da und dort eine kleine Fassonänderung aufweist.

Der Kürschner wird also in solchen Fällen den Kunden schon im voraus auf diese Tatsache aufmerksam zu machen haben, damit der Schneider den neuen Tuchüberzug entsprechend vorrichtet. Er wird größere respektive breitere Stoffbelege machen müssen, damit das alte Futter in den neuen Überzug hineinpaßt. Der Kürschner aber wird das alte Futter nicht ohne weiteres in den neuen Überzug unterschlagen, sondern wird auf die uns schon bekannte Art die Fasson auf das Zweckbrett abnehmen und das Futter danach zurechtrichten, wie wenn es sich um eine vollständige Neueinfütterung handeln würde. Nur dann wird auch das Futter passen.

Hier wie auch bei anderen Gelegenheiten wird es notwendig sein, daß Kürschner und Schneider in Kontakt miteinander arbeiten, da sich ihre Arbeit notwendigerweise ergänzen muß. Dies wäre stets zu beachten.

m) Die Wagendecke

Diese Art der Pelzverarbeitung wird wohl immer seltener, kommt aber dennoch ab und zu vor.

Die Wagendecke besteht äußerlich aus Tuch. Dieses ist in der gewünschten Größe vorzurichten. Dann messen wir uns die Länge und Breite des Tuches ab und übertragen die Maße auf das Zweckbrett. Handelt es sich um eine Decke aus Naturkatzenfellen, dann werden wir uns die Felle entsprechend sortieren. Nehmen wir das Maß der Wagendecke mit 160 zu 200 cm. Den umlaufenden Rand des Tuches nehmen wir doppelt und steppen die Kante nieder. Wir sollen nämlich das Fell nicht ganz bis an die Kante gehen lassen, damit die Haare nicht hervortreten. Der gesteppte Tuchrand macht sich recht nett.

Die Maße von 160 zu 200 cm beinhalten die Größe des Fellbelages, also wird das Tuch um die gesteppte Doppelkante weiter sein müssen.

Um rationell arbeiten zu können und nicht zu viel Felle verwenden zu müssen, von welchen wir, um die Maße zu erhalten, wegschneiden, um aber auch nicht zu wenig oder zu kleine Felle zu verwenden und dann unnötig dehnen zu müssen, werden wir uns auf Grund der Maße schon die entsprechend großen Felle vorrichten und sortieren.

Sind die Katzen 40 cm lang und 20 cm breit in ihrer vollen Verwendbarkeit, dann haben wir auch schon die richtigen Grundlagen für das Futter, das nun 40 Katzen beanspruchen wird: 10 Felle der Breite und 4 Felle der Länge nach. Wir schneiden uns die Katzen gleich groß zu und setzen sie dann zusammen, darauf achtend, daß ein Stoß genau den anderen überdeckt, die Grotzen gut zusammenlaufen und auch eine egale Seitenwirkung erzielt wird.

Dann zwecken wir, reiben nach dem Trocknen die Felle weich und wattieren. Hierauf heften wir das Tuch und vernähen dann ringsum. Handelt es sich um Felle, die mit Schweifen auf die Decke verarbeitet werden, wie seinerzeit bei Füchsen, dann wird besser verzogen als vernäht. Während bei einer Katzendecke die Felle alle nach einer Richtung laufen können, wird man bei Fuchsdecken die Felle von der Mitte auseinanderlaufen lassen, um an den beiden Seiten die Schweifwirkung zu erzielen.

n) Mosaikarbeiten aus Pelzstücken

Während der stillen Frühjahrsmonate beschäftigen sich die Kürschner oft mit der Aufarbeitung des Abfalles. Die vielen größeren und kleineren Stückchen, die während des ganzen Jahres abfallen, werden nach Saisonschluß nach ihrer Verwendbarkeit gut sortiert. Da gibt es größere Murmel- und Lammfellstücke, aus welchen man Futter zusammenstellen kann, ein Teil des Abfalles wird verkauft werden, etwas aber wird vielleicht dazu geeignet sein, zu Mosaikarbeiten zusammengestellt zu werden. Da hat der Kürschner zwei Lehrlinge sitzen, die gerade nicht besonders beschäftigt werden können. An solchen Arbeiten können die Jungen das Nähen üben. Man sammelt die Stücke und verarbeitet sie nun nach gezeichneten Vorlagen.

Einmal sind es Sterne, die aus Fellstücken regelmäßig zusammengestellt werden, dann ist es wieder ein schachbrettartiges Muster. Sehr gerne werden Mosaikbilder zusammengestellt.

Man stellt zuerst den Hintergrund des Mosaiks aus gleichartigen Sealelektrikstücken zusammen. Dann beginnt man unten etwa Murmelstückchen anzuordnen, die den Erdboden darstellen sollen. Dazwischen läßt man weiße Büschel hervorstehen, die aus Skunkgabeln erzeugt werden.

Ein größeres Stückchen Leopard oder leopardfärbiger Kid stellt einen Felsen dar, auf welchem eine aus Nutria- oder Biberabfall gearbeitete Gemse steht. Durch das Scheren des Nutrias oder Bibers lassen sich die Falten bei den Beinen oder beim Halse wunderbar herausbringen.

Das Tier sieht sehr natürlich aus. Kleine Glasaugen beleben das Tierchen. Man kann aber auch ein dahinjagendes Reh oder einen stolzierenden Hirsch mit prächtigem Geweih darstellen.

Ein Bäumchen oder Sträucher aus geschorenem Nutria wirken vorzüglich zur Ergänzung des Bildes und geben ihm auch die nötige Symmetrie.

Dieses Bild erhält nun einen Innenrahmen von braunem und grauem Slinks, darüber etwa von Biberettestücken einen breiteren Rahmen. Hat man Seehundstücke in zweierlei Farben, dann schneidet man diese dreieckig und reiht sie einmal dunkel, dann verkehrt ein lichteres in zwei dunkle eingekeilt, wieder zu einem Rahmen.

Man hat in Ausstellungen der Kürschner ganz wunderbare Mosaikarbeiten gesehen, wie etwa große Doppeladler, Huldigungsadressen, Flaggen, eine Seeschlacht, und alles aus kleinen Fellstückchen zusammengesetzt.

Solche Arbeiten können natürlich nie bewertet werden, da der Arbeitslohn zu hoch käme. Viele Kürschner aber setzen ihren Stolz daran, ihre reiche Phantasie hier frei spielen zu lassen, um Auslagen- oder Ausstellungsstücke zu schaffen oder aber einen netten Schmuck für das Geschäft herzustellen, der die allgemeine Aufmerksamkeit der Kunden erregt und Vertrauen zur Geschicklichkeit des Kürschners erweckt.

Kleine Mosaikarbeiten dienen zur Herstellung von Polstern oder für Deckel von Fußkörben.

o) Pelzteppiche und Vorleger

Wir können Pelzteppiche aus Mosaik machen oder aber aus ganzen Fellen, eine Arbeit, die in unseren Landen heute nicht mehr geschaffen wird. Häufig aber werden noch Felle zu Vorlegern gearbeitet. Freilich die Zeit, wo man jährlich noch sein Quantum an Eisbären, Tigern, Leoparden, braunen Bären und Füchsen auf Vorleger arbeitete, ist vorüber. Der Fuchs hat einen anderen Platz gefunden und liegt lieber um den Nacken schöner Frauen als zu deren Füßen.

Meist hat der Kürschner schöne Hunde auf Decken zu arbeiten, die den Besitzer des eingegangenen Tieres immer an dasselbe erinnern sollen. Auch Hirsche und Rehe werden zu Vorlegern gearbeitet.

Der Fellvorleger wird entweder mit naturalisiertem Kopfe, wie bei Hunden, Füchsen, Bären, Leoparden und anderen Tieren, geschaffen, oder man schneidet den Kopf knapp hinter den Ohren weg und rundet ab, wie bei Hirsch- und Rehvorlegern.

Über das Naturalisieren des Kopfes schreiben wir in einem eigenen Kapitel. Hier soll über die Ausfertigung des Vorlegers gesprochen werden.

Vorerst zeichnen wir uns den Grotzen des Felles gut an, da wir ja von hier aus egal nach beiden Seiten arbeiten müssen, um ein symmetrisches Stück zu erhalten. Dann schneiden wir, wo nötig, die Diechen aus.

Auf einem großen Brett, das das ganze Tier komplett aufzunehmen in der Lage ist, zeichnen wir in der Mitte einen geraden Strich, über welchen der Grotzen des Felles zu liegen kommen soll. Dann messen wir uns das Fell aus und übertragen die Maße auf das Brett, damit wir symmetrisch feststellen, wo die Seiten, Klauen, der Kopf und der Pumpf zu liegen kommen.

Wir zwecken zuerst den Grotzen und unten den Pumpf wagrecht. Dann arbeiten wir vom Pumpfe nach aufwärts, zwecken die Blößen gut heraus, bringen die Hinterklauen links und rechts in die vorher angezeichnete Lage, dann die Seiten und die Vorderklauen, immer darauf achtend, die vollste Symmetrie zu wahren. Zuletzt zwecken wir den Kopf, überall die Nägel ziemlich eng aneinander. Wird der Kopf naturalisiert, bleibt er ungezweckt, da er meist schon kaschiert ist.

Natürlich war darauf zu achten, daß man es mit einem richtig aufgeschnittenen Fell zu tun hat. Es darf nicht vorkommen, einen Fuchs aufzuzwecken, der nicht in der Mitte des Bauches aufgeschnitten ist; dadurch schaffen wir schon vom Anbeginn unsymmetrisch. Ist das Tier ungleich aufgeschnitten, was bei vielen im Handel befindlichen Tieren leider vorkommt, dann müssen wir zuerst egalisieren, um vom Grotzen weg gleichmäßig das Fell verteilt aufzwecken zu können. Auch die Klauen müssen richtig aufgeschnitten sein. Beim Ausarbeiten eines Fuchstieres zu einer Stola spielt es eine geringere Rolle, wenn die Klauen nicht richtig in der Mitte aufgeschnitten wurden, da sie ohnehin wieder zusammengenäht werden und ein Ganzes geben. Für den Vorleger aber muß die Klaue richtig vor uns liegen und mit den anderen Klauen eine Harmonie bilden. Das ist sehr zu beachten. Es würde sehr häßlich wirken, wäre eine Klaue derart aufgeschnitten, daß der weiße Teil nach dem Kopfe zu steht, während die gegenüberliegende Klaue umgekehrt wirkt.

Wir zwecken derart die Fasson heraus, daß wir nach dem Trocknen nicht mehr viel abzugleichen haben. Es soll ja vom Felle nichts wegfallen. Der Geschmack muß uns leiten, die richtige Fasson herauszubekommen. Der Vorleger soll nicht zu lang, aber auch nicht zu breit sein. Richtige Größenverhältnisse verschönern den Gesamteindruck.

Die Beine werden die richtige Lage zu erhalten haben. Sie sollen nicht in die Breite wegstehen, sondern sich so darbieten, wie sie etwa das Tier beim Laufen richtet: die Vorderbeine dem Kopfe zu, die Hinterbeine mehr schräg zum Pumpfe herablaufend.

Bei Tieren, die sehr lange Beine haben, wie Hirsche usw., wird man nicht, wie beim Fuchs, das ganze Bein verwenden, sondern vielleicht nur das halbe, bis zur Beuge, damit der gute Eindruck nicht durch ein zu langes Bein leidet. Tiere mit Krallen, wie Bären, Tiger und Füchse, müssen jedoch wieder die ganze Klaue haben, da gerade dadurch die entsprechende Wirkung erzielt wird.

Nach dem Trocknen arbeite man mit dem Streckholz gut ab und zwecke dann ab. Man gleiche zuerst die eine Seite knapp ab, lege dann im Grotzen zusammen und übertrage symmetrisch auf die andere Seite, die dann ebenfalls abgeglichen wird. Jetzt haben wir ein egales Fell, das der weiteren Bearbeitung zugeführt werden kann.

Felle mit vollständig kahlem Bauche, wie etwa Dachse, wird man, um die gewünschte komplette Form herauszubekommen, an jenen Stellen mit passenden anderen Fellen ergänzen. Vielleicht paßt gerade ein Stückchen Hund oder Ziege an diese Stelle.

Das abgeglichene Fell wird nun mit einem farbigen Filzstreifen in roter, grüner oder gelber Farbe eingefaßt, dessen Außenseite meist mit einem Zackeisen ausgezackt wird. Dieser Streifen wird mittels polnischer Naht angenäht, und zwar derart, daß bei den Rundungen der Streifen fächerartig nach außen wirkt, so zwar, daß der äußere Streifenrand ausgedehnt erscheint und die Falten dem Felle zu liegen.

Das Fell wird jetzt noch wattiert und mit Rohleinen gefüttert.

Schweife können auf zweierlei Weise mitverarbeitet werden. Der schöne, buschige Fuchsschweif kann in Natur abstehen, oder er wird ebenfalls offen gezweckt und mit dem Filz eingefaßt. Tiger- und Leopardenschweife werden immer offen gearbeitet und mit Filz eingefaßt.

Man schafft aber auch Vorleger in ganz gerader Form, wie etwa aus Angorafellen oder Ziegen. Diese Bearbeitung ist einfach. Man zweckt das Fell in der gewünschten Größe und Form und wird nur die Blößen mit dem passenden Abfall auszustückeln haben, um die Decke möglichst groß zu erhalten. Viereckige Vorleger können auch eingefaßt und gefüttert werden.

p) Fußkorb und Fußsack

Der Fußkorb ist kleiner als der Fußsack, er dient nur zum Erwärmen der Füße, liegt zu diesem Zweck unter dem Schreibtisch oder auch unter dem Sessel.

Der Fußsack ist jedoch derart groß, daß sich der damit Schützende ganz hineinsetzen kann, um den oberen Teil des Fußsackes über die Füße bis zum Bauche heraufziehen zu können.

Die Form des Fußkorbes ist eine halbkreisförmige. An der breitesten Stelle ist das Stück offen, um die Füße aufnehmen zu können. Wir unterscheiden drei Teile am Fußkorb, den Boden, die Seiten und den Deckel.

Der Boden wird meist aus Leder gearbeitet, da er doch auf der Erde liegt und entsprechend abgenützt wird. Sehr eignet sich auch Seehundfell, und zwar mit dem Haarstrich von der Öffnung weg, da hiedurch der Fußkorb fest an seiner Stelle bleibt und infolge der spießigen Haare nicht vom Platze weicht. Die Seitenteile werden aus Leder, aus Seehundfell-, Hunde-, Ziegen- oder Lammfell gearbeitet. Der Deckel ist entweder glatt aus Seehund oder zeigt hübsche Mosaikarbeit. Das gewöhnlich ringsum in einem Teile laufende Seitenteil wird mittels Passepoils an Boden und Deckel gearbeitet. Am Deckel, nahe der Öffnung, wird aus Leder ein Aufhänger gearbeitet, um den Fußkorb nach Gebrauch irgendwo aufbewahren zu können.

Gefüttert wird der Fußkorb mit schwarzem, gelocktem, dichtem Lammfell, das sich nicht nur als vorzüglicher Wärmespender bewährt, sondern auch entsprechend haltbar ist. Außerdem stellt es sich im Preise noch am billigsten. Der Öffnungsrand wird mit Schoppen- oder Opossumschweifen eingerahmt, wodurch eine gefällige Wirkung erzielt wird.

Das Futter wird innen nicht fest in den Fußkorb genäht, damit man es behufs Reinigung herausziehen kann. Naturlammfelle werden auch leicht mottig, weshalb man oft reinigen muß und leicht dazu gelangen soll.

Die Hülle des Fußkorbes wird durch Pappendeckel etwas versteift, damit der nötige Halt vorhanden ist, sonst bricht die Fasson zusammen. Das separat nach den richtigen Maßen angefertigte Lammfellfutter wird stark wattiert und dann fest in die Fußsackhülle gepreßt, gut ausgeglichen und an den Rändern festgenäht. Die Schweifverzierung an den Rändern wird derart angebracht, daß die Schweife von der Mitte nach den Seiten zu auseinanderlaufen.

Fußsäcke hat man in verschiedenen Größen, einmal reichen sie gerade über die Beine, dann aber auch bis über die Brust empor.

Der Überzug wird aus gutem, festem Loden hergestellt und besteht auch wieder aus dem Boden, dem Rand und dem Deckel. Die Fassons sind nicht gleich, und wir wollen auf diese auch nicht weiter eingehen. Hier ist ja immer persönlicher Geschmack wie der spezielle Wunsch des Kunden maßgebend.

Wir können Fußsäcke herstellen, bei welchen Boden und Deckel gleich lang sind, wir werden aber manchmal auch derart schaffen, daß nur der Deckel weit heraufreicht, während der Boden kürzer ist, so daß der Besitzer nicht mehr im Fußsack selbst sitzt, nur den Deckel weit über die Brust heraufzieht. Der Deckel oder besser gesagt, Oberteil hat Quertaschen, die mit Lammfell gefüttert und mit Opossum- oder Schoppenschweifen besetzt sind. Hier werden die Hände eingesteckt.

Während nun Ober- und Unterteil ziemlich weit herauflaufen, ist der Seitenteil kürzer, so daß man bequem einschlüpfen kann.

Die Fütterung des Fußsackes erfolgt wieder mit dunklen Lammfellen, die offenen Ränder des Ober- und Unterteiles werden ebenfalls mit Opossum- oder Schoppenschweifen besetzt, die von der Mitte nach den Seiten den Haarstrich laufen lassen. Für gute Wattierung ist zu sorgen, denn hier haben wir es mit ausschließlichen Wärmespendern zu tun, die gerade bei größter Kälte und starken Windströmungen bei Wagenfahrten über Land verwendet werden.

q) Allgemeine praktische Handgriffe und Maßnahmen für die Fertigstellung

Das fertiggearbeitete Pelzstück ist durch das Arbeiten doch immer etwas mitgenommen. Das Haar ist verdrückt, bei Pelzen oder Mänteln sind die Schnitthaare am Überzug haften geblieben u. dgl.

Auch sonst sind verschiedene Korrekturen vorzunehmen.

Wir werden vor allem die Pelzstücke gut auskämmen und ausklopfen, um sie dann mit einer feuchten Bürste zu streichen. Hiezu verwenden wir entweder reines Wasser oder setzen etwas aufgekochten Leinsamen (Flohsamen, wie die Kürschner sagen) zu. Gestrichen dürfen natürlich nur haarige Felle werden, die sich durch die Einwirkung der Feuchtigkeit nicht kräuseln. Auch gelockte Felle, wie Persianer oder moiréartige Sorten, dürfen nicht feucht gestrichen werden.

Jene weichhaarigen Felle, die gegen den Strich gearbeitet werden, das heißt die man beim Ausfertigen gegen den Haarstrich zu streicht, sind etwa Seal, Biberette und alle geschorenen Kaninartikel, dann Opossum, weiche Murmel und andere. Durch diese Arbeit wird das Haar gestellt und ein wunderbarer Eindruck erzielt. Man kann aber auch Sorten, wie etwa Murmel, „heben". Dies wird dadurch erreicht, daß man den Mantel nach dem Strich arbeitet, also der Haarstrich vom Nacken herabfällt. Dann wird das Haar zurückgestrichen, aber nicht um zurückgelegt zu bleiben, sondern nur um etwas voller zu wirken.

Weil gerade vom Murmel die Rede ist, muß auch gesagt werden, daß man bei diesem Fell und auch bei anderen, je nach Geschmack und Wunsch des Kunden, künstliche Grotzenstreifen mit der Grotzenfarbe einzeichnet. Diese Arbeit erfordert Genauigkeit und Vorsicht. Die Grotzenfarbe ist genauest auszuproben, um zu konstatieren, wie intensiv sie angreift. Es gibt sogenannte Oxydationsfarben, die nach dem Auftragen von selbst mehr oder weniger nachdunkeln. Ist eine solche Farbe nicht gut ausprobiert, kann es vorkommen, daß man statt brauner Grotzenstreifen fast schwarze erzielt, wodurch natürlich das Stück verdorben werden kann.

Beim Nachfärben dieser oder ähnlicher Felle gehe man erst nach Versuchen auf Abfallstücken auf das eigentliche Stück über, um sich vor Unzukömmlichkeiten zu schützen.

Man wird auch in die Lage kommen, zugestrichene Stücke einzupressen, damit das etwas widerspenstige Haar sich eher fügt. So z. B. sind die chinesischen Ziegen, auch Bärenziegen, ob ihres dichten struppigen Haares so genannt, unbedingt nach dem Arbeiten einzupressen. Man streicht die Ware — in diesem Falle etwa Tierstolen — gut zu, legt sie dann auf ein Brett, deckt vorsichtig ein anderes Brett darüber, das man, um das Haar nicht wieder aufzurauhen, nach der Haarstrichlinie auflegt, und beschwert dann das oberste Brett. So liegt nun die Ware etwa über Nacht eingepreßt und am nächsten Morgen, wenn man sich überzeugt hat, daß die Stücke trocken sind, wird man staunen, wie weich und egal das Haar aussieht. So muß man beim Ausfertigen oft erst das richtige Aussehen erzielen.

Wolligere Sorten und solche, die sich leicht kräuseln, wird man je nach der Fell- und Lederbeschaffenheit mehr oder weniger stark klopfen, um die durch das Zwecken gedrückten Haare wieder flaumig zu machen. Auch der Kürschnerkamm ist entsprechend zu verwenden.

Der geübte Kürschner wird einzelne Felle, wie Nutria, dann besonders flaumige Lammsorten, auch mit einem lauwarmen Bügeleisen aufbügeln können. Hier ist natürlich besondere Vorsicht geboten, um das gegen Wärme sehr empfindliche Haar nicht zu sengen. Auch hier ist immer vorher an einem Abfallstückchen auszuprobieren.

Durch das Bügeln bekommt das Fell überdies auch den notwendigen Glanz. Erhöht wird die Wirkung aber durch das „Lüstrieren" des Felles. Es wird zu diesem Zwecke mit dem Lüster, einer chemischen Flüssigkeit, die wir im Kapitel „Färberei" und „Praktische Handgriffe" näher kennenlernen werden, eingestrichen und dann aufgebügelt. Beim Bügeln ist besonders immer darauf zu achten, daß das Leder ganz trocken ist, da es sonst sofort zusammenläuft und verbrennt.

Aus diesem Grunde darf ein Stadtpelzüberzug nie aufgedunstet werden. Kaum berührt das Bügeleisen den Stoffüberzug, läuft das Pelzfutter an dieser Stelle auch schon zusammen und ist verbrannt.

Der richtig angewandte Handgriff, die erprobte Methode sichern die Schönheit und Haltbarkeit des Pelzstückes.

r) Die Seidenfütterung

Einst suchte man Pelzjacken und Pelzmäntel bloß mit einem guten, haltbaren Seidenfutter zu füttern. Man trug auch peinlichst genau Sorge, möglichst den richtigen Ton zu treffen, um Fellfarbe und Futter miteinander richtig abzustimmen. Heute ist das wohl ganz anders; man sucht häufig gerade im Kontrast die richtige Wirkung zu erzielen, und mit bestem Erfolge.

Gerade der Fütterung wird heute das Hauptinteresse zugewendet; das Futter soll den ganzen Mantel heben. Die Seidenindustrie bietet uns genügend Unterlagen hiezu, nach unserem Geschmack oder nach den Angaben unserer Kunden mit Hilfe der Seide ein komplettes, hübsch wirkendes Stück aus der Werkstätte zu bringen.

Vor allem verwenden wir heute als Pelzfutter Crêpe de Chine, Crêpe marocaine, Crêpe Georgette, Satin de Chine, Seidendamassés und andere, die immer wieder in neuen Arten vor unser Auge treten. Das ehemals so beliebte Brokatfutter spielt heute nicht mehr die große Rolle, speziell nicht mehr bei der Fütterung mit Reinseide. In billigere Mäntel gibt man wohl noch die Halbseidenbrokate, die sich als sehr haltbar und für diesen Zweck auch ganz hübsch erweisen.

Der erstklassige Mantel verlangt schon eine andere Ausschmückung, und so verwenden wir Reinseide in einer einheitlichen Farbe und ziehen dann das Futter von unten auf, in den verschiedenartigsten Manieren, je nach Geschmack.

Eine andere Ausschmückung bilden Applikationen und Stickereien. Entweder weist das ganze Futter eine entsprechende geschmackvolle Stickerei auf, oder man begnügt sich mit eingestickten Borten oder Ecken. Das richtet sich nicht nur nach dem persönlichen Geschmack, sondern eher nach der gerade herrschenden Mode. Heute unterliegt eben alles der Mode, die unser Handeln in engeren Grenzen bewegt und bestimmt.

Die Stickerei beinhaltet Rosen und andere hübsche Blumen, Schmetterlinge, einen Pfau, auch größere Raubtiere, wie Löwen und Tiger, hat man in die Ecken gestickt und damit herrliche Wirkungen erzielt. Dann rankt sich wieder ein Blumenornament über den ganzen Unterteil des Mantels, um sich in den Ecken etwas emporzuheben.

Handstickerei und Maschinstickerei wechseln miteinander im Ansehen ab, einmal ist diese Art beliebter, dann wieder die andere.

Es werden auch gemalte Blumen auf die Seide appliziert, daraus entstehen dann die sogenannten Applikationen, die heute eine ziemlich große Rolle spielen.

Die Möglichkeiten sind derart zahlreich, daß man besonders bei Stücken, welche auf Lager gearbeitet werden, nicht immer den Geschmack des Kunden treffen kann. Es wird vorkommen, daß der Kunde gerade das Futter im Persianermantel haben will, das ihm in einem Persianerklauenmantel gefällt. Bei Maßbestellungen ist es ja leicht, da kann vereinbart werden; bei fertigen Stücken aber, die vom Lager abverkauft werden, muß man auf alle Fälle die modernsten Futterwirkungen anwenden, um, wenn man schon nicht sofort den Geschmack des Kunden trifft, so doch durch Vorzeigen anderer Futter oder Musterkarten und Zeichnungen das Geschäft ermöglichen kann.

Das komplizierte Futter hat auch das Geschäft komplizierter gestaltet. Trösten wir uns aber dabei mit der Tatsache, daß in den größten Häusern, wo Hunderte von Modellen zur Auswahl vorliegen, oft gerade der passende Mantel das nichtpassende Futter besitzt.

Die Hauptsache ist, da es sich hier um direkte Modelaunen handelt, stets vor Beginn der Saison und auch während derselben mit den Neuschöpfungen der Seidenfutterapplikationen vertraut zu sein, indem man sich von den Lieferanten und Kunstgewerblern laufend die Neuheiten vorlegen läßt. Normen gibt es hier nicht, hier sind allein die Moderichtung und der jeweilige Geschmack maßgebend.

s) Die Herstellung des naturalisierten Kopfes

Es ist noch nicht so lange her, da bedeutete die Naturalisierung des Tierkopfes noch ein Spezialfach. Unter Naturalisieren verstehen wir die Methode, einem Tierkopf, der im gegerbten Fell flach und leblos vor uns liegt, dadurch wieder etwas Seele zu geben, daß wir ihn durch Anwendung verschiedener Formen und Beigabe von Glasaugen, manchmal auch eines Gebisses, ein natürlicheres, lebensvolleres Aussehen geben.

Kurz nach der Zeit, als der Tierkopf noch von Spezialisten angefertigt wurde, kamen nach den ersten Tierkolliers mit offenen und geschlossenen Köpfen die fassonierten Kolliers in den Handel, die oft 6, 8 und auch 12 Aufputzköpfchen erforderten. Da wurde denn auch die Herstellung des naturalisierten Kopfes Gemeingut aller Kürschner, und heute wird der schöne Fuchskopf in allen Werkstätten selbst hergestellt. Nur jene großen Köpfe auf Vorlegern und Teppichen, wie etwa Tiger, Bären und ähnliche, die eine ganz naturgetreue Wiedergabe erfordern, werden meist, weil der Kürschner heute wenig Zeit für derartige technische Spielereien hat, von Spezialisten hergestellt, die in naturgetreuer Wiedergabe Staunenswertes leisten.

Sehen wir uns vorerst das Naturalisieren größerer Köpfe an, da sich daraus die Bearbeitung der kleinen Köpfe von selbst ergibt.

Wir sprechen entweder von offenen Köpfen, wenn diese mit offenem Gebiß geschaffen werden sollen, oder von geschlossenen oder halberhabenen Köpfen, wenn diese nur die Oberform ohne Gebiß erscheinen lassen.

Für Teppiche verwendet man meist das offene Gebiß, entweder mit den natürlichen Zähnen des Tieres oder, wenn diese nicht mehr vorhanden sind, werden Hundezähne oder auch ein vollkommen künstliches Gebiß verwendet, wie solche im Handel erhältlich sind.

Der Kopf eines Tieres ist meist hart und steif. Wir müssen ihn daher vor dem Arbeiten in Wasser erweichen. Dies geschieht nun so lange, bis man die Überzeugung hat, den Kopf bearbeiten zu können. In noch feuchtem Zustande wird der Kopf ausgebessert, das heißt, man entfernt die Fehler, die sich als Löcher oder Blößen darbieten. Der trockene Kopf wäre eben schon wieder zu hart für die Bearbeitung. Sind kahle Stellen dort, wo sie wenig Raum wegnehmen, kann man das Ausschneiden versuchen. Rauhe Stellen wird man, wenn man über Material verfügt, am besten ausstückeln. Ganz kleine Fehler aber, und zwar dort, wo das Haar ganz flach ist, wie zwischen Augen und Schnauze, kann man vorläufig belassen, um erst nach dem Ausarbeiten des Kopfes durch Aufkleben von Härchen oder durch Färben den Fehler unkenntlich zu machen. Diese niederen Haare machen ein Nähen unmöglich, da man die Naht nicht unkenntlich anbringen könnte und den Fehler dadurch noch markanter hervorkehren würde. Bei etwas rauheren Fellen kann man Stücke aus den Klauen zum Ausbessern zu Hilfe nehmen.

Besonderes Augenmerk ist den Augen zuzuwenden, die unbedingt fehlerfrei und ohne Risse zu halten sind, da sie sonst das Glasauge nicht egal überspannen.

Derart vorbereitet und immer noch in feuchtem Zustande soll der Kopf auf die Form kaschiert werden. Diese muß immer etwas kleiner sein als der Fellkopf. Man messe daher vor dem Aufkaschieren den Kopf gut aus und überzeuge sich, daß man die richtige Form gewählt hat.

Die Ohren sind ebenfalls ein wichtiger Teil des zu naturalisierenden Kopfes. Sind sie entsprechend vorgerichtet, dann nähen wir einen passenden Pappendeckel in die Ohren ein, damit sie die Form halten.

Nun ziehen wir das Fell über die Kopfform und beginnen von der Nase aus vorsichtig anzuzwecken. Wir beginnen deshalb bei der Nase, weil von hier an nach rückwärts der Kopf am natürlichsten aussehen muß und jede Kleinigkeit in Betracht kommt. Rückwärts kann man sich eher helfen. Auch die Augen wird man, nachdem man sie durch Dehnen in die richtige Lage gebracht hat, anzwecken. Hiezu sind zarte Stiftchen nötig, was sich ja von selbst ergibt. Mit Zwecknägeln von 1 mm Durchmesser wird man da kein gutes Resultat erzielen.

Wenn der Kopf nicht überall ganz auf die Form paßt, was sehr leicht vorkommen kann, da wir es hier mehr mit einer normierten Form zu tun haben als mit einem individuellen Stück, müssen wir dort, wo die Form etwas zu klein ist, Kitt unterlegen, um die Stellen auszufüllen. Wir sollen ja einen möglichst lebhaften Ausdruck erzielen und keinen unnatürlich schlaffen Kopf schaffen.

Die Augen wird man gut mit irgendeinem erhöhten rundlichen Material, das man den Augen unterlegt, markieren, um dort die etwas erhobene Stelle zu erhalten, die dann vom Glasauge ausgefüllt wird.

Hat man aber, wie dies bei Vorlegern der Fall ist, schon auf die richtige Form kaschiert, die nicht mehr entfernt wird, muß man das Auge schon vor dem Aufziehen des Felles auf die Form einlegen. Dies geschieht dadurch, daß man den Draht, auf welchem das Auge befestigt ist, durch die Form durchzieht und innen die Drähte der beiden Augen fest miteinander zusammendreht.

Die Nase ist meist auch etwas widerspenstig. Sie soll die richtige Form erhalten, da sonst der Kopf kein natürliches Aussehen bekommt. Feucht wird sie sich gut richten lassen; im trockenen Zustand ist sie fest und bleibt in der erreichten Form. Wo die Nase fehlt — und dies kommt sehr häufig vor — muß man aus Masse (Nasenkitt) einen entsprechenden Ersatz formen. Da die Nase innen oft nicht so hohl ist, sondern Knorpel vorstehen, wird man, wenn dieselben infolge ihrer wichtigen Aufgabe der Formgebung nicht weggenommen werden dürfen, die Kopfform an dieser Stelle etwas ausschneiden, damit die Nase nicht aufsteht.

Ist der Kopf derart kaschiert, wird man die Mundhöhle, wenn dies nicht schon als erstes geschehen ist, streichen und die Ränder mit schwarzem Lack bemalen.

Der Übergang vom Kopf zum Fell kann dadurch weniger steil geschaffen werden, daß wir am Nacken etwas Watte einlegen. Dadurch wird die Linie dem Übergang entsprechend modifiziert.

Komplizierter wird die Sache, wenn keine fertige Form zur Verfügung steht und man sich diese erst schaffen muß, obendrein noch ein echtes Gebiß einzusetzen hat.

Man wird das Gebiß, wenn dies nicht schon früher geschehen ist, gut auskochen, um es von allem zu befreien, was unschön wirken würde. Dann messen wir den Fellkopf gut aus, um die richtigen Maße desselben als Grundlage für die Form verwerten zu können. Man kann nun vom Kürschner nicht verlangen, daß er aus freier Hand den Kopf etwa eines Tigers anatomisch richtig modelliert. Er wird also von einem anderen Kopf einen Abdruck nehmen müssen oder sich einen solchen beschaffen, sonst kann der Tiger etwa einem Bernhardiner Hund ähnlich sehen.

Diese Form des Oberkopfes wird nun, mit Gips oder Ton ausgefüllt, als Decke des Gebisses benützt, auch der Unterkiefer ist in eine Gipsform einzumontieren. Das Gebiß muß man jedoch vorher in die richtige Stellung bringen und dies erreicht man dadurch, daß man irgendein Material, am besten Kork, so in den Rachen schiebt, daß man die gewünschte Maulstellung erreicht.

Der Kopf mit geschlossenem Gebiß ist analog dem Kopfe mit offenem Gebiß zu behandeln, doch ist die Arbeit einfacher.

Noch einfacher ist das Anfertigen der Köpfe für Füchse oder Marder, welchen schon fertige Kopfformen zugrunde gelegt werden. Hier wird vorerst auf eine Holzform gespannt, immer natürlich im feuchten Zustande, dann wird entweder eine fertige Kaschierung eingeführt, oder aber man hat vor dem Spannen auf die Holzform eine mit Leim getränkte Pappe gelegt, die nun beim Spannen mit in die richtige Form gebracht wird und am Fellkopf festhält. Der Pappendeckel darf natürlich nur ganz dünn sein, um nachgeben zu können, oft genügt auch etwas versteiftes Papier. Die Hauptsache ist, daß die durch das Spannen erhaltene Form bleibt und nicht wieder verlorengeht.

Nicht immer wird man jedoch einen Naturkopf zur Verfügung haben, besonders nicht bei Imitationen, wie etwa amerikanischem Opossum in Marder- oder Iltisfarbe, dann bei Walaby und Ziegen, auch Kaninchen, die fuchsähnlich wirken sollen. Da vertritt nun das Kopfstück des Felles den Kopf, wird in der uns bekannten Weise entweder auf die Holzform gespannt oder gleich mit der Kaschierung unterlegt (bei billiger Fabriksware) und nach dem Trocknen ausgefertigt.

Wir finden an solchen künstlichen Köpfen, daß sie keine Schnauze aufweisen wie der Naturkopf, das Fell wird also überall gleich langhaarig sein. Dem müssen wir nun abhelfen. Bei Fellen, die etwa bis auf den Grund ziemlich gleich in der Haarfarbe sind, wird man die Schnauze mit der Schere stutzen, bei Fellen jedoch, die auf dem Grunde eine andere Haarfarbe aufzeigen, wird man die Schnauze mit einer Gummilösung bestreichen, um die niedere Glattwirkung zu erreichen. Schert man aber solche Stellen, dann muß man künstlich nachfärben, wie bei amerikanischen Marderopossums, die auf dem Grunde ganz weiß sind, während die Schnauze doch die braune Marderfarbe aufzeigen soll.

Natürlich muß einem solchen Kopf auch eine künstliche Nase verliehen werden. Zu diesem Zwecke verwendet man den sogenannten Nasenkitt, welcher im Handel erhältlich ist und aus welchem man die Nase formt. Die Nasenlöcher werden durch Eindrücken mit einer Ahle richtig markiert.

Die Glasaugen werden, wenn wir solche mit weißen Ecken verwenden, dem Fell unterlegt, weshalb dann die Augenausschnitte gut ausgearbeitet werden müssen. Bei künstlichen Köpfen und bei billigerer Ware werden gewöhnliche runde Glasaugen von oben in den Kopf eingesteckt. Der Draht wird im Kopfinnern zusammengedreht, damit das Augenpaar festsitzt.

Künstliche Ohren werden entsprechend der Größe und Form zugeschnitten, über einen Pappendeckel, der etwas kleiner geschnitten ist, gearbeitet und an den Kopf, welcher an dieser Stelle einen Einschnitt erhält, von innen festgenäht.

Die Kehle bei Tierköpfchen muß meistens ersetzt werden. Obwohl der Naturfuchs oft die Kehle mitbringt, ist sie doch für die Kopffasson, die immer etwas verbreitert wird, zu klein. Wir müssen uns nun mit gut passenden Stücken behelfen. Sehr gut sind da Klauenstücke zu verwenden. Müssen andere Fellstücke verwendet werden, haben wir in erster Linie auf die Farbe zu achten, dann muß die Kehle flach sein. Rauhes Fell kann nicht verwendet werden. Man nimmt daher in Ermanglung von Fuchsklauen Fohlenstücke, die einen guten Dienst leisten. Sonst müßten ähnliche Stücke geschoren werden, um eine halbwegs gute Unterkehle zu ergeben. Ideal ist dies natürlich nicht, und die Bearbeitung wird sich ganz nach dem anzufertigenden Stücke richten müssen.

Der Kopf unterliegt in den meisten Fällen der ersten Kritik der Kunden. Schlechte Auslaßschnitte wird der Laie nicht so sehr entdecken als einen Kopf, der kein natürliches Aussehen hat, verzerrt ist, kahle Stellen aufweist und andere Mängel zeigt. Man sieht also auch dem Tier ins Antlitz, weshalb der Ausarbeitung des Tierkopfes ein besonderes Augenmerk zuzuwenden ist.

Vielfach wird das Köpfchen auch als Aufputz und Zierat verwendet sowie als Hutnadel, für Taschen und ähnliche Gegenstände. Die Ausarbeitung ist immer die gleiche, es wird nur jeweils die meist schon fertig im Handel erhältliche Form zugrunde gelegt.

VII. Die sachgemäße Behandlung der Pelze während des Sommers

Das Lager des Kürschners an Fellen, fertigen Pelzgegenständen und auch wertvollen Abfallstücken bildet sein Vermögen. Er muß deshalb Sorge tragen, dasselbe instand zu halten, damit der gefährlichste Feind, die Motte, keinen Schaden anrichtet.

Der Kürschner hat aber auch viel fremdes Eigentum zur Verwahrung, über welches er ebenfalls zu wachen hat.

Der Laie meint, mit etwas Tabak und Zeitungspapier, gegebenenfalls mit Mottensäcken eine Abhilfe gegen Motten zu schaffen. Der Kürschner würde bald zugrunde gehen, der sich solche Methoden zur Erhaltung seines wertvollen Lagers zu eigen machen würde.

Das einzige und unfehlbare Mittel gegen die Motte ist die Reinhaltung der Pelze. Diese wird wieder durch Klopfen oder durch Saugen erreicht. Früher war das Klopfen über die Sommermonate eine zeitraubende und mühevolle Beschäftigung. Mit dem Klopfstock wurde jedes Stück einigemale tüchtig durchgeklopft, um es von Staub und eventuellen Motteneiern zu befreien. Wochenlang wurde in den Betrieben nur geklopft. Um diese Arbeit dem Ohre etwas angenehmer zu gestalten, wurde, je nach Verwendung einer bestimmten Zahl von Klopfern, taktmäßig zugeschlagen, etwa —∪—∪—∪, wenn nur eine Person klopfte, oder —◡◡—◡◡—◡◡, auch —◡◡—◡—◡◡ und in anderen Rhythmen, je nach der Zahl der Klopfenden.

Heute haben wir die unentbehrliche Klopfmaschine, von der es die verschiedenartigsten Modelle gibt, teils für größere, teils für kleinere Betriebe, die, durch einen Motor angetrieben, in kurzer Zeit die Arbeit gründlicher besorgt als ehedem viele Hände durch wochenlanges Klopfen.

So werden Felle und Pelze gründlich geklopft, um dann wieder in reinen Kasten oder Stellagen aufbewahrt zu werden.

Die Intensität des Klopfens richtet sich selbstverständlich nach Haar- und Lederbeschaffenheit. Je zarter das Fell, desto schwächer die anzuwendende Gewalt, desto zarter müssen auch Klopfstöcke oder Klopfriemen, welch letztere in den Maschinen verwendet werden, Anwendung finden.

Man hat auch schon das Reinigen der Pelze mit Saugapparaten versucht, doch gehen hier die Meinungen sehr auseinander. Der Schlag wird das am Haar haftende Ei entschieden eher loslösen als der Luftstrom, der im Interesse des Haares nie so stark angewendet werden kann.

Ähnlich mag es auch mit der besonders in Amerika angewendeten Preßluft sein. Hier verwendet man handliche Apparate, die den bekannten Föhnapparaten ähnlich sind. Ein darin angebrachter Motor führt nun den Luftstrom in das Haar, wühlt dasselbe auf und reinigt es. Der herausfliegende Staub wird von Saugapparaten aufgefangen, so daß die Lunge des Arbeiters nicht in Mitleidenschaft gezogen wird.

Die erste Art der Pelzkonservierung ist daher das Reinigen, und je gründlicher dieses vorgenommen wird, desto eher kann dem gefährlichen Insekt, der Motte, an den Leib gerückt werden.

Damit aufs engste verbunden ist die richtige Aufbewahrung des Pelzwerkes oder der Felle, die wir im nächsten Kapitel kennenlernen wollen.

Was hat es nun für eine Bewandtnis mit der Motte, wann tritt sie auf und zu welcher Zeit ist sie am gefährlichsten?

Man kennt die Motte, dieses kleine, unscheinbare, goldgelbe Insekt, zur Genüge. Nun darf man nicht annehmen, daß dieses Tierchen den Hauptzerstörer unseres so sehr gehüteten Vermögens darstellt. Aber Ende April, Anfang Mai legt die Motte ihre Eier in Pelzwerk, Kleider, Decken und andere haarige und wollige Gegenstände. Nach ungefähr drei Wochen kriechen aus diesen Eiern kleine Raupen aus, die nun die große Gefahr für die obengenannten Gegenstände bedeuten. Das Zerstörungswerk dieser Raupen kann entsetzliche Formen annehmen, wenn man sie nicht rechtzeitig entdeckt und Abhilfe schafft. Dann spinnen sich die Raupen ein, um sich als Puppe zum Schmetterling, der eigentlichen Motte, zu entwickeln.

Diese Raupen arbeiten nun nicht etwa an der Haarspitze, wo sie leicht zu entdecken wären, sie beginnen ihr Werk am Grunde des Haares, wo man sie gar nicht sieht, dann aber plötzlich wahrnimmt, daß ganze Haarbüschel sich vom Leder trennen. Solange die Motte genügend Material vorfindet, begnügt sie sich mit ihrem Werk an der Haarwurzel, ist sie dann damit ziemlich zu Ende, dann kommt es bei monatelang ruhenden Gegenständen dazu, daß alles Haar verschwindet und den Raupen zum Opfer fällt. Da richtet die Raupe mit ihrem Zerstörungswerk oft ungeheuren Schaden an.

Deshalb darf das Tier nicht zur Ruhe kommen. Die Kunden wundern sich oft, daß der Kürschner bei der Fülle an Fellen und Pelzen keinen Schaden durch die Motte erleidet. Oft genügt es, wenn die Felle mehrmals während der Woche zur Hand genommen werden, um sie etwa einem Käufer vorzulegen. Schon diese Bewegung verhindert, daß die Motte größeren Schaden anrichten kann.

Die Motte ist aber ein ausgezeichneter Fellkenner. Je kostbarer die Felle sind, desto eher geht sie ihnen zu, um ihre Eier abzusetzen. Ein ideales Mottenfell bildet der dicke Biber mit seinem dichten, immer etwas fetten Haar. Dadurch, daß sich das Haar etwas verfilzt und die Motte am Boden des Felles ungestört ihr Werk fortsetzen kann, wird sie diesem kostbaren Fell so ungeheuer gefährlich.

Überhaupt sind Naturfelle der erste Angriffspunkt der Motte. Man hat die Wahrnehmung gemacht, daß gefärbte Felle neben Naturfellen gar nicht von der Motte berührt wurden, solange das Naturfell dem raubgierigen Insekt genügte. In Sealelektrik wird die Motte schwer kommen; die Farbe behagt ihr nicht. Naturbisam, Marder, Iltis, Opossum und andere Naturwaren bilden ein Dorado für die Motte. Man wird daher in erster Linie den Naturfellen das Augenmerk zuwenden und dann erst die gefärbte Ware der fachtechnischen Behandlung unterziehen.

Bei dichten Fellen muß außer dem Klopfen auch gut gekämmt werden, um etwa verfilzte Stellen, in welchen sich die Raupen festsetzen, gut durcharbeiten und reinigen zu können.

Außerdem wird man auch bürsten müssen, um alle Möglichkeiten beim Reinigen anzuwenden. Die Klopfmotoren haben daher außer den Klopfriemen, welche an einer Walze befestigt sind, die durch rasches Drehen die Riemen auf das zu reinigende Fell schlägt, auch Bürsten, welche das Nachreinigen gründlich besorgen.

So wird der Kürschner vom April bis in den Herbst hinein ständig sein Lager überwachen und der Motte keine ruhige Stunde gönnen.

Bei rohen Fellen fügen die Fleischfliegen wieder großen Schaden zu, die ihre Eier in das Fell, respektive in das Aas des rohen Felles legen. Schon nach wenigen Tagen kriechen daraus die Maden, die das Leder zerfressen und dabei ungeheuren Schaden anrichten.

Wer viel mit Rohfellen zu tun hat, muß sich also auch da gehörig schützen. Man wird die Felle entweder mit Salz bestreuen oder Karbol und Salizyl verwenden, um die Maden und andere Schmarotzer unschädlich zu machen, respektive deren Vermehrung Einhalt zu tun.

VIII. Die Aufbewahrung der Felle und Pelze

Das Reinigen allein schützt das kostbare Pelzwerk noch nicht vor Schmarotzern, man muß auch für die richtige Aufbewahrung Sorge tragen. Der Kürschner und Rauhwarenhändler wird seine Ware nicht einsperren können. Er benötigt sie täglich, um sie seinen Kunden vorzulegen. Da hängt nun Fell an Fell, trefflich gereinigt, und wird dadurch auch geschützt, daß es in ständiger Bewegung gehalten wird, wenn die Stücke ab und zu einem Kunden vorgelegt werden.

Hängt ein Pelzwerk frei, dann kann wohl die Motte ihre Eier leichter absetzen, wenn man weniger Vorsicht anwendet, aber die Raupe wird nicht so sehr ungestört arbeiten können, wie wenn die Stücke irgendwo verschlossen aufbewahrt werden. Kisten, Kartons und abgeschlossene Kasten, wo kein Luftzug hinkommt, werden zu wahren Brutstätten der Motteneier. Luftzutritt ist vor allem nötig. Deshalb sind die Mottensäcke durchaus zu verwerfen, wenn sie als alleiniger Mottenschutz angepriesen werden. Nach dem Reinigen der Pelze kann die zur Aufbewahrung bestimmte Ware ohne weiteres in Leinen eingeschlagen werden, um den neuerlichen Zutritt der Motte zu verhindern.

Die Pelzstücke sollen nun während der warmen und heißen Jahreszeit in kühlen Räumen aufbewahrt werden. Die Motte will Wärme; wo es ihr zu kalt ist, dort fühlt sie sich nicht wohl. Was war daher näherliegend als sogenannte Kühlanlagen zu schaffen, wo die zur Aufbewahrung bestimmten Pelzstücke über den Sommer eingelagert werden.

Nun darf man aber nicht meinen, daß diese Kühlräume (cold storage) eine Temperatur von unter 0^0 aufweisen müssen, damit die Motte erfriert oder nicht hinzukommt. Keineswegs. Schon eine Temperatur von 2^0 ober Null macht die weitere Entwicklung der Motte unmöglich. Es genügt also, die Kühlanlagen in dieser Temperatur zu halten.

Eine tiefere Temperatur würde auch nicht im Interesse des Felles liegen, auch zu große Trockenheit oder Feuchtigkeit würde dem Fell schaden. Also auch die Kühlräume müssen ständig der Kontrolle unterzogen werden, um ihrer Bestimmung zu entsprechen.

Es wäre nun aber grundfalsch, sich bloß auf die Wirkung der Kälte zu verlassen. Die Kälte verhindert wohl die Entwicklung der Motte, sie wird es unmöglich machen, daß die Raupe dem Ei entschlüpft, aber abtöten würde sie das Ei nicht. Käme ein solches, mit Motteneiern behaftetes Stück aus dem Kühlraum wieder in die Wärme, würde die durch die Kälte unterbrochene Entwicklung wieder ihren normalen Verlauf nehmen. Es müssen also auch jene Pelze, die in Kühlräume kommen, vorher einer gründlichen Reinigung unterzogen werden.

Da die Anlage von Kühlräumen mit sehr hohen Kosten verbunden ist, kommt sie für den einzelnen Kürschner weniger in Betracht, es wäre aber zu erwägen, ob es nicht möglich wäre, genossenschaftliche Kühlräume zu errichten, wo gegen ein entsprechendes Entgelt die Mitglieder ihre zur Aufbewahrung übernommenen Gegenstände übersommern.

Die Tätigkeit gegen die Motte faßt sich also nach dem Gehörten in zwei wesentliche Punkte zusammen: tüchtige Reinigung und richtige Aufbewahrung. Werden diese zwei Punkte befolgt, dann gibt es auch keinen Mottenschaden, dann benötigt man keine weiteren Mixturen, die oft nur ein ganz ausgezeichnetes Futter für die Motten bilden. Man wird stark riechende Chemikalien, wie etwa Naphthalin oder Kampfer, nur dann anwenden, wenn die Ware schon gründlich gereinigt wurde und durch den starken Geruch die Motte abgehalten werden soll, die Stücke aufzusuchen, um neuerdings ihre Eier abzulegen. Als Alleinmittel helfen sie jedoch nicht.

Sehr zu beachten ist auch, daß viele chemische Mittel wohl geeignet wären, die Motten zu töten, anderseits aber auch einen ungünstigen Einfluß auf das Haar des Felles nehmen, dieses bleichen oder den Farbstoff flecken.

Ausgestopfte Tiere, die man nicht klopfen kann, wird man zweckdienlich mit pulverisiertem Eisenvitriol bestreuen, das man im Herbst durch Abbürsten wieder vorsichtig entfernt.

Der Kürschner, der keine eigenen Kühlanlagen besitzt, wird daher zur Aufbewahrung der ihm anvertrauten Pelzstücke jene Räume verwenden, die nicht der Sonne zu und zweckdienlich im Erdgeschoß liegen. Räume in höhergelegenen Stockwerken eignen sich für die Aufbewahrung nicht, da sie im Sommer vor Hitze dunsten.

IX. Die Verwendbarkeit des Pelzabfalles

Wenn der Kürschner das ganze Jahr arbeitet, erübrigt er eine große Menge von Abfällen, die einer vielfachen Verwendung zugeführt werden können und durchaus kein wertloses Material darstellen.

Durch Sortieren wird dieses Material entsprechend seiner Verwendbarkeit aufgestellt werden.

Vorerst werden jene Stücke aussortiert, die für Reparaturen verwendet werden können. Größere Stücke kommen auch für das Einschneiden in Betracht. Man menge nun diese Abfallstücke nicht kunterbunt in Kisten oder Säcke, um beim Gebrauch irgendeiner Sorte alles durchwühlen zu müssen, bis man das Gesuchte findet. Der moderne Kürschner wird sich für jede Sorte einen Karton oder ein Säckchen anlegen, das er in seinen Stellagen alphabetisch ordnet, um jede Fellsorte ohne langes Suchen sofort zur Hand zu haben. Wie wertvoll eine solche Ordnung ist, wird man in der Hochsaison ermessen können, wo jeder Augenblick des Kürschners kostbar ist.

Köpfe und Klauen einzelner Sorten, wie Marder, Füchse und anderer Felle, wird man ganz besonders gut aufbewahren, da sie einen entsprechenden Wert darstellen. Sie werden, wie auch Schweife, am besten auf eine Schnur aufgefädelt und hängend aufbewahrt.

Einzelne Sorten werden zur Zusammenstellung von Stückelfutter Verwendung finden können, wie Murmel- und Lammfelle. Arbeitet der Kürschner Mosaikstücke, was heute wohl weniger vorkommt, dann wird so manches Stück für diesen Zweck reserviert werden können.

Ganz kleine Stückchen finden im Abfallhändler ihren Abnehmer, schwarze, mehr langhaarige Sorten aus Kaninen werden von den Krampusmachern gerne gekauft.

Sehen wir uns nun eine Reihe von Fellsorten an, um uns die Verwertung des Abfalles möglichst vor Augen führen zu können.

Affenstücke kommen für Mosaikarbeiten in Betracht; größere Stücke noch für schmale Besatzstreifen, die ab und zu modern sind.

Antilopen- oder Gazellenabfall kommt für Mosaikarbeiten und für die Spielwarenindustrie in Betracht.

Bärenstücke werden von der Pinselfabrikation aufgekauft.

Biberstücke kommen derzeit leider nicht in solchen Quantitäten vor, daß sie etwa gesammelt und zur Herstellung von Pelzkappen verwertet werden könnten. Auch mancher hübsche Besatz wäre daraus anzufertigen. Sonst interessiert sich die Hutfabrikation für Biberabfälle.

Bisamstücke ergeben hübsche Stückelfutter für Pelze und Sakkos. Aber auch die Hutfabrikation hat dafür Verwendung.

Für Futterzwecke wird man entsprechend sortieren müssen. Man stellt Futter aus Köpfen wie auch Pümpfen zusammen: die Bisamkopf- und Bisampumpffutter. Auch die Seiten, wenn solche abfallen, werden gerne zusammengesetzt und verwertet.

Dachsstücke werden, wenn entsprechend langhaarig, zum Spitzen von Fellen, wie etwa Füchsen, verwendet, außerdem werden aus Dachshaaren Pinsel erzeugt.

Fehstücke werden zu hübschen Futtern zusammengesetzt. Auch hier spricht man von Fehkopf- und Fehpumpffutter.

Fuchsabfall wird verschieden verwertet. Die Klauen und Köpfe werden aufbewahrt, um bei Gelegenheit für solche fehlende Stücke einen Ersatz zu schaffen. Eigentlich kann man aber Köpfe und Klauen nicht als Abfall bezeichnen. Auch Fuchsschweife werden gut aufbewahrt, um als vollwertiger Ersatz Verwendung zu finden. Sonst wird man Fuchsklauen auch für die Unterkehlen der naturalisierten Köpfe gut verwenden. Fuchsstücke, die man sonst nicht zum Ausstückeln benötigt, geben ein gutes Material zur Erzeugung der künstlich gedrehten Fuchsschweife. Für Jagdmuffe und Fußsäcke bilden Fuchsstücke und Fuchsschweife einen hübschen Besatz.

Fohlenstücke finden als Unterkehlen für Köpfe ganz ausgezeichnet Verwendung. Auch für Jagdmuffe verwendet man sie gerne, sowie für Mosaikarbeiten.

Hasenstücke in Schwarz gehen zur Krampusfabrikation, sonst werden schwarze wie auch modefarbige Hasenstücke für die Schweiffabrikation gesucht.

Hermelinabfall dient zur Erzeugung der gedrehten imitierten Hermelinschweifchen. Die Köpfe werden höchstens als Aufputz Verwendung finden.

Iltisstücke geben hübsche Stückelfutter; die Schweife wandern in die Pinselfabrik.

Kalbfellstücke geben wieder brauchbare Unterkiefer für Köpfe.

Kanine werden ähnlich wie die Hasen verarbeitet. Für die Hutfabrikation kommen heute gegerbte Hasen- und Kaninstücke nicht mehr in Betracht. Hiefür existiert derart viel rohe Schneideware, daß man auf den Abfall nicht mehr zu greifen braucht, der außerdem auch nicht mehr die für die Hutfilzfabrikation nötige Haarbeschaffenheit aufweist.

Katzenstücke werden für Mosaikarbeiten und für Futter verwendet.

Karakul- oder Persianerstücke repräsentieren einen ganz besonderen Wert. Der Kürschner wird den Abfall in den wenigsten Fällen verkaufen, sondern in der stillen Zeit selbst zusammensetzen, da er einen viel höheren Erlös damit erzielen wird als durch den Verkauf der Stücke, die wohl auch sehr gut bezahlt werden. Die Persianerkopfstücke werden wie die Klauen zu Tafeln zusammengearbeitet. Aus beiden werden dann sowohl ganze Mäntel, Jacken, wie auch Besatzarbeiten geschaffen, die heute einen ziemlichen Wert darstellen; kostet ja heute ein Persianerklauenmantel mehr als ein Murmel- oder Petschanikimantel. So werden wir gerade vom Persianer jedes Stückchen verwerten. Selbst der allerkleinste Abfall, den wir nicht mehr selbst verarbeiten wollen oder können, wird gerne noch per Kilogramm von den Händlern gekauft.

Wie Persianerabfall werden auch die Stücke von Astrachan, Bocharen, Krimmer und ähnlichen Sorten der Verwertung zugeführt.

Leopardenstücke finden bei Mosaikarbeiten sehr gute Verwendung zur Darstellung der Felspartien.

Luchsstücke sind oft derart flaumig, daß sie, zusammengestellt, noch hübsch als Verbrämung wirken. Die Klauen werden ähnlich wie bei den Füchsen verwertet.

Marderstücke geben wieder prachtvolle Stückfutter, und zwar sowohl die Köpfe wie auch die Kehlen. Schweife, Köpfe und Klauen werden aufbewahrt, um im Bedarfsfalle wieder zweckentsprechend verwendet zu werden. Für die Pinselfabrikation wird wohl kein Kürschner einen Marderschweif abgeben; dafür ist er heute zu kostbar.

Maulwurfstücke werden gerne zu Mosaikstücken zusammengesetzt, die aber nicht das Material für Fellbilder, sondern für Stolen und Besätze selbst geben. Man stellt speziell aus Maulwurfköpfen recht nette Dessins zusammen. Maulwurfstücke werden aber auch angewendet, um zwischen zwei zusammengearbeiteten ganzen Fellen Reflexstreifen zu bilden.

Mufflonstücke kommen für die Spielwarenerzeugung in Betracht.

Murmelstücke werden zu Futter zusammengesetzt, dünnhaarige Seiten werden zu Abstaubern verarbeitet.

Nerzabfall dient zur Zusammenstellung von Futtern, wie zur Verzierung von Fußkörben. Nerzschweifchen werden als Verzierung für Stolen verwendet. Auch als Garnierung von Mänteln, Capes und Kleidungsstücken kommen sie in Betracht.

Nutriastücke geben sowohl hübsche Stückfutter als auch Material für die Hutfabrikation, die ja vor Jahrzehnten, bevor Nutria für die Pelzverarbeitung entdeckt wurde, ausschließliche Verwerterin ganzer Nutriafelle war.

Opossumschweife werden sowohl zur Garnierung von Fußkörben und -säcken, wie auch für Besatz- und Kragenzwecke verwendet.

Otterabfall ist sowohl für Jagdmuffe, wie auch für Mosaikarbeiten zu verwerten. Auch die Hutfabrikation ist Käuferin dieses Artikels. Seeotterstücke werden in Polen als Mützenbesatz verwendet.

Petschanikistücke geben, wie Murmel, Material zu Pelzfuttern.

Schaffellstücke werden sowohl für Pelzfutter, wie auch zur Fütterung von Fußkörben und -säcken verarbeitet.

Seehundstücke geben gute Umrahmung für Mosaikarbeiten, aber auch Material für Jagdmuffe.

Seebär- oder Biberseehundstücke, der Abfall des echten Seals, wird noch zu Kappen und Kragen zusammengestellt, speziell die Schweife.

Schwanenstücke werden zu Besätzen von Balltoiletten und lichten Kleidungsstücken als sogenannte Schwanenbräme verarbeitet.

Skunksabfall hat verschiedene Verwendung. Man arbeitet die Pümpfe zusammen, um daraus wieder Besätze oder Garnituren zu arbeiten. Freilich wird das Material nach dem Zusammensetzen gefärbt. Die Skunksgabeln werden zusammengesetzt und liefern, gefärbt, ebenfalls ein gutes Garnituren- und Besatzmaterial. Die schwarzweißen Köpfe geben, sternförmig zusammengesetzt, ein hübsches Dessin für Decken.

Ziegen geben Material für die Pinselfabrikation.

Waschbärstücke eignen sich gut als Pelzfutter. Auch die Köpfe finden entsprechende Verwendung. Die Schweife mit ihren charakteristischen Ringen werden als Einfassung von Jagdmuffen, Fußsäcken und -körben verwendet.

Wolfstücke werden zu Schweifen gedreht.

Zobelstücke sind wieder sehr kostbar. Köpfe und Kehlen geben herrliche Pelzfutter.

Mit dieser Aufzählung haben wir weder die verwertbaren Sorten erschöpft noch die Art ihrer Verwendung. Es gibt Kürschner, die im Verwerten von Abfällen wahre Künstler sind und sich in diesem Fache zu Spezialisten herausbildeten. Hier spielt die Phantasie eine große Rolle, aber auch die nötige Zeit muß zur Verfügung stehen, das Stückmaterial selbst zu verarbeiten. Wir wollen hauptsächlich auf die Verwendbarkeit des Abfalles im allgemeinen hingewiesen haben, um zu verhindern, daß dieses Material, das immer einen gewissen Wert besitzt, etwa in den Ofen oder in die Mistkiste wandert. Es kann da und dort für den Kürschner immer Nutzen bringen.

Jene Kürschner, die den Abfall für Spezialarbeit verwerten, seien darauf aufmerksam gemacht, daß man nun auch eine Stanzvorrichtung erfunden hat, die das zeitraubende Zuschneiden der kleinen Fellstückchen rasch und gleichmäßig besorgt. Diese Stanzen wie die ganze Vorrichtung arbeiten derartig, daß das Haar nicht mit abgeschnitten wird. Die Stanzen für die einzelnen Formen sind auswechselbar und ermöglichen ein rasches und peinlich genaues Arbeiten.

X. Pelzreparaturen

Der Kürschner kommt sehr häufig in die Lage, die ihm übergebenen alten, schon getragenen Pelzstücke reparieren zu müssen. Bei der Vielheit der Fellsorten und der großen Fassonunterschiede, wie den Variationen der auftretenden Mängel muß man schon eine ziemliche Übung für diese Art der Arbeit besitzen. Keine Arbeit in der Kürschnerei ist so verschiedenartig als die Pelzreparatur. Immer wieder wird der Mangel anders aussehen, sich an einer anderen Stelle des Stückes befinden, neue Momente werden hinzutreten, so daß jede dieser Arbeiten vom Grunde auf neu anzufassen sein wird.

Die Reparatur soll das beschädigte Stück wieder schön und tragfähig gestalten, was gewiß nicht immer der Fall sein kann. Unsere Kunden, als vollständige Laien in Fell- und Pelzdingen, stellen sich vieles, ja meist alles, ganz anders vor, als es tatsächlich der Fall ist. Der Kürschner soll immer alte, unansehnlich gewordene, stark beschädigte Gegenstände so reparieren, daß sie wie neu aussehen. Diesen Wunsch hören wir täglich mehrere Male. Da wird es schon notwendig sein, daß der Kürschner dem Kunden von vornherein erklärt, alles daranzusetzen, um die Reparatur so gut als möglich vorzunehmen, daß es aber ausgeschlossen sei, einem alten Stück das Ansehen eines neuen zu geben.

Da bei der Betrachtung über die Pelzreparaturen infolge der Verschiedenheit nur allgemeine Richtlinien gegeben werden können, sollen einige besonders wichtige Fälle herausgegriffen werden, deren Beherrschung analoge Anwendung für andere Reparaturarten bieten wird.

1. Die abgeriebene Fuchsstola

Fuchs ist bekanntlich kein allzu dauerhaftes Pelzwerk, speziell die kostbarsten Sorten nehmen ein frühes Ende; die feine Wolle ist bald durchgerieben, während die festen Grannenhaare eines billigeren Fuchses länger standhalten.

Dem Halse der Trägerin zu, ferner am Pumpf, wo der Arm der Dame reibt, wie auch an der Fuchsrute werden stark beriebene Stellen auftreten. Solch einen Fuchs sehe man vorerst gründlich daraufhin an, ob eine Reparatur überhaupt noch durchführbar ist. Wenn ja, ist wieder zu erwägen, ob die Kosten der Reparatur nicht den Wert des alten Stückes übersteigen. Wir haben in einem solchen Falle die Pflicht, die Kunden darauf aufmerksam zu machen. Besonders ist auch zu beachten, ob die vorzunehmende Reparatur dem Stück eine weitere längere Tragdauer sichert. Wird dies nicht der Fall sein, ist vielleicht das Leder schon sehr morsch, dann wird man dem Kunden offen sagen, daß es sich nicht lohnt, für dieses Stück noch Geld auszulegen, und man eine Neuanschaffung empfehlen müsse.

Ist eine Reparatur möglich, dann muß diese auf Grund aufbewahrter Abfallstücke durchgeführt werden können. Einen neuen Fuchs oder Stücke aus einem neuen Fuchs kann man bei Reparaturen nicht einschneiden, abgesehen davon, daß der bereits einige Jahre getragene Fuchs ausgebleicht erscheint, und ein neues Fell im Farbton gar nicht passen würde.

Wir werden erst sehen, ob wir für die abgestoßenen Seiten ein passendes Material haben. Es muß nicht gerade Fuchs sein, nur im Ton und in der Räuche soll es passen. Bei schwarzgefärbten Füchsen kann man sich leichter helfen, lichtgefärbte und Naturware wird schon schwieriger zu handhaben sein.

Welche Abfälle dazu verwertet werden können, hängt ganz von der Beschaffenheit des zu reparierenden Stückes ab. Dies ist eine allgemein anzuwendende Tatsache. Es gibt rauhe Füchse, weichhaarige, flaumige, lang- und kurzhaarige, so daß wir uns ganz nach dieser Art zu richten haben. Anderseits hängt es wieder von unseren Abfallvorräten ab, welche Sorte wir gerade zur Verfügung haben.

Haben wir einen gefärbten Kreuzfuchs mit den dunklen Seiten, dann können, je nach der Haarstruktur, vielleicht auch Walabyseiten und andere verwendet werden.

Ist nichts Passendes vorhanden oder ist das Fuchstier sehr breit, könnte man mit dem Kunden das bloße Verschmälern (Abrandeln) vereinbaren. Man wird dann den Fuchs nochmals zwecken und entsprechend abgleichen, wobei einzelne fehlende Teilchen leichter ersetzt werden können.

Ist der Pumpf stark berieben, wird wohl nicht viel zu machen sein. Abgestoßene Grannenhaare kann man nicht ersetzen, außerdem wird auch die Wolle schon entsprechend hergenommen sein. Spitzen wird sich nicht mehr lohnen. In einem solchen Falle müßte, wenn man nicht zufällig passende Stücke besitzt, dem Kunden der Vorschlag gemacht werden, den restlichen noch guten Teil für einen Besatz umarbeiten oder, wenn möglich, ein Halstier herstellen zu lassen.

Schlechte Köpfe können ausgebessert werden, Ohren können gefälscht werden, Klauen müssen durch neue ergänzt werden. Fehlende oder beschädigte Ruten werden am besten durch neue ersetzt, außer der abgerissene Schweif kann noch zusammengesetzt werden. Meist aber ist das Schweifleder so morsch, daß der Stich nicht mehr hält. In solchen Fällen ist übrigens das Einnähen von Bindfaden das einzige Mittel, dem Schweif auf einige Zeit wieder etwas Halt zu geben.

Nach dem Ausstückeln eines reparierten Fuchses wird natürlich gezweckt und dann da und dort auch noch nachgefärbt. Diesbezüglich geben wir in unserem Anhang einige praktische Färberezepte, die hier außerordentlich gute Dienste leisten werden.

Natürlich sind solche Arbeiten immer ganz individuell; fast jedes Stück wird andere Ansprüche an uns stellen.

2. Der abgeriebene Pelzmantel

Jene Stellen des Mantels, die der größten Benützung ausgesetzt sind, dort also, wo etwa der Arm durch die Gehbewegung ständig reibt, wo die Dame den Riemen einer Ledertasche über den Arm legt, wo sie in ihren Begleiter sich einhängt, ferner der Kragen beim Halse, die Knöpfe und Schlingen, die Ränder vorne am Mantel, die der Unterärmel oder Manschetten, werden immer einen gewissen Grad der Abnützung aufweisen.

Da kommt es häufig vor, daß der Mantel um ein wenig zu lang oder zu weit ist, auch die Ärmel sind vielleicht um eine Kleinigkeit zu lang, so daß diese abgeriebenen Stellen durch das „Abrandeln“ entfernt werden können. Ist dies jedoch nicht der Fall, dann müssen passende Abfallstücke in Aktion treten.

Das Ausbessern eines Mantels ist eine langwierige Arbeit. Das Stück soll ja wieder tragfähig werden, die Mängel müssen verschwinden. So heißt es vorerst, die gut passenden Stücke aus dem Vorrat auszusortieren. Der Mantel ist vom Futter zu befreien (wenn größere Partien, die über den ganzen Mantel verstreut sind, repariert werden müssen), damit man überall gut dazugelangen kann. Wird jedoch nur an den Rändern repariert, genügt es, um diese Stellen herum das Futter zu öffnen. Vorsichtig werden nun die neuen Stellen eingesetzt, wobei zu beachten ist, daß man immer etwas größer zuschneiden muß, als das ausfallende Stück sich darbietet. Wir müssen die Nähte und das Einschlagen in Betracht ziehen.

Abgeriebene Stellen im Innern des Mantels werden rechtzeitig ausgeschnitten. Wir nennen dies „Fenster ausschneiden“. Die neu einzufügenden Stücke müssen ebenfalls etwas größer sein. Bei solchen Ausbesserungen wird auch wieder gezweckt werden müssen, um die Stücke flach und egal in den Mantel hineinzubekommen.

Sind die Knöpfe ausgerissen, wird das bloße Zusammennähen nichts nützen. Hier ist das Fell vielleicht schon recht schwach und die ständige Benützung würde rasch wieder zu neuen Mängeln führen. Wir haben also hier besonders gut zu unterlegen, damit der nötige Halt besteht. Schwachgewordene Lederstellen im Mantel sind überdies zu pikieren, um eine längere Haltbarkeit zu sichern.

Der fertiggestellte Mantel ist gut durchzuläutern und zu streichen, damit die Haarwirkung wieder eine egale ist.

3. Pelzfutterreparaturen

Das Pelzfutter wird unter den Ärmeln und bei den Taschen am frühesten eine Reparatur notwendig haben. An den Rändern setzt man Fellstreifchen ein, in der Mitte des Futters werden die schon oben erwähnten „Fenster“ geschnitten und durch passende Stücke ergänzt. Diese Stücke sind auch wieder etwas größer zu halten, da die Nähte berücksichtigt werden müssen.

Muß man das Pelzfutter ganz herausnehmen, dann ist zu bedenken, daß es immer etwas eingeht, also kleiner wird. Ohne zu spannen wird das Futter nicht mehr in den Überzug passen. Diesem Umstande ist besonderes Augenmerk zu schenken, sonst wird das Futter auf allen Seiten ziehen.

Nach vollzogener Reparatur ist das Futter feucht zu streichen und der Tuchüberzug von den anhaftenden Schnitthaaren zu befreien, indem man mit einer ebenfalls feuchten Bürste reinigt.

Ist der Überzug verdrückt, dann ist er vor dem Einfüttern zu bügeln. Ist einmal das Futter eingenäht, darf nicht mehr aufgedunstet werden, sonst läuft das Futter sofort zusammen und verbrennt an jenen Stellen im Leder, wo das Bügeleisen angesetzt wurde.

Trocken kann der Überzug wohl gebügelt werden, aber nur von einem sehr geübten Kürschner.

Ist ein verbranntes Futter auszubessern, muß konstatiert werden, wie weit der durch das Verbrennen angerichtete Schaden reicht.

Diese Stellen sind dadurch kenntlich, daß sie durch das Zusammenziehen Falten zeigen, die in einem sich verhärtenden Mittelpunkt zusammenlaufen, eben jener Stelle, wo das Bügeleisen angesetzt wurde. Hier hält natürlich kein Stich; man kann ohne Kraftanwendung das Leder leicht auseinanderziehen und zerreißen. Man wird daher so weit ausschneiden müssen, bis wieder festes Leder zum Vorschein kommt. Durch Bügeln werden oft kostbare Pelze nahezu vollständig vernichtet.

Zu reparierende Pelzkragen auf Pelzen werden abgetrennt und separat behandelt, gut ausgestückelt, neu gespannt und dann wieder aufgenäht.

4. Diverse Reparaturen

Garnituren werden je nach dem Erscheinen der Mängel ausgebessert. Häufig handelt es sich auch um das Ausbessern mottiger Stellen. Bei solchen Fällen muß das zu reparierende Stück vorerst nochmals gründlich ausgeklopft werden, damit alle noch von der Motte angefresenen Stellen herausgehen. Dann kämme man tüchtig durch, um noch den Rest aller nicht mehr im Leder haftenden Haare herauszubekommen. Erst das vollständig gereinigte Stück kann, wenn dann überhaupt noch möglich, der Reparatur zugeführt werden.

Die mottigen Stellen werden, wenn größer, ausgeschnitten. Dabei blase man ständig in das Haar und zeichne die Stellen rechteckig mittels Grotzenstecher an. Dann wird von der Lederseite aus geschnitten. Ganz kleine Mottenstellen können eventuell durch Zungenrücken entfernt werden, wenn die Fasson des Stückes dies gerade zuläßt.

Reparierte Muffe müssen ebenfalls wieder über die Holzform gespannt werden, weil während der Bearbeitung die Fasson in Mitleidenschaft gezogen wird.

Sonstige kleine Handgriffe ergeben sich fallweise aus der Technik des Kürschners. Je präziser gearbeitet wird, desto unkenntlicher werden die reparierten Stellen sein, desto gebrauchsfähiger wird wieder das Pelzstück.

Reparaturen, die gut ausgeführt werden, beanspruchen eine geraume Zeit. Der Kürschner fertigt lieber ein neues Stück an, als daß er sich mit den zeitraubenden Reparaturen beschäftigt, deren Arbeitswert von den Kunden meist nicht richtig gewürdigt wird.

Die Arbeitszeit für die Reparatur ist genau festzustellen, um den Arbeitslohn richtig kalkulieren zu können.

XI. Umarbeitungen und Modernisierungen

Ein wichtiges Kapitel im Betriebe des modernen Kürschners bilden die Umarbeitungen und Modernisierungen. Sehen wir uns diese in einigen wesentlichen Repräsentanten an, die dann die Parallele für alle anderen Arbeiten bieten.

1. Die Neufassonierung einer Garnitur

Die Mode ändert sich fast von Jahr zu Jahr. Einige Arten aber behalten für längere Zeit Geltung, wie etwa die gerade Fuchstierart. Vor dieser Fasson trug man die geschweifte Tierform, die man heute noch ab und zu sieht. Vorher aber waren die Kolliers modern, die über den Rücken rund liefen und sich dann links und rechts in Schleifen fortsetzten, die vorne über die Brust herabreichten und mit Köpfchen und Schweifchen verziert waren. Auch solche Fassons bekommt der Kürschner heute noch zum Modernisieren.

Modernisieren nennen wir die Änderung eines unmodernen Stückes auf die jetzt gerade in Mode stehende Form.

Der geschweifte Fuchs wird nun nicht durch bloßes Dehnen oder gar Ausschneiden eines Zwickels in die gerade Form gebracht werden können, sondern nur durch runde Schnitte, die konträr zur Schweifung laufen. Dabei sind alle Momente zu berücksichtigen, die wir beim Auslassen und Einlassen des Fuchses kennengelernt haben, um immer in der gleichen Fellfarbe und Fellräuche zu bleiben. Auf diese Weise bringen wir den geschweiften, kurzen und breiten Fuchs nicht nur in die gerade Form, sondern machen ihn gleichzeitig länger und schmaler. Zu berücksichtigen ist ferner, daß die äußere Schweifung fast unserer gewünschten Länge entspricht, dort also die Schnitte kleiner werden.

Natürlicher ist es noch, die Schnitte, welche die runde Form gaben, zurückzulassen, um dann den Fuchs von Grund auf neu zu bearbeiten, damit er durch die von uns bereits besprochenen Schnitte die gewünschte Fasson bekommt.

Bei altmodischen, großen, geraden Fuchsmuffen wird das Muffblatt auf die bekannte moderne Fasson abzuändern sein.

2. Die Modernisierung des Pelzmantels

Der Pelzmantel ist heute der wichtigste Faktor der Kürschnerkunst. Er wird also immer wieder am ehesten der herrschenden Mode angepaßt werden müssen.

Der altmodische Pelzmantel ist vor allem in seine Grundteile zu zertrennen. Diese liegen nun vor uns und sind mit den modernen Teilen zu vergleichen. Bei einfach verarbeiteten größeren, nicht ausgelassenen Fellen haben wir keine besondere Mühe, die Mantelteile auf die moderne Form umzuschneiden respektive zu ergänzen, bei schmal ausgelassenen Fellen oder gar bei ornamentierter Verarbeitung dieser Felle ist die Umarbeitung sehr kompliziert und zeitraubend. Man wird alle Felle in die gewünschte Linienrichtung zu bringen haben oder, wenn die Felle fassoniert wurden, in diese Linie umzuarbeiten haben. Dies ist individuell.

Wie bei der Neuanfertigung, ist auch bei der Modernisierung der Mantel von unten an zu arbeiten. Unten bildet der Mantelschnitt immer die Basis, hier muß das Fell im ganzen bleiben, respektive muß der ganze Fellstoß sich aus ganzen Fellen zusammensetzen. Wird der modernisierte Mantel kürzer, dann kann nur oben weggenommen werden. Sonst wird analog wie bei der Neuanfertigung gearbeitet.

3. Das Umarbeiten im allgemeinen

Man arbeitet nicht immer Mäntel auf Mäntel um, es kann auch der Fall eintreten, daß alte, noch kostbare Stadtpelzfutter auf Damenjacken oder Mäntel umgearbeitet werden sollen.

Futter aus echtem Nerz, Nutria oder anderen, heute sehr kostbaren Sorten sollen auf diese Weise nach außen kommen, das Futter wird zum Mantel.

Nur bietet das Herrenfutter keinerlei Grundlagen für einen Damenmantel oder eine Jacke. Die Fasson ist durchwegs anders, auch die Fellverarbeitung ist meist eine andere.

Wir werden vorerst gut auszumessen haben, wie weit das Material des Futters für einen Mantel reicht. Vor allem ist zu bedenken, daß die Pelzfutterärmel meist nicht mehr verwertbar sind, sei es, daß sie aus Stücken oder Seiten bestehen oder schon entsprechend schadhaft sind. Aber auch der Kragen wird uns fehlen, der beim Damenmantel eine große Rolle spielt.

Wir haben also vorerst mit dem Kunden zu beraten, was denn auf Grund des nun vorhandenen und ausgemessenen Materials geschaffen werden soll. Als Fachleute haben wir unseren Rat zu erteilen. Vielleicht reicht das Material gerade für eine hübsche Pelzjacke. Soll aber doch ein Mantel daraus werden, muß eine Ergänzung dazukommen. Da stößt man aber immer bezüglich des Kostenpunktes auf Hindernisse und auch die Materialbeschaffung ist nicht immer leicht. Zu einem alten Nerz- oder Nutriafutter wird nicht so bald etwas passen, man rät daher zu Kombinationen.

Oft haben die Kunden zu Hause selbst verschiedene Pelzgegenstände, die für die Kombination in Betracht kommen. Die Grenze der Fellzugabe bildet immer das Budget des Kunden. Wir müssen daher zu erfahren trachten, wieviel der Kunde riskieren will, um danach unseren Vorschlag machen zu können. Wer aber alte Futter zur Umarbeitung verwerten will, wird nicht allzu hoch im Preise gehen wollen.

Man kann nun ein Nerzfutter mit Zugabe von Petschaniki wunderbar zu einem Mantel arbeiten. Petschaniki wird im Farbton und auch in der Räuche nicht passen. Wir werden daher dieses Fell so zugeben, daß es als Besatz in Frage kommt.

Wir schaffen den Grundmantel aus Nerz, also Mantelschnitt bis so weit unter die Taille, als das Material reicht, wenn auch noch die Ärmel aus Nerz gearbeitet werden müssen. Kragen, Revers und unten herum der Besatz werden aus Petschaniki gearbeitet, entsprechend dazu auch die Manschetten. Während wir nun die Nerzfelle des Grundmantels senkrecht herabfallen lassen, machen wir den Petschanikibesatz querlaufend in zwei oder drei Fellbreiten, je nachdem die Länge des Mantels vom Nerz an es verlangt.

So haben wir also den Nerzmantel mit fremdem Material besetzt und erreichen damit ein wirklich nettes und preiswertes Stück.

Ähnlich werden wir vorgehen, wenn eine echte Sealjacke auf einen Mantel gearbeitet werden soll und die Kosten dabei eine große Rolle spielen. Die Sealjacke wird für den Oberleib verarbeitet und das je nach Geschmack ausgewählte Fell kommt als Besatz in Verwendung, wobei die Bordüre mit Kragen, Revers und Manschetten harmonieren muß.

Auf Grund der vielen Fellsorten und deren Kombinationsmöglichkeit mit anderen Sorten wird der Kürschner hier immer vor neuen Aufgaben stehen, die er vorerst als Berater des Kunden, dann als Arbeiter gründlichst zu lösen haben wird.

Es ist gut, wenn zum Zwecke solcher Umarbeitungen fleißig Journale studiert werden, wie auch sonst Umschau gehalten werden soll, um entsprechende Eindrücke zu sammeln, die hier gut zu verwerten sind. Die Kunden wollen in solchen Fällen immer Vorschläge erhalten. Den Geschmack zu treffen und die veranschlagten Kosten nicht zu übersteigen, ist die Kunst des Kürschners.

XII. Über das Maßnehmen und Schnittzeichnen

Aufgabe dieses Buches ist es nicht, das komplette Schnittzeichnen von Grund auf in allen seinen Möglichkeiten erschöpfend zu behandeln; die Grundelemente jedoch sollen hier angeführt werden, denn sie setzen jeden Kürschner in die Lage, den heute in Mode stehenden einfachen, geradlinigen Mantel nach eigenen Maßen anfertigen zu können.

Die erste Grundbedingung für einen passenden Mantel ist das richtige Maßnehmen, das wir nach der von Kürschnermeister Karl Schirer im Verein der Kürschnermeister Wiens gelehrten Methode, die einen genau passenden Schnitt garantiert, kennenlernen wollen.

Die Maße werden immer in derselben Reihenfolge genommen, so daß der geübte Kürschner nicht mehr nötig hat, die entsprechenden Bezeichnungen zu notieren. Wir bringen die Maße in der Reihenfolge, wie sie abgenommen werden, und notieren dazu auch die gebräuchlichen Abkürzungen, die wir der Einfachheit halber auch bei den später anzufertigenden Schnittmustern anwenden werden.

Die Maße sind:

RL	Rückenlänge	38 cm
GL	Ganze Länge	105 „
RB	Rückenbreite	34 „
BSp	Busenspitze	35 „
GnL	Genicklänge	50 „
HH	Hüftenhöhe	48 „
SH	Seitenhöhe	18 „
BBr	Brustbreite	50 „
ObW	Obere Weite	96 „
HW	Hüftenweite	104 „
ÄL	Ärmellänge	47 „

Die gleichzeitig beigegebenen Maße entsprechen einer Normalfigur der Zweiergröße und sollen uns bei Anfertigung des Schnittes grundlegend zur Seite stehen.

Vor Anfertigung des Grundrisses, auf welchen wir den Schnitt aufbauen, wollen wir darlegen, wie das Maß abgenommen wird.

Die Rückenlänge nehmen wir folgendermaßen ab: Wir rechnen vom Genick bis zu jener Stelle im Rücken, die ein etwa querlaufender Gürtel abschließen würde. Zur Sicherheit können wir uns da mit einem Band behelfen, das wir nur als Übung und um den zu messenden Punkt kennenzulernen, anwenden. Vom Genick bis zu dieser Stelle, wo wir in senkrechter Linie auf dieses Band stoßen würden, erzielen wir das Maß für die Rückenlänge. Vom Genick bis ganz hinab zum Mantelende erhalten wir die „Ganze Länge".

Die „Rückenbreite" läuft wagrecht über den Rücken von einem Ärmel zum anderen.

Da diese drei Maße auf dem Rücken genommen wurden, schließen wir, zur leichteren Übersicht, die notierten Ziffern mit einem wagrechten Strich ab, wie wir dies auch oben taten.

Das Maß der Busenspitze bekommen wir, wenn wir von der Genickmitte, von wo wir mit dem Messen der Rückenlänge begannen, das Maß über die Achsel bis zur Busenspitze führen.

Die Genicklänge erhalten wir, wenn wir wieder an der Genickmitte beginnen und über die Busenspitze herüber bis zum Schluß messen, die Hüftenhöhe aber, wenn wir von der Genickmitte über Achsel und Brust bis zur Seitenhöhe an der Hüfte messen.

Diese drei zusammengehörigen Maßergebnisse schließen wir wieder mit einem Querstrich ab.

Die Seitenhöhe wird vom Ärmelausschnitt unter der Achsel bis zur Hüfte abgenommen, die Brustbreite vorne, von Ärmelloch zu Ärmelloch quer über die Brust.

Diese beiden Maße schließen wir wieder mit einem Strich ab.

Die obere Weite ergibt sich, wenn wir das Maß über Rücken und Brust ziehen, und zwar in der Höhe unter den Ärmeln.

15 cm unter dem Schluß befindet sich bei normaler Figur die Hüfte. Messen wir hier um die ganze Figur in gleicher Höhe herum, erhalten wir die Hüftenweite.

Die Ärmellänge wird vom Ärmelausschnitt bis zum Ärmelende genommen, und zwar an der Ärmelnaht.

Die Reihenfolge dieser Maße soll jedem Kürschner so geläufig sein, daß er nicht notwendig hat, vor Augen der Kunden erst die Namen der Maße anzuführen. Die bloßen Ziffern, die er nach unserem Beispiel nach zwei, drei Notierungen mit einem Querstrich abteilt, sollen genügen.

Auf Grund der nun aufgenommenen Maße schreiten wir zur Anfertigung des Schnittes, den wir uns auf einen Bogen Papier zeichnen wollen.

Die Grundlage eines jeden Schnittes bildet das Gerüst hiezu, das wir uns in wenigen Strichen zeichnen müssen.

Die Maße der Oberen Weite geben uns hier die erste Einteilung. Die Obere Weite beträgt in unserem Falle 96 cm. Wir errechnen uns jetzt bei diesem wie auch bei jedem anderen Maße stets nach der gleichen Formel ein Drittel von einem Viertel der Oberen Weite. Ein Viertel von 96 cm sind 24 cm, ein Drittel von 24 cm sind 8 cm.

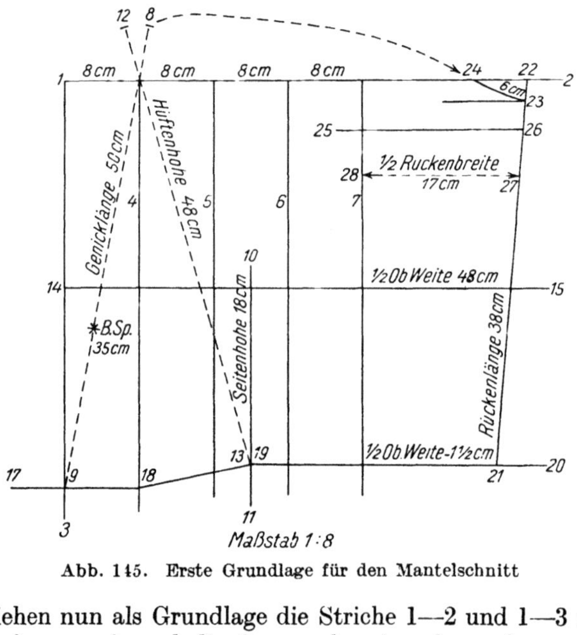

Abb. 145. Erste Grundlage für den Mantelschnitt

Wir ziehen nun als Grundlage die Striche 1—2 und 1—3 und tragen von 1 angefangen viermal die 8 cm nebeneinander auf.

Nachdem wir viermal 8 cm angezeichnet haben, ziehen wir von diesen Punkten aus vier senkrechte Striche, parallel mit dem ersten senkrechten Strich 1—3. In unserer Zeichnung führen wir bei diesen Strichen die Nummern 4, 5, 6 und 7 an, damit keine Verwechslung möglich ist.

Nun nehmen wir das Maß von Busenspitze (35 cm) und Genicklänge (50 cm) und tragen es in einer Diagonale, 6 cm über dem Strich 4 oben beginnend, gegen Ende des Striches 1—3 auf.

Warum 6 cm über der Linie beginnen?

Strich 4 oben an Strich 1—2 ist ja nicht das Genick, sondern, wie wir dann bei der weiteren Entwicklung des Schnittes sehen werden, stößt dieser Punkt dann mit dem Rücken zusammen, folglich müssen wir die 6 cm, die von hier aus noch zum Genick fehlen, zugeben. Sollte dies momentan auch noch nicht verstanden werden, gebe man ruhig die 6 cm oben zu, man wird dies dann später um so besser begreifen. Diese 6 cm sind ein Viertel von einem Viertel der Oberen Weite. Wäre beispielsweise die Obere Weite 100 cm, dann würde diese Zugabe als ein Viertel vom Viertel 6 ¼ cm ausmachen.

Wir beginnen also 6 cm über dem Strich und legen das Maß so an, daß die 50 cm, welche die Genicklänge ausmachen, gerade den Strich 1—3 treffen. Hier mache man einen Punkt. Weiter oben bezeichne man auf derselben Linie, die man von oben bis unten strichliert führt, die 35 cm Busenspitze. In unserer Grunddarstellung ist diese Linie leicht sichtbar, wie auch die Maße 6 cm, 35 cm und 50 cm deutlich eingezeichnet sind. Zur leichteren Orientierung nennen wir diesen neuen Strich 8—9.

Jetzt teilen wir die untere Hälfte der dritten, 8 cm breiten Kolonne durch einen Strich 10—11 in die Hälfte. Wir führen den Strich lieber etwas länger, da wir ja noch nicht wissen, wie weit wir ihn benötigen.

Nun nehmen wir die Hüftenhöhe von 48 cm, setzen wieder an der Linie 4 oben um 6 cm höher ein und führen eine Diagonale 12—13 rechts herunter, bis wir mit dem Maße von 48 cm Hüftenhöhe den soeben geführten Strich 10—11 treffen. Hier machen wir einen Punkt. Von diesem Punkt messen wir nun an dem Strich die Seitenhöhe von 18 cm (auf dem Strich ist in unserer Skizze die Bezeichnung 18 cm ersichtlich) und machen wieder einen Punkt. Durch diesen Punkt ziehen wir nun ganz parallel zur oberen Linie 1—2 den Strich 14—15, welcher uns nun die Basis für die Obere Weite gibt.

Unten ziehen wir nun durch den Punkt 9 der Genicklänge einen wagrechten Strich 17—18 und von dem Punkt, wo die Hüftenhöhe den Strich der Seitenhöhe schneidet, einen wagrechten Strich 19—20.

So haben wir die erste Basis erreicht.

Wir gehen nun weiter und bauen auf diesem Grundriß auf.

Strich 14—15 gab uns die Basis für die Obere Weite. Wir tragen also, bei 14 beginnend, gegen 15 die halbe Obere Weite, das sind 48 cm, auf. Nun gehen wir herunter zum Schluß, der die Linie 19—20 darstellt, und messen in dieser Höhe von Strich 1—3, wie jetzt gerade bei obigem Beispiel, bis gegen Auslauf des Striches 20 die Hälfte der Oberen Weite weniger 1 ½ cm, also 48 cm weniger 1 ½ cm, daher 46 ½ cm, und machen hier wieder einen Punkt. Diesen Punkt, den wir auf unserer

Skizze mit 21 bezeichnen, verbinden wir mit einem Strich, welcher oben durch den Punkt der Oberen Weite geht, bis hinauf auf die Grundlinie 1—2, welchen Schnittpunkt wir mit 22 bezeichnen.

Dieser Strich geht schräg hinauf und gibt uns die Basis für die Rückenlänge. Wir setzen das Maß jetzt bei Punkt 21 ein und tragen nach hinauf 38 cm Rückenlänge bis Punkt 23 ein. Es muß jedoch bemerkt werden, daß der Punkt 23, gleichgültig, ob die Rückenlänge 37, 38 oder 39 cm oder ein anderes Maß beinhaltet, normal stets 2 cm vom oberen Rande abstehen soll. Von hier messen wir nun bis auf die oberste Linie 6 cm, d. i. ein Viertel von einem Viertel der Oberen Weite, und wölben den Strich leicht gegen Punkt 24. Diese 6 cm sind nun eben jene 6 cm, die wir bei den Diagonalstrichen der Genicklänge 8—9 und der Hüftenlänge 12—13 oben zugegeben haben. Diese Teile stoßen nämlich oben beim Nähen zusammen. Deshalb steht in unserer Skizze auch der erklärende Pfeil, der auf Punkt 24 hindeutet.

Jetzt messen wir an der Rückenlänge von Punkt 23 herunter 3 cm. Dies ist eine sogenannte Norm, die auch bei anderen Maßen immer 3 cm betragen soll. Hier führen wir den Strich 25—26 wagrecht durch.

Dann nehmen wir die halbe Rückenbreite von 34 cm, also 17 cm, und tragen diese bei der Rückenlänge von Punkt 27 bis Punkt 28 auf. Punkt 27—28 bildet genau die Hälfte der Rückenlänge, befindet sich also in der Mitte des Raumes zwischen Punkt 23 und der Basis der Oberen Weite von Strich 14—15.

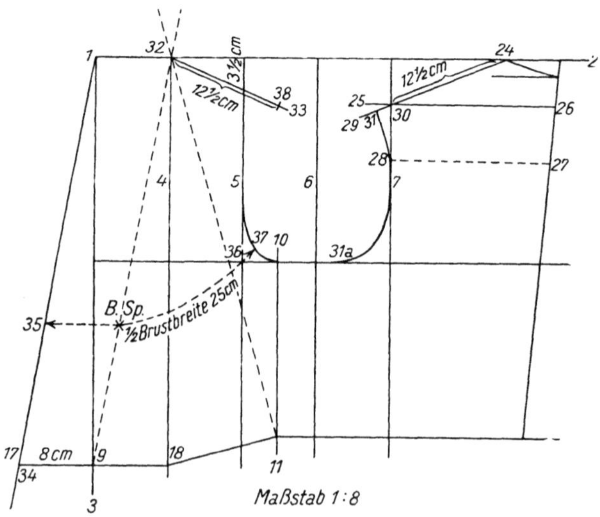

Abb. 146. **Erweiterte Grundlage** des Mantelschnittes

Unten verbinden wir Punkt 18 mit 19 durch einen schrägen Strich.

Als Grundlage für die weitere Zeichnung des Schnittes nehmen wir nun Abb. 146.

Von Punkt 24 ziehen wir genau durch den Punkt, in dem die senkrechte Linie 7 die Linie 25—26 schneidet, einen schrägen Strich herab, den wir länger auslaufen lassen, da wir jetzt noch nicht wissen, wie lang wir ihn brauchen. Nach den Maßen sollte die Linie im Schnittpunkt 30 enden. Wir geben jedoch noch $1^1/_2$ cm zu und machen einen Punkt. Warum wir zugeben, wird uns erst Abb. 147 aufklären.

Punkt 31 verbinden wir jetzt mit Punkt 28 der gemessenen Rückenbreite und führen dann rund weiter nach Punkt 31 a. Auf diese Weise, frei zeichnend, erhalten wir schon einen Teil des Ärmelausschnittes. Diese Kurve muß geübt werden, da ein Teil, wie schon erwähnt, freihändig ohne Grundlagen eingezeichnet werden muß. Man wird aber auch das bald treffen, zumal man sich ja immer durch Nachbessern helfen kann, wenn der Leinenschnitt anprobiert wird.

Nun zeichnen wir oben an der Linie 5 herunter $3^1/_2$ cm an und führen durch diesen Punkt von der Linie 4, Punkt 32—33, einen etwas längeren Strich, auf den wir dann, von 32 beginnend das Maß von 24 bis 30 (nicht 31) auftragen. Es werden dies 12½ cm sein. Diesen Punkt zeichnen wir vorläufig an und schaffen nun die weitere Grundlage für den Ärmelausschnitt.

Wir haben links unten die Linie 17 über 9 nach 18. Wir tragen nun von 9 bis gegen 17 auch 8 cm auf, wie dies schon bei den vier Grundkolonnen der Fall war, und führen, von dort bis hinauf zu Punkt 1 den Strich 1—34. Nun verbinden wir durch eine leichte Kurve von Punkt 35 über die Busenspitze durch den Schnittpunkt 36 auf Grund der halben Brustbreite (25 cm) bis zu Punkt 37, was genau 25 cm (halbe Brustbreite) ausmachen soll, und haben damit den Punkt gefunden, wo der Ärmelausschnitt von Punkt 10 über 37 hinauf bis 38 geführt wird.

Zur weiteren Veranschaulichung diene die nächste Skizze (Abb. 147).

Wir haben in Abb. 146 bei Punkt 30 zu Punkt 31 1½ cm zugegeben und kommen nun mit der praktischen Erklärung hiefür. Wir müssen nämlich immer dem etwas abgerundeten Rücken der Pelzträgerin Rechnung tragen, damit der Mantel gut paßt. Deshalb müssen wir einen ungefähr 1½ cm breiten Zwickel (Punkt 39) einschneiden. Dadurch erhält das Rückenteil oben mehr Rundung und wird besser passen. Wenn wir aber diese 1½ cm herausnehmen, müssen wir beim Ärmelausschnitt diese 1½ cm wieder zugeben und deshalb haben wir die Linie 24—29 statt bei Punkt 30 erst um 1½ cm weiter, bei Punkt 31, abgeschlossen. Wenn wir den Zwickel 39 ausgeschnitten haben, dann werden wir, um ein besseres Passen zu ermöglichen, den Rest des schrägen Striches bei 40 etwas über der Grundlinie beginnen und bei 41 etwas unter der Grundlinie auslaufen lassen.

Nun arbeiten wir links oben weiter. Hier zeichnen wir uns 4 cm herunter auf der alten Grundlinie 1—3 an. Diese 4 cm stellen wieder eine Norm dar, die bei allen Schnitten, ohne Rücksicht auf das jeweilige Maß, angewendet wird. Diesen Punkt 42 verbinden wir durch eine leichte Kurve mit Punkt 32.

Damit der Mantel auch vorne gut sitzt, müssen wir einen Zwickel (43) ausschneiden. Dieser Zwickel ist an unserer Skizze schraffiert markiert. Wir können diesen Zwickel oben mit einer Basis von ungefähr 6 cm annehmen. Schneiden wir hier aber aus, müssen wir das Vorderteil um dieses Maß vergrößern, und dies geschieht auf folgende Weise:

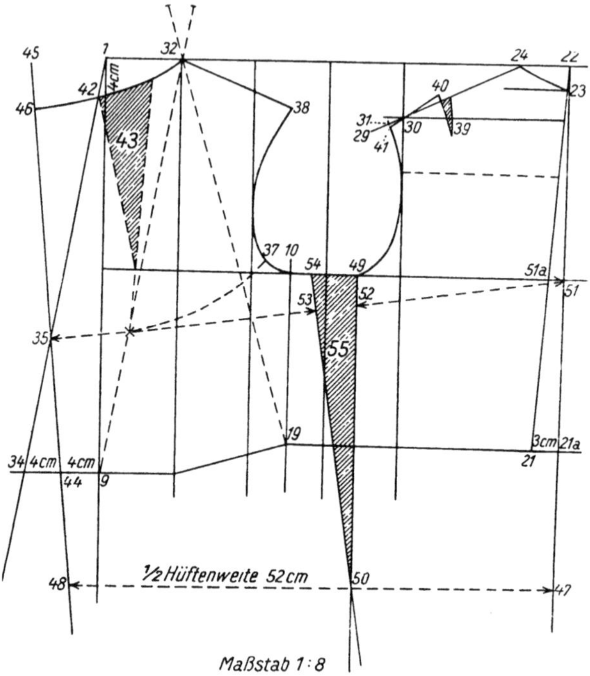

Abb. 147. Der Mantelschnitt vor der Vollendung

Wir teilen unten links die Linie 9—34, die 8 cm weit war, genau in die Hälfte (Punkt 44) und ziehen von dort durch Punkt 35 einen längeren Strich hinauf (Punkt 45). Jetzt können wir die Kurve 32—42 bis 46 verbinden und wir haben den Zwickel 43 hier eingebracht.

Nun gehen wir systematisch weiter und suchen die Endlinien der Mantelteile festzulegen.

Wenden wir uns zuerst der Rückenlinie zu. Da haben wir vor allem zu beachten, daß die Obere Weite oder die Schlußweite auf dem Körper abgenommen wurde, aber der Mantel im Rücken lose herabfällt und nicht im Schluß anliegt. Dieser Tatsache müssen wir nun Reehnung tragen und beim Schluß und der Oberen Weite einige Zentimeter zugeben, damit der Rückenteil des Mantels richtig absteht und lose herabfällt. Wir geben daher auf der Linie 21 3 cm zu und erhalten den Punkt 21a. Wenn wir nun diesen Punkt 21a oben mit 23 verbinden, erhalten wir den erweiterten Rücken. Wir lassen diese Linie jedoch nicht bei 21a enden, sondern setzen sie nach abwärts fort, bis wir die ganze Länge des Mantels, 105 cm, erreicht haben.

Das nächstwichtige Moment ist das Anzeichnen der Hüfte. Diese liegt zirka 15 cm tiefer als der Schluß. Rechnen wir also vom Schlusse (Linie 19—21a) 15 cm herunter und ziehen eine wagrechte Linie. Wo sich diese mit der Rückenlinie in Punkt 47 schneidet, werden wir gegen 48 das Maß der halben Hüftenweite von 52 cm erreichen.

Jetzt nehmen wir im Ärmelausschnitt einen Punkt an, den wir frei wählen können. Unsere Skizze bezeichnet diesen Punkt mit der Zahl 49. Er wird am besten dort liegen, wo die Kurve die Linie der Oberen Weite trifft. Von hier aus ziehen wir eine Linie, welche sich im Punkte 50 der Hüftenweite schneidet und bis hinab zum Mantelende reicht. Damit haben wir den Rückenteil vollständig fertiggestellt.

Nun wenden wir uns der Ausarbeitung des Vorderteiles zu. Ziehen wir vor allem links von Punkt 35, wo wir die Brustbreite zu messen begannen, über die Busenspitze bis zum Punkt 51 ganz rechts Mitte einen punktierten Strich. Nun müssen wir uns daran erinnern, daß wir die Obere Weite um 3 cm weiter machten, da der Mantel im Rücken nicht eng anliegt, sondern glatt herabfällt. Diese 3 cm werden wir der halben Oberen Weite zurechnen. Betrug die halbe Obere Weite 48 cm, so muß sie jetzt, mit Zurechnung der 3 cm Erweiterung, 51 betragen. Rechnen wir nun auf dem erst jetzt gezogenen punktierten neuen Strich 51—52 das Maß, das in unserem Falle 22 cm betragen wird, so fehlen uns für die ganze Obere Weite, die wir gerade mit Zugabe der 3 cm mit 51 cm angenommen haben, noch 29 cm. Diese restlichen 29 cm tragen wir nun auf der Linie 35—51 auf und kommen damit bis zum Punkt 53. Hier zeichnen wir an und verbinden nun durch den Punkt 50 der Hüftenlinie sowohl nach aufwärts bis zum Ärmelausschnitt wie nach abwärts zum Mantelende. Dadurch entsteht der Keil 55, den wir schraffiert haben, der nun ganz wegfällt, denn die jetzt entstandene Seitenlinie wird ja bei der Mantelverarbeitung zusammengenäht.

Jetzt bleibt uns nicht mehr viel zu tun übrig.

Zur näheren Erläuterung der Schlußarbeiten muß uns jetzt die vollendete Zeichnung, Abb. 148, verhelfen.

Wir verlängern die bekannte Linie 32—46, wo der Mantelkragen angenäht werden soll, auf 20 cm, da der Kragen, wie wir später sehen werden, dieses Maß beansprucht. Bei der Verlängerung um 20 cm haben wir aber den Zwickel 43 zu berücksichtigen, der an der Basis 6 cm ausmacht. So erhalten wir den Punkt 57, wenn ein gezogener Kragen gearbeitet werden soll, oder es handelt sich um einen geraden Kragen, dann werden wir um zirka 3 cm weiter hinausführen, also 23 cm von Punkt 38. Punkt 57 oder 58 verbinden wir nun etwas ausweitend unten mit der Mantelbasis bei Punkt 59 so weit, als es die untere Weite verlangt. Die Basis des halben Rückenteiles beträgt bei unserem Beispiel von Punkt 60 bis 61 gerade 24 cm, Punkt 59 bis 56 ergibt hier 46 cm; beide Zahlen doppelt genommen, ergeben eine untere Mantelweite von 140 cm.

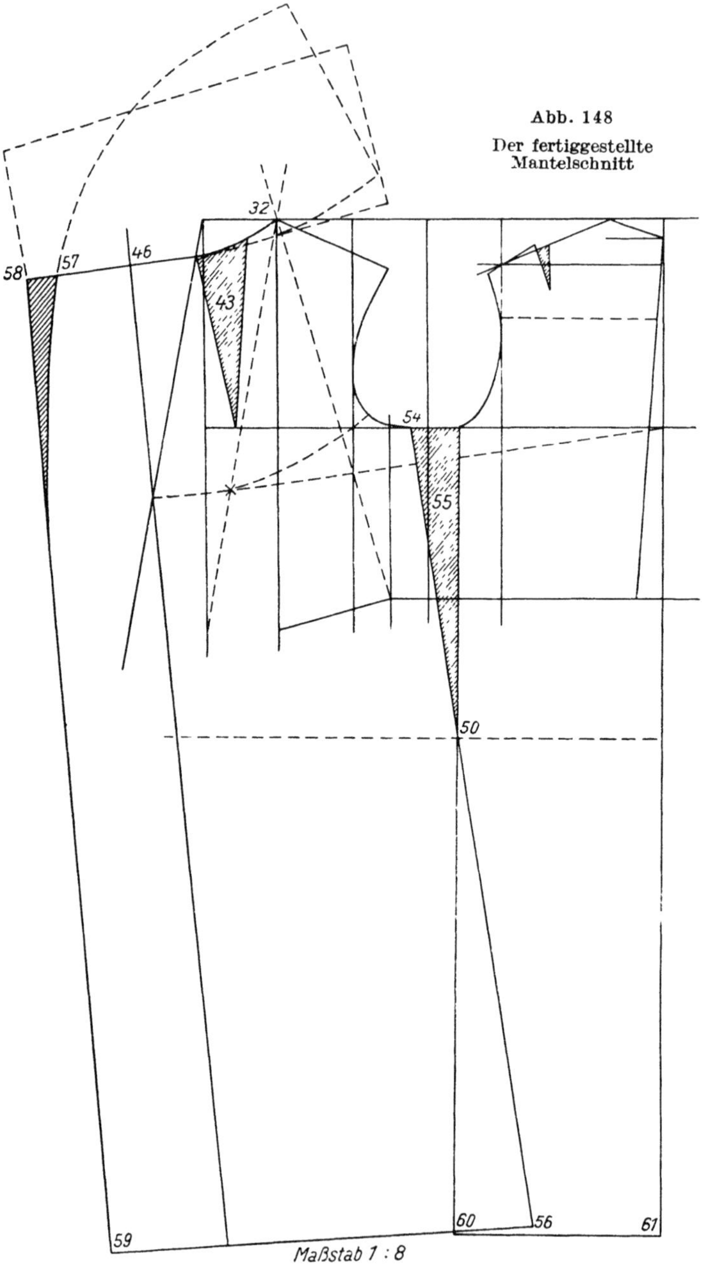

Abb. 148
Der fertiggestellte Mantelschnitt

Hinzufügen wollen wir noch, daß der in der Skizze erscheinende Zwickel von Punkt 50 der Hüftenweite abwärts bis 60 und 56 das Übereinandergreifen des Vorder- und Rückenteiles bedeutet, so daß also auf Grund dieser Fundamentalzeichnung die beiden Schnitte respektive nur der eine ergänzt werden müssen.

Nun wenden wir uns einem weiteren heiklen Kapitel zu: dem Ärmel. Zur Erklärung dient wieder die Skizze, Abb. 149.

Wir ziehen vorerst wieder die beiden Striche 1—2, also wagrecht, und dann senkrecht die Linie 1—3. Auf der wagrechten Linie tragen wir das Maß von einem Viertel der Oberen Weite weniger 2 cm auf.

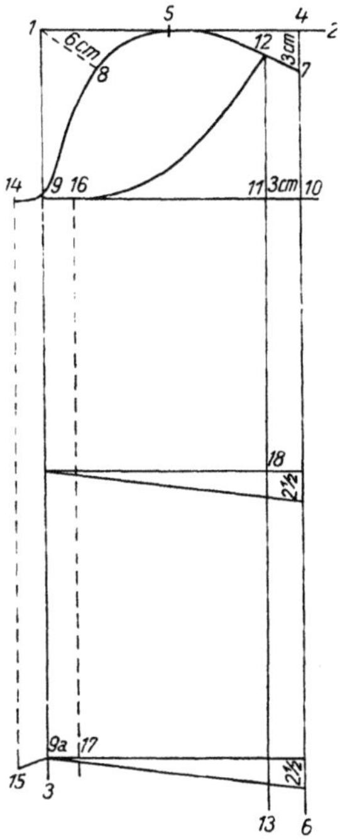

Abb. 149
Der einfache Ärmel

Die Obere Weite betrug bei unserem Beispiel 96 cm, ein Viertel davon ist 24 cm, weniger 2 cm, macht 22 cm. Diese 22 cm tragen wir auf der Linie 1—2 auf und erhalten den Punkt 4. Diese Linie von 22 cm teilen wir genau in die Hälfte (Punkt 5), so daß wir zu beiden Seiten je 11 cm zu rechnen haben.

Von Punkt 4 ziehen wir jetzt einen längeren Strich herab bis ungefähr Punkt 6 und tragen dann oben 3 cm auf, also von Punkt 4 bis Punkt 7. Diese 3 cm stellen eine Norm dar, die bei jedem derzeit modernen Ärmel zur Anwendung kommt. Diese Stelle zeichnen wir durch einen Punkt an. Dann messen wir von Punkt 1 schräg nach rechts herab 6 cm (wieder eine Norm) und zeichnen hier bis Punkt 8 an. Nun führen wir wieder aus freier Hand von Punkt 7 bis oben zu Punkt 5 eine leichte Kurve, die sich oben hübsch abrundet.

Dann tragen wir auf der Linie 1—3 zwei Drittel von einem Viertel der Oberen Weite auf. Die Obere Weite war 96 cm, ein Viertel davon ist 24 cm, zwei Drittel von 24 cm sind 16 cm. Wir messen also von 1 genau 16 cm herab und erhalten Punkt 9. Von Punkt 5 führen wir nun durch den Punkt 8 eine Kurve, die wir dann leicht nach Punkt 9 ausschwingen.

Wir haben dadurch den Ballen des Oberärmels geschaffen.

Da die Ärmellänge 47 cm beträgt, rechnen wir nun von Punkt 9 bis Punkt 3 die 47 cm und zeichnen diesen Punkt an.

Wir ziehen nun von Punkt 9 eine wagrechte Linie nach Punkt 10, zeichnen hier von 10 bis 11 3 cm an und führen einen senkrechten Strich von Punkt 12 bis 13. Von Punkt 12 schweifen wir nun sachte zu Punkt 9 herab, wodurch wir den Ausschnitt des Unterärmels erhalten.

Die Linie 3—13 fällt etwas herab, da dies die jetzige Ärmelfasson verlangt.

Wir sehen nun auch zwei strichlierte Linien 14—15 und 16—17. Diese haben dann Bedeutung, wenn wir etwa den Oberärmel um die

Linie 14—15 ausweiten, so daß wir den Unterärmel um die Linie 16—17 wieder schmälern.

Dieser Ärmel stellt die einfache, ganz gerade Fasson dar und kann nun dieser Grundärmel auf beliebige Weise abgeändert werden. Bis zum Ellbogen (Punkt 18) wird jeder Ärmel gerade laufen, von dort an nach abwärts können dann die beliebigsten Variationen vorgenommen werden.

Es ist ja ganz natürlich, daß sowohl die Mantelfasson wie Ärmel und Kragen ständiger Änderung unterworfen sind, wer aber die Grundelemente des Schnittzeichnens kennt, wird auf Grund unserer Darlegungen auch eine andere Linienführung leicht anzuwenden verstehen.

Der gezogene Kragen wird auf folgende Weise erreicht:

Wir zeichnen uns die Basis 1—2, und zwar 40 cm lang, viermal geteilt. Von Punkt 2 ziehen wir aufwärts eine Linie 25 cm lang bis Punkt 3. Die Punkte 1, 2, 3, 4 verbunden, ergeben das Rechteck, in welches der halbe Kragen eingezeichnet wird (Abb. 150).

Von Punkt 2 aufwärts nehmen wir 4 cm bis 6 und ziehen dann einen wagrechten Strich. Hier läuft der Hals des Kragens. In der Hälfte der unteren Basis, bei Punkt 7, ziehen wir über Punkt 8 eine Kurve bis 9, welcher Punkt zirka 14 cm von Punkt 1 entfernt ist. Punkt 9 verbinden wir wieder durch eine Kurve bis 3, wodurch wir die Außenseite des Kragens erhalten.

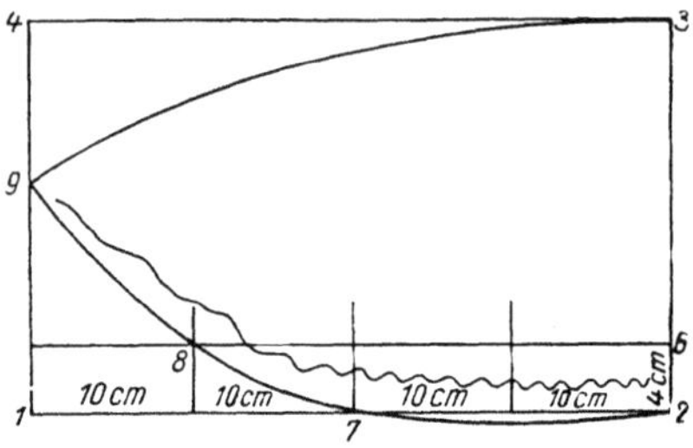

Maßstab 1 : 8

Abb. 150. Der gezogene Kragen

Zwischen Punkt 2 und 7 gehen wir etwas unter die Basislinie, um dem Kragen die richtige Form zu geben. Die Wellenlinien zeigen an, wie der Kragen beim Halse, zwischen Punkt 2 und 7, stark gezogen wird, während die Faltenwirkung dann etwas nachläßt.

Zuerst versuche man einmal, auf Grund dieser Schnitte eine solche Zeichnung herzustellen. Dann übertrage man auf Leinwand und probiere den Schnitt an einer mittleren Figur aus. Auch aus der Praxis wird man manches zulernen können und bald geht alles in Fleisch und Blut über.

Viele Kürschner haben ihren fertigen Schnitt, den sie sich in mehreren Größen in Leinen anfertigen, um ihn nun bei Bestellungen auszuprobieren. Auf Grund der jetzt erlernten Methode, die Kürschnermeister Schierer im Verein der Kürschnermeister vortrug und die sowohl an Einfachheit wie an Gediegenheit und garantiertem Passen alle anderen Methoden übertrifft, wird jeder Schnitt nach den genommenen Maßen leicht abgeändert werden können. Es ist somit ganz überflüssig, daß der Kürschner heute bei Anfertigung eines Mantels einen Schneider benötigt. Gerade in diesem Punkte sollte sich jeder Kürschner vervollkommnen, und wir hoffen, dazu beigetragen zu haben.

XIII. Die Tierzucht

Die starke Verminderung der Pelztiere, und zwar gerade jener, die die höchsten Werte darstellen, hat zuerst die Anregung gegeben, all diese Tiere in Farmen zu züchten, um dem Markte die notwendigen Mengen zuführen zu können.

Was lag näher, als vorerst das Tier in jenen Gegenden zu züchten, in welchen es lebte und daher auch die gleichen klimatischen Verhältnisse die Zucht um so ergebnisreicher gestalten mußten.

Das Klima wirkt ja auf die Entwicklung des Haares, welches die Hauptrolle bei der Klassifizierung des Felles spielt.

So entstanden die ersten Tierfarmen in Kanada, abgesehen von kleineren Versuchen andernorts. Das war aber trotzdem nicht so einfach. Man mußte die Lebensweise, die Nahrung und speziell die richtige Paarung der Tiere erst kennenlernen, um Erfolge zu erzielen. Die klimatischen Verhältnisse waren gegeben. Heute, wo wir auf jahrelange Zuchtergebnisse zurückblicken können, wo die ersten Fachleute sich mit dem gründlichen Studium der Zucht edler Pelztiere beschäftigen, ist es schon bedeutend leichter. Die bereits vorhandene Erfahrung macht die vielen kostspieligen Versuche nicht mehr in dem Maße nötig wie noch vor wenigen Jahren.

Wir können natürlich im Rahmen dieses Buches nicht auf den großen Fragenkomplex der modernen Tierzucht eingehen. Wir wollen sie nur so weit streifen, als der Kürschner behufs Aufklärung seiner Kunden selbst orientiert sein muß.

Zuerst versuchte man, das heute begehrteste und kostbarste Tier, den Silberfuchs, zu züchten, ausgehend von der Ansicht, daß der Fuchs an sich eine Art darstellt, die leichter gezüchtet werden kann als andere, empfindlichere Tiere.

Der Silberfuchs gewöhnt sich rasch an den Menschen, was die Zucht erleichtert. In drahtumflochtenen Gehegen, die eine kleine Holzhütte enthalten, die dem Fuchse nachts und während der Unbilden der Witterung Schutz gewährt, wird der Silberfuchs unter ständiger Beobachtung gezogen. Die Paarungszeit erfordert eine ganz besondere Umsicht des Züchters, denn davon hängt der ganze Zuchterfolg ab. Manche Fähe läßt den Rüden nicht zu, eine andere nicht sofort. Nicht jeder Rüde ist dazu aufgelegt. Anderseits gibt es monogame und polygame Rüden. Der Züchter muß daher genau beobachten, ob der Rüde eine oder mehrere Fähen decken will.

Hat die Deckung stattgefunden, so ist, wenn dieselbe erfolgreich war, was aus dem Benehmen der Fähe zu schließen ist, der Rüde zu entfernen und die Fähe gut zu beobachten.

Hat die Fähe gewölft, ist, speziell nach dem ersten Wurfe, besondere Aufmerksamkeit an den Tag zu legen. Manche Mütter töten ihre Jungen. Da gibt es hunderterlei interessante Details, die uns Zeugnis dafür ablegen, welch ungeheure Umsicht und Mühe nötig ist, eine Silberfuchsfarm ohne nennenswerte Verluste zu leiten.

Als man die Rentabilität der ersten Farmen bemerkte, breitete sich die Silberfuchszucht immer mehr aus. Die kanadischen Farmen verkauften nicht nur ihre Überschüsse an die Fellhändler oder brachten sie zur Auktion, sie verkauften auch Zuchtpaare an die Interessenten und heute, nach wenigen Jahren, haben wir in der Schweiz, in Deutschland, in Österreich, in der Tschechoslowakei und anderen Staaten, die in gebirgigen und waldreichen Gegenden die nötigen Voraussetzungen für eine Silberfuchszucht bieten, Farmen, die recht befriedigende Ergebnisse erzielen.

Heute muß es nicht mehr Kanada sein, um Durchschnittsfüchse züchten zu können, man hört auch aus den kontinentalen Farmen recht viel Erfreuliches. Freilich findet man gerade beim Silberfuchs größere Qualitätsunterschiede als bei jedem anderen Tier. Kanadafüchse werden wohl ihren richtigen schiefergrauen Grundton aufweisen, während hiesige Ware mehr den braunen Stich aufweist, der den Wert des Felles doch herabmindert. So kommt es, daß man in den Schaufenstern braungrundige Silberfuchsstolen mit 600 bis 700 österreichischen Schilling angeschrieben sieht, wogegen man wieder von Auktionsergebnissen hört, die 1500 bis 2000 Schilling per Silberfuchs eintragen.

So mancher herrliche Zuchtfuchs oder manches junge Füchslein geht ein. Das ist leider nicht zu verhüten. Trotzdem muß man über die Zuchtergebnisse staunen, die von Jahr zu Jahr besser werden.

Mit Silberfüchsen begann es und in der Folge hörten wir schon von Kreuz- und Polarfüchsen, von Rotfüchsen, dann von Nerzen, Mardern, Skunks, Waschbären, von Farmen, auf welchen virginische Iltisse gezüchtet werden, dann von Bisamfarmen, ja selbst der Präriewolf, der Koyote, wird in Farmen gezogen.

Die ersten Farmen waren auf der Prinz Edward-Insel, in Quebec, Ontario, Neuschottland, Neubraunschweig, dann Alberta, Saskatchewan, Manitoba und Yukon.

Große Aufmerksamkeit wendet man der Zucht der Chinchillakanine zu, womit man in Ontario große Erfolge erzielte. Kanin ist ja infolge seiner raschen Vermehrung ein ideales Zuchttier.

Die Zucht der Persianerlämmer, der Karakulschafe, ist alt. Die Persianer sind ja keine in der Wildnis lebenden Tiere, sie werden in ungeheuren Herden gezogen und stellen den Lebensunterhalt der Steppenbewohner jener Gegenden dar.

Es ist von ganz besonderem Interesse zu erfahren, wie die Tiere in den Zuchten getötet werden. Im Tierzuchtinstitut der Universität Halle a. S. werden die Karakul- oder Persianerlämmer durch einen Schlag auf den Kopf betäubt, sodann wird mit einem scharfen, spitzen Messer ein Längsschnitt etwa vom Ende des Brustbeines nach der Spitze des Unterkiefers gezogen. Es wird also nicht, wie bei der Schlachtung anderer Lämmer und Schafe ein Querschnitt gelegt. Bei dem Stich in den vorderen Brustraum werden große Blutgefäße getroffen, die ein sofortiges Verbluten des Tieres herbeiführen. Der Längsschnitt dient dazu, ein Zerschneiden und Zerstückeln des wertvollen Lammpelzes zu vermeiden. Jedenfalls ist durch die vorherige Betäubung des Lammes stets eine vollkommen schmerzlose Tötung gewährleistet.

Silberfüchse werden durch Injektionen mit Strychnin oder Chloroform getötet.

Kleinere Zuchttiere, wie Kanine und andere, tötet man durch einen Schlag ins Genick oder auf den Kehlkopf, nachdem man das Tier vorher durch einen Schlag auf die Nase betäubt hat.

Das Tierzuchtinstitut in Groß-Enzersdorf in Österreich unter Leitung von Prof. Adametz, wie die große reichsdeutsche Karakulzucht in Halle a. d. S. geben den Beweis, daß gerade das Karakulschaf, das uns den echten Persianer liefert, auch hier gedeiht, was man anfangs bezweifelt hatte. Heute hat man sowohl in Amerika wie in anderen Ländern große Karakulzuchten, eine der hoffnungsvollsten vielleicht in Südwestafrika in den ehemaligen deutschen Kolonien, woher schon große Mengen in ausgezeichneter Qualität auf den Leipziger Markt kommen.

Die Zuchtfarmen stehen erst am Beginn ihrer Entwicklung, erst wenige Jahre hören wir davon. Das eingehende Studium der Fachleute stellt einen ansteigenden Erfolg der Farmen in Aussicht. Diese Tatsache wie die Schaffung und Handhabung vernünftiger Schutzgesetze zur Verhinderung der Ausrottung einzelner Arten, geben uns die Gewähr, mit ständigen Nachschüben jenes Materials rechnen zu können, das heute die ganze Branche stützt.

Mehr über diese außerordentlich wichtige Angelegenheit zu sagen, ist hier nicht der Ort. Es existiert ja darüber eine große Literatur und außerdem bringen sämtliche Fachblätter ständig neue, erfreuliche Nachrichten über die Zuchten und deren Ergebnisse, so daß der Kürschner darüber laufend orientiert wird.

Die Anlage dieser Farmen hätte schon vor dreißig Jahren erfolgen sollen, dann wäre manches heute im Pelzhandel anders. Doch derartige Versäumnisse sind nicht einzuholen, hoffen wir daher jetzt auf eine ständige Ausdehnung der Zuchten, damit die entsprechenden Ergebnisse von Jahr zu Jahr mehr dem ansteigenden Bedarf entgegenkommen.

XIV. Die Pelzspender. Zoologische und handelsmäßige Betrachtungen

1. Allgemeines

Die sich überstürzenden Neuheiten auf dem Fellmarkte, die Ansprüche der Mode, die immer neue, früher nicht gekannte Sorten in ihren Bereich zieht, bringen es mit sich, daß selbst der Fachmann die Herkunft und Lebensweise einzelner Arten nicht kennt. Anderseits aber interessieren sich auch unsere Kunden für die verschiedenen Sorten. Oft werden von seiten unserer Abnehmer Fragen über die Herkunft, die Größe und das natürliche Aussehen der Tiere gestellt, die wir schon deshalb richtig beantworten müssen, um das Vertrauen unserer Kunden zu gewinnen. Der Käufer wird sich einem Kürschner nicht so rasch anvertrauen, wenn er die Bemerkung macht, daß dieser über die Gattungen und Arten der Felle selbst nicht gehörig unterrichtet ist. Er könnte in Erweiterung seines Mißtrauens bald annehmen, daß ein Kürschner, der die Fellsorten nicht kennt, auch nicht für die Echtheit der angebotenen Fellsorten einstehen kann.

Deshalb ist es notwendig, daß der Kürschner nicht nur fachtechnisch auf der Höhe steht, sondern auch jenen Grad zoologischer Kenntnisse besitzt, der ihn befähigt, seinen Kunden auf alle Fragen eine befriedigende Auskunft geben zu können. Das Vertrauen unserer Kunden ist die Hauptbedingung für die Ermöglichung des Geschäftes.

Wir werden uns in diesem Kapitel aber nicht nur mit den zoologischen Fragen allein beschäftigen. Wir wollen unseren Lesern nicht nur die Größe und das Aussehen der Tiere vermitteln, Tatsachen, die sie aus der praktischen Erfahrung meist selbst kennen, wir wollen auch nicht nur sagen, wo diese Tiere leben und unter welchen Bedingungen sie am besten gedeihen. Wir wollen vielmehr bei der Beschreibung der einzelnen Sorten alle jene Möglichkeiten in den Bereich unserer Betrachtung ziehen, die gerade für den Kürschner eine wertvolle und unentbehrliche Kenntnis bedeuten.

Wenn wir den Skunk beschreiben, dann werden wir daran zu erinnern haben, welche Sorten es gibt und welche Bedeutung sie im Rauhwarenhandel und für die Pelzverarbeitung haben.

Wir werden mitzuteilen haben, wie das Primafell beschaffen sein muß, das für die Pelzverarbeitung in Frage kommt, welche Art von der Pelzmode besonders bevorzugt wird, Darlegungen, die aus der rein zoologischen Betrachtung nicht gewonnen werden können.

Den schaffenden Kürschner interessiert vor allem das Tier im Spiegel seiner Zeit, in seinem Verhältnis zur Moderichtung, die Unterschiede der handelsüblichen Qualitäten und die Verwertungsmöglichkeiten nach Klima, Gegend und Wuchs.

Der Zoologe wird den Silberfuchs ganz anders betrachten als der Kürschner. Jeder wird andere Einteilungsmomente, die seinen besonderen Zwecken dienen, erkennen. Vieles wird den Kürschner an den Tieren interessieren, was für den Gelehrten von untergeordneter Bedeutung ist, anderseits wird der Zoologe auf Grund seiner Betätigung gewohnt sein, Merkmale ausführlicher zu behandeln, die weniger oder gar keine Bedeutung für den Kürschner haben.

Unter diesen Gesichtspunkten soll dieser wichtige Abschnitt behandelt werden, um diesem Werke die notwendige Ergänzung zu bieten.

Wesentlich ist die Einteilung der zahlreichen Gattungen und Arten. Da uns, wie schon erwähnt, nicht so sehr zoologische Momente leiten als vielmehr die praktische fachliche Einstellung, die dem Benützer des Buches die Übersicht erleichtern soll, haben wir die für die Pelzverarbeitung in Betracht kommenden Sorten in nachstehende Gruppen eingeteilt:

Marderartige Tiere,
Nagetiere,
Hundeartige Tiere,
Die Katzenarten,
Beuteltiere,
Pferde,
Wiederkäuer,
Bären,
Beutelratten,
Seehunde oder Robben,
Affen und
Verschiedene Arten.

Die diesen Gruppen angehörenden Arten, wie z. B. bei den marderartigen Tieren die Zobel, Edel- und Steinmarder, Iltis, Hermelin, Nerz, Skunk, Otter und andere, werden im Register, das alphabetisch geordnet ist, leicht aufgefunden. Die Reihenfolge sowohl der Gattungen, als auch der Arten wurde teils auf Grund der Verwendung, teils mit Rücksicht auf den Handelswert der Felle bestimmt.

2. Marderartige Tiere

Die beiden Zobelarten

Beim Zobel, einem besonders kostbaren Felle, unterscheidet man zwei Hauptarten, den russischen oder sibirischen wertvolleren und den amerikanischen Zobel, auch amerikanischer Marder oder „Marten" genannt, der bei weitem nicht den Wert des russischen erreicht.

Der sibirische Zobel,

(Martes zibellina oder Mustella zibellina) ist ein marderartiges, kleines, überaus zartes Tierchen von graubrauner bis blaugrauer Färbung des ungemein weichen und dichten Wollhaares, das von dichten, längeren, feinen, seidigen Grannen von rötlichbrauner, schwarzbrauner bis schwarzgrauer Farbe überragt wird, eine Nuance, die vom sibirischen Zobeljäger und dann von allen, die sich mit dem Handel dieser Felle beschäftigen, „Wasser" genannt wird. Je dunkler und gleichfarbiger dieses „Wasser" sich zeigt, desto wertvoller wird der Pelz, desto kleiner aber auch das Tierchen.

Zobel mit hellerem Grannenhaar sind immer größer, aber nicht so wertvoll wie die kleinen, dunklen Tiere. Der Zobel ist kleiner als der Marder, auch der Schwanz ist kürzer. Nur die Ohren sind ausgeprägter als beim Marder. Die helle Kehle fehlt dem Zobel fast ganz, zumindest ist sie bei den besten und feinsten Sorten nur schwächer angedeutet als beim Marder. Der kleine, dunkle Gebirgszobel im Innern Sibiriens zeigt ab und zu die helle Kehle markanter, als dies sonst im allgemeinen beim Zobel zutrifft.

Wenn man es unternimmt, den sibirischen Zobel scharf von dem amerikanischen abzugrenzen, dann muß man um so mehr auch die ungeheuren Unterschiede aufzeigen, welche den vielen Arten des russischen bzw. sibirischen Zobels eigen sind. Je nach seinem Vorkommen in den so verschiedenartigen sibirischen Gegenden zeigt sich dieses Tier einmal hellbraun, rostbraun, kaffeebraun, rötlich, rötlichgelb, scheckig, weißlich, dann wieder in den Prachtsorten von graublauer Farbe mit Silberspitzen.

Als die besten Zobel galten diejenigen von Witjim. Seit diese nahezu ausgerottet wurden, gilt die nächste Art, die von Bargusin, als die kostbarste. Dann kommen die Arten von Kamtschatka, Amur, Nertschinsk, Muya, Aldan, Ur und so fort in mehr als dreißig verschiedenen Qualitäten, ein Sortiment, das man sonst bei keinem anderen Tier gewohnt ist.

Mittlere Sorten kommen dann aus Altai und Kusnetsk, Tschikoj, Urow, Amgun, Sachalin, während die südlicheren Gegenden, wie Sansin und Usuri, Tunka, Irkutsk, Krasnojarsk, Tara und Turin, letzteres schon an der europäischen Grenze gelegen, die helleren Sorten liefern.

Während heute der Zobel von Bargusin 300 Dollar kostet, sind solche aus Tunka schon um 40 Dollar erhältlich. Kamtschatka-Zobel brachten auf der Auktion in New York vor drei Jahren schon 80 bis 100 Dollar, solche aus Jenissey 60 bis 77,50. Es sollen aber auch Zobelfelle in den Handel kommen, für welche 400 Dollar erreicht werden. Das sind Preise, die kaum für Silberfüchse bezahlt werden, die jedoch bedeutend größer sind und verhältnismäßig mehr darstellen.

Der Zobel war einst viel weiter verbreitet und in derartigen Mengen vorhanden, daß jedes Quantum mühelos aufgebracht werden konnte. 40 bis 50 Kopeken wurden damals für schöne Felle erzielt.

Kamen vor zwei-, dreihundert Jahren noch Hunderttausende von Zobelfellen auf den Markt, dann muß heute, wo ein ganz anderer Bedarf vorhanden wäre, nur mit einigen tausenden Stücken gerechnet werden. 1296 sibirische Zobel brachte im Jänner 1928 die Hudson-Bay-Company auf den Markt gegen 3272 im Oktober 1927. Im April 1928 brachte dieselbe Company nur 401 Felle auf, die aber wegen des hohen Preises nicht verkauft wurden. Die Londoner Auktionen bei C. M. Lampson & Co. brachten im Jänner 1928 200 Felle, Fred. Huth & Co., London, zur gleichen Zeit 500 Stück. Das sind natürlich keine Quantitäten für den großen, bei niedrigeren Preisen sehr aufnahmsfähigen Markt.

Als man die Halbinsel Kamtschatka eroberte, fanden sich dort ungeheure Mengen von Zobel vor. Diese schienen für die Eingebornen gar keinen Wert zu besitzen, denn diese waren ganz überrascht, als sie für ein Zobelfell ein Messer getauscht erhielten. Das war freilich schon Ende des 17. Jahrhunderts.

Im Rauhwarenhandel kostet ein Zobelfell je nach Qualität 10 bis 50 englische Pfund, das sind rund 345 bis 1700 österreichische Schilling. Man begreift daher, daß diese wunderschönen und dauerhaften Felle heute so wenig verwertet werden. Diese Tatsache wie eigene Schutzgesetze werden vielleicht verursachen, daß in absehbarer Zeit wieder größere Mengen dieser wertvollen Pelzspender dem Markte zugeführt werden.

Der amerikanische Zobel oder kanadische Marder,

auch Fichtenmarder genannt,

gewiß ebenfalls ein schönes und kostbares Tier, reicht aber in keiner Weise an die sibirische Art heran. Man könnte ihn eher mit unserem Edelmarder vergleichen, nur bedingt sein Aufenthaltsort ein weicheres, feineres Haar. Er ist hoch im Norden Amerikas zu Hause, wo er speziell um die Hudson-Bay in ganz besonders guten Qualitäten vorkommt.

Das Tier zeigt eine Körperlänge von ungefähr 45 bis 50 cm und hat einen Schwanz von 15 cm. Die Farbe des schönen, dichten Haares ist mehr einförmig braun, der Kehlfleck ist gelb wie bei unserem Edelmarder. Der Kopf und die Ohren sind grau, manchmal auch grauweiß.

Auch dieses Fell steigt im Werte mit der Dunkelheit seiner Nuance.

15000 bis 20000 dieser Felle kommen durchschnittlich per Auktion auf den Markt. Die Felle von Alaska bringen zirka 75 Dollar, die von Labrador 30 bis 40 Dollar, Felle der Küste kosten roh 15 bis 20 Dollar und ostkanadische 15 bis 17 Dollar.

Zugerichtet kosten amerikanische Zobel 6 bis 14 englische Pfund, immer noch ein recht ansehnlicher Betrag, der, da die Felle doch klein und nicht besonders ausgiebig sind, Ursache einer schwachen Verbreitung ist.

Vor allem interessiert uns der speziell bei uns heimische

Edel-, Baum- oder Buchmarder

(Martes abietum), ein äußerst geschmeidiges, flinkes Raubtierchen, das zirka 50 bis 55 cm lang wird und einen prachtvollen buschigen, etwa 30 cm langen Schwanz aufweist. Die Farbe des Felles ist dunkelbraun, das Fell selbst ist dicht und bei all seiner Weichheit ungemein kräftig. Die Kehle des Edelmarders ist gelb. Im Winter ist das Fell noch dunkler als im Sommer und da liefert das Tier das heute so ungemein geschätzte Pelzwerk, das, da Amerika eine derartige Marderart nicht besitzt, in großen Mengen über das Wasser geht und demgemäß auch entsprechende Preissteigerungen aufzuweisen hat.

Der Edelmarder ist sehr dauerhaft, blaßt jedoch nach längerem Tragen aus. Die Veredlungsindustrie ist in der Lage, ausgebleichte Marder wieder aufzublenden, jedoch verliert der geblendete Marder an Wert. Es bietet sich uns hier eine Pelzart dar, die nur in der Naturfarbe ihren richtigen Wert darstellt. Man kann einen Marder ebensowenig gefärbt in den Handel bringen als etwa einen echten Kreuz- oder Silberfuchs. Dieses schöne Edelfell hat es nicht nötig, ein anderes Edelfell zu imitieren. Seit Amerika den Marder als Modefavorit erklärte und Frankreich ihn forcierte, überschritt das Fell jede natürliche Preisentwicklung und kostet heute roh 140 bis 160 Schilling, also unvergleichlich mehr als je zuvor.

Heute erzeugt man aus Marder die kleinen netten Halstierchen; man verwendet fast ausschließlich nur ein Fell für das Halstier, Kolett genannt, und doch stellt sich der Preis eines solchen Koletts schon auf 250 bis 300 österreichische Schilling, aber auch noch mehr. Das war einmal ein Fell, das auch als Futter verwendet wurde.

Etwas weniger kostbar, doch fast ebenso schön, ja von manchen als noch schöner beurteilt als der Edelmarder ist

der Steinmarder,

der ein helleres Braun im Haar aufweist, besonders aber einen lichten Haargrund aufzeigt. Die Kehle des Steinmarders ist weiß, wodurch sich diese Art wesentlich vom Edelmarder, der eine gelbe Kehle zeigt, unterscheidet. Der Fachmann wird beide Tiere auch schon im Haar voneinander unterscheiden können. Der hellere Haarton, der weiße, manchmal blaugraue Grundton des Haares, sind besondere Kennzeichen des Steinmarders. Auch er hat einen buschigen Schwanz. Die Felle der Steinmarder sind nicht immer in der gleichen Nuance, aber je dunkler die Haarfarbe ist, desto wertvoller stellt sich das Fell dar. Dabei ist das Fell dann auch voller und dichter im Haar. Dünn- und flachhaarige Sommerfelle und Felle nicht ausgewachsener Tiere nennt man Marderschwarten, die wenig oder gar keinen Wert besitzen, je nach der Fülle und Dichte der Behaarung. Auch der Steinmarder blaßt rasch aus und wird auf gleiche Art wie der Edelmarder nachgeblendet, wodurch er ebenfalls an Wert verliert. Auch der gefärbte Skunk verliert an Wert und dies ist ganz allgemein bei jedem Felle der Fall, das nur in Naturfarbe verwendet wird.

Der Steinmarder, der genau dieselbe Verwendung besitzt wie der Edelmarder, hat in der Preisgestaltung dieselbe Entwicklung durchgemacht. Er kostete im Jahre 1914 roh noch 24 Kronen und heute handelt man das Rohfell mit 100 bis 120 Schilling.

Es muß aber auch ganz besonders in Betracht gezogen werden, daß Rohware erst zugerichtet, also gegerbt werden muß. Man weiß nie, wie das Stück nach dem Gerben ausfallen wird. Da kann der Kopf bloßgehen, das heißt die ganzen Haare verlieren, daß nur mehr das nackte

Leder hervorblickt; da kann der wertvolle Schweif zugrunde gehen, es kann im Fell selbst eine größere oder kleinere Stelle vollständig bloßgehen und kahl werden, es kann auch der halbe Marder beim Gerben zugrunde gehen. Dies nennt der Kürschner „Schwund". Bei dem geringen Spielraum an Verdienst, wenn zu teuer eingekauft wurde, ist natürlich der Verlust dann immer größer, weshalb die Warnung, Vorsicht beim Einkauf roher Marder zu üben, nur zu sehr am Platze ist.

Es existiert dann noch der

Charsamarder

(Martes favigula), der auf Java und Sumatra, im Gebiete des Himalaja und in den nordöstlich liegenden Gebirgen bis zum Amurlande vorkommt, ein ziemlich großes Tier, dessen Leibeslänge zirka 60 cm beträgt und das einen Schwanz von 45 cm Länge besitzt. Die Haarfarbe ist am Körper hellgelb, auf der Bauchseite lichter, der Kopf, die Ohren, ein Halsstreifen, Pumpf, Füße und Schwanz sind schwarz, die Kehle rein weiß. Also eine ganz außergewöhnliche Färbung, die uns das Tier wahrhaft interessant genug macht.

Marten

Was wir in Auktionsverzeichnissen als „Marten" angeführt finden und als amerikanischer Marder gilt, ist nichts anderes als der amerikanische Zobel, der in Alaska und Kanada sehr häufig anzutreffen ist und den wir unter „Zobel" näher erörtert haben.

Pahmi oder chinesischer Steinmarder

(Helectis ferro grisea), eine Dachsart, die etwas kleiner ist als der uns bekannte Marder, ein fahlbraungraues Fell besitzt, das oft von silbergrauen Grannenhaaren durchzogen ist, stellt ein sehr haltbares Fell dar. Es kommt hauptsächlich für Herrenkragen in Betracht; erst in den letzten Jahren hat man Versuche gemacht, die Felle marder-, zobel-, nerz- und iltisfärbig einzufärben, um sie für Besatzzwecke, wie auch für Halstierchen verarbeiten zu können. Das Haar ist jedoch etwas zu spießig, wobei aber nicht geleugnet werden darf, daß das Fell ganz hübsch aussieht. Vielleicht kommt auch für den Pahmi die Zeit einer größeren Bedeutung für den Pelzhandel.

Prima zugerichtete Pahmis kosten heute 8 bis 9 sh. engl., bräunlichere Ware 6/6 bis 7 sh., gefärbte Ware je nach Qualität 7/6 bis 8 sh.

Die Hyrare,

eine brasilianische Marderart, zwischen dem Marder und Vielfraß stehend, ist ungefähr 55 bis 60 cm lang, der Schweif wird 40 bis 45 cm. Das Haar ist ziemlich dicht und am Oberkörper braunschwarz, am Bauche fahlgrau.

Das Tier, das in seinem Gehaben unserem Edel- oder Steinmarder gleicht, lebt in den Waldungen Brasiliens bis Paraguay in Erdlöchern, zwischen Felsenspalten oder in hohlen Bäumen.

Ein hübsches Pelztier, der Familie der Marder angehörend, ist

der Iltis

(Mustela Putorius). Seine Länge beträgt ungefähr 40 cm, der Schweif wird 15 bis 17 cm lang. Die Farbe des Iltisses ist nicht einheitlich. Durch das dunkelkastanienbraune Oberhaar schimmert immer wieder die gelbe Wolle durch. Die Grannenhaare sind fein und glänzend. Auf dem Bauche, am Pumpf und im Nacken ist das Tier dunkler gezeichnet. Das Schweifchen und die Klauen sind ebenfalls dunkel. Kopf und Nacken sind flacher behaart, während das Rückenhaar sich dicht und voll abhebt, um dem Pumpf zu wieder etwas niedriger zu werden. Die Schnauzenspitze ist beim Männchen gelb, beim Weibchen weiß. Auch die Ohrenränder weisen diese sonderlichen Farbunterschiede zwischen Männchen und Weibchen auf.

Die Iltisse kommen je nach der Gegend ganz verschiedenartig in der Farbe entwickelt vor. Aber auch die Nahrung bleibt nicht wirkungslos für die Färbung des Felles. Der gutgenährte Iltis, der es versteht, sich Fleisch und Eier zu verschaffen, hat ein volles Haar mit goldgelbem Grund und wird auch Honigiltis genannt. Derjenige, der nur mit Mäusen und sonstiger Nahrung vorlieb nehmen muß, wird im Haargrund weißlicher erscheinen und führt auch den Namen Froschiltis.

Obwohl der Iltis in den verschiedenen Gegenden eine andere Entwicklung zeigt, ist es nicht leicht, einwandfrei sein Herkommen zu bestimmen. Man kann nur allgemeinere Merkmale festlegen, die jedoch oft ineinander aufgehen. Unsere Gebirgsgegenden, wie etwa Oberösterreich, Steiermark, Tirol und Bayern, bringen die schönsten Iltisse. Die Tiere sind außerordentlich groß, voll behaart und schön dunkel gefärbt. Die holländischen Iltisse sind ebenso schön, nur etwas kleiner.

Verbreitet ist das Tier in ganz Europa und Asien. Lappland und Nordrußland kennen ihn nicht. In Asien findet er sich in ganz Sibirien vor. Eigenartig ist es jedoch, daß der russische Iltis nicht so wertvoll ist wie der bei uns heimische, denn der russische Iltis ist hellgelb und der Wert des schönen und guten Felles liegt gerade in seiner dunklen, kräftigen Nuance. Hier haben wir eine sehr bemerkenswerte Ausnahme unter den russischen Tieren, die sich sonst alle durch eine ganz vorzügliche Qualität auszeichnen.

Im südöstlichen Europa, bis nach Polen hinein, ist ein Iltis vorzufinden, der auf der Ober- und Außenseite braun gefärbt und mit gelben Flecken bedeckt ist. Es ist dies der etwas kleinere Tigeriltis, dessen Fell auch kurzhaariger ist.

Der Iltis ist eines der wenigen Tiere, die im Pelzhandel ausschließlich ungefärbt zur Verarbeitung kommen und gerade durch ihre Naturfarbe so wirksam und wertvoll sind.

Die Verwendung dieses Felles ist eine mannigfache. Es wird sowohl für Garnituren und Besätze verarbeitet wie für Halstierchen und größere mehrfellige Stolas. Man schafft daraus aber auch Pelzmäntel und Pelzfutter. Die Sommerpelzmode begünstigt, infolge des hohen Preises der

Edel- und Steinmarder, sehr den Iltis, der immerhin eine echte Fellart darstellt und eine wunderbare Nuancewirkung bietet.

Die Hudson-Bay Company bot im Oktober 1927 80813 Iltisse an, im April 1928 58933. Die Preise zogen gegen Oktober bei dunkler Ware um 25%, bei lichter Ware um 50% an. Amerika war Hauptkäufer. Aus solchen Tatsachen können immer sehr interessante Schlüsse auf die kommende Pelzmode gezogen werden.

Die Auktionspreise der Rohfelle bewegen sich für Primaware zwischen 4 und 5 Dollar (dunkle Ware), während russische Ware kaum die Hälfte einbringt. Die kolossale Preissteigerung dieses Artikels kann daraus ersehen werden, daß die New Yorker Auktion im Mai 1925 bei einer Preissteigerung von 25% gegen die letzte Auktion für deutsche Iltisse (Primaware) 3,20 bis 3,90 Dollar einbrachte, für russische Ware im Durchschnitt 1,20 bis 2 Dollar. Damals kamen nur 9696 Felle auf den Markt.

Der Vollständigkeit halber wollen wir noch erwähnen, daß der Iltis auch mit dem Namen Ratz bezeichnet wird. Das Tier hat einen starken, intensiven Geruch, den es fast niemals verliert. Der Schwanz des Iltis wird für die Pinselerzeugung verwendet. Selbstverständlich weiß auch der Kürschner Verschiedenes damit anzufangen. Für Stolas und Boas werden noch die kleinen Schweifchen verwendet, bei Halstieren genügt der Schweif nicht, da er zu klein ist. Er wird durch gefärbte Fehschweifchen ersetzt.

Eine Iltisart, nach einigen Forschern durch Gefangenhaltung und Zähmung aus dem oben geschilderten Landiltis entwickelt, ist das intensiv gelbe

Frettchen,

das einmal heller, dann wieder dunkler gelb, stets aber mit roten Augen, überall dort vorkommt, wo auch der Iltis zu Hause ist. Das eigenartige Tier war bereits den Alten bekannt und findet sich schon bei Aristoteles und Plinius erwähnt. Es ist etwas kleiner und zarter als der Iltis und wird zur Jagd auf Kaninchen verwendet, die es aus ihren Erdbauen ganz ausgezeichnet vor das Rohr des Jägers zu treiben versteht. Schon unter Kaiser Augustus waren die Frettchen zu diesen Diensten ausersehen. Da hatten sich einst auf den Balearen die Kaninchen derart vermehrt, daß sich die Bewohner nicht anders zu helfen wußten, als den Kaiser aufzurufen. Dieser sandte ihnen einige Frettchen (Viverra), mit deren Hilfe man rasch der Überzahl der Kaninchen Herr wurde.

Aus der Paarung zwischen Iltis und Frettchen entstehen sogenannte Blendlinge, die dem Iltis näherkommen als dem Frettchen. Die Augen sind dann nicht mehr rot, sondern schwarz wie die des Iltis.

Als Pelzträger sind die Frettchen wenig bekannt. Das einfärbige, gelbe Fell hat bis jetzt noch nicht genügend Anreiz dazu geboten. Das Fell wäre aber zu bleichen und zu färben. Das Tier kommt jedoch ziemlich selten vor und dies mag der Grund sein, daß es im Pelzhandel nicht Beachtung findet. Immerhin sollte man die Möglichkeiten, die das Fell für die Pelzverarbeitung ergeben könnte, nicht außer acht lassen.

Eine Frettchenart, die in Sibirien heimisch ist, wird wieder mehr der Verarbeitung zugeführt:

Der sibirische Iltis oder Kolinski,

auch Kolonok und Goldzobel genannt. Sonst dem Frettchen ähnlich, steht er zwischen Iltis und Marder, ist der Farbe nach bräunlich bis rötlich-gelb und besitzt eine weiße Schnauze. Das Tier kommt auf Zobel gefärbt in den Handel und ist allen Kürschnern als Kolinski wohl bekannt. Es wird zu Garnituren und Mänteln verarbeitet und stellt ebenfalls ein recht hübsches und dauerhaftes Pelzwerk dar, das mehr Beachtung finden sollte, als es derzeit der Fall ist. Da die Einzelauktionen bis zu 40000 und 50000 dieser Fellchen auf den Markt bringen, ist sein Vorkommen häufiger als das des gewöhnlichen, bei uns heimischen Frettchens.

Heute färbt man die Kolinski in den Nuancen Nerz, Marder und Zobel und kostet die Ware gefärbt Pfd. St. 1 bis 1/10 pro Stück. Roh bringen die besten russischen Kolinski 3 bis 4 Dollar, chinesische Ware 2 bis 3 Dollar.

Der virginische Iltis oder Pekan,

auch Fischmarder genannt, ist ein großes, starkes, fuchsähnliches Tier, das bis zu 60 cm lang wird und einen Schwanz von 30 bis 35 cm Länge besitzt. Die Farbe des dichten, wolligen Pelzes, mit langen, schönen Grannenhaaren, ist dunkelbraun, doch kommen auch hellere Sorten, ja selbst gelbe Arten vor. Das prachtvolle und kostbare Tier lebt in Erdhöhlen an den Flußufern Nordamerikas und ähnelt sonst in seinen Gewohnheiten sowohl dem Marder, wie auch dem Iltis.

Der Schweif dieses Tieres, der besonders kräftig und buschig ist, wird in Polen gerne zu den Mützen der Nationaltracht getragen.

Der virginische Iltis, englisch Fisher, kommt nicht sehr zahlreich vor. und erscheint bei den Auktionen in einer Anzahl von 2000 bis höchstens 3000 Stück. Der Preis der Rohware ist für Primasorten ungefähr Pfd. St. 10, während für ganz prima dunkle Extraware auch bis zu Pfd. St. 31 erzielt werden.

Zugerichtet kostet die Ware je nach Qualität Pfd. St. 10 bis 30.

Perwitzky oder Tigeriltis

(Mustela sarmatica), ein unserem Iltis ähnliches Tierchen, nur etwas kleiner und mit kürzerem, etwa 1 cm langem Haar versehen, zeigt in seiner helleren und dunkelbraunen Farbe unregelmäßige, hellgelbe Flecken in tigerähnlicher Art. Das Fell wird heute höchstens für Futter oder gefärbt für Garnituren und Besätze verwendet, hat aber im Pelzhandel keine besondere Bedeutung, da andere Sorten den Vorrang einnehmen.

Das Hermelin

Das Hermelin, auch großes Wiesel genannt (Mustela Erminea), ein überaus zartes und kleines Geschöpf, ist eines der gierigsten und blutdürstigsten Raubtiere. Die Länge des Tieres ist nur etwa 25 cm, der mit einer schwarzen Spitze versehene Schwanz erreicht eine Länge von 5 bis 6 cm. .

Das Hermelin ist im Winter reinweiß und ändert dem Sommer zu seine Farbe, ähnlich dem Polarfuchs und dem Schneehasen. Das Fell wird dann mehr oder weniger rotbraun und verliert demgemäß sehr an Wert. Die Meinungen über die Ursachen dieser Färbung gehen ziemlich auseinander. Zum Teil wird angenommen, daß das Tier eine zweifache Haarung mitmache, andere Forscher glauben, daß das Haar im Winter einfach bleiche.

So wurde ein Hermelin beobachtet, bei welchem man am 4. März zuerst einige dunklere Haare zwischen den Augen wahrnahm. Einige Tage später bildete sich an derselben Stelle ein brauner, hie und da von Weiß durchbrochener brauner Fleck. Beim Teilen des Haares nahm man wahr, daß auch der Grund des Haares an dieser Stelle dunkel war. Einen Tag später war das ganze Rückgrat bis über die Schultern hin dunkel gefärbt. Nach weiteren vier Tagen dunkelten bereits die Beine, sowie ein Stück der Schwanzwurzel. Am 18. März durchdrang die dunkle Farbe bereits den Platz um die Ohren und den Hinterhals und zog sich über die Schultern und Hüften bis zu den Füßen. Diese Verfärbung ging jedoch überall derart vor sich, daß eine scharf umgrenzte Scheidung zwischen der dunklen Nuance und dem Weiß eintrat. Der Schwanz sah an diesem Tage dreifärbig aus: das erste Viertel braun, das zweite Viertel weiß mit schwefelgelber Schattierung und die zweite Hälfte, der Schwanzspitze zu, schwarz. Am 19. März war die Umfärbung des Tieres vollzogen.

Dem Winter zu, besonders bei plötzlichem Kälteeinbruch, geht die Verfärbung ins Weiße noch viel schneller vor sich. In milden Wintern jedoch kann man noch lange braune Hermeline wahrnehmen.

Das Hermelin ist so ziemlich überall daheim, man findet es auch in unseren Landstrichen, doch seltener und nicht in derselben guten, dichten Fellqualität als etwa in Sibirien. Von den Pyrenäen und dem Balkan bis hinauf in den höchsten Norden kommt das Hermelin in Europa vor. In Nord- und Mittelasien, in Kleinasien und Persien, ja sogar im Himalayagebiete hat man es beobachtet.

Das Tier ist in ungeheuren Mengen vorhanden und kommt auch zahlreich auf den Markt. Die Güte des Felles ist ganz vorzüglich; das Haar besitzt im Gebrauch eine besondere Widerstandsfähigkeit. Der Preis ist je nach der Moderichtung verschieden. Es gab eine Zeit, da fütterte man mit Hermelinfellchen die Damenpelzmuffe. Heute wohl nicht mehr, den diese Art der Fütterung käme denn doch zu teuer. Obwohl sehr dauerhaft, erhält das Fell mit der Zeit einen schwefelgelben Ton, wohl nicht über die ganze Fellfläche, doch vielleicht etwa an den Stellen, wo sich zuerst der Farbwechsel im Frühjahr vollzieht. Mit chemischen Mitteln, die später noch näher genannt werden, kann man zum Teil diese gelbe Färbung wieder entfernen, doch nicht für immer.

Die Zeit der Pelzgarnitur wies dem Hermelin seinen Platz an. Man verfertigte reizende Schleifchen, Kragen und Muffe daraus, und zwar derart, daß meist zwei bis drei der schmalen Felle nebeneinanderliefen. Die schwarzbespitzten Schwänzchen verwendete man als Ausschmückung der Felle.

Heute, wo die Garnitur momentan weniger oder gar nicht gangbar ist, nimmt man das Hermelin zu Besatzzwecken, vorzüglich aber für Mäntel und Capes.

Auch die Felle des „Sommerhermelins" werden gerne verarbeitet und geben, wenn gut sortiert, ein reizendes Bild. Man erzeugte daraus früher Mädchengarnituren, heute werden hübsche Jacken und Mäntel davon angefertigt.

Auf den einzelnen Auktionen kommen, je nach der Größe der aufgebrachten Menge, 50000 bis 100000 Fellchen, oft auch mehr, zum Verkauf. Sie werden in extraextragroße, extragroße, große, mittlere und kleine eingeteilt und dementsprechend, sowie auch nach ihrer Qualität bewertet. Die Londoner Hudson-Bay-Auktion im April 1928 brachte 114296 Hermeline auf den Markt, die 2/6 bis 15/6 sh. roh erreichten. Es handelte sich hier um amerikanische Ware.

Zugerichtet kostet die Ware, reine, weiße amerikanische Sorten 10 bis 15 sh., etwas gelbliche 5 bis 10 sh. Rein weiße sibirische Hermeline kosten zugerichtet 13 bis 20 sh., etwas gelbliche 10 bis 15 sh.

Das Wiesel

Die Wiesel scheiden sich in zwei Arten: Das große Wiesel, das wir bereits als Hermelin kennen gelernt haben, und

das kleine Wiesel

(Mustela vulgaris), ein nicht nur bei uns heimisches, sondern in ganz Europa und dem nördlichen Asien verbreitetes kleines, zartes Tierchen von 15 cm Leibes- und 5 cm Schwanzlänge. Der Körper ist langgestreckt und sieht dadurch, daß Hals und Kopf in einer Linie weiterlaufen, noch länger aus. Das Haar ist kurz und dicht. Die Haarfarbe ist dunkelrotbraun, die Unterseite weißlich. Diese Nuance trägt das Tierchen jedoch nur im Sommer. Im Winter wird das Fell scheckig und zeigt weiß-braune Flecken. Der Schwanz bleibt jedoch einfärbig und läßt nicht die schwarze Spitze, wie beim Hermelin, sehen.

Einst wenig beachtet, kommt das heimische Wiesel immer mehr zu Ansehen. Es hat in rohem Zustande einen Handelswert von 8 bis 10 österreichischen Schilling, was schon sehr für das Tier spricht, zumal es noch nicht so lange her ist, daß man im Fellhandel kein Interesse für das Fell bekundete.

Ein prachtvolles und deshalb auch sehr kostbares Pelzwerk liefert uns der

Nerz oder der Sumpfotter

(Mustela lutreola), ein Tier, das im Osten Europas in Finnland, Polen, speziell aber in Rußland zu Hause ist und in ganz beträchtlichen Mengen vorkommt.

Das Fell zeichnet sich besonders durch seine Farbegalität aus. Die Farbe ist fast unverändert gleichmäßig über das ganze Fell verteilt. Die Größe des Nerzes beträgt 40 bis 50 cm, der Schwanz wird bis zu 15 cm lang. Das Haar ist kurz und hat kräftige, glänzende Grannen von brauner Farbe. Das Unterhaar ist dicht und wollig. Der Grotzen pflegt meist etwas dunkler zu sein. Der Wert des Nerzes steigt mit der dunklen Nuance seiner Haarfarbe; je lichter der Nerz, desto weniger wertvoll stellt sich das Fell dar. An der Kehle ist ein kleiner, lichtgelber oder weißer Fleck.

Bedeutend schöner, dichter, dunkler und kostbarer als der europäische oder russische Nerz ist

der amerikanische Nerz oder Mink

(Mustela vison), dessen Fell auch größer ist als das der obgenannten Art. Die Farbe ist mehr dunkelnußbraun, der Schwanz braunschwarz, die Kinnspitze weiß.

Aber auch Amerika mit seinen vielen, den verschiedensten Klimaten ausgesetzten Territorien weist diverse Sorten an Nerzen auf.

Da ist vor allem der ausgezeichnete Nerz aus Alaska und Yukon, diesen nördlichsten Gebieten, dann der aus Kanada, um die Hudson-Bai, Baffin-Bai, New Scotland. Wir finden hier die mehr feinhaarigen Nerze mit dunklerem Grotzen, wenn sie auch etwas kleiner sind als andere Sorten. In den Vereinigten Staaten haben wir wieder den mehr grobhaarigeren Nerz.

Auf der April-Auktion 1928 in London ergaben die 32285 zum Verkauf gelangenden Nerze, in fünf Sorten sortiert, nach sieben Staaten eingeteilt, Höchstangebote bis zu 156 sh. Dies waren Nerze aus dem Yukongebiete, die nächsten waren aus Kanada mit 155 sh., während die Alaska Nerze nur 90 sh., in bester Qualität brachten.

Auch der Nerz war einst zur Herstellung von Pelzfuttern verwendet worden, heute schafft man daraus Nerzmäntel bis zum Preise von 30000 österreichischen Schilling und darüber. Der Nerzmantel ist eines der vornehmsten und kostbarsten Pelzstücke, die wir derzeit besitzen, egal in der Farbe und im Haar, prachtvoll in der Wirkung.

Aber auch zu Halstierchen, wie Garnituren und für Besätze wird Nerz verarbeitet, ein Fell, dessen Dauerhaftigkeit den Zobel und Marder noch weit übertrifft. Da zeigt sich die Natur der Otter, die bekanntlich die beste Qualität bzw. längste Haltbarkeit und Dauerhaftigkeit unter allen Pelztieren haben soll.

Interessant ist immer die Feststellung, daß zum Beispiel der amerikanische Nerz qualitativ viel besser ist als der russische, während umgekehrt wieder der russische Zobel unvergleichlich schöner ist als der amerikanische. Es kommt also auch auf die Natur des Tieres selbst an, nicht nur auf die Gegend und das Klima.

Zugerichtete Nerze kosten im Rauhwarenhandel: dunkle feine Ware 120 bis 170 sh., gute Mittelsorten 70 bis 100 sh., gröbere Ware 45 bis 70 sh. und russische Ware 20 bis 70 sh.

Der Skunk, auch Chinga oder Stinktier

(Mephitis varians) genannt, kommt sowohl in Nordamerika, wie auch in Südamerika vor, beide Arten unterscheiden sich aber derart voneinander, daß wir sie einer besonderen Betrachtung unterziehen müssen.

Der Chinga ist der nordamerikanische Skunk. Das Tier wird 40 bis 50 cm lang und besitzt eine glänzend schwarze Farbe; das Haar ist jedoch dem Grunde zu dunkelbraunschwarz. Charakteristisch für den Skunk sind die von der Nase zwischen den Augen hindurch und über den Rücken laufenden weißen Streifen, die der Kürschner „Gabel" nennt. Diese weißen Streifen sind einmal stärker, dann wieder schwächer entwickelt. Sie laufen einmal über den ganzen Rücken und setzen sich bis in den rauhen struppigen Schwanz fort, dann gehen sie kaum über den Kopf hinaus, fehlen aber bei besonders schönen Fellen auch ganz.

Das Auftreten der weißen Gabelstreifen, die vom Kopf an auseinandergehen, bestimmen den Wert des Felles. Je kleiner und schmäler die Gabeln sind, desto wertvoller ist das Skunksfell. Mit dem Zunehmen der Gabel vermindert sich wieder der Wert des Felles. Oft sind diese Streifen schmal, dann werden sie in der Haarwirkung auch 4 bis 5 cm breit, ja weiten sich derart aus, daß sie am Rücken ineinander aufgehen. Wir sprechen dann von Weißskunk. Diese hatten bis vor kurzen im Naturzustande wenig Verwendung. Die Felle mußten schwarz gefärbt werden und kamen dann als gefärbte Skunks zu einem bedeutend niedrigeren Preise als die vollwertige Naturware in den Handel.

Heute ist das vielfach anders geworden. Die Schwarz-Weiß-Mode begünstigt auch die Verarbeitung des Gabelskunks zu Krägen, Besätzen und besonders zu kleinen Halstieren, Koletts genannt. Da macht sich der Gabelskunk mit den weißen Streifen, die das ganze Fell merklich beleben und ihm den notwendigen Kontrast verleihen, sehr nett.

Freilich steht trotzdem der schwarze Skunk immer im Werte noch bedeutend höher.

Auf dem Bauche ist das Fell oft kahl oder zumindest schwächer behaart. Die Behaarung des Skunks macht bei der Verarbeitung überhaupt viel Kopfzerbrechen. Es gibt nicht viele Felle, die solche Unterschiede in der Haarstruktur aufweisen wie der Skunk. Der Kopf ist flacher behaart, der Rücken, besonders aber der Pumpf, sehr rauh. Der schönste Teil des Mittelrückens wird „Medaillon" genannt. Soll nun ein Fell an das andere gearbeitet werden, ergeben sich Schwierigkeiten, die nur durch technische Methoden überwunden werden können.

Nach jahrelangem Tragen blaßt die Farbe des Skunks aus, das Fell wird heller, brauner, schließlich fast rotbraun. Das eben deshalb, weil man es zufolge seiner Dauerhaftigkeit länger tragen kann als ein anderes Fell, das früher zugrunde geht, als daß es seine Farbe ändert.

Den Namen Stinktier hat der Skunk, weil er, wenn angegriffen, aus einer Drüse eine äußerst widerlich riechende Flüssigkeit ausspritzt.

Das Skunkfell ist, wie der Marder, Zobel oder Nerz, ein Fell, das seinen vollen Wert nur im Naturzustande, also ungefärbt, bewahrt.

Die hellen Sorten werden jedoch, wie wir schon erwähnten, teils schwarz und in letzter Zeit nach dem Bleichen auch auf Marder- oder Zobelfarbe eingefärbt. Sie imitieren die Zobel und Marder selbst als echte Tiere und werden auch ihrer Haltbarkeit wegen gerne in diesen Nuancen gekauft.

Früher fütterte man wohl auch mit Skunk, heute vielleicht noch mit dem qualitativ minderen und billigeren südamerikanischen Skunk.

Damit kommen wir zum

südamerikanischen Skunk oder Surilho,

wie ihn die Brasilianer nennen. Dieser ist etwas kleiner wie die nördliche Art und zeigt seidigeres Haar, das weniger Dichte aufweist. Man darf nun nicht annehmen, daß dieses seidige Haar ein Vorteil vor dem grobhaarigeren nordamerikanischen Skunk wäre. Im Gegenteil. Der südamerikanische Skunk ist dadurch weniger dauerhaft. Er ist aber auch nicht schwarz, sondern nur braun, manchmal auch rotbraun, ja noch viel heller, so daß die Gabeln, die er aufweist, aus der hellbraunen Farbe fast nicht mehr besonders herausleuchten. Selten fehlen dem Tiere die Gabeln ganz, dann bietet es sich auch schwärzer dar. Niemals erreicht es aber die Schönheit und Güte der nördlichen Art.

Es ist eine Eigenart dieser Tiere, daß man kaum zwei Skunks findet, die einander in der Farbe und in der Gabelanordnung vollständig gleichen.

Das Tier lebt in der Ebene, manchmal auch in Wäldern, wenn dieselben nicht zu dicht sind. Dort gräbt es seine Erdlöcher, um nach Käfern zu suchen, die seine Nahrung bilden. Der Skunk ist ein Nachttier, das erst mit Beginn der Dämmerung aus seinem Versteck hervortritt. Auch dieser Art fehlt die Stinkdrüse nicht.

Lange blieb das Fell des Surilho ganz unbeachtet, bis man daraufkam, durch die verschiedenen Modenuancen für seine Verwendung Sorge zu tragen. Heute finden wir die dunkleren Gabelsorten in Naturfarbe, um für Halstiere und Besätze Verwendung zu finden, die helleren Felle werden in den verschiedensten Farben, vornehmlich aber in Marder- und Zobelfarbe, eingefärbt. Man hat die Felle vor Jahren, als die Sonnenbrandopossum kurze Zeit in Mode waren, auch unter Einwirkung chemischer Mittel gebleicht, doch hielt diese Nuance gleich dem Sonnenbrandopossum kaum über eine Saison.

Skunksfelle kommen in ziemlichen Quantitäten auf den Markt. Die Londoner Jänner-Auktionen brachten bei Lampson & Co. 500 000, Fred. Huth & Co. 200 000, Hudson-Bay Company 796 000 Stück. Die New York Auction brachte im April 1928 163 000 Skunks zur Versteigerung. Das Sortiment fällt meist in fünf Teile. Die amerikanische Auktion sortierte bis zu zwölf Arten und teilte überdies die Felle nach der Herkunft ein, wie Ware aus Neuengland, Nord Ohio, Pennsylvanien, Michigan, Südostware, Nordwestware, Kansas und Nebraska, Südwestware und Felle von der Küste. Die höchsten Preise erzielte Nordwestware.

Interessant ist auch die Tatsache, daß man die aus den Skunks ausgeschnittenen Gabeln wieder zusammensetzt, sie färbt, um daraus wieder Besätze, Garnituren und Halstiere anzufertigen. Auch die Skunksschweife, die sonst wohl für die Verarbeitung nicht in Betracht kommen, weil sie zu sehr von dem übrigen Fell abweichen, werden gesammelt, zusammengearbeitet und eingefärbt. Sie geben zwar ein ziemlich rauhes Material, sind aber billig und dauerhaft.

Die Lyrakatze, Civet cats oder Bandiltis

ist ein marderartiges Stinktier wie der amerikanische Skunk, lebt jedoch in Afrika und wird von den Bewohnern des Vorgebirges der guten Hoffnung Zorilla oder Maushund genannt. Das auffallend gezeichnete Tierchen hat eine Leibeslänge von 35 cm, während der Schwanz allein 25 cm lang wird. Kurze Beinchen tragen einen etwas gedrungenen Körper, der ein dichtes und langes Haar zeigt; der Schwanz ist buschig. Die Grundfarbe des Felles ist ein glänzendes Schwarz, das von weißen Flecken unterbrochen wird, die meist die Zeichnung einer Lyra aufweisen, welche Tatsache dem Tier im Pelzhandel den Namen gegeben hat. Der penetrante Gestank, den das verfolgte Tier, wie der amerikanische Skunk, durch eine ausgespritzte Flüssigkeit ausströmt, hat ihm unter den Eingeborenen auch den Namen „Vater des Gestanks" gegeben.

Für die Pelzverarbeitung bietet die Lyrakatze ein schönes, ziemlich stark begehrtes Fellchen. Einst machte man wohl daraus nur Stadtpelzfutter, die sich durch eine große Haltbarkeit auszeichnen, heute hat sich die Damenpelzmode auch dieses Fellchens angenommen; besonders die ab und zu auftauchende Schwarz-Weiß-Mode hat dieses Tier recht forciert und so verarbeiten wir heute die Lyrakatze nicht nur für Besätze und Halstierchen, sondern auch für ganze Jacken und Mäntel.

Die Otterarten

Die Otter stellen eine Marderart dar und bilden sozusagen den Übergang zu den Robben oder Seehunden. Für unsere Zwecke kommen hauptsächlich in Betracht der Fischotter (Lutra vulgaris), der Riesenotter (Lutra brasiliensis) und der Seeotter oder der Kamtschatka-Biber (Lutra lutris).

Der Fischotter

ist uns Kürschnern als der Lieferant des dauerhaftesten Pelzwerkes bekannt. Man hat lange Zeit den Waschbär für das dauerhafteste Pelzwerk gehalten. Vorgenommene Prüfungen, bei welchen man die in Betracht kommenden Felle künstlichen Reibungen aussetzte, um den Grad ihrer Haltbarkeit zu erproben, haben ergeben, daß die Otter unter den heute bekannten Pelzwerken das dauerhafteste darstellen.

Da ist vor allem der in ganz Europa heimische Fischotter, dessen Aufenthalt sich dann noch weiter über Asien, Amerika und auch Afrika erstreckt, aber im Norden über den Polarkreis nirgends hinaufreicht.

Dieser Wassermarder, der uns, von vorne gesehen, wirklich ganz an den Marder erinnert, wird bis zu 80 cm lang. Auffallend ist der zirka

40 bis 45 cm lange, an der Wurzel fast körperdicke Schwanz, der dann ganz spitz ausläuft. Das Haar ist kurz und außergewöhnlich kräftig entwickelt, von graubrauner bis rotbrauner Farbe und hat ein dichtes, seidiges Unterhaar. Dem Rücken zu ist das Haar etwas dunkler, ohne jedoch einen markanten Rückenstreifen aufzuzeigen. Die Bauchseite ist heller, an den Halsseiten und am Kehlkopf bietet sich die Farbe sogar weißlichgrau dar.

Seltener kommt das Tier auch gescheckt vor und führt dann den Namen Albino. Kleine junge Otter nennt man Milchotter, die aber keineswegs das vollentwickelte, weiche, wollige Haar des erwachsenen Tieres aufweisen.

Die Otter kommen sowohl in ihrer natürlichen Beschaffenheit, wie vornehmlich aber gerupft und auf Seal gefärbt in den Handel. Beide Arten werden aber nur für Kragen auf Stadtpelze verwendet. Die Zeiten, wo man damit auch Futter herstellte, liegen weit zurück. Der schwarzgefärbte Sealotter ist indessen nur an der Haaroberfläche schwarz, bläst man in die Haartiefe, dann bietet sich die Grundwolle braungoldig glänzend dar.

Ein qualitativ besseres Fell als der europäische Fischotter liefert

der amerikanische oder kanadische Otter,

der nicht nur größer ist, sondern auch ein kräftigeres und rauheres Pelzwerk bietet. Er ist auch in der Farbe dunkler, braun bis schwarzbraun, und hat als virginischer Otter für den Pelzhandel eine ganz besondere Bedeutung.

In Brasilien ist der

Riesenotter oder Ariranha

heimisch, der sich bedeutend größer darstellt als die oben angeführten Otter. Die Länge beträgt zirka 1 bis $1^1/_2$ m, das Haar ist schokoladebraun und kürzer als das aller anderen Arten.

Der kostbarste, leider auch am seltensten vorkommende Otter ist der

Seeotter oder der Kamtschatka-Biber, auch Kalan,

ein großes, prachtvolles Tier, das uns schon deutlicher den Übergang zu den Seehunden darstellt. Es lebt in den Gewässern des westlichen Nordamerika und dem Nordosten Asiens, hauptsächlich in der Nähe der langvorgestreckten Halbinsel Kamtschatka, nach der es ja auch benannt ist. Auch die Stadt Sitka auf Kamtschatka gibt den Namen zu den prachtvollen Sitkafellen dieser Art.

Das Tier wird bis zu $1^1/_2$ m lang, ohne den Schweif, der eine Länge von 30 bis 40 cm erreicht. Das Fell übertrifft selbst das der kanadischen Otter an Größe, Dichte, Langhaarigkeit und damit auch Schönheit und Kostbarkeit. Die Farbe ist dunkelbraun und läßt feine, schwarze Grannen durchbrechen, die aus einer weißlich-grauen Unterwolle herauskommen. Ja, es gibt Felle, die fast schwarz anmuten und auch ein entsprechend dunkleres Unterhaar aufweisen. Je dunkler, desto wertvoller ist der Pelz. Diese Felle weisen aber auch noch weißgespitzte Grannen auf, die eine wundervolle Gesamtwirkung ergeben. Die Höhe des Haares, welche 2 bis 2 ½ cm beträgt und das außerordentlich dicht und wollig ist, hat viel Ähnlichkeit mit dem Biber, daher auch der Name Kamtschatka-Biber.

Hier bietet sich uns wohl eine schier unbegrenzte Haltbarkeit eines Felles, das leider immer seltener wird. 22 Felle brachte die Hudson Bay Company im Jänner 1928 auf den Markt gegen 5 Felle im Oktober des Vorjahres. Die April-Auktion brachte 13 Felle, die roh, einheitlich mit Pfd. St. 80 aus dem Markt gingen.

Natürlich dachte man auch daran, der Ausrottung dieses wertvollen Tieres durch eigene Schutzmaßnahmen Einhalt zu tun. In den siebziger Jahren konnte man noch 4000 bis 5000 Seeotter auf den Märkten sehen, dann verminderte sich ihre Zahl von Jahr zu Jahr. Es wird wohl jetzt langsam wieder besser, die Zahlen von einst werden wir aber niemals wieder erreichen, obwohl sich die Tiere bei jahrelanger Schonung wieder ziemlich rasch vermehren würden.

Auch dieses Fell wird nur für Herrenkragen verwendet, da es für Damenkonfektion zu schwer ist.

Der Dachs

(Meles vulgaris), ein in unseren Gegenden vorkommendes Tier, das sonst noch in ganz Europa heimisch ist, kommt für die Pelzverarbeitung wenig in Betracht. Das Tier ist ungefähr 65 bis 80 cm lang und besitzt langes, borstenähnliches Haar, das es als Pelztier nicht geeignet macht. Dem Haar fehlt jede Weichheit und Geschmeidigkeit und wird dasselbe fast ausschließlich für die Pinselfabrikation verwendet. Sonst hat es nur noch für die sogenannte Fellspitzerei Bedeutung. Zu diesem Zwecke werden die Haare ganz am Grund abgeschnitten, mit einem Klebestoff versehen und dann mittels einer Pinzette in andere Fellarten eingezogen.

So spitzt man schwarzgefärbte Füchse mit Dachshaaren, um ihnen das Aussehen von Silberfüchsen zu verleihen respektive eine entsprechende Imitation zum Silberfuchs zu schaffen. Man spitzt ebenso gerne abgeriebene und im Haar etwas unansehnliche Füchse, um ihnen durch die eingesetzten Fellspitzen, die aus dem dunklen Fuchs herausleuchten, wieder mehr Leben zu verleihen.

Charakteristisch ist der Kopf des Dachses, der eine rüsselförmige Gestalt zeigt, sonst weiß ist und nur von der Schnauze über die Augen, die sehr tief liegen, hinweg, bis zu den Ohren zwei schwarze Streifen aufweist. Das Haar ist weißlich-grau, läuft dann dunkel aus, um nahe der Spitze wieder mit einem weißen Ring zu enden.

Ähnlich ist dann noch der Stinkdachs, der gleich anderen Tieren dieser Art auch eine Drüse besitzt, aus welcher er eine Flüssigkeit ausspritzt.

Auch der Honigdachs unterscheidet sich, kürschnermäßig empfunden, nicht viel von den beiden genannten. Nur der Rücken ist breiter und die Schnauze kürzer.

Grison,

ein marderartiges Tier, das zwischen diesem und dem Vielfraß steht und in Britischguinea und von Brasilien bis Paraguay angetroffen wird, ist zirka 45 cm groß, der Schwanz ist 20 cm lang, das Haar liegt eng an dem Körper, der Oberleib ist hellgrau, der Bauch dunkelbraun getönt. Vom Kopfe läuft ein hellgelber Streifen gegen die Schultern, der sich im Auslaufe etwas verbreitert. Schwanzspitze und Ohren sind gelb. Das Tier ähnelt in seiner Lebensweise unserem Iltis. Erdhöhlen, hohle Bäume oder Felsspalten dienen ihm als Unterschlupf, es wird aber ab und zu auch auf den Maierhöfen zur Vertilgung der Ratten gehalten, sucht jedoch bald seine Freiheit wiederzugewinnen.

Der Vielfraß

(Gulo articus), ein bis zu 75 cm Körper- und 20 cm Schwanzlänge großes, bärenartiges Tier, mit zottigem, gelbbraunem bis braunschwarzem Haar, belebt fast überall den Norden der Erde. Das Pelzwerk des Tieres ist sehr haltbar, kann sich aber wegen des groben Haares nicht richtig durchsetzen.

Wolverine heißt das Tier im Englischen und kommt in einigen tausend Stück jährlich zu den Auktionen, wo es mit 15 bis 20 Dollar verkauft wird. Zugerichtet kosten Vielfraße Pfd. St. 4 bis 8.

Verwendet wird das Fell für Garnituren und Besätze, jedoch nicht sehr häufig, da es sich doch etwas zu grob und schwer darbietet.

Die Schleichkatzen und Mangusten

Die Schleichkatzen sind die Vertreter des Marders in den südlichen Ländern der alten Welt. Sie waren bis auf die Zibetkatze dem Pelzhandel bis in die letzte Zeit ziemlich fremd, nun scheint dies aber anders zu werden. Wir finden unter den Schleichkatzen und Mangusten Arten, die, speziell bei der herrschenden Moderichtung, ein schönes und auch gutes Fell bieten.

Die Katzenfrett oder Cacamizli,

wie das Tier bei den Mexikanern genannt wird, ist die einzige Zibetart, die in Amerika vorkommt. Das Tier wird 80 bis 85 cm lang und hat einen 10 cm langen Schwanz. In der Gestalt ähnelt es sehr dem Fuchs, dessen verschlagenen Blick es hat, doch ist der Körper etwas schlanker. Das lange, weiche Haar, aus welchem längere Grannen hervortreten, ist an der Oberseite dunkelbraun-grau, mit schwarzen Haaren gemischt; der Bauch gelblich-rotbraun, die weiße Schnauze ist achtmal schwarz geringelt.

Dieses außergewöhnlich lebhafte Tier, das in seinen Bewegungen an das Eichhörnchen erinnert, hat deshalb von den Mexikanern den Namen erhalten, der auf deutsch „Katzeneichhörnchen" bedeutet. Das Tier hält sich auf Bäumen auf wie in Erdhöhlen, aus welchen es aber erst mit Sonnenuntergang hervorkommt.

Die nächste Art wäre

der Palmenroller oder Rollmarder,

der sowohl der Gestalt wie auch der Färbung nach den Ginsterkatzen sehr ähnlich ist. In der Größe ungefähr unserer Hauskatzen, mit gestrecktem, kräftigem Leib, zeigt das Tier einen vollen, wolligen Pelz mit zarten Grannenhaaren von gelblich-schwarzer Grundfarbe. Längs des Rückgrates laufen drei Reihen schwarzer Flecke. Das Tier lebt in Asien.

Ein naher Verwandter des Palmenrollers ist der

Musang,

der auf Sumatra, Java und Borneo zu Hause ist und sich etwas kleiner als der Palmenroller darstellt.

In China kommt eine ähnliche Art vor,

der Larvenroller,

der in der Größe ungefähr den beiden vorgenannten Arten gleicht. Das Haar ist ziemlich dicht und voll, präsentiert sich an der Oberseite gelbgrau, der Kopf ist schwarz, Unterkiefer und Kehle sind grau. Von der Nasenspitze bis zum Hinterkopf läuft ein weißer Streifen, ein zweiter geht unter den Augen und ein dritter darüber hin. Ohren, Füße und Schwanzspitze sind grauschwarz.

Eine andere Schleichkatze, die den genannten Rollmardern sehr ähnlich ist, obwohl plumper als diese, ist

der Mampalon,

ein Tier von 55 bis 60 cm Länge und einem Schwanze von 12 bis 15 cm. Das Fell ist gelbbraun und ebenfalls ziemlich voll und dicht. Das Tier lebt an den Gewässern von Borneo und Sumatra auf Bäumen.

Die nächste Art der Schleichkatzen sind die hundefüßigen

Mangusten oder Ichneumone,

die einen auf schwächeren Füßen ruhenden längeren Körper besitzen. Der kleine Kopf hat eine spitze Schnauze, eine kurze Nase und runde Ohren. Der Schwanz ist kegelförmig, das Fell voll und langhaarig.

Der bekannteste Vertreter dieser Art ist

der Ichneumon, die „Ratte der Pharaonen",

ein Tier, das den Ägyptern heilig war und das wir heute noch in den Museen unter einbalsamierten Tiermumien vorfinden.

Der Ichneumon hat eine Größe von 65 cm, der Schwanz wird bis zu 40 cm lang. Der schlanke, kräftige Körper trägt ein dichtes, wolliges Fell von rostgelber Farbe, welches von 6 bis 7 cm langen Haaren gebildet wird, die schwarz und gelblich geringelt sind und in eine gelbgraue Spitze enden. Das ganze Haar des Tieres erhält dadurch einen grüngrauen Stich. Am Rücken ist die Farbe dunkler, den Seiten zu hellt sich dieselbe auf. Der Schwanz ist dick und scheint voll aus dem Körper herauszutreten; am Ende zeigt er eine pinselförmige Quaste.

Die nächste Art der Manguste ist

der Mungo,

der den Ichneumon in Indien vertritt und dort wegen seiner Jagd auf Schlangen zahm in den Häusern gehalten wird, um die gefährlichen Tiere von den Räumen abzuhalten. Das Tier ist etwas kleiner als der ägyptische Ichneumon und hat eine hellgrauere Färbung.

Ein naher Verwandter ist die

Goldstaubmanguste

auf Java und Sumatra, die eine dunkelbraune Färbung zeigt, mit einer zarten goldgelben Schattierung, die den Eindruck erweckt, als wäre das Fell mit Goldstaub bestreut.

Sehr hübsch ist die etwas kleinere

Zebramanguste,

die sonst aber denselben Körperbau aufweist. Der Pelz ist dicht und voll, von fahlgrauer Farbe und zeigt dunklere Haarspitzen. Schwarze und hellere Querstreifen laufen über den Oberkörper, die dem Tiere eine überaus nette Zeichnung geben. Der Schwanz ist schwarz.

Die Zebramanguste lebt in Südafrika.

Die Fuchsmanguste oder das Hundsfrett

wird 50 cm lang und hat einen Schwanz, der eine Länge von 25 cm erreicht. Das Haar ist glatter als bei den vorhergenannten Arten und hat eine rotgelbe Farbe. Auch dieses Tier lebt in Südafrika.

3. Nagetiere

Chinchilla

Die Chinchillas (Eriomys Chinchilla) haben eine Länge von ungefähr 30 cm und einen Schwanz von ungefähr 15 cm, besitzen einen weichen und seidigen Pelz, dessen Haare auf dem Grunde tief blaugrau sind, während sich das Oberhaar dunkelgrau und silbergrau darbietet. Die Farbe ist jedoch nicht so einheitlich, daß man von einem Grau überhaupt reden kann. Das Haar ist ungemein dicht und fein, und so wühlt jede leichte Bewegung dasselbe in den Grund auf und dieses ständige Wogen und Flattern bietet eine reiche Nuancierung, in der gerade das tiefblaugraue Unterhaar durchscheint oder sich wieder das Oberhaar spiegelt. Dann sieht das Tierchen wieder wie angeschneit aus. Reinweiß ist die Unterseite der Füßchen, der Schwanz hat zwei dunkle Streifen eingezeichnet.

Ihr Aufenthalt sind die Kordilleren Südamerikas, wo sie in Höhen von 2000 bis 3000 Metern sich am wohlsten fühlen und auch das beste Fell tragen.

Bei den Auktionen nehmen die Chinchillas einen sehr bescheidenen Raum ein und werden oft infolge des hohen Preises wieder zurückgezogen.

So brachte die New York Auction im Mai 1925 91 Felle auf den Markt, die keinen Käufer fanden. Die Oktober-Auktion 1926 brachte 260 Felle, im April 1927 gab es nur 53 Fellchen an der Auktion, wo Millionen andere Felle verkauft wurden, bei der April-Auktion im Jahre 1928 fehlte dieser sonst so begehrte Artikel gänzlich. Auch die Hudsons Bay Company in London hatte im Frühjahr 1928 kein Anbot mehr zu machen.

Der Preis des echten Chinchillas ist sehr variabel. Wer derartige Felle hat, sucht eventuell ein Anbot des Käufers zu erhalten und richtet sich ganz nach dem Bedarfe. Man begehrt je nach Größe und Qualität 300 bis 700 Schilling österreichischer Währung.

Was wäre da näherliegend als die Zucht dieser Tiere? Man hat es natürlich versucht, aber ist zu keinem greifbaren Ergebnis gekommen. Dabei aber gelingt es, die Chinchillas zahm zu halten.

Was heute unter dem Namen Chinchilla in den Handel kommt, stellt entweder Bastarde oder Imitationen dar, von welchen im nachfolgenden die Rede sein soll. Das strenge Fang- und Ausfuhrverbot, das die chilenische Regierung erlassen hat, dürfte kaum eine merkliche Wirkung mehr erzielen.

Bastardchinchilla oder Wollmaus

(Eriomys langiera) ist ein dem echten Chinchilla sehr ähnliches, doch bedeutend kleineres Tier, das nur eine Länge von ungefähr 24 bis 30 cm erreicht. Es lebt in Nord- und Mittelchile in ganz ähnlicher Weise wie die echten Chinchillas. Diese Tiere bieten nun den Ersatz für die echten aussterbenden Chinchillas und haben viel Ähnlichkeiten mit unserem Hasen, der ja auch ein Nager ist.

Als Stellvertreter der Chinchillas finden sie im Handel große Verbreitung und kosten immerhin, je nach Qualität, 3 bis 6 sh.

Ein anderes, dem Chinchilla ähnliches und ihn vertretendes Tier sind die Chinchillonas, die in den gebirgigen Abschnitten von Argentinien und Peru hausen. Die besten Felle kommen aus Mendoza und Cata Marca. Sonst kommen sie aber auch in Chile und Bolivien vor, wo sie eine sehr gute Qualität liefern, die wohl nicht an die argentinischen Sorten heranreicht, dennoch aber im Handel sehr verbreitet ist.

In den kalten Höhen gedeihen sie am besten, ganz wie die echten Chinchillas. Ihr Haar ist außerordentlich weich und seidig, sehr hochhaarig und zeigt sich in den besten Sorten auf dem Rücken bläulich-grau, an den Seiten jedoch weiß.

Für den Pelzkonsum kommen nur die Winterfelle in Frage, während die anderen Sorten ziemlich wertlos sind. Sie lassen stark die Haare, sind gefleckt und oft rostbraun.

Was sonst bei diesen Arten nie der Fall war, das geschieht bei den Chinchillonas: man färbt sie auch in andere Nuancen ein. Das Fell ist jedoch an sich nicht sonderlich dauerhaft, weshalb es nur für Besatzzwecke Verwendung findet.

Der Biber

(Castor fiber), eines der größten Nagetiere, bietet heute auch eines der kostbarsten und immer seltener werdenden Pelzwerke. Einstmals in Europa verbreitet, ist dieses Tier hier ausgestorben. Neuerdings aber hat man versucht, das Tier in Europa zu züchten, und zwar mit bestem Erfolge. Die eigentliche Heimat des Bibers ist Nordamerika, wo er wohl auch nicht mehr so zahlreich vorkommt. Der hohe Preis war Ursache eines starken Trappens nach dem Biber, hunderttausende Felle kamen jährlich auf den Markt, bis die Trapper selbst einsahen, daß mit der drohenden Ausrottung dieser Tiere auch dem Erwerbe großer Schaden zugefügt werde. So erließen die Regierungen Fangverbote und führten Schonzeiten ein. Man ließ den Biberfang in der Zeit vom 15. Dezember bis Ende April zu, beschäftigt sich jedoch mit der Frage, ob die übrige Zeit als Schonzeit überhaupt genüge und dieselbe nicht auf einige Jahre ausgedehnt werden sollte.

Der Biber, einst ein allgemeineres Pelzkleidungsstück, ist heute schon infolge seines horrenden Preises zur Seltenheit geworden. Kostete das Tier vor Jahren noch 50 bis 60 Mark, werden heute 200 bis 300 Mark gefordert. Dies ist um so bedauerlicher, als gerade Biber ein außergewöhnlich dauerhaftes Pelzwerk darstellt, das den Ruf der Unverwüstlichkeit besitzt. Für ganze Mäntel ist das Fell wohl etwas zu voll im Haar, dennoch wird es dort, wo man nicht gezwungen ist, zu sparen, auch für diese Zwecke verarbeitet. Sonst ist es ein ideales Fell für Besatzzwecke wie für Herrenkragen. Einstmals hat man Mützen aus Biber angefertigt.

Der Biber wird 75 cm bis 1 m lang und kann ein Gewicht bis zu 25, ja selbst 35 kg haben. Der Leib ist eigenartig geformt: rückwärts bedeutend dicker als im Rücken, der etwas gewölbt erscheint. Kurze, kräftige Beine schleppen den starken Körper fast am Boden dahin. Die Füße besitzen zwischen den scharfen Krallen Schwimmhäute.

Die Farbe des Felles ist dunkelkastanienbraun, am Bauch etwas heller. Es faßt sich weich und läßt stärkere, dunklere Grannenhaare durchtreten. Am Grunde ist die dichte Wolle fast silbergrau.

Ganz eigenartig ist der große, kahle und schuppenbedeckte Schwanz, der scheinbar dem Tiere gar nicht angehört; so verschiedenartig ist er von dem Tiere selbst.

Am Bauche, nahe dem After und den Geschlechtsteilen befinden sich zwei Absonderungsdrüsen, die sogenannten Geil- oder Castorsäcke.

Diese sondern das Bibergeil oder Castoreum ab, eine dunkle, rotbraune Flüssigkeit von eigenartigem, durchdringendem Geruch.

Interessant sind die burgenähnlichen Bauwerke der Biber, die sie oft nebeneinander anlegen und dadurch den Boden unterminieren. Sie bauen aber auch aus selbstgefällten und zernagten Bäumen ganze Dämme und Burgen, erstere in einer Ausdehnung von mehr als hundert Metern. Sie stauen das Wasser und führen dadurch oft eine gänzliche Umänderung der Umgebung durch, da sich das nachdrängende Wasser einen anderen Weg suchen muß.

Des Nachts sind die Biber tätig. Kaum ist die Sonne untergegangen, gehen sie an ihr Werk. Man hört ihr Pfeifen, das sie beim Verlassen ihrer Burgen ausstoßen, dann fallen sie mit einem deutlich vernehmbaren Plumps ins Wasser. Sie schwimmen, wenn ungefährdet, meist mit dem Kopf über Wasser. Fühlt sich das Tier ganz sicher, dann verläßt es das Wasser und sucht seine Nahrung oder weiteres Material zur Befestigung seiner Burgen und Dämme. Man hat Bäume von 70 cm Durchmesser gefunden, die von den Bibern vollständig durchnagt waren. Aber mit einzelnen Stämmen begnügen sie sich nicht; zahlreiche Stämme liegen so verstreut umher. Zuerst entfernen die Biber die Äste, dann zernagen sie die Stämme in kleinere Teile, um sie als Pfähle für ihre Bauten zu verwerten. Mit den abgenagten Zweigen und Ästen kleiden sie ihre Behausungen aus.

Interessant ist auch, zu hören, daß sich junge Biber zähmen lassen und bei Indianern als Haustiere vorgefunden wurden.

Man versucht jetzt auch, den Biber in Farmen zu züchten, und Polen weist zurzeit sieben Biberfarmen mit 130 Tieren auf, die mit norwegischen Bibern gekreuzt werden.

Der Wert des Bibers galt einst als Standard. Für soundsoviele Biberfelle wurde ein Gewehr eingetauscht, hingegen galt ein Biberfell wieder für soundsoviele Bisamfelle und andere.

Einen interessanten Überblick geben die Ziffern einiger Auktionen:

New York Auction im Mai 1925 7916 Biberfelle, die aus Ost- und Westkanada und aus den Weststaaten stammten. Den höchsten Preis erzielten ostkanadische Biber, bis Dollar 37,75, westkanadische bis 34,25, hingegen die aus den Weststaaten kommenden nur 31,25 in besten Sorten. Mindere Ware wurde zu 5 bis 8 Dollar abgesetzt.

An der New York Auction im September 1926 kamen 7800 Biber zur Versteigerung, im April 1927 ebendort 3427 Felle und im April 1928 5000 Stück.

Hingegen versteigerte im April 1928 die Hudson-Bay Company in London 11 225 Biberfelle von 52 bis 166 sh. pro Fell.

Nutria oder amerikanischer Sumpfbiber, auch Koipu

genannt, ist ein Tier, das in Südamerika heimisch ist und besonders in den La Plata-Staaten, Buenos-Aires und auch noch südlicher vorkommt. Das Tier lebt paarweise an Flüssen und Seen, wo es sich selbst

Höhlen am Ufer gräbt, jedoch hauptsächlich unter Wasser sich aufhält. Die Farbe des Nutrias ist dunkelbraun, auch rötlichbraun, und hat eine kurze, dichte, seidige Wolle, da sich das Tier in sehr warmen Klimaten aufhält. Der Nutria gleicht sonst bis auf den Schweif dem echten nordamerikanischen Biber und wird, da er wesentlich billiger ist als dieser, als dessen Imitation im Pelzhandel verwertet. Einst kam er nur für die Hutindustrie in Frage, dann schufen die Kürschner daraus Pelzfutter und Garnituren, heute hingegen ist der Nutria ein Edelpelz geworden und werden die feinsten und kostbarsten Nutriamäntel daraus erzeugt, die in besten Qualitäten 2500 bis 3000 österreichische Schilling kosten.

Das Fell ist zirka 60 bis 70 cm lang und im Leder wunderbar weich und geschmeidig, weshalb es sich auch prachtvoll dehnen läßt. Aus dem feinen Wollhaar dringen vielfach zarte Grannenhärchen heraus, die hellere Spitzen aufweisen.

Man kam auf die richtige Verwendung des Nutrias vorerst durch das Rupfen der Haare, wodurch man dem Fell das Aussehen eines niederwolligen Bibers verlieh. Heute ist die Technik so vorgeschritten, daß die maschinelle Bearbeitung des Nutriafelles eine herrliche Wirkung erzielt, die das Fell so begehrenswert erscheinen läßt.

Als besonders auffallend muß konstatiert werden, daß die Felle der Nutrias vielfach auf dem Rücken aufgeschnitten werden.

Die großen Auktionen bringen 30000 bis 40000 dieser Felle auf den Markt, die in fünf bis sechs Qualitäten sortiert werden und von Jahr zu Jahr höhere Preise bringen. Ganz billige Qualitäten werden heute noch für die Hutmacherei verwendet.

Zugerichtete Nutria kosten in großer, guter Ware 36 bis 60 sh., mittelgroße 15 bis 30 sh., kleine 8 bis 15 sh.

Kamtschatka-Biber siehe unter Seeotter.

Die Bisamratte oder Ondrata

(Fiber zibeticus) eine Mittelsorte zwischen Biber und Wühlmäusen, ist ein für die Pelzverarbeitung äußerst wichtiges und gesuchtes Tier. Seine starke Vermehrung und die allseitige Jagd auf dieses Tier, das durch seine Erdunterwühlungen großen Schaden zufügt, sind Ursache, daß viele Millionen dieser Felle jährlich auf die Auktionen kommen.

Der für die Pelzverarbeitung in Betracht kommende Bisam stammt aus Amerika und Rußland; alle jene Sorten, die auch schon in unseren Gegenden vorkommen, werden wohl ebenfalls verarbeitet, sie halten jedoch qualitativ keinen Vergleich mit russischer und amerikanischer Ware aus.

Der amerikanische Bisam selbst ist je nach seinem Ursprungsland mehr oder weniger wertvoll. Der Handel teilt die Felle in schwarze Bisam und in nördliche und südliche Ware. Doch wird die Ware auf den Auktionen noch weiter sortiert, und zwar nach den einzelnen Staaten, wie Neuengland, Ohio, Pennsylvanien, Michigan, Minnesota, Iowa, Nebraska, Delaware, Ost- und Nordwestkanada usw.

Die blauschwarzen Bisame sind die teuersten und bringen es bis zu $2\frac{1}{2}$ Dollar auf den Auktionen, dann kommen die Felle aus Neuengland und so der Reihe nach, wie wir sie oben anführten. Die Preise schwanken zwischen 1 und 2 Dollar, je nach Herkommen und Qualität. Die südlichen Bisame sind billiger und gehen von 50 Cents bis $1\frac{1}{2}$ Dollar, mindere Ware noch billiger.

Das Haar des Bisams ist im seidigen Grunde blaugrau, nach oben zu gelblich bis rötlich-braun. Die Wamme ist bedeutend heller und wird z. B. bei Fellen, die in Naturfarbe verwendet werden, vom Rücken entfernt, um separat verarbeitet zu werden. Jäckchen aus Bisamwammen machen sich sehr nett und zeichnen sich, wie der Bisam überhaupt, durch ganz besondere Dauerhaftigkeit aus.

Der Bisam ist eine große Wasserratte, die bis zu 60 cm lang werden kann, wovon zirka 15 cm auf den hinten gerundeten, seitlich zusammengedrückten und am Ende zweischneidigen, mit Schuppen bedeckten Schwanz entfallen. An den Geschlechtsteilen befindet sich eine kleine Drüse, die eine weiße, nach Zibet riechende Flüssigkeit ausscheidet, die sogenannte Bisam- oder Moschusdrüse.

Die wasserreichen Gegenden sind der Lieblingsaufenthalt für die Bisame und da bietet ihnen gerade Nordamerika, speziell Kanada, den geeigneten Platz. Dort bauen sie, ähnlich dem Biber, ihre Burgen über der Erde oder Mulden unter Wasser, die mittels Röhren ausmünden.

Die blauschwarzen Bisame, die Black Bisam, sind die selteneren und deshalb auch kostbareren. Die New York Auction brachte davon beispielsweise zu einem Verkaufe 8331 Felle, während die Felle der nördlichen Provinzen eine Gesamtmenge von 590 661 ergaben. Südliche Ware kam auf der gleichen Auktion mit 520 667 zum Anbote.

Die Hudsons Bay Company in London bot im April 1928 191 729 Bisamfelle aller Qualitäten an, die bis auf wenige Sorten Käufer fanden, und zwar bis zu 8/6 sh.

Die Bisamfelle werden zum Großteil gerupft oder geschoren und dann schwarz gefärbt und kommen unter dem Namen Sealbisam in den Handel. Sie vertreten in dieser Art den echten Seal, ja werden demselben heute vorgezogen, da sie die Farbe nicht so verlieren wie der echte Seal und ein leichteres Fell darstellen.

Das Leder der Bisamfelle ist in ungefärbtem Zustande vorzüglich, die Qualität der Ware eine außergewöhnlich gute. Geschoren und gefärbt ist die Qualität des Haares ebenfalls gut und genügt ziemlichen Ansprüchen, das Leder wird jedoch nach mehreren Jahren mürbe und reißt.

Bisam ist ein Universalpelzwerk. Es wird nicht nur für Mäntel und Jacken verwendet, man füttert damit feine Stadtpelze sowohl in Naturfarbe wie auch mit den veredelten Sealbisamen und verwertet sie in beiden Arten gerne auch für Garnituren und Besätze.

Der russische Bisam, der in den Handel kommt, ist eine Rattenart, die in den wasserreichen Gegenden Südrußlands zu Hause ist. Das Tier ist etwas kleiner als der amerikanische Bisam und von blaugrauer

Farbe. Der Bauch ist heller. Die ebenfalls vorhandene Drüse scheidet, wie beim amerikanischen Bisam, einen starkriechenden Stoff aus.

Dieses Tier ist weniger zahlreich, wird aber wegen seiner schönen, satten Haarfarbe gerne verarbeitet, und zwar in gleicher Weise wie der amerikanische Bisam.

Die Preise all dieser Felle steigen von Jahr zu Jahr, so daß ein guter Bisammantel heute 2000 bis 3000 österreichische Schilling kostet.

Die Murmeltiere

(Arctomys) scheiden sich in eine europäische und eine asiatische Art. Letztere werden Bobac genannt und sind die eigentlichen Lieferanten des in der Pelzindustrie unter dem Namen Murmel bekannten Felles.

Das erstgenannte Tier ist der in ganz Europa heimische, ja eigentlich nur auf Europa beschränkte

Alpenmurmel

(Arctomys marmota), ein Tier mit 50 cm Leibes- und zirka 15 cm Schwanzlänge, das dicht an der Schneegrenze der Gebirge lebt. Das Haar ist sehr kräftig, weist starke Grannen auf und ist in der Grundfarbe braunschwarz, im Grunde weißgrau bis weißgelb, an der Unterseite rotbraun bis rostgelb.

Das Leder des Felles ist ungemein fest und bei weitem nicht so zugfähig wie das des asiatischen Verwandten. Das Tier kommt hier nicht mehr so häufig vor und hat auch für die Pelzverarbeitung nicht die Bedeutung wie

der asiatische Murmel oder Bobac

(Arctomys Bobac), der im Gegensatz zum Alpenmurmeltier ein Bewohner der Ebene ist. Seine Körperlänge beträgt 35 bis 37 cm, sein Schwanz wird 8 bis 10 cm lang. Das Fell ist sehr dicht und kräftig und zeigt eine fahlgelbe Grundfarbe, die an der Oberseite, infolge der schwarzbraunen Haarspitzen einen dunkleren Eindruck macht. Der Haargrund ist oben dunkelgrau-braun, unten heller braun. Vorderhals und Kehle sind grauweiß.

Wir unterscheiden hier drei Sorten, die Tarbaganer, die Orenburger und die Beisky-Murmel.

Die Tarbaganer sind am rauhesten im Haar und bieten ein volles Pelzwerk. Die Haare sind äußerst kräftig, die Ware wird dadurch so dick, daß sie heute höchstens für Besatzzwecke und für Pelzgarnituren verwertet werden kann. Mäntel und Jacken kann man aus dieser Ware nicht erzeugen, da sie zu plump wirken.

Ein ganz vorzüglicher Murmel ist der Orenburger, der nicht so langhaarig, aber dennoch kräftig und weich im Haar ist, das sich zurückstreichen läßt und deshalb fast ausschließlich heute für Mäntel und Jacken verarbeitet wird.

Der Beisky-Murmel ist der schwächste in der Qualität, deshalb aber nicht schlecht. Das Haar ist kürzer und steifer, es liegt flacher an, kann daher nicht zurückgestrichen werden. Man verarbeitet die Beisky-Murmel daher glatt, das heißt nach dem Strich, und schafft daraus sehr hübsche Pelzkleidungsstücke.

Der Murmel wird in seiner fahlgelben Naturfarbe nicht verarbeitet. Man färbt ihn in der Zobel- und Nerzfarbe ein, teils mit, teils ohne dunkleren Grotzenstreifen. Häufig zeichnet sich der Kürschner selbst mit Grotzenfarbe den Grotzen nach Fertigstellung des Stückes ein, wodurch eine größere Egalität erzielt wird, die Färbung aber unnatürlich aussieht. Man färbt den Murmel aber auch in Skunkfarbe und schwarz. Letztere Farbe wird aber meist für Beisky-Murmel angewendet, um dann daraus Pelzfutter zu erzeugen.

Man hat auch schon versucht, die Murmel in verschiedene Modenuancen einzufärben, ist aber damit immer nicht recht durchgedrungen.

Die Murmel treten massenhaft auf und kommen daher in großen Quantitäten in den Handel. Die Preise sind jetzt jedoch ziemlich hoch, zirka 9/6 bis 12/6 sh. pro Fell und für kleinere, sogenannte Mindelmurmel 4/6 bis 5/6 sh., trotzdem dem Murmel durch den sogenannten Petschaniki oder Sandmurmel ein ganz beachtenswerter Rivale erwachsen ist.

Der Murmel stellt ein qualitativ sehr gutes Pelzwerk dar, das schon deshalb wie auch infolge seiner vornehmen Farbwirkung, wo es als Imitation für Nerz und Zobel auftritt, sehr geschätzt wird.

Der Petschaniki oder Sandmurmel

Der Petschaniki, eine kleine Murmelart, ist bis zu 35 cm lang, aber weniger umfangreich als der Murmel. Das Haar ist kurz, aber weich und dicht, etwas seidig im Grund. Das Leder ist ganz vorzüglich. Die Naturfarbe des Petschaniki ist der des Naturmurmels gleich, zeigt eine fahlgelbe Grundfarbe mit schwarzbraunen Haarspitzen und läßt sich wie die des Murmels leicht auf andere Nuancen überfärben oder bleichen.

Wir haben heute die Marder- und Zobelfarbe, dann einen Ton, der an Naturbisam erinnert, und erst das Jahr 1928 brachte nach emsigen Versuchen eine Nerzfarbe auf den Markt, die alle Erwartungen übertraf. Wir haben in dem neuen Nerzpetschaniki einen wunderbaren Nerzersatz, die Farbe ist erstaunlich naturgetreu und findet allgemeine Anerkennung. Das Bleichen auf Hermelin rückt diesen Artikel in den Bereich nie geahnter Möglichkeiten.

Es ist für uns heute, wo wir die Annehmlichkeit des Petschaniki für den Pelzhandel kennen, sehr interessant zu hören, daß die New York Auction im Jahre 1925 unter Murmel auch noch die Sorte Suslik und Petschaniki aufzählte und die Suslik, die wir schon lange kennen und die heute bedeutend billiger als Petschaniki sind, vor diesen rangieren, mit 40 Cents aus der Auktion gingen, während die Petschaniki nur 30 bis 36 Cents erreichten. Drei Jahre sind seitdem vergangen und wie sehr hat sich das Verhältnis, das Ansehen und auch — der Preis geändert. Der Auktionsbericht sagt aber dazu noch ausdrücklich, daß die Mehrzahl der aufgebrachten Murmelfelle aus Suslik und Petschaniki bestand, welche nur geringes Interesse fanden. Inklusive Murmel handelte es sich damals um ein Anbot von 29 008 Stück. Ein Jahr später bringt dieselbe Auktion schon über 30 000 Felle zur Versteigerung. Im Jänner 1928 bringt die Hudson-Bay Company schon 586 115 Felle gegen 501 849 vom Oktober des Vorjahres.

Gute, gefärbte Ware kostet im Rauhwarenhandel heute 4 bis 5 sh. oder Dollar 1,25 bis 1,35.

Aus leichterer Ware werden Pelzfutter zusammengestellt, auch wieder in den bereits angeführten gangbaren Farben.

Suslik oder Ziesel

(Spermophilus citillus), ein kleines hamsterähnliches, zartes Tierchen, das ungefähr 10 bis 12 cm lang wird und ein Schwänzchen von 7 bis 8 cm aufweist, zeigt uns auf der Oberseite ein etwa gelbgraues mit Rostgelb untermengtes, etwas gewelltes Haar, das auf der Unterseite fahlgelb aussieht. Das Unterhaar ist oben schwarzgrau, gegen den Grund zu bräunlichgrau. Kinn und Vorderhals sind weiß. Das Haar ist jedoch nicht immer so einheitlich gefärbt, es zeigt bei einigen Arten, wie den russischen, weiße Punkte, dann wieder lichtere Fleckchen, als das Oberhaar selbst.

Sehr hübsch ist der Leopardenziesel, der in Amerika an den großen Flüssen zu Hause ist, eine dunkelrostbraune bis kastanienfarbige Tönung zeigt, die acht gelbliche Längsstreifen aufweist, zwischen denen fünf Längsreihen hellere Flecken erscheinen. Der Bauch des Tieres ist weiß.

Dieses schön gezeichnete Tierchen kommt erst jetzt wieder mehr zur Geltung. Einst wurde es in die billigsten Muffe als Futter verwendet. Die Fellchen in Naturfarbe waren zu großen Tafeln oder Säcken zusammengestellt und aus diesen wurden die Muffutter herausgeschnitten.

Erst Petschaniki, ein Mittelding zwischen Suslik und Murmel, ließ Suslik in der gleichen Färbung wie die Petschaniki als deren Imitation wieder zu Worte kommen. Die Ware kommt wieder in schon gefärbten Futtersäcken in den Handel und werden daraus nicht nur Pelzfutter, sondern auch reizende Damenjacken und Mäntel angefertigt, die aber, wie jetzt schon die Erfahrung lehrt, keine allzu große Haltbarkeit besitzen.

Aber auch in Naturfarbe sahen wir sehr nette Schöpfungen; besonders sei die Verwertung zu einem Pelzkostüm erwähnt, wozu sich das Fell infolge seiner Zartheit und Weichheit wie auch Leichtigkeit ganz vortrefflich eignet. Auch die Sommerpelzmode hat dem Suslik den gebührenden Platz angewiesen. Hier kommt das Fell voll zur Geltung, denn es hat wieder jene Vorzüge, die von einem Sommermodefell verlangt werden.

Der Präriehund

(Cynomis Ludovicianus) ist nichts anderes als eine Murmelart, die zwischen dem Ziesel oder Suslik und den eigentlichen Murmeln steht. Der Name Präriehund wurde diesem hauptsächlich in Nordamerika, vor allem in Kanada heimischen Tierchen von den Jägern und Trappern verliehen, weil sie einen bellenden Ton von sich geben, sonst aber in keiner Weise einem Hunde ähnlich sind. Das Tier ist zirka 35 bis 38 cm groß und weist einen kleinen, zirka 6 cm langen, buschigen Schwanz auf, der an der Spitze braungebändert ist. Die Grundfarbe des Felles ist auf der Oberseite lichtrotbraun, grau und schwärzlich gemischt, auf der Unterseite grauweiß.

Das Eichhorn

(Sciurus vulgaris) bevölkert nicht nur unsere Wälder, sondern ist in zahlreichen mehr oder minder wertvollen Arten in ganz Europa, Asien und Nordamerika daheim. Während bei uns das Eichhorn, auch Eichhörnchen genannt, das ganze Jahr hindurch sein Kleid nicht wechselt, am Rücken braungrau und auf dem Bauche weißlich gefärbt auftritt, ändert das Tier in Amerika und Sibirien seine Farbe und wird im Winter im Rücken grau, während der Bauch weiter weiß verbleibt. Die Länge des Tieres beträgt zirka 16 bis 20 cm ohne den buschigen Schwanz, von dem schon die Griechen sagten, daß sich das Eichhorn selbst damit beschatte. Die Farbe des Tieres ist nicht so ganz einheitlich und glatt. Die Wirkung ist mehr unruhig und wellig, lebhaft, wie das behende Tier selbst, das mit kaum glaublicher Geschwindigkeit über die Baumspitzen hinweghuscht, speziell dann, wenn es von seinem grimmigsten Feinde, dem Marder, verfolgt wird.

Unser heimisches Eichhörnchen war lange nicht besonders beachtet worden. Seitdem aber sein naher Verwandter, das heute so kostbare Feh, vom gewöhnlichen Futterfell zum Edelpelz avancierte, da hat sich der Pelzhandel auch des heimischen Tierchens erinnert, das sowohl in Natur- wie auch in Zobelfarbe Verwendung findet.

So gibt es sein Fellchen für Pelzbesätze, aber auch für ganze Mäntel und Jacken her und wirkt durch seine hübsche Zeichnung, wenn es in Naturfarbe verarbeitet wird, oder durch das zarte Haar, das dennoch dauerhaft ist, wenn es in Zobelfarbe, also dunkelbraun, seiner Verwendung zugeht.

In Australien kennt man das Eichhorn nicht, sonst ist es überall daheim.

Das sibirische Eichhorn oder Feh

liefert das heute so geschätzte und kostbare Pelzwerk. In der Größe unterscheidet es sich nicht von den bei uns heimischen Tierchen, nur das Fell ist voller und schöner. Einmal ist es hellgrau, dann wieder sattdunkelgrau, auch wieder im Rücken mit einem breiteren oder schmaleren rotbraunen Streifen durchzogen. Je reiner grau und dunkler im Ton die Fellchen sind, desto größer ist ihr Wert. Die helle Ware ist etwas leichter im Haar, ist aber momentan infolge einer entsprechenden Modeströmung sehr geschätzt.

Felle mit braunem Rücken sind weniger wertvoll und werden dann nicht in Naturfarbe verarbeitet, sondern gefärbt, meist in Zobelfarbe, wo sie Material für hübsche Mäntel geben. Ganz helle Ware färbt man jetzt aber auch in Beigetönen.

Der Kürschner unterscheidet handelsmäßig ganze Feh, die rund in den Handel kommen, wie Fehrücken und Fehwammen. Da der Kontrast von Rücken- und Bauchseite ganz besonders hervortritt, ja der graue Rücken jäh an der weißen Seite abbricht, ist man schon in frühester Zeit darangegangen, die Rücken und die Wammen separat zu verarbeiten. Man schneidet die Rücken möglichst gerade und ganz rein aus dem Fell heraus. Die nun verbleibenden Wammen haben seitwärts sowie dem Kopf und Pumpf zu noch graue Stellen. Dadurch gewinnen die Wammen an Reiz. Werden diese nun zu ganzen Tafeln und Futtern zusammengesetzt, so bietet sich ein durch den Kontrast hervorgerufener eigenartiger hübscher Anblick dar. Die dunklen Rückenstreifchen, die noch an den Wammen verblieben, kommen nun mit dem Rückenstreifen des anschließenden Felles zusammen und so entsteht die Mischung von Dunkel und Hell in harmonischer Abwechslung.

Die Rückenteile gehen im Handel unter der Bezeichnung Fehrücken und sind bei weitem kostbarer und teurer als die Fehwammen. Die Fehfelle geben wunderbare Mäntel und Jacken, werden aber auch für Besätze und Garnituren verwendet.

Sehr gut wird auch der schöne, buschige Schwanz des Fehs verwendet. Er beschäftigt eine eigene Industrie, die Fehschweiffabrikation, die in Leipzig zu ganz besonderer Blüte gelangte. Die Fellchen kommen nämlich ohne Schweif in den Handel. Dieser wird, da er mit dem Pelz nicht verarbeitet werden kann, sofort abgeschnitten und kommt allein auf den Markt. In der Fehschweiffabrikation stößt man die Fehschweife auf Bindfaden, um sie in allen Größen und Farben in den Handel zu bringen. So verwendet dann der Kürschner diese auf Spagat gedrehten Fehschweife zur Ergänzung fehlender Schweife auf Kolliers und Colettes. Besonders die marderartigen Halstierchen, die aus Imitationen angefertigt werden, die keine brauchbaren Schweife besitzen, werden alle mit entsprechend eingefärbten Fehschweifchen geschmückt.

Die Fehschweife werden jedoch auch zu ganzen Kragen und Schleifchen verarbeitet, ebenfalls wieder eine Leipziger Spezialfabrikation, die einen ausgezeichneten Ruf besitzt.

So liefert das kleine, in vielen Millionen auf den Markt kommende Tierchen Material für alle möglichen Pelzstücke.

Die Auktionsberichte geben uns da wieder ganz interessante Ziffern in die Hand. Die New York Auction hat im Mai 1925 377972 dieser Fellchen angeboten, die aus Lappland, Schweden, Tomsk, China und Omsk stammten. Im April 1927 kamen dort 139000 Felle zur Versteigerung und im April 1928 136000 Feh.

Der Preis des Felles ist in den letzten Jahren ganz außerordentlich gestiegen und kosten Prima Felle Fehrücken heute 15 bis 18 österreichische Schilling.

Eine verwandte und doch im Aussehen und der Haarstruktur andere Art sind die sogenannten

Burunduki

Das Auffallende an dem Tiere ist die Zeichnung seines Felles, das am Rücken rotbraun, manchmal auch etwas heller schattiert ist und darüber fünf dunkelbraune und zwei weißliche Längsstreifen zieht. Da die Länge des ganzen Felles nur bis 15 cm beträgt, wirkt diese Zeichnung um so anmutiger. Das Tier lebt im Osten Europas und im nördlichen Asien.

Infolge seiner gleichmäßigen Zeichnung wird das Fell gerne auf Mäntel und Jacken verarbeitet und kommt auch schon zu ganzen Futtern zusammengestellt in den Handel. Aber auch für Besatzzwecke findet es Verwendung.

Flatterhörnchen oder Flugeichhörnchen

Wir haben es hier wieder mit mehreren Familien zu tun, die in Ostindien oder Ostsibirien daheim sind.

Der Taguan (Pteromis Petaurista), das größte Tier dieser Familie, ist im Felle 60 cm lang und hat überdies einen 50 bis 55 cm langen Schwanz. Der Leib ist kurzgestreckt, der Kopf klein, die Schnauze spitz. Die hinteren Beine sind merklich länger als die vorderen. Das Charakteristische dieser Tiere ist jedoch die an den Vorderbeinen einsetzende Flatterhaut, die sich an den Seiten des Leibes hinzieht und erst hinter den Hinterbeinen gegen den Schwanz zu verläuft. Vom Kopfe bis zum Schwanz ist die Farbe etwa grauschwarz, an der Bauchseite ist das Fell schmutzigweiß-grau. Der Schwanz ist schwarz.

Dieses Tier ist in Ostindien daheim, wo es auf Bäumen lebt. Die Flatterhaut leistet bei den staunenswerten Sprüngen ihren besonderen Dienst. Da breitet das Tier die Füße auseinander und spannt die Flatterhaut wie einen Fallschirm. Der Schwanz dient als Steuer, der das Tier befähigt, mitten im Fluge respektive Sprunge die Richtung ändern zu können. Die Geschwindigkeit dieser Tiere ist eine derartige, daß ihnen das Auge kaum folgen kann.

Ein bedeutend kleineres Tier ist das

Flatterhörnchen Umki oder Omki

(Pteromys volans), das den nördlichen Teil Osteuropas und fast ganz Sibirien bewohnt. Es wird nur etwa 15 cm lang, während der Schwanz 10 cm beträgt. Der Pelz ist dicht, weich und seidenhaarig. Das Fell ist gelblich-grau.

In Amerika lebt eine kleine Art der Flughörnchen unter dem Namen

Assapan

(Pteromys volucella). Es dürfte das kleinste Tier dieser Art sein, da es im Körper nur 10 cm mißt und einen ebenso langen Schweif besitzt. Der überaus weiche und zarte Pelz ist hellbräunlich-grau und an der Halsseite lichter. Es ist in den warmen Wäldern Nordamerikas zu Hause, wo es gesellig auf Bäumen lebt.

Die Flughörnchen sind Nachttiere, die tagsüber zusammengekauert in ihrem Versteck hocken und erst mit Sonnenuntergang munter werden. Der Name „Flatterhörnchen" und „fliegender Hund" soll nicht zu einer Verwechslung Anlaß geben. Das, was der Kürschner unter „fliegenden Hunden" kennt, ist eine Fledermausart, die wir im folgenden kennenlernen werden.

Der fliegende Hund oder fliegende Fuchs

(Pterobus etulis), auch Kalong genannt, das größte Tier dieser Art, gehört zur Familie der fruchtfressenden Fledermäuse, wird bis zu 40 cm groß, ist am Rücken tiefbraun-schwarz, am Bauche rostigschwarz, die gewaltige Flatterhaut ist dunkelbraun.

Das Tier lebt auf Java und Sumatra und anderen ostindischen Inseln und kommt stets in großen Mengen vor. Viele Hunderte hängen während des Tages auf den Bäumen, nach Fledermausart den Kopf nach abwärts, ja sie beschweren oft in ihrer Menge derart die Äste, daß diese brechen. Ihre Beweglichkeit im Fliegen ist nicht allzu groß. Sie fliegen kaum über 100 m hoch empor. Der Abflug kann aber nur von einer etwas erhöhten Stelle aus erfolgen und nicht vom flachen Erdboden. An der Erde laufen sie wie Ratten dahin.

Eine andere Art ist der Flugfuchs (Pterobus medius), der nur bis zu 30 cm lang wird, jedoch bis 1 m klaftert, wenn er die Flughäute ausspannt. Die Farbe des Kopfes und des Mittelrückens ist dunkelbraun, der Bauch rötlichbraun. Vom Nacken bis zur Rückenmitte und um die Halsseiten herum geht die Farbe ins Gelblichgraue. Von Ostindien bis Madagaskar ist dieses Tier zu Hause, es weist die gleiche Lebensweise auf wie der Kalong.

Zu erwähnen wäre noch der Palmenflughund, gegen 24 cm groß, mit einer Spannweite von 1 m, dessen Lippen bulldoggenartig gewulstet sind und der mit seinen großen Augen viel Ähnlichkeit mit einem Hunde besitzt. Der Pelz ist gelblich bis grauweiß, am Bauche grauschwarz. Das Tier lebt am Weißen und Blauen Flusse fast nur auf der Dulebpalme.

Der Nilflughund (Cynonycterius aegyptiacus) lebt in Ägypten und Nubien, in der Nähe großer Sykomorenwaldungen, die seinen Lieblingsaufenthalt bilden. Die Körperlänge ist nur 15 cm mit einer Spannweite von 90 cm. Der Pelz ist weich und kurzhaarig, oben lichtgrau-braun, unten am Bauche noch heller.

Andere Arten siehe unter „Pelzflatterer".

Der Hamster

(Cricetus frumentarius), ein kleines Tierchen, das ungefähr 25 cm lang wird und ein Schwänzchen von zirka 5 cm besitzt, zeigt eine besonders auffallende Rückenzeichnung. Der Grundton ist gelbbraun und hell und wird von der dunkelbraunen, fast schwarzen Bauchfarbe abgegrenzt. Die schwarzgrauen Grannenhaare schattieren das Haar sehr schön. Die Kehle ist gelb. So weist dieses kleine Tierchen sehr verschiedene Farben auf, die, wenn die Einzelfellchen zu einem ganzen Futter zusammengestellt werden, eine prachtvolle Wirkung erzielen. Das Leder des Felles ist zart, wie es dem Bau eines solch kleinen Tieres entspricht. Das Fell wird als ziemlich dauerhaft geschätzt, wurde früher nur als Futter verwendet, wird aber heute gerne in seiner Naturfarbe auf Jacken gearbeitet. Man färbt das Fell aber auch in Zobelfarbe ein und erzeugt dann Pelzmäntel daraus. Es gibt auch ganz weiße Hamster, doch sind diese sehr selten.

Der Hamster ist in ganz Europa zu Hause und wird sogar bis nach Sibirien hinein noch vorgefunden.

Der Maulwurf

(Talpa Europaea). Kaum 15 cm lang und mit einem ganz kurzen Schwänzchen versehen, erscheint der Maulwurf als ein possierlicher Zwerg unter den Pelztieren, und gefällt außerordentlich durch die Schönheit seines Felles. Das bläulich-schwarze, samtartige Fell ist in der Tat ganz wundervoll, leider wenig dauerhaft, weshalb Pelzstücke aus Maulwurf mehr eine Zierde denn einen wirklichen Gebrauchsgegenstand darstellen. Bei Garnituren geht es noch an, da kann man noch mehr von den zu vielen zusammengesetzten Fellchen verlangen; für Mäntel und Jacken, wo das durch die Anwendung der dachziegelförmigen Übereinanderschichtung einen ganz besonderen Reiz gewährt, ist es nicht dauerhaft genug, und dennoch ist gerade dafür die Verwendung sehr groß. Erst die Sommerpelzmode hat das Fellchen wieder zu neuem Leben erweckt, denn der Sommerpelz wird nicht so strapaziert und seit dem Aufkommen von Pelzkostümen, einer Schaffung Wiener Kürschner, ist auch das hiezu besonders geeignete Maulwurffell wieder mehr zu Ehren gekommen. Man hat einst auch Futter daraus gearbeitet, doch mag die Erfahrung nicht die beste gewesen sein.

Beim Maulwurffell unterscheidet man stark Sommer- und Winterfelle. Im rohen Zustande bietet schon das Leder eine entsprechende Richtschnur. Das Leder des Wintermaulwurfs ist ganz hell und rein, das des Sommerfelles blauschwarz, und zwar entweder vollkommen blauschwarz oder wenigstens schwarzgefleckt. Das Sommerfell ist kaum die Hälfte des Winterfelles wert.

Es kommen manchmal auch gelblich-weiße Maulwürfe vor und gefleckte Tierchen, diese haben aber für den Pelzkonsum keine Bedeutung.

Das Maulwurffell wird auch gefärbt, und die Mode brachte es mit sich, daß man versuchte, rote, braune, blaue und grüne Maulwürfe in den Handel zu bringen. Speziell Paris ist in neuen Maulwurfnuancen geradezu unerschöpflich, womit aber nicht gesagt sein soll, daß diese extremen Farben auch allgemeine Bedeutung erlangen. Der Kürschner muß ja immer extremen Forderungen Rechnung tragen, der Geschmack der Kunden ist ja so verschieden, allgemein aber ist der modefarbige Maulwurf nicht durchgedrungen.

Der Maulwurf, dessen Spuren man an den aufgeworfenen Erdhügeln erkennt, ist fast überall daheim, nur je nach der Gegend besser oder schlechter entwickelt. Die besten Maulwürfe in Österreich liefert Oberösterreich, im Reiche wieder Bayern. Mehr gerühmt wird die holländische Ware, die größer und dichter sich darstellt und einen entsprechend höheren Wert besitzt.

Auch in Asien, in Nord- und Südamerika ist der Maulwurf, der zur Familie der Insektenfresser gehört, daheim. In Südafrika hat man eine besondere Art, den Goldmaulwurf, entdeckt, der einen herrlichen Metallglanz zeigt.

Im Süden Europas, in Italien und Griechenland, findet man den Blindmull, eine Maulwurfart, die über den kleinen Äuglein eine durchschimmernde Haut, ein dichtes, samtähnliches Haar besitzt und ein ähnliches Fell aufweist wie unser Maulwurf.

Der gutgegerbte Wintermaulwurf ist im Leder weich und geschmeidig, manchmal wohl an den Rändern etwas hart.

Der Bilch oder Siebenschläfer

(Myoxus Glis), ein ungemein zartes, reizendes Tierchen, ein eichhornähnlicher Nager, der seinen Namen wohl mit Recht verdient, denn sieben Monate des Jahres liegt er in tiefstem Schlafe und merkt dabei nicht einmal, wenn man ihn aus seinem Versteck nimmt und mit sich fortträgt.

Das kleine Tier ist ungefähr 16 cm lang, der weiche Pelz ist an der Rückenseite aschgrau und wird gegen die Seite etwas lichter, um dann scharf abgegrenzt plötzlich ganz weiß zu werden.

Die Heimat des Bilches ist Ost- und Südeuropa, wo er überall sehr zahlreich vorkommt und zufolge seiner jetzigen Verwendung für Pelzbesätze, die durch die kontrastreiche Farbabgrenzung sehr gut wirken, machen, auch viel erlegt wird.

Andere Bilche, die wohl auch als billigere Sorten und mit dem Siebenschläfer vermengt in den Handel kommen, sind der Gartenbilch und der Mäusebilch, die jedoch etwas kleiner sind. Die Farbe dieser beiden Arten geht etwas ins Rötlichbraune.

Der Desman oder Wochuchol, auch Bisamrüßler

(Myogale moschata), das dem Kürschner als Moschustier bekannte zarte, maulwurfähnliche Geschöpfchen, wird nur zirka 25 cm lang. Der Pelz besteht aus glatten Grannen und sehr weichen Wollhaaren, ist oben rötlichbraun, unten an der Bauchseite weißgrau bis silbergrau schimmernd.

Diese Tierchen werden nicht nur für Besatzzwecke verwendet, man stellt daraus auch prachtvolle Pelzfutter zusammen, die in ihrer Schattierung einen wunderbaren Eindruck machen.

Die Desmans bewohnen den Süden Europas, man findet sie jedoch auch häufig in Asien, speziell in der Buchara.

Ein ähnliches Tier ist

die Rüsselmaus, Bisam- oder Moschusspitzmaus, auch Moschusbiber

dann die

pyrenäische Rüsselmaus,

die eine ungefähre Länge von 26 cm erreicht, wovon jedoch die Hälfte auf den Schwanz entfällt. Das Tierchen ist oben kastanienbraun, an den Seiten braungrau, auf dem Bauche silbergrau schimmernd und ist am Fuße der Pyrenäen im Norden Spaniens zu Hause.

Von den Moschustieren

interessiert uns vor allem der Kantjil, das Zwergmoschustier, das zirka 40 cm groß wird. Das Aussehen ist rehartig und zierlich, die Beinchen weisen kaum Bleistiftdicke auf.

Das Haar ist fein, am Kopfe hellrot, seitwärts heller, auf der Oberseite des Körpers rötlichgelb-braun und am Rücken schwarz gemengt. Gegen die Seiten zu wird das Tierchen immer heller. An der oberen Halsseite ist es weißgesprenkelt, an der Unterseite reinweiß. Es ist in Indien zu Hause und lebt dort überall mehr im Gebirge als in der Ebene.

Ein dem Zwergmoschus ähnliches Tierchen ist

der Aguti, Guti oder Goldhase,

ein kleines Geschöpfchen mit rötlich-zitronengelber Färbung, die teilweise ins Schwarzbraune übergeht. Die Farbe ist jedoch im Sommer heller als im Winter. Seine Heimat ist Südamerika.

Viscacha oder brasilianisches Wasserschwein

(Hydrochoerus capybara), das größte und plumpeste Nagetier, lebt in Südamerika, und zwar in der Argentinischen Republik und in einzelnen Teilen von Uruguay. Die besten Tiere kommen aus den Staaten Corrientes, Entre Rios und Uruguay. Reinere Qualitäten kommen aus Cordoba und der Provinz von Buenos Aires.

Viscacha, das brasilianische Wasserschwein, ist ein Nager, dessen Fell eine Länge von 18 bis 20 cm besitzt, es hat starkes, flaches Haar mit sehr wenig Unterwolle, etwas ähnlich dem amerikanischen Murmel. Die langen, struppigen Haare sind schwarz und grau auf dem Rücken und gelblichweiß auf dem Bauche.

Das Fell wird sowohl für Besatzzwecke wie auch für Pelzmäntel verarbeitet. Mehr als nach den Vereinigten Staaten gehen diese Felle heute nach Europa, wo Leipzig sie derart vollkommen zurichtet und färbt, daß sie als Imitationen für Bisam in den Handel kommen. Die Felle werden dann in Streifen geschnitten und wie Bisam verarbeitet. Für Besatzzwecke werden sie in den Nuancen Nerz, Zobel oder anderen Modefarben verwendet.

Die Auktionen bringen gegen 10000 Stück pro Versteigerung zum Verkaufe. Da das Fell derzeit noch ziemlich unbekannt ist, geht der Verkauf ziemlich flau.

Eine ganz besondere Stelle nimmt heute im Pelzhandel ein Fellchen ein,

das Kanin

(Lepus cuniculus), das mit Recht den Namen Universalfell verdient. Das Kaninchen muß heute für alle anderen Felle, die infolge des hohen Anschaffungswertes für den Pelzkäufer oft nicht in Frage kommen, in die Bresche springen. Es muß so gut den Fuchs ersetzen wie den Maulwurf, den Nutria wie den Seal und so fort in endloser Reihe. Glauben wir die Serie jener Felle, die durch Kanin meisterhaft imitiert werden, bereits abgeschlossen und sehen wir keine Möglichkeit vor uns, neue Nuancen zu ergründen, dann überrascht uns die Veredlungsindustrie jedes Jahr mit anderen Neuheiten. Da schert man Rillen durch die Felle und schafft wieder alle Farben in dieser Neuheit, den Wellinkanin, man färbt mit Schablonen auf Tiger und Leopard, auf Seehund, Schlange und Krokodil; das Fell fügt sich scheinbar jedem Wunsche.

Das Tier ist zu bekannt, als daß es als solches einer näheren Beschreibung bedürfte. Nur einzelne Arten und deren Besonderheiten sollen hier angeführt werden.

Eines der schönsten Kanin ist das sogenannte

Blaue Wiener Kanin,

das über den ganzen Körper gleichmäßig blaugrau gefärbt ist. Diese Art wird ziemlich groß und zufolge seiner ansprechenden Fellfarbe in der natürlichen Nuance der Verarbeitung zugeführt. Durch Scheren erreicht man ein besonders hübsches Aussehen und erzeugt daraus vornehmlich Besätze.

Einheitlich in Naturfarbe ist eine dunkelgraublaue Art, die auch meist in Naturfarbe zur Verarbeitung gelangt.

Ein sehr gesuchtes Kaninchen ist das belgische

Riesenkanin,

das die Farbe des Feldhasen aufweist und zu den schwersten Arten zählt. Gerade das belgische Kaninchen findet besondere Verwertung in der Pelzindustrie. In Naturfarbe wird es hauptsächlich für Herrenkragen verwendet, dann gibt die natürliche Fellfarbe eine gute Basis für Schablonenfarben, wie etwa das Tigerette- und Leopardkanin. Für die Veredlung ist es deshalb schon sehr wertvoll, weil es groß und stark ist und ein Haar besitzt, das geschoren werden kann, um dann, verschieden gefärbt, als Imitation für andere Felle aufzutreten.

Eine eigene Art stellt das große

französische Kanin

dar, das eine Länge bis zu 60 cm erreicht und ebenfalls ein ideales Grundmaterial für die Veredlung bietet. Der Farbton dieses Felles ist ganz verschieden. Einmal ist das Fell reinweiß, dann wieder scheckig, dann in der Schattierung des Feldhasen, einmal grau und blaugrau, dann rötlich, schwärzlich; ja, wer könnte die Nuancen da aufzählen, die im Laufe von Jahrzehnten durch Kreuzungen entstanden sind? Da die Felle meist gefärbt werden, ist die Naturfarbe wenig von Belang. Hauptsache ist die Qualität.

Ein besonders beachtetes Tierchen ist heute das

Chinchillakanin,

das in Arten gezüchtet wird, die dem echten Chinchilla recht ähnlich sind. Natürlich kann nie davon die Rede sein, dem Kanin die seidige Haarfülle des Chinchillas zu verleihen. Aber im Farbton können wir heute Chinchillakanine finden, die ein sehr hübsches Fell liefern, das gewiß immer größere Beachtung finden wird. Besonders das Chinchilla-Langhaarkanin, das in der Schweiz und in Deutschland mit bestem Erfolge gezüchtet wird, kommt hier in Betracht.

Eine gute Farbe besitzt

das Fehkaninchen,

das sowohl als Schweizer Fehkanin wie besonders als Düsseldorfer Perlfeh eine wunderbare Imitation des echten russischen Fehs bietet. Auch das Marburger Feh zeigt große Ähnlichkeit hiemit, weist aber nicht die so charakteristische, prickelnde Nuance des Fehs auf.

Das Düsseldorfer Perlfeh, nach dem Zuchtorte so benannt, ist eine kleinere Kaninart, die ein Gewicht von $2\frac{1}{2}$ bis 3 kg besitzt und ein halblanges Fell aufweist, das durch den Fehton, hellblau im Grunde, hellblau-grau gedeckt, mit feiner Perlwirkung, dem Feh sehr nahekommt.

Unter den Sorten der

Langhaarkanine

findet das Opossumkanin, das eine deutsche Zuchtart darstellt, sehr viel Beachtung, da die graublaue Färbung des vollen Felles im Naturton als Opossumimitation gut verwendet werden kann.

Herrlich ist ferner das französische Silberlanghaar, das schon der Angorarasse ähnlich ist. Dieses Fell hat vor dem Angorakanin den Vorteil, daß es nicht verfilzt und infolgedessen jederzeit leicht verwertet werden kann.

Sehr interessant sind die Zuchtergebnisse auf

Marderkanine,

die wir bis heute durch drei Repräsentanten kennengelernt haben. Da ist vor allem das Stelliner Marderkanin, das ursprünglich ein Opossumkanin hätte werden sollen. Der Zufall schuf es zu einem marderfarbigen Tiere, und zwar entstand das Tier durch eine Kreuzung des Blauen Wiener mit einem Hasenkanin.

Zu Westwood Margatt brachte Major Simmons ein ähnliches Tier aus der Zucht, das Marten Rabbit, zu deutsch ebenfalls Marderkanin, während ein französischer Züchter, Charles Kaufmann, einen „Brun-maron de Lorraine“, einen Marderkanin, herausbrachte. Diese Tiere sind mittelgroß und von guter Qualität.

Ein herrliches Tier ist ferner das

französische Riesensilberkaninchen,

früher Champagne-Silber genannt, ein kräftiges, gedrungenes Tier mit silbergrauen Haaren.

Ganz eigenartige Kaninchen sind die Deutschen Widderkaninchen, so genannt nach den langen, herabhängenden Ohren, die wie das herabgebogene Horn eines Widders anmuten. Dasselbe tritt in verschiedenen Farben auf, wie Schwarz, Weiß, Scheckig, Blaugrau, Havannabraun und anderen.

Ein beachtenswertes Kanin ist das

Castorexkanin,

das bei dichter Behaarung kein langes Haar aufweist und in verschiedenen Farben herauskommt. Das Haar ist nur zirka 1 cm lang und besteht eigentlich fast nur aus Wolle, aus welcher die Grannenhaare wenig hervorleuchten. Die Kaninzüchter, welchen das Castorexkanin heute als ein Problem gilt, versprechen sich von der Zukunft dieser Zucht sehr viel, und es soll auch für den Rauhwarenhandel Bedeutung erlangen.

Eine ganz eigenartige Sorte stellt das

Russen- oder Himalaja-Kanin

dar. Es ist dies ein mittelgroßes Tier von reinweißer Haarfarbe, während die Ohren, die Schnauze bis ungefähr zu den Augen und die Läufe schwarz sind. Das Tier ähnelt dem Holländer Kaninchen, das ebenfalls eine solche Haarfärbung aufweist, nur noch glänzender und schwärzer ist.

Das australische Kanin,

eine etwas kleinere, doch äußerst feinhaarige Sorte, findet, besonders veredelt, starke Verwendung. Australien bringt 40 bis 50 Millionen dieser Fellchen jährlich zum Export.

Ein schönes, ungemein zartes Kaninchen ist das

chinesische weiße Kanin,

das eine sehr kleine Art darstellt und ein feines, kurzes Haar aufweist, das dem echten Hermelin derart ähnlich ist, daß aus diesem Felle die herrlichsten Garnituren, Mäntel, Jacken und Capes erzeugt werden, die als Hermelinimitation für festliche Anlässe, Theaterbesuche, Bälle und andere, eine vornehme, elegante Kleidung darstellen. China bringt zirka 20 Millionen dieser Fellchen jährlich auf den Markt.

Es ist nicht möglich, im Rahmen dieses Buches nur annähernd alle Sorten der Kanine aufzuzählen. Die deutschen Züchter allein sprechen von 30 deutschen Rassen.

Man ist bald daraufgekommen, welcher Wert in der richtigen Kaninzucht steckt. Vor allem liefert das Kaninchen ein sehr schmackhaftes Fleisch, dann aber wird das Fell sowohl in der Naturfarbe wie auch veredelt, das heißt gefärbt und geschoren, als Imitation von Edelsorten in erstaunlichen Massen der Verarbeitung zugeführt. Die rasche Vermehrung dieser Tiere ist weiters eine Aktivpost für die Kaninzucht.

Wir wollen nur noch ein Kaninchen erwähnen, das wohl wunderschön ist, aber leider meist nicht gut für die Pelzverarbeitung verwertet werden kann,

das Angorakanin.

Dieses Tier, meist weiß, besitzt ein wundervoll seidiges Haar, das 8 bis 10 cm lang ist; man hat aber auf Ausstellungen auch schon Prachtexemplare mit 19 cm langen Haaren gesehen. Das Haar ist ungemein dicht und daher verfilzt es sich sehr leicht. Schöne, rohe Felle, die zum Gerben gegeben wurden, kamen meist sehr unansehnlich zurück, das dichtverwachsene, lange Haar bildete Knollen. Deshalb kommt dieses so schöne Fell wenig für die Pelzindustrie in Frage. Sollte es einmal gelingen, das Haar im Gerbprozeß so rein herauszubekommen wie bei anderen Fellen, dann eröffnet sich diesem schönen Fell eine große Absatzmöglichkeit.

Was die Qualität der Kaninfelle anbelangt, unterscheidet man scharf zwischen Kürschner- und Schneideware.

Die Kürschnerware kommt teils in Naturfarbe, teils veredelt für die Pelzverarbeitung in Betracht, die Schneideware hingegen setzt sich aus zartlederigen und dünnhaarigen Fellen zusammen, die entweder der Rasse nach diese Eigentümlichkeit aufweisen oder aus Sommerfellen oder von Fellen zu junger Tierchen stammen. Diese Ware kommt für den Kürschner nicht mehr in Betracht, sondern wird ähnlich wie Feldhasenfelle für die Hutindustrie und andere Erwerbszweige verwendet. Da die Haare abgeschoren werden und alleinige Verwendung finden, nennt man diese minderen Sorten Schneidekanine. Sie erreichen kaum den halben Preis der Kürschnerware.

Die Qualität wird oft durch die Rasse bedingt und hängt nicht so sehr von der Länge des Haares als von deren Dichte ab. Rauh muß das Fell sein, dann kann es sowohl im Naturzustande wie auch veredelt verarbeitet werden. Ein dünnhaariges Kanin wird man nicht der Veredlung zuführen, es wäre schade um die dadurch entstehenden Mehrkosten. Das Fell wird dadurch nicht besser, im Gegenteil, es würde beim Scheren der Haare noch wertloser werden. Nur die dichtesten Felle eignen sich zum Scheren.

Man hat oft auch Kanine der gleichen Rasse mit ganz verschiedenen Qualitäten vorgefunden und ist daraufgekommen, daß die schlechten Zuchtverhältnisse, ungenügendes oder nicht richtiges Futter, unreine Stallungen und andere Gründe Ursache dieser Qualitätsverminderung waren. Man kann also nicht immer die Felle nach der Rasse klassifizieren.

Das Kaninchen, das, wie wir auch bei der Beschreibung des Hasen hören, nicht mit diesem verwechselt werden darf, ist mit dem Hasen nicht nur Universalfell, sondern ein Fundament der Pelzbranche. Was die Veredlung mit dem Kanin auf Sealelektrik schuf, kann nicht genug gerühmt und hervorgehoben werden, besonders seit der Zeit, da die seit Jahren eingeführte französische Veredlungsindustrie in unnachahmlicher Weise von der deutschen Veredlung abgelöst wurde. Wer heute ein gutes, schönes und besseres Elektrikkanin haben will, muß es in Leipzig arbeiten lassen. Amerika bezieht genau so seine guten Sealelektrik-Kanine von Leipzig wie Paris und London. Dieser Tatsache liegt die deutsche Markenware zugrunde, die in der Branche der ganzen Welt zum geflügelten Wort wurde, ja nicht nur das, wir erleben es selbst als Kürschner täglich, daß die Kunden als Laien die deutsche Markenware verlangen und das französische Kanin zurückweisen.

Worin besteht nun der große Unterschied zwischen französischem und deutschem Sealkanin?

Sonderbarerweise bedienen sich die Deutschen oft desselben Grundmaterials wie die Franzosen oder Belgier, die einst allein die Erzeuger dieser Sorte waren. Hier wie dort gibt das französische starke Kanin die Grundlage für das Sealmaterial ab. Das französische Kanin ist matter in der Farbe, mit einem Strich ins Grüngraue, die Farbe reicht bis auf den Grund des Haares und färbt oft mehr oder weniger ab, ein Übelstand, der sich an dem Hals mancher Pelzträgerin sehr unangenehm bemerkbar macht.

Das deutsche Sealelektrik-Kanin ist tiefschwarz und glänzend und im Grunde braun bis goldbraun. Das Leder ist weicher und dehnbarer, die Haarfarbe ist fest und färbt nicht ab. Das deutsche Sealelektrik ist derart vollkommen, daß man oft in die Lage kommt, Sealbisammäntel aus Ersparungsrücksichten damit zu ergänzen. Dabei ist sonderbarerweise auch die Qualität des Felles besser geworden als beim französischen Kanin. Dies mag teils in der besseren niedrigeren Schur liegen, teils in der chemischen Farbenzusammensetzung.

Wir würden jedoch den Franzosen unrecht tun, kehrten wir nicht hervor, daß auch Frankreich und Belgien ganz hervorragende Marken in den Handel bringen, speziell ganz große, ausgiebige Ware, die natürlich dann auch nicht billig ist, immer aber in der Farbe mit dem deutschen Kanin nicht konkurrieren kann.

Woher kommt der Ausdruck „Elektrik“?

Heute werden die Sealkanine nicht mehr wie einst geschaffen. Die modernen Schermaschinen besorgen die Schur rasch und zufriedenstellend. Ehedem leistete diese Arbeit ein Platindraht, der unter starker elektrischer Spannung stand und das Grannenhaar nicht wegrasierte, sondern sengte. Also konnte man ganz berechtigt von „Seal electric“ sprechen, da der elektrische Strom die wesentliche Arbeit leistete. Der Name hat sich erhalten und wird weiter angewendet, wenn auch die Methoden der Sealherstellung tiefgreifende Änderungen erfahren haben.

Die Anzahl der jährlich auf den Markt kommenden Kaninfelle zu nennen, ist nicht möglich. Der größte Teil geht nicht durch die Auktionen zur Veredlung, und öffentliche Ziffern liegen da nicht vor. Es wird sich um viele Millionen Felle handeln, die da vom Züchter zum Veredler und dann weiter zum Erzeuger der Pelzstücke, zum Kürschner, wandern.

Außer den in Naturfarbe und Naturbeschaffenheit in den Handel kommenden Kaninfellen, wie Chinchilla, Marder, Opossum, weißen Kaninen und anderen, sehen wir eine große Menge veredelter Kanine im Verkehr. Da wird sowohl das weiße Kaninchen geschoren, um als weißes Rasé-Kanin seinen Weg durch die Welt zu machen, da schert und färbt man auf Nutria, Biberette, Seal, Maulwurf, Platin, Bleute, Beige, in dunkleren und lichteren Nuancen, man färbt die langhaarigen Kanine gleichmäßig oder mit dunkleren Grotzenstreifen auf Rot- und Landfuchs, Zobel-, Chinchilla-, Patagonisch- und Schwarzkanin, Skunks- und Brabanterkanin und so fort in einer langen sich stets wieder erneuernden Reihe. Man hat das Haar auch wellenförmig geschoren: die sogenannten „Wellinkanine“ oder „Radiokanine“; doch handelt es sich bei diesem Artikel mehr um eine vorübergehende Modelaune.

Die von Leipzig kommenden Kanine führen gemäß einer gesetzlichen Verordnung alle den Markenstempel, man weiß, von wo die Ware stammt, und spricht von Markenware. Auch die französische Ware hat häufig den Markenstempel.

Der gemeine Hase

(Lepus timidus), ein Universaltier wie der Fuchs, kommt in aller Welt vor, nur in Australien und seinen Inseln hat man ihn bisher nicht erblickt. Fleisch und Pelz des Tieres werden gleich geschätzt. Das Tier wird gegen 60 bis 70 cm lang, hat ein seidiges, weißes Unterhaar, das sich nach dem Oberhaar zu ganz verdunkelt, um in braune Grannen zu enden. Die schönen, dichten Felle haben noch hervorleuchtende weiße Spitzen. Der Bauch ist weiß. Das Haar des Hasen dient vor allem der Hutmacherei zur Herstellung des Hutfilzes, einige Sorten aber werden für die Pelzverarbeitung verwertet, und zwar ganz hervorragend. Unser Feldhase mit seinem steiferen und gewellten Haare kommt nicht sehr für den Kürschner in Betracht, andere weichhaarige und langhaarige Sorten werden durch die Farbe auf alle Nuancen gebracht. Gerade in unseren Tagen muß der Hase viele andere Edelsorten imitieren.

Das Haar ist ungemein weich und seidig, das Leder sehr schwach und gleicht in gegerbtem Zustande dem Papier. Es knistert auch ähnlich wie ein Blatt Papier. Zufolge dieses zarten Felles wird das Leder auch nie ganz ausgegerbt, immer haften noch Stellen des Aases im Leder, die einfach mitgefärbt und mitverarbeitet werden.

Das Fell des Hasen ist nicht schlecht und weist oft eine ganz staunenswerte Dauerhaftigkeit auf.

Ein herrlicher und noch mehr im Pelzhandel verwerteter Hase ist der

Alpen- oder Schneehase

ein schönes Tier, das sowohl in unseren Alpengegenden, an der Schneegrenze wie im höchsten Norden, daheim ist. Man findet ihn ebenso in Frankreich wie in Rußland, von wo die schönsten und kräftigsten Schneehasen kommen. Das Tier ist im Winter ganz rein weiß und ändert im Frühjahr, ähnlich wie der Polarfuchs oder das Hermelinchen, sein Fell und wird rotbraun. Die Umfärbung beginnt bei den Pfoten und setzt sich langsam nach oben zu fort. Es gibt jedoch auch Hasen, die das ganze Jahr weiß bleiben, wie der Polarfuchs, der auch solche Arten kennt.

Die weiße Farbe des schönen Tieres gestattet das Färben in andere Nuancen in noch ganz anderer Weise als beim Feldhasen. Da gibt es vor allem jede mögliche Modefarbe vom hellsten Rosa bis zum dunklen Blau, vom Beigeton bis zum Zobelton, man färbt es grau wie die Polarfüchse, und zwar auch in helleren und dunkleren Tönen, man imitiert damit den Blaufuchs, man färbt es zu Chinchilla und Opossumhasen, schafft eine eigene Art von Schneehasen mit dunklem Grund und weißen Spitzen, daß das dunkle Fell wie beschneit aussieht, und viele andere Farben, selbstverständlich auch Schwarz und Dunkelbraun.

Die moderne Veredlungsindustrie wendet dem Hasen wegen seiner Anpassungsfähigkeit an jede Imitation und seines nicht hohen Preises ihr ganz besonderes Interesse zu. Man geht jetzt auch daran. die Rücken und die Wammen separat in den Handel zu bringen, und zwar wieder in allen möglichen Modefarben. Die Wammen sind schöner als der Rücken, wohl nicht so dicht, aber langhaarig und flaumiger. Gerade die Wamme täuscht heute den gefärbten Fuchs prachtvoll vor. Die hohen Fuchspreise bieten da dem billigen Hasen ein weites Betätigungsfeld, das von der Pelzmode auch gründlich ausgenützt wird.

Die Zahl der auf den Markt kommenden Hasen geht in die Millionen. Wenn wir von einem billigen Preise sprechen, so kann dies natürlich nur relativ aufgefaßt werden. Ein guter und schöngefärbter Hase, der auf ungefähr Dollar 1,20 kommt, ist an sich als Hase gewiß nicht billig, er bietet nur als Imitation einen billigen Ersatz für das unvergleichlich teure, echte Fell.

Nicht einfärbig allein kommt er jetzt in den Handel, man schattiert das Fell dadurch ab, daß man den Rücken weiß läßt und die Seiten blaugrau oder braun einfärbt, man rasiert die Haare, ähnlich wie bei Bisam oder Kanin und färbt dann auf Biber und Nutria und andere Farben. Speziell die Biberimitation kann als sehr gelungen betrachtet werden, da die Rauheit des Hasen auch im geschorenen Zustande des Haares immer voller wirken wird als das geschorene Kanin, so daß die Imitation des Bibers, der ja auch ein volles Haar darstellt, wunderbar zum Ausdruck kommt.

In der neugeschaffenen Sommerpelzmode kommt der Hase zu starker Geltung. Sein leichtes, flaumiges Fell hat ihm auch da den richtigen Platz eingeräumt. Gerade für den Sommerpelz will der Kunde meist nicht viel Geld auslegen. Der Polarfuchs kommt als leichter Kragenbesatz nicht in Frage, erstens ist das Fell zu groß, zweitens zu teuer. Da genügt der Hase den verfeinerten Ansprüchen und wir erleben es ja täglich selbst, wie auch die Dame von Rang und Namen zum Hasenbesatz greift, um die schöne Sommerpelzmode mit einem reizend kleidenden und leichten Pelzchen mitzumachen.

Im südlichen Rußland kommt ein Hase vor, der auch im Winter grau bleibt, dessen Fell nur von weißen Spitzen durchbrochen wird. Dieser Hase heißt Russak. Noch eine andere Art ist schwarz, im Winter wird nur die Wamme etwas rotbraun.

Jene Arten von Hasen, wie die kleinen Sandhasen und andere, kommen für die Pelzverarbeitung wenig oder gar nicht in Betracht. Der Pelz ist zu zart und würde den Anforderungen nicht genügen. Die Felle des Sandhasen gehen oft schon beim Gerben zugrunde, da sie zu wenig widerstandsfähig sind.

Der Hase soll nicht mit dem Kaninchen, das im Pelzhandel eine weit größere Rolle spielt, verwechselt werden. Wir haben davon unter „Kanin" gehört.

4. Hundeartige Tiere

Die Füchse

Bis auf einige Edelfüchse galt der Fuchs vor noch nicht so langer Zeit als gemeines Pelzwerk. Man erzeugte aus seinem Felle Wagendecken, Pelzfutter, entschloß sich hie und da zur Anfertigung eines Besatzes und damit waren die Verwendungsmöglichkeiten dieses Tieres, das auf der ganzen Erde so stark verbreitet ist, auch schon erschöpft.

Freilich, vor einigen Jahren, da hatten wir noch keine spezifische Pelzmode wie heute, wo man Pelze um ihrer Schönheit willen auch im Sommer trägt. Als man aber dem Pelz in der Mode einen breiteren Raum gewährte, als der Schmuckwert des Pelzes in den Vordergrund trat, da verstand man auch die Situation für den Fuchs zu nützen.

Der Fuchs als Stola, zuerst in geschweifter, dann in einfacher, gerader Form, der Fuchs als Mantelkragen und Besatz, übt immer seine Wirkung aus, und wenn man schon der Meinung war, daß nunmehr jede Möglichkeit erschöpft wäre, dann tauchte er immer wieder in einer anderen Verwendung auf.

Aber auch die Technik des Kürschners hat seit der Fuchsmode eine entsprechende Erweiterung erfahren. Der Fuchs beansprucht ein eigenes, großes Kapitel. Er führte wieder neue Methoden der Verarbeitung ein und brachte vieles Neue, das bisher wenig beachtet wurde. Er ist zum Bahnbrecher nicht nur der Pelzmode geworden, sondern auch zum Förderer der modernen Technik im Kürschnerbetrieb.

Mit seiner Anerkennung stieg auch sein Wert. Kostete im Jahre 1914 ein roher Landfuchs ungefähr österreichische K 14, so muß dieselbe Ware heute mit österreichischen S 45 bis 50 bezahlt werden. Alle diese Sorten stehen heute weit über der Parität.

Da der große Bedarf, speziell bei den Edelfüchsen, merkbare Lücken gerissen hat, ist man beizeiten darangegangen, durch Zuchtfarmen die Einbußen wieder wettzumachen. Heute kommen schon viele Edelfüchse auf den Markt, die den Farmen Kanadas, aber auch schon der Schweiz und Deutschlands entstammen. Es wird davon in dem Abschnitt über die Tierzucht zu hören sein.

Die Verbreitung des Fuchses über die ganze Erde bringt es mit sich, daß er je nach der Gegend und den klimatischen Verhältnissen ein anderes Aussehen besitzt, ein anderes Kleid trägt, oft sehr verschieden in der Größe vorkommt und verschiedene Namen aufweist.

Sehen wir uns nun der Reihe nach die verschiedenen Fuchsarten an.

Der Landfuchs

(Canis vulpes), englisch fox, französisch renard, wird bis zu 90 cm lang und besitzt außerdem den prachtvollen, oft 40 cm langen Schwanz. Der Kopf ist breit, die sich jäh verschmälernde Schnauze ist lang und dünn. Die Augen liegen etwas schief, die Ohren sind spitz und stehen aufrecht in die Höhe. Der Körper ist ungemein gedrungen und dabei von einer Zierlichkeit und Schönheit, die uns ganz einnehmen. Die Beine sind verhältnismäßig kurz und mit tüchtigen Krallen versehen.

Die Farbe des Landfuchses gleicht sich fast ganz dem Boden seiner jeweiligen Heimat an und leuchtet aus seiner Umgebung nicht hervor. Dieses eigenartige Rotbraun geht in den Farben des Waldes und der offenen Fluren auf, es findet Angleichung an felsige Gegenden und deckt den schlauen Gesellen.

Je mehr dem Norden zu, desto herrlicher wirkt sich das Fell aus. Aber auch in unseren Gebirgen finden sich prachtvolle Exemplare vor. Einen guten Ruf haben ferner die bosnischen Füchse. Ganz anders stellen sich wieder die Füchse des Flachlandes oder gar der Ebene, wie in Ungarn, dar. Ist das Haar des nordischen Fuchses lang, weich und seidig, des Gebirgsfuchses dicht und voll, so bietet uns der Fuchs der Ebene ein kürzeres, flaches, fast spießiges Haar, das natürlich den Pelz weniger wertvoll macht.

Sein Aufenthalt ist immer gut gedeckt. In Höhlen, im Geklüft und Gestein und sonst an günstigen, unnahbaren Stellen ist er zu Hause. Mit Vorliebe läßt er sich von einem Dachs seine Wohnung bereiten, um sie dann in Beschlag zu nehmen.

Der Fuchs ist kein geselliges Tier. Auch während der Ranzzeit hält er nicht lange bei der Fähe. Hat er sie gedeckt, dann sucht er bald wieder das Weite. Freundschaft gegen ein anderes Tier ist ihm fremd.

Es wird oft behauptet, daß die schönsten Fuchsfelle zugleich auch die röteste Farbe aufzeigen. Wie oft kann sich der Kürschner vom Gegenteil überzeugen. Er sieht den herrlichen nordischen Fuchs so oft in hellen Tönen und kann dann wieder einmal einen ungarischen Fuchs, der ganz flach im Haar ist, in schöner, roter Farbe erhalten.

Man staunt oft über die Farbunterschiede, die sogar in gleichen Gegenden vorkommen. Niederösterreich bringt oft wunderbare Kohlfüchse, die einen satten, grauen Stich besitzen, auf den Markt. Prachtvoll sind die vollhaarigen Tiroler Füchse. Die Rheinländer weisen ebenfalls herrliche Sorten auf, auch das gebirgige Bayern. Am besten gefallen die norddeutschen Füchse aus Ostpreußen. Je mehr dem Süden zu, desto geringer der Wert, desto weniger schön entwickelt der Pelz.

Der Landfuchs wird sowohl in Natur wie gefärbt gehandelt und verarbeitet. Meist wird er gefärbt vorgezogen. Auch da zeigt sich Reineke wieder als Universaltier. So ein Landfuchs läßt sich ruhig als Alaskafuchs färben, er gibt sich zum Zobelfuchs her, wird zum Kreuz- und Silbernackenfuchs und Graufuchs und läßt sich auch bleichen, um die jeweilig moderne Farbe zu repräsentieren.

Das starke Haar und das gute Leder geben für das Färben die richtige Grundlage. So muß der gefärbte Landfuchs den teuren Edelfuchs vertreten.

Heute macht man aus Füchsen in den seltensten Fällen noch Wagendecken. Dies käme bei dem jetzigen Marktpreis auch schon viel zu teuer. Der Fuchs ist heute Favorit für Garnituren und Besatzzwecke. Jährlich kommen Hunderttausende dieser Tiere auf den Markt und finden bei stets ansteigenden Preisen immer wieder genügend Käufer.

Der amerikanische Rotfuchs

(Canis fulvus), englisch red fox, ist der nächste Verwandte unseres Landfuchses, der wohl auch Rotfuchs genannt wird. Es ist klar, daß die amerikanischen Landstriche, besonders Kanada, Alaska und andere nordische Gegenden, die Entwicklung des Fuchses ungemein fördern, und deshalb tritt uns der Rotfuchs auch als ein besonders prachtvolles Exemplar gegenüber. Mehr dem Osten zu sind die Tiere größer und in der Farbe röter, dem Westen zu wieder blässer und etwas kleiner. Das Haar ist etwas länger und feiner als das unseres Landfuchses.

Der amerikanische Rotfuchs wird genau wie unser heimischer Fuchs der Veredlung zugeführt oder in der Naturfarbe gehandelt. In letzter Zeit herrscht für die Naturfarbe dieses Tieres große Vorliebe, doch handelt es sich hier nur um eine momentane Modelaune, die nicht von Dauer ist. Der immer gangbare Fuchs ist der gefärbte, wie wir oben schilderten, und er kommt auch in Amerika so zur Verarbeitung.

Interessant ist die Statistik des Rotfuchses, die uns einen Einblick in die Aufbringungs- und Handelsverhältnisse gibt.

Die New Yorker Auktion brachte im Jahre 1925 im Mai 31185 Rotfüchse zum Verkaufe, darunter fanden sich die verschiedensten Sorten, und zwar Felle aus Ost- und Nordwestkanada, von Alaska, aus Rußland und Sibirien, der Mongolei und Mandschurei, aus Deutschland und der Schweiz, aus Schweden und Kamtschatka. Die höchsten Preise erzielten die Nordwestkanadier, die bis Dollar 24,50 brachten, während die deutschen und Schweizer Rotfüchse nur bis Dollar 9 einbrachten. Daraus kann man die ganz bedeutenden Qualitätsunterschiede ersehen.

Im September 1926 brachte die Company 29200 Rotfüchse auf den Markt, im April 1927 20000 und im April 1928 11272 Stück.

Die Hudson-Bay Company hatte im April 1928 23002 Rotfüchse anzubieten, gegen die Jänner-Auktion von 157720 Stück (gegen 217541 des Oktober 1927).

Ein anderer nordamerikanischer Fuchs ist

der Kittfuchs,

ein kleines Tier, das nur etwa 50 bis 60 cm groß wird, wogegen der Schweif ungefähr die Hälfte der Fellänge erreicht. Sein Haar ist feiner und zarter als das des Rotfuchses und schlägt vom Grauweiß ins Braunweiße. Das Oberhaar ist etwas heller, die Wamme weiß und feinhaariger. Die Schwanzspitze ist weiß.

Das Fell wird ebenfalls gerne zu Garnituren und Besätzen verarbeitet, doch ist es nicht so ausgiebig wie das des Land- oder Rotfuchses. Das Haar hat überdies noch den Nachteil, daß die weißen Spitzen des Oberhaares brechen und dann auf Tuchmänteln haften bleiben, die oft ganz besät von diesen Härchen sind. Auch das Leder ist zarter als das der größeren Verwandten.

Der Kittfuchs kommt auch in Rußland vor, doch nicht so häufig als in Amerika. Auch scheint er dort nicht so gut entwickelt zu sein. Die Auktionen bringen einige tausend Felle dieser amerikanischen Art auf den Markt, gegen mehrere hundert Felle der russischen Ware.

So ganz anders bietet sich uns der

Grießfuchs

dar. Der Gestalt nach wohl ganz Fuchs, ist seine Haarbeschaffenheit eigenartig kurz und grob, fast spießig. Die Farbe ist schön und vielfach. Bei etwas gelblichem Unterhaar wird das Oberhaar blauweiß mit schwarzen Spitzen. Kehle und Bauch sind weiß und vom Rücken gelbrot abgegrenzt. Das Tier ist 60 bis 70 cm lang, der Schweif wird bis zu 35 cm lang und ist nicht so kräftig und buschig als der anderer Fuchsarten.

Das Tier lebt ebenfalls in Nordamerika und kommt in einigen tausend Stücken jährlich auf den Markt. Auch Südamerika kennt den Grießfuchs, der aber nicht den Wert des nordamerikanischen besitzt.

Der Marktpreis ist für den nordamerikanischen zirka 15 bis 30 sh., gegerbt, während der südamerikanische 6 bis 9 sh. kostet.

Bevor wir die kostbaren Edelfüchse betrachten, wollen wir noch einige andere Arten kennenlernen.

Da ist vor allem

der australische Fuchs,

ein Tier, das noch nicht so lange Eingang in den Pelzhandel gefunden hat. Man wußte früher wohl gar nicht, daß es auch in Australien Füchse gibt. Sie halten freilich den Vergleich mit den amerikanischen und europäischen Füchsen nicht aus, bieten aber eine wohlfeilere Art und sind darum ganz wohl gelitten.

Die Tiere sind etwas kleiner und gröber im Haare, haben jedoch ein gutes Leder. Der Schwanz ist wenig buschig und kennzeichnet meist am leichtesten das Fell als das eines australischen Fuchses. Die Farbe ist, ähnlich unserem Landfuchs, rotgelb.

In Asien, in den Steppen um das Kaspische Meer bis hinein in die Mongolei, lebt der

Corsac,

der mongolische oder podolische Steppenfuchs, der kleiner ist als unser Landfuchs und nur ungefähr 55 bis 60 cm lang wird. Auch der Schwanz ist kürzer. Das Fell hat die Eigenart, im Sommer rotgelb, im Winter fahlweiß zu variieren. Die Wamme ist weiß, manchmal grau, der Schwanz hat einen schwarzen, gewellten Rückenstreifen, die Spitze ist schwarz.

Das Tier besitzt keine festen Wohnstätten, wandert von Ort zu Ort und hält sich am liebsten in den Höhlen des Murmeltieres auf, ähnlich wie unser Reineke in den Dachshöhlen.

Die Tataren machen fleißig Jagd auf den Corsac, den sie mit ihren Hunden verfolgen und besser noch mit gezähmten Steinadlern und Jagdfalken jagen, denen das Tier trotz seiner Schnelligkeit nicht entgehen kann.

So kommen an die hunderttausend Felle jährlich auf den Markt, die seinerzeit nur für Futter Verwendung fanden, heute aber auch ein sehr gutes Besatzfell geben.

Dieselbe Gegend, wie der Corsac, belebt der

Caragan,

ebenfalls ein Steppenfuchs, der aber mehr eine wolfsgraue Farbe hat, die am Rücken von einem rostbraunen Streifen durchzogen wird. In seinen sonstigen Lebensäußerungen gleicht er dem Corsac.

Ein prachtvoll schöner Fuchs — und damit gehen wir auf die Edelfüchse über — ist der

Polar- oder Eisfuchs,

auch Steinfuchs genannt. Sein Gebiet ist, wie das des Eisbären, die arktische Gegend, und soweit der Mensch nach dem Norden gelangt, trifft er, wie den Eisbären, auch den Polarfuchs an.

Sein Kleid ist weiß, aber nicht immer; die Farbe wechselt mit der Jahreszeit vom blendendsten Weiß bis zum Graubraun, und wir nennen dann den Polarfuchs „Blaufuchs". Die Tonabstufung geht aber nicht überall und nicht regelmäßig vor sich, denn wir kennen ausgewachsene Winterfelle des Blaufuchses. Die Färbung ist recht eigenartig, wir hören, daß schneeweiße Muttertiere blaufuchsartige Junge haben.

Gewöhnlich beginnt sich im Juni das Haar des Weißfuchses zu ändern. Zuerst treten hier und dort dunklere Grannenhaare auf, deren Färbung auch bald die Unterwolle erfaßt. So entsteht der Sommerpelz des Polarfuchses, dessen Haare sich eigenartigerweise immer mehr verlängern. Vom Herbst an beginnt das Haar wieder zu bleichen, und zwar zuerst in den Haarspitzen, wie wenn diese die Änderung der Witterung vorausfühlen würden. Dann treten weiße Flecke auf, bis nach und nach das ganze Fell wieder im reinsten Weiß erstrahlt.

Diese Umfärbung des Pelzes hat man auch bei gefangenen Weißfüchsen konstatiert; man hat auch entdeckt, daß der Polarfuchs in manchen Gegenden, wie auf Spitzbergen, nur als Weißfuchs auftritt, auf Island hingegen, wahrscheinlich infolge des milderen Klimas, wieder nur als Blaufuchs vorkommt.

Das Tier ist bei weitem kleiner als andere Füchse, hat eine stumpfe, dicke Schnauze, kurze, runde Ohren und kurze Beine. Der Schwanz ist dick und buschig.

Der Polar- oder, wie ihn die Kürschner nennen, der Weißfuchs wird vorzüglich für Tierstolen verarbeitet. Aber auch als Besatz für Tuch- und Pelzmäntel wird das Tier verwendet. Die gleiche Verwendung findet der Blaufuchs, der im Preis etwas höher steht.

Die mischfarbigen Polarfüchse, die den Übergang vom Weiß- zum Blaufuchs darstellen und oft gefleckt sind, werden gleichmäßig blaugrau eingefärbt und liefern dann den herrlich schönen, gesuchten Frühjahrs- und Sommerpelz. Die fortschreitenden Forderungen der Mode bringen es mit sich, daß man nun auch andere Nuancen einfärbt, z. B. Platinfarbe, Silbergrau, Beige, Orange, ja selbst marderfarbig.

Die Auktionen bringen ganz ansehnliche Mengen dieser Tiere auf den Markt. So konnte man bei der Auktion der Hudson-Bay Company im Jänner 1928 26 362 gegen 32 451 Felle im Oktober 1927 vorfinden und im April 1928 15 319 Felle, alles reine Weißfüchse.

An Blaufüchsen brachte dieselbe Company im Jänner 1928 2767 gegen Oktober 1927 3093, im April 1928 1297 Blaufüchse.

Der Preis ist jährlich etwas ansteigend und die Ware kostet heute zugerichtet 120 bis 350 sh.

Den direkten Gegenpart bildet der

Schwarzfuchs,

der im nördlichsten Amerika, ferner in Sibirien, auf Kamtschatka und in Lappland vorkommt, jedoch sehr selten, weshalb für ihn phantastische Preise gefordert werden. In vielen Gegenden geht er der völligen Ausrottung entgegen.

Der Fuchs ist außergewöhnlich groß, das Fell ist blauschwarz und zeigt lange Grannenhaare. Die Schwanzspitze ist ganz weiß.

Auf den Auktionen hört und sieht man vom Schwarzfuchs nichts. Gelingt einem Jäger einmal der große Wurf, dann weiß er schon seinen Mann, dem er ihn abliefert und der wieder weitere direkte Verbindungen hat, ohne daß dieses Fell über die Auktion geht.

Wie von den Chinchillas wird man wohl auch bald von Schwarzfüchsen nichts mehr sehen.

Der kostbarste, heute im Handel befindliche Fuchs ist

der Silberfuchs

(Canis cinereoargenteus). Seine Heimat ist Kanada, das Dorado aller schönen und kostbaren Tiere. Er kommt aber auch in anderen nördlichen Gegenden der Vereinigten Staaten vor. Aber auch aus Alaska und der Yukonprovinz kommen die Silberfuchsfelle auf den Markt.

Dieses herrliche Tier besitzt einen seidigen, blauschwarzen Pelz, welcher mehr oder weniger von Silberhaaren durchzogen wird. Das Unterhaar ist schieferfarbig, der Schwanz zeigt eine weiße Spitze.

Wegen der nahen Verwandtschaft der Silber-, Kreuz- und Rotfüchse muß der Kürschner sorgfältig unterscheiden, ob das Fell irgendeine Neigung zu einer rötlichen Schattierung besitzt, denn der richtige Silberfuchs darf eine solche Nuancierung nicht aufweisen. Die Haarwirkung muß schwarz, silber und weiß sein.

Die Silberhaare, die den Wert des Silberfuchses darstellen, verteilen sich bei den verschiedenen Tieren nicht gleichmäßig. Je nach dem Vorhandensein dieser Silberhaare wird der Fuchs klassifiziert, und zwar, wie wir genauer in der Warenkunde sehen, auf eine sechsfache Art. Die Intensität der Silberhaare steigt vom Pumpfe des Tieres bis zum Kreuz empor. So gibt es Felle, die nur im achten Teile des Felles etwas Silberhaare zeigen und als die minder wertvollen klassifiziert werden. Als ganzer Silberfuchs wird derjenige betrachtet, dessen Silberhaar bis zum Kreuz emporreicht. Auch der Kopf weist diese schöne Nuancierung auf.

Weiters sind für die Qualität des Felles seine Größe und die Seidenartigkeit des Haares maßgebend. Die Silberverteilung ist jedoch nicht immer in gleicher Weise für den Wert des Felles ausschlaggebend. Hier spielt wieder die Mode die große Rolle. Vor Jahren suchte man besonders die viertelsilbrigen Felle, im Jahre 1928 hatten die halb- und dreiviertelsilbrigen den größten Wert.

Besonders zu beachten ist auch, daß das Fell an den Schultern reinfarbig sich darstellt und nicht etwa fleckig ist. Ein etwas dunkler Rückenstreifen soll das Fell durchziehen, der Nacken soll dick und voll sein. Das Silberhaar soll sich auf beide Seiten gleichmäßig verteilen.

Die Kostbarkeit und Schönheit des Silberfuchses sind nun Ursache, daß das Tier von Trappern und Fallenstellern ganz besonders bevorzugt wurde. Das prachtvolle Tier schien das Schicksal anderer Arten zu teilen und drohte aus den Distrikten ausgerottet zu werden. Da kam man auf die Idee, die Tiere zu züchten. Man setzte in Gegenden des hohen Nordens, vorerst in Kanada, Zuchtfüchse in eigenen Farmen an, um einen Versuch zu machen, dieses Tier außerhalb der freien Wildbahn zu ziehen. Das Klima war ja das gleiche und nun hieß es, die Eigenheiten des Fuchses studieren. Man hatte Erfolg. Man lernte das ganze Gehaben des Tieres kennen, man nährte es entsprechend und machte geeignete Beobachtungen während der Ranzzeit, um die richtige Fortpflanzung zu ermöglichen. Heute besteht über die Zucht der Silberfüchse aus der Erfahrung heraus eine eigene Wissenschaft, und man muß als Kenner der Zuchten staunen über das gewaltige Material, das sich im Laufe der Jahre ansammelte, um gute Zuchtergebnisse zu sichern.

Die Erfolge machten kühner, man versuchte die Silberfüchse auch an anderen Orten zu züchten und hatte auch dort Erfolg. So kamen die ersten Zuchtpaare nach Europa, wo sie in einer Schweizer Farm untergebracht wurden. Heute hat fast jeder Staat eine oder mehrere Silberfuchsfarmen, es existieren eigene Tierzucht- und Forschungsinstitute, wo man unermüdlich tätig ist, die Silberfuchszucht auf eine gewaltige Höhe zu bringen. Wie weit hier die Grenzen gezogen werden können, läßt sich heute noch nicht feststellen.

Wir sehen bereits die Zuchtfüchse bei den Auktionen, wo ihre vorzügliche Qualität dem Eigner hohe Preise sichert. Wird bei dem Fortschreiten der Zucht und den entsprechenden Ergebnissen auch der Preis so hoch bleiben? Wenn nicht, wird sich dann die Zucht noch als besonders ergiebig darstellen? Das sind Fragen, deren Beantwortung einer nicht allzu fernen Zukunft anheimgestellt bleiben.

Wir Kürschner müssen es freudigst begrüßen, daß man nun endlich daranging, den Mangel im Tierreich wieder auszugleichen, um immer wieder den wachsenden Ansprüchen genügen zu können. Der Tierbestand ist die Grundlage des Pelzhandels, die aufgebrachte Menge bildet meist auch die Basis zur Preisbestimmung. Der Kürschner sieht also der Entwicklung der Zuchtfarmen, nicht nur der der Silberfüchse, mit Interesse entgegen und erhofft daraus für sich die besten Erfolge.

Da es sich hier um ganz außergewöhnliche Handelsverhältnisse handelt und der Silberfuchs dem größten Interesse begegnet, wollen wir uns an dieser Stelle ein Auktionsergebnis in allen Phasen genauer ansehen, da daraus sehr interessante und lehrreiche Schlüsse gezogen werden können.

Wir führen dabei immer mehrere Auktionen an, die auch zeitlich voneinander sehr getrennt sind, um die Entwicklung des Handels besser beobachten zu können.

Die New York Auction brachte Mitte Mai 1925 1138 Silberfüchse auf den Markt. Das Auktionsergebnis besagte:

Eine gewöhnliche Kollektion mit wenigen feinen Losen. Die feinen Felle wurden außergewöhnlich gut verkauft, während sonst alle Sorten zu höheren Preisen als bei der letzten Auktion aus dem Markte gingen.

Nun folgt die wertmäßige Teilung des ganzen Quantums, und wir sehen, wieviele Stücke der einzelnen Werte zur Auktion kamen und welche Preise sie erzielten:

	Zahl	Dollar			Durchschnittspreis
Ganz Silber, ausgewählte	39	125,—	bis	225,—	153,—
Ganz Silber	119	37,50	„	122,50	87,—
Drei Viertel Silber, ausgewählte	56	150,—	„	285,—	185,—
Drei Viertel Silber	130	25,—	„	147,50	97,—
Halb Silber, ausgewählte	25	160,—	„	330,—	194,—
Halb Silber	131	32,50	„	157,50	97,—
Ein Viertel Silber, ausgewählte	2				190,—
Ein Viertel Silber	91	27,50	„	127,50	82,—
Schwachsilbrig, ausgewählte	16	110,—	„	150,—	134,—
Schwachsilbrig	92	30,—	„	107,50	64,—
Schwarze	113	20,—	„	82,50	42,—
Braune, abgeriebene und geringe	324	2,—	„	62,50	21,—
	1138				

Hieraus sehen wir vor allem, daß die größte Anzahl einer Sorte aus den wenig wertvollen Fellen bestand, während den besten Durchschnitt die halbsilbrigen Felle erzielten, die, wie wir oben ja ausführten, derzeit am gesuchtesten sind. Die großen Preisunterschiede gleicher Lose dürften sich mehr auf die Größe und Haardichte beziehen, da sonst andere Unterscheidungsmerkmale schon durch die Loseeinteilung hervorgekehrt erscheinen. Ein sehr interessantes Beispiel. Wir ersehen daraus aber auch, wie gründlich die Ware für die Auktionen durchgearbeitet und sortiert wird.

Im September 1926 bringt dieselbe Company wieder 1138 Silberfüchse zur Versteigerung, im April 1927 1327 Stück, im April 1928 jedoch 3055 Felle.

Die Hudson-Bay Company in London brachte im April 1928 4992 Silberfüchse zum Anbot. Davon entfielen die Höchstpreise auf:

Dunkle	Felle	26	Pfund
Leichtsilbrige	,,	21	,,
Viertelsilbrige	,,	46	,,
Halbsilbrige	,,	64	,,
Dreiviertelsilbrige	,,	92	,,
Ganz Silber	,,	71	,,
Diverse	,,	26	,,

Hier handelt es sich natürlich, wie überhaupt meist bei den Auktionen, um rohe, nicht zugerichtete Ware.

Eigenartig ist nur, daß diese Auktionsberichte nicht, wie bei anderen Sorten, die Herkunft der Tiere bekanntgeben. Zum Großteil handelt es sich hier schon um Zuchttiere.

Zugerichtete Silberfüchse werden auch entsprechend ihrer Verschiedenheit billiger oder teurer verkauft. Der Katalog eines Rauhwarenhändlers sagt uns zum Beispiel, daß zugerichtete Silberfüchse zum Preise von Pfd. St. 15 bis 85 zu haben sind, dann sehen wir wieder Differenzen von Pfd. St. 10 bis 100. Man muß da die Ware sehen, um die Differenz erst richtig erfassen zu können. Obige Auktionsergebnisse haben uns schon den richtigen Einblick in die Unterschiede gegeben, und es ist gut, wenn da der Kürschner eine richtige Orientierung besitzt. Wir hörten, daß im Frühjahr 1928 in Amerika für den besten Silberfuchs Dollar 500 erzielt wurden; ein gewaltiger Preis.

Man kann sich also vorstellen, welchen Wert die Zucht hat, die, richtig geführt, gute Ergebnisse zeitigt. Beim Kapitel über die Tierzucht werden wir noch viele interessante Einzelheiten erfahren, deren Kenntnis heute für den modernen Kürschner unerläßlich ist.

Ein wunderschöner Edelfuchs ist der

Kreuzfuchs

(engl. cross fox), ein Tier von herrlicher Fellzeichnung und außergewöhnlich feinem Haare. Die Haarfarbe kann nicht mit einer Nuance erklärt werden. Wir finden ein Gemisch vieler Farben, die sich in einer Harmonie vereinen, die unsere größte Bewunderung wachruft.

Da ist vor allem das herrliche Kreuz, das durch sein markantes Hervorleuchten dem Tiere den Namen gegeben hat. Während das Fell alle Schattierungen vom Hellgrau ins Dunkelgrau, vom Hellgelb ins Goldgelb aufweist, tritt das Kreuz dunkler und kräftiger hervor. Das Haar ist aber nirgends einfärbig; silberweiße Spitzen erhöhen die Gesamtwirkung, besonders dem Pumpf zu. Die Seiten sind wieder dunkler gezeichnet.

Der Kreuzfuchs lebt auch in Nordamerika, der Heimat aller schönen Füchse, sein Fell wird fast ausschließlich für Boas verwendet, wozu es sich ganz außergewöhnlich eignet.

Die Einteilung des Kreuzfuchses geht meist auch auf den Silbergehalt seines Felles zurück. Man spricht von dunkelsilbrigen Kreuzfüchsen, von halbdunkelsilbrigen und silbrigen, dann von rötlichen und blassen. Die erste Sorte ist die kostbarste und daher gesuchteste. Das schöne Tier kommt ungefähr in gleichen Mengen wie der Silberfuchs auf den Markt, wird jedoch bis heute auf Farmen nicht gezüchtet. Das Tier ist nicht so teuer, weshalb die Zucht nicht so rentabel scheint. Wir müssen annehmen, daß der teuerste Kreuzfuchs mit dem billigeren Silberfuchs ungefähr auf einer Preishöhe steht. Außerdem bietet die Natur noch genügend Material, auch ist die Pelzmode nicht so sehr für den Kreuzfuchs eingenommen. Wenn dies einmal anders werden sollte, wird sich auch der Preis des Felles wesentlich umstellen.

Die Auktionen brachten, wie New York Auction im Mai 1925, 1269 Kreuzfüchse zum Verkaufe, welche in den besten Sorten mit Dollar 59 bis 72 gehandelt wurden. Die Hudson-Bay Company in London brachte im Jänner 1928 4536 gegen 5144 im Oktober 1927 auf den Markt. Im April 1928 legte dieselbe Company 2162 Kreuzfüchse auf, die 50 bis 500 sh. einbrachten.

Der Seefuchs oder japanische Fuchs,

auch Waschbärhund oder Marderhund genannt, gehört eigentlich eher in die Ordnung der Hunde als der Füchse, doch leitet uns hier mehr die kürschnermäßige Einstellung als die des Zoologen, und da wir gewohnt sind, den Seefuchs, der heute ein sehr teures kostbares Fell darstellt, immer mit den Füchsen zu nennen, wollen wir dies auch hier tun.

Die Bezeichnung Waschbärhund scheint uns eine ganz angemessene zu sein, denn wir haben hier wirklich ein Tier vor uns, das in seiner Haarstruktur manchmal dem Waschbären täuschend ähnlich wird. Auch der Schwanz erinnert an den Waschbären.

Die Länge des Tieres beträgt 60 bis 70 cm, der Schwanz wird bis zu 10 cm lang und ist nicht so buschig wie beim Fuchs. Ein kurzer, schmaler Kopf läuft ziemlich spitz aus, die Ohren sind kurz und fast ganz im Pelz verborgen. Beim eigentlichen Fuchs treten sie hingegen sehr markant hervor. Das Haar besitzt wunderschöne, lange Grannen, die aus dem graugelben bis braunroten Haar heller ableuchten. Die Wamme ist wieder dunkler, aber auch der Rücken weist ein dunkleres

Band auf, das sich nach den Vorderbeinen zu verliert. Das Fell ist im Sommer dunkler als im Winter.

Das Tier hält sich nicht nur in Japan auf. Man findet es sowohl in China wie in ganz Ostasien, es ist, wie der Corsac, an keinen festen Platz gebunden.

Das Fell des Seefuchses ist außergewöhnlich dauerhaft, auch darin herrscht eine gewisse Übereinstimmung mit dem Waschbären. Es wird für Garnituren und Besätze gerne verarbeitet und auch in anderen Farben, besonders skunkfärbig, auf den Markt gebracht.

Auch Südamerika hat seinen Fuchs, den

argentinischen Pampasfuchs oder Zorro,

ein Tier, das schon mehr einen schakalmäßigen Eindruck macht und demgemäß auch ein flacheres und spießigeres Haar von etwa silbergrauer Farbe besitzt. Auf dem Rücken ist das Haar etwas länger, so daß es wie eine kleine Mähne anmutet.

Ganz im Süden Amerikas. in Patagonien, lebt ein kleiner, aber um so schönerer Fuchs,

der patagonische Fuchs,

der bei grauer Unterwolle ein sehr zartes und weiches Fell von heller gleichmäßiger Farbe besitzt.

Der Magellanfuchs,

ebenfalls ein südamerikanischer Fuchs, ist größer als unser Landfuchs und besitzt ein außergewöhnlich weiches und langhaariges Fell von schwarzgrauer Farbe, das weiße Spitzen enthält. Die Wamme ist gelblichweiß, der Schwanz bräunlich, die Spitze schwarz. Dieser sehr schöne Fuchs, der seiner Größe und dem Aussehen nach eher an einen Wolf erinnert, kommt jedoch seltener vor.

Zu erwähnen wäre dann auch noch der

Kordillerenfuchs,

von gedrungenem Wuchse und entsprechend voller und weicher Behaarung, der gerne für Pelzgarnituren verwendet wird.

In Afrika wäre dann noch der

Fenek oder Wüstenfuchs,

der sich durch seine außergewöhnlich großen Ohren auszeichnet und der Sippe der Langohrfüchse angehört. Der Körper ist zart und lang und ruht auf zierlichen Füßen, die ihn mit ungeheurer Schnelligkeit durch die Gegend tragen. Er ist ein kleiner Fuchs von ungefähr 45 cm Länge, während der Schwanz zirka 20 cm beträgt. Alles an ihm ist zierlich. Die Ohren haben fast die Länge des Kopfes und geben dem Tier ein ganz sonderbares Aussehen. Das Haar ist sehr dicht und weich.

Der Wolf

(Canis lupus), ein starkes, den Fuchs in der Größe noch bedeutend überragendes Tier, das eine Länge bis zu $1^1/_2$ m erreichen kann und in Europa, Asien und Amerika in verschiedenen Arten heimisch ist. In unseren Gegenden kommt er fast nicht mehr vor, hingegen wird er auf dem Balkan, in Spanien und auch Italien noch häufig erlegt. Ganz im Norden freilich, in Schweden und Norwegen, besonders aber in Rußland, Sibirien, dann in Nordamerika, findet er sich noch in großer Anzahl vor.

Je nach der Gegend ändert sich die Behaarung des Wolfes nach der Dichte, Länge und Farbe. Je nördlicher sich das Tier aufhält, desto feiner und wolliger wird der Pelz, desto dichter und voller das Haar, das besonders auf der Bauchseite langhaariger und feiner erscheint.

Die Naturfarbe des Pelzes ist fahlgraugelb, mit schwarzen Haaren gemengt. Der Rücken ist dunkler, nach dem Bauche zu lichtet sich das Haar. Die Nuance ist jedoch je nach Jahreszeit verschieden: im Winter ist der Farbton heller grau, im Sommer jedoch mehr rötlichbraun. Die für die Pelzverarbeitung bestimmten Felle kommen schon silbergrau gefärbt in den Handel, so daß die Naturfarbe nicht mehr unterschieden werden kann. Dennoch ist das rauhere, vollere Winterfell von dem weniger dichten Sommerfell zu unterscheiden.

Auf dem Rücken, unterhalb des Nackens setzt häufig ein struppiger Kamm ein, an welchem das Haar oft unschön wirbelt. Es gibt aber wieder Wölfe, die gerade hier eine besondere Schönheit zeigen.

Wie der Fuchs paßt sich der Wolf der von ihm bewohnten Gegend ziemlich an, deshalb ist sein Habitus je nach dem Vorkommen so verschieden. Die ungarischen und spanischen Wölfe stehen anderen Arten weit an Qualität nach. Im Norden hingegen entwickelt sich das Haar zu einer Pracht, die das Fell dann als sehr begehrenswert erscheinen läßt. Außerdem ist das Fell des Wolfes sehr dauerhaft. Freilich ist es sehr groß und kann nicht die allgemeine Verwendung im Pelzhandel finden wie etwa der Fuchs. Wolfkolliers können nur von größeren Damen getragen werden, da sie breit um die Schulter fallen.

Die Wölfe, die immerhin noch in großen Mengen auftreten, kommen auch zahlreich auf die Auktionen. 20000 bis 50000 Stück werden da angeboten, die meistens aus Rußland, der Mandschurei, aus Kanada und anderen Nordprovinzen stammen.

In Nordamerika ist ein noch größerer Wolf zu Hause, der sich auch besonders durch sein längeres und weicheres Haar auszeichnet und

Timber- oder Wechselwolf

genannt wird. Er ist seltener als der obenerwähnte Wolf und kommt auch nur in einer Anzahl von 300 bis 400 Stück auf die Auktionen. Sein Preis ist um zirka Dollar 5 höher als der aller anderen besten Wolfsarten.

Zugerichtete Wölfe kosten: Prima amerikanische und sibirische Ware Pfd. St. 2 bis 4, blau- und zobelgefärbte 50 bis 80 sh., hingegen silberblaugefärbte Ware 60 bis 110 sh.

Der Präriewolf oder Koyote

(Canis latrans), auch Heul- oder Steppenwolf genannt, ist ein Mittelding zwischen Fuchs und Wolf. Letzterer scheint ihm den Leib und die Füße sowie den Schweif gegeben zu haben, die Schnauze aber erinnert nur zu deutlich wieder an den Fuchs. Das Fell ist graubraun gefärbt und geht am Rücken in einen schwarzgrauen Ton über. Das Tier wird bis zu 1 m lang, hat feines und weiches, dichtes Haar und ein verhältnismäßig zartes Leder. Man sucht die Koyoten in Kanada zu züchten, um sie in größeren Mengen dem Pelzhandel zuführen zu können. Dem ist aber entgegenzuhalten, daß der Präriewolf sehr zur Mildhaarigkeit neigt, also leicht Haare läßt, was als Ursache dafür anzusehen ist, daß dieses Fell bis jetzt nicht schon mehr der Pelzverarbeitung zugeführt wurde.

Viele Hunde der nordamerikanischen Indianer gleichen dem Koyoten überraschend, weshalb angenommen werden muß, daß hier neue Arten aus Kreuzungen hervorgingen.

Der Schakal

(Canis aureus), bei den Arabern Dib, der Heuler genannt, im Persischen Sjechal, im Türkischen Schikal, woraus die deutsche Bezeichnung hergeleitet wurde, verdient seinen Namen mit Recht, er ist ein richtiger Heuler, der im Morgenlande wegen seiner sagenhaften Taten die Stelle unseres Reineke Fuchs einnimmt.

Das Tier hat eine Körperlänge von 60 bis 70 cm und einen Schwanz von zirka 30 cm Länge. Die Schnauze ist ein Mittelding zwischen Wolf und Fuchs, wie ja das ganze Tier zwischen diesen beiden Arten steht. Sie ist spitzer als die des Wolfes, aber stumpfer als beim Fuchs, die Ohren sind kurz. Die Haare sind sehr grob, manchmal spießig zu nennen, die schwer zu definierende Haarfarbe ist graugelb, am Rücken und den Seiten zu mehr ins Schwarze gehend. Am Bauche und an der Kehle wird die Farbe heller, fast schmutzigweiß.

Das Tier lebt von Indien über Westasien, die Euphratländer, Persien, Kleinasien hinauf bis zur Türkei, ist aber auch noch in Afrika zu Hause. Es stellt ein Nachttier dar, das in seiner Lebensweise mehr dem Wolf als dem Fuchs ähnelt.

Im Pelzhandel wird das Tier noch nicht lange verwertet. Erst die große Fuchsmode hat auch dem Schakal ein Plätzchen eingeräumt als billigere Imitation des Fuchses. Ersetzen konnte es ihn natürlich nicht, denn dazu mangelt dem Tiere so ziemlich alles. Das Haar ist überaus grob, es legt sich nicht gut in die gewünschte Form, da es immer wieder struppig aufsteht und die Trägerin etwa am Halse kratzt. Qualitativ gute, weichere Schakale werden auch silberwolfartig gefärbt und gehen als billigere Wolfimitation in den Handel. Das Tier führt auch den Namen „Goldwolf".

Sonst färbt man die Schakale noch auf Kreuz- und Nackenfuchs sowie ganz schwarz. In letzterer Farbe scheinen sie noch am besten Anklang zu finden. Große Begeisterung erwecken sie niemals, auch als Besatzfelle nicht, obwohl sie infolge des kräftigen Haares sehr dauerhaft sind.

Der Schakalwolf,

der Abu el Husseïn der Araber, ist kleiner als der Wolf, sonst diesem ziemlich ähnlich. Der wenig dichte Pelz hat eine schmutzigbraungraue Farbe, zeigt sich am Grunde des Haares heller und endet an der Haarspitze schwarz. Von der sonstigen Haarbeschaffenheit und geringen Annehmlichkeit für die Pelzverarbeitung ist dasselbe zu sagen, wie von der des Schakals.

Der Schakalfuchs, auch brasilianischer Fuchs,

der in Südamerika zu Hause ist, weist schon ganz auf den Fuchs hin. Das Fell hat ein weiches, etwas gekraustes Wollhaar, das noch stärkere Grannen aufweist. Die Farbe ist an der Oberseite schmutziggelbbraun, der Rücken ist schwarz, die Seiten sind dunkelgrau. Weiße und schwarze Haarspitzen durchziehen das Fell.

Das schon bedeutend gefälligere Fell findet auch bereits eine größere Verwendung im Pelzhandel. Auch für Besatzzwecke wird der Schakalfuchs verwendet.

Eine Tierart, die fast gar nicht der Pelzverarbeitung zugeführt wird, die aber bestimmt auch ihren Zweck für den einen oder anderen Gegenstand erfüllen würde, zumal ja jetzt noch ganz andere Sorten in den Handel kommen, sind

die Hyänen.

Der Erdwolf oder die Zibethyäne,

besitzt ein weiches Wollhaar, das von Grannen durchzogen wird. Die Farbe ist blaßgelb mit durchlaufenden schwarzen Querstreifen. Das Tier lebt im Kapland.

Die gestreifte Hyäne

ist zirka 1 m lang, hat einen hundeähnlichen Kopf, der Körper ist gelblichweiß und weist schwarze Querstreifen auf. In der Mitte des Rückens läuft eine buschige Mähne, die schwarze Spitzen aufweist und sich in den Schwanz fortsetzt.

Das Tier, um welches sich speziell bei den Eingeborenen ein reicher Legendenkranz schauerlicher Begebenheiten webt, lebt in Afrika, sowohl in Nord- wie auch in Südafrika, kommt in Syrien und Palästina vor wie auch in Persien und Indien.

Andere Arten sind die Tüpfel- oder gefleckte Hyäne, auch Tigerwolf genannt, die an Stelle der Querstreifen im Fell Flecken aufweist. Das Tier wird schon bis zu 130 cm lang und lebt im Ostsudan und in Abessinien.

Die Schabrackenhyäne unterscheidet sich von den anderen Arten durch eine besonders reiche, über den Rücken zu beiden Seiten herabwallende langhaarige Mähne. Sie lebt in Südafrika in der Nähe des Meeres und führt auch den Namen Strandwolf.

Der Hund

Von den allgemein bekannten Tieren ist der Hund wohl der letzte, dessen Fell für die Pelzverarbeitung verwendet wird. Natürlich trifft diese Tatsache nicht für alle Hunde zu; das wäre bei der verschiedenartigen Größe und der eigenartigen Haarbeschaffenheit auch gar nicht möglich. Es gibt in China verschiedene Hundearten, die ein teils mehr, teils weniger seidiges Fell besitzen. Die Felle dieser Hunde bringt man in den Handel und da sie ungemein dauerhaft sind, hat man damit gar keine schlechten Erfahrungen gemacht. Freilich haben sie ein starkes Leder und außerdem einen intensiven Geruch, der die hundepelztragenden Damen der Gefahr aussetzt, auf der Straße von Hunden belästigt zu werden. Man hat jedoch in der Veredlungsindustrie den Versuch unternommen, durch chemische Prozesse diesen Geruch zu entfernen. Der Mensch nimmt ihn wohl nicht mehr wahr, wie weit aber der Geruchsinn des Hundes davon abgehalten wird, in dem betreffenden Felle nicht mehr einen Artgenossen zu verspüren, entzieht sich noch unserer Kenntnis.

Die Felle kommen meist schwarzgefärbt in den Handel und bieten oft eine prächtige Haarwirkung, die an Fohlen erinnert. Dazu ist das Fell ungemein dauerhaft und nicht teuer. Ein Mantel aus Hundefellen ist schöner, billiger und haltbarer als ein Kid- oder Gazellenmantel.

Aus den flachhaarigen Fellen werden Mäntel und Jacken verfertigt, während man die langhaarigen Sorten zur Herstellung von Kolliers benützt, wo sie wirklich einen ganz hervorragenden Dienst leisten. Die Chinesen bringen schon zusammengestellte Hundematten in den Handel, aus welchen man zwei Tierstolen schneiden kann. Die Mantelware besteht wieder aus kleineren und auch zarterlederigen Fellen.

Die Hudson-Bay Company brachte im Oktober 1927 4055 Matten chinesischer Hunde auf den Markt, im April 1928 5912, die zu unveränderten Preisen gegen die frühere Auktion von Deutschland aufgekauft wurden.

An Fellen brachte die Auktion zum Anbot im Oktober 1927 105 433, im April 1928 41 815 Felle, die jedoch wenig Interesse fanden und zum Großteil wieder zurückgezogen wurden.

Die Matten sind aus einem großen Fell hergestellt und rechteckig ausgestückelt.

Man sieht aus diesen Darlegungen, daß nun schon fast keine Tierart mehr sicher ist, unter die Pelzspender aufgenommen zu werden. In der Mongolei gibt es zahlreiche Hundefarmen, welche für den Nachschub dieser Sorte sorgen.

5. Katzen

Die Katzenarten

Vor allem unterscheiden wir die Haus- und Wildkatzen voneinander, und es ist für den Kürschner jederzeit von ganz besonderem Interesse, die Merkmale kennenzulernen, die beide Arten trennen. Es gibt viele Hauskatzen, die verwildern und dann fälschlich als Wildkatzen ausgegeben werden.

Die Wildkatze ist größer und kräftiger als die Hauskatze, der Kopf ist dicker, der Körper gedrungener, der Schweif bedeutend stärker und kürzer. Der kürzere Schwanz der Wildkatze unterscheidet sich aber besonders dadurch von dem der Hauskatze, daß ersterer gleichmäßig dick erscheint, während der Schweif der Hauskatze von der Schweifwurzel bis zur Spitze immer dünner wird. Der Schnurrbart der Wildkatze ist stärker entwickelt. Als besondere weitere Kennzeichen gelten der schwarzgeringelte Schwanz und der gelblichweiße Kehlenfleck bei der Wildkatze.

Außer diesen beiden Arten haben wir dann noch andere Katzenfamilien kennenzulernen, wie die Pardelkatzen und ähnliche, die alle für den Kürschner sehr in Betracht kommen.

Sehen wir uns vorerst die verschiedenen Untersorten der

Hauskatze

an, der Felis maniculata domestica, die überall daheim ist und schon zu allen Zeiten bekannt war. Wir wissen ja von den Ägyptern, wie heilig ihnen die Katze war, und in den Museen sehen wir heute noch die Mumien der ägyptischen Hauskatze. Wer in Ägypten eine Katze tötete, verfiel unbarmherzig selbst dem Tode. Der griechische Geschichtsschreiber Herodotos, dem wir manche interessante Details aus dem Leben der Ägypter verdanken, berichtet unter anderem, daß der Ägypter, wenn sein Haus in Flammen stand, zuerst darauf sah, die Katze zu retten. Zum Zeichen der Trauer für eine eingegangene Katze schoren sie sich das Haupt. Auch in den Mythen anderer Völker spielt dies Tier eine Rolle.

Heute ist die Katze im Pelzhandel ein sehr beachtenswerter Gegenstand geworden, zumal ihr Fell von besonderer Dauerhaftigkeit ist. Die einfachste und billigste Art bietet

die Scheckenkatze,

die bei dem Kürschner auch unter dem Namen „Donner- und Blitzkatze“ bekannt ist. Sie weist ein Gemisch von allen möglichen Farben auf, ist im Grunde weiß mit grauen, blauen, roten oder gelben Flecken; ein wirres Kunterbunt, das die Katze in der Naturfarbe nicht gut verwendbar macht. Man füttert damit wohl billige Sakkos und Pelze, doch zieht man es vor, die Scheckenkatze schwarz oder braun zu färben, wodurch man die nun gleichmäßig aussehenden und gut zueinander passenden Katzen besser verarbeiten kann.

Eine wunderschöne Katze, die heute starke Verwendung findet, ist die

Zyperkatze,

die im Farbton fast der Wildkatze gleicht. Sie ist blaugrau und braungrau und zeigt eine dunkle, tigerartige, manchmal auch leopardartige Zeichnung. Der Wert solcher Katzen liegt aber erst im reinen Sortiment, das heißt es genügt nicht, mehrere solche Katzen zu haben, die jede eine andere Nuance aufweisen, man muß mindestens so viele gleichfarbige und gleichgezeichnete Felle haben, um daraus den gewünschten Gegenstand anfertigen zu können.

Zyperkatzenmäntel und -jacken sind heute sehr gesucht und kommen in helleren und dunkleren Schattierungen in den Handel. Im Publikum werden die Zyperkatzen immer wieder Wildkatzen genannt, und der ehrliche Fachmann hat da oft einen schweren Stand gegenüber unlauterer Konkurrenz, wenn die Kunden um Schilling 500 bis 600 einen Wildkatzenmantel verlangen, obwohl man ihnen zu diesem Preise nur das Fell einer Zyperkatze, also Hauskatze, bieten kann. Echte, gute Wildkatzen kosten den drei- und vierfachen Betrag der Hauskatze.

Eine andere Art, die eine wunderschöne Zeichnung aufweist, ist die

Räder- oder Blumenkatze, auch Zebrakatze,

die den gleichen Farbton hat wie die Zyperkatze, jedoch eine sehr unterschiedliche Haarzeichnung. Die Räderkatze zeigt eine längsseitige Zeichnung, die Ähnlichkeit mit einer Lyra oder einem Blumenstrauß hat. Im Grotzen laufen zwei bis drei dunkelbraungraue Streifen bis in den Pumpf, oft ist es auch ein sehr breiter Streifen. Seitwärts schließen sich abgerundete Figuren an, die den Pelz sehr variabel gestalten.

Auch diese Katze dient zur Herstellung schöner Mäntel und Jacken. Es werden aber auch aus beiden Sorten, der Zyper- wie der Räderkatze, schöne Pelzfutter zusammengestellt, die schon darum einen nicht zu unterschätzenden Vorteil bieten, weil man dem Katzenfell eine besondere Heilkraft gegen Rheumatismus zuschreibt.

Leider lassen alle Katzen mehr oder weniger Haare. Man verwende daher stets nur die besten Qualitäten, um nicht Anstand mit den Kunden zu haben. Ganz besonders bei Katzenfuttern ist dies zu beachten. Wenn der Herr unter dem Pelzfutter einen dunklen Anzug trägt, wird er wohl immer die lichten Haare daran haften haben. Wir wissen jedoch, daß die guten Qualitäten dieses Haarlassen auf ein Mindestmaß beschränken.

Eine sehr wertvolle Katze ist

die Jenottenkatze,

die in heller oder dunkelschwarzbrauner Farbe sowohl in Holland als auch in Bayern zu Hause ist. Die besten Jenotten aber werden in Steiermark gezüchtet und sind deshalb als „Steirische Katzen“ weltbekannt.

Dieses Fell ist einfarbig und erhöht den Wert mit der Farbtiefe und Dunkelheit der Nuance. Hellere Sorten sind billiger, aber auch dünner im Haar.

Wir haben es hier mit einem qualitativ ganz vorzüglichen Fell zu tun, das vielfach nur für Herrenpelzfutter Verwendung findet, das aber in den vorzüglichen dunklen, herrlichen Qualitäten für die feinsten Stadtpelze genommen wird. Diese Katzen haaren auch weniger oder gar nicht. Zumindest aber sieht man die dunklen Härchen nicht auf den Kleidungsstücken.

Auch Jacken und Mäntel wie Wagendecken und neuestens auch Garnituren und Besätze werden aus den Jenotten erzeugt. Das Fell ist sehr dauerhaft, und der Kürschner kommt in die Lage, Pelze zu reparieren, die schon dreißig Jahre getragen wurden.

Man sieht oft auch jenottenartige Katzen, die weiße Flecke aufweisen, zumindest aber weiße Seiten oder ab und zu weiße Grannenhärchen. Dies sind keine vollwertigen Jenotten, sondern höchstens Kreuzungen, die aber auch von ganz vorzüglicher Qualität sein können.

Dann gibt es noch eine blaugraue Art,

die blaue oder Karthäuserkatze,

die ganz einfärbig schattiert ist, aber seltener vorkommt.

Ein prachtvoll schönes Tier ist

die Angorakatze,

die ein langes, seidiges Haar aufweist, ähnlich dem Angorakaninchen. Leider ist auch das Fell dieser Katze so filzig und dicht, daß es beim Gerben, ähnlich dem Angorakaninchen, meist derart zusammenklebt und Klümpchen bildet, daß damit für die Pelzverarbeitung wenig oder gar nichts anzufangen ist. Die Angorakatze kommt in allen Farben vor.

Abarten der Hauskatze sind dann die auf der Insel Man vorkommenden

Man- oder Stummelschwanzkatzen,

die statt des Schwanzes bloß einen Stummel besitzen, eigenartigerweise aber, mit unseren Hauskatzen gekreuzt, meist Katzen werfen, die Schweife besitzen.

In Persien lebt die unserer blauen Karthäuserkatze ähnliche

Khorassankatze,

die ebenfalls wie diese ein langes, weiches, fast wolliges Haar in einheitlicher, blaugrauer Färbung aufweist.

In Ostindien ist die

Tüpfel- oder Wapitikatze

heimisch, eine Halbwildkatze, die schon zirka 80 cm lang wird und einen Schweif von 20 cm Länge trägt. Sie ist gestreckter und im Körper niedriger als unsere Wildkatze, auch kleinköpfiger und schmächtiger. Die Grundfarbe ist ein mehr ins Graue gehendes Gelblichblau. Die Haarspitzen sind braun oder schwarz.

Ein Mittelding zwischen Katze und Luchs ist der

Serval oder die Buschkatze,

die bis zu 1 m lang wird und eine gelblich-fahlgraue Farbe zeigt, die dem Haarboden zu einmal lichter, dann wieder dunkler erscheint. Der Kopf ist sehr groß, der Schwanz mittelgroß. Das Tier ist im Süden, Westen und Osten Afrikas daheim und kommt unter dem Namen „Afrikanische Tigerkatze“ in den Handel. Die Häuptlinge ostafrikanischer Stämme tragen das Fell dieser Katze als Abzeichen ihrer königlichen Würde.

Die Wildkatze

kommt ebenfalls in den verschiedensten Arten vor.

Die in unseren Gegenden noch immer anzutreffende Wildkatze besitzt eine Körperlänge von ungefähr 80 cm, also schon ein ganz respektables Tier, hat einen Schwanz von zirka 30 cm Länge und wiegt 8 bis 9 kg. Der dichte, lange Pelz ist beim Männchen fahlgrau, oft auch schwarzgrau, beim Weibchen gelblichgrau, das Gesicht rotgelb. Von der Stirne laufen zwischen den Ohren vier schwarze Streifen, von denen die beiden mittleren sich über den Rücken in der Längsrichtung fortsetzen, sich dem Schwanze zu in einen breiteren Streifen vereinen und in den Schwanz übergehen. Von dem Rückenstreifen gehen wieder nach den Seiten verwaschen aussehende Querstreifen, die sich am Bauche verlieren. Der Bauch ist heller und getüpfelt. Der Schwanz weist Ringe auf, die von der Wurzel bis zum Schwanzende immer dunkler werden.

Die Wildkatze ist in ganz Europa heimisch, nur im hohen Norden Skandinaviens und in Rußland fehlt sie und wird dort durch den Luchs vertreten.

Ein recht schönes Tier ist ferner die

amerikanische Tigerkatze

(Felis tigrina), die nur die Größe unserer Hauskatze erreicht. Der Pelz ist weich und dicht, von fahlgrauer Grundfarbe, am Bauche weiß. Über den Rücken läuft ein dunkler Längsstreifen, an welchen sich mehrere Reihen volle Flecke anschließen, die oft auch einen helleren Innenraum umfassen.

Die Ozelot- oder Pardelkatze

(Felis pardalis) schließt schon der Art nach an die Familie der Leoparden an. Das prachtvolle Tier wird bis zu 1 m lang und trägt einen Schweif, der nahezu halb so lang ist als der gedrungene Körper. Die Haarfarbe ist auf der Oberseite braungrau oder rötlichgelbgrau, auf der Unterseite gelblichweiß. Von den Augen verläuft gegen die Ohren zu ein schwarzer Streifen. Vom Kopfe laufen über den Rücken einige Reihen schwarzer Längsstreifen, die in den Seiten in breite, viereckige Flecke übergehen, deren Innenhof etwas heller rötlichbraun gefärbt ist.

Das Tier bewohnt Mexiko, Texas und Brasilien und kommt auch im südlichen Teile der Vereinigten Staaten vor.

Ein Mantel aus Ozelotkatzen ist gewiß ein Prachtstück von besonderer Dauerhaftigkeit und derzeit sehr beliebt, sowohl für Sportzwecke wie auch für Autoreisen.

Der Chati

(Felis mitis) hat mehr Ähnlichkeit mit dem Jaguar und erreicht eine Länge von 80 cm, bei einer Schwanzlänge von 30 cm. Die Grundfarbe ist gelblichrot, die Unterseite weiß. Sonst ist das Fell ziemlich unregelmäßig von dunkleren Streifen durchzogen und getüpfelt.

In den brasilianischen Wäldern ist die

Langschwanzkatze

zu finden. Sie ist ungefähr so groß als unsere Hauskatze, in der Farbe rötlichbraun, an den Seiten heller, auf dem Bauche weiß. Dunklere Flecke schließen einen helleren Raum ein.

In den Steppen Südamerikas kommt

die Pampaskatze

vor, ein Tier, das unserer Wildkatze ziemlich ähnlich ist. Der Pelz ist silbergrau und zeigt hellere und dunklere rostbraune Streifen, die schief über den Rumpf verlaufen. Das Haar selbst ist an der Wurzel grau, wird dann lichtgelb, um in eine silbergraue Spitze zu enden. Die Streifen sind hellrotgelb.

Während die Wildkatzen und der schön gezeichnete Teil unserer Hauskatzen meist in der Naturfarbe belassen der Verarbeitung zugeführt werden, färbt man die Scheckenkatzen schwarz oder braun ein. Es kommt aber vor, daß man sehr schöne, rauhe und flaumhaarige Wildkatzen einfärbt, um sie als Imitationen für Luchs und Fuchs zu verwerten. Sehr schöne Wildkatzen hat man in silbergrauer Farbe auf den Markt gebracht. Auch blaugrau werden sie gerne eingefärbt, doch werden diese derzeit von der Mode weniger begünstigt.

Man hat auch den Versuch gemacht, Katzen zu scheren und auf Seal zu färben. Der Versuch ist gelungen, nur weist das Haar nicht die notwendige Weichheit und Geschmeidigkeit auf wie bei den Kanins, um zurückgestrichen werden zu können. Das Haar der Katze ist eben an sich schon fester als das des Kanins, und beim Scheren tritt dieser Unterschied noch deutlicher hervor. Man wird deshalb die Sealkatzen nicht für Damenmäntel verwenden, deren Haar durch das Zurückstreichen gehoben wird, sondern fertigt daraus prachtvolle Stadtpelzfutter an, die nicht nur schön, sondern auch dauerhaft sind und nicht die Haare lassen wie langhaarige Katzen. Gewiß werden auch Mäntel und Jacken aus Sealkatzen verfertigt, doch wird dann die Ware glatt und nicht zurückgestrichen gearbeitet. Die Stücke wirken nicht so übel, sind nur für das Auge des Fachmannes etwas ungewohnt durch die glatte Manier, stellen aber für den Besitzer, der Pelzwerk mit anderen Augen ansieht als der Kürschner, ein recht dauerhaftes Pelzwerk dar.

Auch als Besatzfelle werden schöne, rauhe Katzen gerne genommen, ja selbst Garnituren werden daraus gefertigt, je nach Geschmack des Bestellers.

Die Schleichkatzen, die zur Ordnung der Marder gehören, siehe unter marderartigen Tieren.

Die Genettekatze oder Zibetkatze (Cevette),

auch Ginsterkatze genannt, ist ein sehr schönes Tier, das für die Pelzverarbeitung einen prachtvoll gezeichneten und reichen Pelz bietet. Die Katze ist größer als ein mittelgroßer Hund und hat ein ziemliches Verbreitungsgebiet. Sie lebt sowohl im Süden Europas wie in Afrika und in Asien. Der Körper wird bis zu 70 cm lang, der Schwanz mißt 35 cm. Die Grundfarbe ist aschgrau bis ins Gelbliche und wird von mehreren runden und eckigen Flecken in schwarzbrauner Farbe gedeckt. Diese Flecke sind nicht gleich groß, sondern verteilen sich in verschiedener Größe und Anordnung über den Rücken des Tieres. Eine schwarzbraune Rückenmähne zieht sich vom Kopfe bis in das Schweifende. Der Schweif ist seitwärts gestreift. An der Kehle bemerken wir je einen weißen, dunkel umrahmten Fleck. Die Ohren sind rund, die Schnauzspitze weiß.

Zu vielen Tausenden kommt das Tier in den Handel, wurde früher fast ausschließlich für Futterzwecke verwendet, stellt aber heute ein herrliches Mantelmaterial dar. Der Preis zugerichteter Zibetkatzen bewegt sich zwischen 8 und 10 sh.

Der Luchs

ist ein prachtvolles Tier, das auch noch in unseren Gebirgsgegenden, freilich nur in den höheren Lagen, vorkommt. Es gibt Luchse, die über 1 m lang werden und einen bis 20 cm langen Schwanz besitzen. Vor allem aber fällt uns an dem Tiere das pinselförmig gespitzte Ohr auf, dessen Haare bis zu 4 cm lang werden. Die Grundfarbe des Körpers ist rötlichgrau mit Weiß gemengt und ist auf dem Kopfe, Halse, Rücken und an den Seiten dicht mit graubraunen oder rotbraunen Flecken besät. Der Schwanz ist gleichmäßig behaart und hat eine breite, schwarze Spitze. Das Weibchen weist im Grundton eine etwas rötlichere Farbe auf als das Männchen und ist deshalb auch weniger wertvoll. Gerade der hellsilbrige Ton, der auf dem Felle ruht, gibt ihm den Wert. Auf die Auktionen kommen jährlich viele tausend Felle, die einen guten Preis erzielen. Sie kommen teils in Naturfarbe, teils blau- und silbergefärbt in den Handel. Zugerichtete Ware kostet je nach Qualität 80 bis 300 englische Schilling. Silbergefärbte und blaue Ware ist etwas teurer.

Unter den Luchsarten nimmt der

Polarluchs oder Pischu

(Lynx canadensis) den ersten Platz ein. Kanada liefert uns ja überhaupt die schönsten Pelztiere. So ist auch der kanadische Luchs der größte der Art. Das Haar seines Pelzes ist länger und dichter als beim europäischen Luchs. Das Haar ist besonders weich und flaumig, der Ohrpinsel besser entwickelt. Die Farbe ist mehr silbergrau, die Flecken sind auf dem Rücken fast gar nicht, an den Seiten nur wenig bemerkbar. Dadurch wirkt das Fell reiner und ist wertvoller.

Der Polarluchs ist über den ganzen Norden Amerikas bis hinab zu den großen Seen zu finden. Sein Fell wird wie das aller Luchse speziell für Tierstolen und für Besatzzwecke verwendet.

Ein anderer amerikanischer Luchs ist

der Rotluchs oder die Luchskatze

(Lynx rufus), ein Tier, das ungefähr 70 bis 80 cm lang wird, im Sommer mehr rötlich gefärbt ist, im Winter jedoch den grauen Ton annimmt. Die Flecken treten zarter auf und sehen mehr verwaschen aus als bei den europäischen Arten.

In Afrika ist der

Wüstenluchs oder Karakal

(Lynx caracal) heimisch, ein sehr hübsches Tier, das 65 cm Leibes- und 25 cm Schwanzlänge aufweist. Seine Gestalt ist schlanker als die anderer Luchse, die Ohren tragen ebenfalls recht markante Pinsel. Je nach der Bodenfarbe ist der Haargrundton isabellgelb bis braunrot, wenn er mehr als Steppentier auftritt; im Norden trägt er hingegen mehr ein Baum- oder Felsenkleid, um sich seiner Umgebung anzupassen.

Der Karakal ist nur im zarten Alter gefleckt, später einfärbig. Er ist nicht nur in Afrika, sondern in ganz Vorderasien bis nach Indien anzutreffen.

Der Sumpfluchs

(Lynx chaus) gleicht an Größe ungefähr unserer heimischen Wildkatze. Das Fell ist ziemlich dicht, wie bei allen Luchsarten, und hat eine fahle braungraue Färbung. Das Haar selbst ist am Grunde ockergelb, in der Mitte schwarzbraun geringelt, an der Spitze weiß oder grauweiß, manchmal auch schwarz. Die Zeichnung besteht aus Streifen, die an den Seiten mehr zum Ausdruck kommen.

Das Tier ist in Afrika, Süd- und Westasien und in den Ländern um das Kaspische Meer heimisch. Vorzugsweise hält sich der Sumpfluchs in den Nilgegenden auf, wo er im hohen Gras auf seine Beute lauert.

Der Löwe

kommt für den Pelzhandel nur sehr wenig in Betracht. Sein Fell ist zufolge der gefahrvollen Jagd sehr selten und teuer und findet nur hin und wieder für Fellteppiche Verwendung.

Der schönste Löwe ist der Berberlöwe von rötlich-fahlbrauner Färbung, der als Männchen eine prachtvolle Mähne trägt, die dem viel kleineren Weibchen fehlt. Das Tier ist im Norden Afrikas heimisch.

Im westlichen Afrika lebt der Senegallöwe, der eine helle Mähne besitzt, während der südamerikanische Löwe eine schwarzbraune Mähne trägt.

In den indischen Dschungeln kommt ferner ein mähnenloser Löwe vor, der Leo googratensis, der aber für unsere Zwecke schon weniger Bedeutung hat.

Der Kuguar oder Puma, auch Silberlöwe

(Felis concolor) genannt, ist ein schönes, bis zu 120 cm großes Raubtier, hat eine kurze, weiche und dichte Behaarung, die am Bauche reicher als an der Oberseite auftritt. Die Färbung ist fast rötlich, an der Bauchseite heller. Der Puma lebt nicht nur in Südamerika, in Patagonien und Neugranada und in den weiten Pampas Argentiniens, er kommt auch über die Landenge von Panama hinweg bis nach Mexiko.

Sein Fell wird fast ausschließlich für Teppiche verarbeitet.

Der Tiger

(Felis tigris), Königstiger genannt, ist eines der herrlichsten, aber gefährlichsten Raubtiere. Sein rostgelbes, dunkelgestreiftes Fell, das auf dem Rücken dunkler, den Seiten zu heller und auf dem Bauche weiß ist, wird ausschließlich nur für Teppiche verwendet. Anders ist das große und schwere Fell nicht zu verwerten. Viele Felle dieses Tieres kommen nicht in den Handel. Die Hudson-Bay-Auktion brachte im Jänner 1928 bloß 148 Stück gegen 92 im Oktober des Vorjahres zum Verkaufe. Zugerichtet kosten die Felle je nach Größe und Qualität 250 bis 600 sh.

Der Panther

(Felis panthera), der eine Länge von fast 2 m erreicht. Der Kopf ist etwas kleiner als der des Leoparden und länglich-rund, die Schnauze vorstehend, der Hals rund, der Körper kräftig und gestreckt. Die Grundfarbe ist ockergelb, im Rücken dunkler, den Seiten zu gelblich-weiß. Die Zeichnung der Flecken ist lebhafter als die des Leoparden. Am Rücken laufen zwei Reihen runder, meist geschlossener, zum Teil offener Flecke, die auf den Seiten etwas mondförmig aussehen. Das schöne Tier lebt in Süd- und Ostasien, speziell in Indien. Sein Fell wird hauptsächlich für Teppiche verarbeitet, da dasselbe für eine andere Verarbeitung doch etwas zu schwer ist. Für Automäntel ist es noch geeignet, da die Trägerin keiner Bewegung ausgesetzt ist. Das Fell ist sehr dauerhaft.

Der Leopard

(Felis pardus) ist im Körperbau, nicht aber in der Färbung, dem Jaguar ähnlich. Das Tier wird gegen 1 ½ m lang und hat einen Schwanz in der Länge von 70 bis 80 cm. Der große, runde Kopf läßt eine spitze Schnauze vorspringen, der Hals ist kurz, der Körper kräftig und sehr gedrungen.

Die Grundfarbe des Felles ist helles Rotgelb, auf dem Rücken dunkler und geht dem Bauche zu in ein gelbliches Weiß über. Durch die dunkleren Flecken, die den ganzen Körper bedecken, sieht die Grundfarbe des Felles dunkler aus, als sie eigentlich ist. Diese charakteristischen Flecke des Leoparden sind ringförmig, teils geschlossen, teils gehen mehrere nebeneinanderliegende Ringe ineinander über.

Der Gepard

oder Jagdleopard ist ein herrliches Tier, dessen Gestalt ein Mittelding zwischen Katze und Hund ist. Der Kopf ist ganz Katze, ebenso der lange Schwanz, aber der langgestreckte, gedrungene Körper nebst den Beinen und Pfoten erinnert ganz an den Hund. Wir unterscheiden mehrere Arten des Geparden, den asiatischen Gepard, den Fahhad oder asiatischen Jagdleopard und den Tüpfelgepard. Der Körper weist eine hellgelbbraune Färbung auf und ist mit dunkelbraunen Flecken, die diesen Arten eigen sind, besät.

Das Fell wird, der jetzigen Mode entsprechend, gerne auf Jacken und Mäntel gearbeitet.

Der Nebelparder

(Felis nebulosa), eine streifengefleckte Katze, die in Südasien ihre Heimat hat, ist eine Verwandte des Tigers. Die Grundfarbe des Felles ist aschgrau bis bräunlich-grau, geht manchmal auch ins Gelbliche oder Rötliche. Der ganze Körper weist volle schwarze Flecken und Streifen auf. Das Tier ist 90 cm lang und besitzt einen schönen Schwanz von 60 cm Länge. Das Tier ist trotz seiner nahen Verwandtschaft mit dem gefürchtetsten und grausamsten der Raubtiere ziemlich gutmütig und gleicht in seinem Benehmen mehr einer Hauskatze als einem auf freier Wildbahn heimischen Tiere.

Der Jaguar,

zur Familie der schönen Pardelkatzen gehörend, auch Unze genannt, ist ein sehr gefürchtetes Tier, das bis zu 1½ m lang wird. Der Pelz ist kurzhaarig und dicht, zeigt sich besonders glänzend und fühlt sich samtartig weich an. Die Farbe ist rötlich-gelb, am Bauche weiß und mit unregelmäßigen größeren und kleineren, einmal kreisrunden, dann wieder länglichen und unregelmäßig geformten Flecken gezeichnet.

Wir finden das schöne Tier in Südamerika von Buenos Aires durch alle Staaten hinauf bis nach Mexiko, wo es in den bewaldeten Ufern der Gewässer sich aufhält und meist des Nachts auf Raub auszieht.

Das Fell wurde früher hauptsächlich für Teppiche respektive Vorleger gearbeitet, heute werden auch Autopelze daraus gefertigt. Das Leder ist schwer und deshalb für Gegenstände, die Weichheit und Geschmeidigkeit verlangen, weniger geeignet.

6. Beuteltiere

Das australische Opossum oder der Fuchskusu

Das Fell des australischen Opossums wird heute nicht mehr wie früher als gewöhnliches billiges Futterfell, sondern als beliebtes Edelfell gewertet.

Das schöne Tier, das in der Gestalt etwas an den Fuchs erinnert, führt auch den Namen Fuchskusu und ist als solcher in der Zoologie angeführt. Bis zu 60 cm groß, mit einem Schweife von zirka 40 bis 45 cm Länge, zeigt uns das Tier wundervoll weiches, dichtes Haar in grauer und graubrauner Farbe an der Oberseite, während der Bauch scharf abgegrenzt grauweiß und gelblichweiß erscheint. Die Haarspitzen weisen meist einen silbrigen Ton auf, der die Felle so schön und wertvoll macht. Das Haar ist ganz schwach gekräuselt und so dicht, daß es die nicht längeren schwarzen Grannenhaare nicht durchscheinen läßt. Der Schweif ist an der äußersten Spitze schwarz.

Die Opossums zeigen sich in verschiedenen Nuancen und Qualitäten, aber auch die Größen der einzelnen Sorten weichen sehr voneinander ab. Die schönsten Felle stammen aus Viktoria, dann Neusüdwales und Queensland. Besonders Viktoria und Neusüdwales liefern die gesuchte blaugraue Ware. Je lichter die Opossumfelle sind, desto geringer ist ihr Wert.

Eine ganz eigene Sorte liefert die im Süden von Australien befindliche Insel Tasmanien. Diese Felle sind außergewöhnlich groß und voller und dichter im Haare, jedoch meist weniger rein in der Farbe. Die Oberseite des Felles stellt sich dann braungrau dar, während die Kopfseite und meist ein Teil des Pumpfes rotbraun erscheint. Dieser rotbraune Ton entwertet das sonst wunderschön rauhe Fell, das auch durch seine Größe ausgiebiger als die kleineren Viktoriafelle wäre.

Vor einem Jahrzehnt kamen noch ungeheure Mengen all dieser Felle auf den Markt, heute ist der Fang zeitweise verboten, um eine Erholung der Bestände zu sichern. Aus diesen Maßnahmen ist daher auch der von Jahr zu Jahr merklich ansteigende Preis zu verstehen. Man hat vor vielen Jahren aus Tasmanien Opossums nach der großen, südöstlich von Australien liegenden Insel Neuseeland eingeführt, wo sie sich ganz ausgezeichnet vermehrten und heute einen sehr ansehnlichen Bestand bilden. Sie gleichen den tasmanischen Fellen und kommen als solche auch in den Handel.

Das Opossum gehört zur Ordnung der Beuteltiere, als deren häufigster Vertreter es in Australien auftritt. Es lebt auf Bäumen, wo es sich oft seines Greifschwanzes wie eines fünften Beines bedient.

Von der Art der australischen Opossums existiert eine Bastardart, welche bedeutend kleiner, einmal dunkel, dann wieder heller braungrau gefärbt ist und ein viel dünneres und auch weicheres Wollhaar besitzt. Man nennt diese Art „Ringtail“. Man fertigt daraus sowohl in Naturfarbe als auch grau oder braun eingefärbt Futter für Sakkos oder Pelze. Man bleicht die Ware aber auch und färbt sie blaugrau ein, wodurch sie auch für Besatzzwecke Verwendung findet. Sonst sind die Ringtails qualitativ weit hinter die Opossums zu stellen.

Die Opossumfelle, die, wie bereits erwähnt, vorerst nur als Futterartikel Geltung hatten, wurden anschließend an diese Bestimmung als Imitation des immer mehr vom Markte verschwindenden Chinchillafelles verwendet. Damals begannen die Felle sprunghaft zu steigen. Seit dieser Zeit erfreuen sie sich einer immer mehr ansteigenden Gunst und werden nicht nur für erstklassige Besätze verarbeitet, sondern dienen hauptsächlich als Material für Herrenschalkragen auf Pelzsakkos.

Das Fell ist ziemlich dauerhaft, verfilzt sich aber leicht, weshalb es öfter gut durchgekämmt und fest aufgeklopft werden soll. Ein aufgeklopftes Opossumfell geht wunderbar auf und zeigt eine ganz besondere Schönheit.

Die Hudson-Bay Company brachte im Jänner 1928 659 655 Felle gegen 497 567 im Oktober des Vorjahres auf den Markt, mit einer Preissteigerung von 15%. Ringtails brachte die gleiche Auktion im Jänner 315 201 gegen 221 984 im Oktober 1927.

Die amerikanischen Auktionen bringen hingegen von Opossums durchschnittlich bedeutend weniger Felle auf den Markt. Die New Yorker Auktion hatte am 17. April 1928 nur 22 200 Felle anzubieten und 7815 Ringtails.

Die Rauhwarenpreise für prima extragroße Viktoria-Opossums sind ungefähr 30 bis 60 sh, graue tasmanische 20 bis 50 sh., braune Tasmaner 10 bis 35 sh., prima australische Ware in grauer Farbe 18 bis 35 sh., mittlere Sorten 12 bis 16/6 sh., Ringtails Primaware kosten zirka 6/6 bis 10/6 sh., Futterware 3 bis 5 sh.

Walaby oder Hasenspringer

(Macropus leporoides), eine Känguruhart, die sonst in ihrer Farbe und dem Benehmen nach ganz an den Feldhasen erinnert und deshalb auch den Namen Hasenspringer trägt. Wir haben es hier mit einem Beuteltier zu tun, das eine ganz ansehnliche Größe erreicht.

Die Haarfarbe ist, wie schon erwähnt, dem Hasen gleich, die Haarstruktur jedoch ist fester, das Haar überdies etwas länger und zart gekraust.

In der Naturfarbe wird das Fell weniger verwendet, höchstens für Futterzwecke, wo es sich als recht haltbar erweist, oder in den rauheren Sorten für Herrenkragen, wo es als Imitation für das bedeutend teurere australische Opossum Verwendung findet; sonst färbt man es auf Skunk, wo es unter den Namen Skunkwalaby im Pelzhandel eine ziemliche Bedeutung gefunden hat. So gefärbt, soll es den teuren Skunk und den Waschbär imitieren. Es wird jedoch auch in Zobelfarbe und blaugrau in den Handel gebracht.

Das Tier lebt, wie die übrigen Beuteltiere, in Australien und ist wie diese ein Nachttier.

An Walabys scheint kein Mangel zu sein. Im Jänner 1928 brachten zur Auktion:

Lampson & Co., London, 150000, Anning & Cobb, London, 200000 und Hudson-Bay Company, London, 300000 rohe Felle, die durchschnittlich eine 15- bis 25%ige Preissteigerung gegen das Vorjahr erzielten.

Im Rauhwarenhandel kosten zugerichtete Naturfelle, groß und beste Qualität, 12 bis 20 sh., skunk- und zobelfarbige Felle 10 bis 25 sh., blaugefärbte ebenso.

Das Känguruh

(Macropus), ein Springbeuteltier, ist ein spezifisch australisches Tier, das trotz seiner Größe nicht nur am flachen Lande, sondern häufig auf Felsen und Bäumen lebt. Dieses interessante Tier ist dadurch ganz besonders auffallend, daß sich der Körper nach rückwärts zu ganz gewaltig entwickelt. Gerade die Lendengegend des Tieres ist am kräftigsten, da sich hier die ungemein verstärkten Hinterbeine befinden, gegen welche die Vorderbeine wie der ganze Oberkörper eigenartig zart aussehen. Außer den so sehr verstärkten Hinterbeinen besitzt das Tier einen überaus mächtigen Schwanz, der als Ansatz zu den gewaltigen Sprüngen dient, deren das Tier fähig ist.

Der Kopf des Känguruhs sieht teils dem eines Hirschen, teils einem Hasen ähnlich. Die Farbe ist ebenso schwer genau festzustellen wie die unseres Hasen und weist die gleichen Schattierungen auf, nur daß sie bedeutend gröber ist. Das gewöhnliche Känguruh wird ohne Kopf und Schwanz 70 bis 80 cm lang.

Eine besondere Art ist das

Riesenkänguruh

(Macropus giganteus), das zu den größten Tieren dieser Familie zählt und eine Länge von 2 m erreicht. Das Weibchen ist etwa um ein Drittel kleiner. Das Haar ist dicht, glatt anliegend und weich, die Farbe graubraun, mehr ins Braune übergehend. Auch dieses Tier lebt ausschließlich in Australien.

Ein kleines Känguruh ist

das Pademelon

(Macropus Thetidis), das nur ungefähr 60 cm lang wird. Die langen Haare sind sehr weich, oben graubraun, am Nacken ins Rötliche übergehend, die Unterseite ist weiß und gelblichweiß.

Die Känguruhart des Hasenspringers, die hauptsächlich für die Pelzverarbeitung in Frage kommt, haben wir unter dem Namen „Walaby", der dem Kürschner geläufiger ist, kennengelernt.

Sonst wären noch zu erwähnen

das Felsenkänguruh,

das eine mehr dunkelgraue Farbe aufweist, und

das Bergkänguruh,

das hellrötlichbraun gefärbt und mit etwas Grau untermischt ist. Der Aufenthaltsort dieser beiden Sorten ist Neusüdwales.

Endlich wäre noch das

Bärenkänguruh

zu nennen, das auf Neuguinea lebt und dadurch etwas von den anderen Arten abweicht, daß die Vorderbeine stärker ausgebildet sind und sich weniger von den Hinterbeinen unterscheiden. Das Haar ist straff und schwarzgefärbt, am Grunde bräunlich.

Die kleinen Arten der Springbeuteltiere werden Känguruhratten genannt. Sie besitzen eine Länge von ungefähr 40 cm und haben einen merklich kleineren Schwanz als die anderen Arten, zirka 25 cm lang. Der Pelz ist langhaarig und etwas voller, zeigt oben mehr dunkelbraune Färbung mit blaßgrauer Mischung, die Unterseite ist schmutzigweiß. Sie halten sich in Neusüdwales und Vandiemensland auf.

Koala oder australischer Bär

Hier haben wir es wieder einmal mit einem im Pelzhandel ganz neuen Tiere zu tun. Die wenigsten Kürschner werden es bis jetzt kennen und doch hat man in Amerika schon ganz bedeutende Umsätze damit erzielt und Leipzig hat große Posten dieser Ware zur Veredlung übernommen. Man tut dem Koala eigentlich sehr unrecht, daß man ihm einen ganz anderen Namen gibt und als solchen die Felle in den Handel bringt. Die Koalas heißen nämlich im Pelzhandel sonderbarerweise Wombat, nach einem Tiere, das eine wohl etwas ähnliche, aber doch andere Art darstellt. Die Tiere gleichen da und dort einander, trotzdem aber sind zoologisch Koalas und Wombats auseinanderzuhalten. Wir konstatieren hier die sehr wichtige Tatsache, daß der Koala im Pelzhandel Wombat genannt wird und werden bei der Beschreibung des Wombats eben nur diesen beschreiben, freilich wieder unter Bezugnahme, daß man ein Tier, Koala genannt, fälschlich als Wombat bezeichnet, um keine Irrtümer aufkommen zu lassen.

Dieser kleine australische Beutelbär (denn er gehört wie die Känguruhs und Walabys zur Ordnung der Beuteltiere) ist ein ganz sonderbarer Geselle. Er hat in Gestalt und Bewegung etwas vom Bären, das ist ganz unleugbar, er ist jedoch nur 60 cm lang und unterscheidet sich als Beuteltier schon ganz wesentlich vom Bären.

Das Tier hat einen eigenartigen dicken Kopf mit ein paar äußerst komischen, dummdreisten Augen. Der Kopf ist stark behaart und zeigt zwei große, weit abstehende Ohren und eine breite, stumpfe Schnauze, die auch einen ganz eigenartigen Eindruck macht. Der Schwanz stellt einen warzigen Höcker dar, den man fast nicht bemerkt, da die Behaarung des Tieres ziemlich lang, fast zottig und dicht ist. Dennoch ist das Haar fein, weich und wollig, hat an der Oberseite eine rötlichgraue Färbung und ist auf der Unterseite gelblichweiß. Die schönsten Felle aber weisen einen silbergrauen Ton auf.

Das Tier ist in Neusüdwales zu Hause und kommt nicht sehr häufig vor. Die starke Jagd auf das Tier hat die Regierung veranlaßt, den Fang eine Zeitlang einzustellen und eine Schonzeit vorzuschreiben. Sind doch in einem Jahre 400 000 dieser Tiere abgeschossen worden, trotzdem sie nicht so häufig anzutreffen sind.

Da sich das Tier sehr langsam auf den Bäumen bewegt und außerdem einen recht schwerfälligen Eindruck macht, nennen es die Eingeborenen auch australisches Faultier. Am liebsten hält sich das Tier in den Kronen der Gummibäume auf, wo es bedächtig an den kleinen Zweigen nagt.

Da das Tier ein sehr gutes Fleisch besitzen soll — wenigstens behaupten dies die Eingeborenen — wird es von diesen, schon des Fleisches wegen, fleißig gejagt.

60% der aufgebrachten Felle haben den gesuchten und wertvollen silbergrauen Farbton, während nur 40% die rötliche Nuance aufweisen. Das Fell ist derart dauerhaft, daß es fast unmöglich ist, es auszutragen. Die Felle kommen offen in den Handel und werden in vier Größen sortiert. Mit großem Erfolge bleicht man die Felle und verbleibt dabei die Seidenartigkeit des Haares. Das Fell wird auch in verschiedenen Nuancen eingefärbt.

Wombat

Gleich eingangs unserer Darlegung müssen wir als besonders wesentlich erwähnen, daß jene Felle, die heute im Handel unter dem Namen „Wombat“ geführt werden, nicht diesem Tiere, sondern dem Koala, dem australischen Bären, entstammen. Wir haben den Koala bereits beschrieben und dabei auch erklärt, daß der Koala unter dem Namen Wombat in den Handel gelangt, obwohl in Australien diese Tiere nebeneinander vorkommen. Sie sind einander nicht unähnlich und es ist nicht ersichtlich, warum man den Namen von einem anderen Tier entlehnte. Der Artikel ist jedoch im Pelzhandel noch nicht so sehr eingeführt, er ist neu und könnte somit auch angenommen werden, daß vielleicht beide Sorten ab und zu miteinander vermengt werden.

Auch der Wombat ist ein australisches Beuteltier und erreicht eine Größe von 90 cm. Die Ohren sind klein; auch hier ist die Unterscheidung markanter, denn der Koala hat ziemlich große Ohren, erreicht jedoch nur eine Größe von 60 cm.

Der Wombat ist dunkelgraubraun meliert und hat silberweiße Haarspitzen. Ab und zu werden auch schwarze Haare ersichtlich.

Der ganze Körper ist ungemein plump, der Leib ist schwer und dick, der Hals kurz, der Schwanz nur ein nackter Stummel.

Das Tier lebt in selbstgegrabenen Erdhöhlen, wo es den ganzen Tag verschläft, mit Sonnenuntergang jedoch hervorkommt, um sich seine Nahrung zu suchen, die aus Gräsern, Kräutern und Wurzeln besteht.

Man hat dieses Tier auch australischer Dachs genannt, eine Benennung, die durchaus nicht berechtigt ist, da alle Vergleichsmomente fehlen.

Neusüdwales und Vandiemensland sind die Heimat des Wombat, der vielleicht bald auch im Pelzhandel eine größere Rolle spielen wird.

7. Pferde

Fohlen,

das junge sibirische Pferdchen der Steppe, ist heute ein gesuchtes Tier. Einst nur für schwere Pelze verarbeitet, findet es derzeit infolge der Veredlungsmöglichkeiten in der Pelzindustrie eine vielfache Verwendung. Herrliche Jacken und Mäntel werden daraus erzeugt, besonders in den Tönen Hellbraun und Dunkelbraun ihrer Naturfarbe, dann wieder in schwarzer Naturfarbe, wie auch in den eingefärbten Nuancen Braun und Schwarz.

Interessant ist die Zeichnung des Felles, die bei der Zusammenarbeit mehrerer Felle noch besonders hervortritt, vorausgesetzt, daß die passenden Felle gut zusammengesetzt sind. Die Zeichnung ist oft derart moiréartig, daß wir von „Breitschwanzfohlen" sprechen können. Diese Felle haben auch einen bedeutend höheren Wert als die langhaarigeren und dickledеrigen. Dünn und weich soll das Leder sein und hübsch moiriert die Zeichnung. Bemerkenswert ist die hübsche Diechenwirkung.

Bei Fohlen, speziell bei gefärbter Ware, ist gut darauf zu achten, daß das Leder nicht verbrannt ist, da es sonst leicht ausreißt und kein dauerhaftes Pelzwerk liefert. Ein gutes Fohlenfell ist sehr dauerhaft und bewegen sich die Preise je nach Qualität, Größe und Modefarbe zwischen Pfd. St. 1/10 bis 4/10. Sie sind also gegen einige Jahre früher sprunghaft in die Höhe gegangen.

Zebra

Das Fell des Zebra ist die jüngste Errungenschaft der Fellverarbeitung; man fertigt aus dem Felle dieses schönen Tieres Jacken und Mäntel wie aus Fohlen- und Kalbfell an.

Das Zebra oder Tigerpferd, das die Ebenen Südafrikas bewohnt, ist ein Tier, das besonders durch seine auffallende streifenartige Zeichnung die Aufmerksamkeit auf sich lenkt. Die Grundfarbe ist einmal weiß, dann wieder grauweiß und isabellfarbig und darüber laufen vom Rücken aus nach den beiden Seiten schwarze Streifen herab.

Gerade diese Streifenwirkung ist es, die uns das Fell dennoch nicht ganz als der jetzigen Mode entsprechend erscheinen läßt. Das Ideal der herrschenden Mode ist die Schlankwirkung. Wird Zebra aber wie Fohlen verarbeitet, also Kopf oben, Pumpf unten, dann breiten sich die Streifen in die Quere aus und arbeiten der Schlankwirkung gerade entgegen.

Das Fell gilt in der Pelzmode erst als Versuch. Erfahrungen haben wir noch keine gesammelt. Es ist aber nicht ausgeschlossen, daß schlanke Damen Zebramäntel tragen werden.

8. Wiederkäuer

Schafe

Das Schaf steht heute im Vordergrunde des Interesses für den Pelzhandel. Es liefert uns jene zarteren und größeren Lämmer, die teils in Natur, teils veredelt eine große Rolle in der Kürschnerei spielen. Abgesehen davon, daß ja die edlen Sorten, wie Astrachan, Bocharen, Karakuls (Persianer), Schafarten sind, ohne die der Pelzhandel heute nicht denkbar wäre, liefern uns weniger edle Sorten derzeit ein Material, das nicht nur außerordentlich schön, sondern auch sehr dauerhaft ist. So ist das Lamm und das Schaf heute nicht mehr bloß Futterartikel, sondern ein sehr gesuchter Konfektionsartikel für Besätze und Mäntel sowie Jacken.

Schafe nennen wir jene Tiere, die bereits geworfen haben, während das Lamm das junge, noch nicht befruchtete Tier ist. Die Persianer sind Lämmer, denn die Tiere müssen wenige Tage nach dem Wurfe geschlachtet werden, um die schöne Locke nicht zu verlieren. Das Karakulschaf jedoch, das Muttertier, kommt für die Pelzverarbeitung nicht mehr in Frage. Es ist Zuchttier und liefert höchstens noch einmal im Jahre Wolle.

Für unsere Betrachtung kommen aber auch nicht die wildlebenden Schafe in Betracht, sondern die zahmen Arten, die Zuchttiere, die besonders in Asien zu ungeheuren Herden vereinigt sind, um dem Menschen Wolle, Fleisch und Pelzwerk zu liefern.

Die Schafe sind überall daheim, die wildlebenden in den Gebirgen bis zur Schneegrenze, die zahmen in den Ebenen, sie sind ganz verschieden nach Vorkommen und Klima, sie sind äußerst variabel durch die zahlreichen Kreuzungen, weshalb wir uns nur für einige markante Sorten interessieren können.

Das Karakulschaf oder der Persianer

Das schöne Tier stammt nicht aus Persien, sondern aus der Buchara, wo es in den weiten Steppen eine ungeheure Anzahl dieser Art gibt, die, gezüchtet, die Existenz der dortigen Bevölkerung ermöglichen. Von dem in der Buchara befindlichen Kara-Kul (zu deutsch: Schwarzer See) haben die Tiere den Namen Karakul erhalten. Vielleicht haben sich einst die Perser mit dem Handel dieser Felle beschäftigt und denselben den Namen gegeben, wir wissen es heute nicht mehr. Tatsache ist bloß, daß der eigentliche Persianer in Persien nicht vorkommt.

Das Karakulschaf, ein Fettschwanzschaf, ist mittelgroß und meist von einer langen, schwarzgrauen Wolle bedeckt, doch kommen auch braune, graue und schwarzbraune Tiere vor; es gibt aber auch schwarze und ganz weiße Karakullämmer. Was wir im Pelzhandel unter Persianer verstehen, sind die kaum fünf bis sechs Tage alten Karakullämmer, die innerhalb dieses Zeitraumes geschlachtet werden müssen, soll ihr Fell noch die gewünschte Locke aufweisen; schon 14 Tage nach dem Wurfe beginnt sich die Locke aufzurollen, das Fell kommt dann für die Pelzverarbeitung nicht mehr in Betracht und kann ein solches Tier nur wieder der Zucht dienen.

Das Karakulschaf lebt in regenarmen Steppen, die einen salzhaltigen Boden besitzen. Daraus darf aber nicht die Meinung abgeleitet werden, daß das Tier nicht viel Nahrung beansprucht. Es ist wohl in betreff der Nahrung ziemlich bescheiden, doch ist angemessene Fütterung eine Hauptbedingung der Zucht. Überfütterung ist ebenso schädlich als Unterfütterung. Bei Überfütterung kann es vorkommen, daß das im Mutterleibe befindliche Lamm sich zu rasch entwickelt und nach dem Wurfe schon eine zu entwickelte offene Locke zeigt, wodurch der Wert des Felles schwinden würde.

Dadurch, daß viele Mutterschafe vor dem Werfen oder während des Werfens eingehen, wird das noch ungeborene Karakullamm gewonnen, das den schönen und wertvollen Breitschwanz darstellt (siehe dort). Nicht alle Tierchen vertragen während des Werfens die oft grimmig kalte Temperatur. Es kommt aber auch vor, daß zu junge Lämmer gedeckt wurden, die noch nicht fähig sind, das Junge austragen zu können. Diese Tiere gehen auch ein und liefern ebenfalls den kostbaren Breitschwanz.

Der Wert des Persianerfelles liegt in der schönen Locke, die fest sein muß und deren Ende sich nach innen eindrehen soll. Ein weiterer Grad seiner Klassifikation ist der Glanz der Locke. Der matte Persianer hat wenig Wert. Man sagt, der Persianer muß „Feuer“ haben. Nur dann wird auch die Locke schön sein.

Die Zucht der Karakulschafe hat zu der Idee geführt, auch in unseren Landen den Versuch einer solchen Zucht zu unternehmen. Unter Leitung von Prof. Dr. Adametz hat die österreichische Regierung schon vor dem Kriege eine Versuchsanstalt für Persianerlämmer geschaffen und damit recht befriedigende Resultate erzielt. In Deutschland beschäftigt man sich in der Versuchsanstalt in Halle a. d. S. mit der Zucht des Karakulschafes und erzielt auch dort recht erfreuliche Resultate. Dies regte auch andere Länder an. Selbst in Amerika züchtet man jetzt in Kanada die Karakuls und ist auch dort von dem Ergebnis sehr befriedigt.

Deutschland hat in Südwestafrika Karakulfarmen angelegt und man erkennt nun, daß die dort gewonnen Karakuls denen der Buchara in bezug auf Schönheit des Felles und Leichtigkeit des Leders nichts nachgeben.

In letzter Zeit interessiert sich auch Japan für diese Zucht; andere Staaten folgen.

Das Persianerfell ist eines der beliebtesten Pelzwerke, nicht nur deshalb, weil es von wunderbar feuriger Lockenwirkung ist, sondern auch deswegen, weil es von ganz besonderer Dauerhaftigkeit ist.

Man verarbeitet Persianerfelle sowohl auf Garnituren und Besätze wie vornehmlich auf Pelzjacken und -mäntel, die erst die Schönheit des Persianers richtig zur Geltung bringen.

Persianer kann wie kein anderes Fell verwertet werden. Kein Stückchen geht davon verloren, selbst der kleinste Abfall wird nach Gewicht noch gut bezahlt. Die Lockenwirkung bringt es eben mit sich, daß man die kleinsten Stückchen wieder zusammensetzen kann, ohne daß es das Auge des Laien wahrnimmt. Freilich erkennt der Fachmann den zusammengestückelten Persianermantel aus der eigentümlichen Zusammenstellung der Locken; er greift auch die zahlreichen Nähte und außerdem ist ein solches Stück ungemein schwer. Der richtige, gute und wertvolle Persianermantel ist leicht und weich.

Einen besonderen Wert haben die Klauen und Köpfe des Persianers, die zu großen Tafeln in der Größe von ungefähr 45 : 90 cm zusammengesetzt werden und so in den Handel kommen. Ganz vorzüglich wird diese Arbeit von den Griechen geleistet. Diese Tafeln werden nun wieder entweder zu Garnituren, für Besätze oder ganze Mäntel und Jacken gearbeitet. Freilich muß ein solches Stück, wie auch ein Gegenstand aus Persianerstückchen, gut pikiert werden, um fest zusammenzuhalten.

Der Wert der auf den Markt kommenden Persianerfelle ist sehr verschieden, je nach Festigkeit, Größe und Glanz der Locke. Die Felle werden zur weiteren Verarbeitung schwarz gefärbt, und zwar in tiefblauschwarzer Farbe. Dadurch erhält das Haar noch mehr „Feuer“.

Es ist wohl ab und zu auch der Naturpersianer modern, doch muß hier eine besondere Auswahl unter den Fellen getroffen werden. Nicht jedes Fell kann ungefärbt verwendet werden. Deshalb sind auch heute die Naturpersianer, die als solche in den Handel kommen, um ungefärbt verarbeitet zu werden, so teuer.

Die Persianer kommen sehr zahlreich auf die Märkte und weisen zufolge ihrer großen Qualitätsunterschiede auch sehr verschiedene Preise auf. Die Hudson-Bay Company brachte in der Jänner-Auktion 1928 556 008 Felle auf den Markt gegen 388 425 im Oktober des Vorjahres, die nur einen geringen Teil des im Jahre aufgebrachten Quantums darstellen. Die Ware kostet im Rauhwarenhandel, also zugerichtet und gefärbt, je nach Qualität 30 bis 100 sh. Breitschwänze kosten ebenda 40 bis 150 sh., sind jedoch viel kleiner.

Grobhaarige Karakulfelle werden auch Kalmücken genannt.

Breitschwanz

Diese Felle werden von den noch ungeborenen Karakullämmern gewonnen. Ihre herrliche, moiréartige Zeichnung, ihre Weichheit und Zartheit sowie ihre Seltenheit machen sie unendlich kostbar und teuer.

Die großen Herden der Karakuls sind ungeheuren Temperaturunterschieden ausgesetzt. Das trächtige Muttertier trägt unter solchen Umständen oft das Junge nicht aus, es wirft frühzeitig oder geht überhaupt ein. Durch diese Frühgeburten oder durch das natürliche Eingehen der Mutterschafe wird das junge Lamm gewonnen, das uns den herrlichen Breitschwanz liefert.

Dadurch nun, daß bei eingegangenen Mutterschafen selbstverständlich der Breitschwanz aus dem schon toten Tier ausgenommen wird, hat sich die Legende vom Ausschneiden des Breitschwanzes aus dem Mutterleibe gebildet. Auch die Angabe, daß die trächtigen Schafe so lange geprügelt werden bis sie vorzeitig werfen, ist ein Märchen. Dieses Vorgehen wäre auch höchst unökonomisch, weil das Muttertier dabei Gefahr läuft, selbst einzugehen. Wir wissen von Prof. Adametz in Wien, der Zuchtanstalt in Halle a. d. S. und anderen, wie behutsam und liebevoll die Schafe behandelt werden müssen, um gute Zuchtergebnisse zu zeitigen. Der Züchter hat seine Tiere auch zu lieb, als daß er ihnen ein Leid zufügen würde. Nur die beste Behandlung der Tiere sichert ein gutes Zuchtergebnis, und darauf kommt es ja an.

Es ist ungemein wichtig, daß der Kürschner über solche Fragen Bescheid weiß, denn ab und zu kommt es noch vor, daß Kunden vom Kauf eines Breitschwanz- oder Persianermantels abstehen, weil sie sich erinnern, einmal gehört zu haben, wie diese Tiere gemartert werden. Restlose Aufklärung muß hier wieder vom Gegenteil überzeugen.

Die Breitschwanzfelle besitzen, da sie von ungeborenen Tieren stammen, ein ganz besonders zartes, dünnes Leder, welches der Verarbeitung manche Schwierigkeit entgegenbringt. Außerdem weisen die Felle oft kleinere oder größere Brüche auf, die das Fell sehr entwerten können. Auch sind die Fellchen klein. Durch die Schwarzfärbung leidet das ohnehin schwache Leder ebenfalls, so daß bei der Verarbeitung gut pikiert werden muß, um ein haltbares Stück herzustellen.

Etwas anderes sind die jetzt im Handel befindlichen amerikanischen

Broadtails,

eine Bezeichnung, die auf deutsch ebenfalls Breitschwanz bedeutet. Der amerikanische Broadtail ist weniger kostbar als der aus Asien stammende. Die Felle sind nicht so zart und glänzend, bieten auch ein etwas stärkeres Leder und werden nicht nur in Schwarz, sondern auch in helleren Tönen, wie Goldbeige und Grau, gefärbt und auf Jacken und Mäntel verarbeitet.

Eine ähnliche Sorte sind die

Buenos-Breitschwänze,

die, wie schon ihr Name sagt, hauptsächlich aus Südamerika stammen und in den hellen Nuancen Goldbeige und Grau in den Handel kommen. Die Buenos bieten aber nicht ihr natürliches Haar dar, sondern erhalten erst durch das Scheren der Locken ihr Aussehen. Man hat sogar geglaubt, daß diese moiréartigen Wellen künstlich in das Haar gefertigt werden. Wenn man aber eine Partie dieser Felle untersucht, kann man sich davon überzeugen, daß jedes Fell eine andere Zeichnung aufweist, also keine Schablonenarbeit bemerkbar ist. Auch ist die Locke haltbar.

Eine noch flachere Sorte, die irrtümlich als Buenos bezeichnet wird, setzt die österreichische Lammfellveredlung in den Handel, das sogenannte „Agneau rasé“, zu deutsch geschorenes Lamm. Diese Arbeit wird nirgends so effektvoll geschaffen wie derzeit in Wien, das deshalb in diesen Sorten überbeschäftigt ist und den Ruf österreichischer Veredlungskunst in alle Welt trägt. Diese Tiere ähneln in der Wolle sehr den spanischen Merinos, sind jedoch noch kleiner und zarter. Sie werden geschoren und zeigen dann diese breitschwanzähnliche Zeichnung, die durch Pressen oft noch markanter gestaltet wird. Gebrannt wird diese Zeichnung nicht, wie irrtümlich angenommen wird. Durch Pressen läßt sich das natürliche Bild noch verschönern. Der Kürschner wird aus Erfahrung wissen, wie heikel ganz glatte Lammfelle, wie Oposettes oder Biberlammfelle, beim Zwecken sind. Sie dürfen nicht in der Wolle feucht werden, da sie sich sonst beim Zwecken pressen und die Haare wirbeln. Dieses Beispiel zeigt, wie leicht man also durch Pressen der Felle der Haarzeichnung nachhelfen kann.

Diese Sorten kommen dann in den herrlichen Goldbeige- und Platintönen in den Handel und liefern für Jacken und Mäntel ein wunderbares Material. Die Sommerpelzmode hat hier bahnbrechend gewirkt und Sorten gebracht, die früher entweder nicht beachtet oder einer ganz anderen Bestimmung zugeführt wurden.

Astrachan

Wir haben es hier mit einer Lammart zu tun, die von Laien immer wieder mit dem Persianer verwechselt wird. Kunden sprechen von einem Astrachanmantel und meinen damit den vollwertigen, gelockten Persianer. Wir haben wohl dieselbe Art vor uns, nicht aber die gleiche Familie.

Die Astrachanfelle haben nicht die herrliche, feste Locke des Persianers, sie sind wohl feinhaarig und glänzend, aber entbehren vollständig der faszinierenden Lockenpracht.

Sie haben ihre Namen von dem Orte Astrachan am Kaspischen Meere, welcher als Haupteinschiffungsplatz aller dieser Felle galt, die aus dem südlichen Rußland zusammenströmten, um im Handelswege ihre Verbreitung über die ganze Welt zu finden.

Es gab eine Zeit, da diese Felle schon in gefärbtem oder teilweise gefärbtem Zustand aus Rußland herüberkamen. Seit aber hier die Färbereien in unnachahmlicher Weise den Hochglanz und die tiefblauschwarze Farbe auf die Felle bringen, wird die Ware roh aus den Ursprungsländern bezogen, um sie erst hier zu veredeln, wie es dem hiesigen Geschmack entspricht. Das Haar der Astrachans ist einmal flacher, dann wieder moiréartig, ja nach der Gegend, den klimatischen Verhältnissen und dem Alter der Lämmer. Gleich nach dem Wurfe sind die Tiere am schönsten und für die Pelzverarbeitung am wertvollsten. Je älter die Tiere werden, desto langhaariger und voller wird das Haar.

Es gibt Momente bei der Betrachtung all dieser Arten, wo sie sich ganz bedeutend näherkommen, wo die Unterscheidungsmerkmale auch für den Fachmann schwer zu erforschen sind. Dazu kommt auch, daß die Handelsbezeichnungen ebenfalls variieren.

Die Felle werden vorzugsweise für Mäntelbesätze sowie für Mäntel und Jacken selbst verwendet. Das Leder ist jedoch nicht so gut wie das des Persianers und leidet noch obendrein durch die Farbe.

Je nach dem Aussehen des Haares, ob flacher oder moiréartiger, offener und grob, richtet sich der Wert des Felles. Das breitschwanzähnliche Fell ist kostbarer als das Fell mit offener grober Locke.

Ganz selten kommen auch ganz weiße Fellchen vor, die aber, da sie infolge ihrer Seltenheit und des schweren Zusammenpassens keine reinen Sortimente bilden, keine Wirkung auf dem Markt erzielen.

Man nennt die Astrachanfelle in Kürschnerkreisen auch Traibel oder Kalmücken.

Bocharen

Dieses Fell, das den asiatischen Lämmern angehört, bildet ungefähr die Mitte zwischen Astrachan und Karakul. Eigentlich ist es ja immer wieder dasselbe Fell, das sich nur durch sein Herkommen und die in seiner Heimat veränderten klimatischen Verhältnisse anders entwickelt.

Die Bocharen kommen aus der Buchara, einem Staate in Zentralasien zwischen dem Kaspischen Meer und dem Bolortagh. Sie sind viel kräftiger im Leder als die Astrachans und zeigen eine offene dichte Locke mit ziemlich kräftigem Haar.

Die Bocharen werden meist für Garnituren und Besatzzwecke verwendet. Für Jacken und Mäntel wirken sie zufolge des dichten und offenen Lockenhaares zu plump, obwohl sie früher, als man noch nicht das Geheimnis der schlanken Linie in der Mode kannte, auch für Damenjacken verarbeitet wurden.

Die auf den Markt kommenden Felle sind ziemlich zahlreich, da in der Bucharei ungeheure Herden weiden, die ihren Besitzern den notwendigen Ertrag zu liefern haben. Eine Zeit nach dem Kriege mangelte es infolge der schlechten Kommunikationen sehr an der Zufuhr all dieser Felle, seit aber die russische Regierung in der Ausfuhr der Felle eine bedeutende Aktivpost erblickt, sucht sie mit allen Mitteln den Handel, der ja eigentlich in ihren Händen liegt, zu fördern. Die russischen Auktionen in Leipzig bringen nun von Jahr zu Jahr wieder größere Posten dieser Felle in den Handel.

Krimmer

Eine Bocharenart, die auf der Halbinsel Krim gezüchtet wird und teils weißliche, graue, teils schwarzgraue und blaugraue Felle liefert, wird nach ihrem Herkommen Krimmer genannt. Die Locke ist offener als beim Persianer und gröber, auch ist der Glanz nicht vorhanden. Die Ware wird heute gerne an Stelle der sehr teuren grauen Persianer verarbeitet und stellt, wie alle diese Arten, ein sehr dauerhaftes Fell dar, das sich für Besatzzwecke ganz ausgezeichnet eignet.

Die Schirasfelle kommen aus Persien und werden auch unter dem Namen Halbpersianer in den Handel gebracht. Sie haben eine gröbere, offenere Locke, die sich matter darstellt und nicht den Hochglanz des Persianers aufweist.

Die Halbpersianer führen auch den Namen Salzfelle.

Das Angoraschaf oder englische Schaf,

ein außergewöhnlich großes Tier von zirka 1½ m Länge, ist bekannt wegen seines wunderbar vollen und dichten, langen und glänzenden Wollhaares. Das Tier kommt jedoch nicht nur in England vor, wie der Name sagen sollte, stellt vielmehr eine Art dar, die vor vielen Jahren nach Australien gebracht und dort angesetzt wurde. Diese Ware kommt unter dem Namen Kap-Schaffelle in den Handel. Das Fell dient hauptsächlich zur Herstellung buntgefärbter Decken, sonst jedoch wird nur der Wolle dieses Schafes Bedeutung beigemessen. Zarte Arten der Kapschaffelle liefern das gesuchte Material für Handschuhe.

Wichtig für die Wollgewinnung ist ferner

das Merinoschaf oder spanische Schaf,

das man vielfach zur Veredlung europäischer Schafarten benützt. Es kommt auch nur als Wollieferant in Betracht.

Ebenso sind unsere heimischen Landschafe, die einmal diesen, einmal jenen Namen führen, der sich der Heimatlandschaft anpaßt, meist Woll- und Fleischlieferanten, die für den Pelzhandel nur dadurch Erwähnung verdienen, daß ihre Felle zu Futterzwecken verwendet werden.

Die Heidschnucken

von der Lüneburger Heide sind eigenartige Tiere mit schwarzem Kopf und schwarzen Beinen, klein von Gestalt, besitzen eine lange, dichte, graue, auch grauschwarze Wolle, die aus weniger dichtstehendem, schwarzem Grannenhaar durchblickt.

Das Bergamasker Schaf,

das in unseren Gegenden, in Steiermark, dann südlicher in Kärnten und Dalmatien, in Oberitalien und der südlichen Schweiz vorkommt, ist ein grobwolliges Tier, das vielfach auch eine schöne Locke aufzeigt.

Das ungarische Zackelschaf,

das von der Slowakei bis hinab in den Balkan zu Hause ist, liefert uns Material für Futterzwecke. Es ist ähnlich den Heidschnucken, doch hat das Fell weniger Wolle und mehr Grannen. Die Farbe ist meist schwarz. Die Eisenbahnerpelze werden beispielsweise mit den Fellen dieser Tiere gefüttert.

Bekannt sind die

Siebenbürger,

Tiere mit schwarzer und schwarzbrauner Locke, die ein sehr gutes Pelzfutter liefern. Wir sehen in den gelockten Fellen schon einen Übergang zu den russischen Sorten, die wir unter verschiedenen Namen schon kennengelernt haben. Die Siebenbürger kommen aber auch weiß vor, die sogenannten Siebenbürger Zmaschen.

Wir haben noch die Italiener, Sardinier und Sizilianer Schafe. Die Italiener sind die Lieferanten für die jetzt zur Veredlung kommenden Sorten. Das Fell ist ungemein weich, oft flaumig, weniger gelockt und bietet das Grundmaterial für die Nutriettes, Biberons, Biberlammfelle, Oposettes, Schoppenlamm und andere. Man färbt sie in allen Farben, schert und bügelt die Felle, gibt ihnen Hochglanz und das speziell in Wien, das heute in der Lammfellveredlung den Ton angibt.

Wie die Italiener, eignen sich auch die Balkanschafe für den Zweck dieser Veredlungen.

Ukrainer

Diese Bezeichnung bezieht sich auf eine Lammfellart, die ein zartgekräuseltes, feines Haar besitzt, ein sehr weiches, geschmeidiges Leder darbietet und aus der Ukraine stammt.

Zmaschen

Dies ist ein Ausdruck für jene kleinen Lämmer, die noch gesäugt werden. Diese kleinen, zartlederigen Fellchen, die meist eine moiréartige Haarzeichnung aufweisen, werden vielfach im Pelzhandel verwendet. Wir haben davon schon bei den einzelnen Lamm- und Schafarten gehört. Hauptsächlich interessieren uns heute die Buenos, die wir bereits erwähnten.

Die Zmaschen gewöhnlicher Schafarten werden stark für die Winteruniformkappen für Eisenbahner und Straßenbahner gearbeitet, da sie hiefür ein ganz außerordentlich verwendbares Material liefern.

Slinks oder chinesische Riesenlammfelle

Das Slinkslamm hat auch seine Bestimmung sehr geändert. Einst diente es in seiner natürlichen reinweißen Farbe, wie auch graublau und hellbraun gefärbt, zur Herstellung von Kindergarnituren. Auch Kindermäntelchen wurden daraus erzeugt.

Heute muß das billigere Slinksfell den unverhältnismäßig teureren grauen Naturpersianer imitieren und kommt sowohl silbergrau wie silbergrau mit weißen Streifen in den Handel, außer anderen Nuancen, wie Blau, Beige, Braun und Schwarz.

Aber nicht allein das Fell, das eine Länge bis zu $1^1/_2$ m erreichen kann, bietet dem Kürschner das Material, kleinere Felle werden schon in China zu Kreuzen zusammengesetzt, ähnlich den Kidkreuzen, um auf diese Art ihren Weg über die Auktionen zu den Verwertern zu nehmen.

Slinks stellt sich immer als ein dankbares Fell dar. Die Locken sind meist ganz klein und zart geringelt, können aber eine Größe annehmen, die sie ganz wunderbar als Imitation des etwas großgelockten grauen Persianers oder Krimmers verwerten lassen.

50000 bis 100000 dieser Felle und etwa 4000 bis 6000 solcher Kreuze kommen durchschnittlich auf eine Auktion. Die Preise für zugerichtete Ware sind für weiße Felle 8 bis 15 sh., für weiße Kreuze 15 bis 24 sh. Schwarzgefärbte Felle und Kreuze sind nur wenig höher als weiße, da man hiezu auch weniger reine Ware verwerten kann. Modefarbige Ware kostet je nach Qualität und Größe im Rauhwarenhandel 10 bis 25 sh.

Die Ziegenarten

Für die Pelzverarbeitung kommen nur wenige Arten in Betracht, hauptsächlich die Zickel, die wir unter dem englischen Namen Kid beschreiben.

Die Ziegen selbst kommen am schönsten in Asien vor, speziell in den gebirgigen Gegenden treffen wir einige herrliche Sorten an.

Eine prachtvolle Ziege ist

die Angoraziege

(Capra hircus angorensis), die als die edelste der Hausziegen gilt und uns ein herrliches, schönes, großes Tier zeigt, das außerordentlich langes, dichtes, feines und weiches, seidigglänzendes und gelocktes Haar besitzt, das nur wenig von Grannenhaaren durchzogen wird. Die Farbe ist fast immer rein weiß, selten etwas dunkler gefleckt.

Den Namen trägt das Tier nach der kleinasiatischen Stadt Angora, von wo aus man diese Ziegenfelle, hauptsächlich aber die Schurwolle, ausführt. Man versuchte die Angoraziege auch in Europa zu züchten und hat damit die besten Erfahrungen gemacht; das Tier hat sich auffallend rasch eingelebt.

Je jünger die Tiere sind, desto schöner das Haar, desto besser die Wolle.

Das Fell kommt hauptsächlich für Teppiche in Betracht; man kennt sie im Handel unter dem Namen Angorateppiche.

Die afrikanische Antilopenziege,

auch Zwergziege genannt, stammt aus dem Niltale, ist ein nur zirka 70 cm großes Tier, das infolge seiner zarten Behaarung in jüngster Zeit für Jacken und Mäntel verarbeitet wird. Die Ware ist sehr leicht, da dünnlederig, kurzhaarig, und kommt in den Farben Beige, Schecken, Braun, Schwarz, Lucertilla, Nerz und Robbia in den Handel.

Die Bagdad-Ziege

der afrikanischen Antilopenziege ähnlich, soll auch zu dem Zwecke der Jacken- und Mantelverarbeitung eingeführt werden. Mit welchem Erfolge, das wird sich erst zeigen. Im allgemeinen sind ja Ziegen wie Zickel wenig haltbar und werden vom Publikum bald wieder gemieden.

All diese Sorten kommen teils mit naturlangem Haar, wie die Zwergziege, oder aber, wenn rauher, geschoren und gefärbt in den Handel. Die Ziege hat sich da ebenfalls zu einem Universalfell entwickelt. Alle Farbtöne werden da angebracht und machen das Fell recht hübsch, leider nicht dauerhafter. Wir sehen nerzfarbige Ziegen, die eine wunderbare Nuance haben. Ein dunklerer Grotzenstreifen hebt die Couleur. Dann sehen wir eine gute Zobelfarbe; man färbt Ziegen speziell in Leopardenfarbe, dann auf Schlangen- und Eidechsennuancen und so fort. Die leichte Ziege hat in helleren Tönen, wie Sommerhermelin und anderen, Anspruch, als Sommerpelz verwendet zu werden. Da wird das Fell auch nicht so strapaziert und kann somit eher in Betracht kommen als für Kälteschutzzwecke, wo die Haare bei etwas stärkerer Beanspruchung sofort abgerieben werden.

Für den Pelzhandel hat eine Sorte ganz besonderes Interesse gefunden, und zwar die

tatarische Ziege,

im Handel auch Bärenziege genannt, da sie ein volles, dichtes, zottiges, bärenähnliches Haar zeigt, das von ziemlicher Haltbarkeit ist. Das Haar ist 6 bis 7 cm lang, glänzend und weich. Man hat diese Ziegen in allen möglichen Farben in den Handel gebracht, wie schwarz, skunksfarbig, marder- und iltisfarbig, grau und in anderen Tönen. Zur Zeit der großen Mode in Fuchstieren boten diese Felle nun einen äußerst preiswerten Ersatz für die Vororte- und Provinzkundschaft und die Kürschner erzielten damit recht gute Geschäfte. Als die Fuchsmode etwas zurückging, wurden Halstiere und Verbrämungen aus diesen Ziegenfellen gearbeitet. Ganz besonders langhaarige Sorten wurden auf schmale Streifen geschnitten und boten zur Zeit des Affenbesatzes eine entsprechend billige Imitation.

Die Ziegen bilden den Hauptexportartikel des chinesischen Rauhwarenhandels. Hunderttausende solcher Felle und Platten gehen nach dem Westen, um hier der Verarbeitung zugeführt zu werden. Der englische Ausdruck dafür ist „Goat" (sprich „goht"), der viel im Handel verwendet wird, um den vulgären Ausdruck „Ziege" zu meiden.

Die Qualitäten dieser tatarischen Ziege sind stark verschieden, doch gibt es Felle darunter, die, verarbeitet, den Eindruck eines Skunks oder skunkfarbigen Waschbären machen. Auch als Fuchs- und Wolfsimitationen finden diese Felle Absatz.

Die Mamberziege,

ein schönes Tier, das etwas der Kaschmirziege ähnelt. Die Behaarung ist reich, dicht, zottig und seidenartig glänzend. Das Haar wird jedoch bis zu 25 cm lang und kommen die Felle daher mehr als Affenimitation in Betracht als für irgendeinen anderen Zweck. Ihre Heimat sind Aleppo und Damaskus.

Andere Arten von Ziegen, auch amerikanische Ziegen, kommen derzeit für den Pelzhandel nicht in Betracht.

Mufflon oder Mouflon

wird eine Ziegenart genannt, die von Tibet an über die Bucharei bis ins Land der Kirgisen zu Hause ist. Gerade dort bei den Kirgisen hat das Tier jene Wollentwicklung, die sie als Fellieferant des Mouflons so bekannt macht.

Das gefällig aussehende Tier ist ungefähr $1^1/_2$ m lang und besitzt eine ungemein weiche, flaumartige Wolle, die von feinen Grannenhaaren überdeckt wird. Die Farbe ist verschieden, entweder silberweiß oder gelblich, dann wieder reinweiß, hellbraun, dunkelbraun und auch schwarz.

Dieses Tier darf nicht verwechselt werden mit dem Mufflon, das auf den Inseln Korsika und Sardinien seine Heimat hat und ein Wildschaf darstellt, dessen Behaarung glatt dem Körper anliegt und nicht den herrlichen Flaum des Mouflons besitzt.

Die Mouflons kommen teils in Naturfarbe, teils in verschiedenen Modenuancen in den Handel, gaben früher ein beliebtes Material zu Mädchengarnituren, finden aber heute fast ausschließlich Verwendung zu Besätzen.

Das Fell ist trotz seiner Weichheit ziemlich dauerhaft.

Tibet- oder Kaschmirziege

Heute nicht so sehr im Pelzhandel verbreitet, ist dieses schöne, seidige, langhaarige, gewellte Fell dennoch allen Kürschnern wohlbekannt. In Groß- und Kleintibet stark verbreitet, zeigt uns dieses schöne Tier, das ungefähr $1^1/_2$ m lang wird, ein langes, straffes Oberhaar, unter welchem sich eine feine, flaumige, weiche Wolle verbirgt. Die Farbe des Haares ist meist reinweiß, doch kommen auch gelblichweiße, hellbraune, dunkelbraune, schwarze und auch etwas scheckige Arten vor.

Außer den sehr geschätzten dauerhaften Fellen kommen auch aus kleineren Fellen zusammengestellte Kreuze, wie bei den Kids und Slinks, in den Handel.

Die weißen und gelben Felle werden in allen Modefarben gefärbt, das Haar wird überdies oft ausgekämmt, so daß es die Wellen und das Gekräusel verliert und als Imitation für den Polarfuchs Verwendung findet. Freilich ringelt sich das Haar, wenn es feucht wird, wieder ein.

Einst diente das Fell zur Herstellung von hübschen Mädchengarnituren in weißen, grauen, braunen und anderen helleren Tönen, die meist weißen Grund und nur die Haarspitzen gefärbt zeigten. In schwarzer Farbe kam Tibet für Damengarnituren in Betracht. Das hat sich nun alles sehr geändert. Gekraust kommt der Artikel heute für den Kürschner nur äußerst selten mehr in Betracht. Bloß ausgekämmt wird das Fell noch verwertet, und zwar in den Farben Weiß, Blau, Blaugrau, Sleat, Blaufuchs, Marderfarbig, Chinchilla, Grau, Havanna, Rosenholz, Violett, Platin, Sandfarbig, Orange und in anderen Modefarben.

Erwähnt muß auch werden, daß man die Kaschmirziege, die uns das prachtvolle Tibetfell liefert, nunmehr auch in Europa, besonders in Italien und Frankreich, mit bestem Erfolge züchtet. Einzelne Auktionen bringen zirka 100000 Felle zum Verkaufe. Der Preis der zugerichteten Tibetfelle beträgt ungefähr 10 bis 15 sh.

Kid und Kidkreuze

Kid ist das englische Wort für Zickel und damit ist das Fell schon vollkommen erklärt. Es handelte sich aber hier meist nicht um unsere Zickel, denen man lange die Befähigung zum Pelztier absprach, sondern um eine leichtere chinesische Art. Heute, wo die Zickel einen breiten Raum in der Pelzindustrie einnehmen, wo man nicht nur mehr Futter aus ihnen anfertigt, sondern ganze Pelzmäntel und Jacken, wo man die Felle auf Besätze verarbeitet und sie in allen möglichen und unmöglichen Modenuancen einfärbt, wie Grau, Zobel, Nerz, Lyrakatze, Tiger, Leopard, Kalbfell und vielen anderen, und auch das Haar noch niedriger schert, da macht man wohl nicht mehr viele Unterschiede zwischen chinesischen, mexikanischen und anderen Zickeln, die etwa an der blauen Donau oder an der Spree das Licht der Welt erblickten. Letztere sind bestimmt nicht schlechter als die chinesischen Felle, die sich sehr bald abreiben und das kahle Leder zeigen, wie die Gazellen oder Antilopen.

Es gibt aber auch noch eine langhaarige Sorte, die sehr weich im Haar und etwas gelockt ist. Das sind die Kids, die wir nur früher kannten, die auch aus China stammten und welche die Eingeborenen zu ganzen Kreuzen zusammenarbeiteten, die dann unter dem Namen Kidkreuze in den Handel kamen und noch heute kommen. Es gibt darunter ganz wundervolle Arten. Wir bekommen Kidkreuze, die, schwarzgefärbt, fast wie Breitschwanz aussehen. Auch diese Ware wird sowohl für Garnituren und Besätze wie auch für Mäntel und Jacken verarbeitet, hat aber den großen Nachteil, ein sehr zartes, dünnes Leder zu besitzen, das sich ohne besondere Anstrengung leicht auseinanderreißen läßt. Man muß daher auch diese Ware gut pickieren.

Aus glatten langhaarigen Kids werden Schweife gedreht.

In letzter Zeit werden Kidklauen zu Kreuzen und Tafeln zusammengearbeitet, um dann als Besatz verarbeitet zu werden.

Man hat die Form der Kidkreuzmatten dadurch erklärt, daß man sagte, die Eingeborenen tragen diese Felle auch als Kleidung, indem sie in die Mitte des Kidkreuzes ein Loch schneiden, den Kopf durchstecken, während nun zwei Querseiten über Brust und Rücken, die beiden anderen über die Arme heruntergleiten.

Die Sorten kommen in ziemlich großen Quantitäten in den Handel und haben, da sie von der Mode begünstigt werden, einen Preis, der mit der Qualität der Felle nicht im Einklang steht.

Gallyaks

heißen jene Kid- und Lammfelle, die ein ganz flaches Haar aufzeigen, das keine moiréartige Zeichnung besitzt, also ganz glatte, flache Ware.

Die Antilopenarten

Seit vielen Jahren ist ein überaus schönes und zartes Fellchen im Handel und wird dementsprechend auch der Verarbeitung zugeführt, aber sonderbarerweise unter einem ihm nicht zukommenden Namen.

All die vielen Gazellenfellchen, die in den verschiedenen Farben, teils in Natur, teils in Braun, Grau und gemustert verarbeitet werden, entstammen einer Antilopenart und nicht der Gazelle, die ein bedeutend größeres Tier ist. Die Gazellen werden bis zu 1 m lang, unsere Kürschnergazellchen aber sind doch so kleine, niedliche Dinger, die kaum 30 cm lang sind.

Gazelle wird in Naturfarbe verarbeitet, dann in verschiedenen Dessins, wie Kalbfell, Tigerette, Seehund, Schildkröte und anderen Schattierungen, die sich für Sommerpelze eignen und gerade von der Mode bevorzugt werden.

Das Haar wird etwas nachgeschoren, da es sich dann weniger abstößt als im natürlichen Zustande. Es muß auch noch erwähnt werden, daß die Felle gleich anderen Sorten ihrer Art im Sommer ein dickeres Leder, aber dünneres Haar haben. Solche Felle geben einen schweren, aber um so weniger haltbaren Pelzmantel. Die Winterfelle hingegen bieten bei einem zarteren Leder ein etwas widerstandsfähigeres Haar und werden selbstverständlich für die Verarbeitung vorgezogen, da sie zwei Vorteile gegenüber den Sommerfellen in sich vereinen.

Unter den zahlreichen Arten der Antilope kommen die Zwergantilopen (Neotragus) hauptsächlich für die Pelzverarbeitung in Betracht. Sie stellen die kleinste Art ihrer Familie dar. Wir kennen die Beni Israel, die Windspielantilope und die im Tigris heimische Edro.

Der Bock besitzt kleine Hörner, die mit 10 bis 12 Halbringen versehen sind. Den zarten, jedoch gut ausgebildeten Körper tragen ungemein schwache Beinchen. Das Haar ist fein und lang, die Farbe desselben rotgelb bis graublau. Über und unter den Augen läuft ein weißer Streifen, der sehr lebhaft wirkt.

Die Beni Israel sind in Abessinien zu Hause, wo sie in den dichten afrikanischen Buschwäldern ihren Aufenthalt nehmen. Das größte Dickicht hindert die Bewegungen dieser zierlichen Tierchen nicht und der spitzeste Dorn schadet ihnen nicht.

Eine in Rehgröße vorkommende Art der Antilope ist der „Ducker“ (Cephalophus mergens), der bis zu 1 m lang wird, dessen zirka 9 cm lange Hörner fast im Schopfhaar verschwinden. Sein Fell ist olivengrau, dann wieder gelbbraun und schwarz getupft.

Dieses Tier gibt ein heute vielfach verarbeitetes Fell, speziell wieder für die Sommerpelzmode, das unter dem einfachen Namen „Antilope“ oder Antilopen-Gazelle im Handel ist. Die Größe dieses Felles erlaubt ein leichteres Arbeiten, und wir sehen an Mänteln deutlich die Größenverhältnisse dieser Felle. Sie kommen meist in grauer Farbe zur Verarbeitung, und zwar werden sie dann im Grotzen geteilt und Rücken an Seiten gearbeitet, wodurch eine eigenartige Schattierung erzielt wird.

Der Rücken ist dunkel, die Seiten sind hell. Durch diese Teilung wird der dunkle Rücken spontan an die helle Seite gesetzt und dadurch, daß die Felle in verschiedenen Linien geführt werden, einmal schräg, dann wieder mit den Spitzen zusammenlaufend, werden sehr hübsche Ornamente erzielt.

Die Gazelle

Das unter dem Namen Gazelle im Pelzhandel erscheinende Tier ist nicht etwa die zoologische Gazelle, die bis zu 1 m lang wird, sondern es handelt sich hier vielmehr um eine Antilopenart, wie im vorhergehenden Abschnitt näher angeführt ist.

Der Hirsch

(Cervus) stellt eine prachtvolle, edle Tierart dar, die an sich für die Pelzverarbeitung nicht in Frage kommt. Der Kürschner verfertigt aus dem Felle bloß Decken, die als Vorleger einen recht hübschen und vornehmen Eindruck machen. Der Hirsch kommt in Europa überall vor.

In Amerika lebt der größte Hirsch, der Wapiti, wie der Mazambahirsch, in Südamerika kommt der Pampashirsch vor, Gruppen, die alle für die Pelzverarbeitung nicht in Betracht kommen, und nur ihr Fell ab und zu für Decken abgeben.

Auf Indien und Ceylon jedoch lebt eine Art, der Axishirsch, der Fellzeichnung nach der schönste Hirsch, der zufolge seiner etwas zarteren Behaarung auch für Autopelze Verwendung findet.

Dieses Tier wird 120 bis 150 cm lang. Das Fell besitzt eine graubraune Grundfarbe, und laufen vom Nacken bis zum Pumpf sieben Reihen weißer, ungleich großer Flecke, die dem Tier eine ganz besondere Schönheit verleihen.

Das Reh

(Capreolus cervus) liefert uns wohl kein eigentliches Kürschnerfell, wird aber zur Herstellung von Pelzdecken und Teppichen gerne verwendet. Die Rehdecken werden fast immer ohne naturalisierten Kopf gearbeitet, mit schön ausgezacktem, farbigem Filz umrahmt und mit Rohleinen gefüttert.

Wie beim Hirschfell muß auch hier betont werden, daß Herbstfelle den Winterfellen vorgezogen werden, da sie ein besseres Leder liefern, und um dieses handelt es sich ja beim Rehfell in erster Linie.

Das Renntier

(Rangifer tarandus) gehört nunmehr auch zu den Pelztieren, weniger die großen, alten Tiere, wohl aber die kleineren, zarten.

Das schöne Tier hat ungefähr die Größe eines Hirsches. Das Haar ist ungemein dicht, kräftig, spröde und etwas gewellt. Das Tier muß ja große Kälte ertragen. Als echtes Tier des Nordens ändert es auch mit der Jahreszeit öfter sein Fellkleid, sowohl der Dichte als auch der Farbe nach. Im Sommer ist das Haar beim wilden Ren weißlich-grau, beim zahmen jedoch dunkelbraun, am dunkelsten am Rücken, gegen die Seiten zu heller werdend. Im Winter wird die Behaarung durch das Hervortreten weißer Haare wieder heller.

Das dichte, gewellte Fell, das starke Leder lassen eine allgemeine Verwertung des Renntieres für die Pelzerzeugung nicht zu. Man verwendet es hauptsächlich für Autopelze, eventuell noch für Sportjacken, die natürlich äußerst haltbar sind. In Betracht kommen für Kürschnerzwecke nur die Renntierkälber, ähnlich den Fohlen- und Kalbfellen.

Das Guanako

gehört zur Familie der Vicunas, welche auf den Plateaus von Bolivien und Peru leben.

Die Tiere haben ungefähr die Größe eines Esels und werden auch als Lasttiere verwendet. Das Guanako, auch Huanako (Auchenia Huanako) gehört der Rasse nach zu den Kamelen und ist ähnlich dem Lama, ein Mittelding zwischen Kamel und Schaf.

Die Nordgrenze des Territoriums, in welchem Guanakos vorkommen, ist die Provinz Pampas in Argentinien. Nördlich von diesem Abschnitt sind die Felle zu wollig, als daß sie für die Pelzverarbeitung noch in Betracht kämen, sie haben dort auch kein Oberhaar. Je südlicher die Tiere vorkommen, desto besser ist die Qualität ihres Felles, desto feiner das Haar. In Santa Cruz, dem südlichsten Teile von Argentinien, werden die besten Felle vorgefunden und auf den Pelzmärkten bringen die Santa-Cruz-Felle die höchsten Preise. Sie sind auch durch ihre hervorragende Qualität bekannt. Die allerfeinste Sorte sind die „Feuerinselfelle", so genannt nach der Feuerlandinsel an der Südspitze Südamerikas.

Diese Felle kommen aber nicht direkt von der Feuerlandinsel, da diese unfruchtbar ist, sondern aus Santa Cruz. Der Name bezeichnet nur die ausgewählten Santa-Cruz-Felle. Die nächst beste Qualität stammt aus Chubut.

Die Guanakos geben die besten Felle, wenn sie zwischen dem vierten und achten Tage nach dem Wurfe geschlachtet werden. Zu dieser Zeit ist der Körper des Tieres ungefähr 3 Fuß lang, ausschließlich der Beine, des Nackens und des Schweifes. Das Fell zeigt auf dem Rücken einen Orangeton, während die Unterseite weiß gezeichnet erscheint.

Der Unterpelz ist dick und wollig, während die Grannenhaare durchscheinen. Die aus südlicheren Gebieten stammenden Tiere sind von dunklerer Färbung und haben stärkeres Grannenhaar. Je nördlicher sie vorkommen, desto heller wird die Nuance und desto weniger treten die Grannenhaare hervor; dementsprechend besitzen sie einen bedeutend geringeren Handelswert.

Das Guanako ist äußerst dauerhaft, und da es im Preise gegenüber anderen Sorten noch immer sehr bescheiden ist, wird es für den Besatz gut gehandelt. Das Fell hat, gleich dem Nutria und Biber, die Tendenz, sich zu kräuseln, wenn es feuchter Luft ausgesetzt wird. Dieser Nachteil wird jedoch durch Bügeln wieder wettgemacht.

Ist der Pelz von reichem, tiefem Farbton, dann wird er in dieser natürlichen Nuance verarbeitet. Der weiße Bauchteil wird dann ausgeschnitten und gefärbt. Entspricht der Farbton nicht, so wird das ganze Tier gefärbt. Es nimmt die Farbe sehr gut an und bleibt geschmeidig und weich. Der Pelz ist leicht und dennoch stark. Die Felle werden in den gebräuchlichen zarten Farbtönen eingefärbt und dienen dann für Besatzzwecke. Die Felle lassen sich sehr ökonomisch verwerten, da alle Teile verwendbar sind.

Das Kalbfell, auch Baby calf oder Teletta

genannt, wird nunmehr ebenfalls als Pelz verwendet.

Amerika brachte schon im Jahre 1926 Kalbfelljacken in den Handel, die aus dem naturscheckigen Kalbfell angefertigt waren und einen recht expressionistischen Eindruck machten. Bald war Kalbfell große Mode, denn auch Paris schwärmte nur für das Veau mort né, das totgeborene Kalb. Man zog nämlich das Fell der noch ungeborenen Kälber vor, da sie ein zarteres Fell besitzen. Schnell hatten sich um diese Tatsachen wieder ähnliche Greuellegenden gruppiert wie bei der Breitschwanzgewinnung. Auch hier sagte man der Kalbgewinnung nach, daß die Kühe so lange geschlagen werden, bis sie kalben. Man überlegte wieder nicht, wie unökonomisch es wäre, das Muttertier zu opfern, um schließlich nur 20 bis 30 Schilling für die Kalbhaut zu erhalten. Auch diese Legenden sind wieder verstummt, seitdem das Kalb in die große Schar der ständigen Pelzspender aufgenommen wurde. Man trägt wohl heute nicht mehr als Mäntel, Jacken und Besätze das braun-, weiß- oder schwarzweiß gescheckte Kalb, sondern man verwendet die Felle entweder einfärbig hellbraun in der Naturfarbe oder färbt die Ware dunkelbraun, schwarz und in andere hübsche Modenuancen ein.

Die Zeichnung der Kalbfelle ist manchmal eine ganz breitschwanzähnliche und so treten sie heute als Fohlenersatz auf, dies um so mehr, als sie auch billiger als Fohlen sind. Der Artikel ist bereits gut eingeführt, und man kann sagen, daß die einfärbigen Kalbmäntel und -jacken von schöner Wirkung sind. Ganz leichte Sorten finden für die Sommerpelzmode gute Verwendung, schwere Ware wird gefärbt und dient an Stelle des im Preise schon sehr unbescheiden gewordenen Fohlens.

9. Bären

Die Bären, die über die ganze Welt verbreitet sind, kommen als Fellieferanten für den Kürschner wenig in Betracht. Meist werden sie ihr schönes, ausgiebiges Fell für Teppiche abgeben müssen. Auch Wagendecken werden daraus gemacht. Für die Kleinkonfektion, wie etwa

Garnituren oder Besätze, kommen dermalen nur die kleineren Felle in Betracht, die ein zartes Leder besitzen. Man hat ganz hübsche Bärenkolliers in den Handel gebracht, die den Vorteil ganz außergewöhnlicher Haltbarkeit besitzen. Das Haar ist ungemein dicht und stark. Leider ist das Leder zu dick und deshalb auch viel zu schwer.

Da ist vor allem der gewöhnliche

Land- oder braune Bär

(Ursus arctos), ein plumpes Tier, das heute noch in Europa vereinzelt vorkommt, so z. B. auf dem Balkan, in Rußland, etwa noch in Galizien und in den Karpathen. Auch in den Pyrenäen und den Abruzzen soll es sich noch zeigen.

Seine Farbe ist nicht einheitlich und feststehend. Grau, graubraun bis rotbraun, einmal heller, dann wieder dunkler tritt es auf, ja selbst schwarz und scheckig hat man den Bären schon vorgefunden.

Die Auktionen bringen jährlich doch immerhin eine Anzahl dieser Tiere auf den Markt, manchmal in einer Fülle, daß man sich verwundert fragen mag, wie es denn möglich sei, daß überhaupt noch so viele dieser Tiere existieren. So brachte eine Auktion in New York im Jahre 1925 200 Felle auf den Markt. Da solche Auktionen mehrmals im Jahre an verschiedenen Orten stattfinden, mag man aus solchen Jagdergebnissen auf den noch immer bestehenden ansehnlichen Wildreichtum schließen.

Der Preis schwankt je nach Qualität zwischen Dollar 6 bis 10.

Der graue oder Grislybär

(Ursus cinereus), ein naher Verwandter des braunen Bären, ist jedoch größer und stärker als dieser. Er lebt heute fast nur mehr in Nordamerika, speziell in dem Dorado der Tiere, in Kanada. Er wird oft bis zu 2½ m lang. Sein Fell ist von besonderer Dichte, das Haar ist lang und zottig, die Farbe von schimmerndem Hellgrau bis zum Schwarzbraun.

Das Leder ist derart stark, daß das Fell ausschließlich für Teppiche verarbeitet wird.

Der Grislybär tritt bedeutend seltener auf als andere Bärensorten. Eine Auktion 1925 brachte jedoch 317 Felle auf den Markt. Wert bis Dollar 15. Eine englische Auktion im April 1928, die 226 braune und Grislybären anbot, konnte nicht ein Stück verkaufen.

Der amerikanische schwarze Bär oder Baribal

(Ursus americanus), der eine Länge bis über 2 m erreicht, ist in allen waldreichen Gebieten Nordamerikas sehr stark verbreitet. Er findet sich vom hohen Norden bis nach Mexiko herab, von der Ostküste bis hinüber nach Kalifornien.

Das bis zu 10 cm lange Haar, mit dichter Unterwolle, ist meist schwarz. Das Unterhaar ist heller, bis ins Braune gehend. Eine fahlgelbe Schnauze und hellbraune Flecke über den Augen beleben das Tier.

Sein Leder ist zarter als das der anderen Bären, weshalb es für die Pelzverarbeitung schon mehr in Betracht kommt. Der Baribal führt deshalb auch die Bezeichnung „Pelzbär".

Die Hudson-Bay Company in London brachte im April 1928 1813 dieser Felle zur Versteigerung, wovon beste Ware 80 sh. einbrachte.

Der Eisbär

(Ursus maritimus) stellt fast schon eine ganz andere Sippe dar. Abgesehen von der gänzlich verschiedenen Farbe, zeigt er einen ganz anderen Körperbau. Er hat einen gestreckteren Körper und einen langen Hals, kurze, kräftige Beine, deren Füße breiter sind als die der anderen Bären. Er ist noch größer als der Grislybär, da er bis 2½ m und auch noch mehr erreicht, und wiegt bis zu 1200 Pfund. Die Stirne ist flacher als die der früher genannten Bären.

Sein Name deutet uns den Aufenthalt dieses Tieres an. Hingegen soll seine weiße Farbe ganz unabhängig von den arktischen Verhältnissen sein, was schon daraus hervorgeht, daß er auch in Gefangenschaft die Farbe nicht ändert und weiter vererbt.

Sein Vorkommen wurde dem Norden zu so weit festgestellt, als Menschen vorgedrungen sind, während er im Süden nur noch ausnahmsweise unter 55° südlicher Breite angetroffen wurde.

In seiner Jugend reinweiß, wird das Fell später mehr gelb und fleckig. Eigenartig ist es, daß sein Haar, trotzdem es gegen große Kälte schützen muß, etwas kürzer ist als das des Grislybären. Das Fell wird fast nur für Teppiche und Decken verwendet und kommt in größeren Quantitäten zu den Auktionen. Wert Dollar 20 bis 50.

Andere Arten kleinerer Bären sind

der japanische Kuma oder Kragenbär

(Ursus torquatus), der dem Baribal in der Farbe sehr ähnlich ist, doch seine Größe nicht erreicht.

Zu erwähnen wäre noch der

Bruan- oder Malaienbär

(Ursus malayanus), der eine Länge von ungefähr 1½ m erreicht, einen kurzhaarigen, aber dichten Pelz von schwarzer Farbe und an der Brust einen hellgelben Fleck aufweist. Seine Heimat ist Hinterindien.

Der Lippenbär

(Ursus labiatus), von ungefähr 1½ m Länge, ist ebenfalls in Asien zu Hause. Ein kurzer, dicker Leib mit langem, zottigem Haar von schwarzer, glänzender Farbe kennzeichnet dieses Tier, das weniger Verwendung in der Pelzindustrie findet.

Der Waschbär oder Schoppen

(Procyn lotor), ein Kleinbär von 60 bis 65 cm Leibes- und 20 cm Schwanzlänge, zeigt uns ein sehr schönes, langes und kräftiges Haar von mannigfacher Schattierung. Die Grundfarbe ist etwas gelblichgrau. Das Unterhaar ist braun, die Grannen sind im Grunde braun, in der Mitte gelb und an der Spitze schwarzbraun. Der Grotzen ist merklich dunkler, gegen die Seite zu wird die Schattierung heller. Markant sind die sechs dunkelbraunen Ringe am Schwanze, welcher in eine ebenso gefärbte Spitze endet. Die Schnauze ist heller braun, dann wird um die Augen ein dunkelbrauner, scharf abgegrenzter Fleck ersichtlich, der das Aussehen einer Larve hat. Hierauf setzt wieder ein bis zu den Ohren reichender hellerer Fleck ein.

Der Waschbär ist ein Nordamerikaner, der um die Hudson-Bai in besonders guter Qualität anzutreffen ist. Weiter südlich ändert sich mit der Qualität auch die Farbe, das Fell wird dünner und lichter. Die besten und größten Tiere zeigen mit einem sehr dichten, langen Haar eine fast blaugraue Schattierung.

Der Waschbär bietet eines der besten Felle, das der Pelzhandel kennt. Seine jahrelange Haltbarkeit wird selbst von Laien gerühmt.

Verarbeitet wird das Fell meist in Naturfarbe, wie es speziell in Amerika auf Autopelze für Damen und Herren, Haar nach außen, getragen wird. Die billigeren Sorten werden da in der Originalfellbreite verarbeitet, bessere Qualitäten jedoch werden schmal ausgelassen und bieten dadurch eine wunderbare Zeichnung. Diese Verwendungsart hat den Waschbären sehr verteuert. Früher fütterte man damit die großen, schweren Reisepelze. Daran denkt man natürlich heute, wo Waschbär ein Edelpelz geworden ist, nicht mehr, im Gegenteil, manch alter Reisepelz, der seit dreißig Jahren gute Dienste geleistet hat und noch ziemlich gut erhalten aussieht, wird auf Besätze umgearbeitet oder eingefärbt und dann wieder verarbeitet, vorausgesetzt, daß sich das Leder noch als geeignet erweist.

In Europa wird der Waschbär meist skunksfarbig in den Handel gebracht. Früher nur zu Pelzgarnituren verarbeitet, gibt er heute sowohl in Naturfarbe wie auch gefärbt ein schönes und gutes Besatzfell. Auch blau gefärbt findet das Fell besondere Beachtung. Freilich kosten diese Raccons, wie sie die Engländer und Amerikaner nennen, zugerichtet in Naturfarbe 30 bis 70 sh., gefärbt 35 bis 70 sh.

Viele Hunderttausende dieser Felle kommen jährlich auf den Markt, wodurch die Wildbestände merklich gelichtet werden.

10. Beutelratten

Das amerikanische Opossum

(Didelphys virginiana) ist heute im Pelzhandel ein sehr gesuchtes und mannigfach verarbeitetes Fell. Das Tier gehört zur Ordnung der Beutelratten, seine Körpergröße ist etwa 50 cm; der nur an der Wurzel etwas behaarte, sonst aber kahle Schwanz wird bis zu 30 cm lang. Die Haarfarbe ist verschieden. Einmal kommt das Tier, das ein weißes Unterhaar besitzt, mit dunkelbraunen, steifen Grannenhaaren vor, dann sind diese wieder hellbraun, vielfach wieder silberweiß und dann weicher, und gerade dieses Fell macht dem Kürschner wegen der Verschiedenheit seiner Farbe und Haarbeschaffenheit und dem Auftreten häßlicher Nackenwirbel viel Kopfzerbrechen.

Dennoch ist dieses Fell wieder eine Art Universalartikel. Es wird sowohl in Naturfarbe verarbeitet wie in den geradezu verblüffenden Imitationen in Steinmarder-, Edelmarder- und Iltisfarbe, wo sie zu kleinen Halstierchen und Besätzen gerne verwendet werden und den teuren Marder ersetzen müssen. Man färbt sie auch auf Skunksfarbe, die dem Felle das Aussehen eines Skunkschoppen oder fast eines echten Skunks verleihen. Sehr hübsch machen sich die Felle in blaugrauer Farbe als Material für Besätze und Garnituren. Von besonderer Schönheit ist die Blaufuchsfarbe.

Man hat die amerikanischen Opossumfelle auch chemisch gebleicht, wodurch sie einen gelbrötlichen Schimmer erhielten. Man nannte diese Nuance Sonnenbrand; sie überdauerte aber kaum eine Saison und war dann vorbei.

Gerade in diesen Opossumfellen gibt es gewaltige Qualitätsunterschiede. Man sieht herrliche, volle und weichhaarige Felle, dann wieder dunkle, spießige Ware, Felle mit Riesenblößen und man muß beim Einkauf gerade dieses Felles die Bündel gut durchmustern. Man soll nur gute amerikanische Opossums kaufen, da das Fell an sich nicht von besonderer Qualität ist.

Das Tier ist in Nordamerika, und zwar von Mexiko bis hinauf zu den großen Seen, zu Hause. Die dichtesten Wälder sind sein Lieblingsaufenthalt. Man hat oft fälschlich das Opossum für eine Art Wasserratte gehalten und schloß dies aus dem nackten Schwanz und anderen Merkmalen, wie dem steifen Haar usw. Der amerikanische Opossum ist aber ein echtes Baumtier, das sich in den höchsten Baumkronen, wenn auch träge, so doch mit größter Sicherheit fortbewegt.

11. Seehunde oder Robben

Seehunde

Wir haben bei den Seehunden oder Robben verschiedene Arten zu unterscheiden, die oft im Pelzhandel verschieden zugerichtet, gefärbt und verarbeitet werden. Die Größe der einzelnen Arten schwankt von 1 bis 3½ m. Wir kennen für Kürschnerzwecke die jetzt wieder besonders von Amerika sehr forcierten Haarseehunde (Hair Seals), die gemeinen oder Kofferseehunde, die Bartrobben oder „Blaumänner“, die Kappen- oder Mützenrobbe, auch Klappmütze genannt, den Seelöwen oder die Löwenrobbe und die grönländische Robbe oder Whitecoat (sprich weitcot). Diese Sorten weisen ein überaus straffes, eng anliegendes Haar auf, während der Seebär oder Biberseehund dadurch für den Pelzhandel von Wichtigkeit ist, daß man aus ihm zufolge seiner feinen, seidigen Grundwolle den uns wohlbekannten echten „Seal“ herstellt. Sehen wir uns nun der Reihe nach die einzelnen Arten an.

Der gemeine oder Kofferseehund

(Phoca vitulina) ist ein großes Tier von 1½ bis 2 m Länge. Die Farbe des Felles ist weißlich bis gelblichgrau, auf dem Rücken mehr bläulichgrau, eine Nuance, die bei den älteren Tieren mehr ins Braune geht. Vom Rücken bis zur Seite laufen unregelmäßig dunkle, runde Flecke, die dem Fell ein leopardähnliches Aussehen verleihen. Das Haar ist sehr kurz und spießig, Unterhaar ist nicht vorhanden.

Die Felle dieser Tiere, die in großen Mengen in allen nördlichen und südlichen Meeren vorkommen, werden vom Kürschner zur Herstellung von Sportjacken verwendet, wozu sie ein äußerst dauerhaftes Material liefern. Man hat auch den Versuch gemacht, Robbenfelle hellgelbbraun zu färben, um einen Ton zu bieten, der das Fell als Imitation für Leopard geeignet macht.

Die Bartrobben oder Blaumänner

(Phoca barbata) werden 2 bis 2½ m lang, sind ungefleckt und haben am Rücken eine blaugraue Farbe, zeigen sich jedoch am Bauche grauweiß. Die Haare liegen nicht so dicht an wie bei anderen Seehunden. Diese Felle kommen auch unter dem Namen „Blaumänner“ in den Handel. Die Tiere leben nur in den nordischen Gewässern.

Die Kegelrobbe

(Halichoerus gryphus), auch grauer Seehund genannt, wird 2½ bis 3 m und noch darüber lang und zeigt wieder ein sehr straff anliegendes Haar ohne Unterwolle von blaugrauer Farbe mit grauen und schwarzen Flecken. Oft fehlen jedoch die Flecke auch ganz. Die Jungen sind ganz weiß. Wir finden diese zweitgrößte aller Robben in den nordamerikanischen Gewässern, speziell in der Hudson-Bay.

Der Seelöwe oder die Löwenrobbe

erreicht fast eine Länge von 4 m und kann bis zu 500 kg schwer werden. Sie hat ihren Namen von ihrer helleren Farbe, die etwa hellgelbbraun ist, obwohl es auch dunklere Tiere dieser Art gibt. Das Tier lebt ebenfalls in den nördlichen Gewässern. Einer der Hauptlandungsplätze ist die St.-Pauls-Insel, aber auch an der Küste Sibiriens, Kamtschatkas und Sachalins werden sie alljährlich zahlreich gefangen.

Die Grönlandsrobbe oder Whitecoat

(Phoca groenlandica), auch Sattelrobbe genannt, infolge eines an der Schulter und am Vorderrücken auftretenden sattelförmigen, dunklen Fleckes. Das Tier wird höchstens 2 m lang, hat ein grobes, dichtes, glatt anliegendes und glänzendes Haar in bald lichterem, bald dunklerem Grau, das oft einen Stich ins Gelbbraune erhält. Unterwolle fehlt wieder gänzlich. Die jungen Tiere sind schneeweiß, weshalb diese den Namen Whitecoats (Weißmantel) führen. Letztere sind es, die für die Pelzverarbeitung ab und zu Bedeutung hatten. Man färbte die Felle schwarz ein und schuf daraus Pelzgarnituren und Besätze von unbegrenzter Haltbarkeit. Nun versucht man wieder die Felle goldbraun und goldgelb zu färben, und zwar nur die weichhaarigeren Sorten.

Diese Tiere kommen in ungeheuren Mengen vor. Man kann sich ein Bild davon machen, wenn man bedenkt, daß die Jagd auf die Tiere nur während des Monats April gestattet ist und während dieser Zeit in den amerikanischen Gewässern meist über 300 000 Tiere erlegt werden.

Man verfertigt nicht nur Damenjacken und -mäntel aus dem Material, sondern auch Herrenautopelze, die mit dem Haare nach außen getragen werden.

Die Kappen- oder Mützenrobbe, auch Klappmütze

(Cystophora cristata) genannt, ist eine der größten Robben, die im Eismeer gejagt wird. Auffallend ist an diesem Tier eine Hautblase, die von der Nase über die Schnauze zieht und einen großen Teil des Oberkopfes einnimmt. Diese Blase, welche den Eindruck einer Mütze erweckt, kann willkürlich von dem Tier aufgeblasen werden. 25 cm lang, 20 cm hoch, kann dieses eigenartige Gebilde werden, das zusammengeklappt wieder aussieht, als wäre die Nase mitten entzweigeschnitten. Das mächtige Tier wird zirka 2½ m lang und ist grauweiß gefärbt. Aus diesem Fellgrunde stechen runde, eiförmige, dunkelgraue, schwarze oder rostigbraune Flecke hervor. Diese Seehunde haben kein Haar in dem sonst bei unseren Pelztieren bekannten Sinne, es sind dies vielmehr starke Grannen, wie wir es eben als Robbenfell kennen. Den Weibchen, die kleiner sind, fehlt die Mützenblase. Am häufigsten kommt das Tier in der Nähe von Grönland, Neufundland, Island und Finnmarken vor, nirgends jedoch so zahlreich wie die anderen Robbenarten.

All die Robben finden im Pelzhandel Verwendung und werden hübsche und sehr dauerhafte Sportjacken wie auch Automäntel daraus gefertigt. Auch für die Skifabrikation hat das Fell Bedeutung, da die Unterteile des Skiers damit versehen werden, um eine größere Reibung beim Bergaufgehen im Schnee zu haben.

Mit diesem Tiere schließen wir die uns interessierende Reihe der Haarseehunde ab und wenden uns einer Robbenart zu, die infolge ihres anders gearteten Haares als Lieferant eines stark gesuchten und überaus dauerhaften Edelfelles gewertet wird, des echten Sealskin.

Der Seebär oder Biberseehund

(Otaria ursina) steht im Werte weit über allen anderen Robbenarten, denn wenn auch äußerlich meist dem gewöhnlichen Seehund gleichend, birgt das Tier unter den festen Grannenhaaren eine wunderbar feine, dichte, etwas gekrauste Unterwolle von gelblichgrauer bis hellbrauner Färbung, die eine Länge von etwa 1 cm besitzt. Diese Wolle ist es nun, die die Grundlage zur Herstellung des Sealfelles oder Sealskin schafft. Die steiferen Grannenhaare werden ausgerupft und nun haben wir das reinwollige Fell vor uns, das, schwarzgefärbt, das Sealfell ergibt. Am Haargrund goldig schimmernd, bietet sich uns ein Fell dar, das dem Haare nach von fast unbegrenzter Haltbarkeit ist. Nur die Farbe läßt nach Jahren nach und das Fell wird rotbraun.

Man teilt die Sealherden nach ihrem Herkommen in zwei große Gruppen, in die Alaska-Seals, die aus ungefähr 700000 Tieren bestehen, von welchen jährlich 15000 bis 25000 Tiere erlegt werden, und die Gruppen jener Tiere, die in der Südsee, Neuseeland, Lobos Island, Robben Island, Cooper Island, Kap Horn, Kap der guten Hoffnung und den Falklandsinseln vorkommen. Besonders vom Kap der guten Hoffnung kommen ganz ausgezeichnete Felle, die denen der Pribilowinseln im Norden nur wenig nachgeben, nur etwas mehr im Haare gekräuselt sind.

Die heutige moderne Veredlungsmethode mit ihren Schermaschinen schafft die Sealfelle immer schöner und gestaltet sie immer anziehender. Man begnügt sich nicht mehr allein damit, die Felle schwarz zu färben, sondern hat es auch mit Modefarben versucht, wie Bronze und Beigetöne, die sehr gut gelangen.

Eigenartig bieten sich die Felle sämtlicher Robben dar. Die Beine werden ausgeschnitten, so daß auf dem offenen Felle gegen den Rand zu, zwei große Löcher entstehen.

Auch diese Tiere werden durch eigene Schutzgesetze vor der gänzlichen Vernichtung bewahrt. Die Regierungen ziehen aus dem Ertrage der erlegten Tiere selbst einen ziemlich bedeutenden Nutzen und treffen deshalb internationale Vereinbarungen, um einen gewissen Bestand zu sichern. So werden auch die Tiere gezählt, wie z. B. auf den Pribilowinseln, wo man im Jahre 1924 auf St. Paul und St. George zusammen 697158 Tiere zählte, wovon 208693 Junge waren. Die Zählung ist am Schlusse der Saison vorgenommen worden, also schon nach der Jagd. Für Zuchtzwecke muß die gesetzlich festgelegte Zahl von 5000 Männchen erhalten bleiben. Man zeichnete daher diese und noch weitere 8572 Männchen an, um genügende Reserven an fortpflanzungsfähigen, und zwar dreijährigen Männchen zu besitzen.

Wir ersehen aus diesem Beispiel, wie gründlich zu Werke gegangen wird, um unter allen Umständen den Tierbestand zu erhalten, eine Tatsache, die der Fachmann nur begrüßen kann.

Im Rauhwarenhandel kosten schwarzgefärbte Seals heute zirka 80 bis 180 sh, gold- und bronzefarbige 100 bis 140 sh.

12. Die Affen

Kaum eine Tierart hat eine ähnliche Zahl von Sorten aufzuweisen wie die Affen und trotzdem nehmen diese Tiere im Pelzhandel einen sehr bescheidenen Raum ein. Die Ursache liegt in der Beschaffenheit der Behaarung, die ja ausschlaggebend für die Pelzerzeugung ist, und da ist wieder der Affe in den seltensten Fällen verwertbar, anderseits aber ist die Fellaufbringung in jenen Ländern, welche die Affen, die brauchbares Pelzwerk liefern würden, beherbergen, ziemlich primitiv. Das alles sind Ursachen, weshalb die Affenfelle nicht besser den Weg in die Pelzmode gefunden haben.

Wir erinnern uns recht gut noch der alten Affenmuffe, die einst sehr beliebt waren. Dann verschwanden sie in Truhen und Kasten und lange hörte man nichts mehr davon, daß Affenfelle in der Pelzmode wieder irgendeine Rolle spielen sollten.

Nach dem großen Kriege, als die Mode rasch wieder alles in ihren Bann zog, als man im Extremen, Absonderlichen und Originellen den Erfolg zu finden hoffte, da erinnerte man sich wieder des Affen. Paris, die Modemetropole, brachte auf Mänteln den Besatz aus dem schwarzen, seidigen, langhaarigen Affenfell, und nun fand man diese Sorte auf einmal wieder hübsch.

Dies dauerte nicht lange. Die aufdämmernde Mode hatte wieder ein ungeheures Feld vor sich, und die Favorits wechselten. Aber der Affenbesatz verschwand seither nie wieder ganz aus unserem Gesichtskreis.

Aus diesem Grund interessiert uns diese Tierart wieder mehr denn je, und da gerade auf diesem Gebiete die Erfahrung nicht groß ist, wird viel im Dunkeln getappt. Es kommen Affen in den Handel, die niemand kennt, und flugs hat man irgendeine Bezeichnung gefunden, die zoologisch nicht richtig ist.

Es muß auch hier wieder betont werden, daß wir uns nicht mit den Tieren vom reinen Standpunkt der Mode beschäftigen können. Die Mode wechselt zu rasch. Was wir heute als Modefell bezeichnen, wird es in einem Jahre vielleicht nicht mehr sein. Wir können nur die Felle an sich betrachten und ihr Verhältnis zur wechselnden Moderichtung erwähnen.

Wir haben eingangs erwähnt, daß die Zahl der Affenarten sehr groß ist; vom größten der Affen, dem Menschenaffen Gorilla, bis zum Zwergseidenäffchen, das nur eine Länge von 16 cm besitzt, haben wir mehr als hundert verschiedene Arten vor uns, die zumeist für die Pelzverarbeitung nicht in Betracht kommen.

Man schafft aus Affenfellen fast ausschließlich Besätze; andere Verwendungsmöglichkeiten, wie z. B. ein Cape aus Lemuren, haben ganz berechtigtes Aufsehen erregt, und es ist nicht ausgeschlossen, daß besonders die Sommerpelzmode hier befruchtend wirkt.

Wir teilen die Affen in drei große Gruppen ein, die Altweltaffen, die Neuweltaffen und die Halbaffen, und es sind aus jeder Gruppe einige, die für unsere Betrachtung herangezogen zu werden verdienen. Wir werden nachfolgend nur die gangbarsten Sorten erwähnen.

Der Aluate oder rote Brüllaffe

Der rote Brüllaffe (Mycetes seniculus), ein Neuweltaffe, hat ein rötlichbraunes Haar, das im Grotzen goldgelb schimmert. Das Haar ist prachtvoll seidig und dicht, doch etwas spröde. Unterhaar ist keines vorhanden. Das Tier ist mit dem Schwanze bis 1 ½ m lang, wovon jedoch allein 70 cm auf den Schwanz kommen.

Ein naher Verwandter ist der

Caraya oder schwarze Brüllaffe

(Mycetes caraya), der ebenfalls, gleich dem roten Brüllaffen, in Südamerika daheim ist. Er hat jedoch ein langes, schwarzes Haar, das nur in den Seiten einen etwas rötlichen Ton aufweist. Er ist etwas kleiner als der rote Brüllaffe.

Das schöne Fell kommt ab und zu auf den Markt, doch ist die Verbreitung dieser Sorten eine äußerst geringe.

Der Diana- oder Perlaffe

(Cercopithecus Diana) ist am Rücken purpurbraun, am Bauche weiß, sonst schiefergrau. Die Männchen fallen durch einen starken Bart auf, während die Weibchen bartlos sind. Man nennt diese Familie auch Meerkatzen.

Der gleichen Art entstammt der

Nonnenaffe

(Cercopithecus mona), der dem Diana-Affen bis auf den fehlenden Bart ziemlich ähnlich ist.

Auch der

Husarenaffe

gehört dieser Art an. Er ist bedeutend größer als die beiden vorgenannten Artgenossen.

Diese Tiere sind in Westafrika zu Hause.

Einer der interessantesten Halbaffen ist der

Ohrenmaki oder Galago

(Otolicnus Galago), der in Afrika in verschiedenen Arten vorkommt. Große Köpfe, gewaltige Ohren und ein dichtes Haar zeichnen diese Tiere aus.

Der Galago ist ein kleines Tier von 15 bis 20 cm Länge. Sein seidiger Pelz ist oben schiefergrau, am Kopf und Rücken rötlich getont, am Bauche jedoch etwas weißlich. Zwischen den Augen läuft eine weiße Fellbinde.

Ein bedeutend größeres Tier dieser Art ist

der Riesengalago

(Otolicnus crasicaudatus), der schon ohne Schwanz 30 bis 35 cm mißt. Das dichte, wollige Fell ist auf dem Rücken von einem grauen, bis ins Rötliche gehenden Ton, während der Bauch wieder hell, manchmal weißlich erscheint.

Einer der schönsten Affen und deshalb von der Pelzmode besonders bevorzugt ist

der Guereza

(Colobus Guereza), der infolge seines wundervoll seidigen, tiefschwarzen, weiß durchzogenen Haares ein ganz begehrenswertes Pelzwerk darstellt. Wie eine weiße Mähne wallt das Haar von der Stirne über die Schläfen und Seiten herab. Ein herrlicher Kontrast von hellschimmerndem Weiß und sattem, glänzendem Seidenschwarz; so verdient dieses Tier wirklich die Bezeichnung des schönsten Affen. Das Haar ist sehr lang und von besonderer Weichheit. Dabei ist dieses Tier ohne Schwanz zirka 60 cm lang, der Schwanz allein mißt etwa 70 cm und ist ebenfalls weiß. Dadurch rührt auch sein Name Weißschwanzaffe her. Der Schwanz ist äußerst buschig. Ein weißer Backenbart gibt dem Tier ein ganz eigenartiges Aussehen.

Die Felle dieses schönen Tieres finden derzeit große Verwendung für Besatzzwecke, und da die Händler ein hübsches Geld dafür bieten, stellen die Eingeborenen den Guerezas ziemlich nach.

Ein ähnlich schönes Tier ist

der Lemur

(Lemur varius), der bis zu 45 bis 50 cm groß wird, langes, seidiges Haar besitzt, das im Ton Weiß mit Schwarz wechselt. Einmal ist der Nacken schwarz und fällt der ganze Rücken weiß herab, dann ist es wieder umgekehrt. Andere Felle zeigen größere und kleinere schwarze und weiße Haarflecke. Der Kontrast dieser Haarschattierung ist groß, und diese Wirkung hat dieses Pelzwerk derzeit wieder mehr in den Vordergrund gerückt. Wegen der Farbverteilung wird das Fell nicht überall Verwendung finden können; wo es aber streng sortiert verarbeitet wird, erregt es berechtigtes Aufsehen.

Die Lemuren sind Halbaffen und gehören derselben Ordnung wie die weiter oben behandelten Ohrenmakis an. Auch die Lemuren unterscheiden sich im Aussehen schon sehr von den Affen, was auch der Name Halbaffen sagt. Sie haben einen fuchsähnlichen Kopf mit großen Ohren.

Verwandt ist auch der

Fuchsmaki

(Lemur ruber), dessen Name schon auf die Ähnlichkeit mit Reineke hinweist.

Ein schöner Neuweltaffe ist der

Satans- oder Scheitelaffe

(Pithecia Satanas), der uns ein tiefschwarzes, glänzendes Haar zeigt, das eine ziemliche Länge aufweist. Der Schweif ist kurz. Da das Haar seitwärts wie eine Mähne gescheitelt herabfließt, heißt dieses Tier auch Scheitelaffe. Der Pumpf ist silbergrau.

Dieses Fell findet sehr häufig Verwendung, da seine Einfärbigkeit und das bis zu 12 cm lange tiefschwarze Haar eine prächtige Wirkung erzielen.

Kragen und Besätze auf Mänteln wie ganz schmale Fellstreifchen, deren langes Haar die Tuchmäntel ziert, werden aus diesem Fell gewonnen. Aus diesen Affen wurden speziell die oben beschriebenen Muffe erzeugt, die nach langen Jahren des Vergessens dann hervorgeholt wurden, um aus ihnen schmale Affenbesätze schneiden zu lassen, welche die Mäntel zieren sollten.

All diese Sorten weisen nur langes Haar ohne Unterwolle auf und sind dadurch den heißen Gegenden angepaßt. Vielleicht hätten die Affen in der Pelzmode eine größere Bedeutung, wenn das Fell gleich anderen Arten voller wäre. So aber bleibt ihnen nur immer ein gelegentlicher Vorzug gewahrt.

Ganz eigenartig ist

der Wanderu oder Bartaffe

(Macacus Silenus), ein wunderschönes, kräftiges Tier mit tiefschwarzem Körperhaar und mächtigem weißen Vollbart, der das ganze Gesicht umrahmt. Dieser Bart gibt dem Tiere ein besonders würdevolles Aussehen, was auch Ursache sein mag, daß der Wanderu in seiner Heimat Indien von den Eingeborenen sehr geschätzt, ja geachtet wird. Er ist ein äußerst gelehriges Tier, das oft abgerichtet wird und viel zur Erheiterung beiträgt. Er wird ungefähr $^3/_4$ m groß, während der Schwanz nur zirka 25 cm erreicht.

Der Weißbartaffe

(Cebus leucogenis) lebt in Brasilien, ist also ein Neuweltaffe, hat langes, seidiges, grauschwarzes Haar mit etwas Unterhaar und einen hellgelben bis weißlichen Backenbart. Auch er wird gerne für die Pelzerzeugung verwendet.

Diese Arten finden mehr oder weniger im Pelzhandel Verwendung, die übrige riesige Zahl der Alt- und Neuweltaffen sowie der Halbaffen kommt entweder infolge ihrer Haarfarbe, ihres zu spärlichen Haarwuchses oder ihrer Größe, die, wie beim Zwergseidenäffchen, nur 15 bis 16 cm ohne Schwanz beträgt, nicht in Betracht.

Vielleicht aber wird sich auch einmal unsere Veredlungsindustrie für diese zahlreichen Affenarten interessieren. Durch Bleichen und Neuauffärben in verschiedenen Modenuancen könnte eine bis heute noch ungeahnte Absatzmöglichkeit geschaffen werden.

Für den Sommer wie für den Karneval oder andere Gelegenheiten gäbe es hier ein ganz beachtenswertes Pelzwerk, nur muß ihm erst der richtige Weg gewiesen werden. Vielleicht tragen diese Zeilen dazu bei.

13. Verschiedene Arten

Pelzflatterer

(Galeopithecus) sind Tiere, die uns eine Art zwischen Halbaffen und Fledermäusen vor Augen führen. Der Kaguang (Galeopithecus volans) hat ein dichtes, braunrotes Fell, das an der Unterseite etwas heller ist, und wird ungefähr 45 bis 50 cm lang, der Schweif 10 bis 12 cm. Eine dem Tiere eigene Flatterhaut dient nicht zum Fliegen, sondern wird bei den gewaltigen Sprüngen als Fallschirm verwendet.

Das Tier lebt auf der Halbinsel Malakka, auf den Sundainseln und Molukken.

Die Gans,

die für die Pelzverarbeitung wohl nicht in dem Sinne in Betracht kommt wie Füchse, Marder oder andere Fellsorten, besitzt unter ihrem Federkleid einen dichten Flaum, der, in Streifen geschnitten, unter dem Namen „Schwanenbesatz" in den Handel kommt. Er wird fast nur für helle Kleider oder Mäntel in Betracht kommen, meist für Hochzeits-, Ball- und Theatertoiletten. Da der Kürschner ab und zu in die Lage kommt, diesen Flaum zu verarbeiten, mußte sein Vorkommen kurz erwähnt werden. In Holland, wo die Gänse ein noch dichteres Kleid tragen als bei uns und demzufolge auch der Schwanenbesatz von schönerer Wirkung ist, beschäftigt sich eine eigene Industrie mit der Gewinnung und Herstellung dieser Besätze.

Der Schwan

liefert, gleich der Gans, den feinen, zarten Flaum, der ebenfalls zum Besetzen von Kleidern und Mänteln verwendet wird. Speziell der holländische Schwan hat einen prachtvollen, gleichmäßigen Flaum.

Einen etwas graueren Flaum liefert der

Geier,

der deshalb auch an dieser Stelle genannt werden muß. Heute sind diese Artikel wohl weniger gesucht, aber es kann bald die Zeit kommen, wo die Mode sich auch diesen Artikeln wieder zuwenden wird.

Ein interessantes Tier ist der

Grebes, auch Eisvogel oder Krabbentaucher

genannt, dessen Balg früher gerne für Kinder- und Mädchengarnituren verwertet wurde, heute aber fast nicht mehr verarbeitet wird. Es ist schade, daß man diesen Artikel so ganz fallen gelassen hat, seine Zeit kann aber wieder kommen. Das Gefieder dieses Vogels ist oben dunkelbraunschwarz und rotbraun, auf der Unterseite gänzlich weiß. Die Schwingen sind wieder braunschwarz oder rotbraun, die Achselfedern sind weiß eingerahmt. Das Tier ist nicht groß, ungefähr 20 bis 25 cm lang und hält sich im Norden Europas, Grönlands, Islands und Amerikas auf.

Die Schlange

Wir führen die Schlange deshalb an, weil sie heute in einzelnen Arten auch unter die „Pelz"spender gegangen ist. Man kann wohl eher von einem Hautspender als von einem Pelzspender sprechen. Tatsache aber ist, daß die Pelzindustrie schon vor einigen Jahren mit einigen sehr reizenden Schöpfungen aus Schlangenhaut überraschte.

Man verwendete dazu die Haut einer großen Schlange, die für diese Zwecke entsprechend zugerichtet worden war. Seitdem ist ja die Verwendung der Schlangenhaut populärer geworden, da man daraus sowohl Damenschuhe wie auch Ledertaschen herstellt. Besondere Bedeutung wird die Erzeugung von Schlangenhautjacken und -mänteln für die Pelzindustrie nicht bekommen. Es handelt sich ja hier nicht um ein Fell, das besonders schmeichelt, sondern mehr um eine originelle Neuheit, die ihre Werbekraft nach einigen Versuchen wieder einbüßt. Verallgemeinern wird sich diese Mode ja nie, es wäre im Interesse des Kürschners auch gar nicht zu wünschen.

XV. Der Rauhwarenhandel

Die Felle kommen auf unser Lager, sie harren der Verarbeitung. und wir bedenken dabei meist nicht, daß jedes eine große, lange, interessante Geschichte erzählen könnte, ja, daß es nur einen geringen Teil eines Riesenapparates darstellt und schließlich das Endergebnis einer jahrhundertelangen Entwicklung vor Augen führt.

Wenn diese Felle sprechen könnten!

Aus dem rauhen Alaska, dem weiten Dorado schöner Pelzfelle, aus Kanada, ja aus Grönland, dann wieder aus den Stromgebieten Südamerikas, den weiten Pampas und den Klüften der Kordilleren kommen viele der Sorten, die der Pelzmode dienen.

Dann stellt uns das weite Asien, vor allem Sibirien ein ungeheures Gebiet dar, das, schier unerschöpflich in seinem Tierreichtum, die schönsten und edelsten Arten begehrter Kostbarkeiten bietet.

Australien liefert uns die dort allein heimischen Beuteltiere, und selbst Afrika stellt sich zur Verfügung, um seine eigenartigen Sorten auf den Markt zu bringen.

Europa, dessen ausgedehnte Zivilisation manch hier heimisches Tier zum Aussterben brachte, daher nicht mehr den großen Wildreichtum besitzt, hat dennoch sehr wertvolle Arten zu bieten, wie den auf aller Welt geschätzten Marder, den Iltis und den schönen Fuchs, sowie viele andere Sorten, die auch in jene Länder importiert werden, deren Wildreichtum das Nationalvermögen dieser Staaten bildet.

Heute scheint uns der ganze Welthandel in Fellen selbstverständlich, doch welch lange Entwicklung mußte er durchmachen, welch furchtbare Kämpfe und Entbehrungen waren zu bestehen, um ein Fundament zu schaffen, das heute die riesige Pelzindustrie stützt.

Kühne Seefahrer waren es, die ihr Leben aufs Spiel setzten, Männer mit eisernen Nerven und unbeugsamem Willen, die vor Jahrhunderten jene jungfräulichen Gebiete erschlossen, die heute noch als Hauptlieferanten der Pelzfelle gelten und dank der getroffenen Schutzmaßnahmen auch weiter gelten werden.

Bis zu dieser Zeit jedoch mußte sich der Pelzhandel mit der heimischen Wildware begnügen. Dies war um so eher möglich, als einem verhältnismäßig geringeren Bedarf ein gewaltiger Wildbestand gegenüberstand.

In den rauhen Wäldern des Nordens lebten Völker, die vor unserer Zeitrechnung noch wenig oder gar nicht mit den schon auf hoher Kulturstufe stehenden Römern und Griechen, den Ägyptern und asiatischen Völkern in Verbindung standen. Wir haben ja bereits gehört, wie primitiv die Lebensweise dieser unserer Vorfahren war, wie sie im einfachen Fellkleide, der „Kursina", ihren Leib gegen Witterung und sonstige Unbilden schützten, wie im Verkehre mit anderen Völkern sich die Lebensweise immer mehr verfeinerte, wie mit dem Entstehen der Fronhöfe das Handwerk sich langsam spezialisierte und mit der Gründung der Städte ein geregelter Handelsverkehr einsetzte.

Zur selben Zeit, als der Germane noch mühsam für den Eigenbedarf schuf, waren die Kulturvölker des Südens und Ostens schon tüchtige Handwerker, Kaufleute und Seefahrer. Sie brachten aus entfernten Gegenden fremde Pelzarten, die sie trefflich zu verarbeiten verstanden, und so drang die Kultur über die Donau hinaus bis an die Nordmeere, und trotz der primitiven Verkehrsmittel war der Handel bald ein äußerst reger, leider da und dort durch schwere Kriege unterbrochen und geschädigt.

Bis Ende des 16. Jahrhunderts mußte der heimische Wildbestand dem Bedarf an Pelzwerk genügen, bis mit der Erschließung Amerikas und Sibiriens neue, belebende Elemente eingriffen und vieles, ja später alles vom Grund auf änderten.

Mitte des 15. Jahrhunderts wurde nach und nach die Neue Welt erschlossen. Portugiesen, Venezianer, bretonische Fischer und andere entdeckten in kurzen Zeitabständen immer neue und größere Gebiete Amerikas. Zahlreiche See- und Entdeckungsfahrer brachten ungeahnte Bodenschätze, bisher nicht gekannte Tierarten und viele andere Kostbarkeiten nach Europa. Eigenartigerweise verstand man es aber anfangs nicht, den damals noch unerschöpflichen Tierreichtum sofort zu verwerten.

Im Jahre 1534 nahm der Franzose Jacques Cartier die Küste von Labrador für Frankreich in Besitz, drang dann im nächsten Jahre den Lorenzostrom aufwärts bis Montreal vor, traf die Indianersiedlungen Hochelaga an, begründete die Herrschaft Frankreichs in Kanada und brachte die ersten Nachrichten von den gewaltigen kanadischen Seen sowie der eigenartigen Tier- und Pflanzenwelt nach Europa, leider wieder wenig Verständnis findend.

Fast ein Jahrhundert verging, bis man endlich daranging, das Land von Frankreich aus zu kolonisieren. Richelieu gab hiezu den ersten Anstoß, Chamblain legte als erster Gouverneur 1608 Quebec an, und auf Veranlassung Richelieus wurde im Jahre 1628 dortselbst die erste Handelsgesellschaft gegründet. Diese besaß das alleinige Monopol und wurde auch mit verschiedenen Hoheitsrechten ausgestattet.

Es dauerte jedoch nicht lange, so kamen die geschäftstüchtigen Engländer dahinter, daß sich hier unbegrenzte Handelsmöglichkeiten boten, und sie begannen nun ihrerseits gewaltige Anstrengungen zu machen, die Franzosen zu verdrängen.

1609 entdeckte der englische Seefahrer Hudson die Mündung des nach ihm benannten Hudsonflusses. Der ungeheure Wildreichtum dieser Gegend brachte es dann mit sich, daß man sich für die Ausbeute dieses Bestandes immer mehr interessierte. Der Franzose Groseillers und der Engländer Gillam rüsteten nun, unterstützt von der englischen Regierung, eine Flotte aus, welche die Hudson-Bai anlief und vorerst das Fort Charles als Stützpunkt gründete. Mit einem Freibrief erteilte König Karl II. von England dem Prinzen Rupert von England, welcher eine Handelsgesellschaft unter dem Titel Hudson-Bay Company gründete, im Jahre 1670 das Recht, in den neuentdeckten Ländern ausschließlich den Pelzhandel zu treiben und gewisse Hoheitsrechte auszuüben. Somit war eine Monopolstellung geschaffen, welche den Neid der Franzosen erweckte.

Diese suchten im Pelzhandel die Indianer sehr zu benachteiligen. Sie führten den Brandy ein, berauschten damit die Eingeborenen und erhielten für geringe Geschenke die kostbarsten Felle.

Die Engländer aber boten den Indianern mehr als die Franzosen und setzten sich schließlich trotz größter Widerstände ihrer Rivalen durch. 1713 gaben die Franzosen alle ihre Ansprüche auf, und die Engländer waren nun unbeschränkte Herren des nordamerikanischen Fellhandels.

Dieser war vorerst reiner Tauschhandel mit den Indianern, dabei galt das Biberfell als Standard, das heißt ein Biberfell stellte den Grundwert bei der Berechnung des Warentausches dar, der Jäger bekam dafür diesen oder jenen Gebrauchsgegenstand. Anderseits aber bildete das Biberfell auch den Einheitswert gegenüber anderen Fellen: Soundsoviele Nerze kamen auf ein Biberfell.

Fast zur selben Zeit lernte man die Pelzschätze Sibiriens kennen. Die reiche und angesehene, daher auch mächtige russische Kaufmannsfamilie Stroganow gab hiezu den ersten Anstoß. Östlich und westlich um den Ural hatten die Stroganows große Gebiete als Lehen inne, in welchen Händler aus dem Osten ihre reiche Beute an Pelzen feilhielten. Daher sandte auch Stroganow seine Agenten über den Ural hinaus, die auf diese Weise immer tiefer nach Sibirien hineinkamen. Da gab es aber allerlei Hindernisse. Räuberische Tataren und Kosaken trieben überall ihr Unwesen und beeinträchtigten den Handelsverkehr. Mit Hilfe von Soldaten wurde 1555 der Tatarenfürst Jediger unterworfen und gezwungen, einen jährlichen Tribut in Fellen, meist Zobel, zu leisten.

Auf gleiche Weise wurde der Kosakenführer Jermak unterworfen, der ebenfalls einen jährlichen Tribut an Fellen dem Zaren abzuführen hatte.

So gelangten die Russen immer weiter nach dem Osten und gründeten 1609 Tomsk, 1629 Krasnojarsk, 1632 Jakutsk, überall Stützpunkte für das weitere Vordringen und den sich entwickelnden Handelsverkehr bildend. Im Jahre 1699 wurde Kamtschatka erobert, die große Halbinsel im Nordosten Asiens. All die hier unterworfenen Völkerschaften hatten ihren Tribut in Fellen zu leisten.

Aber immer weiter ging der Drang der Eroberer, und bald gelangten sie über die Meerenge auf amerikanisches Festland, auf Alaska, machten auch hier alles tributpflichtig und forderten Geiseln für die richtige Ablieferung der zu zahlenden Felle. Daß dies nicht ohne blutige Kämpfe abging, ist klar, doch blieben die besser ausgerüsteten Europäer immer wieder Sieger und vergrößerten dabei ihre Beute an Naturschätzen des Landes immer mehr.

1780 gründeten russische Kaufleute die Russisch-Amerikanische Kompagnie, die vom Zaren Paul mit ganz besonderen Rechten ausgestattet wurde. Dadurch entstanden die ersten großen Stützpunkte des Handels auf Kodiak, Sitka und Alaska.

Außer dieser Kompagnie gründeten die Engländer noch eine Nordwest-Kompagnie, die in Montreal und auf der Insel Mackinac im Michigansee ihren Sitz hatte, die Mackinac Company.

Die Territorien dieser Pelzhandelsgesellschaften reichten nun nicht nur dicht aneinander, die Jäger der einzelnen Kompagnien überschritten auch diese Grenzen, wobei erbitterte Kämpfe nicht zu vermeiden waren.

Füchse, Waschbären, Biber und Bisam waren die ersten Felle, die auf dem Wege der Kompagnien nach Europa kamen. Mit dem weiteren Vordringen flossen immer wieder neue Sorten und Arten dem Markte zu und beeinflußten auf diese Weise den gesamten Pelzhandel.

Inzwischen war Amerika immer mehr besiedelt worden, und jetzt interessierten sich diese Amerikaner selbst sehr für den so nutzbringenden Fellhandel. Die Nordwest-Kompagnie war schließlich nach langen, harten Kämpfen mit der Hudson-Bay Company in diese aufgegangen und verschwand gänzlich. Die Amerikaner verstanden aber nicht den Fellhandel auf derselben Basis zu führen wie die Engländer, sie unterdrückten die Eingeborenen und beuteten sie zu sehr aus, so daß schließlich doch nur wieder die Hudson-Bay Company den Hauptfaktor des Pelzhandels darstellte.

So lagen die Verhältnisse gegen Ende des 18. Jahrhunderts, als ein Deutscher namens Johann Jakob Astor, von Beruf Instrumentenmacher, nach Abschluß des Englisch-Amerikanischen Friedens im Jahre 1783 nach Amerika ging, um dort seine Instrumente zu verkaufen. Unterwegs lernte er Fellhändler kennen, die ihn auf die Gewinstmöglichkeit des Fellhandels aufmerksam machten. Rasch veräußerte er seine Instrumente, kaufte dafür Felle, die er im Jahre 1784, nach London zurückgekommen, sehr gut verkaufte. Sein Bruder, ebenfalls Instrumentenmacher in London, unterstützte ihn mit Kapital, er kehrte wieder nach Amerika, und zwar nach New York, zurück und eröffnete hier ein Pelzgeschäft. Er setzte sich direkt mit den Indianern in Verbindung und stieg rasch von Erfolg zu Erfolg.

Dies alles genügte dem unternehmungslustigen Deutschen nicht, und er rüstete mit Unterstützung der amerikanischen Regierung zwei Expeditionen aus, eine zu Wasser, eine zu Lande, drang in das Oregongebiet und gründete dort im Jahre 1811 an der Mündung des Columbiastromes eine Niederlassung, die man ihm zu Ehren Astoria nannte.

Hier bot sich ihm der willkommene Stützpunkt, wo er nicht nur mit den Indianern seine Geschäfte abschloß, sondern auch nach den russischen und chinesischen Gebieten seinen Pelzhandel ausdehnte.

Nicht immer war ihm das Glück hold, Kriege und Verluste an Schiffen brachten häufig auch Mißerfolge, die aber seinen Drang nicht eindämmen konnten, und als Astor im Jahre 1848 starb, hinterließ er ein Vermögen von 20 Millionen Dollar.

Im Jahre 1867 ging das bis zu dieser Zeit Rußland gehörige Alaska um den Preis von 7200000 Dollar an Amerika über, das nun dadurch selbst zu einem beachtenswerten Faktor des Pelzhandels wurde.

Der Fang und die Jagd auf die Tiere lagen nun längst nicht mehr in den Händen der Indianer allein. Aus allen Teilen Amerikas strömten kühne Jäger in die vielfach noch unbekannten Gebiete vor, ausgerüstet zumeist von der Hudsons-Bay Company, die Fort um Fort anlegte, um ihren Handel entsprechend zu sichern.

Die Hudsons-Bay Company sammelt nun die aus allen Teilen zusammenströmenden Felle, sortiert die Ware nach ihrem Herkommen, nach Größe und Qualität und bringt sie dann nach London zur Auktion.

Die Ware ist natürlich roh, teils offen, teils rundgeschlossen, wie wir dies an einer anderen Stelle schon ausführlich dargelegt haben, und wird überdies je nach ihrem Herkommen durch einen Prägestempel gekennzeichnet. Es hat also die zur Auktion kommende Ware schon ihre Marke, um darzulegen, aus welchem Distrikt die Felle kommen. Dadurch ist schon im voraus der Wert der Ware gekennzeichnet.

Die Hudsons-Bay Company hat nun, wie dies aus jeder Auktionsliste zu ersehen ist, folgende Bezeichnungen über die Herkunft der einzelnen Sorten:

Y. F.,	York Fort in der Hudsons-Bai,
Y. T.,	Yukon Territorium, im Norden Alaskas, Kanada,
E. B.,	Eskimo-Bai,
G. R.,	Georges River,
M. K. R.,	Mackinac River,
F. G.,	Fort Gerry,
M. R.,	Moos River,
B. & M.,	Bersimis und Mingan, Posten in Kanada, nördlich des St. Lorenzo-Golfes,
L. W. R.,	Little Whale River in Labrador,
G. W. R.,	Great Whale River,
E. M.,	East Maine, im Osten der Hudsons-Bai in Labrador,
N. W.,	Nordwestsektion.

So liegt nun die Ware, trefflich sortiert, in den Auktionsräumen, aber es war ein weiter, beschwerlicher Weg bis hieher. Draußen kämpft der Jäger mit all den Entbehrungen, die ein Trapperleben mit sich bringt. Dabei wird er sich immer wieder über die Marktpreise der von ihm zu sammelnden Felle zu unterrichten haben. Die Sammelfirmen versenden zu diesem Zwecke an die Jäger eigene Preislisten, um sie laufend über die Marktlage zu informieren. So kommt es auch, daß der Trapper einmal diesem, dann wieder jenem Tiere mehr nachstellt, je nachdem ihm die Preislage einen höheren Gewinn verspricht.

Der Trapper liefert seine Felle zu bestimmten Zeiten an kleinere, weit draußen liegende Depots ab, und zwar sind diese meist spezialisiert. Eine Firma sucht nur Nerze, die andere Waschbären und Skunks. An Ort und Stelle wird nun das erste Sortiment vollzogen und zum Teile schon hier an Einzelkäufer veräußert. Dies ist um so leichter möglich, als die Monopolrechte z. B. der Hudsons-Bay Company mit dem Jahre 1859 zu Ende waren und der Handel auch in andere Hände überging.

Der Pelzhandel führt nun gerade oft darüber Beschwerde, daß vielfach die besten Sorten gleich von den Depots an Einzelkäufer übergehen und nicht mehr zu den Auktionen kommen. Beim freien Handel ist dies nun nicht mehr möglich, diese Tatsache bewirkt aber auch, daß die einzelnen Händler und Kompagnien durch die bestehende Konkurrenz und die Sucht, die meisten und schönsten Felle zu erhalten, die Preise immer höher emportreiben.

Wir wollen uns nun hier mit jenen Warenmengen beschäftigen, die von den Depots an die Auktionsfirmen gelangen. Diese geben auf die Waren, welche eingeliefert werden, bis zu 70% Vorschüsse vor der Auktion.

Aus den ganzen Fellposten werden sogenannte Musterbündel ausgewählt, die den Interessenten vorgelegt werden. Die ganze Ware ist bereits gründlich sortiert und mit der üblichen Handelsbezeichnung in den Auktionskatalog aufgenommen.

Der Käufer wird sich nun die für ihn in Betracht kommenden Sorten vor der Auktion gut ansehen und im Katalog seine Vermerke machen. Dies ist nicht so einfach, da erstens mit vielen Sortimenten zu rechnen ist, anderseits wieder mit mehreren Firmen, die den Artikel zur Auktion bringen. Die Begutachtung dieser Muster- oder Schaubündel erfordert eine ungemein gute Warenkenntnis, die nur im Laufe vieler Jahre erworben werden kann. Die Felle liegen roh vor dem Beschauer, Leder außen, Haar innen. Da muß nun der Kenner ein scharfes Auge besitzen, um gut zu kaufen. Ist der Hammer einmal gefallen, gibt es kein Zurück mehr. So sind die Beschautage vor der eigentlichen Auktion für den Käufer die wichtigsten und anstrengendsten.

Die Auktion selbst wird in einer großen Halle abgehalten, die für mehrere hundert Personen Platz bietet, die nun in den amphitheatralisch angeordneten Bänken Platz nehmen. Auch hier besteht eine gewisse Ordnung, die sich ganz von selbst ergibt. Die Chefs alter Rauhwarenhäuser, die so seit dreißig bis vierzig Jahren alle Jahre zwei- und dreimal nach London zur Auktion kommen, haben schon ihre bestimmten Plätzchen, die jeder andere kennt und achtet.

Die Auktion beginnt genau um 9 Uhr. Die Losnummer wird aufgerufen und es erfolgt ein Anbot. Dieses wird vom Auktionator nochmals wiederholt und auf die bekannte Weise setzt sich die Auktion fort. Das geht aber alles ruhig und geräuschlos vor sich, niemand schreit oder stürmt vor, fuchtelt mit den Händen in der Luft herum. Man merkt fast nicht, wer den einzelnen Posten gekauft hat.

Das kommt daher, weil immer dieselben Leute die Auktion besuchen und die Auktionatoren die Kaufgewohnheiten der einzelnen Käufer schon kennen. Oft ist es ein leichtes Blinzeln mit dem Auge, ein kaum merkliches Deuten mit dem Finger und der Auktionator weiß, wer das nächsthöhere Angebot machte. Kaum ist der Hammer gefallen, wird schon wieder das nächste Los aufgerufen, und die Szene wiederholt sich.

Dabei kommen nun nirgends Verwechslungen oder Debatten vor; alles klappt aufs beste. Seinen Grund hat dieses ruhige Kaufen darin, daß eben die Einzelfirma die Konkurrenz nicht sehen lassen will, daß sie gerade den einen Posten erstanden hat.

Es ist nun bei einem solchen Vorgang ganz natürlich, daß nur erfahrene und gewiegte Fachleute und Kenner bei Auktionen kaufen können. Man hat dann nicht mehr viel Zeit zum Überlegen, sonst kommt ein anderer zuvor.

Solche Auktionen sind in London bei der Hudson-Bay Company, bei C. M. Lampson, Fred. Huth & Co. und einigen anderen, in New York bei der New York Auction Company, Fred. Huth & Co. und mehreren anderen.

Hier kauft der Großhandel, um die Ware nun im rohen Zustande heimzuschaffen. Dann kommt sie in die Zurichtereien und Färbereien, um nach dem Ausfall wieder genauest sortiert in die handelsüblichen Rauhwarenpakete gebündelt zu werden, die nun auf den Kürschner warten.

Etwas anders sehen die Handelszentren im fernen Osten aus. Da haben wir vor allem die bedeutendsten Fellhandelsplätze Nischnij-Nowgorod, Irbit und Kiachta, die zu bestimmten Zeiten des Jahres die Eigner vereinen, welche dort ihre Schätze auf den Markt bringen.

In niedrigen Baracken werden da von den Bucharen große Quantitäten der kostbaren Persianer- oder Karakulfelle feilgeboten, alle Arten Füchse, Hermeline, Feh, Murmel und andere Arten des ungeheuren Sibirien. Leider wird Zobel nunmehr immer seltener, er, der einst so eine hervorragende Rolle im russischen Pelzhandel spielte.

Die Zeit hat vieles geändert, und der russische Fellhandel ist bei weitem nicht mehr das, was er einst war. Nischnij-Nowgorod, das einst die Käufer der ganzen Welt sah, liegt einsam an der Wolga, Irbit, dieser bedeutende Handelsplatz, bietet heute keine Felle mehr, der Markt wurde nach Swerdlowsk, dem ehemaligen Jekaterinburg, verlegt.

Vielleicht wird es langsam wieder zu halbwegs annehmbaren Handelsmöglichkeiten kommen, derzeit gehen die Russen offiziell unter dem

Titel „Handelsvertretung der Union der Sozialistischen Sowjetrepubliken“ nach Leipzig, um dort ihre mitgebrachten Waren zu versteigern.

Die erste Auktion nach dem Kriege fand am 24. September 1924 in Leipzig statt, es kamen unter anderem nachstehende Quantitäten zur Versteigerung:

150 000 Feh, 1000 Fehfutter, 5000 Hermeline, 2500 Weißfüchse, 22 000 Rotfüchse, 55 Kreuzfüchse, 6 Silberfüchse, 4000 Kolinski, 3000 Kittfüchse, 15 000 weiße Iltisse, 3000 Edelmarder, 1300 Zobel, 10 000 Persianer, 1000 Traibel, 2000 Wölfe, 70 Bären, 40 000 weiße, zugerichtete Hasen, 50 000 Murmel, 8000 Pfund Fehschweife, 4000 Mufflons, 3000 Katzen, 2600 Breitschwänze und 10 000 graue Krimmer.

Welch armselige Ziffern gegen die früheren russischen Marktergebnisse! Im Jahre 1907 gingen über 200 000 russische Zobel über die Märkte der ganzen Welt, einige Jahre später nur mehr 30 000.

Im Jahre 1913 brachten die beiden russischen Hauptmärkte Nischnij-Nowgorod und Irbit noch folgende Quantitäten auf den Markt:

12 000 000 Feh, 420 000 Hermeline, 76 000 Füchse, 56 000 Weißfüchse, 83 000 Kreuzfüchse, 24 000 Marder, 22 000 Zobel, 500 000 sibirische Feuermarder, 900 000 weiße Iltisse, 150 000 schwarze Iltisse, 3500 Bären, 25 500 Wölfe, 25 000 Dachse, 1 500 000 Murmel, 2 350 000 Hasen, 1 200 000 Katzen, 2000 Vielfraße, 3000 Luchse, 3000 Otter, 1 500 000 Karakuls, 50 000 gestreifte Feh, 20 000 Waschbären, 25 000 Hirschkälber, zusammen 20 958 000 Felle im Werte von 34 916 000 Rubel. Das waren wohl noch andere Ziffern und man begreift, wie sehr das Fehlen der russischen Ware heute auf dem Markt empfunden wird.

75% dieser Felle kamen aus Sibirien, das übrige verteilte sich auf Nordrußland. Drei Viertel der russischen Ware gingen in das Ausland, nur ein Viertel blieb im Lande selbst.

Ein bedeutender Fellieferant war auch China, das infolge des Bürgerkrieges heute auch nicht mehr jene Quantitäten aufbringt, die die große Pelzmode beanspruchen würde. Die bedeutendsten Fellmärkte und Fellhandelsplätze sind Tientsin, Schanghai, Charbin, Mukden, Urga in der Mongolei und andere.

Japan kommt als Fellieferant nur für wenige Sorten in Betracht, wie Füchse, Flatterhörnchen, Eichhörnchen, Dachse, Kanine und einige andere.

Indien liefert über Kalkutta und Madras seine Ware nach Europa.

Die türkischen Rauhwaren, die namentlich aus Anatolien herrühren, wie Füchse, Steinmarder, Edelmarder, Hasen, Wildkatzen, Schakale, Fischottern und Dachse, kommen über den Hauptstapelplatz Konstantinopel.

Die Dänisch-Grönländische Kompagnie hat in Grönland zwei Inspektorate, welche die Felle nach Kopenhagen liefern, das zweimal im Jahre seine Fellauktion ausschreibt.

Australien liefert von seinen Haupthandelsplätzen die vielen hunderttausend Opossums, Walabys, Känguruhs, Wombats, Füchse und Kanine.

Südamerika liefert über Buenos-Aires ziemliche Quantitäten.

Für den deutschen und österreichischen Kürschner steht vor allem Leipzig im Vordergrunde des Interesses. Diese altehrwürdige Messestadt mit ihren Handelsbeziehungen zur ganzen Welt, mit ihrer erstklassigen Veredlungsindustrie, übt nun nach dem Kriege nicht nur ungebrochen ihre Prärogative im Pelzhandel wieder aus, sondern ist in vielen Belangen unübertrefflich. Ein eigenes Viertel in Leipzig, mit dem berühmten Brühl, ist in gewissem Sinne das Pelzzentrum der Welt. Mögen London und New York größere Rohauktionen aufweisen, nirgends ist der intime Rauhwarenhandel so ausgeprägt wie in Leipzig, das gerade in bezug auf den Fellhandel als eine internationale Messestadt gelten kann, da Firmen aus aller Welt hier ihre Kontors und Lager besitzen.

Seit dem 12. Jahrhundert ist der Pelzhandel hier heimisch, seit 500 Jahren besteht hier eine organisierte Kürschnerzunft.

Der Leipziger Rauhwarenhändler führt keineswegs ein ruhiges Dasein. Er wartet ja nicht, bis man ihm die Ware ins Haus trägt. Er ist fast ständig unterwegs, um in allen Erdteilen seine Waren zu sammeln. Da gibt es nun Händler, die sich auf Spezialsorten verlegen, z. B. Persianer und persianerähnliche Felle, dort wieder haben wir ein Fuchsspezialhaus, daneben aber gibt es Rauhwarenhändler, die speziell mit dem Kürschner arbeiten und alle Sorten auf Lager halten.

Außer Leipzig haben alle Metropolen und großen Städte des Kontinents ihre Rauhwarenhändler, die teils bei den Londoner Auktionen, teils auf den übrigen Weltpelzmärkten ihre Waren roh und auch zugerichtet einkaufen, um dem Kürschner ihre Sortimente vorlegen zu können.

Sehen wir uns einmal die einzelnen Erdteile als Fellieferanten näher an.

An erster Stelle steht Amerika, das uns in seinen verschiedenen Distrikten sowohl im Norden, wie auch im Süden eine außergewöhnlich große Menge herrlicher Sorten liefert:

Nordamerika, vornehmlich Kanada, Alaska und die nördlichen Staaten der Union zwischen dem Stillen und dem Atlantischen Ozean, ja bis hinab nach Arizona und Texas, liefern den braunen und schwarzen Bären, wie den gefürchteten Grisly, den kostbaren, leider schon immer seltener werdenden Biber, ungeheure Mengen von Bisamen, alle Arten Füchse vom einfachen Rotfuchs bis zum kostbarsten Silber- und Schwarzfuchs, den amerikanischen Zobel, den zierlichen Nerz und Iltis, Luchse und Luchskatzen, Skunks und Waschbären, den Wolf und Vielfraß, den Dachs und das amerikanische Opossum, den virginischen Iltis und den Rüsselbären, Hermeline, Katzen, Schakale und alle Arten von Seehunden, Biberseehunde oder Seebären, Seeotter, Hasen und Kanine.

Südamerika beherbergt das leider im Aussterben begriffene kostbare Chinchilla in den Schluchten und auf den Felsplateaus der Kordilleren, den Koipu oder Nutria, den südamerikanischen Skunk, Jaguar, sowie alle Arten von Füchsen, Affen, den Puma oder Silberlöwen, Ozelots, Otter, das Lama, das Guanako und das Viscacha oder brasilianische Wasserschwein.

Asien wetteifert mit dem nördlichen Amerika nicht nur an Reichtum des Wildbestandes, sondern auch darin, daß es wundervolle Edelsorten in großer Anzahl aufweist; so verschiedenartig sich Asien durch seine Steppen, Wälder, Gebirge und andere Formationen präsentiert, so mannigfach ist auch das Tierreich.

Da gibt es Affen, Astrachan, Bären, Bocharen, Breitschwanz, Burunduki, Feh, Flatterhörnchen, Fohlen, Iltis, Füchse aller Art, Genettekatzen, Geparde, Hasen, Hermeline, Hunde, Hyänen, Kolinski, Kanine, Karakul oder Persianer, Krimmer, Katzen, Marder, Mufflons, Murmel, Nerz, Otter, Pahmi, Petschaniki, Robben oder Seehunde, Schafe, Schakale, Susliki, Tibet, Vielfraß, Wölfe, Ziegen und Zobel.

Australien liefert wenige Arten, diese aber sind charakteristisch dadurch, daß es zumeist Beuteltiere sind, die sonst nirgends vorgefunden werden.

Zu den australischen Beuteltieren gehören das Känguruh, der Koala oder kleine australische Bär, das australische Opossum, Walaby und Wombat. Sonst sind noch Füchse, Kanine und Buschkatzen zu erwähnen.

Afrika stellt seit kurzem auch ein größeres Kontingent von Fellen dem Rauhwarenhandel zur Verfügung, und es ist möglich, daß man sich bald mehr für die afrikanische Tierwelt interessieren wird. Die schlechten Handelsverbindungen und mangelhafte Verkehrsmöglichkeiten sind Ursache, daß die afrikanischen Sorten nur spärlich dem Markte zufließen.

Wir finden da Affen, Antilopen, Gazellen, Füchse, Genettekatzen, Hyänen, Robben, Katzen, Löwen, Lyrakatzen, Otter, Schakale, Mangusten oder Schleichkatzen, Ziegen und Zebras.

Europa bietet heute noch eine ziemliche Menge an Arten, die teils aus dem hohen Norden, teils aus dem Nordosten kommen bis hinab an das Mittelländische Meer.

So liefert Europa jetzt noch Bären, Bilche, Dachse, Eichhörnchen, Iltisse, Frettchen, Füchse, Genettekatzen, Grebes, Hamster, Hasen, Hermeline, Kanine, Robben, Katzen, Marder, Maulwürfe, Murmel, Nerze, Otter, Rehe, Hirsche, Renntiere, Schafe, Schakale, Vielfraß, Wiesel, Wölfe und Ziegen, die Tiere aus den Zuchtfarmen nicht mitgerechnet.

Zum Schlusse wollen wir einen interessanten Ausschnitt aus dem Ergebnis der Hudsons-Bay Company zeigen, und zwar nur einer Fellsorte, damit ersehen werden kann, wie die rohen Felle auf den Auktionen nicht nur nach der Herkunft, sondern auch qualitativ streng gesondert werden.

Es handelt sich hier um 32285 Mink oder amerikanische Nerzfelle, die aus den Gegenden Y. F. = York Fort, L. S. = Labrador, Can. = = Kanada, N. W. Coast = Nordwestküste, Alaska, und N. W. = Nordwestsektion stammen. Die Abkürzungen über die Herkunftsländer, die für jeden Auktionsteilnehmer von größter Bedeutung sind, haben wir auf Seite 362 erörtert.

Zum leichteren Verständnis fügen wir noch hinzu, daß die Bezeichnung I, II, III, wie bei uns Prima, Sekunda und Tertia bedeutet, das Wörtchen „small" klein heißt und mit „damaged" die beschädigte Ware gemeint ist. Die Preise sind in englischen Schilling notiert. Das Ergebnis ist aus der Auktion vom April 1928.

MINK 32285 Skins	YF	LS etc.	CAN	YUKON	NW Coast	Alaska	NW
I	90/- 92/-	104/- 105/-	155/-	156/-	72/-	90/-	62/- 64/-
I small	90/-	120/- 150/-	118/-	108/- 112/-			58/- 66/-
II	68/-	76/- 79/-	88/-	77/-	66/- 74/-	75/-	45/- 54 -
III	20/- 34/-	28/-			36/-	35/-	28/-
damaged	42/- 46/-	42/-	28/-	58/-		39/-	24/-

Während Nerze hier nach sieben Aufbringungsgegenden und nur fünf Qualitäten notiert erscheinen, wurden bei Ottern bei fünf Gegenden 28 verschiedene Qualitäten aufgezählt.

22 000 Rotfüchse wieder kamen aus zehn Gegenden, wie Y. F. = = York Fort, M. R. = Moos River, Kam. = Kamtschatka, E. B. = = Eskimo Bay, L. S. = Labrador, Alaska, Can. = Kanada, Lap. = Lappland, Finn. = Finnland und Scan. = Skandinavien. Die Einteilung nach Qualitäten war eine zwölffache, und zwar:

Ia extradunkle, Ia dunkle, Ia mittlere, Ia hellere, Ia Nr. 2 extradunkle, Ia Nr. 2 dunkle, Ia Nr. 2 mittlere, Ia Nr. 2 helle, IIa, IIIa Beschädigte und sogar IVa.

Daraus ersieht man die detaillierten Einteilungsgrade, die das Kaufen auf der Auktion, noch dazu von Fellen in rohem Zustande, nicht gerade leicht und zur Annehmlichkeit machen.

Die amerikanischen Auktionen sortieren wieder etwas anders und gebrauchen demzufolge auch andere Benennungen.

590 661 nördliche Bisam wurden nach folgenden Ursprungsländern eingeteilt:

Neuengland, New York, Nord-Ohio und Pennsylvanien, Michigan und Wisconsin, Illinois und Indiana, Minnesota, Iowa und Nebraska, Maryland und Delaware, Nova Scotia und Ostkanada, Nordwestkanada.

520 667 südliche Bisam verteilten sich, wie folgt: In Prima extragroße, Prima extragroße und große, Prima und Sekunda extragroße und große, Prima und Sekunda mittlere und kleine, Kleine und Junge, Junge, Beschädigte.

Aber auch die nördlichen Bisam werden in Qualitäten eingeteilt, welche die Felle der einzelnen Länder noch genauer bewerten.

So stellt sich der Rauhwarenhandel ungemein kompliziert dar, denn es handelt sich nicht nur um verschiedene Arten, sondern um große Qualitätsunterschiede, je nach Herkommen, Alter, Wuchs und Farbe der Tiere, die uns die Felle liefern.

Noch ein Moment verdient erwähnt zu werden, das dem Pelzhandel neues Material und somit der gesamten Industrie neue Möglichkeiten, der Pelzmode jedoch viele bisher nicht gekannte Arten zuführen wird.

Es hat sich jetzt in London und Leipzig eine Gesellschaft gebildet, welche sich mit der Erforschung neuer Pelztiere beschäftigt. Man ist eben in der Branche überzeugt, daß noch so manche Tierarten existieren, die gut dem Pelzhandel zugeführt werden könnten. Die Natur ist noch immer reich an Tieren, die wir heute noch wenig oder gar nicht kennen, und es ist sehr zu begrüßen, daß sich ein Institut teils auf wissenschaftlicher, teils auf fachlicher Basis gebildet hat, das hier der Pelzverarbeitung neues Material zuführt und neue Wege weist.

Viele Sorten harren noch der Entdeckung. Der Zoologe kennt sie, aber der Kürschner noch nicht. Das darf uns nicht sonderlich wundern. Wir stehen erst am Beginne der eigentlichen Pelzmode. Vorher gab es eine solche noch nicht. Man trug zu allen Zeiten Pelze, zog zeitweise die eine Fellart der anderen vor, niemals aber wurde die Pelzmode so allgemein Ausdruck ihrer Zeit, daß man, unter Umgehung des Begriffes Pelz als bloßes Kälteschutzmittel, den Pelz mehr als Schmuck betrachtete und unter solchen Voraussetzungen auch dazu kam, den „Sommerpelz“ als unentbehrlich einzuführen. Heute finden wir uns damit vollständig ab, bald wird die Zeit kommen, wo man nicht mehr daran wird denken können, jemals im Sommer keine Pelze getragen zu haben.

Diese Tatsache ist für den Pelzhandel von ungeheurer Bedeutung. Wir werden dies erst in einigen Jahren besonders fühlen. Was ist notwendiger, als daß sich die Pelzindustrie auf den Sommerpelz entsprechend einstellt. Wir haben ja selbst das erste Zagen miterlebt. Die Kürschner wollten die Sommerpelzmode vorerst sehr vorsichtig begutachten, man dachte anfangs gar nicht daran, sich entsprechend einzudecken. Mit welchen Sorten auch? Man wußte ja noch gar nicht, welche Grundlagen die Sommerpelzmode benötige. Das Publikum selbst rüttelte die Kürschner auf, verlangte den Sommerpelz, bezeichnete die eine oder andere Sorte als Sommerfelle. Da taute der immer etwas schwerfälligere Gewerbestand erst langsam auf. Er ließ sich vom Konsumenten erst mitreißen. Inzwischen hatte die Veredlungsindustrie den Wert der Sommerpelzmode erkannt und einzelne helle und leichte Sorten entsprechend angefertigt. Nun ging es schon leichter. Damit ist uns aber noch lange nicht gedient. Jetzt erst heißt es, sich in der Natur umsehen. Ungeheuer reich bietet sie sich uns dar, nur konnte sie nicht ganz ausgewertet werden, einzelne Sorten waren ja zu leicht, um als Kälteschutzmittel gelten zu können.

Nun aber soll der Pelz ja nicht mehr allein gegen die Kälte schützen, er soll vielmehr schmücken, ergänzen, er ist auch im Sommer modern geworden, da werden viele Fellsorten, die bis jetzt keine Beachtung finden konnten, in den Vordergrund treten können. Daher sind die Bestrebungen dieser Gesellschaften, welche sich ausschließlich damit befassen, neue Fellsorten dem Pelzhandel zuzuführen, ein wirklich begrüßenswerter und notwendiger Schritt.

So wird die Zahl der Pelzspender immer größer werden. Wir haben manche Sorte bereits in unsere Besprechung aufgenommen, so z. B. einzelne Affenarten, die Schleichkatzen und Mangusten, die alle berufen wären, im Pelzhandel eine größere Rolle zu spielen.

Dieses Buch soll aber durch die Aufzählung und Beschreibung den Kürschner selbst dazu führen, dieser oder jener Fellart, die er bis jetzt nicht sonderlich beachtete, größeres Interesse zu schenken und Versuche zu machen, sie der Zahl der Pelzspender einzureihen. Auch der Rauhwarenhandel soll unablässig bedacht sein, die Sommerpelzmode durch Heranholen neuer Fellarten zu stützen. Das Material ist die Basis, auf welcher sich die Mode aufbaut. Schaffen wir eine feste und weite Basis, dann soll uns um die weitere Entwicklung der Pelzmode und damit des uns so notwendigen Pelzgedankens nicht bange werden.

XVI. Die Kalkulation des Kürschners

Dieses Buch würde seinen Zweck nicht ganz erfüllen, wenn es eines der wichigsten Kapitel des modernen Geschäftsmannes nicht streifen würde: die Kalkulation des Kürschners. Wir haben zu wiederholten Malen betont, daß der Kürschner nicht nur ein tüchtiger Handwerker sein müsse, sondern auch ein moderner Kaufmann. Anders kommt er nicht durch.

Obwohl die Kürschnerei infolge der individuellen Fellbehandlung nie der fabriksmäßigen Schablonenarbeit wird zugeführt werden können, kann dennoch durch Arbeitsteilung und rationelle Einrichtungen der Großbetriebe eine größere Leistungsfähigkeit erreicht werden. Unterstrichen wird aber in den Großbetrieben diese Leistungsfähigkeit noch ganz besonders durch das kaufmännische Prinzip, nach welchem disponiert wird. Eines der Hauptmomente des kaufmännischen Prinzips ist die richtige Kalkulation, die sowohl auf den Geschäftsspesen wie auf dem Umsatz und dem Verdienst basiert.

Wer nicht richtig kalkuliert, kann der tüchtigste Handwerker sein, er wird dennoch geschäftlich keine Erfolge erzielen können. Die richtige Kalkulation macht das Geschäft erst lebensfähig.

Der Erfolg unseres Geschäftes liegt in der richtigen Einstellung aller jener Momente, die sich zwischen dem Ein- und Verkauf der Ware abspielen. Die Differenz ergibt ja den Bruttogewinn, der nach Abzug der Geschäftsspesen den Reingewinn darstellen soll.

Wer Gelegenheit hat, tiefer in die usuelle Kalkulation des Handwerkers blicken zu können, wird die Wahrnehmung machen, daß die Verkaufspreise der Ware meist ganz willkürlich angesetzt werden. Jedenfalls wohl höher als der Einkaufspreis, aber nicht im richtigen Verhältnis zu diesem, zu den Unkosten oder Spesen und der Verdienstnotwendigkeit. Es sei mit Absicht betont: Verdienstnotwendigkeit.

Der Verdienst ist das Endglied einer langen Kette; um seinetwillen arbeiten wir ja. Es kann keinem Geschäftsmann genügen, bloß seinen Unterhalt zu verdienen, er muß besonders auch trachten, sein Geschäft zu vergrößern, und dies vornehmlich dadurch, daß er seine Warenvorräte entsprechend sortiert festlegt, und zwar nicht auf Kosten seines Lieferanten, sondern auf Grund des Eigenvermögens.

Dies kann aber nur dann geschehen, wenn von Jahr zu Jahr ein gewisser Betrag aus dem Geschäft erübrigt wird, der nicht durch nachfolgende Spesen, Steuern, Anschaffungen usw. wieder aufgebraucht wird, sondern der ihn in den Stand setzt, sein Geschäft langsam zu vergrößern. Die Summe aus dieser Jahresarbeit nennen wir Gewinn. Er stellt den Rest dar, der nach Abschreibung aller Schulden, dubiosen Forderungen, Spesen und sonstigen Unkosten verbleibt.

Diesen Gewinn können wir aber nur dann erreichen, wenn wir — abgesehen von dem guten Geschäftsgang — richtig kalkulieren. Es gibt, wie wir schon oben erwähnten, Unternehmen, die sich wohl eines ganz guten Geschäftsganges erfreuen, aber keinen ihrem Umsatz entsprechenden Gewinn aufweisen. Anderseits gibt es wieder Geschäfte, die bei kleineren Umsätzen ihr Auskommen finden. Es müssen Umsatz, Spesen und Verdienst in das richtige Verhältnis zueinander gebracht werden, und dies wird dadurch erreicht, daß wir uns auf Grund unserer Unkosten einen Kalkulationsschlüssel suchen, der uns den perzentuellen Zuschlag zum Selbstkostenpreise der Ware bietet.

Die „Kopfkalkulation", wie sie besonders im Gewerbestand unglückseligerweise tief eingewurzelt ist, muß unbedingt fallen gelassen werden. Da wird z. B. ein Stück zum Preise von S 50.— eingekauft. Man verkauft es um S 60.— und meint, seinen richtigen Nutzen dabei gefunden zu haben. Vielleicht ist dies ja manchmal auch der Fall, aber so kalkuliert man nicht. Der Kalkulation muß ein richtiges Prinzip zugrunde gelegt werden. Der Verdienst muß perzentuell bei jedem einzelnen Stück zum Selbstkostenpreis geschlagen werden.

Wie hoch nun dieser Prozentsatz sein soll, damit der Kürschner sein Auskommen findet, das wollen wir nachstehend näher darlegen.

Jeder Geschäftsmann führt heute Buch, und sei es in der primitivsten Weise, verlangt doch oft die Steuerbehörde eine ganz genaue Aufstellung unserer Unkosten. Es wird uns daher leicht fallen, die Unkosten des vorhergegangenen Jahres zusammenzuziehen. Wir können nämlich unsere Kalkulationsbasis nur aus dem Erfolg oder Mißerfolg des abgelaufenen Geschäftsjahres errechnen. Dieses liegt klar und abgeschlossen hinter uns, mit all seinen Verdiensten und Verlusten. Da ist nichts mehr zu ändern, und dies bietet uns auch die Grundlage, unseren richtigen Kalkulationsschlüssel herauszufinden.

Vorerst wollen wir die Frage stellen, was alles zu den Unkosten gehört. Unkosten sind Ausgaben, für welche wir keine Ware anschaffen, als deren Gegenwert wir aber auch keine Kapitalsanlage festlegen können. Der Betrag, den wir für Unkosten ausweisen, kommt nicht mehr zurück.

Dazu gehören vor allem:

Miete, Versicherungen, Gehalte, Steuern, Krankenkassenbeiträge, Beheizung und Beleuchtung, Reklamekosten, Porti, Zollspesen, dubiose Forderungen, Haushaltungskosten und andere.

Der Kaufmann schreibt alle diese Posten in seiner Bilanz mit Verlust ab.

Hervorgehoben muß werden, daß der Arbeitslohn, den wir unseren Arbeitern bezahlen, besonders aber der Stücklohn, keine Spesen darstellt, vielmehr mit Ware gleichgestellt werden muß, wie z. B. das Fell oder die Zugehöre. Der Lohn wird ja voll einkalkuliert, er erhöht den Wert des Stückes und wird uns beim Verkaufe mitbezahlt. Der Lohn wird auch bei der Inventur dem Selbstkostenpreis der verbliebenen Lagerstücke zugerechnet. Der Lohn ist also kein Verlust, außer das verbliebene Stück ist unmodern geworden und erfordert eine Neumodernisierung.

Nehmen wir nun einen Kürschnerbetrieb mit einem Jahresumsatz von S 60000 als Grundlage unseres Beispieles.

Dieser Betrieb hat beispielsweise im abgelaufenen Jahre folgende Unkosten zu verzeichnen:

Miete (inkl. Instandhaltungszins)	S	400,—
Versicherungen	„	200,—
Gehalte (Verkäuferin, Geschäftsdiener) .	„	2000,—
Steuern aller Art	„	800,—
Krankenkassenbeiträge	„	300,—
Beheizung und Beleuchtung	„	300,—
Porti und Drucksorten	„	150,—
Zollspesen	„	350,—
Uneinbringliche Außenstände (Dubiosa)	„	600,—
Reklamekosten	„	500,—
Diverse Spesen	„	400,—
Haushaltungskosten	„	10 000,—
Summe der Unkosten	S	16 000,—

Wir haben nun aus dem abgelaufenen Geschäftsjahre zwei wichtige Beträge konstatiert: den Umsatz von S 60 000,— und die Unkosten von S 16000,—. Diese zwei Beträge müssen nun in einem bestimmten Verhältnis zueinander stehen.

Das Verhältnis dieser beiden Beträge ergibt uns den notwendigen Kalkulationsschlüssel, und zwar auf folgende Weise:

Wir rechnen vorerst, wie oft der Betrag der Unkosten von S 16 000 in der Summe des Umsatzes, also in S 60 000 enthalten ist.

So konstatieren wir bei diesem Beispiel, das ungefähr für ein mittleres Geschäft gelten kann, daß wir kaum ein Drittel des Umsatzes an Spesen hatten.

Kalkulierten wir im abgelaufenen Jahre mit einem Bruttonutzen von 50 %, dann bleibt uns bei einem Umsatz von S 60 000 und S 16 000 Unkosten, ein Gewinn von S 4000.

Wenn wir nämlich dem Selbstkostenpreis 50 % zuschlagen, erhalten wir einen Betrag, dessen Drittel wieder den Gewinn ergibt, während die zwei übrigen Drittel den Selbstkostenpreis darstellen. Ein praktisches Beispiel soll dies erläutern.

Unsere im Vorjahr eingekaufte Ware mit Zurechnung der Zugehöre und des Arbeitslohnes betrug

	S 40 000
50 % Zuschlag	„ 20 000
Verkaufssumme	S 60 000 als Jahresumsatz.

Daraus ersieht man, wie der Gewinn ein Drittel von 60 000 ausmacht, also 20 000, während zwei Drittel (40 000) den Einkaufspreis ergeben.

Wir haben also laut dieser Berechnung bei einer Kalkulation mit 50 % Zuschlag Bruttogewinn S 20 000 auszuweisen. Rechnen wir davon ab die Unkosten mit „ 16 000, verbleiben als

Reingewinn S 4 000.

So werden wir gewahr, daß wir richtig kalkulierten.

Nehmen wir nun aber eine andere Grundlage. Wie wäre es gewesen, wenn wir bei den Spesen von S 16 000 nur mit 40 % kalkuliert hätten, aber auch nur einen Umsatz von S 60 000 gemacht hätten?

Das Bild wird dann ungefähr wie folgt aussehen:

Selbstkostenpreis	S 43 000
40 % Zuschlag	„ 17 000
Jahresumsatz	S 60 000.

Wir hätten also, wenn wir bei dem gleichen Umsatz nur mit 40 % kalkuliert hätten, viel mehr Ware einkaufen müssen, um den Umsatz zu erreichen, der Gewinn wäre aber nur S 17 000 gewesen. Davon die Spesen per S 16 000 abgerechnet, wäre uns nur ein Reingewinn von S 1000 verblieben. Etwas weniger Umsatz — und schon könnten wir ein Defizit verzeichnen.

Bei einer Kalkulation von 60% und einem Umsatz von S 60 000 und den Spesen von S 16 000 pro Jahr ergibt sich nachstehender Jahresabschluß:

Selbstkostenpreis . .	S 37 500
60% Zuschlag	„ 22 500
Umsatz	S 60 000

Die 60%ige Kalkulation hat also hier, wenn wir von dem Bruttogewinn per S 22 500 die Spesen per S 16 000 abziehen, einen Reingewinn von S 6500 gebracht.

So kann man sich aus den Gegenüberstellungen eines Jahresergebnisses nicht nur den richtigen Kalkulationsschlüssel errechnen, man wird auch sehen, daß man mit 40%iger Kalkulation sein Auskommen nicht finden wird, daß 50% ungefähr die richtige Mitte darstellen, 60% vielleicht schon wieder zuviel sind, wohl nicht an Gewinn, denn wer gewinnt heute zu viel, wohl aber am Verkaufspreis, der uns vielleicht in dieser Höhe nicht mehr konkurrenzfähig macht, so daß wir Gefahr laufen, bei dieser Berechnung an Umsatz zu verlieren.

Eine solche Berechnung und Gegenüberstellung zeigt uns aber ganz besonders noch folgendes:

1. Wie hoch muß ich überhaupt kalkulieren, wenn ich im kommenden Jahre, bei gleichbleibenden Spesen, einen ebenso hohen Umsatz erzielen will?

2. Wie vermindere ich meine Spesen?

3. Wie kalkuliere ich, wenn ich annehmen muß, daß der Umsatz heuer kleiner sein wird und die Spesen größer?

4. Wie erhöhe ich meinen Umsatz? Und vieles andere mehr.

Man sieht, wie tief man in die Geheimnisse der Kalkulation eindringen kann, wenn man systematisch verfährt und nicht oberflächlich. Wenn man auf diese Weise vorgeht, wird man sofort darüber Aufschluß erhalten, warum z. B. im abgelaufenen Jahre der Erfolg ein wenig zufriedenstellender war.

Man wird einwenden, daß man wohl nicht bei jedem Stück den gleichen perzentuellen Aufschlag machen kann. Das ist wohl richtig, aber speziell der Detaillist muß bedenken, daß ein Großteil seines Umsatzes in Reparaturen und Modernisierungen besteht und da, beispielsweise bei Berechnung einer Mantelmodernisierung mit S 150, ein ganz anderer perzentueller Nutzen in Erscheinung tritt als bei einem verkauften Mantel. Abzüglich des Arbeitslohnes stellt bei den Reparaturen, wo meist kein Fell beigegeben wird, die Summe einen 100- bis 200%igen Nutzen dar.

Die Erfahrung hat gelehrt, daß die etwaige Differenz von einzelnen Unterkalkulationen durch die Preisbestimmungen für Lohnarbeit, wie Reparaturen und Modernisierungen, wieder wettgemacht wird.

Wir haben also gesehen, daß wir aus dem Umsatz und den Unkosten (Spesen) den Rahmen für unsere Kalkulation erhalten. Umsatz, Unkosten und Verdienst bilden den kaufmännischen Dreiklang, der, wenn harmonisch, einen geschäftlichen Erfolg darstellt, bei Disharmonie aber in Defizit ausklingt.

Auf dem Papier läßt sich wohl leicht kalkulieren. Die Hauptsache ist aber die Auswirkung der Kalkulation auf die Verkaufspreise. Haben wir mit 40% kalkuliert und damit unser Auskommen nicht gefunden, dann wäre der Entschluß, künftig mit 50% oder gar 60% zu kalkulieren, so weit ganz einfach, wenn damit nicht eine Verteuerung der Ware eintreten müßte.

Da heißt es nun, gründliche Untersuchungen anstellen. Entweder unsere Verkaufspreise gestatten eine höhere Kalkulation, dann waren wir eben zu billig, oder wir dürfen nicht höher kalkulieren, da wir sonst infolge Konkurrenzunfähigkeit mit einem Konsumrückgang zu rechnen hätten, dann müssen wir die Herstellung des Dreiklanges in der Erhöhung unseres Umsatzes oder in der Verminderung unserer Spesen suchen.

Bei genauen Aufzeichnungen bietet sich uns da ein vollkommener Überblick. Wir werden vor allem trachten, unseren Umsatz zu erhöhen. Dies kann auf vielfache Weise geschehen:

1. Durch Anpassung an die Forderung der Kunden,
2. durch geschmackvolle Schaufensterdekoration,
3. durch die richtige Reklame,
4. durch solide Bedienung.

Die Spesenaufstellung zeigt uns wieder, wo wir eventuell Ersparnisse machen können. Sehen wir uns die Posten einmal der Reihe nach an:

Bei Miete können wir keine Ersparnisse machen, im Gegenteil, wir müssen dieselbe für das kommende Jahr sogar etwas höher einstellen.

Die Versicherungsprämien stellen meist Summen dar, die infolge der ohnehin überall stattfindenden Unterversicherung nicht weiter restringiert werden können.

Die Gehalte können nicht erniedrigt werden, außer man kündigt dem Personal. Auch bei Gehalten ist eher mit einer Erhöhung zu rechnen.

Die Steuersumme ist eine nicht von uns zu bestimmende Kraftleistung, die eher höher als niedriger angenommen werden muß.

Krankenkassenbeiträge müssen für das kommende Jahr ebenfalls gewöhnlich höher eingestellt werden.

Porti und Zollspesen richten sich nach dem Umfang unserer Verbindungen und Geschäftsabschlüsse.

Dubiose Forderungen können vermindert werden, aber das dadurch bedingte Einschränken des Borg- und Ratengeschäftes im Detail verringert den Umsatz. Man kalkuliert meist 1% Verlust vom Umsatz. Höhere Verluste, wie sie leider manchmal auch vorkommen können, gefährden das geschäftliche Gleichgewicht.

Die Reklamekosten sind im Kleinverkauf oft sehr hoch, ohne den entsprechenden Nutzen zu bringen. Der richtige Reklamemacher aber holt aus der entsprechenden Auswahl seiner Inserate und Propaganda bei geringeren Kosten einen größeren Erfolg heraus. Reklame muß sein, sie ist das Mittel zur Vergrößerung unseres Umsatzes, muß aber richtig angewendet werden.

Die Haushaltungskosten stellen jene Summe dar, die wir für die Bedürfnisse der Familie aufwenden. Nun ist da jede Verwendung individuell, und es muß dem Maßstabe jedes einzelnen überlassen bleiben, wie und wann er hier Einschränkungen oder Erhöhungen vornehmen kann. Das eine ist klar, daß, wenn wir unsere Ausgaben unbedingt einzuschränken haben und dies nirgends anders stattfinden kann, wie wir aus obigem Beispiel ersahen, Einschränkungen im Haushalt vorzunehmen sein werden.

Im allgemeinen wird man jedoch sehen, daß man von Jahr zu Jahr eher mit größeren Unkosten als mit deren Verminderung rechnen kann. Diese Tatsache muß unsere Kalkulation sehr beeinflussen und anderseits das Bestreben, den Umsatz zu erhöhen, kräftigen. Wir dürfen unter gar keinen Umständen unsere Ware verschleudern, da wir dadurch nur einen größeren Umsatz mit zu geringem Nutzen erzielen.

In der richtigen Harmonie zwischen Umsatz, Unkosten und Verdienst liegt ja das ganze Geheimnis des Geschäftslebens. Die Gegenüberstellung der betreffenden Ziffern soll uns über unsere Lage orientieren und die richtigen Usancen vermitteln.

Nachdem wir nun auf diese Weise die Kalkulationsgrundlagen kennengelernt haben, wollen wir uns dafür interessieren, wie die Einzelkalkulation eigentlich aussieht, das heißt, wie wir jedes einzelne Stück berechnen.

Jede Kalkulation soll in einem eigenen Kalkulationsbuch eingetragen werden, und zwar entweder unter einer laufenden Nummer, die wieder auf den Anhängezettel des Stückes notiert erscheint, so daß bei Geschäftsabschlüssen, bei Preisnachlässen und bei der Inventur immer der Selbstkostenpreis, der Verdienst und der Verkaufspreis nachgesehen werden können.

Als Beispiel einer Einzelkalkulation wollen wir einmal einen Sealelektrik-Mantel annehmen:

40 Felle à S 7	S 280
Lohn	„ 40
Futter	„ 30
Zugehöre.....................	„ 15
Selbstkostenpreis	S 365
50% Zuschlag	„ 182,50
	S 547,50
daher abgerundeter Verkaufspreis	S 550,—

Durch diese Aufstellungen schafft man feste Grundlagen in seiner Geschäftsführung. Der Verkauf ähnlicher Stücke wird dadurch aber auch wesentlich erleichtert. Nehmen wir z. B. den Fall an, der mit S 550 auskalkulierte Mantel paßt dem Kunden nicht, da er zu klein ist. Wir werden uns auf Grund der genauen Maße errechnen können, wieviele Felle wir mehr benötigen. Ein Blick ins Kalkulationsbuch, ein kurzes Umrechnen und wir werden die richtige Verkaufssumme sofort wieder nennen können. Daß ein solches Vorgehen das Vertrauen des Kunden stärkt, braucht wohl nicht näher dargelegt zu werden.

Ähnlich werden wir alle anderen Sorten kalkulieren. So z. B. ein Mardertier:

1 Marderfell	S 180
Lohn	„ 10
Futter	„ 3
Zugehöre.....................	„ 2
Aufrundung	„ 5
Selbstkostenpreis	S 200
50% Aufschlag	„ 100
Verkaufspreis	S 300

Dies diene nur als Beispiel. Es wäre wohl wünschenswert, wenn der Kürschner bei den heutigen Marderpreisen 50% zuschlagen könnte. Er wird zufrieden sein, wenn er 30% erreicht, also ungefähr mit S 250 bis S 260 das Tier verkaufen kann.

Man hüte sich, die Kalkulation im Kopfe vorzunehmen, denn da kann man bei geringer Übung immer irren. Es wird dem Kunden selbst lieber sein, wenn wir ruhig und überlegt den Bleistift zur Hand nehmen, um gründlich durchzurechnen. Das wird mehr Vertrauen erwecken, als wenn schon nach kurzem Besinnen rasch eine runde Zahl genannt wird, bei der der Kunde sich vielleicht übervorteilt fühlen kann. Die genaue Kalkulation wird auch ihn beruhigen.

Rasch müssen z. B. die Engrosvertreter mit konfektionierter Pelzware kalkulieren. Sie haben einen Artikel in der Kollektion, der dem Kunden gut gefällt, aber in einer anderen Fellsorte. Da geht man meist nicht fehl, wenn man die Summe des Fellkostenpreises verdoppelt und so den Verkaufspreis ausspricht.

Nehmen wir das obige Beispiel mit dem Sealelektrik-Mantel. Wir haben da 40 Felle à S 7, macht S 280. Dieser Betrag verdoppelt, macht S 560 als rasch errechneten Verkaufspreis. Wir sehen, daß es bis auf S 10 stimmt. Bei dem Marderbeispiel ist dies nicht möglich. Vor allem, weil wir es hier an und für sich mit einem abnormen Preis zu tun haben, außerdem sind die Zugaben und der Arbeitslohn im Verhältnis zum Fellpreise viel geringer. Bei Engrosartikeln wird diese Art der raschen Kopfkalkulation meist zutreffen, wenn der geübte Verkäufer alle Nebenumstände in Betracht zieht. Das will natürlich auch gelernt sein.

Sehr anzuempfehlen ist die Anlage einer Umsatztabelle. Auf dieser werden täglich die Umsätze hinzugezählt, so daß man jederzeit weiß, für welchen Betrag man bis zum heutigen Tage bereits Ware abgesetzt hat. Jeder Tag wird genau mit Datum angeführt. Im zweiten Jahre hat man dann täglich den interessanten Vergleich, wie weit man im Vorjahre mit dem Umsatz am gleichen Tage oder Monatsende stand. Solche Daten und Summen sind im geschäftlichen Leben einesteils ein Ansporn, andernteils immer wieder neue Grundlagen zur Kalkulation.

Zum Schlusse muß bemerkt werden, daß es sich hier überall nur um Beispiele handelte. Jedes Geschäft hat andere Umsätze, andere Regien und andere Verdienstmöglichkeiten. Hiefür gibt es keine Norm und keine Schablone.

Daß solche Berechnungen auch auf unsere Einkäufe zurückwirken, ist selbstverständlich. Durch diesen Überblick bekommt unser Geschäft eben mehr Seele.

Die richtige Kalkulation, hervorgehend aus grundlegenden Berechnungen, wird jeden zum Erfolg führen.

XVII. Das Gerben und Färben

Der nachfolgende Abschnitt schildert in gemeinverständlicher Weise das Gerben und Färben, Bleichen und Blenden aller Art Rauchwaren. Es ist besonders berücksichtigt, daß der gesamte Inhalt dieses Abschnittes für Kürschner gedacht ist. Es wurde daher bei der Behandlung der Gerberei- und Färbereimethoden solchen Verfahren der Vorzug gegeben, bei denen keine schwer ins Gewicht fallenden Anschaffungen von Maschinen und anderen Einrichtungsgegenständen nötig sind. Trotzdem behandelt der nachfolgende Abschnitt die neuzeitlichsten Verfahren und gibt namentlich dem Kürschner Mittel und Wege, eine qualitativ nicht anzuzweifelnde Veredlung verhältnismäßig billig selbst vorzunehmen.

1. Allgemeines über die Gerbmethoden

Je nachdem, ob die Felle nach dem Gerben gefärbt werden sollen oder nicht, wendet man verschiedene Gerbverfahren an. Die sogenannte „Leipziger Zurichtung" gestattet dem Verbraucher, das Fell ungefärbt, also naturell, zu verwenden, es aber auch gleichzeitig zu färben. Man wird diese Methode zweckmäßig in solchen Fällen zur Anwendung bringen, wo man sich von vornherein noch nicht im klaren darüber ist, ob nach dem Gerben noch gefärbt werden soll. Weiß man bestimmt vorher, daß das Fell noch eine Farbe im Tunkverfahren erhält, dann wendet man besser nicht das unter „Leipziger Zurichtung" bekannte Verfahren an, sondern zieht eine säurearme oder säurefreie Gerbmethode vor. Dem Kürschner empfehlen wir in diesem Falle die Zurichtung mit Chromgerbesalz Bayer, deren Arbeitsgang später beschrieben werden soll.

Der wesentlichste Unterschied der einzelnen Gerbverfahren liegt in der verwendeten Beize (Gerbmittel, Gerbflotte). Der übrige Gang der einzelnen Zurichtungsarten weicht wenig voneinander ab. Lediglich die zum Schmieren nach dem Gerben verwendeten Fette richten sich nach der Zusammensetzung der Gerbflotte.

Allgemein wäre noch zu sagen, daß bei den einzelnen Arbeitsgängen die peinlichste Sorgfalt zu walten hat. Es dürfen die Chemikalien der einzelnen Bäder keineswegs durch unsaubere Behandlung miteinander in Berührung gebracht werden. Am Ende der Behandlung ist die größte Gewissenhaftigkeit hinsichtlich der Temperaturen zu beobachten.

Es gibt bei jeder Fellbehandlung, sei es nun Gerben, Bleichen oder Färben, zwei Behandlungsarten. Sie unterscheiden sich darin, wie die einzelnen Chemikalien an das Fell herangebracht werden. Man kann dabei im Tunkverfahren und im Streichverfahren behandeln. Im Tunkverfahren werden die Felle im Bottich durch Tauchen und längeres Liegenlassen in der Flotte mit den Chemikalien in Berührung gebracht. Im Streichverfahren bringt man die Flotte durch Bürsten auf Haar und Leder. Es läßt sich ohne weiteres nicht vorher bestimmen, ob man dem Tunkverfahren oder dem Streichverfahren den Vorzug geben soll. Das muß vielmehr von Fall zu Fall entschieden werden. Lediglich bei der Gerberei raten wir dem Kürschner, von einer Streichbeize lieber Abstand nehmen zu wollen und die Felle vielmehr im Tunkverfahren zu behandeln. Es gibt heute noch Zurichtereien, die die Felle des Haares wegen nicht in der Tunke gerben, sondern eine entsprechend stärkere Lösung mit Bürsten auf das Leder bringen. Die Stärke dieser Lösung und die sorgfältige Behandlung, die sich dabei nötig machen, sind derart Gefühls- und Erfahrungssache, daß das Risiko zu groß erscheint, wenn auch der Kürschner damit arbeitet. Bei der Streichgerberei muß man nämlich einen genauen Blick dafür haben, ob das Leder durchgegerbt ist. Außerdem darf das Leder nicht so naß eingestrichen werden, daß die Haare von dieser konzentrierten Beize triefen. Es ist aus diesem Grunde ratsam, beim Gerben im Bade zu arbeiten.

Anders gestaltet sich das beim Färben. Das Streichverfahren ist in jedem Falle dort anzuwenden, wo die Spitze der Granne dunkler sein soll als der Untergrund. Es wird ferner dort in Anwendung gebracht, wo das Leder durch die Farbe nicht beschmutzt werden soll, also zum Beispiel beim Blenden echter Nutria, für welche Behandlung ein erprobtes und leicht anwendbares Rezept später noch folgen soll.

2. Die zum Gerben und Färben notwendige maschinelle Einrichtung

Es gibt eine Reihe Maschinen und Einrichtungsgegenstände für den Gerber und Färber, die auch im kleinsten Betriebe unentbehrlich sind und deshalb in diesem Zusammenhange durchgesprochen werden müssen.

Zunächst ist genau darauf zu achten, daß Bottiche, Kufen oder Tonnen aus Holz, die zum Zurichten verwendet wurden, nicht gleichzeitig Färbezwecken dienen dürfen. Die Holzfaser saugt intensiv die Gerbflotte auf und gibt sie, selbst wenn heiß nachgespült wurde, nur langsam wieder ab. Infolgedessen würde die in einer Gerbtonne angestellte Farbe in der Regel durch die sich absetzenden Gerbstoffe beeinflußt oder gar zerstört werden. Wie im ganzen Werdegange der Zurichterei und Färberei Sauberkeit das sicherste Mittel zum Erfolg ist, so muß auch hier von vornherein daran gedacht werden, daß ungünstige Einwirkungen ausgeschaltet werden müssen. Was für die verwendeten Bottiche gilt, gilt natürlich auch für die Masse, Bürsten und andere Werkzeuge, die mit Fellen in Berührung kommen.

Zum Entaasen der Felle ist eine Kürschnerbank, Abb. 151, notwendig, die allgemein so eingerichtet ist, daß es dem Kürschner gestattet ist, im Reitsitz vor dem aufgestellten, halbmondförmigen Entfleischmesser Platz zu nehmen. Es werden zum Teile scharfe und zum Teile stumpfe Messer an der Kürschnerbank verwendet. Näheres darüber finden wir im Abschnitt „Werdegang der Gerberei“.

Das Entaasen und Entfleischen mit dem Kürschnermesser befriedigt nicht immer die an die Lederbehandlung gestellten Ansprüche. In der Regel ist das Leder durch das Entfleischen noch nicht dünn genug geworden. Man verwendet dann nachträglich noch die Beschneidemaschine. Der hauptsächlichste, arbeitende Teil der Beschneidemaschine ist ein sich ziemlich schnell drehendes Kreismesser mit umgelegtem Grat.

Zum Schleifen dieses Kreismessers ist, da sich der Grat durch die Fellbearbeitung abnützt, eine eigens hiezu konstruierte Kreismesserschleifmaschine notwendig. Da sich jedoch die Anschaffung einer solchen Maschine in vielen Fällen für den kleinen Betrieb nicht rentiert, verfahren viele Kürschner so, daß sie die Kreismesser zum Schleifen in die Fabrik schicken und für die nötigen Reservemesser sorgen. Aus diesem Grunde wollen wir es uns ersparen, auf die Arbeitsweise der Kreismesserschleifmaschine näher einzugehen.

Eine nicht zu entbehrende Maschine für die Zurichterei und Färberei ist die Läuter- und Schütteltonne. Es gibt da eine Reihe brauchbarer Systeme. Für den Kleinbetrieb ist unter Umständen eine kombinierte Läuter- und Schütteltonne vorzuziehen.

Die Läutertonne besteht aus einem langsam rotierenden, staubdicht geschlossenen Fasse mit Blechbeschlag und im Innern angebrachten Querleisten. Die Querleisten haben den Zweck, zu verhindern, daß

Abb. 151. Kürschnerbank mit Fleischmesser

die Felle rutschen. Sie sollen vielmehr beim Drehen der Tonne mit nach oben genommen und kräftig durcheinandergeworfen werden. Die Läutertonne wird vielfach angeheizt, weshalb der Blechbeschlag stark und feuerfest sein muß. Die Konstruktion der Schütteltonne unterscheidet sich von der der Läutertonne lediglich dadurch, daß der Beschlag nicht aus Eisenblech, sondern aus Drahtsieben besteht. Die Schütteltonne hat den Zweck, die durch das Läutern in das Haar gekommenen Sägespäne wieder herauszuschütteln. Die Gewerbeämter vieler Orte schreiben vor, daß die Schütteltonnen zum Schutze der Lungen der Arbeiter sich in einem festverschlossenen Raum oder Verschlag befinden sollen, denn die Staubentwicklung ist naturgemäß sehr groß.

Von den Klopfmaschinen, die jeder Kürschner kennt, wäre allgemein noch zu sagen, daß sich solche mit Riemen in der Praxis besser bewährt haben als Klopfmaschinen, die mit Stöcken arbeiten.

Aus demselben Grunde, aus dem wir eine Beschreibung der Kreismesserschleifmaschinen ausgelassen haben, sei uns auch eine solche der Scher- und Maschiniermaschinen, Abb. 152, erspart. Die Anschaffung derartiger Maschinen verlohnt sich tatsächlich nur in großen Spezialbetrieben. Es gibt eine Reihe mittlerer und großer Zurichtereien und Färbereibetriebe, die keine eigenen Scher- und Maschiniermaschinen besitzen, sondern diese Arbeiten in eigens hierfür eingerichteten Lohnbetrieben vornehmen lassen. In diesem Zusammenhange sei jedoch auf die relativ billigen Handschermaschinen hingewiesen,

Abb. 152. Schermaschine (System Selbeck)

die von einer Reihe Spezialfirmen auf den Markt gebracht werden. Solche Handschermaschinen werden elektrisch angetrieben und sind für viele Fellsorten sehr wohl zu gebrauchen. Selbstverständlich ist bei ihnen die Leistungsziffer viel kleiner als bei den Scher- und Maschiniermaschinen.

Viele Kleinbetriebe verwenden zwischen den einzelnen Arbeitsgängen Zentrifugen (Schleudern) zum Vortrocknen. Man kann sich diese Maschinen dadurch ersparen, daß man die Felle zum Ablaufen über Lattenständer hängt.

3. Der Werdegang der Gerberei

Beim Zurichten (Gerben) wird fast allgemein folgender Weg eingeschlagen:

Die Felle werden teils rund, teils offen zugerichtet. Unter „rund zurichten" versteht man die Behandlung des Leders, ohne das Fell aufzuschneiden. Rund zugerichtet werden in der Regel Baummarder, Steinmarder, Iltisse, diverse Otter usw. Bei der offenen Zurichtung wird das Fell in der Mitte der Wamme aufgeschnitten. Offen zugerichtet werden insbesondere Kanin, aber auch fast alle anderen Fellarten. Das Aufschneiden der Felle wird am besten im rohen, trockenen Zustande vorgenommen. Lediglich dort, wo die Wamme erst gesucht werden muß, weil die rohen Felle mit dem Leder nach außen und unregelmäßig getrocknet wurden, weicht man vor dem Aufschneiden ein.

Jedes zuzurichtende Fell muß eingeweicht werden, und zwar mehrere Stunden lang, möglichst über Nacht in nicht zu kaltem Wasser. Man kann ein übriges tun und das Wasser vorher durch Zugabe von Salz oder Soda enthärten. Es darf indessen nicht zu viel vom Enthärtemittel in das Einweichwasser gegeben werden, weil die meisten Enthärtemittel bereits eine gerbende Wirkung ausüben.

Nachdem die Leder gründlich durchgeweicht sind, werden die Felle vor dem aufrechtstehenden, halbmondförmigen und besonders scharfem Entfleischmesser an der Kürschnerbank entaast.

Das Leder eines jeden Felles besteht aus mehreren Schichten. Man darf nur so viel Schichten bei der Zurichtung entfernen, daß dem Haar der Boden, in dem es wurzelt, nicht genommen wird. Die einzelnen Schichten sind selbstverständlich mit dem bloßen Auge nicht wahrnehmbar. Trotzdem ist leicht zu erkennen, wenn man zu tief in das Leder eingeschnitten hat und das Fell zu dünn zurichtete. Man sieht dann auf der Fleischseite das Haar durchkommen, das sich leicht durchziehen oder ausrupfen läßt. Beim Entfleischen des Leders auf der Kürschnerbank schafft sich der Kürschner durch Schaben an einer Ecke des Felles einen Anfang. Er nimmt eine Spaltung vor und trennt die beiden Häute (Aashaut und Leder des Felles) vor dem Messer geschickt voneinander. Die Übung bringt es mit sich, daß dieser Arbeitsgang Momentsache ist.

Wie schon vorher einmal angedeutet, macht es sich oft notwendig, daß das Leder noch außerdem ein zweitesmal beschnitten werden muß. Namentlich Kaninböcke haben nach der Abspaltung der ersten Hautschichten noch ein derartig starkes Leder, daß dieses noch auf die eine oder andere Weise dünn gemacht werden muß. Es ist nicht ratsam, mit dem nachträglichen Dünnemachen des Leders bis zum Ende des Arbeitsganges zu warten und das Leder einfach auf der Schmirgelwalze dünn zu schmirgeln. Das Leder wird zwar dünngeschliffen, hat aber in der Zurichtung keinen Zug bekommen, eine Eigenschaft, die namentlich der Kürschner von jedem Fell verlangen muß. Solche Methoden wendet man immer nur in Notfällen an.

Schmirgelwalzen verwendet man am Ende des Arbeitsganges nur dann, wenn großer Wert auf ein ganz gleichmäßig aussehendes Leder und den Fortfall des sogenannten Flugaases gelegt wird.

Das Dünnschneiden des bereits entfleischten Felles geschieht vor der Beschneidemaschine. Das Kreismesser mit dem umgelegten Grat wird durch elektrischen Antrieb in rotierende Bewegung gebracht. Das Messer ist durch Schutzlaschen geschützt und steht an der dem Arbeiter abgewendeten Seite nur so weit aus den Schutzbacken vor, als es unbedingt nötig ist. Das Fell wird nun mit der Lederseite über den Grat des Messers in entgegengesetzter Richtung an demselben vorbeigeführt. Anfänger an diesen Maschinen schneiden in der Regel dabei in das Fell ein. Auch kommt es vor, daß entweder zu wenig oder zu dünn geschnitten wird. Das abgeschnittene Leder muß in feinen Streifen abfallen, die die Form von Hobelspänen eines geübten Tischlers haben. Der ganze Vorgang ist auch letzten Endes nichts weiter als ein Hobeln des Leders.

Erst nachdem das Leder nunmehr die vorgeschriebene Stärke erreicht hat, wird gebeizt. Der Beizvorgang ist die eigentliche Gerbung. Er konserviert das Leder und schützt vor Fäulnis, der das rohe Fell unterworfen ist.

Wir wollen, um den Werdegang der Gerberei vollständig zu beschreiben, in diesem Zusammenhang eine der verwendeten Gerbeflotten besprechen, und zwar die „Leipziger Zurichtung".

Das immer noch nasse Fell wird in eine Flotte gelegt, die sich wie folgt zusammensetzt:

Man löst in reinem Wasser reines, unvergälltes Kochsalz, bis die Spindel (Aräometer) 12° Baumé zeigt. Eine solche Spindel ist das notwendigste Werkzeug beim Gerben. Alsdann wird noch so viel Schwefelsäure hinzugegeben, bis das Bad insgesamt 14° Baumé stark ist. In dieser Flotte bleiben die Felle mehrere Stunden liegen. Man rechnet für das deutsche Kanin 14 Stunden, französische Kanin 10 bis 12 Stunden, Wildkanin 6 bis 8 Stunden, Maulwürfe 4 bis 6 Stunden usw. Die Beizdauer, bei manchen Fellen auch die Beizstärke, richtet sich nach der Eigenschaft der zugerichteten Felle. Empfindliche Leder dürfen selbverständlich nicht so lange gebeizt werden. Damit ist eigentlich der Gerbvorgang beendet.

Die Felle werden nach dem Beizen nicht gespült. Die „Leipziger Zurichtung" (Schwefelsäure-Kochsalz-Beize) ist wasserlöslich. Durch kräftiges Spülen entfernt man das Konservierungsmittel. Aus diesem Grunde haben wir eingangs auch darauf hingewiesen, daß es ratsam ist, Fellen beispielsweise dann eine Chromzurichtung zu geben, wenn sie hinterher gefärbt werden sollen. Färbt man nämlich Felle, die „Leipziger Zurichtung" haben, dann macht sich nach dem Färben infolge des dauernden Spülvorganges eine Nachzurichtung notwendig. Das sind dann meistens Chromstriche, die man auf das Leder gibt.

Unser nunmehr gegerbtes Fell benötigt noch etwas Fett, denn durch die Schwefelsäure ist dem Felle zu viel Fett entzogen worden, bzw. das Fett hat sich verseift. Zum Nachfetten werden tierische Fette verwendet, wie Fischtran, Robbentran oder Abfallfette. Diese Fette verseift man vorher mit etwas Ammoniak oder Schwefelsäure. Nicht verseifte Fette dringen viel zu schwer in die Poren ein. Man würde dann mit der sogenannten Walke arbeiten müssen, einem Knetapparat zum Fetten, der mit Hammern arbeitet. Gefettet wird nur das Leder, und zwar mit Bürsten.

Bei dieser Gelegenheit sei darauf hingewiesen, daß manche Zurichter dem Fell einen derartigen Fettstrich auch zwischen den beiden Arbeitsgängen geben, die dem Entfleischen des Leders dienen.

Ist das gegerbte Fell geschmiert, dann kann es getrocknet werden. Man beobachte dabei, daß es nicht zu scharf getrocknet wird. Bei zu hoher Temperatur fährt das Leder zusammen und wird hart. Es kommt sogar vor, daß es dadurch unbrauchbar wird. Im Sommer ist die beste Trocknung immer noch die Freilufttrocknung. Man soll indessen nicht die Sonne auf die Felle brennen lassen, gleichgültig, ob mit der Haar- oder Lederseite nach außen getrocknet wird, sondern schattige oder überdachte Plätze wählen.

Das getrocknete Fell wird nochmals vor das Kürschnermesser genommen, diesmal aber vor ein stumpfes, um es auszurecken. Erst dann wird geläutert.

Die Läutertonne wird mit trockenen Hartholzsägespänen bis etwa zu einem Viertel ihres Inhaltes gefüllt, das zweite Viertel darf mit Fellen ausgefüllt werden. Mehr als bis zur Hälfte soll die Läutertonne nicht gefüllt sein.

Die Läutertonne wird von unten etwas angeheizt. Der Innenraum darf nicht zu heiß werden. Man beobachte dabei, daß bereits durch die rotierende Bewegung und das gegenseitige Schleifen der in der Tonne befindlichen Felle mit den Sägespänen eine gewisse Wärme herbeigeführt wird.

Durch die Wärme wird das überschüssige Fett aus Haar und Leder in die Sägespäne gebracht, die dadurch aufnahmefähiger werden und sämtliches überschüssige Fett, ferner aber auch die Schmutzbestandteile, aufnehmen. Gegebenenfalls muß zweimal geläutert werden. Die Sägespäne werden durch denselben Arbeitsgang in der Schütteltonne und durch darauffolgendes Klopfen entfernt, das mit der Maschine oder mit der Hand vorgenommen werden kann. In der Regel wird das Leder danach nochmals vor dem stumpfen Kürschnermesser gestreckt. Die Haare sind mit Stahlkämmen oder Bürstmaschinen aufzukämmen.

Diese Nachbehandlung richtet sich ganz nach dem Fell und den an das Fell gestellten Ansprüchen. Sie ist daher mehr oder weniger kompliziert.

4. Die einzelnen Gerbemethoden

Neben der Schwefelsäure-Kochsalz-Beize gibt es noch eine Reihe häufig angewendeter anderer Gerbemethoden, die sich von der „Leipziger Zurichtung“ nur in der Zusammensetzung der Gerbeflotte wesentlich unterscheiden. Während die „Leipziger Zurichtung“ aus dem Leder bequem wieder herausgewaschen werden kann, ist z. B. eine Chromgerbung so an das Leder gebunden, daß auch das nachfolgende Färben eine nochmalige Nachzurichtung nicht nötig macht.

Die Chromgerbung wird meistens dort angewendet, wo die nachfolgende Behandlung, also in der Regel das Färben, höhere Temperaturen als üblich erfordert. Es gibt auch kombinierte Chrom- und Alaungerbungen. Dem Kürschner empfehlen wir folgende Chromgerbung:

An Stelle der im vorhergehenden Abschnitt beschriebenen Schwefelsäure-Kochsalzbeize werden die entfleischten und dünngeschnittenen Felle mit Bürsten mit einer Lösung eingestrichen, die bis 12° Baumé Kochsalz enthält und einen Zusatz Salzsäure, so daß die Lösung insgesamt 19° Baumé stark wird. Die damit eingestrichenen Felle werden Leder auf Leder übereinandergelegt und einige Stunden liegen gelassen. Ist die Beize genügend in das Leder eingedrungen, dann erhalten die Leder eine zweite Streichbeize mit Bürsten, die wie folgt hergestellt wurde: Man löst ½ kg Chromgerbesalz-Bayer[1]) in 1 l Wasser. Durch leichtes Erwärmen wird der Lösungsvorgang beschleunigt. Diese Flüssigkeit wird in 10 l Kochsalzlösung gegossen, die 10° Baumé stark war.

Auch hiernach bleiben die Felle, Leder auf Leder gelegt, mehrere Stunden liegen, nach welcher Zeit sie vollständig durchgegerbt sind. Die Gerbung ist, wie schon gesagt, wasserbeständig. Wenn die Felle danach gefärbt werden, benötigen sie keine Nachzurichtung mehr:

Sehr selten angewendet werden Formaldehydgerbungen, Vegetabilischgerbungen und Sämischgerbungen. Dagegen stößt man ab und zu noch auf Alaungerbungen, die aus diesem Grunde näher beschrieben werden sollen.

Auch bei der Alaungerbung ändert sich der Arbeitsgang nur in der Beize. Man beizt im Tunkverfahren in einer Lösung aus 5 kg Kochsalz, 3 kg Alaun und 1,25 kg essigsaurem Natron in 100 l Wasser. Die Tunkbeize soll nicht wärmer als 22° C werden. Die Nachbehandlung ist dann dieselbe wie bei der „Leipziger Zurichtung". Es macht sich also auch ein Fetten des Leders notwendig, wenn auch nicht so stark wie bei der „Leipziger Zurichtung".

5. Die Rauchwarenfärberei

Es gibt selbstverständlich in der Rauchwarenfärberei ebenfalls verschiedene Methoden. Die gebräuchlichste ist die Oxydationsfärberei mit Ursolen. Die Ursolfärberei gestattet eine Behandlung der Felle bei lauer oder wenig warmer Temperatur, ohne daß die Echtheit der Farbe irgendwie beeinträchtigt wird. Ursolfarben sind Entwicklungsfarben und ziehen indirekt auf, im Gegensatz zu Kleiderfarben, die direkt aufziehen. Bei der Betrachtung der Entwicklung der Ursolfarben auf der Faser drängt sich ein Vergleich mit der Entwicklung der photographischen Platte auf. Das Haar wird nämlich entfettet, fixiert und

---

[1]) Erhältlich bei der I. G. Farbenindustrie Aktiengesellschaft.

der Farbstoff quasi eingebrannt. Die Ursolfarben, die nichts weiter als Oxydationssalze darstellen, werden mit einem Oxydationsmittel zur Oxydation getrieben. Das Fell befindet sich während des Oxydationsvorganges in der Farbe. Die Oberfläche des Haares oxydiert, da sie entfettet und fixiert wurde, mit.

Schon aus dieser allgemeinen Darlegung des Vorganges bei der Rauchwarenfärberei ist ersichtlich, daß die Rauchwarenfärberei nicht mit den üblichen Färbemethoden zu vergleichen und vor allen Dingen nicht einfach ist.

Beabsichtigt man nur die Decke der Felle zu färben, dann genügt das Aufstreichen einer stärkeren Lösung; denn die Oxydation vollzieht sich im Freien genau so prompt wie im Bade. Es ist überhaupt ein wesentlicher Vorteil der Ursolfarben gegenüber den Stoffarben, daß auch die mit Bürsten aufgestrichenen Farben unbedingt echt sind. Voraussetzung ist natürlich immer, daß die Färbung ordnungsgemäß verläuft.

Es werden in der Rauchwarenfärberei dieselben Oxydationsfarben unter verschiedenen Namen verwendet. In Wirklichkeit handelt es sich immer um dieselben Salze. Man kennt noch folgende Bezeichnungen für Ursole: Nako, Furrol, Elektrol usw.

Der Werdegang der Rauchwarenfärberei ist allgemein folgender: Das Haar wird durch Alkalien im Bad oder durch Behandlung im Streichverfahren entfettet. Solche Alkalien sind Soda, Ammoniak und Natronlauge. Eine Ammoniakentfettung (der Fachmann nennt das „Tötung“) geschieht also auf folgendem Wege: Die vorher gut eingeweichten und später abgepreßten Felle werden in ein Bad gegeben, das 25° C warm ist und pro Liter Wasser 10 cm^3 Ammoniak (Salmiakgeist) enthält. In der Lösung bleiben die Felle 2 bis 3 Stunden. Bei manchen Färbungen wird die Ammoniaktötung und die darauffolgende Beize wieder herausgespült. Wir verweisen im Einzelfalle auf die später beschriebenen Rezepte.

Damit ist die Tötung beendet und es erfolgt das Fixieren (fachmännischer Ausdruck „Gerbebeize“). Die Zusammensetzung dieser Beize ist ebenso einfach wie die der Tötungsflotte. Man löst pro Liter Wasser einige Gramm Chromkali, Eisenvitriol oder Kupfervitriol auf. Die Beizflotte hat dieselbe Temperatur. Man läßt die Felle 6 bis 8 Stunden darin, manchmal auch 12 Stunden. Erst danach folgt die Färbung, die sich in einem Bade von etwa derselben Temperatur vollzieht, das nichts weiter enthält als einige Gramm Farbstoff pro Liter Wasser und die nötige Menge Entwickler (Oxydationsmittel). Nach dem Färben, das je nach der Tiefe des gewünschten Tones 2 bis 12 Stunden dauert, wird gespült und dann fertig behandelt. Während die einzelnen, bis hierher beschriebenen Behandlungen innerhalb der folgenden Rezepte jeweils näher erläutert werden, kann die Nachbehandlung für alle Färbungen nach folgendem Muster allgemein vorgenommen werden.

Je nachdem, ob das Fell eine wasserbeständige Zurichtung hatte oder nicht, muß jetzt die sogenannte Nachzurichtung einsetzen. Die

Nachzurichtung besteht in der Regel aus einer stärkeren Beize im Streichverfahren, von derselben Zusammensetzung, wie man sie vorher im Tunkverfahren verwendet hatte. Auch muß nach dem Färben bei solchen Fellen, die Schwefelsäure-Kochsalz-Zurichtung haben, nochmals gefettet werden, wenn auch nur ganz leicht. Erst dann wird bei nicht zu warmer Temperatur getrocknet und nach dem Trocknen geläutert. Man läutert kalt mit trockenen Hartholzsägespänen, am besten Buche. Die Späne müssen harzfrei sein und dürfen keine gerbende Wirkung ausüben, wie das z. B. bei der Eiche der Fall ist. Man verwendet also am sichersten Buchenspäne.

Selbstverständlich wird auch nach diesem Vorgange in der Schütteltonne sauber geschüttelt und am Ende geklopft, gekämmt und eventuell gebürstet. In jedem Fall aber ist das Fell nochmals vor das stumpfe Kürschnermesser zu nehmen, um es auszurecken.

Verschiedene langhaarige Fellsorten werden nach dem Färben noch gebügelt, andere werden lüstriert, das heißt mit Glanz versehen. Seal- und Biberettefelle werden nachmaschiniert, und so schließen sich noch eine Reihe Behandlungsarten an, die im einzelnen Sache des Färbers sind und sich nach dem Auftrag richten. Die Nachbehandlungen sind meist recht unkompliziert.

Ehe wir uns mit den einzelnen Farben befassen, sei noch auf einen mißlichen Umstand hingewiesen, der dem Anfänger in der Regel unterläuft.

Wenn die Farbe zu viel des Oxydationsmittels enthalten hat, dann ist die Faser stark angegriffen worden. Es kommt sogar vor, daß die Spitzen der Haare durch unvorsichtiges Färben versengt werden. Um das zu verhindern, gibt es Mittel, die nach solchen falschen Behandlungen noch angewendet werden können. Ein Mittel, um nach dem Färben gekrümmte Haare zu glätten, ist die Glyzerinbehandlung. Glyzerin wird zur Hälfte mit Wasser verdünnt und auf das Haar aufgestrichen. Die Felle werden übereinandergelegt und gepreßt. Man hat jedoch zu beobachten, daß sich in den Fellen im zusammengepreßten Zustande keine Wärme entwickelt. Die Felle können lange liegen bleiben und werden dann einfach zum Trocknen aufgehängt. Auf diese Weise ist schon manches in der Farbe zu stark mitgenommene Fell noch gerettet worden.

Einer Beschädigung der Granne kann indessen auch von vornherein vorgebeugt werden. Man setzt nämlich dem Tötungsbade vor dem Gerben Protektol zu. Protektol ist eine ölige, sirupartige, braune Flüssigkeit, die die I. G. Farbenindustrie Aktiengesellschaft zum Schutze der Faser herausgebracht hat. Es gibt verschiedene Sorten Protektol. Bei der Tunktötung werden pro Liter Wasser, das 10 g Soda enthält, gleichzeitig 50 g Protektol, Agfa II, zugesetzt. Die Sodatötung hat dieselbe Wirkung wie die Ammoniaktötung. Der Zusatz von Protektol schützt die Haare gegen Zerstörungen durch Wasserstoffsuperoxyd, Alkalien oder Beizen.

Verwendet man Streichtötung, dann kann der Natronlauge, dem Ammoniak oder der Kalkmilch Protektol, Agfa I, mit dem gleichen Ziele zugesetzt werden.

6. Die am häufigsten verwendeten Ursolfarben

Es gibt eine reiche Auswahl unter den Ursolfarben. Man kann sie nach zweierlei Gesichtspunkten ordnen. Es gibt saure und basische Ursolfarben, die sich in der Regel nicht mischen lassen. Dann unterscheidet man Grund- und Imitationsfarben. Die Imitationsfarben sind seitens der Fabrik bereits für einen bestimmten Farbton aus den Grundfarben gemischt. Man soll möglichst immer mit Grundfarben färben, weil man diese nach einem bequemeren Schema mit anderen Farben abtönen kann. Mit den Imitationsfarben wird nicht immer der Ton erreicht, den man gerade wünscht. Wir fügen aus diesem Grunde diesem Abschnitte eine Reihe ausgearbeiteter Rezepte bei, geben dem Leser aber auch Gelegenheit, sich von Grund auf in die Färberei einzuarbeiten.

Da sind zunächst die beiden wichtigsten Ursole: ein Schwarz, das die Bezeichnung „D" trägt und ein Braun, nämlich Ursol P. Ursol D färbt ohne Vorbeize dunkelbraun bis braunschwarz. Auch auf Chrombeize färbt Ursol D allein kein tiefes Schwarz. Dagegen erreicht man ein solches auf Kupferbeize und auf den beiden Eisenbeizen. Dabei ist zunächst einmal angenommen, daß die Farbe mit 8 bis 10 g pro Liter ausgefärbt und die fünfzehnfache Menge Wasserstoffsuperoxyd der Farbe zugesetzt wurde. Man rechnete pro Kaninfell 1½ bis 2 l Farbflotte und nahm dabei eine Färbedauer von 4 bis 6 Stunden an. Die Chrombeize besteht aus 4 g Chromkali pro Liter Wasser und ist 28° C warm. Die Kupferbeize enthält 2½ bis 3 g Kupfervitriol pro Liter Wasser und ist 22° C warm. Die Eisenbeize besteht aus 3 bis 4 g Eisenvitriol und 1 g Essigsäure pro Liter Wasser und ist ebenfalls 22° C warm. Es gibt noch eine Eisenbeize, die mit holzessigsaurem Eisen zubereitet wird, eine Flüssigkeit, von der man 4 bis 6 cm^3 im Liter Wasser zum Beizen verwendet. Die Beize soll hier nicht wärmer als 20° C sein.

Mit diesen Beizen kann der angehende Färber die einzelnen Ursolfarben leicht ausprobieren. Die Beizdauer beträgt je nach der Tiefe des gewünschten Tones 6 bis 8 Stunden. Es ist ratsam, soweit in den einzelnen Rezepten nicht anderes vorgeschrieben ist, sowohl die Tötung als auch die Beize vor dem Färben wieder gut herauszuwaschen. Das Haar behält auch nach kräftigem Spülen noch so viel Aufnahmefähigkeit, wie die Farben es erfordern.

Ursol P färbt ohne Beize hellbraun, auf Chrom ein stumpfes Rotbraun, auf Kupfer ein stumpfes Dunkelbraun und auf Eisen ein Graubraun.

Um Ursol P zu schönen, braunen Nutriatönen auszufärben, setzt man diesem Farbstoff noch Ursol 2 G und Pyrogallussäure hinzu. Die Pyrogallussäure wird genau so behandelt wie die Ursolfarben. Außer der fünfzehnfachen Menge Wasserstoffsuperoxyd verlangt die Färbung mit Pyrogallussäure noch einen kleinen Teil Ammoniak zum Entwickler. Bei den eben angeführten Tönen für Ursol P ist angenommen, daß 3 bis 4 g Farbstoff pro Liter Verwendung finden. Diesen 3 bis 4 g wird noch 1 g Ursol 2 G und 1 g Pyrogallussäure zugesetzt, um den gedachten guten Nutriaton zu erzielen.

Dieser Nutriaton kann auf Chrombeize und, wenn er zu rötlich ausfällt, auf Kupferbeize gefärbt werden. Für Nutriaton empfiehlt sich auch noch eine fünfte Beize, nämlich die Alaunbeize. Unter denselben Voraussetzungen und bei derselben Gewichtsmenge wie bei der Chrombeize wird an Stelle von Chromkali einfach Chromalaun verwendet. Mit Kalialaun darf nicht gebeizt werden.

Ursol 2 G allein färbt ohne Beize bei 2 g Farbstoff pro Liter Wasser ein stumpfes Gelb, bei 4 g pro Liter Wasser auf die übrigen Beizen gelbbraun.

Pyrogallussäure, allein verwendet, ergibt bei 3 g pro Liter Wasser ohne Beize einen blonden Beigeton, auf Chrom Gelbbraun, desgleichen auf Kupfer, und auf Eisen Graubraun.

Zu den wichtigsten braunen Farben gehört noch Ursol N Z. Es färbt bei 4 g ohne Beize Modebraun, auf Chrom ein verwendbares, reines Dunkelbraun, auf Kupfer Schwarzbraun und auf Eisen Olivbraun.

Um Ursol D zum Schwarzfärben besser verwenden zu können, und um einen reinen, tiefen, satten, schwarzen Ton zu erzielen, mischt man Ursol D B bei, und zwar verlangt die schwarze Farbe insgesamt 8 g Ursol D und 3 g Ursol D B im Liter Wasser. Am besten zieht diese Kombination auf Chrombeize und auf Kupferbeize auf. Die Chrombeize ist geeignet, das Leder zu verbessern, während die Kupferbeize das Leder hart macht, wenn man sie zu intensiv anwendet. Man arbeitet trotzdem gern mit Kupferbeize, weil viele Farben auf dieser Beize viel schönere Töne ergeben und echter sind als auf anderen Beizen.

Aus der anderen Gruppe der Schwarzfarben sei Ursol S B hervorgehoben. Ursol S B, bei 8 g ausgefärbt, ergibt ohne Beize Blau bis Schwarzblau. Verdünnt, entwickelt sich ein Blau mit violettem Einschlag. Ein tiefes Schwarz erzielt man auf Eisenbeize und auf Chrombeize. Der Farbstoff verlangt zum Entwickler einen Zusatz von Ammoniak. Es werden immer so viel Kubikzentimeter Ammoniak verwendet, als die Flotte Farbstoffgramm enthält.

Bereits gemischte Imitationsfarben sind: Ursolbraun S O und Ursol 4 G L für reine olivbraune oder mittelbraune Farbtöne. Auch Ursolbraun 2 G A liefert, allein gefärbt, verwendbare Modefarben.

Zu grauen Tönen hat sich am besten bewährt Ursolgrau B. Bei 4 g im Liter Wasser färbt Ursolgrau B ohne Beize blaugrau, auf Chrombeize ein grünliches Grau, auf Kupferbeize dasselbe und auf Eisenvitriol ein Mausgrau, das sich als Farbe für Fehtöne verwenden läßt. Es lassen sich folgende der genannten Farbstoffe mischen:

Ursol D mit D B, P, 2 G, N Z, grau B, braun S O und Pyrogallussäure.

Ursol D B läßt sich mischen mit D, S B, P, 2 G, N Z, grau B und Pyrogallussäure.

Ursol P läßt sich mischen mit D, D B, S B, 2 G, N Z, grau B und Pyrogallussäure.

Auch Ursol 2 G läßt sich mit den genannten Farbstoffen mischen, desgleichen Ursol N Z und Ursolgrau B.

Pyrogallussäure kann mit sämtlichen anderen Farben gemischt werden.

Allgemein wird bei der Streichfärberei (Blenderei) ein Vielfaches der Farbstoffe und Entwicklermengen der Tunkfärberei verwendet. So muß z. B. auf vor der Farbe getöteten und gebeizten Fellen bei einer tiefschwarzen Farbe die Streichflotte mindestens 20 bis 25 g Farbstoff enthalten.

Braune Farben benötigen, wenn sie aufgestrichen werden, 12 bis 16 g Farbstoff pro Liter.

Die beiden Methoden lassen sich wie folgt gegenüberstellen:

Bei der Tunkfärberei wird das Fell eingeweicht, vorgetrocknet (man läßt das Wasser ablaufen oder zentrifugiert), im Bade getötet (Soda oder Ammoniak), nach 2 Stunden herausgenommen, gespült, vorgetrocknet und wieder im Bade gebeizt (Chromkali, Chromalaun, Kupfervitriol, Eisenvitriol oder holzessigsaures Eisen), darauf wieder gespült, vorgetrocknet und gefärbt. Die Farbe enthält neben dem vorher durch Übergießen mit heißem Wasser gut aufgelösten Farbstoff noch einen Entwickler. Pro Gramm Farbstoff rechnet man 15 cm^3 Wasserstoffsuperoxyd und bei manchen Farben noch 1 cm^3 Ammoniak. Nach dem Färben wird wieder gespült, gut vorgetrocknet, ausgereckt, das Leder etwas gefettet, fertiggetrocknet und geläutert.

Demgegenüber wird bei der Blenderei wie folgt verfahren: Mit der vierfachen Menge Zusatz wird die Tötung durch Bestreichen mittels Bürsten vorgenommen und mit Bürsten wieder herausgewaschen. Dasselbe geschieht beim Beizen und beim Färben. Man läßt die Felle zwischen jedem Arbeitsgang einige Stunden liegen, und zwar Haarseite auf Haarseite übereinandergelegt, oder Haarseite nach innen zusammengeklappt.

Diese beiden Methoden werden auch nacheinander angewendet in den Fällen, wo die Grundfarbe sich von der Deckfarbe unterscheiden soll. Namentlich Oberhaarfarben, wie Nerz, erhalten immer noch eine Deckfarbe. Nur ist dabei zu beachten, daß das für die Grundfarbe getötete und gebeizte Fell bei der Deckfarbe nicht noch einmal getötet oder gebeizt werden braucht. Das Haar bleibt während des gesamten Arbeitsganges aufnahmefähig und fixiert.

7. Farbrezepte

a) Sealkanin

Die Felle müssen vor dem Färben geschoren werden und erhalten bereits im trockenen Zustande die Deckfarbe, die mit Bürsten aufgetragen wird. In der Regel muß ein gutes Sealkanin fünf- bis sechsmal gedeckt werden. Jedesmal, wenn die Deckfarbe aufgestrichen wurde, bleiben die Felle zusammengeklappt mehrere Stunden liegen. Die Farbe entwickelt sich in diesem Zustande. Daraufhin wird jedesmal getrocknet und in der Schütteltonne aufgeschüttelt.

Die einzelnen Färbereien verfahren dabei ganz verschieden. Einige geben erst die fünf Deckstriche und dann die Tunkfarbe, andere drei Deckstriche vor der Tunkfarbe und zwei nach der Tunkfarbe. Diese Ausführungen müssen dem einzelnen Färber überlassen bleiben.

Vor der Tunkfarbe entwickelt sich die aufgestrichene Deckfarbe nicht bis Tiefschwarz, sondern vielmehr bis Dunkelgrün oder Grasgrün. Das darf den Färber nicht anfechten. Erst in der Tunkfarbe wird die Decke tiefschwarz, denn die Tunkfarbe entwickelt die Decke erst fertig.

Zur Deckfarbe für Sealkanin müssen zwei Lösungen zusammengestellt werden, die man erst unmittelbar vor der Verwendung zusammengießt. Die eine Lösung besteht aus 140 g Anilinsalz pro Liter Wasser, die andere enthält in derselben Menge Wasser 70 g Natriumchlorat, 35 g Salmiak, 15 g Kupfervitriol und 4 cm^3 von einem Ammoniumvanadat, das vorher in einer Lösung von 1 : 1000 verdünnt wurde. Um ganz sicher zu gehen, raten wir zu folgendem Wege: Ammoniumvanadat, ein weißes Pulver, wird mit einem Gramm in einem Liter Wasser aufgelöst. Davon werden 4 cm^3 abgegossen und der bereits erkalteten Lösung zugefügt, welche die drei übrigen Bestandteile enthält. Erst dann, wenn die beiden Literlösungen getrennt voneinander abgekühlt sind, gießt man sie zusammen und bestreicht mit der Bürste gleichmäßig und intensiv die Decke. Es sind harte Bürsten zu empfehlen, um die Farbe ziemlich tief in das Fell einarbeiten zu können. Das Fell wird mit jedesmal zwölfstündiger Unterbrechung drei- bis viermal hintereinander gestrichen, Haar auf Haar liegen gelassen und bei 35 bis 40° C getrocknet.

Nach dem letzten Strich und dem darauffolgenden Trocknen und Schütteln wird das Fell mit einer Lösung aus 3,5 g Kaliumbichromat pro Liter Wasser eingestrichen, wieder zusammengeklappt und schließlich getrocknet. Damit ist unsere Decke bereits beendet. Es beginnt die Tunkfärberei. Zunächst wird getötet mit einer Flotte, die 15 cm^3 Ammoniak im Liter Wasser enthält. Das Bad ist 25° C warm. Die Tötung dauert 3 bis 4 Stunden. Danach wird sorgfältig gespült und gebeizt. Man läßt die Felle über Nacht in einer Beize, die pro Liter Wasser 3 g Chromkali, 1 g Kupfervitriol und 3 g Weinstein enthält. Die Beize wird nicht herausgespült. Man färbt gleich anschließend mit einem Farbbade bei 30° C 6 Stunden lang, welches pro Liter Wasser 4 g Ursol P, 4 cm^3 Ammoniak und 80 g Wasserstoffsuperoxyd enthält.

Nunmehr ist Deck- und Grundfarbe eingefärbt. Man spült kräftig und behandelt das Fell genau so weiter, wie nach jeder anderen Farbe. Es wird also vorgetrocknet, gefettet, fertig getrocknet, geläutert, geschüttelt, gereckt, geklopft, gekämmt, gebügelt und nachmaschiniert.

b) Schwarz auf Kanin und Hasen

Die eingeweichten Felle werden 3 Stunden lang getötet mit 15 g Soda pro Liter Wasser bei einer Temperatur von 22° C. Man spült gut und beizt 12 Stunden lang mit 10 g Eisenvitriol in 1 Liter Wasser bei

20° C. Auch die Beize wird wieder herausgespült und dann färbt man entweder 8 Stunden lang mit einer Farbe, die pro Liter Wasser 10 g Ursol SC, 10 cm³ Ammoniak und 150 cm³ Wasserstoffsuperoxyd enthält, oder man färbt mit einer Zusammenstellung aus 8 g Ursol D, 3 g Ursol DB und 175 cm³ Wasserstoffsuperoxyd pro Liter Wasser, ebenfalls 8 Stunden.

Um die Granne besser decken zu können, empfiehlt es sich, bei langhaarigen Kanin und Hasenfellen ganz im Anfang, noch im trockenen Zustande, also vor dem Einweichen, die Granne mit Bürsten mit einer Lösung zu bestreichen, die so viel Natronlauge enthält, daß die Spindel 2° Baumé zeigt. Die Felle bleiben Haarseite auf Haarseite 3 Stunden liegen. Die Natronlauge wird durch das darauffolgende Einweichen ohne besonderes Zutun sowieso wieder herausgespült.

c) Maulwurf auf geschorenem Kanin

Man tötet mit 15 g Soda pro Liter Wasser 3 Stunden lang und spült dann gut. Die Beize, mit der das Fell 12 Stunden lang bearbeitet wird, enthält 20 g holzessigsaures Eisen pro Liter Wasser. Auch die Beize wird wieder herausgespült, dann färbt man 6 Stunden lang mit:

1,2 g	Ursolgrau AL	pro Liter Wasser.
0,2 ,,	,, D	
0,2 ,,	,, DF	
1,2 cm³	Ammoniak	
26,0 ,,	Wasserstoffsuperoxyd	

Die Fertigbehandlung ist die übliche.

d) Grau auf Hasen

Die Tötung ist dieselbe wie im vorhergehenden Rezept. Gebeizt wird nicht. Man färbt mit:

1 g	Ursolgrau B	pro Liter Wasser.
0,2 ,,	,, DF	
0,8 ,,	,, 2 G	
40 cm³	Wasserstoffsuperoxyd	

Die Färbedauer beträgt 6 Stunden. Es wird, wie nach jeder Farbe, gespült, getrocknet, geläutert usw.

e) Biberettkanin

Es wird das geschorene Kaninfell zunächst mit Bürsten und einer Tötungsflotte bearbeitet, die sich wie folgt zusammensetzt:

500 cm³ Wasser
500 ,, Wasserstoffsuperoxyd und
10 ,, Ammoniak.

Erst danach werden die Felle eingeweicht und erhalten dann eine Tunktötung, die 6 Stunden lang dauert und 12 g Soda pro Liter Wasser enthält. Auch hier wird gespült und dann gebeizt. Die Beize enthält pro Liter Wasser 10 g Eisenvitriol und 1 cm³ Essigsäure. Sie dauert

6 Stunden. Das Beizbad ist 25 bis 30° C warm. Wieder wird kräftig gespült und dann gefärbt mit 6 g Ursol NZ und 120 cm^3 Wasserstoffsuperoxyd im Liter Wasser.

f) Schwarz auf Füchsen

Die Füchse werden in einer lauwarmen Lösung gewaschen, die pro Liter Wasser 5 cm^3 Ammoniak enthält, dann wird gespült. Man beizt sie über Nacht. Die Beize setzt sich zusammen aus 15 g Eisenvitriol und 2 g Essigsäure pro Liter Wasser. Es wird wieder gespült und gefärbt mit 8 g Ursol SB, 10 cm^3 Ammoniak und 150 cm^3 Wasserstoffsuperoxyd pro Liter Wasser.

Eventuell müssen die Füchse noch eine Deckfarbe haben, die mit Bürsten aufgestrichen wird und pro Liter Wasser enthält:

15 g	Ursol SB
15 cm^3	Ammoniak
200 „	Wasserstoffsuperoxyd.

g) Zobel auf langhaarigem Kanin

Zunächst werden die Grannen getötet mit Natronlauge. Das Bad mißt 2° Baumé. Man tötet im Streichverfahren mit Bürsten, weicht die Felle dann erst ein und beizt 6 Stunden lang mit 2 g Chromkali, 1 g Weinstein und $^1/_4$ g Kupfervitriol pro Liter Wasser. Die Grundfarbe, mit der man 6 Stunden lang behandelt, enthält pro Liter Wasser

1 g	Ursol P
0,5 „	Pyrogallussäure
1,5 cm^3	Ammoniak
30 „	Wasserstoffsuperoxyd.

Jetzt wird nicht gespült, sondern vorgetrocknet, gefettet und fertiggetrocknet. Zwischendurch wird an der Kürschnerbank breitgezogen, (ausgereckt).

Das trockene Fell erhält jetzt eine Deckfarbe mit Bürsten von:

6 g	Ursol P	in 1 Liter Wasser.
3 „	„ D	
60 cm^3	Wasserstoffsuperoxyd	

Es folgt die Schlußbehandlung.

h) Skunk auf Opossum

Es wird eingeweicht und mit 5 cm^3 Ammoniak pro Liter Wasser 1 Stunde lang getötet, dann gespült und 12 Stunden gebeizt mit 5 g Eisenvitriol pro Liter Wasser. Dann wird wieder gespült und 3 Stunden lang gefärbt mit:

2,25 g	Ursolgrau AL	pro Liter bei 25° C.
0,16 „	Ursol DF	
0,07 „	„ P	
2,25 cm^3	Ammoniak	
50 „	Wasserstoffsuperoxyd	

Man rechnet pro Opossumfell, genau wie bei Kaninfellen, $1^1/_2$ Flotte pro Fell. Nun werden die Felle gespült, vorgetrocknet, im Leder gefettet und fertig getrocknet. Sie erhalten eine Deckfarbe, die ziemlich tief in das Fell mit Bürsten eingearbeitet wird und pro Liter Wasser 5 g Ursol Nr. 108 590 und 100 cm³ Wasserstoffsuperoxyd enthält. Nachdem die Felle Haarseite auf Haarseite 3 Stunden liegen geblieben sind, wird getrocknet und eine zweite Farbe leicht aufgestrichen. Diese Farbe enthält:

25 g	Ursol DF
500 cm³	Wasserstoffsuperoxyd und
500 ,,	Wasser.

i) Slategrau auf Zickel

Zickel tötet man im Streichverfahren zweimal hintereinander mit jedesmaligem Trocknen mit 100 g gebranntem Kalk pro Liter Wasser. Der Kalk wird ausgewaschen und dann im Tunkverfahren 2 Stunden lang getötet mit 10 g Soda im Liter. Wieder wird gespült und über Nacht gebeizt mit 20 g holzessigsaurem Eisen pro Liter Wasser. Die Felle werden zwar abgepreßt, aber jetzt nicht gespült, sondern 3 Stunden lang gefärbt mit:

0,6 g	Ursolgrau	B	pro Liter Wasser.
0,2 ,,	Ursol	P	
0,5 ,,	,,	4 G	
0,1 ,,	,,	SA	
0,3 cm³	Ammoniak und		
20 ,,	Wasserstoffsuperoxyd		

k) Silbergrau auf Schmaschen und Lammfellen

Die Felle werden in 10 cm³ Ammoniak pro Liter Wasser gründlich gewaschen und einige Stunden liegen gelassen. Dann wird gut gespült und über Nacht gebeizt mit 5 g Chromalaun und 0,6 g Soda pro Liter Wasser. Dann wird kräftig wiederholt gespült und etwa 3 Stunden gefärbt mit:

0,4 g	Ursolgrau B und
4 cm³	Wasserstoffsuperoxyd

pro Liter Wasser bei 25 bis 30° C. Jetzt wird nicht gespült, sondern ein zweites Mal gefärbt mit 0,3 g Silbergrau P pro Liter Wasser, ohne Zusatz eines Entwicklers, bei 30° C, 2 Stunden lang. Dann wird gut gespült, vorgetrocknet, das Leder angefettet, nachgetrocknet, nicht geläutert, sondern längere Zeit geschüttelt (Schütteltonne).

l) Schmaschen und Lammfelle, braun

Die Schmaschen werden getötet in 5 g Soda pro Liter eine Stunde lang, gebeizt, wieder eine Stunde lang, in 3 g Chromkali pro Liter Wasser und gefärbt 3 Stunden lang in:

1 g	Ursol D	pro Liter Wasser.
3 ,,	,, P	
2 ,,	Pyrogallussäure	
2 cm³	Ammoniak	
100 ,,	Wasserstoffsuperoxyd	

Dann wird wie üblich fertig behandelt.

m) Feh auf Zickel mit Schablone

Die Tötung wird mit Bürsten vorgenommen. Man verwendet 50 g gebrannten Kalk pro Liter Wasser. Die Felle bleiben zusammengeklappt Haar auf Haar liegen, werden getrocknet, ein zweites Mal getötet, wieder getrocknet und gespült. Es wird nicht gebeizt, sondern dann anschließend getrocknet und mit einer Farbe, die im Liter Wasser

12 g	Ursolgrau AL
1,5 ,,	Ursol P
13,5 cm³	Ammoniak und
270 ,,	Wasserstoffsuperoxyd

enthält, mittels Schablonen, die den Fehrücken imitieren, und Bürsten auf das Haar aufgetragen. Man läßt die Farbe 8 bis 10 Stunden lang oxydieren, trocknet dann und läutert.

n) Kreuzfuchsfarbe und Kreuzfuchsblende

In den Rotfuchs oder Landfuchs wird nach vorheriger Streichtötung, die mit 10 cm³ Ammoniak pro Liter Wasser vorgenommen wurde, und nach erfolgtem Trocknen eine Grundfarbe eingeklopft, die sich wie folgt zusammensetzt:

8 g	Ursol 2 G	pro Liter Wasser.
3 ,,	,, SA	
3 ,,	,, grau B	
3 cm³	Ammoniak und	
265 ,,	Wasserstoffsuperoxyd	

Die Grundfarbe läßt man einige Stunden oxydieren und dann eintrocknen und streicht mit Schablonen und Bürsten die Deckfarbe für das Kreuz auf. Geschickte Färber benötigen dabei keine Schablone. Man verwendet pro Liter Wasser

3 g	Ursol D
3 ,,	,, NZ und
120 cm³	Wasserstoffsuperoxyd.

o) Das Blenden echter Skunks

Naturelle Skunks, die zu rötlich sind, werden, nachdem sie mit 10 cm³ Ammoniak pro Liter Wasser getötet wurden, mit Bürsten tief geblendet mit einer Lösung aus

6 g	Ursol Nr. 108590	im Liter Wasser.
120 cm³	Wasserstoffsuperoxyd	

Darauf wird getrocknet und mit einer weicheren Bürste leicht gebürstet mit einer Lösung aus

12 g	Ursol DF
200 cm^3	Wasserstoffsuperoxyd und
500 ,,	Wasser.

Daraufhin wird wieder getrocknet, geläutert und fertigbehandelt.

p) Die Marderblende

Auch echte Marder werden, um die Naturfarbe des hochwertigen Felles zu erhalten, nachgeblendet, wenn sie zu gelblich, zu rötlich oder überhaupt zu blaß sind. Man muß einen Unterschied machen zwischen getragener Ware und nicht verwendeten, naturellen Fellen. Die getragene Ware ist zunächst gründlich mit Sägespänen zu läutern, zu schütteln und genau wie bei Skunks mit Ammoniak zu töten. Die Deckfarbe muß mit ganz weichen Bürsten aufgestrichen werden. Noch vorteilhafter sind Gänse- oder Hühnerfedern, die in den Farbtopf getaucht werden, um damit die Granne fein auszupinseln. Namentlich bei getragenen Mardern darf nicht mit einer starken Farbstofflösung sofort an das Fell herangegangen werden. Die Kostbarkeit des Felles verlangt, daß man zunächst eine dünne Lösung leicht aufstreicht und bei Bedarf ein- oder zweimal nachdeckt. Jedesmal wird danach geläutert oder in Ermangelung einer Läutertonne mit Hartholzsägespänen abgerieben. Dadurch, daß man die Decke nach und nach gibt, kann man auch nuancieren. Zunächst ist als Farbe folgende Zusammensetzung die gegebenste:

0,50 g	Ursol P	pro Liter Wasser.
0,25 ,,	,, SB	
0,25 ,,	,, braun 2 G	
20 cm^3	Wasserstoffsuperoxyd	

Wird die Farbe zu rötlich, dann kann man mit Pyrogallussäure nachspitzen, wird sie zu gelblich, dann erhöht man den Gehalt Ursol SB. Es empfiehlt sich auch bei Bedarf Ursol P schwächer anzusetzen, wenn der angegebene Farbstoff die Grannen zu rötlich färbt.

Das Blenden getragener Marder ist weitaus schwieriger als das Blenden zugerichteter, natureller, noch nicht verwendeter Rauchwaren. Bei den getragenen Sachen färbt jedes Fell anders an, da man nie wissen kann, wieviel verschiedene Zurichtungsarten die getragene Ware haben kann, und außerdem spielen das Alter und die Abnutzung der feinen Schuppen an der Oberfläche der Grannen eine große Rolle. Die Marderblende muß daher äußerst vorsichtig ausgeführt werden.

q) Lederfarbe für Maulwürfe und Skunks

Naturelle Maulwürfe und naturelle Skunks werden oft, um die Naht, namentlich an Bruchstellen, nicht weiß durchschimmern zu lassen, im Leder so gefärbt, daß die Farbe auf der Haarseite des Leders durchscheint. Das Maulwurfleder wird auch dann so behandelt, wenn der Wirbel die Grundfarbe durchscheinen läßt. Es ist also von Fall zu Fall dem Kürschner zu überlassen, ob er die Nähte oder das ganze Fell mit Farbe bestreicht. Verwendbar sind fast sämtliche direkten, sauren Anilinfarbstoffe. Die Lederblende handhabt sich sehr einfach. Man löst den Anilinfarbstoff durch Übergießen mit kochend heißem Wasser, verdünnt und streicht das Leder damit ein. Es darf nicht zu wenig eingestrichen werden, weil sonst die Farbe nicht durch das Leder schlägt. Wird zu fett gestrichen, dann setzt sich die Farbe zu sehr in das Haar. Die Farbe selbst wird sofort vom Leder im richtigen Ton aufgenommen. Sie unterscheidet sich daher wesentlich von den vorher beschriebenen Oxydationsfarben. Es sind folgende saure Farbstoffe zu empfehlen:

Für Blau: Indigokarminblau BG,
„ Grau: Silbergrau P, etwas bläulicheres Grau:
Silbergrau 52 820
Für Schwarz: Säureschwarz B.
„ Braun: Resorzinbraun.

Diese Farben werden ebenfalls von der I. G. Farbenindustrie Aktiengesellschaft hergestellt. Man kann den einen Ton mit dem anderen nuancieren, indem man die Farbstoffe einfach mischt.

Zur Lederfarbe für Maulwürfe löst man 6 g Silbergrau 52 820 pro Liter Wasser auf. Für die Skunklederblende werden in ein Liter Wasser

4 g Resorzinbraun
2 „ Säure-Schwarz B und
2 „ Indigokarminblau BG

gegeben.

r) Putzen und Bleichen getragener Hermeline und Weißfüchse

Getragene Hermeline und Weißfüchse haben bekanntlich das Bestreben, durch längeres Tragen gelb zu werden, ein Umstand, dem auch die besten Qualitäten unterworfen sind. Auch zeigt sich bei weißen Fellen naturgemäß die Verschmutzung viel eher als bei farbiger Ware. Den kostbaren Weißfuchs und das kostbare Hermelinfell sucht man daher wieder sauber und schneeweiß zu bekommen. Man behandelt die Ware wie folgt:

Die Hermeline werden gründlich in Hartholzsägespänen geläutert, denen man einen Schuß Ammoniak beigegeben hat. Man läutert 4 bis 6 Stunden sehr gründlich. Am Ende werden die Sägespäne gegen ammoniakfreie ausgetauscht und nochmals 2 Stunden geläutert. Diese Behandlung verlohnt sich natürlich nur, wenn größere Quantitäten vorhanden sind. Bei kleinen Quantitäten wird nur der zweite Teil der Behandlungsart vorgenommen. Man bestreicht nämlich die Grannen mit einer Lösung aus

20 cm^3 Wasserstoffsuperoxyd und
10 „ Ammoniak in
250 „ Wasser.

Das Leder darf nicht naß werden. Man kann unter Umständen zum Trocknen die Felle in die Sonne hängen. Die Sonne übt auf das Fell in diesem nassen Zustande eine Bleichwirkung aus. Nach dieser Behandlung wird wieder geläutert, den Sägespänen wird ein Schuß Salvator beigegeben, eine weiße, feine Tonart, die die Grannen sauber poliert. Dann wird kräftig geschüttelt und gekämmt.

Der Weißfuchs wird ebenfalls vorher geläutert, jedoch bleibt das Ammoniak weg. Nach dem Schütteln wird mit Kalk behandelt. 50 g gelöschter Kalk pro Liter Wasser aufgelöst, werden auf die Grannen gestrichen. Nach dem Trocknen wird mit Sägespänen und Salvator nachgeläutert.

Bei der Reinigung beider Felle empfiehlt sich ebenfalls ein vorsichtiges Zu-Werke-Gehen, da es sich auch hier um getragene Felle handelt, die zum größten Teil verschwitzt sein werden, also Fett und Alkalien enthalten. Man versucht zweckmäßig die Behandlung erst einmal im kleinen.

s) Das Bleichen

Zum Bleichen von Rauchwaren werden verschiedene Verfahren angewendet. Am häufigsten arbeitet man im Tunk- oder Streichverfahren mit einer Zusammensetzung aus Wasserstoffsuperoxyd, Ammoniak und Wasser. Die Zusammensetzung ist je nach dem gewünschten Ton und der Struktur des Felles verschieden stark. Wenn stark gebleicht werden soll, dann empfiehlt sich, mit Bürsten zu bleichen, ohne daß das Leder damit eingeweicht wird. Man kann dann eine konzentrierte Bleichflotte verwenden, ohne die Felle zu beschädigen. Im Tunkverfahren wird gebleicht mit 10 cm^3 Ammoniak, 100 cm^3 Wasserstoffsuperoxyd und 1 l Wasser. Im Streichverfahren mischt man Wasser und Wasserstoffsuperoxyd halb und halb und setzt pro Liter dieser Mischung noch 30 cm^3 Ammoniak zu. Im allgemeinen raten wir dem Gelegenheitsfärber ab, sich mit dem Bleichen von Rauchwaren zu befassen, denn in der Regel wird er dabei die Felle verderben, oder aber nicht immer das gewünschte Resultat erzielen. Angewendet werden in der Praxis noch Schwefelsäurebleichen, Burmolbleichen, Natriumbisulfit- und Rongalitbleichen. Bei der Rongalitbleiche werden die Felle in eine Lösung gelegt, die pro Liter Wasser 1 g Rongalit „C“ und 2 cm^3 Essigsäure enthält. Die Bleichdauer beträgt 8 bis 12 Stunden. Man kann aber auch bei einer stärkeren Lösung mit Bürsten bleichen.

t) Das Grotzenziehen

Viele Fellgattungen, namentlich aber Wildware, und davon die geringeren Sorten, werden vielfach schon dadurch veredelt und wesentlich im Aussehen verbessert, daß man den Rücken aufblendet oder einen Grotzen aufzieht. Unter Grotzen versteht man scharfmarkierende und nach außen zu leicht verlaufende Deckstriche in der Mitte des Rückens in der Längsrichtung des Felles. Alle anderen Markierungen und Streifen bezeichnet man als Blenderei schlechthin. Grotzen werden auch auf Futter gebracht. Meistens wird dort der Fehler gemacht, daß die Grotzenstriche über das ganze Futter hinweg parallel zueinander wie mit dem Lineal gezogen werden. Ein derartiger Grotzen wirkt zu sehr wie Nachahmung. Man sucht vielmehr dahingehend ausgleichend zu wirken, daß man die gewisse Unregelmäßigkeit der Grotzen im echten Futter nachzuahmen versucht. Das Grotzenziehen ist die denkbar einfachste Art der Rauchwarenfärberei überhaupt. Bei noch nicht getragenen, also aus der Zurichtung kommenden Fellen, macht sich in der Regel nicht einmal eine Beize notwendig. Auch das Töten kann man oft ersparen. Wenn schon getötet werden muß, so genügt eine Lösung aus 10 cm^3 Ammoniak pro Liter Wasser, mit der man die Haare in der Gegend des gedachten Grotzens herum einstreicht. Die Tötung läßt man einfach eintrocknen, ohne sie wieder herauszuwaschen.

Die zum Grotzenziehen verwendete Farbe ist natürlich stärker als die zur Erreichung des gleichen Tones notwendige Tunkfarbe. Zum Grotzenziehen bevorzugte Farbstoffe sind:

Für Schwarz:	Ursol D.
Für Braun:	Ursol P.
	Ursol 2 G. und
	Pyrogallussäure.

Erfahrungsgemäß wird ein rötliches Braun dunkler und der rötliche Ton wird weggedrückt, wenn man mit Blau überfärbt. Überall dort, wo braune Farbe zu rötlich ist, das ist vor allen Dingen bei minderwertigem Nutria der Fall, blendet man nach der Ammoniaktötung mit einer Farbe, die pro Liter Wasser 2 g Ursol SB, 2 g Ursol P, 2 g Ammoniak und 80 cm^3 Wasserstoffsuperoxyd enthält.

Die eben beschriebene Farbe ist eine herrliche und echte Nutriablende. Sie wird aber auch zum Blenden roter Skunks verwendet, die dadurch eine überraschend schöne Farbe in der Nuance der teureren blauen Skunks erhalten.

Die Farbe wird mit Bürsten aufgestrichen, und zwar nur immer so tief, daß sie nicht in das Leder eindringt. Das Leder muß schneeweiß bleiben. Nach dem Einstreichen werden die Felle Haarseite auf Haarseite übereinander gelegt und drei Stunden liegen gelassen. Dann wird getrocknet und geläutert. Bei dieser Farbe gibt es im Sortiment nur wenige Felle, bei denen sich eine Wiederholung des Farbvorganges notwendig macht. Bei einer Wiederholung achte man streng darauf, daß das darauffolgende Farbbad wesentlich schwächer ist als das vorangegangene, da die zweite Farbe viel intensiver angreift.

Zuweilen macht es sich notwendig, einen Übergang zu schaffen zwischen der neuen Grotzenfarbe und der ursprünglichen, naturellen Farbe des Felles. In einem solchen Falle wird immer vor dem Grotzenziehen mit Bürsten ein sogenannter Grund in das Haar des ganzen Felles hineingeklopft. Die Grundnuance muß wesentlich schwächer, aber aus denselben Farben zusammengestellt sein wie die Decke. Es dürfen lediglich Verschiebungen in den Grammengen vorgenommen werden.

Zum Aufziehen des Grotzens werden, sobald dieser feiner ausfallen soll, oft feine Pinselchen, Gänsefedern oder anderes feines Material verwendet.

In großen Rauchwarenblendereien verwendet man dazu auch Farbspritzapparate. Die Farbe wird mit den sogenannten Farbpistolen mittels atmosphärischen Druckes durch eine Zerstäuberdüse geführt und gelangt als feiner Regen auf das Fell. Der Druck wird mit einer eigens dazu konstruierten Maschine erzeugt, deren Anschaffung sich aber nur für größere Betriebe lohnt.

Man kann sich aber, wenn man trotzdem einmal nur ganz feinen Farbstaub auf das Fell bringen will, z. B. bei Fehimitation, wie folgt behelfen:

Die Farbe wird mit Bürsten durch feine Drahtgaze gerieben. Das Fell wird mit Schablonen an den Stellen, die nicht gefärbt werden sollen, geschützt. Die Farbe wird durch die Gaze einen halben Meter über dem Fell zerstäubt und kommt als feiner Sprühregen auf das Fell. Da es sich um Oxydationsfarbe handelt und die betroffenen Stellen genau so oxydieren wie bei jeder anderen Ursolfärberei, sind auch diese Blendungen unbedingt echt und zuverlässig.

u) Kochfähige Felle

Dem Kürschner winkt in nächster Zeit eine bedeutende Erleichterung. Es ist einem Färberei- und Zurichtereibetriebe gelungen, eine Zurichtungsmethode zu finden, die es gestattet, die nach dieser Methode zugerichteten Felle kochend zu behandeln.

Mit der Möglichkeit, Felle bei Kochtemperatur zu behandeln, eröffnen sich für die Färberei die glänzendsten Aussichten. Man kann nämlich in diesem Falle ohne die in der Rauchwarenfärberei verlangten Vorkenntnisse und ohne Risiko jede Wollfarbe und Stoffarbe, die sich für Wolle eignet, kochend und daher unbedingt echt auch auf die Faser des Felles bringen. Es ist dann nicht mehr nötig, mit Entwicklungsfarbstoffen zu arbeiten und die einzelnen Farben zu studieren, sondern man kann jeweils schon an der Farbe sehen, wie das zu färbende Fell aussehen wird. Die Stoffarben sind, das hat die Kleiderstoffärberei bewiesen, mindestens ebenso echt wie die Entwicklungsfarben. Es ist bei diesen Fellen kein Töten und kein Beizen erforderlich. Man steckt sie einfach in das heiße Farbbad, in dem einige Gramm Anilinfarbstoff aufgelöst wurden, treibt zum Kochen, kocht drei Viertelstunden und spült.

Dieses neue Verfahren, Felle kochbeständig zu gerben, ist von dem Erfinder in sämtlichen Kulturstaaten zum Patente angemeldet worden.

Man führt das Verfahren aber in allen Staaten mit eigener Rauchwarenindustrie ein. Demzufolge werden auch dem Kürschner in Zukunft kochbeständige Felle zugängig sein, so daß er sich eine weitere Errungenschaft auf dem Gebiete der Rauchwarenveredlung ebenfalls leicht zugängig machen kann.

Wir erwähnen diese neue Erfindung deshalb, weil wir damit zum Ausdruck bringen möchten, daß auch auf dem Gebiete der Rauchwarenveredlung die Technik nicht stehen bleibt und täglich Neuerungen zu verzeichnen sind. Man lernt, wie überall, auch auf diesem Gebiete nie aus!

v) Die 10 Gebote für den Färber!

Saubere Geräte! Wenn Bottiche und Bürsten nicht sauber gehalten werden, bekommen die Felle Flecken.

Reichliche Flotten! Bei der Behandlung der Felle im Bade müssen die Felle genügend Platz haben. Man rechnet immer pro Kaninfell 1,5 bis 2 l Flotte.

Heiß lösen, kalt zusammengießen! Farbstoffe und Chemikalien werden durch Übergießen mit kochend heißem Wasser gelöst. Sie werden nicht aufgekocht und auch nicht heiß zusammengegossen. Die konzentrierten Lösungen gibt man am besten direkt in das kalte Bad.

Nasse Felle beobachten! Zusammengeklappte Felle werden oft stundenlang übereinandergeschichtet naß liegen gelassen. Nicht selten erwärmen sie sich dabei von innen her durch den Druck. Man vermeide das durch Breitlegen der Partien!

Läutertonne beobachten! Wenn die Felle zu heiß werden, verbrennen sie. Zum Läutern von Farbfellen müssen immer frische Späne genommen werden. Wurde in derselben Tonne vorher Zurichtung geläutert, werden die Felle fleckig. Man läutert daher die Tonne erst mit reinen Spänen durch Leerlauf sauber.

Im Bade Bewegung schaffen! Felle, die im Bade behandelt werden, dürfen nicht immer auf einem Flecke liegen bleiben, weil sonst das Bad unegal angreift und sich die Chemikalien zu Boden setzen. Ab und zu wird gewendet (gerührt). Es gibt auch Kufen mit mechanischen Fellwenden.

Langsam trocknen! Durch schnelles und zu heißes Trocknen verliert das Leder an Geschmeidigkeit oder verdirbt.

Viel Wasser! Beim Spülen nicht mit Wasser sparen. Nicht alle Chemikalien vertragen sich. Daher wird, wenn nicht anders vorgeschrieben, immer zwischen zwei Bädern oder Strichen gespült oder gewaschen.

Felle aus der Sonne! Während der Behandlung werden die Felle weder beim Zurichten noch beim Färben der Sonne ausgesetzt. Am allerwenigsten wird in der Sonne getrocknet.

Vorsicht im Umgang mit Chemikalien! Viele Chemikalien sind für den Körper, insbesonders die Atmungsorgane schädlich. Man atme sie daher nicht ein und bringe sie nicht auf Wunden. Man esse auch nicht mit Farbfingern.

Sachverzeichnis

GPSR Compliance

The European Union's (EU) General Product Safety Regulation (GPSR) is a set of rules that requires consumer products to be safe and our obligations to ensure this.

If you have any concerns about our products, you can contact us on ProductSafety@springernature.com

In case Publisher is established outside the EU, the EU authorized representative is:

Springer Nature Customer Service Center GmbH
Europaplatz 3
69115 Heidelberg, Germany

Batch number: 10577896

Printed by Printforce, the Netherlands